滚动转子式制冷压缩机噪声与振动

黄 辉 著

科 学 出 版 社

北 京

内 容 简 介

本书是国内外首部关于滚动转子式制冷压缩机噪声与振动的学术著作，较为翔实地介绍了作者多年的研究成果以及行业的最新研究现状。本书共10章：第1章为绪论；第2章和第3章分别为噪声控制和机械振动的基础知识；第4~6章分别为电磁噪声、气体动力性噪声和机械噪声的产生机理及控制方法；第7章为噪声传递路径以及辐射噪声的控制方法；第8章为压缩机振动产生的原因、特性及控制方法；第9章为噪声源识别的各种方法；第10章为噪声、振动和气体压力脉动测量系统以及测量方法。

本书可供从事制冷压缩机和制冷系统研究、设计、制造等相关工作的科研人员、工程技术人员和科技管理人员使用，也可以作为高等院校制冷类相关专业师生的参考资料。

图书在版编目（CIP）数据

滚动转子式制冷压缩机噪声与振动/黄辉著. —北京：科学出版社，2019.5

ISBN 978-7-03-060257-2

Ⅰ. ①滚… Ⅱ. ①黄… Ⅲ. ①滚动式-制冷压缩机-噪声 ②滚动式-制冷压缩机-振动 Ⅳ. ①TB652

中国版本图书馆CIP数据核字（2018）第295935号

责任编辑：裴 育 张海娜 纪四稳 / 责任校对：郭瑞芝
责任印制：吴兆东 / 封面设计：陈 敬

科学出版社 出版
北京东黄城根北街16号
邮政编码：100717
http://www.sciencep.com
北京虎彩文化传播有限公司 印刷
科学出版社发行 各地新华书店经销
*
2019年5月第 一 版 开本：720×1000 1/16
2022年6月第二次印刷 印张：30 3/4
字数：617 000
定价：245.00元
（如有印装质量问题，我社负责调换）

前　言

滚动转子式制冷压缩机具有结构简单、性能优良、成本低廉等多种优势，在小型制冷和热泵系统中得到了广泛的应用。滚动转子式制冷压缩机是制冷和热泵系统中最大的振动源和噪声源，其噪声和振动的大小在很大程度上决定了制冷和热泵系统噪声及振动的大小。随着滚动转子式制冷压缩机运转频率范围的大幅度扩大，以及消费者对声品质需求的提升，压缩机的噪声和振动水平已经成为最重要的指标之一。

在滚动转子式制冷压缩机发展的几十年中，国内外有关学者和工程技术人员对压缩机的噪声和振动问题进行了广泛的研究，取得了大量的研究成果，发表了许多研究论文，这些研究成果促进了滚动转子式制冷压缩机的发展。但令人遗憾的是，至今并没有一部系统介绍这一领域研究成果的著作。

十多年来，作者及所领导的团队致力于滚动转子式制冷压缩机的研究和应用，先后完成了中间补气双缸双级压缩、三缸双级压缩、单/双缸压缩切换和三缸双级压缩变容积比滚动转子式制冷压缩机等多项技术的研究工作，获得了良好的社会效益和经济效益。在进行新型滚动转子式制冷压缩机研究、开发和推广应用的同时，也对滚动转子式制冷压缩机噪声和振动的产生机理、噪声传递和辐射，以及噪声和振动的控制方法等多方面进行了深入研究，并积累了大量降低压缩机噪声和振动的案例。

2013 年，作者为压缩机、制冷系统设计和噪声控制等领域的工程技术人员举办过为期三个月以滚动转子式制冷压缩机噪声和振动为主题的讲座，较为系统地讲述了滚动转子式制冷压缩机噪声和振动的产生机理、特性和控制方法。作者在该讲座讲义的基础上，结合最近几年的研究和认识，并参考国内外的最新研究成果，撰写完成本书。

本书初稿完成后，张荣婷(全书)、谷欢欢、滕佳宾、郭莉娟(第 2、4、10 章)、文智明、张要思、张冬冬(第 5、7、8 章)、张金圈、刘一波、王竞杰(第 1、3、6、9 章)、陈彬、史进飞、肖勇、刘思苑(第 4 章)等对初稿进行了认真校核，并提供了一些仿真和实验数据，以及降低噪声和振动案例等资料完善书稿。书中部分插图由张恩捷协助绘制完成。在此对他们辛勤的工作和给予的帮助表示诚挚的敬意和衷心的感谢。

在本书撰写中，参考引用了国内外相关的文献资料，在此向相关作者表示感谢。

由于作者水平有限，书中难免存在疏漏和不妥之处，真诚欢迎读者批评指正。

黄　辉

2019 年 2 月

目　　录

前言
第 1 章　绪论 …… 1
1.1　压缩机工作原理及特点 …… 2
1.1.1　工作原理 …… 2
1.1.2　工作过程 …… 3
1.1.3　特点 …… 5
1.2　压缩机的种类 …… 6
1.2.1　单缸压缩机 …… 7
1.2.2　双缸压缩机 …… 12
1.2.3　三缸双级压缩机 …… 18
1.3　噪声和振动类型及降低方法 …… 21
1.3.1　噪声和振动的类型 …… 21
1.3.2　降低噪声和振动的基本方法 …… 23
第 2 章　噪声控制的基础知识 …… 26
2.1　声波、声源和声压 …… 26
2.1.1　声波 …… 26
2.1.2　声源 …… 28
2.1.3　声压 …… 28
2.1.4　声波传播的类型 …… 29
2.2　波动方程 …… 30
2.2.1　运动方程 …… 30
2.2.2　连续性方程 …… 31
2.2.3　状态方程 …… 32
2.2.4　声波的波动方程 …… 33
2.3　声波的基本性质 …… 33
2.3.1　波动方程的解 …… 33
2.3.2　声波传播速度、波长和周期 …… 34
2.3.3　声阻抗率和介质的特性阻抗 …… 37
2.4　声波的能量、声强和声功率 …… 38

2.4.1 声能量和声能量密度 …… 38
2.4.2 声强和声功率 …… 39
2.5 声波传播的基本现象 …… 41
2.5.1 声波的反射与折射 …… 41
2.5.2 声波的绕射 …… 43
2.5.3 声波的叠加与干涉 …… 44
2.6 噪声的物理量度 …… 45
2.6.1 声级的定义 …… 45
2.6.2 声级的计算 …… 48
2.6.3 噪声的频谱分析 …… 50
2.7 噪声的评价 …… 52
2.7.1 响度级和等响曲线 …… 52
2.7.2 计权声级 …… 54
2.7.3 等效(连续)A 声级 …… 57
2.7.4 烦恼度 …… 58
第 3 章 机械振动的基础知识 …… 60
3.1 简谐振动 …… 60
3.2 自由振动 …… 62
3.2.1 单自由度系统的自由振动 …… 62
3.2.2 多自由度系统的自由振动 …… 66
3.3 强迫振动 …… 69
3.3.1 单自由度系统的强迫振动 …… 69
3.3.2 多自由度系统的强迫振动 …… 74
第 4 章 电磁噪声和振动及控制方法 …… 77
4.1 电磁噪声和振动的激励源 …… 77
4.2 三相异步电机的电磁噪声和振动 …… 80
4.2.1 正弦波供电时的径向力波 …… 80
4.2.2 气隙偏心时的径向力波 …… 87
4.2.3 电流谐波导致的径向力波 …… 92
4.2.4 拍频振动和噪声 …… 97
4.3 单相异步电机的电磁噪声和振动 …… 99
4.3.1 径向力产生的电磁噪声和振动 …… 99
4.3.2 切向力产生的电磁噪声和振动 …… 101
4.4 同步电机的电磁噪声和振动 …… 103

4.4.1 基本结构 …… 103
4.4.2 电磁噪声和振动的产生机理及特征 …… 105
4.4.3 正弦波供电时的径向力波 …… 106
4.4.4 气隙偏心时的径向力波 …… 112
4.4.5 逆变器供电时的径向力波 …… 117
4.4.6 齿槽转矩 …… 124
4.4.7 永磁转矩和磁阻转矩脉动 …… 127
4.5 电磁噪声和振动的其他激励源 …… 130
4.5.1 电压不平衡时的电磁噪声和振动 …… 130
4.5.2 磁致伸缩的噪声和振动 …… 130
4.6 定子系统振动分析 …… 132
4.6.1 径向力波引起的定子振动 …… 132
4.6.2 受迫振动 …… 135
4.6.3 定子系统固有频率的解析计算法 …… 136
4.6.4 定子系统固有频率的有限元计算法 …… 138
4.6.5 定子系统固有频率的实验测试法 …… 139
4.7 降低异步电机电磁噪声和振动的方法 …… 140
4.7.1 选择合适的定、转子槽配合 …… 140
4.7.2 采用斜槽 …… 142
4.7.3 减小力波 …… 142
4.7.4 保证磁场的对称性 …… 143
4.7.5 降低定子表面的动态振动 …… 145
4.7.6 降低脉动噪声 …… 147
4.7.7 提高加工质量和装配质量 …… 147
4.8 降低永磁同步电机电磁噪声和振动的方法 …… 148
4.8.1 减小齿槽转矩的方法 …… 148
4.8.2 减小纹波转矩的方法 …… 154
4.8.3 降低径向力波的方法 …… 155
4.9 降低永磁辅助同步磁阻电机噪声和振动的方法 …… 156
4.9.1 极弧角度优化 …… 157
4.9.2 不同磁障跨角组合优化 …… 157
4.9.3 转子永磁体槽端部切角处理 …… 159
4.9.4 磁障不对称设计 …… 159
4.9.5 定子齿靴切边设计 …… 163

4.9.6 实例分析 …… 164
4.10 降低逆变器驱动噪声和振动的方法 …… 168
4.10.1 输出波形正弦化 …… 168
4.10.2 死区时间补偿 …… 168
4.10.3 随机 PWM 法 …… 169
4.10.4 电流滞环控制 …… 172
4.10.5 在线参数辨识法 …… 172
第 5 章 气体动力性噪声及控制方法 …… 177
5.1 消声器 …… 178
5.1.1 消声器评价指标 …… 179
5.1.2 扩张室式消声器 …… 181
5.1.3 亥姆霍兹共振消声器 …… 187
5.2 排气噪声及控制方法 …… 192
5.2.1 排气噪声产生的机理 …… 192
5.2.2 影响排气噪声的主要因素 …… 198
5.2.3 排气噪声的控制方法 …… 203
5.3 压缩噪声及控制方法 …… 219
5.3.1 压缩噪声与气缸内压力的关系 …… 219
5.3.2 压缩腔内气体压力的变化 …… 220
5.3.3 气缸内气体压力脉动及频谱 …… 222
5.3.4 压缩噪声与运转频率及转角的关系 …… 225
5.3.5 压缩噪声的传递路径 …… 226
5.3.6 压缩噪声的控制方法 …… 227
5.4 吸气噪声及控制方法 …… 231
5.4.1 吸气压力脉动噪声 …… 231
5.4.2 气柱共振噪声 …… 234
5.4.3 吸气压力脉动对吸气管的激振噪声 …… 235
5.4.4 吸气通道中的涡流噪声 …… 236
5.4.5 吸气噪声的控制方法 …… 237
5.5 气体共鸣噪声及控制方法 …… 240
5.5.1 系统气体共鸣噪声 …… 241
5.5.2 单腔气体共鸣噪声 …… 247
5.5.3 壳体内气体共鸣噪声的控制方法 …… 253
5.6 双级压缩中间腔的气体动力性噪声及控制方法 …… 255

5.6.1 中间腔气体压力脉动产生的机理 ······ 256
5.6.2 控制方法 ······ 256
5.7 气液分离器的噪声及控制方法 ······ 259
5.7.1 气液分离器噪声产生的原因 ······ 259
5.7.2 控制气液分离器气体动力性噪声的方法 ······ 263
5.8 旋转体的气体动力性噪声 ······ 265
5.8.1 涡流噪声 ······ 266
5.8.2 笛鸣噪声 ······ 266
第 6 章 机械噪声及控制方法 ······ 267
6.1 机械噪声形成的机理 ······ 267
6.1.1 撞击噪声的形成机理 ······ 267
6.1.2 摩擦噪声的形成机理 ······ 268
6.1.3 结构振动噪声的形成机理 ······ 269
6.1.4 滚动转子式制冷压缩机的机械噪声 ······ 270
6.2 排气机械噪声及控制方法 ······ 270
6.2.1 排气阀片的撞击噪声 ······ 271
6.2.2 排气阀片的颤振噪声 ······ 276
6.2.3 降低排气阀撞击和颤振噪声的方法 ······ 277
6.2.4 排气阀片固有频率的测量方法 ······ 280
6.3 转子系的弯曲噪声与振动控制方法 ······ 282
6.3.1 旋转不平衡惯性力产生的噪声及控制方法 ······ 282
6.3.2 气体激励力产生的噪声及控制方法 ······ 289
6.3.3 不平衡电磁激振力引起的噪声及控制方法 ······ 292
6.3.4 三种不平衡力的综合影响 ······ 297
6.4 转子系轴向窜动与噪声控制方法 ······ 298
6.4.1 轴向窜动产生噪声的原因 ······ 298
6.4.2 转子系受力分析 ······ 299
6.4.3 气体压力脉动分析 ······ 302
6.4.4 降低转子系轴向窜动的方法 ······ 305
6.5 轴承噪声及控制方法 ······ 307
6.5.1 滑动轴承噪声及控制方法 ······ 307
6.5.2 止推轴承噪声及控制方法 ······ 314
6.6 滑片与滚动转子的撞击噪声及控制方法 ······ 315
6.6.1 跟随性不良导致的撞击噪声及控制方法 ······ 316

6.6.2 液压缩脱离导致的撞击噪声及控制方法……321
6.7 滑片与滑片槽的撞击噪声及控制方法……322
6.7.1 滑片与滑片槽撞击噪声产生的原因……322
6.7.2 控制方法……324
6.8 滚动转子与气缸壁的摩擦和撞击噪声及控制方法……326
6.9 滚动转子与上下端盖之间的摩擦噪声及控制方法……328
6.9.1 产生的原因……328
6.9.2 影响因素……329
6.9.3 控制方法……330
6.10 降低机械噪声的其他方法……330
6.10.1 提高气缸的刚度……330
6.10.2 选择合适的焊接方法……330
6.10.3 合理避开主要激振频率……332
6.10.4 提高制造装配精度……332
6.10.5 采用强力供油系统……332
第7章 噪声的传递与辐射……334
7.1 压缩机噪声的传递路径……334
7.2 激励源特性……336
7.3 传递路径特性……338
7.3.1 气体传递路径特性……338
7.3.2 固体传递路径特性……341
7.4 压缩机壳体及附件表面的噪声辐射……349
7.4.1 压缩机壳体表面的噪声辐射……349
7.4.2 压缩机附件表面的噪声辐射……352
7.5 辐射噪声的控制方法……352
7.5.1 降低激励力……352
7.5.2 优化传递路径……352
7.5.3 降低结构辐射效率……355
7.5.4 阻尼、吸声与隔声……355
第8章 压缩机的振动与控制……357
8.1 压缩机振动的原因及类型……357
8.1.1 引起压缩机振动的原因……357
8.1.2 压缩机振动的类型……358
8.1.3 控制压缩机振动的主要方法……359

8.1.4 振动参量及振动烈度 …… 360
8.2 压缩机的振动分析 …… 362
8.2.1 坐标及变量 …… 362
8.2.2 滑片的运动方程 …… 363
8.2.3 滚动转子运动方程 …… 367
8.2.4 偏心轮轴运动方程 …… 369
8.2.5 不平衡力和振动方程 …… 372
8.3 转子系旋转速度波动及控制方法 …… 375
8.3.1 作用在转子系上的阻力矩 …… 375
8.3.2 转子系旋转速度波动 …… 380
8.3.3 减小转子系旋转速度波动的方法 …… 385
8.4 采用转矩控制降低压缩机的振动 …… 386
8.4.1 转矩控制法的基本原理 …… 387
8.4.2 PI 控制系统 …… 389
8.4.3 重复旋转速度控制系统 …… 390
8.4.4 重复旋转加速度控制系统 …… 392
8.5 采用隔振方法降低压缩机振动的传递 …… 394
8.5.1 振动方程的一般形式 …… 395
8.5.2 压缩机最低隔振频率的确定 …… 397
8.5.3 压缩机隔振器的设计 …… 397
8.5.4 隔振器隔振效果评价方法 …… 404
8.5.5 宽频带的振动隔离 …… 406
8.5.6 非刚性基础的振动隔离 …… 408
第 9 章 噪声源的识别方法 …… 411
9.1 压缩机的噪声特征 …… 411
9.1.1 频率特征 …… 412
9.1.2 时域特征 …… 414
9.1.3 噪声与运转频率的关系 …… 415
9.1.4 噪声与负载的关系 …… 416
9.2 噪声的一般识别方法 …… 416
9.2.1 主观判别法 …… 416
9.2.2 近场测量法 …… 416
9.2.3 表面振动速度测量法 …… 418
9.2.4 选择隔离法 …… 419

9.2.5 转角域测试分析法 420
9.3 声强识别法 421
9.3.1 声强测量原理 421
9.3.2 噪声源的声强识别方法 423
9.4 噪声源识别的信号分析法 424
9.4.1 频谱分析法 424
9.4.2 功率谱分析法 425
9.4.3 倒频谱分析法 426
9.4.4 相干分析法 428
9.4.5 时间-频率分析法 430
第 10 章 测量仪器及测量方法 431
10.1 噪声、振动测量系统和传感器 431
10.2 声压的测量 432
10.2.1 传声器 432
10.2.2 声级计 434
10.2.3 滤波器 436
10.2.4 频谱分析仪 437
10.2.5 信号处理机 437
10.3 声功率的测量 438
10.3.1 自由声场法 438
10.3.2 混响场法 441
10.4 声强的测量 443
10.4.1 声强测量仪的结构 443
10.4.2 双传声器在声强探头内的排列方式 443
10.4.3 声强探头的测量方向 444
10.4.4 声强探头的使用频率与 Δr 的关系 444
10.5 振动测量仪器及测量方法 445
10.5.1 振动传感器 445
10.5.2 频率分析 451
10.5.3 基本振动量的测量 454
10.5.4 实验模态分析法 456
10.6 气体压力脉动测量仪器和测量方法 457
10.6.1 气体压力脉动的测量仪器 457
10.6.2 PV 曲线的测量 461

10.6.3　气体压力脉动的测量 …… 462
10.6.4　气体压力测量中的问题 …… 462
10.7　腔体共鸣频率的测量方法 …… 463
参考文献 …… 465

第1章　绪　　论

制冷压缩机是蒸汽压缩式(即机械压缩式)制冷系统中最基本和最重要的组成部分，是驱动制冷系统中制冷剂循环流动的动力源。

滚动转子式制冷压缩机也称为滚动活塞式制冷压缩机，可应用于房间空气调节器、多联式空调系统、风管机、单元机、电冰箱、除湿机、小型水冷机组、小型热泵机组、热泵热水器、热泵干衣机以及其他小型商用制冷设备等系统中。

滚动转子式制冷压缩机由于具有结构简单、性能优良、成本低廉等多种优势，在小型制冷和热泵系统中得到了广泛的使用。特别是在房间空气调节器中，自20世纪70～80年代房间空气调节器用压缩机“旋转化”(即以滚动转子式制冷压缩机为代表的旋转压缩机全面替代往复式压缩机)变革以来，全封闭滚动转子式制冷压缩机一直稳稳地占据着这一领域的统治地位，现在全球年生产量超过一亿台。目前，全封闭滚动转子式制冷压缩机正朝着大容量、高效率、低噪声、双缸、变容、双级压缩、补气增焓和变频等多个方向发展，其应用的领域和使用的范围将进一步扩大。

由于在大多数情况下，小型制冷和热泵系统的使用场所处于人类的生活环境中，其噪声和振动对环境已经产生了严重的影响，对噪声和振动的研究与控制已成为系统设计工程师的重要工作之一。而制冷压缩机是制冷和热泵系统中最大的振动源和噪声源，其噪声和振动的大小在很大程度上决定了制冷和热泵系统噪声和振动的大小。此外，制冷压缩机除了自身辐射噪声之外，其振动还会引起配管和系统结构等其他零部件的振动而产生二次噪声。因此，制冷压缩机噪声和振动的研究是制冷和热泵系统中噪声和振动研究的重要课题。特别是随着变频控制技术的发展及其在制冷和热泵系统中的广泛应用，滚动转子式制冷压缩机的运转频率范围已经大幅度扩大，从而带来了更加严重的噪声和振动问题。例如，变频控制时逆变器电流谐波对制冷压缩机噪声和振动产生的影响、低频运转时整机振动增大的问题、高频运转时噪声增高的问题等，这些都是需要在制冷压缩机的设计、制造、变频控制策略、配管以及减振降噪等多个方面进行研究和解决的。

虽然由于用途、工况条件和制冷剂等不同，滚动转子式制冷压缩机在结构设计上会有一定的针对性，但从总体上来说，压缩机噪声和振动的产生机理以及控制方法基本上是相同的。方便起见，在本书中，如果无特别说明，将以房间空气调节器用立式滚动转子式制冷压缩机为例进行分析。

本书主要讨论滚动转子式制冷压缩机本身的噪声和振动问题，不会过多地涉及关于配管、变频控制策略、其他零部件二次噪声等方面的噪声和振动以及控制方法。

1.1　压缩机工作原理及特点

1.1.1　工作原理

滚动转子式制冷压缩机为容积式制冷压缩机，类属于旋转式。它利用一个偏心圆筒形转子(称为滚动转子或滚动活塞)在圆柱形气缸体内的转动引起工作容积的变化，以实现对制冷剂气体的压缩。

全封闭滚动转子式制冷压缩机主要由气体压缩机构(即气缸，也称为泵体)、驱动电机和封闭壳体等零部件组成。其中，气缸主要由气缸体、滚动转子、偏心轮轴、滑片、弹簧、排气阀以及两个端盖(含主、副轴承和止推轴承)等组成，基本构成如图 1.1 所示。

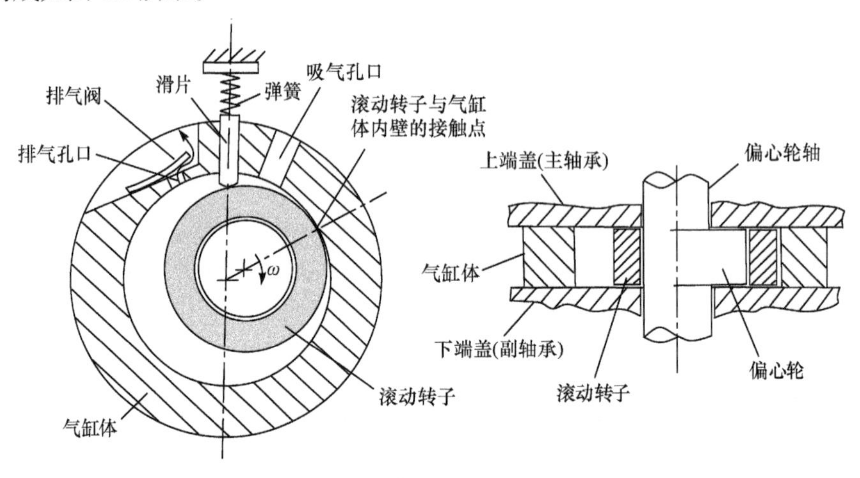

图 1.1　气缸的截面示意图

从图 1.1 中可以看出，气缸的组成是：在圆柱形的气缸体内偏心配置一个圆筒形的滚动转子，滚动转子安装在偏心轮上，滚动转子与偏心轮同心，而偏心轮轴的旋转中心与气缸的中心重合。滚动转子的外圆壁面与气缸体圆柱形的内壁相切(实际上存在间隙，两者并未接触，依靠润滑油膜形成密封)形成月牙形空间，它的两端被气缸的两个端盖封闭，形成压缩机的工作腔，在两个端盖上设置滑动轴承，支承偏心轮轴。安装在气缸体滑片槽中的滑片，在滑片背部弹簧力和制冷剂气体力合力的作用下，其一端始终保持与滚动转子外圆壁面相接触，将月牙形的空间分隔成两个互不相通的部分，在气缸体滑片槽的两侧分别开设有吸气孔口和排气孔口，并在排气孔口的出口位置装有舌簧片式排气阀。

在气缸内，与吸气孔口相通的部分称为吸气腔，也称为后腔；与排气孔口相通的部分称为压缩腔，也称为前腔。两个端盖、气缸体内壁面、滚动转子外圆壁面、切点、滑片构成封闭的气缸容积，这一气缸容积称为基元容积。

压缩机工作时，在驱动电机的带动下偏心轮轴绕气缸中心旋转，随着偏心轮轴绕气缸中心在气缸中连续转动，吸气腔、压缩腔的容积不断周期性变化，容积内的制冷剂气体压力则随基元容积的大小而改变，从而完成压缩机的吸气、压缩、排气及余隙膨胀四个工作过程。

1.1.2　工作过程

滚动转子式制冷压缩机的工作过程如图 1.2 所示。在图 1.2(a)中，偏心轮轴的转角为 0°，此时滚动转子中心和气缸中心的连线与滑片的中线处于同一直线上，气缸的基元容积中充满由吸气孔口吸入的低压制冷剂气体；在图 1.2(b)中，气缸的基元容积被滑片分隔成两个部分，滑片的一侧处于吸气过程，另一侧处于压缩过程；在图 1.2(c)中，气缸的一个基元容积继续吸气，另一个基元容积内的制冷剂气体压力达到气缸外的制冷剂气体压力，开始进入排气过程；在图 1.2(d)中，气缸的一个基元容积仍然继续吸气，另一个基元容积处于排气过程，并随着滚动转子的转动逐渐接近排气结束进入余隙膨胀过程。

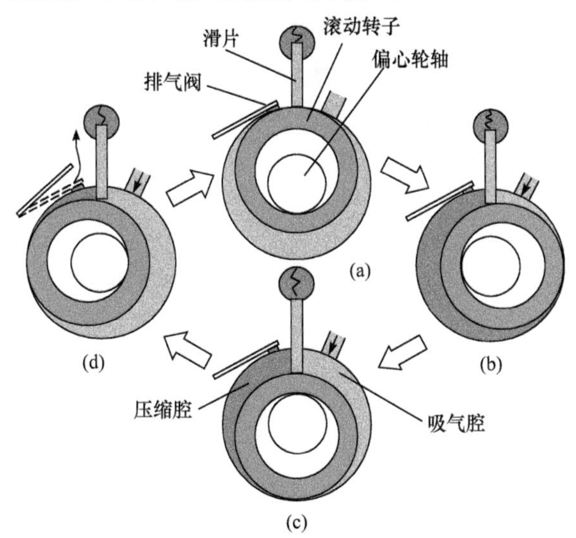

图 1.2　滚动转子式制冷压缩机的工作过程

下面用如图 1.3 所示的气缸特征角来说明滚动转子式制冷压缩机的工作过程。

在图 1.3 中，O 点为偏心轮轴的转动中心(即气缸中心)，O_1 点为滚动转子的旋转中心，OO_1 的连线表示滚动转子转角 θ 的位置。当滚动转子处于最上端位置，即 $\theta=0°$时，滚动转子与气缸体的切点 B 位于气缸体内壁的顶点。α 为吸气孔口后边缘角，β 为吸气孔口前边缘角，γ 为排气孔口后边缘角，δ 为排气孔口前边缘角，ψ 为排气开始角。

(1) 滚动转子从 $\theta=0°$开始顺时针旋转，转角 θ 转至吸气孔口后边缘角 α 之前，基元容积由 0 开始不断扩大而不与任何孔口相通，它构成吸气封闭容积。封闭容积内的制冷剂气体主要来源于泄漏，随着封闭容积内的气体膨胀，其压力低于吸气压力 p_s。α 的大小影响吸气开始前吸气腔中的气体膨胀，α 越大，封闭容积内的气体压力越低。

(2) 当转角 θ 等于吸气孔口后边缘角 α 时，基元容积与吸气孔口相连通，容积内的制冷剂气体压力恢复为压缩机的吸气压力 p_s。

(3) 转角 θ 从吸气孔口后边缘角 α 到 2π 为吸气过程，从 $\theta=\alpha$ 时开始吸气，到 $\theta=2\pi$ 时结束吸气过程。当转角 θ 等于 2π 时，基元容积最大。

(4) 当滚动转子开始第二圈运转，转角在 $2\pi<\theta<2\pi+\beta$ 范围时，原来充满低压制冷剂气体的吸气腔变为压缩腔，但在吸气孔口前边缘角 β 内，压缩腔与吸气孔口相连通，基元容积内的制冷剂气体产生回流。制冷剂气体倒流回到吸气孔口，造成容积损失。

(5) 转角 θ 由 $2\pi+\beta$ 转至 $2\pi+\psi$ 时为压缩过程，此时基元容积逐渐减小，基元容积内的制冷剂气体压力随之逐渐上升，直至达到排气压力 p_d。

(6) 转角 θ 由 $2\pi+\psi$ 转至 $4\pi-\gamma$ 时，排气阀打开，此过程为排气过程，基元容积内的制冷剂气体压力为压缩机排气压力 p_d。排气结束时气缸内还残留有高温高压的制冷剂气体，此容积称为余隙容积。

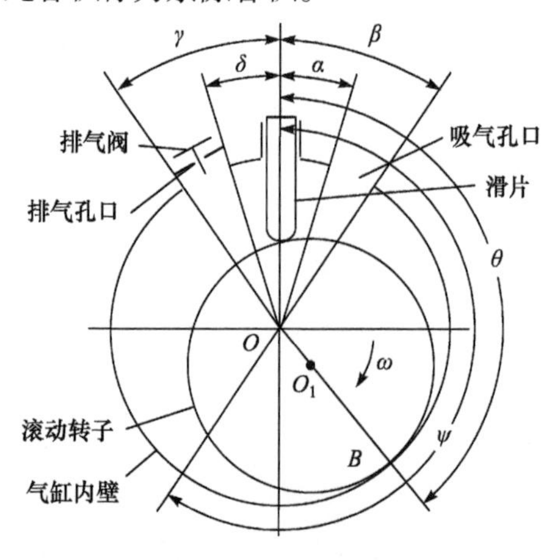

图 1.3　滚动转子式制冷压缩机气缸的特征角

(7) 转角 θ 由 $4\pi-\gamma$ 转至 $4\pi-\delta$ 时，为基元容积(余隙容积)中的气体膨胀过程。余隙容积与其后的低压基元容积(吸气行程)经排气孔口接通，余隙容积中高压制冷剂气体膨胀至吸气压力 p_s，使低压基元容积吸入的制冷剂气体量减少。

(8) 转角 θ 由 $4\pi-\delta$ 转至 4π 时是排气封闭容积的再压缩过程，工作腔内的制冷剂气体压力急剧上升且超过排气压力 p_d。

基元容积与制冷剂气体压力随转角 θ 变化的情况如图 1.4 所示。

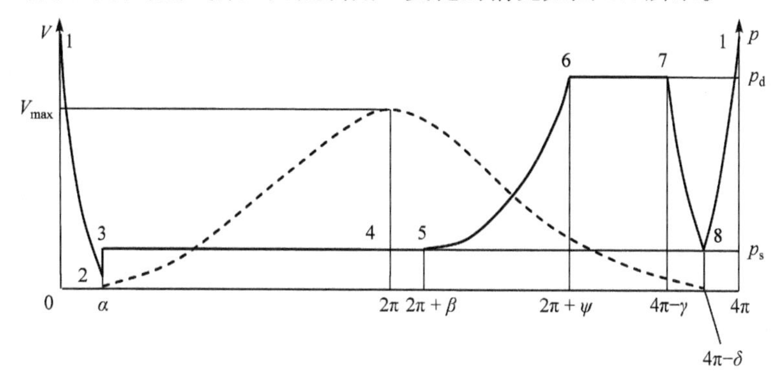

图 1.4　基元容积与制冷剂气体压力随转角 θ 的变化

(虚线为基元容积曲线，实线为气体压力曲线)

1.1.3　特点

从上述结构原理和工作过程的分析中可以看出，滚动转子式制冷压缩机具有以下特点：

(1) 对一个工作腔来说，压缩机的吸气、压缩、排气以及余隙膨胀过程是滚动转子绕气缸中心旋转 720°来完成的，但由于滑片两侧的工作腔同时进行着吸气、压缩、排气及余隙膨胀过程，所以可以认为压缩机每旋转 360°完成一个工作循环，不仅吸气、排气过程平稳，而且在吸气孔口和排气孔口中的气体流速也比较低。

(2) 吸气孔口和排气孔口分布在滑片的两侧，在滑片与排气孔口、滑片与吸气孔口之间都留有空档角，空档角的大小与吸气孔口和排气孔口的位置有关。由于存在空档角，会带来以下影响。

排气侧空档角的存在使气缸产生余隙容积，当排气结束时，余隙容积中残余有高压制冷剂气体。随着偏心轮轴的转动，余隙容积中高压制冷剂气体将膨胀进入吸气腔，从而减少实际吸气量。

吸气侧空档角的存在会带来两方面影响：一是在开始压缩前将已经吸入吸气腔的制冷剂气体又从吸气孔口推出去一部分，因而使得压缩机的实际输气量减小；二是在下一个吸气过程之前，使得吸气腔中造成过度低压，增大了压缩机的功耗，引起效率降低。

因此，从提高压缩机的性能上来说，空档角越小越好。

(3) 由于没有吸气阀，吸气过程的开始点与偏心轮轴的旋转角有严格的对应关系。

(4) 由于设置了排气阀，排气开始角随压缩机排气管中制冷剂气体压力的变化而变动，排气压力不取决于排气孔口位置，与偏心轮轴的旋转角度也没有严格的对应关系。因此，滚动转子式制冷压缩机为压力比可变的压缩机。

(5) 滚动转子式制冷压缩机直接由电机驱动进行旋转运动完成吸气、压缩、排气及余隙膨胀过程，因而具有零部件少、结构简单、体积小、重量轻、成本低等优点。

(6) 滚动转子式制冷压缩机只有滑片做往复运动，其往复惯性力小，而旋转惯性力可以通过动平衡来平衡，因此压缩机相对来说运转平稳，振动较小，噪声低。

(7) 由于运动部件的间隙依靠润滑油密封，需要从排气中分离出润滑油，压缩机壳体内为高温高压的制冷剂气体，压缩机的电机在高温环境中工作，绕组容易过热，需要有控制过热和保护的措施。

(8) 需要很高的加工精度和装配精度才能保证压缩机的性能和可靠性。

1.2　压缩机的种类

为了满足各种使用的需要，全封闭滚动转子式制冷压缩机的种类繁多。归纳起来，大致有以下几种分类方式：

(1) 按安装方式分，有立式和卧式两种类型。立式是指偏心轮轴的轴心线垂直于安装面；卧式是指偏心轮轴的轴心线平行于安装面。

(2) 按气缸结构分，根据气缸数可分为单缸、双缸和三缸三种结构；根据气缸容积可变性可分为定容式和变容式两种类型；根据压缩级数可分为单级压缩和双级压缩两种类型。此外，还有中间补气增焓结构、喷射冷却结构、单双级压缩切换结构等多种类型。

(3) 按驱动电机类型分，目前主要使用以下四种类型的电机：单相异步电机、三相异步电机、内置式永磁同步电机、永磁辅助同步磁阻电机。因此，按照使用电机的类型，滚动转子式制冷压缩机可分为单相电机压缩机、三相电机压缩机、永磁同步电机压缩机和永磁辅助同步磁阻电机压缩机。

其中，采用单相异步电机和三相异步电机驱动的压缩机转速固定，通常称为定频率压缩机或定转速压缩机。采用内置式永磁同步电机和永磁辅助同步磁阻电机驱动的压缩机转速可调，通常称为转速可调型压缩机或变频压缩机。

(4) 按制冷剂分，在滚动转子式制冷压缩机中可使用的制冷剂种类繁多，目前，滚动转子式制冷压缩机使用的制冷剂主要有 R-22、R-410A、R-134a、R-32、R-744(CO_2)、R-290 等。

(5) 按用途分，有房间空气调节器、电冰箱、除湿机、热泵热水器、热泵干衣机以及其他小型商用制冷设备等用途的压缩机。

(6) 按压缩机工作的蒸发温度范围分，有高温、中温和低温压缩机三种类型。大致的蒸发温度分类范围为：高温制冷压缩机，蒸发温度为−10℃以上；中温制冷压缩机，蒸发温度为−20～−10℃；低温制冷压缩机，蒸发温度为−45～−20℃。

(7) 按电源类型分，根据电源电压不同，定频压缩机有 110V、120V、220V、270V、380V、440V 等类型；根据电源频率可分为 50Hz、60Hz 两类。变频压缩机的电压类型则根据直流母线电压来划分。

下面以气缸结构类型为主线，介绍几种全封闭滚动转子式制冷压缩机的结构、工作原理及特点。

1.2.1　单缸压缩机

单缸压缩机是指气体压缩机构为一个气缸的压缩机。单缸压缩机的类型有多种，大致可以分为单缸定容压缩机、单缸变容压缩机、中间补气单缸压缩机、单缸喷射冷却压缩机等。按安装方式分有立式和卧式两种类型。

1. 立式单缸定容压缩机

图 1.5 为一台典型的立式单缸定容全封闭滚动转子式制冷压缩机的结构图。从图中可以看出，驱动电机安装在压缩机壳体内的上部位置，气缸安装在壳体内的下部位置，电机转子轴与偏心轮轴为一体化设计。为了减少吸气过程的有害过热，制冷剂气体经气液分离器由机壳下部的吸气管直接吸入气缸。

从蒸发器出来的制冷剂气体通过气液分离器后进入气缸，气液分离器起气液分离、储存制冷剂液体和润滑油以及缓冲吸气压力脉动的作用。由气缸压缩后的高温高压制冷剂气体经排气阀、排气消声器排入封闭机壳的下部空间(电机前腔)内，再经电机转子和定子之间的气隙、定子与壳体之间的流通通道进入电机定子上部的空间(电机后腔)，然后通过壳体顶部的排气管排出压缩机进入冷凝器。压缩机封闭机壳内充满从气缸内排出的制冷剂气体，呈高温高压状态。润滑油储存在机壳的底部，压缩机的机体部分(气缸)埋于润滑油中，这样，一方面，润滑油在叶片泵和离心力的作用下沿偏心轮轴内的轴向油道上升至各润滑点；另一方面，润滑油在机壳与气缸工作腔内的压力差作用下，通过滑片与滑片槽之间的间隙以

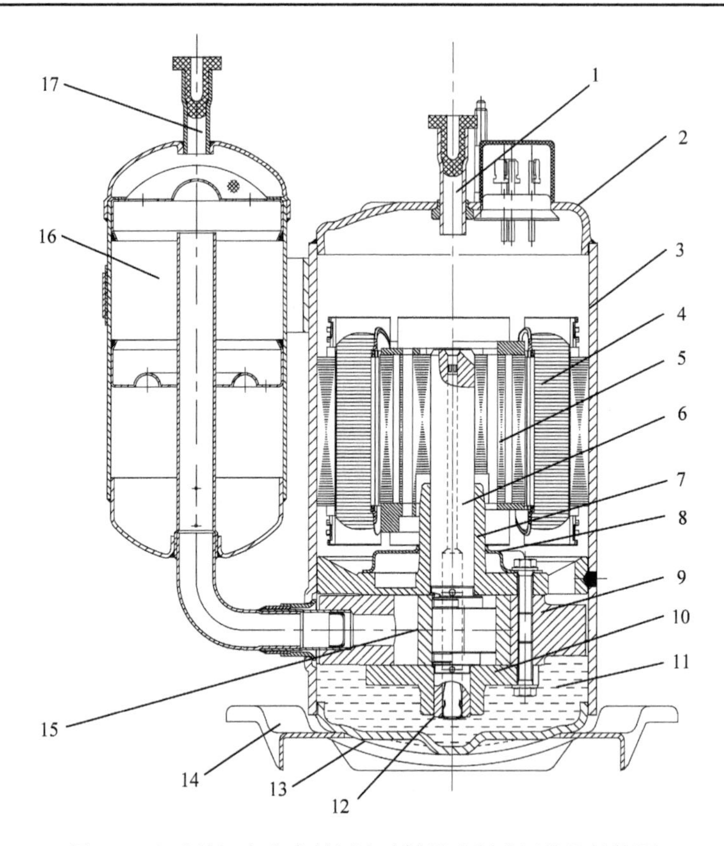

图 1.5 立式单缸定容全封闭滚动转子式制冷压缩机结构图

1-排气管；2-壳体上盖；3-圆环形壳体；4-电机定子；5-电机转子；6-偏心轮轴；7-气缸上端盖(主轴承)；8-扩张室式消声器；9-气缸体；10-气缸下端盖(副轴承)；11-润滑油；12-叶片泵；13-壳体下盖；14-支承脚；15-滚动转子；16-气液分离器；17-进气管

及副轴承(下轴承)间隙等流到各润滑部位，以满足压缩机润滑与密封的要求。

在电机转子的上部和下部装有平衡块，以平衡压缩机偏心轮轴产生的不平衡惯性力。

装配时，先装配气缸组件，将电机转子用热套方法安装在气缸组件的偏心轮轴上，并将电机定子与壳体用热套或焊接的方式固定，然后将气缸体(也可以是气缸上端盖或专门的安装结构)采用焊接方式与壳体连成一体，再将壳体上下盖与壳体焊接起来，最后将润滑油注入压缩机壳体内。

2. 卧式单缸定容压缩机

图 1.6 为一台典型的卧式单缸定容全封闭滚动转子式制冷压缩机的结构示意图。其基本结构与图 1.5 所示的立式单缸定容全封闭滚动转子式制冷压缩机相同，但由于卧式压缩机的偏心轮轴水平布置，润滑油油池的底部离偏心轮轴中心线的

距离较远，因而它的供油系统与立式压缩机不同。供油泵由安装在主轴承上的吸油二极管和安装在副轴承上的排油二极管及供油管组成，润滑油借助滑片的往复运动经吸油二极管被吸入气缸体内，通过排油二极管排入供油管中，再进入偏心轮轴的轴向油道，通过径向分油孔供应到需要润滑的部位。流体二极管之所以能代替吸油(或排油)阀，是因为其反向流动阻力比正向流动阻力大，故在吸油行程中大部分润滑油沿吸油路径吸过来，另外，二极管向机壳的底部张开，当油面很低时也能吸入润滑油，从而保证稳定的供油量。

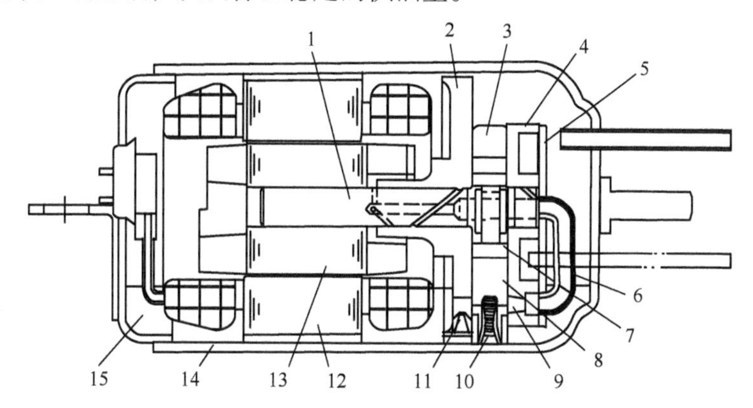

图 1.6 卧式单缸定容全封闭滚动转子式制冷压缩机结构图

1-偏心轮轴；2-主轴承(气缸前端盖)；3-气缸体；4-副轴承(气缸后端盖)；5-排气消声器；6-供油管；7-滚动转子；8-滑片；9-排油二极管；10-弹簧；11-吸油二极管；12-电机定子；13-电机转子；14-封闭壳体；15-润滑油

3. 单缸变容压缩机

单缸变容压缩机是在图1.5和图1.6所示的单缸定容压缩机的基础上增加变容机构实现工作容积的变化的。

图 1.7 为单缸滚动转子式制冷压缩机变容旁通口位置示意图。它在单缸定容压缩机的气缸体上或者在气缸端盖上(气缸内的中间压力腔部位)设计一个变容旁通孔，变容旁通孔与压缩机壳体上的管道相连。变容旁通孔的结构由限位块、阀片、阀座等组成，其中，旁通孔径的大小和位置根据系统设计的需要确定。

单缸变容压缩机的变容控制主要由三部分组成，分别为一个旁通孔(变容量排气孔口)、一个旁通阀和 1～2 个控制阀。压缩机在系统中工作时，根据工作状况的要求，通过控制变容旁通阀的开启和关闭来实现工作容积的调节。

当系统需要的输气量小时，变容旁通孔中的旁通阀打开，变容旁通孔与低压吸气管相通，气缸内压缩的制冷剂气体压力高于吸气管压力，一部分制冷剂气体通过变容旁通孔口回到低压吸气管，使压缩过程延迟至滚动转子到达旁通孔的位置，从而减少压缩机的输气量，降低压缩机功耗。

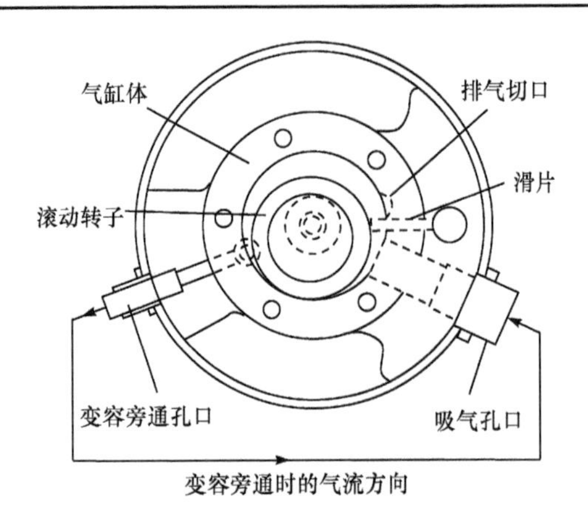

图 1.7　单缸滚动转子式制冷压缩机变容量旁通口位置示意图

当系统需要的输气量大时，变容旁通孔口中的旁通阀关闭，变容旁通孔口停止向吸气孔口排气，气缸内压缩的制冷剂气体全部从排气孔口排入压缩机壳体，这时的工作状态与普通单缸定容滚动转子式制冷压缩机完全一样。

旁通时压缩机输气量的大小取决于旁通孔在气缸内的位置，旁通孔与吸气孔口之间的角度越大输气量越小，角度越小输气量越大。

旁通孔内部旁通阀结构的种类也有多种，图 1.8 为其中一种较为典型的结构。

滚动转子式制冷压缩机采用旁通法进行输气量的调节，成本低廉，但变容量固定，并且在部分负荷时因旁通会造成性能系数一定程度的降低，与变频压缩机的变频调节输气量的方法相比能量损失大。

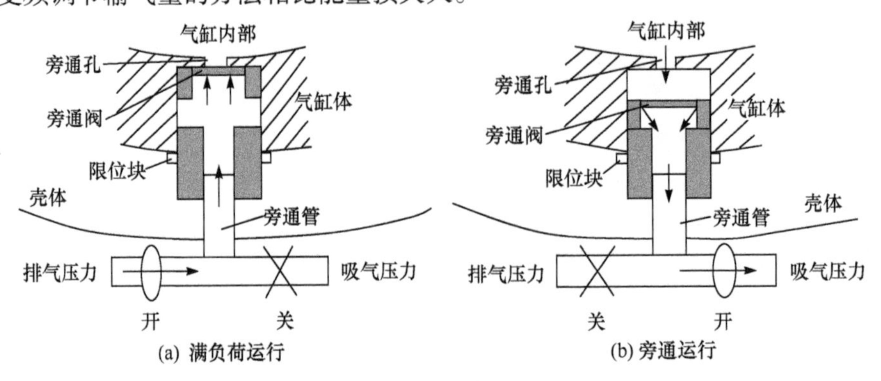

图 1.8　旁通孔内部排气阀结构

4. 中间补气单缸压缩机

中间补气单缸滚动转子式制冷压缩机是在普通单缸压缩机的气缸上增加中间补气口，即气缸上除了常规的吸气孔口和排气切口外，还有第二个吸气孔口，第二个吸气孔口吸入由经济器提供的处于吸、排气压力之间的中压制冷剂蒸气。在中间补气口上设置控制阀来控制补气口气流的通断。图 1.9 为中间补气单缸滚动转子式制冷压缩机气缸结构示意图。

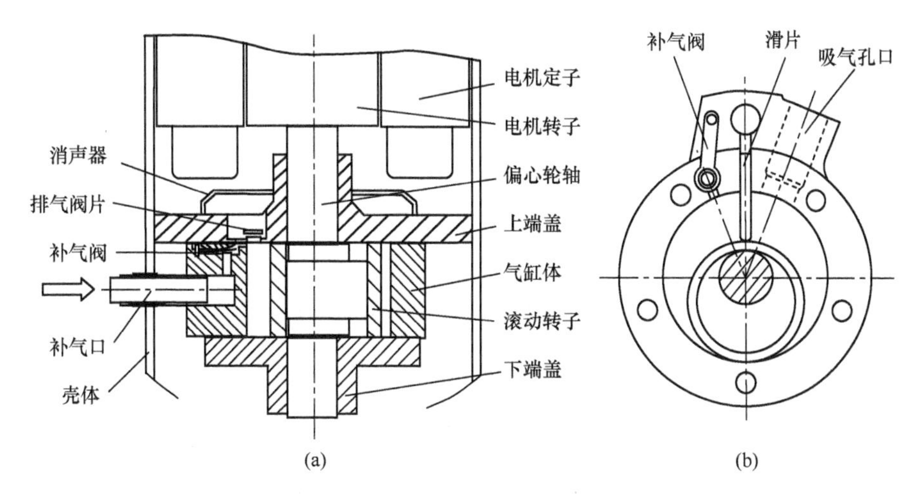

图 1.9　中间补气单缸滚动转子式制冷压缩机气缸结构示意图

当中间补气口的制冷剂气体压力高于气缸内的制冷剂气体压力时，补气阀打开，中压制冷剂气体流入气缸内，压缩机处于补气运行过程；当气缸内制冷剂气体的压力高于中间制冷剂气体压力后，补气阀关闭，停止补气过程，压缩机继续完成压缩和排气过程。

中间补气单缸滚动转子式制冷压缩机技术属于准二级压缩技术，采用这一技术增加了制冷剂的循环量，可以提高系统在恶劣工况下的制冷量和制热量，降低压缩机的功耗和排气温度。

5. 单缸喷射冷却压缩机

当压缩机用于恶劣工况(如 T3 工况)的制冷系统中时，由于环境温度高，冷凝温度随之升高，压缩机壳体内制冷剂气体的温度也升高，电机和滑润油长期处于高温环境下工作，会对压缩机的可靠性和寿命产生影响。

为了解决压缩机壳体内制冷剂气体温度高的问题,可以在气缸上设置喷射孔，将液态制冷剂喷射到气缸内进行冷却，降低压缩机的排气温度。图 1.10 为滚动转子式制冷压缩机液体喷射口位置示意图。

在这种结构的压缩机中，液体喷射口的位置及孔径的大小很大程度上决定了系统中间喷射制冷剂的压力和流量。液体喷射口位置设计时要避免排气倒灌进喷射孔，应尽量考虑减小逆流量以降低压缩机功耗等。在双缸压缩机中采用液体喷射时，还要考虑避免压缩气体在两个气缸间窜动。

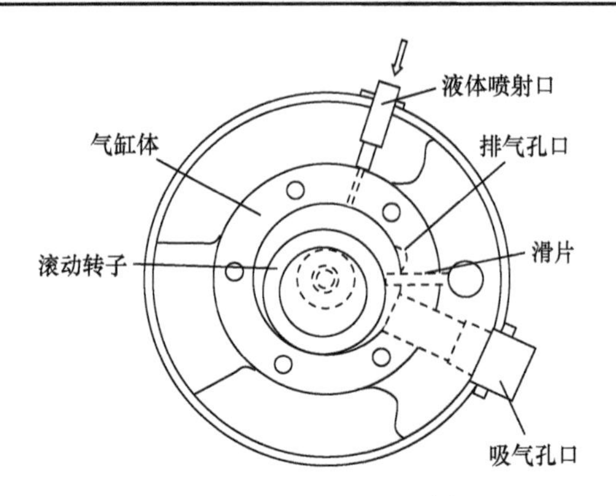

图 1.10　滚动转子式制冷压缩机液体喷射口位置示意图

采用喷射冷却，不但可以降低压缩机的排气温度，提高可靠性，还可以在一定程度上提高制冷量。

1.2.2　双缸压缩机

双缸滚动转子式制冷压缩机有双缸压缩机、双缸变容压缩机、双缸双级压缩机、中间补气双缸双级压缩机等多种类型。

1. 双缸压缩机

图 1.11 为立式双缸滚动转子式制冷压缩机结构图。与图 1.5 所示的立式单缸定容全封闭滚动转子式制冷压缩机相比，该压缩机的不同之处是制冷剂气体的压缩是由并联的两个气缸完成的。压缩机偏心轮轴上的两个偏心轮呈 180°对称配置，安装在偏心轮上的两个滚动转子，以相对转角互成 180°的角度差旋转，即两个气缸的气体压缩是以 180°的相位差进行的。

压缩机工作时，气液分离器中的制冷剂气体分别通过两根吸气管进入两个气缸(也可以采用一根吸气管，进入机体后分别进入两个气缸的结构)，在两个气缸内压缩成高温高压气体后，通过各自的排气阀排入压缩机壳体内。

由于两个气缸工作时呈 180°相位差，负载转矩也相差 180°变化，所以压缩机的负载转矩变化趋于平缓。在两个气缸容积和结构相同的情况下，其负载转矩的变化幅度以及整机振动的水平远低于单缸滚动转子式制冷压缩机，因而可以在更宽的频率范围运转。在没有对电机进行转矩控制的情况下，与单缸滚动转子式制冷压缩机相比，双缸滚动转子式制冷压缩机运转频率的下限大幅降低。另外，气缸的吸、排气过程与相同输气量的单缸滚动转子式制冷压缩机相比也更加平稳，可提高压缩机的效率。因此，双缸并联结构主要用于制造容量相对较大和转速可调的压缩机。

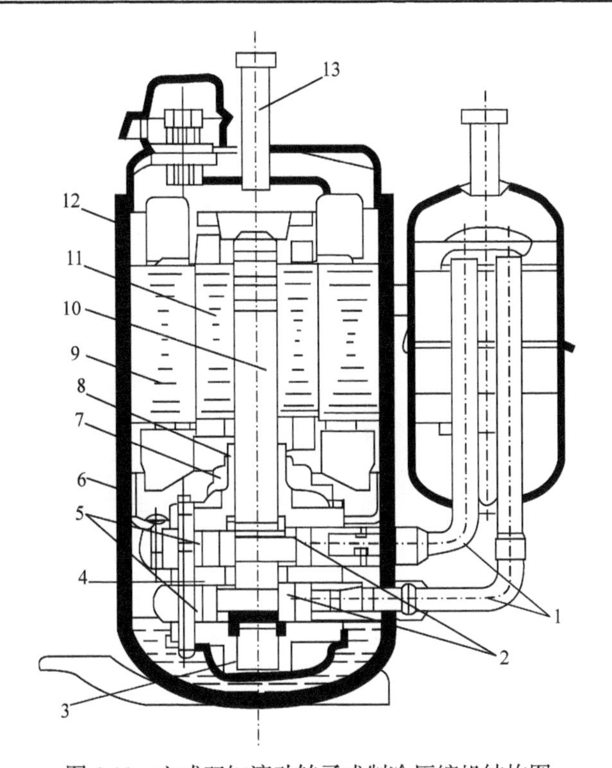

图1.11 立式双缸滚动转子式制冷压缩机结构图

1-吸气管；2-滚动转子(上、下)；3-副轴承；4-隔板；5-气缸体(上、下)；6-气缸固定机架；7-排气消声器；8-主轴承；9-电机定子；10-偏心轮轴；11-电机转子；12-壳体；13-排气管

2. 双缸变容压缩机

双缸变容滚动转子式制冷压缩机的主要结构与如图1.11所示的立式双缸滚动转子式制冷压缩机基本相同，也是采用两个互成180°相位差的气缸来实现制冷剂气体的压缩，不同之处是它的两个气缸一个为定容气缸，另一个为变容气缸。定容气缸的结构与普通气缸一样，变容气缸的滑片运动可以通过外部控制，增加控制滑片运动的机构，即在外部控制下滑片有两种工作状态：做往复运动和停止往复运动。当滑片停止往复运动时，滑片缩入气缸体内不与滚动转子接触，使变容气缸不再具备压缩气体的能力，滚动转子在气缸体内空转不做功，压缩机实际上变成了单缸压缩机；当滑片做往复运动时，变容气缸恢复成普通气缸工作，这时两个气缸同时工作，从而实现压缩机气缸容量的变化。

双缸变容压缩机两个气缸的工作容积可以根据需要设计成相同或不相同，以实现制冷系统性能的最优化。

实现单双缸切换的方法有多种，格力、东芝、松下、日立等公司都有各自的方案。

图 1.12 为珠海格力电器股份有限公司(格力电器)的双缸变容滚动转子式制冷压缩机工作原理示意图，它采用控制销钉弹簧系统的运动实现单/双缸工作模式切换。其工作原理为：在下气缸的端盖内布置了销钉压缩弹簧系统，滑片下端开口，通过控制销钉两端的压力差来控制销钉的运动。销钉尾部与变容气缸的吸气管连通，销钉头部和下滑片尾部处于由下气缸及其两侧端盖围成的变容控制腔内，销钉头部压力和下滑片尾部压力通过两个电磁截止阀控制在低压和高压间切换。当销钉头部和下滑片尾部与吸气管相连通入低压气体时，销钉的尾部也为低压气体，销钉在弹簧力作用下从销钉孔内伸出，下滑片头部和尾部为低压气体，销钉头部在下滑片退入下气缸滑片槽过程中卡入下滑片的缺口处，将滑片锁止在滑片槽内，停止往复运动，滚动转子在气缸内空转；当销钉头部与排气管相连通入高压气体时，销钉尾部为低压气体，销钉在气体力的作用下克服弹簧力缩入销钉孔中，下滑片头部为低压，尾部为高压，下滑片在气体力的作用下与下滚子抵接并跟随下滚子运动，变容气缸正常工作。

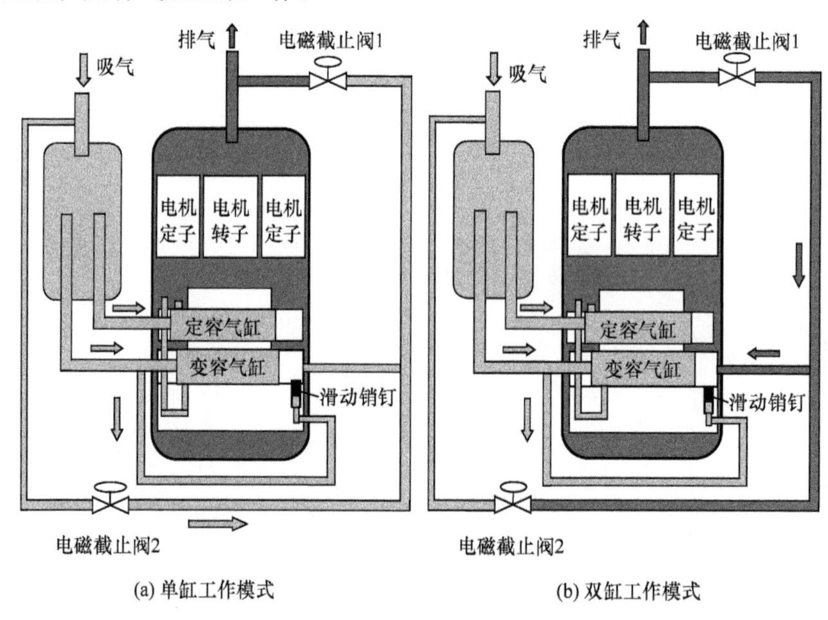

(a) 单缸工作模式　　(b) 双缸工作模式

图 1.12　格力电器双缸变容滚动转子式制冷压缩机工作原理示意图

图 1.13 为日本东芝公司双缸变容滚动转子式制冷压缩机工作原理示意图。从图中可以看出，在上气缸滑片槽尾端正常装入弹簧，下气缸滑片槽尾端不装弹簧而设置一永磁体，通过三通阀控制滑片槽背部腔体内制冷剂气体的压力实现单/双缸工作模式的切换。

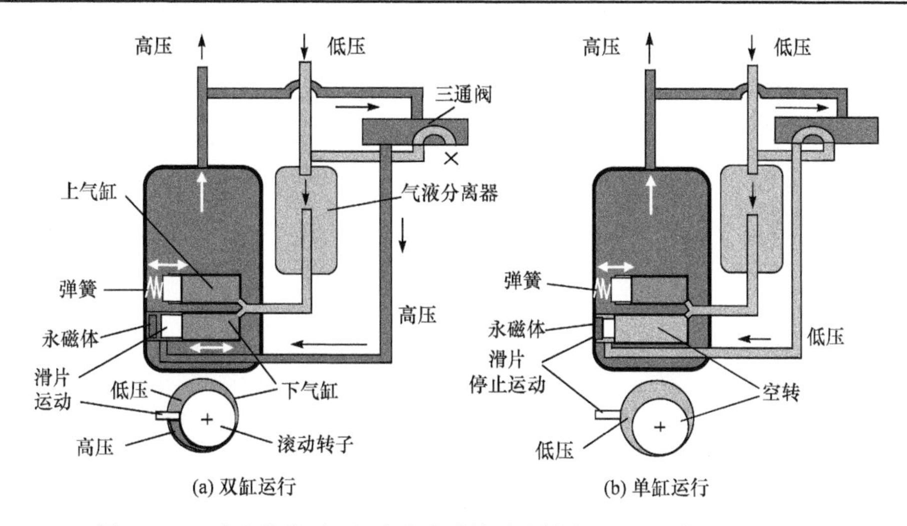

图 1.13 日本东芝公司双缸变容滚动转子式制冷压缩机工作原理示意图

当三通阀切换至下气缸滑片背压与排气管连通时，下气缸的滑片在高低气体压力差的作用下与滚动转子外表面接触，下气缸正常压缩制冷剂气体，此时压缩机为双缸工作模式。

当三通阀切换至下气缸滑片背压与气液分离器连通时，下气缸中滑片两端均为低压制冷剂气体，滑片在永磁体吸力的作用下脱离滚动转子，下气缸空转不压缩制冷剂气体，此时压缩机为单缸工作模式。

由于双缸变容滚动转子式制冷压缩机可以实现双缸和单缸工作模式的转换，在工作中可以实现压缩机工作容积的切换。这样，一方面，制冷系统在部分负荷时可以通过切换成单缸运转来减小压缩机的输气量，降低输入功率，提高制冷系统的效率；另一方面，在电机变频率驱动时，采用单缸运转可以提高压缩机的运转频率，使压缩机电机在较高的效率点工作，从而达到节能的目的。

图 1.14 为某一种用于房间空气调节器(空调)的双缸变容滚动转子式制冷压缩

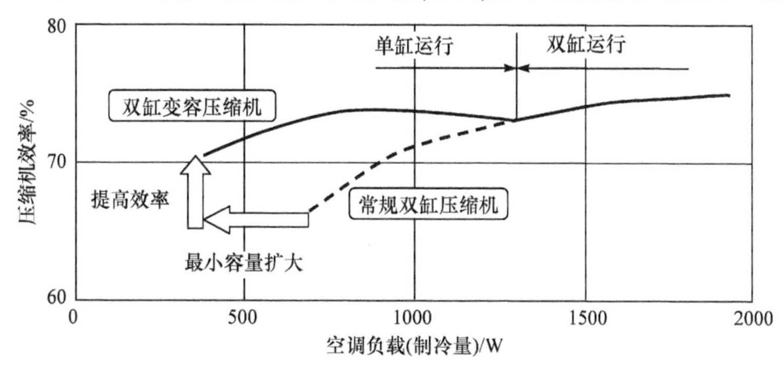

图 1.14 双缸变容滚动转子式制冷压缩机在工况条件不变单/双缸切换时的效率变化

机在工况条件不变时进行单/双缸切换的效率变化情况。从图中可以看出，当制冷系统输出冷量较低时，将压缩机切换成单缸运转，压缩机效率得到了较大提高，并且扩宽了压缩机的最小容量范围。因而，双缸变容滚动转子式制冷压缩机特别适合用于要求压缩机输气量变化比较大的制冷和热泵系统,如多联式空调系统等。

3. 双缸双级压缩机

双缸双级压缩滚动转子式制冷压缩机，简称双缸双级压缩机，它也是采用两个气缸，气缸的布置方式与双缸压缩机基本相同，但制冷剂气体在压缩机中的流动过程完全不一样。它的两个气缸为串联，即气液分离器中的制冷剂气体先通过吸气孔口进入第一个气缸(称为低压级气缸或一级气缸)，压缩后再进入第二个气缸(称为高压级气缸或二级气缸)，制冷剂气体的压缩过程分两次(二级)完成。

双缸双级压缩机可以分为两种类型：中间冷却型和非中间冷却型。

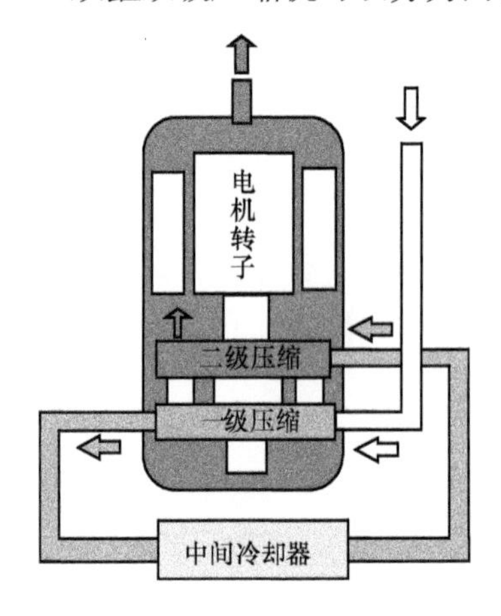

图 1.15　中间冷却型双缸双级压缩机

中间冷却型，是将低压级气缸压缩后的中温中压制冷剂气体引出压缩机的壳体，制冷剂气体在外部冷却后再回到压缩机气缸进行高压级压缩。中间冷却器可以降低高压级气缸的吸气过热度，有利于压缩机电机的冷却。虽然通过中间冷却器降低了高压级气缸的吸气过热度，有利于提高高压级气缸的效率，但由于增加了高压级气缸的吸气流道长度，流程阻力损失增大，对压缩机效率有一定影响。图 1.15 为日本三洋公司开发的中间冷却型双缸双级压缩机。

非中间冷却型又可以分为两种类型：

第一种，低压级气缸与高压级气缸之间的气流通道都设置于压缩机内部(可参考图 1.16)。这种结构的压缩机气流通道短，中间流动的压力损失小，但气流脉动大、振动激励力大，需要在中间气流通道中设置一定容积的缓冲容器(中间腔体)，才能降低两级气缸中间通道内的气体压力脉动。

第二种，如图 1.17 所示，低压级气缸与高压级气缸之间通过压缩机壳体外的管道连接，部分低压级气缸排出的中温制冷剂气体进入壳体内冷却压缩机电机，冷却压缩机电机后的制冷剂气体与低压级气缸排出的其余制冷剂气体混合在一起进入高压级气缸。这样，压缩机壳体内为中温中压的制冷剂气体，有利于电机的绕组冷却，并降低了压缩机壳体的压力。缺点是提高了高压级气缸的吸气过热度，对压缩机的能效有一定的影响。

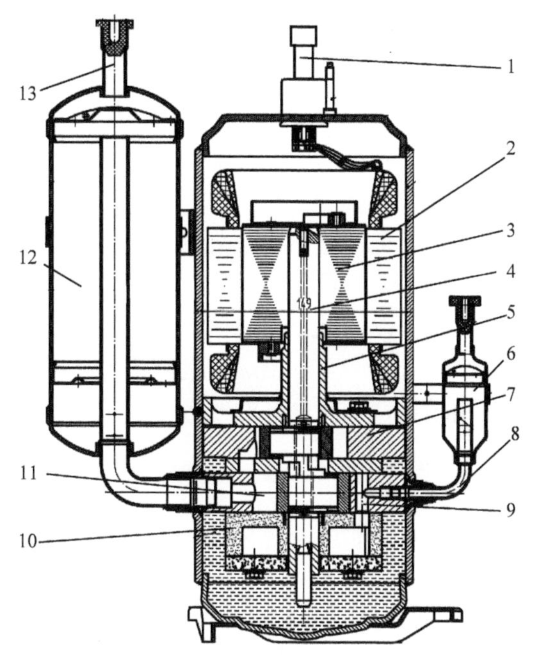

图1.16 中间补气双缸双级滚动转子式制冷压缩机结构图

1-排气管；2-电机定子；3-电机转子；4-偏心轮轴；5-上端盖(主轴承)；6-补气缓冲器；7-高压级气缸体；8-中间补气管；9-中间补气和中间腔连通通道；10-下端盖(副轴承)及低压级消声器(中间腔)；11-低压级气缸体；12-气液分离器；13-进气管

双级压缩将制冷剂气体压缩过程分成两次，降低了压缩机单个气缸的压力比，因而可以大幅度地扩大滚动转子式制冷压缩机工作压力范围，故多用于CO_2等气体压力较大的制冷剂、低温热泵及高温制冷等场合。

4. 中间补气双缸双级压缩机

图1.16为一种中间补气双缸双级压缩滚动转子式制冷压缩机的结构示意图。从图中可以看出，在压缩机两个气缸之间设置有中间腔。压缩机工作时，低温低压的制冷剂气体由气液分离器进入低压级气缸(图中下气缸)，压缩后的制冷剂气体排出后进入低压级气缸的消声器，从冷凝器节流后的中压制冷剂气体通过中间补气管流入压缩机，与低压级气缸消声器流出的制冷剂气体在中间腔中混合后，进入高压级气缸(图中上气缸)的吸气腔，在高压级气

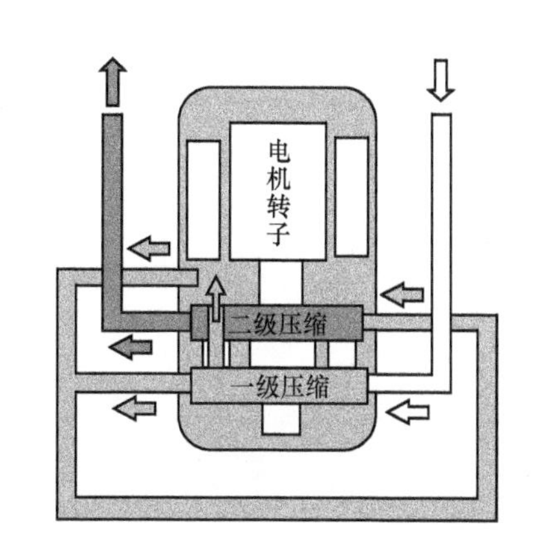

图1.17 非中间冷却型双缸双级压缩机

缸中将制冷剂气体进一步压缩后排入压缩机壳体内，最后经排气管排出压缩机，从而完成整个制冷剂气体的压缩过程。在图 1.16 中，中间补气管上的缓冲器起缓冲中间腔气体压力脉动和降低管道振动的作用，中间腔同时也对中间补气和低压腔排出气体的混合气体起降低脉动作用，另外，设置中间腔也有利于提高压缩机的效率。

采用中间补气的双级压缩机，除了具备普通双级压缩机的优点外，高压力比时还可大幅提高制冷量、制热量以及压缩机的性能系数。同时，由于在两级压缩之间补入中温制冷剂气体，可以降低压缩机的排气温度，提高压缩机的可靠性。

中间补气双缸双级压缩机适用于低温热泵空调系统、高温制冷系统以及空气源热泵热水器等多种应用场合，具有良好的经济性。

1.2.3 三缸双级压缩机

在双级压缩系统中，需要按照系统运行工况范围设计高压级气缸工作容积与低压级气缸工作容积之比，即容积比。在双级压缩机中，低压级气缸工作容积大于高压级气缸工作容积，也就是容积比小于 1。低压级气缸容量受压缩机体积和结构强度的限制，工作容积难以扩大，这样造成压缩机的输气量相比同尺寸气缸的双缸压缩机要小得多，制冷量(或制热量)的提升受到限制。为了充分发挥压缩机的能力，将低压级气缸设置为两个气缸并联结构，高压级气缸设置为一个气缸。这种结构的压缩机简称为普通三缸双级压缩机。

另外，为了满足低温热泵的容积比要求，使压缩机在整个系统运行工况范围内都能高效运行，还可以采用变容积比压缩机，将这种压缩机简称为三缸双级变容积比压缩机。

1. 普通三缸双级压缩机

图 1.18 为中间补气三缸双级压缩机气缸结构示意图。图中，下部的两个气缸为并联的低压级气缸，这两个气缸与普通双缸压缩机的结构相同。从这两个气缸排出的制冷剂气体进入两级气缸之间的中间腔体，与补气口导入的中压制冷剂气体混合后进入高压级气缸，压缩后排入压缩机壳体内。

低压级气缸由两个气缸并联组成，可增大压缩机的容积量，从而缩小压缩机的体积。

2. 三缸双级变容积比压缩机

三缸双级变容积比压缩机是三缸双级压缩机和双缸变容压缩机这两种压缩机结构的综合。也就是，低压级的两个并联气缸，一个为工作容积固定的普通气缸，称为定容气缸，另一个为工作容积可变的特殊气缸，称为变容气缸，低压级可实现单缸/双缸工作模式的切换。

图 1.19 为三缸双级变容积比压缩机气缸的结构示意图，其工作原理如图 1.20 所示。在低负荷(低压力比)工况下，低压级的气体压缩由定容气缸完成(图 1.20(b))；在高负荷(高压力比)工况下，低压级的气体压缩由定容气缸和变容气缸两个气缸共同完成(图 1.20(a))。这样，在不同工况下，通过工作模式的切换可以使压缩机的高压级与低压级气缸的容积比始终处于相对合理的状态，接近制冷和热泵系统所需要的最优容积比，从而获得最佳性能。

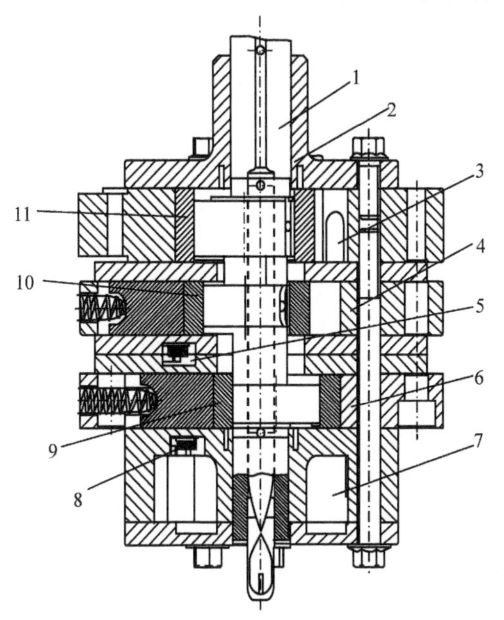

图 1.18　中间补气三缸双级压缩机的气缸结构示意图

1-偏心轮轴；2-高压级气缸上端盖(主轴承)；3-高压级气缸体；4-低压级气缸体(上)；5-低压级气缸(上)排气阀；6-低压级气缸体(下)；7-扩张室式消声器；8-低压级气缸(下)排气阀；9-低压级气缸(下)滚动转子；10-低压级气缸(上)滚动转子；11-高压级气缸滚动转子

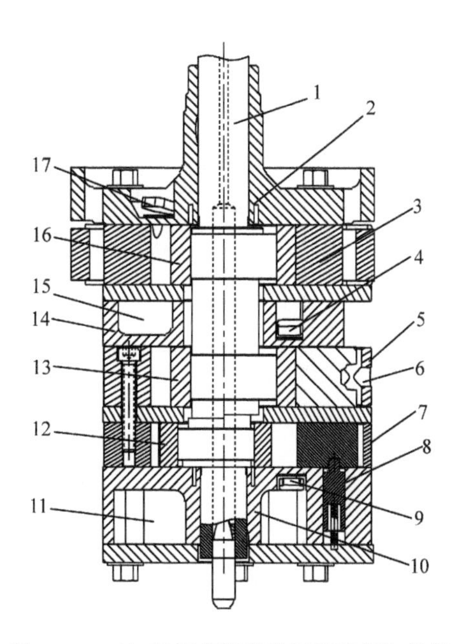

图 1.19　三缸双级变容积比压缩机气缸的结构示意图

1-偏心轮轴；2-高压级气缸上端盖(主轴承)；3-高压级气缸体；4-低压级定容气缸排气阀；5-低压级定容气缸体；6-补气口；7-低压级变容气缸体；8-变容控制滑动销钉；9-低压级变容气缸排气阀；10-低压级变容气缸下端盖(副轴承)；11-扩张室式消声器；12-低压级变容气缸滚动转子；13-低压级定容气缸滚动转子；14-中隔板；15-中隔板中间腔(扩张室式消声器)；16-高压级气缸滚动转子；17-高压级气缸排气阀

因此，三缸双级变容积比压缩机综合了变容积比、双级压缩和中间补气这三种压缩机的性能优点，既可实现更低温度或更高温度的环境下高效运行、提高制冷量和热泵制热能力，又可以通过容积比的变化满足低负荷条件下高效运行的要求，可应用于严寒或者寒冷地区的空气源热泵系统中。但这种压缩机的结构相对

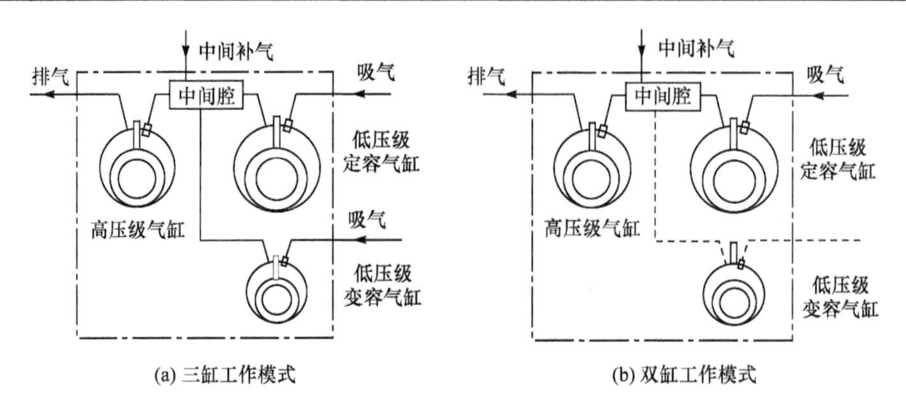

图 1.20　三缸双级变容积比压缩机的容积比切换原理图

复杂，设计和制造难度高。另外，使用这种压缩机的制冷系统，由于配管和控制阀增多，设计相对复杂，同时，还涉及容积比的选择策略和切换控制等多方面的问题，控制系统控制逻辑的确定工作量大幅增加。

图 1.21 为三缸双级压缩变容积比压缩机的结构示意图。

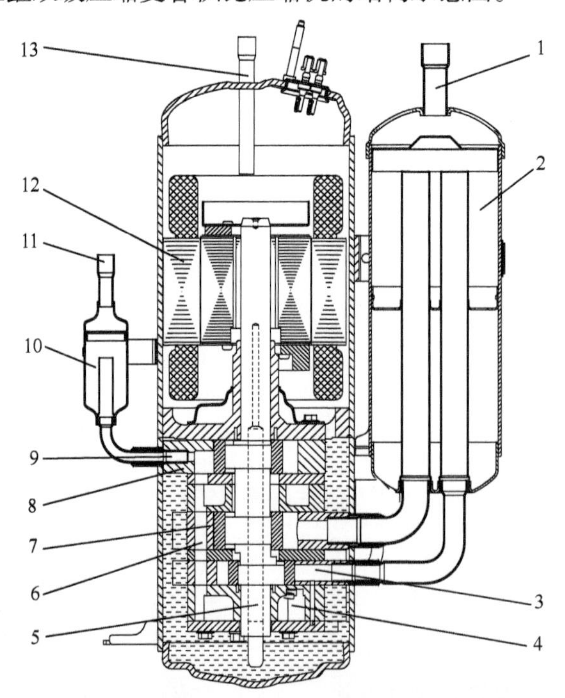

图 1.21　三缸双级变容积比压缩机的结构示意图

1-进气管；2-气液分离器；3-低压级变容气缸；4-中间腔体(扩张室式消声器)；5-偏心轮轴；6-中间连接通道；7-低压级定容气缸；8-高压级气缸；9-中间补气口；10-中间补气缓冲器；11-中间补气管；12-驱动电机；13-排气管

1.3 噪声和振动类型及降低方法

1.3.1 噪声和振动的类型

滚动转子式制冷压缩机的噪声和振动可以用很多方法来分类：按照频率来分，可以分为低频问题、中频问题和高频问题；按照振动源和噪声源的激励源类型来分，可以分为电磁噪声、气体动力性噪声、机械噪声和油液动力性噪声四种类型；按照产生源-传递途径-接收体来分，可以分为噪声与振动源、传递路径和人体对噪声与振动的响应等。

本书主要按照激励源的类型进行分析和讨论。

1. 电磁噪声

滚动转子式制冷压缩机的电磁噪声是由驱动电机产生的，主要产生的原因有：①作用在电机定子、转子间气隙中的电磁力产生旋转力波或脉动力波，导致定子和转子产生振动；②电机定子铁芯、转子铁芯在交变磁场作用下磁致伸缩。电磁噪声与电机气隙内的谐波磁场及由此产生的电磁力波幅值、频率和阶数，以及定子本身的振动特性，如固有频率、阻尼、机械阻抗等均有密切的关系，还与电机定子(包括压缩机壳体)的声学特性以及电源质量有很大关系。

特别是，当采用PWM(脉冲宽度调制)电源来驱动压缩机实现变频运转时，由于逆变器的输出电压和电流均为非正弦波，并且由于IGBT(绝缘栅双极型晶体管)高频率开关，输入压缩机电机的电流中包含有大量的高次谐波，定子绕组在通入含有高次谐波非正弦波电流的情况下，电机的电磁噪声比相同电机定子电流为正弦波时的电磁噪声要大得多。IGBT 开关频率的高低对电机电磁噪声的影响也很大，一般情况下，随着IGBT开关频率的增高，输入压缩机电机的谐波含量降低，由逆变器供电引起的电机电磁噪声降低。

2. 气体动力性噪声

气体动力性噪声是气体的流动或物体在气体中运动引起气体振动产生的。在滚动转子式制冷压缩机中，气体动力性噪声主要包括吸气噪声、排气噪声、压缩噪声、制冷剂气体的流动噪声、制冷剂气体压缩时的泄漏噪声、制冷剂气体在腔体内的共鸣噪声以及电机转子旋转时的气体涡流噪声等。

吸气噪声和排气噪声是由于压缩机在吸、排气过程中引起制冷剂气体产生涡流、喷注、冲击，以及亥姆霍兹共振等而产生的；压缩噪声是制冷剂气体在气缸(压缩腔)中被压缩过程中激发起气缸、偏心轮轴等零部件振动而产生的噪声；制冷剂气体的流动噪声是制冷剂气体在压缩机内部流动时涡流等产生的噪声；制冷剂气体压缩时的泄漏噪声是由于制冷剂气体在压缩过程中存在压力差，通过间隙泄漏时产生的噪声；制冷剂气体在腔体内的共鸣噪声是由于气体激励频率与腔体的声学模态频率相一致，引起气体共振产生的噪声；电机转子旋转时的气体涡流噪声包括转子上的平衡块在旋转时产生的涡流噪声和电机转子形状不规则在旋转时产生的涡流噪声等。

3. 机械噪声

机械噪声由固体振动产生，它是在电磁力、气体力以及机械零部件惯性力等的作用下，使相对运动的机械零部件发生撞击、摩擦及振动而激发的，根据传递和作用一般分为三类：撞击力、周期性作用力和摩擦力。

滚动转子式制冷压缩机的机械噪声主要包括：旋转系统旋转时不平衡惯性力产生振动引起的噪声；在气缸内的吸气、压缩、排气和余隙膨胀过程中，产生周期性的气流脉动力反作用在滚动转子、气缸体等相关零部件引起零部件振动产生的噪声；排气阀片开启、关闭时周期性撞击的噪声；运动部件在运动过程中发生机械撞击产生振动激发出来的噪声；相接触零部件之间的相对运动产生的摩擦噪声；压缩机零部件在各种激振力作用下产生的共振噪声等。

一般情况下，滚动转子式制冷压缩机的机械噪声随着运转频率的升高和负荷的增大而增大。

4. 油液动力性噪声

油液动力性噪声主要是由压缩机中的润滑油和液态制冷剂产生的，主要包括润滑油的喷射噪声、油泡噪声和空穴噪声等。

润滑油的喷射噪声是由润滑机构产生的；油泡噪声是液态制冷剂从润滑油中汽化析出过程中产生的；空穴噪声是润滑油中产生空穴、空穴形成又破裂所产生的噪声。

油液动力性噪声与电磁噪声、气体动力性噪声和机械噪声相比对滚动转子式制冷压缩机噪声贡献较小。在大多数情况下，通常不对油液动力性噪声作分析。但润滑油性能对机械噪声有较大影响，在压缩机中润滑油油位高度对气体动力性噪声的频率特征有影响，这是在滚动转子式制冷压缩机噪声控制分析中需关注的问题。

5. 振动

电磁力、气体力、机械力和油液动力这四种类型的激励源，不但会引起压缩机的噪声，还会致使压缩机产生机械振动。滚动转子式制冷压缩机的机械振动可以分为零部件振动和整机振动两种类型。零部件振动的状态与激励力的大小、频率以及结构的振动模态等多种因素有关；而整机的振动主要是由气体压缩过程中周期性变化的负载力矩与驱动电机的输出力矩不匹配、不平衡的电磁力，以及旋转系统不平衡的惯性力所引起的。此外，整机振动的大小还与压缩机的类型、运行工况和运转频率、隔振器的设计、配管等多种因素有关。

1.3.2　降低噪声和振动的基本方法

在滚动转子式制冷压缩机中，降低噪声和振动的一般方法和准则有以下几个方面。

1. 确定主要影响因素

滚动转子式制冷压缩机产生噪声和振动的原因比较复杂，不同激励源产生的噪声和振动其影响程度不同，并随着运转频率和负载的变化而变化，有时还相互耦合。在噪声和振动的控制中不可能对所有的噪声和振动都进行控制，也是没有必要的，只要针对主要的影响因素采取措施就可以得到良好的效果。因此，在压缩机噪声和振动控制中首先要做的就是确定最主要的几个影响因素，并针对这些因素采取措施。

2. 降低噪声源噪声

从源头上降低噪声，是压缩机噪声控制中最根本、最直接和最有效的途径，但也是技术难度最大的途径。为了降低噪声源的噪声，首先必须识别出噪声源，弄清噪声源产生的机理和规律，然后改进设计和结构，降低产生噪声的激振力以及发声部件对激振力的响应，从而达到治理噪声的目的。

在滚动转子式制冷压缩机中，常见的降低激振力的措施有：提高旋转零件的动平衡精度、改善运动副的润滑、提高装配精度、选取适当配合间隙、降低气流噪声源的流速、改进气流通道、避免过多的湍流、防止腔体的气体共鸣、提高电机定/转子之间气隙的均匀度、改进电机结构设计降低电磁激励力、降低电源谐波等方面。

另外，可以降低发声零部件对激振力的响应来降低噪声，它包含两层意思：一是分析辨别出主要辐射噪声的零部件或表面，改善激振力到该部位的传递特性，使其对激振力的响应最小。例如，将发声系统的固有频率降低到激振力频率的 1/3 以下或提高到远离激振力的频率，则发声部位的振动响应将明显降低。二是降低噪声辐射表面的声辐射系数，即同样大小的振动所辐射的噪声能量更小，常用措施是改善辐射表面的结构形状、刚度和厚度等。

3. 减少振动源的扰动

虽然激振源的来源不同，但引起压缩机振动的主要来源是振动源本身的不平衡力对滚动转子式制冷压缩机的激励。因此，减少或消除振动源本身的不平衡力，从振动源来控制，改进设计和提高制造加工装配精度，使其振动减小，是最有效的控制方法。

4. 防止共振

当压缩机内部激励力的频率与压缩机某些结构或壳体的固有频率一致时，就会引起共振，共振起放大振动的作用，其放大倍数可达几倍至几十倍。因此，防止、减少共振响应是降低压缩机噪声和振动控制中的一个重要内容。

在滚动转子式制冷压缩机中控制共振的主要方法有：①改变振动源的扰动频率和强度；②改变结构形状和尺寸或采用局部加强法等来改变结构的固有频率；③使压缩机避开敏感频率运转等。

5. 采用消声技术

在滚动转子式制冷压缩机中，气体动力性噪声是最主要的噪声源之一，特别是排气噪声、气体共鸣噪声、气体压缩噪声为压缩机的主要气体动力性噪声，这种气体动力性噪声在滚动转子式制冷压缩机中多采取设置消声器等降噪技术来降低或消除。

在滚动转子式制冷压缩机中，一般采用抗性消声器来消除气体动力性噪声，消声器的类型主要为扩张室式消声器和亥姆霍兹消声器。

6. 采用隔振和减振技术

滚动转子式制冷压缩机绝大多数情况下安装在制冷器具的底板(安装底板)上，压缩机的振动容易传递到安装底板上，引起安装底板以及与其相连的其他零部件振动产生噪声。隔振就是在压缩机与安装底板之间安装具有一定弹性阻尼的装置，使得振动源与安装底板之间的连接成为弹性连接，以隔离或减少振动能量的传递，从而达到减振降噪的目的。当隔振装置设计合理时，压缩机的振动传递将被降低，既可达到降低压缩机本身振动的效果，也可降低安装底板的振动，使制冷器具其他结构振动产生二次噪声的可能性降低。

另外，压缩机的吸气管和排气管也是重要的噪声和振动的传递途径，压缩机的机械振动和气流脉动都可以通过这一传递途径传播。压缩机的机械振动引起管道系统的振动产生噪声，特别是当压缩机机械激励力的频率与管道系统的固有频率一致或接近时，将导致管道机械共振，产生较大的二次噪声。而气流脉动也会激励起管道系统的振动，还有可能导致管道系统的气柱共振，产生噪声。因此，管道系统的减振和消声设计，也是降低压缩机噪声和振动传递的重要方面。

除了上述措施外，主动振动控制也是滚动转子式制冷压缩机变频调速运转时常用的一种振动控制方法。例如，变频滚动转子式制冷压缩机只有采用电机输出转矩跟随压缩机负载转矩变化的主动振动控制技术，才能保证压缩机在低频运转时的振动满足使用要求。

第 2 章　噪声控制的基础知识

2.1　声波、声源和声压

2.1.1　声波

任何物体在弹性介质中振动时，都会对其周围的介质产生影响，引起周围介质的振动，振动通过介质向周围传播，这种物体振动在弹性介质中的传播过程称为声波。

声波只能在弹性介质中传播，任何非弹性的介质或者没有介质的空间都不能传播声波，例如，声波不能在真空中传播。

当声波在弹性介质中传播时，介质的质点并不沿声波传播的方向运动，而是在它自身的平衡位置附近振动。也就是说，声波的传播实际上是振动的传播，传播的是物体的运动而不是物体本身。因此，声波是物体的一种运动形式，振动是声波产生的根源，振动和声波是相互联系的运动形式。

声波是机械波，它在弹性介质中传播时存在两种运动：介质质点的运动和声波的运动。传播振动的波有纵波和横波两种形式：介质质点的运动方向与波的传播方向垂直，称为横波；介质质点的运动方向与波的传播方向一致，称为纵波。

当弹性介质受到扰动而发生形变时，介质会产生相应的弹性力使介质恢复原来的形状，弹性介质正是由于具有这一性质才能传播机械波，因此机械波的传播与介质性质有密切的关系。横波传播时，介质会发生切变，因此只有可以产生切变的介质才能传播横波。纵波传播时，介质会产生容变，因此只有可以产生压力和拉力的介质才能传播纵波。在气体和液体介质中，没有切变弹性，因而在气体和液体介质中只能传播纵波；在固体介质中，因其兼有容变弹性和切变弹性，所以在固体介质中既可以传播纵波，也可以传播横波。

一般情况下声波是三维的，由声源发出的声波向所有的方向传播。但是在很多情况下，声波只沿空间的一条轴线传播，这时，声波的传播可以按一维来描述。例如，声波在充满空气的长管中的传播是一维波动，这时声场参数在所有时间内都有确定的方向性。一维声波又称为平面波。

下面以声波在如图 2.1 所示的长管中的传播情况为例来介绍声波的产生和传播过程。

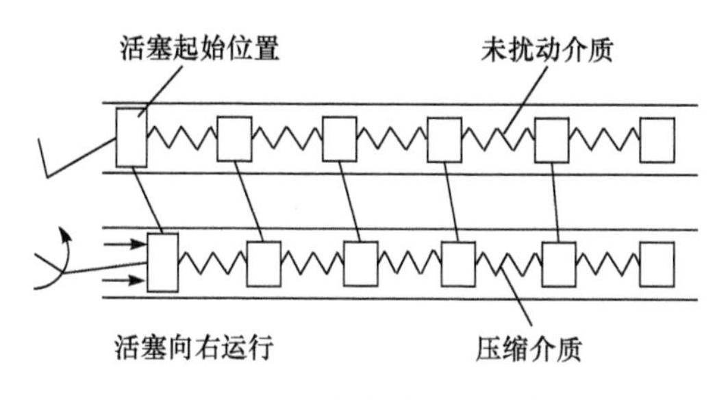

图 2.1　管中声波的传播

如图 2.1 所示，声波源是由一个具有动力的小半径曲柄连杆机构驱动刚性往复式活塞产生的。当曲柄的长度远小于连杆的长度时，活塞的运动非常接近简谐运动。曲柄半径越小，活塞振动的幅度也越小。

管中的介质(空气)可以看成由一系列介质单元组成，每个介质单元都可以处理成质量-弹簧系统。这样，整个管中的介质可以近似看成一系列的质量-弹簧系统。

在图 2.1 中，活塞开始运动时，加速将它附近的介质单元压缩推向右边，由于存在惯性，第一个介质单元会继续向右运动压缩第二个介质单元，使它向右运动，从而将动能从第一个介质单元传给第二个介质单元。由于介质单元之间存在弹性，它会产生一个反作用力作用于第一个介质单元，使第一个介质单元回到平衡位置，从而引起第一个介质单元振荡，同样，第二个介质单元又会将动能传给下一个介质单元。这样能量从一个介质单元传递给另一个介质单元，最后传递到整个介质。因此，这一扰动是以介质压力、质点速度和密度变化的形式从左至右传播的。介质单元唯一的运动是在平衡点附近的振荡运动。

当活塞以简谐运动形式连续不断地运动时，所有介质单元都沿着管的轴线方向或被压缩或被稀疏，并在平衡位置振荡。声波以活塞运动的频率向右传播，介质的每一个质点都以相同的频率在它的平衡位置振荡。由于每一个介质的质点在平衡位置振荡的幅值相同，所以扰动(声波)在介质中以恒定的速度传播。扰动在介质中传播的速度称为声波速度或声速。

需要说明的是，声波在介质中传播时，介质质点的速度远小于声波速度，影响声波在介质中传播速度的是介质的弹性和密度，声速与介质的弹性成正比，与介质的密度成反比。

声波的频率与物体振动的频率密切相关。一般情况下，物体的振动频率越高，产生的声波频率越高；物体的振动频率越低，产生的声波频率越低。实际上声波的频率范围很宽，但并不是所有的声波人耳都可以听到，正常人耳能感觉到的声波频率范围是 20～20000Hz。低于 20Hz 的声波称为次声波，超过 20000Hz 的声波称为超声波。一般情况下，声波是指听觉频率范围内的声波，这一频率范围称为可听声波频率范围。本书中所提到的声波，都是指可听声波。

凡是人耳感觉到的、令人讨厌或不舒服的声波都称为噪声。

2.1.2 声源

物体的振动是产生声音的根源，任何运动物体都能产生声音。一般情况下，声源是弹性体振动产生的，但实际上除了弹性体的振动产生声音以外，还有其他类型的声源。例如，运动的刚性体也能产生声音，如图 2.1 所示的刚性活塞振动就是刚性体运动产生声音的一个例子。另外，物体的突然运动也会产生声音，如一个运动的球体与一个静止的球体相碰，一个球体突然减速，一个球体突然加速，使球体附近的空气产生脉冲运动，产生声音，这种类型的噪声常称为加速度噪声，在具有冲击性的机械设备中加速度噪声是其主要的噪声源之一。

活塞振动产生的声波沿管道传播时，在管道尾部开放的情况下，会引起尾部空气的振动，产生声音。同样，活塞的振动也会引起管壁发射声波传到人耳，这种情况下的声音辐射类似于管乐器。

另外，还有很多声音来源于空气动力，这种声音称为空气动力性声音，如喷气式飞机推进时的强烈气体喷射，喷射所产生的激烈漩涡会产生噪声，这时并没有弹性体的振动。自然界有许多声音是空气动力性声音，如风吹过电线以及树的枝干时产生的声音等。

2.1.3 声压

介质质点在声波的作用下，介质的压强会不断变化。无声波扰动时介质的压强 P_0 称为静压强。设有声波扰动时介质的压强为 P，则有声波扰动时的压强与无声波扰动时的压强差 p 称为声压，即

$$p = P - P_0 \tag{2.1}$$

由于在声波的传播过程中介质的压强不断变化，同一时刻不同微单元体内的压强不同，不同时刻同一微单元体内的压强也不同。因此，声压是时间和空间的函数，可表示为

$$p = p(x, y, z, t) \tag{2.2}$$

同样，由声波扰动引起的介质密度的变化量 $\rho' = \rho - \rho_0$，也是空间和时间的函数，即

$$\rho' = \rho'(x, y, z, t) \tag{2.3}$$

声压随时间的变化速度很快，当声压传到人耳时，由于耳膜的惯性作用，实际上辨别不出声压的快速变化，人耳听到的声音不是瞬时声压值作用的结果，而是一个稳定的有效声压值作用的结果。有效声压是一段时间内瞬时声压的均方根

值，用数学式表示为

$$p_{\mathrm{e}}=\sqrt{\frac{1}{T}\int_{0}^{T}p^{2}(t)\mathrm{d}t} \tag{2.4}$$

式中，p_{e}——有效声压，单位为 Pa；

T——周期的整数倍，单位为 s；

$p(t)$——瞬时声压，单位为 Pa；

t——时间，单位为 s。

对于正弦声波，有效声压为

$$p_{\mathrm{e}}=\sqrt{\frac{1}{T}\int_{0}^{T}p_{\mathrm{m}}^{2}\sin^{2}(\omega t)\mathrm{d}t}=\frac{p_{\mathrm{m}}}{\sqrt{2}} \tag{2.5}$$

式中，p_{m}——声压幅值，即最大声压，单位为 Pa；

ω——正弦声波的角频率，单位为 rad/s。

当频率不同的有效声压为 $p_{\mathrm{e1}}, p_{\mathrm{e2}}, \cdots, p_{\mathrm{e}n}$ 时，合成的有效声压为

$$p_{\mathrm{e}}=\sqrt{p_{\mathrm{e1}}^{2}+p_{\mathrm{e2}}^{2}+\cdots+p_{\mathrm{e}n}^{2}} \tag{2.6}$$

在实际中，除非另有说明，一般声压就是指有效声压。

2.1.4　声波传播的类型

声波在传播过程中，振动相位相同的质点所构成的曲面称为波阵面。从对称的观点，按几何性质，声波分为平面波、柱面波和球面波三种类型。

1) 平面波

平面波是指声波沿一个方向传播，在其余方向上所有质点的振动幅值和相位均相同的声波。图 2.1 所示的管中传播的声波是平面波，声波在管中传播的波阵面平行于活塞平面，波阵面上的参数如声压、质点速度和质点位移总是不变的。通常大而平的表面振动容易产生平面波，特别是频率高时更容易产生平面波。

2) 柱面波

柱面波的波阵面形状如圆柱的表面，管道、子弹、飞机及公路上稳定的交通工具等产生的波比较接近圆柱面形。

3) 球面波

球面波的波阵面像球形，它以点声源为中心向四周传播。球面波是最常见的声波，如果脉动球形声源的直径远小于所辐射声波的波长，那么此声源可以近似为点声源。

声源产生的声波随着距离的变化，其几何性质会发生变化。例如，在大平面表面声源附近的声波几乎是平面波，但离开声源一定距离后的声波是球面波。

2.2　波动方程

有声波存在的弹性介质空间称为声场，如前所述，声场的特征可以用声压、质点速度和密度增量等状态参数来描述。在这些状态参数中，只有声压比较容易测量，而质点速度和密度增量等可以通过声压间接地计算得到。因此，在这里只讨论声压随时间和空间变化的关系，这种关系用数学式表示称为声波波动方程。在这里介绍理想介质中的声波波动方程。

理想介质是指不存在黏滞性，在宏观上是均匀的、静止的，声波在传播时为绝热过程的介质。声波在介质中的传播过程是一种宏观的物理现象，其必须同时满足牛顿第二定律、质量守恒定律和热力学定律三个基本物理学定律。利用这些定律可以推导出介质的运动方程、连续性方程和状态方程，从而推导出声波的波动方程。

2.2.1　运动方程

在声场中取一微体积元来分析，设微体积元的长、宽、高分别为 dx 、dy 、dz，如图 2.2 所示。假设平面声波沿 x 轴的正方向传播，则微体积元垂直于 x 轴的横截面积 $S = \mathrm{d}y\mathrm{d}z$，微体积元的体积为 $V = \mathrm{d}x\mathrm{d}y\mathrm{d}z$, x 轴方向的长度为 dx 。

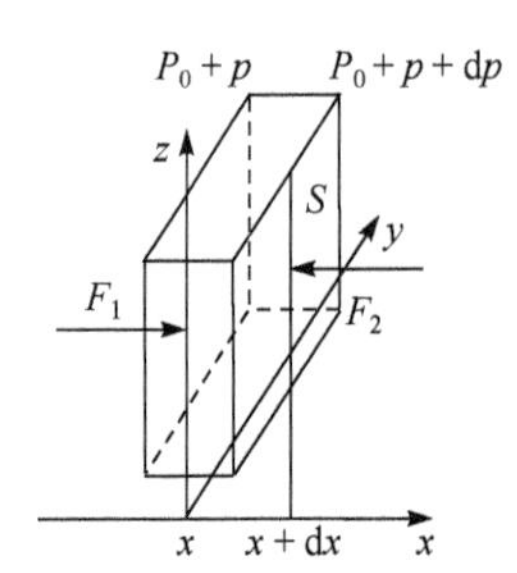

图 2.2　声场中的微体积元

在图 2.2 中，当微体积元内介质质点离开平衡位置向右运动时，右边介质的密度变大，左边介质的密度变小，也就是说，右侧面所受的力 F_2 要大于左侧面所受的力 F_1。

由于作用在微体积元两个端面上的力不能平衡，微体积元必将产生沿 x 方向的加速度 $\dfrac{\mathrm{d}v}{\mathrm{d}t}$。设在 d$x$ 距离内声压的增量为 dp, $\mathrm{d}p = \dfrac{\partial p}{\partial x}\mathrm{d}x$, 则根据牛顿第二定律，有

$$(P_0 + p)S - \left(P_0 + p + \frac{\partial p}{\partial x}\mathrm{d}x\right)S = \rho V\frac{\mathrm{d}v}{\mathrm{d}t} \tag{2.7}$$

式中，$\rho = \rho_0 + \rho'$ (ρ' 为介质的密度增量)。

将式(2.7)简化，有

$$\rho\frac{\mathrm{d}v}{\mathrm{d}t} = -\frac{\partial p}{\partial x} \tag{2.8}$$

式(2.8)中，介质质点加速度 $\dfrac{\mathrm{d}v}{\mathrm{d}t}$ 包括两部分：一部分是当地加速度 $\dfrac{\partial v}{\partial t}$；另一部分是迁移加速度 $\dfrac{\partial v}{\partial x}\dfrac{\mathrm{d}x}{\mathrm{d}t} = v\dfrac{\partial v}{\partial x}$。因此，有

$$\frac{\mathrm{d}v}{\mathrm{d}t}=\frac{\partial v}{\partial t}+v\frac{\partial v}{\partial x} \tag{2.9}$$

则式(2.8)可以写为

$$(\rho_0+\rho')\left(\frac{\partial v}{\partial t}+v\frac{\partial v}{\partial x}\right)=-\frac{\partial p}{\partial x}$$

略去上式中的二次项和高次项，有

$$\rho_0\frac{\partial v}{\partial t}=-\frac{\partial p}{\partial x} \tag{2.10}$$

式(2.10)为平面声波的运动方程，它描述了声压 p 与质点速度 v 之间的关系。因此，如果知道了声压随距离的变化，就可以求出质点振动速度随时间的变化率，即质点加速度。同样，知道了质点加速度也可以求出声压。

2.2.2　连续性方程

根据质量守恒定律，在介质中，单位时间内流出与流入微体积元的质量之差，应等于微体积元内质量的增加或减少。与声压相类似，在声波传播过程中，介质的密度也随距离和时间变化。同样，这里在声场中取一微体积元 V 进行分析，如图 2.3 所示。

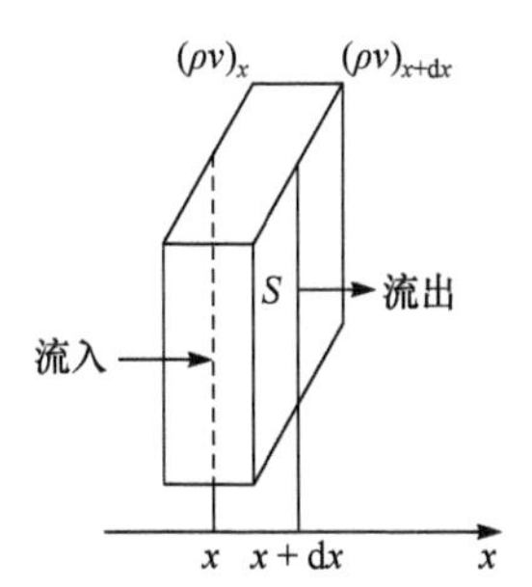

图 2.3　声场中微小体积元的流动

假设微体积元的表面在空间固定不动，介质质点周期性地自由进出，则在单位时间内从左端面流入微体积元的介质质量 m_1 为

$$m_1=(\rho v)_x S \tag{2.11}$$

同时，单位时间内从右端面流出的介质质量 m_2 为

$$m_2=(\rho v)_{x+\mathrm{d}x}S=\left[(\rho v)_x+\frac{\partial(\rho v)}{\partial x}\mathrm{d}x\right]S \tag{2.12}$$

因此，单位时间内流入微体积元的质量净增量 $\mathrm{d}m$ 为

$$\mathrm{d}m=m_1-m_2=-\frac{\partial(\rho v)}{\partial x}V \tag{2.13}$$

流入和流出的质量使微体积元内的密度发生变化。设单位时间内密度的变化率为$\frac{\partial \rho}{\partial t}$，则在单位时间内微体积元的质量变化又为

$$\mathrm{d}m = \frac{\partial \rho}{\partial t} V \tag{2.14}$$

合并式(2.13)和式(2.14)，于是得到

$$\frac{\partial \rho}{\partial t} = -\frac{\partial (\rho v)}{\partial x} \tag{2.15}$$

式(2.15)左边的物理意义是单位时间内介质密度的变化率，右边表示单位距离内介质质量的变化率。因$\rho = \rho_0 + \rho'$，将其代入式(2.15)，略去二次项和高次项，式(2.15)可以简化为

$$\frac{\partial \rho'}{\partial t} = -\rho_0 \frac{\partial v}{\partial x} \tag{2.16}$$

式(2.16)描述了声场中介质质点速度 v 与介质密度增量ρ'之间的关系，称为平面声波的连续性方程。连续性方程将介质密度和质点振动速度联系起来。

2.2.3　状态方程

由于声波传播过程可以认为是一个绝热过程，即可以认为压强 P 仅是密度 ρ 的函数，有

$$P = P(\rho) \tag{2.17}$$

压强 P 用泰勒级数式表示为

$$P = P_0 + \left[\left(\frac{\mathrm{d}P}{\mathrm{d}\rho}\right)_{\mathrm{s}}\right]_{\rho=\rho_0} (\rho - \rho_0) + \frac{1}{2}\left[\left(\frac{\mathrm{d}^2 P}{\mathrm{d}\rho^2}\right)_{\mathrm{s}}\right]_{\rho=\rho_0} (\rho - \rho_0)^2 + \cdots \tag{2.18}$$

其中下标“s”表示绝热过程。

由于声波为小幅扰动，略去二阶项和高阶项后，式(2.18)可以近似写为

$$P = P_0 + \left[\left(\frac{\mathrm{d}P}{\mathrm{d}\rho}\right)_{\mathrm{s}}\right]_{\rho=\rho_0} (\rho - \rho_0) \tag{2.19}$$

将$\left[\left(\frac{\mathrm{d}P}{\mathrm{d}\rho}\right)_{\mathrm{s}}\right]_{\rho=\rho_0}$用$c_0^2$表示，令$\mathrm{d}p = P - P_0$，$\mathrm{d}\rho = \rho - \rho_0$，则式(2.19)写为

$$\mathrm{d}p = c_0^2 \mathrm{d}\rho \tag{2.20}$$

式(2.20)为理想流体介质中声扰动的状态方程，状态方程将声场中压强的微小变化与密度的微小变化联系起来。

2.2.4　声波的波动方程

根据式(2.10)、式(2.16)和式(2.20)，可得到理想介质中小振幅平面声波的波动方程为

$$\frac{\partial^2 p}{\partial x^2}=\frac{1}{c_0^2}\frac{\partial^2 p}{\partial t^2} \tag{2.21}$$

同样，沿 y 和 z 方向建立各自的平面声波的波动方程。同时考虑 x、y 和 z 的声波运动时，可以推导出三维声波的波动方程为

$$\frac{\partial^2 p}{\partial x^2}+\frac{\partial^2 p}{\partial y^2}+\frac{\partial^2 p}{\partial z^2}=\frac{1}{c_0^2}\frac{\partial^2 p}{\partial t^2} \tag{2.22}$$

在推导波动方程(2.21)的过程中，忽略了二阶以上的微量，因此波动方程(2.21)和式(2.22)称为线性方程。

引入拉氏算子：

$$\nabla^2=\frac{\partial^2}{\partial x^2}+\frac{\partial^2}{\partial y^2}+\frac{\partial^2}{\partial z^2} \tag{2.23}$$

则式(2.22)可以写为

$$\nabla^2 p=\frac{1}{c_0^2}\frac{\partial^2 p}{\partial t^2} \tag{2.24}$$

以上是在直角坐标系下推导的声波波动方程，对于在自由空间中的无指向性声波来说，其声源往往以球面的形式辐射，用球坐标来表示声波的波动方程，则计算更方便。一维球坐标下声波的波动方程为

$$\frac{\partial^2 p}{\partial r^2}+\frac{2}{r}\frac{\partial p}{\partial r}=\frac{1}{c_0^2}\frac{\partial^2 p}{\partial t^2} \tag{2.25}$$

2.3　声波的基本性质

平面声波是最简单的声波，为了分析简便，下面以平面声波为例来分析声波的基本性质。

2.3.1　波动方程的解

由于初相位角对稳态声波传播性质无影响，为简化分析，设初相位角为零，则式(2.21)的解可以写为

$$p=p(x)\mathrm{e}^{\mathrm{j}\omega t} \tag{2.26}$$

式中，$\mathrm{j}=\sqrt{-1}$。

将式(2.26)代入式(2.21)，得到空间 $p(x)$ 的常微分方程为

$$\frac{\mathrm{d}^2 p(x)}{\mathrm{d}x^2}+k^2 p(x)=0 \tag{2.27}$$

式中，k——波数，且 $k=\frac{\omega}{c_0}$。

设式(2.27)的一般解为

$$p(x)=A\mathrm{e}^{-\mathrm{j}kx}+B\mathrm{e}^{\mathrm{j}kx} \tag{2.28}$$

式中，A、B——任意常数，由边界条件决定。

将式(2.28)代入式(2.26)得

$$p(t,x)=A\mathrm{e}^{\mathrm{j}(\omega t-kx)}+B\mathrm{e}^{\mathrm{j}(\omega t+kx)} \tag{2.29}$$

式(2.29)的第一项代表沿正 x 方向行进的波，第二项代表沿负 x 方向行进的波。当平面声波在没有反射体存在的无限介质中传播时，无反射波，故 $B=0$，这时，式(2.29)可以写为

$$p(t,x)=A\mathrm{e}^{\mathrm{j}(\omega t-kx)}$$

当 $t=0$、$x=0$ 时，在介质中的声压为 p_A，则声场中的声压可表示为

$$p(t,x)=p_A\mathrm{e}^{\mathrm{j}(\omega t-kx)} \tag{2.30}$$

将式(2.10)写为

$$v=-\frac{1}{\rho_0}\int\frac{\partial p}{\partial x}\mathrm{d}t \tag{2.31}$$

则由式(2.30)和式(2.31)可得到质点速度为

$$v(t,x)=v_A\mathrm{e}^{\mathrm{j}(\omega t-kx)} \tag{2.32}$$

式中，$v_A=p_A/(\rho_0 c_0)$。

由于在 $t=0$ 时，质点速度 $v(0)=0$，所以积分常数为零。式(2.30)及式(2.32)是理想介质中一维小振幅声波的声压和质点速度。

2.3.2 声波传播速度、波长和周期

1. 声波传播速度

1) 气体中的声速

对于一定质量的理想气体，其绝热状态方程为

$$PV^{\gamma}=P_0V_0^{\gamma} \tag{2.33}$$

式中，P 、P_0——气体的压强，单位为 Pa；

V 、V_0——气体的体积，单位为 m^3；

γ——气体定压比热与定容比热的比值。

当质量一定时，有

$$\rho_0 V_0 = \rho V$$

将此式代入式(2.33)，有

$$P = \left(\frac{\rho}{\rho_0}\right)^\gamma P_0 = \left(\frac{\rho_0 + \mathrm{d}\rho}{\rho_0}\right)^\gamma P_0 \approx P_0 + \frac{\gamma P_0}{\rho_0}\mathrm{d}\rho + \cdots \tag{2.34}$$

忽略二阶及高阶量，可以得到

$$p = \mathrm{d}p = P - P_0 \approx \left(\frac{\gamma P_0}{\rho_0}\right)\mathrm{d}\rho \tag{2.35}$$

对比式(2.20)和式(2.35)，可以求得理想气体中小振幅声波的声速为

$$c_0^2 = \frac{\gamma P_0}{\rho_0} \tag{2.36}$$

对于空气，$\gamma = 1.402$ ，在标准大气压下、温度为 20℃时，空气中的声速按式(2.36)计算为 344m/s。

声速 c_0 与介质平衡状态的参数有关，介质温度变化，声速也会随之变化。根据理想气体的克拉佩龙方程：

$$PV = \frac{M}{\mu} RT \tag{2.37}$$

式中，T——热力学温度，单位为 K；

μ——气体摩尔质量，单位为 kg/mol，空气摩尔质量 $\mu = 29\times10^{-3}$ kg/mol ；

M——气体的质量，单位为 kg；

R——气体常数，单位为 J/(K · mol)，空气的气体常数 $R = 8.31$J/(K · mol)。

因此，式(2.36)可以改写为

$$c_0 = \sqrt{\frac{\gamma P_0}{\rho_0}} = \sqrt{\frac{\gamma R}{\mu} T_0} \tag{2.38}$$

由式(2.38)可见，声速与无声扰动时介质平衡状态的热力学温度 T_0 的平方根成正比。

2) 液体中的声速

对于液体，由式(2.20)可以得到

$$c_0^2 = \left(\frac{\mathrm{d}p}{\mathrm{d}\rho}\right)_s = \frac{\mathrm{d}p}{\left(\frac{\mathrm{d}\rho}{\rho_0}\right)_s \rho_0} \approx -\frac{\mathrm{d}p}{\left(\frac{\mathrm{d}V}{V_0}\right)_s \rho_0} = \frac{1}{\beta_s \rho_0} \tag{2.39}$$

由此可得

$$c_0 = \frac{1}{\sqrt{\beta_s \rho_0}} \tag{2.40}$$

式中，$\beta_s = -\left(\frac{\mathrm{d}V}{V_0}\right) \Big/ \mathrm{d}p$——绝热压缩系数，单位为 m · s²/kg。

3) 固体中的声速

声波在固体中的传播速度与固体结构有较大关系，具有大横截面积固体中的声速可表示为

$$c_0 = \sqrt{\frac{E(1-\nu)}{\rho(1+\nu)(1-2\nu)}} \tag{2.41}$$

式中，E——固体的弹性模量，单位为 N/m²；

ρ——固体的密度，单位为 kg/m³；

ν——固体的泊松比。

2. *声波波长与周期*

如果声波的频率用 f_0 表示，波长用 λ 表示，则可以写成以下关系式：

$$c_0 = \lambda f_0 \tag{2.42}$$

由于声速 c_0 是由传播声波介质的性质决定的，在同一介质中声速为一恒定值，所以声波的波长与频率成反比。例如，在空气中，假设声速为 $c_0 = 340\text{m/s}$，则频率为 100Hz、1000Hz 和 10000Hz 时，声波的波长分别为 3.4m、34cm 和 34mm。在可听声频率的范围内，空气中声波的波长为 0.02～20m，波长的大小大约有 1000 倍的变化。

由于声波的频率是由声源决定的，所以相同频率的声波在不同的介质中传播时的波长不同。例如，100Hz 频率的声波在 20℃的空气中波长约为 3.4m，而在 20℃的水中波长约为 14.6m。

声波完成一个完整的传播循环所需要的时间称为周期，用 T 表示。周期为频率的倒数。声波波动的周期与频率、波长和声速的关系为

$$T = \frac{1}{f_0} = \frac{\lambda}{c_0} \tag{2.43}$$

2.3.3　声阻抗率和介质的特性阻抗

在声学中，定义介质中任一点的声压 p 与该点质点速度 v 的比值为该处的声阻抗率，用 z 表示，单位为 Pa · s/m，即

$$z = \frac{p}{v} \tag{2.44}$$

由于在很多情况下声压与质点振动速度不同相，这时，声阻抗率需要用复数表示，有

$$z = R_{\mathrm{s}} + \mathrm{j}X_{\mathrm{s}} \tag{2.45}$$

式中，R_{s}——声阻抗率的实部，称为声阻率，单位为 Pa · s/m；

X_{s}——声阻抗率的虚部，称为声抗率，单位为 Pa · s/m。

与电阻抗一样，声阻抗率的实数部分反映能量的损耗。在理想介质中，实数的声阻抗率也具有“损耗”的意思，但是它代表的不是能量转化为热，而是能量从一处向另一处转移，即“传递损耗”。

将式(2.30)、式(2.32)代入式(2.44)可求得平面前进声波的声阻抗率为

$$z = \frac{p}{v} = \rho_0 c_0 \tag{2.46}$$

对沿负方向传播的平面反射声波，通过类似的分析可求得

$$z = \frac{p}{v} = -\rho_0 c_0 \tag{2.47}$$

对于理想平面声场正弦行波来说，各个位置的声阻抗率数值相同，并为实数。也就是说，在理想平面声场中各位置无能量的储存，前一位置的能量可以完全传播到下一位置。

$\rho_0 c_0$ 是介质固有的常数，它反映介质的声学特性，是介质对振动运动反作用的定量表述，其数值对声传播的影响比 ρ_0 或 c_0 单独的影响要大，在声学中具有特殊的地位。$\rho_0 c_0$ 称为介质的特性阻抗，其单位为瑞利(N · s/m^3)。

由于平面声波的声阻抗率与特性阻抗相等，所以平面声波处处与介质的特性阻抗相匹配。

声阻抗 Z 为声压与体积速度($U = vS$)之比，可以表示为

$$Z = R + \mathrm{j}X \tag{2.48}$$

式中，R、X——实部、虚部，分别称为声阻和声抗。

在自由声场中平面正弦波的声阻抗为

$$Z = \frac{\rho_0 c_0}{S} \tag{2.49}$$

在讨论截面发生变化的声波传播时，上述两个概念特别有用。

2.4 声波的能量、声强和声功率

声波在介质中传播时，会引起介质中各质点在平衡位置附近来回振动，使介质具有振动动能；同时，介质也发生了压缩和膨胀，使介质具有形变位能。振动动能和形变位能之和是使介质扰动得到的总声能量，声波的传播过程实质上是声能量的传播过程。

2.4.1 声能量和声能量密度

设想在声场中取一微体积元，其在未受到声波扰动时的体积为 V_0，压强为 P_0，密度为 ρ_0，受到声波扰动时，微体积元得到的动能 ΔE_k 为

$$\Delta E_k = \frac{1}{2}(\rho_0 V_0)v^2 \tag{2.50}$$

式中，v——介质质点速度，单位为 m/s。

由于声波的扰动，声场中微体积元的压强从 P_0 变为 $P_0 + p$，体积由 V_0 变为 V，因而产生形变位能，即

$$\Delta E_p = -\int_0^p p\mathrm{d}V \tag{2.51}$$

其中负号表示压强的变化与微体积元的变化相反。

当微体积元的压强增加时体积缩小，此时外力对微体积元做功，形变位能增加，压缩过程中微体积元储存能量；当微体积元对外界做功时，微体积元内的形变位能减少，膨胀过程中微体积元释放能量。

由于微体积元在压缩和膨胀过程中质量保持不变，单位体积元体积的变化与密度之间有以下关系：

$$\frac{\mathrm{d}\rho}{\rho_0} = -\frac{\mathrm{d}V}{V_0} \tag{2.52}$$

将式(2.20)代入式(2.52)，得

$$\mathrm{d}V = -\frac{V_0}{\rho_0 c_0^2}\mathrm{d}p \tag{2.53}$$

将式(2.53)代入式(2.51)，有

$$\Delta E_p = \frac{V_0}{\rho_0 c_0^2}\int_0^p p\mathrm{d}p = \frac{V_0}{2\rho_0 c_0^2}p^2 \tag{2.54}$$

将体积元的声动能和声形变位能相加得到总的声能量，即

$$\Delta E = \Delta E_k + \Delta E_p = \frac{V_0}{2}\rho_0\left(v^2 + \frac{1}{\rho_0^2 c_0^2}p^2\right) \tag{2.55}$$

单位体积中的声能量，称为声能量密度ε，简称声能密度，其表达式为

$$\varepsilon = \frac{\Delta E}{V_0} = \frac{1}{2}\rho_0\left(v^2 + \frac{1}{\rho_0^2 c_0^2}p^2\right) \tag{2.56}$$

上述推导中，对声场没有作特殊限制，式(2.55)和式(2.56)为适合于各种类型声波的一般表达式。

对于平面声波，声能具有以下特点：

(1) 平面声波声场中，任何位置的动能和形变位能都具有相同的相位，其总声能随时间由零至最大值。将平面声波的声压(式(2.30))和质点速度(式(2.32))的实部代入式(2.55)，有

$$\begin{aligned}\Delta E &= \frac{V_0}{2}\rho_0\left[\frac{p_A^2}{\rho_0^2 c_0^2}\cos^2(\omega t - kx) + \frac{p_A^2}{\rho_0^2 c_0^2}\cos^2(\omega t - kx)\right] \\ &= V_0\frac{p_A^2}{\rho_0 c_0^2}\cos^2(\omega t - kx)\end{aligned} \tag{2.57}$$

由式(2.57)可以看出，在平面声场中，所有位置的动能和形变位能同相位，动能和形变位能同时达到最大值，并且动能和形变位能的最大值相等，总声能是动能或形变位能的 2 倍。

(2) 平面声能密度处处相等。式(2.57)为瞬时声能的表达式，由于为周期性函数，对它的一个周期取平均，可得到声能量的时间平均值：

$$\overline{\Delta E} = \frac{1}{T}\int_0^T \Delta E \mathrm{d}t = \frac{1}{2}V_0\frac{p_A^2}{\rho_0 c_0^2} \tag{2.58}$$

则单位体积的平均声能量，即平均声能密度为

$$\overline{\varepsilon} = \frac{\overline{\Delta E}}{V_0} = \frac{p_A^2}{2\rho_0 c_0^2} = \frac{p_\mathrm{e}^2}{\rho_0 c_0^2} \tag{2.59}$$

在理想介质的平面声场中，声压的幅值不随距离的改变而改变，因此平均声能密度处处相等。

2.4.2　声强和声功率

1. 声强

单位时间内通过垂直于声传播方向上面积为 S 的平均声能量，称为平均声能

量流或平均声功率。由于声能量以声速 c_0 传播，所以平均声能量流等于声场中面积为 S、高度为 c_0 的体积内的所有平均声能量流，即

$$\overline{W} = \bar{\varepsilon} c_0 S \tag{2.60}$$

式中，$\overline{W}$——平均声能量流，单位为 W。

垂直于传播方向的单位面积上通过的平均声能量流，称为平均声能量流密度或声强，也就是说，传播方向上通过单位面积的声功率称为声强，即

$$I = \frac{\overline{W}}{S} = \bar{\varepsilon} c_0 \tag{2.61}$$

式中，I——声强，单位为 W/m²。

需要特别注意的是，在三维空间中声强为矢量，声强的方向是能量的传播方向，垂直于传播方向的声强为零。

对于沿正 x 方向传播的平面声波，将式(2.59)代入式(2.61)得

$$I = \frac{p_A^2}{2\rho_0 c_0} = \frac{p_e^2}{\rho_0 c_0} = \frac{1}{2} p_A v_A = p_e v_e \tag{2.62}$$

式中，v_e——有效质点速度，$v_e = v_A / \sqrt{2}$，单位为 m/s。

对于沿负 x 方向传播的平面声波，其传播速度为 $-c_0$，此时有

$$I = -\bar{\varepsilon} c_0 = -\frac{p_A^2}{2\rho_0 c_0} = -\frac{1}{2} p_A v_A \tag{2.63}$$

由于声强具有方向性，同时存在前进波和反射波时，总声强为

$$I = I_+ + I_- \tag{2.64}$$

式中，I_+——前进波的声强，单位为 W/m²；

I_-——反射波的声强，单位为 W/m²。

当前进波与反射波相等时 $I = 0$。因此，声场中存在前进波和反射波时，声强不能表明能量关系。

在实际情况下，影响声强和声压的因素很多，如声源辐射的指向性，声波传播过程中的反射、折射、衍射、散射和吸收等。因此，声场中声强和声压的测量值与测量环境有关。

2. 声功率

声源单位时间内辐射的总声能量称为声功率。如果声源辐射的面积为 S，通过此面积的声强为 I，则声功率为

$$W = \int_S I \mathrm{d}S \tag{2.65}$$

式中，W——声功率，单位为 W。

对于自由声场中的平面波，声源的声功率为

$$W = IS \tag{2.66}$$

对于自由声场中的球面波，当波阵面是围绕声源半径为 r 的球面时，声源的声功率为

$$W = I \times 4\pi r^2 \tag{2.67}$$

即

$$W = \frac{4\pi r^2 p_e^2}{\rho_0 c_0} \tag{2.68}$$

对于放置在刚性地面上的声源，由于声波只能向半球面空间辐射，则有

$$W = I \times 2\pi r^2 = \frac{2\pi r^2 p_e^2}{\rho_0 c_0} \tag{2.69}$$

由此可以看出，对于球面声波，声强与球面的半径 r^2 成反比，即声强随距离的平方而衰减。

需要注意的是，声源的声功率与声源的总功率不是一个概念，声功率只是声源总功率中以声波形式辐射出去的部分，声功率远小于总功率。

2.5 声波传播的基本现象

由于声波是一种波动，所以它具有波动的一切性质。当声波在传播过程中遇到各种各样的“障碍物”时，声波会发生反射、折射、透射和绕射等现象。另外，当各种声波在同一种介质中相遇时，会发生干涉等现象。

2.5.1 声波的反射与折射

当声波从一种介质传递到另一种介质的分界面时，由于两种介质的特性阻抗不同，会产生反射和折射现象，如图 2.4 所示。

声波介质在分界面上，一部分声波返回介质Ⅰ，此为反射现象；另一部分声波传入介质Ⅱ，继续向前传播，传入介质Ⅱ的声波将改变传播方向，此为折射现象。

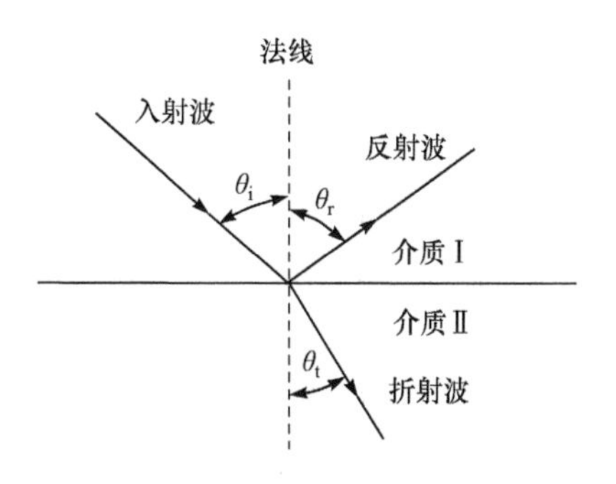

图 2.4 声波的反射和折射

1. 反射定律与折射定律

声波的反射和折射规律遵循斯涅耳定律，即反射线、折射线、入射线和界面的法线在同一平面内，入射线与反射线分居于法线的两侧，且反射角等于入射角，入射角的正弦与折射角的正弦之比，等于介质Ⅰ与介质Ⅱ中声速之比。

(1) 反射定律

$$\theta_i = \theta_r \tag{2.70}$$

(2) 折射定律

$$\frac{\sin\theta_i}{\sin\theta_t} = \frac{c_1}{c_2} \tag{2.71}$$

式中，θ_i——入射角，单位为 rad；

θ_r——反射角，单位为 rad；

θ_t——折射角，单位为 rad；

c_1——介质Ⅰ中的声速，单位为 m/s；

c_2——介质Ⅱ中的声速，单位为 m/s。

斯涅耳定律说明，声波在遇到分界面发生反射和折射现象时，反射角和入射角相等，而折射角的大小与声波在两种介质中的声速之比有关，介质Ⅱ中的声速越大，则折射波偏离分界面法线的角度就越大。

2. 反射系数和透射系数

反射声波和折射声波的声压幅值、声强与入射声波的声压幅值、声强之比分别称为声压反射系数、声压透射系数、声强反射系数和声强透射系数：

声压反射系数 R_r 为

$$R_r = \frac{p_{ar}}{p_{ai}} = \frac{\rho_2 c_2 \cos\theta_i - \rho_1 c_1 \cos\theta_t}{\rho_2 c_2 \cos\theta_i + \rho_1 c_1 \cos\theta_t} \tag{2.72}$$

声压透射系数 R_t 为

$$R_t = \frac{p_{at}}{p_{ai}} = \frac{2\rho_2 c_2 \cos\theta_i}{\rho_2 c_2 \cos\theta_i + \rho_1 c_1 \cos\theta_t} \tag{2.73}$$

声强反射系数 α_r 为

$$\alpha_r = \frac{I_{ar}}{I_{ai}} = \left(\frac{\rho_2 c_2 \cos\theta_i - \rho_1 c_1 \cos\theta_t}{\rho_2 c_2 \cos\theta_i + \rho_1 c_1 \cos\theta_t}\right)^2 \tag{2.74}$$

声强透射系数 α_t 为

$$\alpha_t = \frac{I_{at}}{I_{ai}} = \frac{4\rho_1 c_1 \rho_2 c_2 \cos^2\theta_i}{(\rho_2 c_2 \cos\theta_i + \rho_1 c_1 \cos\theta_t)^2} \tag{2.75}$$

式中，p_{ai}、p_{ar}、p_{at}——入射、反射和折射声压的幅值，单位为 Pa；

I_{ai}、I_{ar}、I_{at}——入射、反射和折射声强的幅值，单位为 W/m²；

$\rho_1 c_1$、$\rho_2 c_2$——介质 1 和介质 2 的特性阻抗，单位为 Pa · s/m。

声强反射系数和声强透射系数的关系为

$$\alpha_r + \frac{\cos\theta_t}{\cos\theta_i}\alpha_t = 1 \tag{2.76}$$

如果声波垂直入射，即 $\theta_i = 0$ ，则

$$\alpha_r + \alpha_t = 1 \tag{2.77}$$

由上面各式可知，声波在介质中传播时，反射系数和透射系数是由两种介质的特性阻抗之比决定的。因此，在噪声控制中，可以利用声波在多种介质传播过程中特性阻抗不相等就有反射的原理来控制噪声。例如，隔声降噪时，可以用两种或两种以上材料相叠加，在各层之间造成界面，每层界面上会有一部分能量被反射回去，经过多次反射和被反射，可以消耗更多的声能量，从而减少辐射到空气中的噪声。特别是两种材料的特性阻抗差值大，对降低噪声的传播更有效。

2.5.2　声波的绕射

声波在传播的过程中，遇到障碍物或者孔洞，当声波的波长远大于障碍物或孔洞时会发生绕射，如图 2.5 和图 2.6 所示。在声波发生绕射时波阵面发生畸变，这种现象称为声波的绕射或衍射。

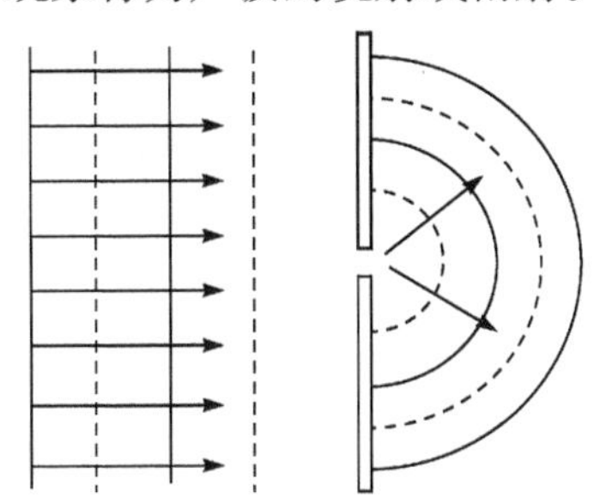

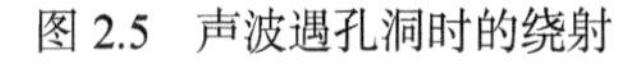

图 2.5　声波遇孔洞时的绕射

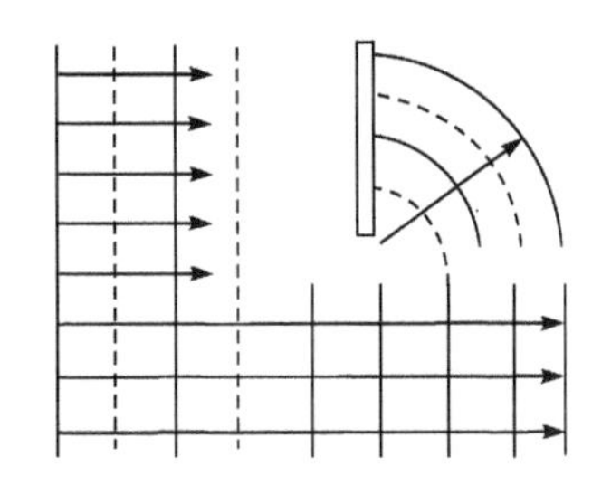

图 2.6　声波波长大于障碍物时的绕射

声波绕射现象与障碍物的线度尺寸和声波波长(频率)的比值有关。同样的障碍物，声波的波长越长，越容易绕射过去。例如，当声波波长远大于栅栏截面尺寸时，好像栅栏不存在，声波会绕过它继续传播，如图 2.7 中的低频声波。

当声波的波长比障碍物的尺寸小很多时，虽然还有绕射，但大部分声波将被障碍物反射，在障碍物后面边缘的附近将形成一个没有声波的的声影区，如图 2.7 中的高频声波。

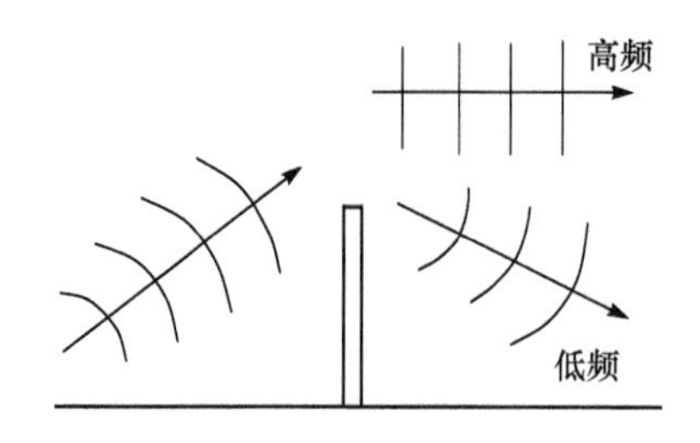

图 2.7　声波波长小于栅栏尺寸时的绕射

由此可见，障碍物对低频声波的作用较小，但对高频声波具有较强的屏蔽作用，即低频声波的漏声现象比高频声波要严重得多。

2.5.3　声波的叠加与干涉

声波在同一介质中传播时，几个声波相遇后，每一个声波仍会保持各自的特性(如频率、波长、振动方向等不变)，按照原来的传播方向继续前进，好像彼此并未相遇过一样，这与运动物体相遇的情况完全不一样。在声波相遇的地方，介质质点的振动是各个声波分别在该点所引起的振动的合成。声波传播的这种相加性称为波的叠加性原理。

在均匀理想的介质中，声波传播满足线性声波方程，由声波的叠加性原理可知，两个声压分别为 p_1 和 p_2 的任意声波的合成声压为

$$p = p_1 + p_2 \tag{2.78}$$

如果两个声波声压的频率、幅值和相位不同，则到达某位置时的声压表示为

$$p_1 = p_{1\mathrm{m}} \cos(\omega_1 t - \varphi_1) \tag{2.79}$$

$$p_2 = p_{2\mathrm{m}} \cos(\omega_2 t - \varphi_2) \tag{2.80}$$

式中，$p_{1\mathrm{m}}$、$p_{2\mathrm{m}}$——声波声压的幅值，单位为 Pa。

其合成声场的声压为

$$\begin{aligned} p^2 = p_{\mathrm{m}}^2 \cos(\omega t - \varphi) &= p_{1\mathrm{m}}^2 \cos^2(\omega_1 t - \varphi_1) + p_{2\mathrm{m}}^2 \cos(\omega_2 t - \varphi_2) \\ &+ 2 p_{1\mathrm{m}} p_{2\mathrm{m}} \cos(\omega_1 t - \varphi_1)\cos(\omega_2 t - \varphi_2) \end{aligned} \tag{2.81}$$

式(2.81)两边同时求能量平均，右边第三项随时间的平均值为零(条件 $\omega_1 \neq \omega_2$)，则有

$$\frac{1}{2} p_{\mathrm{m}}^2 = \frac{1}{2} p_{1\mathrm{m}}^2 + \frac{1}{2} p_{2\mathrm{m}}^2 \tag{2.82}$$

如果以 $p_{1\mathrm{e}}$ 和 $p_{2\mathrm{e}}$ 表示两个声波的均方根(即有效声压)，则叠加后的均方根为

$$p_{\mathrm{e}}^2 = p_{1\mathrm{e}}^2 + p_{2\mathrm{e}}^2$$

$$p_{\mathrm{e}} = \sqrt{p_{1\mathrm{e}}^2 + p_{2\mathrm{e}}^2} \tag{2.83}$$

因此，声强与声压的关系在叠加后仍保持不变。

如果两个声压的频率相同，相位不随时间变化，则到达某位置时的合成声场的声压为

$$p = p_1 + p_2 = p_{1m}\cos(\omega t - \varphi_1) + p_{2m}\cos(\omega t - \varphi_2) = p_m\cos(\omega t - \varphi) \tag{2.84}$$

式中，$p_m^2 = p_{1m}^2 + p_{2m}^2 + 2p_{1m}p_{2m}\cos(\varphi_2 - \varphi_1)$；

$\varphi = \arctan\left(\dfrac{p_{1m}\sin\varphi_1 + p_{2m}\sin\varphi_2}{p_{1m}\cos\varphi_1 + p_{2m}\cos\varphi_2}\right)$。

由式(2.84)可知，频率相同的两列声波，合成后的声压仍然是同频率的声波振动，但振幅不等于两声波声压振幅之和，它与两声波的相位有关。

当 $\varphi_2 - \varphi_1 = 0, \pm 2\pi, \pm 4\pi, \cdots$时，$\cos(\varphi_2 - \varphi_1) = 1$，有

$$p_m = p_{1m} + p_{2m} \tag{2.85}$$

当 $\varphi_1 - \varphi_2 = \pm\pi, \pm 3\pi, \pm 5\pi, \cdots$时，$\cos(\varphi_2 - \varphi_1) = -1$，有

$$p_m = p_{1m} - p_{2m} \tag{2.86}$$

可以看出，两列声波叠加后合成声波的声压幅值在 $p_{1m} + p_{2m}$ 和 $p_{1m} - p_{2m}$ 之间变化，声波在某些位置相互加强，合成的振幅为两波振幅之和；在某些位置则相互减弱或完全抵消，合成的振幅为两波振幅之差。声波的这种现象称为声波的干涉，具有相同频率并且相位不变的声波称为相干波。从两声波源同时发出而到达相遇点时的路程差，称为波程差。

当两列频率和振幅相同但相位相反的声波,在同一直线上以相反方向传播时，具有固定于空间的波节和波腹。波节是声波中幅值为零的点，波腹是声波中幅值最大的点。由于这种声波的波形不随时间而变化，好像永驻不动似的，所以这种声波称为驻波。

2.6　噪声的物理量度

2.6.1　声级的定义

1. 级、声压级

人耳可听声的频率范围为 20～20000Hz，在这一频率范围内声波的声压或者声强有一个可听范围。也就是说，一定频率声波的声压或者声强有上下两个限度，小于这个限度人耳就听不到声音，大于这个限度人耳就会有疼痛的感觉，这两个限度分别称为听阈声压(或声强)和痛阈声压(或声强)。对于 1000Hz 的纯音，人耳的听阈声压为 2×10^{-5}Pa，痛阈声压为 20Pa。相对应的听阈声强则为 10^{-12}W/m^2，痛阈声强为 1W/m^2。

从人耳刚刚能听到的微弱声音到难以忍受的强烈噪声，声压的变化范围可达

10^6量级，但仅为一个大气压的几十亿分之一到几千分之一，因此声音的强弱变化和人耳的听觉范围非常宽广。在这样宽广的范围内，用声压的绝对值或声强的绝对值作单位来衡量声音的强弱是极不方便的，同时，很难实现一定的度量精度。

另外，从人耳接收声音的情况来看，在主观上产生的响度感觉并不与声压的绝对值成正比，而是更近似与声压的对数成正比。因此，基于这两方面的原因，声学上普遍使用对数标度来度量声压，称为声压级。

声压级定义为声压有效值的平方与 1000Hz 纯音的听阈声压平方的比值，取以 10 为底的常用对数，单位为分贝，用 dB 表示。声压级的定义为

$$L_p = 10\lg\frac{p_e^2}{p_0^2} = 20\lg\frac{p_e}{p_0} \tag{2.87}$$

式中，L_p——声压级，也用 SPL 表示，单位为 dB；

p_e——声压有效值，单位为 Pa；

p_0——基准声压，取 $p_0 = 2\times10^{-5}$ Pa。

式(2.87)也可以写为

$$L_p = 20\lg p_e + 94 \tag{2.88}$$

在空气中，基准声压 $p_0 = 2\times10^{-5}$ Pa 是具有正常听力的人刚刚能够觉察到的 1000Hz 纯音的最低声压值，低于这一声压值，一般人就不能觉察到此声音的存在，这样，可听阈声压的声压级为

$$L_{p_0} = 20\lg\frac{p_0}{p_0} = 0\text{dB}$$

痛阈声压的声压级为

$$L_{p_{\max}} = 20\lg\frac{p_{\max}}{p_0} = 20\lg\frac{2\times10}{2\times10^{-5}} = 120\text{dB}$$

由此可知，基准声压 p_0 对应的声压级为 0dB，痛阈声压对应的声压级为 120dB。因此，使用声压级可以将可听声范围内声压绝对值表示的百万倍的变化变成 0～120dB 的变化，使声音的度量大为简化。

从式(2.88)可知，声压级每变化 20dB，相当于声压变化 10 倍；每变化 40dB，相当于声压变化 100 倍；每变化 60dB，相当于声压变化 1000 倍。可见，噪声增加或降低 20dB 是相当大的变化。

2. 声强级和声功率级

与声压级相似，也可以得到声强级和声功率级的表达式。

声强级是以 1000Hz 纯音的听阈声强值 $I_0 = 10^{-12}$ W/m² 为基准定义的，即

$$L_I = 10\lg\frac{I}{I_0} \tag{2.89}$$

式中，L_I——声强级，也可用 SIL 表示，单位为 dB。

在空气中，基准声强 I_0 是与基准声压 2×10^{-5} Pa 相对应的声强值。

式(2.89)也可以写为

$$L_I = 10\lg I + 120 \tag{2.90}$$

同样，声功率级为

$$L_W = 10\lg\frac{W}{W_0} \tag{2.91}$$

式中，L_W——声功率级，也可用 SWL 表示，单位为 dB。

W_0——基准声功率，以 1000Hz 纯音的听阈声功率值为 10^{-12}W。

式(2.91)也可以写为

$$L_W = 10\lg W + 120 \tag{2.92}$$

3. 声压级、声功率级和声强级之间的换算关系

1) 声压级与声强级的关系

将式(2.62)以及参考声强时的空气特性阻抗 $\rho_0 c_0 = 400\ \text{Pa}\cdot\text{s/m}$ 代入式(2.89)有

$$L_I = L_p + 10\lg\frac{400}{\rho_0 c_0} \tag{2.93}$$

如果恰好 $\rho_0 c_0 = 400\text{Pa}\cdot\text{s/m}$，则声强级和声压级在数值上就会相等。一般情况下，两者相差一个修正项 $10\lg\dfrac{400}{\rho_0 c_0}$，由于大气压强和温度变化范围不大，通常该项是比较小的，所以可近似认为声强级 L_I 等于声压级 L_p。

2) 声压级与声功率级的关系

(1) 自由场。

对于球面扩散的声源，当距离声源 r(单位为 m)时，有

$$L_W = L_p + 20\lg r + 10.99 \tag{2.94}$$

对于半球面(如声源靠近地面)，当距离声源 r(单位为 m)时，有

$$L_W = L_p + 20\lg r + 7.98 \tag{2.95}$$

(2) 混响场。

对于混响室，当接收测量声主要为混响声时，有

$$L_W = L_p + 10\lg V - 10\lg T - 14 \tag{2.96}$$

式中，V——混响室的体积，单位为 m^3；

T——混响时间，单位为 s。

由上面的分析可知，通过测量声源某距离处的声压，即可换算出该声源的声强级和声功率级。

2.6.2　声级的计算

在实际噪声的测量中，噪声源往往为多个，即使只有一个噪声源，也涉及不同频率或者不同频段噪声级之间的合成与分解，因此需要进行声级的计算。

从式(2.87)、式(2.89)、式(2.91)可知，噪声级是按对数运算得到的，因此声级的合成与分解也必须按对数法则进行计算。

1. *声级的加法*

从式(2.87)可知，声音的叠加不是声压的叠加，而是声压平方的叠加，即能量的叠加。

假设介质空间同时有 n 个噪声存在，有效声压和声压级分别为 $p_{e1}, p_{e2}, \cdots, p_{en}$ 和 $L_{p1}, L_{p2}, \cdots, L_{pn}$，则

$$L_{p1} = 10\lg\frac{p_{e1}^2}{P_0^2},\quad L_{p2} = 10\lg\frac{p_{e2}^2}{p_0^2},\quad \cdots,\quad L_{pn} = 10\lg\frac{p_{en}^2}{p_0^2}$$

n 个声源有效声压合成的总有效声压为 $p_e = \sqrt{p_{e1}^2 + p_{e2}^2 + \cdots + p_{en}^2}$，因此有

$$\begin{aligned} L_p &= 20\lg\frac{p_e}{p_0} = 10\lg\left(10^{0.1L_{p1}} + 10^{0.1L_{p2}} + \cdots + 10^{0.1L_{pn}}\right) \\ &= 10\lg\left(\sum_{i=1}^{n} 10^{0.1L_{pi}}\right) \end{aligned} \tag{2.97}$$

如果这 n 个声源的总有效声压相同，则有

$$L_p = L_{p1} + 10\lg n \tag{2.98}$$

当只存两个不同的噪声源时，式(2.97)可写为

$$\begin{aligned} L_p &= 10\lg\left(\frac{p_{e1}^2}{p_0^2} + \frac{p_{e2}^2}{p_0^2}\right) = 10\lg(10^{0.1L_{p1}} + 10^{0.1L_{p2}}) \\ &= L_{p1} + 10\lg(1 + 10^{-0.1\varDelta}) \end{aligned} \tag{2.99}$$

式中，$\varDelta = L_{p1} - L_{p2}$，其中 $L_{p1} > L_{p2}$。

设 $\Delta L_p = 10\lg(1 + 10^{-0.1\varDelta})$，则式(2.99)可以写为

$$L_p = L_{p1} + \Delta L_p \tag{2.100}$$

ΔL_p是两个噪声声压级之差的函数，将$\Delta L_p = 10\lg(1+10^{-0.1\varDelta})$当成$\varDelta$的函数，绘制成图表，如图 2.8 所示。这样，不需要对数和指数计算就可以查出两个声压级叠加后的总声压级。

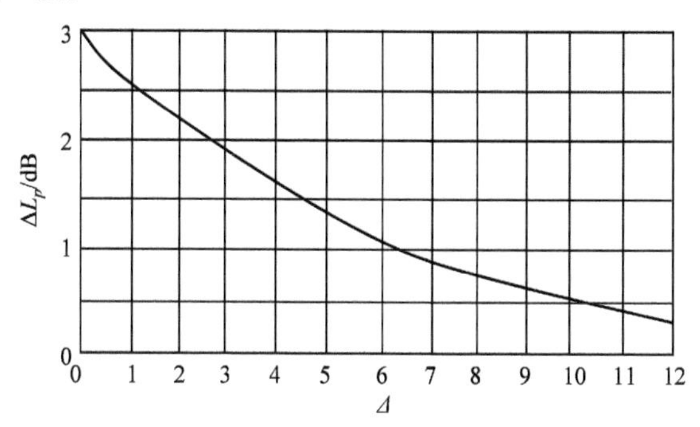

图 2.8　分贝加法计算图表

从图 2.8 中可以看出，当两个声压级相差 10dB 以上时，叠加后的总声压级基本上等于较高的那个声压级L_{p1}，所对应的ΔL_p基本可以忽略不计。根据这一原理可知，在测量噪声时，本底噪声对测量结果的影响是可以修正的。同样，在有很多噪声源的情况下，首先应该治理噪声最强的噪声源，才会收到显著的效果，否则，噪声状况改善不明显。

对于多个声压级相加，也可以利用两个声压级相加的方法求得。如果有 n 个不同噪声级同时作用，首先找出其中两个最大的声压级，计算出$\varDelta$值，再由图 2.8 中查出对应的噪声附加值ΔL_p，将ΔL_p和最大的一个声压级相加，得到合成的声压级值。重复上述的计算就可计算出两个以上的声压级合成的总声压级。当相加的声压级大于后面未相加的声压级 10dB 以上时，若未相加的声压级数量不多，可以略去不计。

对于多个声源，声强和声功率为代数相加，即

$$I = I_1 + I_2 + \cdots + I_n = \sum_{i=1}^{n} I_i \tag{2.101}$$

$$W = W_1 + W_2 + \cdots + W_n = \sum_{i=1}^{n} W_i \tag{2.102}$$

因此，总声强级和总声功率级分别为

$$L_I = 10\lg\frac{I}{I_0} = 10\lg\frac{\sum_{i=1}^{n} L_i}{I_0} \tag{2.103}$$

$$L_W = 10\lg\frac{W}{W_0} = 10\lg\frac{\sum_{i=1}^{n} W_i}{W_0} \tag{2.104}$$

2. 声级的减法

如果已知由 n 个声源产生的总声压级，以及其中的 $n-1$ 个声源的声压级，要求第 k 个声源的声压级，有

$$L_{pk} = 10\lg\left[10^{0.1L_p} - \left(\sum_{i=1}^{k-1} 10^{0.1L_{p_i}} + \sum_{i=k+1}^{n} 10^{0.1L_{p_i}}\right)\right] \tag{2.105}$$

噪声测试往往受环境噪声或者本底噪声的影响，这时，可以事先测量环境噪声或本底噪声，利用式(2.105)来消除环境噪声或本底噪声得到实际声源的噪声。另外，声级的减法还可以用于分步运转法中对噪声源进行诊断。

式(2.105)也可以如前所述一样绘制成“分贝相减”曲线进行计算。

2.6.3　噪声的频谱分析

做简谐振动声源所产生的声波，其声压与时间的关系为正弦曲线，它只具有单一频率成分，称为纯音。由很多不同频率的纯音组成的声波，在听觉上可以引起一个以上的音调，称为复音。组成复音的强度与频率的关系图称为声频谱，或者简称频谱。频谱也就是在频率域上描述声音强度变化规律的曲线，一般是以频率(或频带)为横坐标，以声压级(或声强级、声功率级)为纵坐标来表述的。

在可听声的频率范围内，声波的波形复杂，频谱的形状多种多样，大体上可分为三种类型的频谱：连续谱、离散谱和混合谱(连续谱和离散谱的混合)。声能连续分布，在频谱图上呈现一条连续曲线，称为连续谱，如图 2.9 所示；声能间断分布，在频谱图上是一系列分离的竖直线，称为离散谱，如图 2.10 所示；混合谱是连续谱和离散谱相混合而成的。

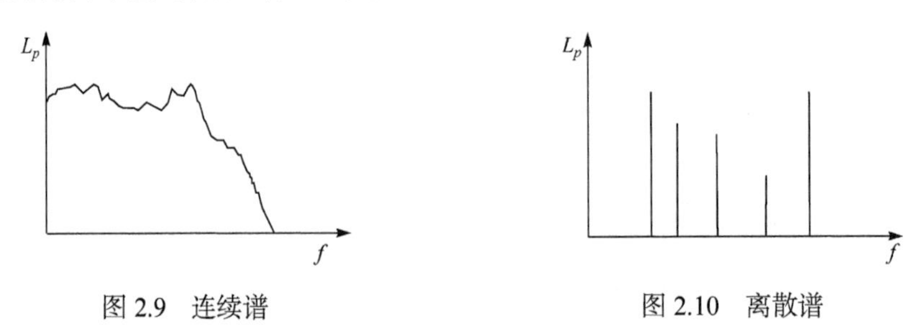

图 2.9　连续谱　　　　图 2.10　离散谱

噪声一般都是由很多频率和强度不同的成分杂乱无章地组成的，为了弄清噪声的组成成分及噪声性质，进行频谱分析是十分重要的。

根据人耳感觉的不同，可以将噪声分为高频噪声、中频噪声和低频噪声。频率在 1000Hz 以上的噪声属高频噪声，听起来尖锐刺耳；频率在 500Hz 以下的噪声属低频噪声，听起来低沉闷响；频率在 500～1000Hz 范围内的噪声为中频噪声；将频谱能量比较均匀地分布在 125～20000Hz 范围内的噪声，称为宽带噪声。

可听声从低频到高频的变化范围高达 1000 倍，在一般情况下，对噪声的每一频率都进行分析是没有必要的，通常是将声频变化范围划分为若干较小的段落，称为频程或频段、频带。频程有上限频率值、下限频率值和中心频率值，上、下限频率之差称为频带宽度，简称频带。

根据人耳对声音的变化反应，可以将可听声波的频率范围按倍频程或者按 1/3 倍频程划分成频带。倍频程是指频带的中心频率之比都是 2 : 1，即两个中心频率相差一倍。其中，中心频率是上、下限频率的几何平均值，即

$$f_{nc} = \sqrt{f_{nu} \cdot f_{nl}} \tag{2.106}$$

$$f_{nc} = 2 f_{(n-1)c} = 2^{n-1} f_1 \tag{2.107}$$

式中，f_{nc}——第 n 个倍频程的中心频率；

f_{nu}、f_{nl}——第 n 个倍频程的上、下限频率。

1/3 倍频程是将每一个倍频程再分成 3 份。倍频程和 1/3 倍频程都是取 1000Hz 为基准点进行划分的。

在噪声测量中，得到噪声倍频程的声压分布曲线，即噪声的倍频程频谱分析；得到噪声的 1/3 倍频声压分布曲线，即噪声的 1/3 倍频程频谱分析。1/3 倍频程频谱曲线的噪声频谱特性比倍频程曲线详细。在实际分析中是使用倍频程频谱分析还是使用 1/3 倍频程频谱分析，主要由分析的目的和要求来确定。此外，还有 1/10 倍频程、1/12 倍频程、1/15 倍频程和 1/30 倍频程等，可作更详细的分析。

表 2.1 和表 2.2 分别为倍频程和 1/3 倍频程的中心频率及频率范围。

表 2.1 倍频程中心频率及频率范围 (单位：Hz)

中心频率	频率范围	中心频率	频率范围
31.5	22～44	1000	710～1420
63	44～88	2000	1420～2840
125	88～177	4000	2840～5680
250	177～355	8000	5680～11360
500	355～710	16000	11360～22720

表 2.2　1/3 倍频程中心频率及频率范围　　(单位：Hz)

中心频率	频率范围	中心频率	频率范围
25	22.4～28.2	800	708～891
31.5	28.2～35.5	1000	891～1122
40	35.5～44.7	1250	1122～1413
50	44.7～56.2	1600	1413～1778
63	56.2～70.8	2000	1778～2239
80	70.8～89.1	2500	2239～2818
100	89.1～112	3150	2818～3548
125	112～141	4000	3548～4467
160	141～178	5000	4467～5623
200	178～224	6300	5623～7079
250	224～282	8000	7079～8913
315	282～355	10000	8913～11220
400	355～447	12500	11220～14130
500	447～562	16000	14130～17780
630	562～708	20000	17780～22390

2.7　噪声的评价

噪声评价是指对不同强度的噪声、频谱特性以及噪声的时间特性等所产生的危害与干扰程度的评价。

对噪声的评价除客观物理量之外，还与人耳对声压、频率的主观感受有关。由于噪声与人的主观感觉的关系非常复杂，不同的人对各种噪声的反应很不一致。到目前为止，仍然没有一种适应性良好的评价方法，所以噪声评价的研究仍然是环境声学研究工作中重要的课题。

主观评价噪声的方法有很多，目前使用比较广泛的有：评价噪声响度和烦恼效应的 A 声级；以 A 声级为基础的等效声级、感觉噪声级；评价语言干扰的语言干扰级；评价建筑物室内噪声的噪声评价曲线以及综合评价噪声引起的听力损失、语言干扰和烦恼三种效应的噪声评价数等。

本节仅介绍几种最常见的方法，以便对噪声评价方法有一定的了解。

2.7.1　响度级和等响曲线

由于人耳对不同频率声音的响度感觉不一样，对声音响度的主观评价主要受声压级和频率的影响。相同声压级，声音的频率不同时，人耳听到的响度是不同的。为了使人耳对频率的响应与声压级联系起来，采用响度级来建立定量关系。

响度级是以 1000Hz 纯音的声压级作为基准，由听力正常的人听测各种频率的纯音后测定的，也就是测出各种频率下与 1000Hz 等响的声压级，这一频率的声压级定义为该频率纯音的响度级，响度级的单位为方(phon)。如果 1000Hz 纯音的声压级为 60dB，其他频率的声音同样响，则不论这一频率声音的声压级是多少，响度级都是 60phon，1000Hz 纯音的声压级和响度级在数值上是相等的。

响度级是表示声音响度的主观量，它将声压级和频率统一起来。利用与基准声音比较的方法，就可以得到整个人耳可听范围纯音的响度级。

根据以上定义，在大量实验测量的基础上，富莱邸(Fletcher)和莫逊(Munson)绘制出了一般人对不同频率纯音听起来为同样响的声压级与频率的关系曲线——等响曲线，如图 2.11 所示。

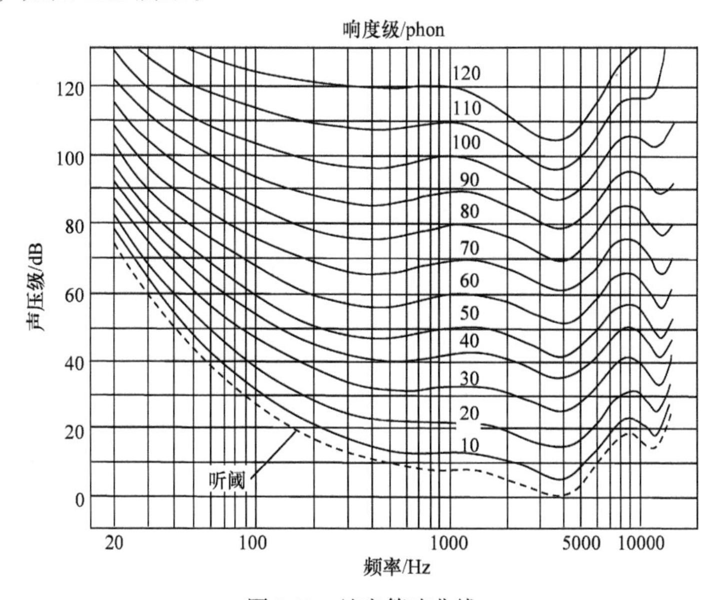

图 2.11　纯音等响曲线

等响曲线族中每一条曲线相当于声压级和频率不同而响度级相同的声音。图 2.11 中曲线覆盖的区域为人耳的听觉范围，其中，最下面的曲线是听阈曲线，最上面的曲线是痛阈曲线。从图 2.11 中可以看出，人耳对高频 2000～5000Hz 的声音最为敏感，而对低频声音不敏感。例如，同样的响度级 60phon，对于 31.5Hz 的声压级是 88dB，100Hz 的声压级是 72dB，而 3000Hz 的声压级是 58dB。

从图 2.11 中还可以看出，在声压级小和频率低时，声压级和响度级的差别很大。例如，声压级同样为 40dB 时，50Hz 时声音是听不到的，而 200Hz 时，响度级为 20phon，1000Hz 时响度级为 40phon。

响度级是一个相对量，为对数标度单位，是不能进行算术加减运算和直接比较的，例如，响度级由 40phon 增加到 80phon，并不意味着 80phon 的声音听起来比 40phon 的声音响一倍。在一般情况下，声压级每增加 10dB，正常人耳感觉响一倍，为了直接表示人耳对声音强弱的感觉，声学上引入了响度的概念。定义响度的单位为宋(sone)，40phon 的纯音为 1sone，50phon 为 2sone，60phon 为 4sone 等，即响度级每增加 10phon，响度相应增加一倍。

用响度表示声音的大小，可以直接计算声响的增加或减小的百分比。例如，如果响度级每增加 10phon(等响的 1000Hz 纯音的强度增加 10 倍)，响度增加一倍；如果响度级降低 10phon，则响度降低 50%，如果响度级降低 20phon，则响度降低 75%。这样就非常直观。

如果用 N 表示响度，L_N 表示响度级，在 20～120phon 范围内它们之间的关系为

$$L_N = 40 + 33.3\lg N \tag{2.108}$$

或

$$N = 2^{(L_N - 40)/10} \tag{2.109}$$

上面介绍的响度计算是针对纯音的，在实际中大多数的声音和噪声都是由各种频率和各种强度的成分复合而成的连续谱。为了计算这一复杂噪声的响度，斯蒂文提出了等响指数曲线，如图 2.12 所示。这时噪声的总响度计算，是先测出噪声的频带声压级，然后从图 2.12 中查出各频带的响度指数，在各指数中找出最大的指数，再按式(2.110)计算总响度级为

$$N_t = N_{\max} + F_\delta \left(\sum_{i=1}^{n} N_i - N_{\max} \right) \tag{2.110}$$

式中，n——频带数；

F_δ——带宽修正因子，对于 1/3 倍频程为 0.15，对于倍频程为 0.3。

2.7.2　计权声级

如前所述，人耳对不同频率声音的敏感程度不一样，人耳的听觉具有滤波特性。由于人耳的听觉具有滤波特性，一部分频率成分的噪声被过滤掉，宽带噪声进入人耳会失真。因此，为了得到比声压级更能与人耳响度判断相接近的级，在声级计中设置“频率计权网络”，即安装滤波器，这些计权网络改变了声级计对不同频率的敏感性，使其对各种频率声音判别与人耳的功能相似。

频率计权网络有 A、B、C 和 D 计权网络等几种，其中 A、B 和 C 计权网络分别为模仿等响曲线中响度 40phon、70phon、100phon 纯音等响曲线制成的反曲线，D 计权网络则主要用于测量飞机噪声。

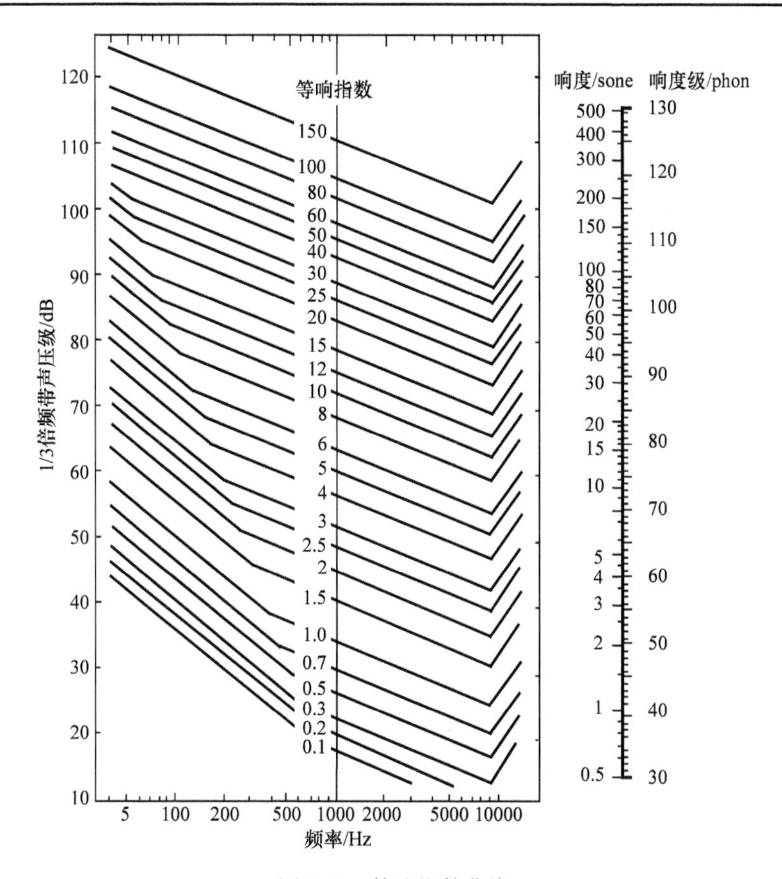

图 2.12　等响指数曲线

A 计权网络与人耳的频率响应特性最为接近，因而应用最广泛。B 计权网络实际上很少使用。C 计权网络测出的声压级接近不计权的总声压级。

图 2.13 为 A、B、C 计权网络图，从图中可以看出，当声音信号进入 A 计权网络时，中、低频的声音按一定比例衰减通过，其中，低频声音有较大修正，而 1000Hz 以上的声音基本上是无衰减地通过。这种被 A 计权网络计权了的声压级，称为 A 声级，用符号 L_A 表示 A 声级，单位为 dB(A)，以区别于声压级。同样，用 B 和 C 网络计权的声压级，称为 B 声级和 C 声级，单位分别为 dB(B)和 dB(C)。表 2.3 为声级计计权网络的频率响应表。

利用式(2.111)可以将噪声的倍频程或者 1/3 倍频程转换成 A 声级：

$$L_{\mathrm{A}} = 10\lg\sum_{i=1}^{n}10^{(L_i+A_i)/10} \tag{2.111}$$

式中，L_i——倍频程或者 1/3 倍频程声压级，单位为 dB；

A_i——与 L_i 对应的修正值，单位为 dB，其数值可以在表 2.4 中查得。

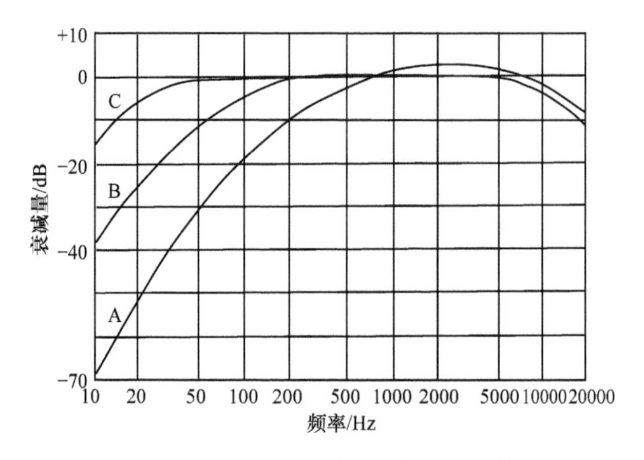

图 2.13　A、B、C 计权网络衰减曲线

表 2.3　声级计计权网络频率响应

频率/Hz	A 计权网络相对响应/dB	B 计权网络相对响应/dB	C 计权网络相对响应/dB
10	−70.4	−38.2	−14.3
12.5	−63.4	−33.2	−11.2
16	−56.7	−28.5	−8.5
20	−50.5	−24.2	−6.2
25	−44.7	−20.4	−4.4
31.5	−39.4	−17.1	−3.0
40	−34.6	−14.2	−2.0
50	−30.2	−11.6	−1.3
63	−26.2	−9.3	−0.8
80	−22.5	−7.4	−0.5
100	−19.1	−5.6	−0.3
125	−16.1	−4.2	−0.2
160	−13.4	−3.0	−0.1
200	−10.9	−2.0	0
250	−8.6	−1.3	0
315	−6.6	−0.8	0
400	−4.8	−0.5	0
500	−3.2	−0.3	0
630	−1.9	−0.1	0
800	−0.8	0	0
1000	0	0	0
1250	0.6	0	0
1600	1.0	0	−0.1
2000	1.2	−0.1	−0.2
2500	1.3	−0.2	−0.3
3150	1.2	−0.4	−0.5
4000	1.0	−0.7	−0.8

续表

频率/Hz	A 计权网络相对响应/dB	B 计权网络相对响应/dB	C 计权网络相对响应/dB
5000	0.5	−1.2	−1.3
6300	−0.1	−1.9	−2.0
8000	−1.1	−2.9	−3.0
10000	−2.5	−4.3	−4.4
12500	−4.3	−6.1	−6.2
16000	−6.6	−8.4	−8.5
20000	−9.3	−11.1	−11.2

表 2.4　1/3 倍频中心频率对应的 A 响应特性

1/3 倍频中心频率/Hz	A 响应(对应于 1000Hz)/dB	1/3 倍频中心频率/Hz	A 响应(对应于 1000Hz)/dB
10	−70.4	500	−3.2
12.5	−63.4	630	−1.9
16	−56.7	800	−0.8
20	−50.5	1000	0
25	−44.7	1250	0.6
31.5	−39.4	1600	1.0
40	−34.6	2000	1.2
50	−30.2	2500	1.3
63	−26.2	3150	1.2
80	−22.5	4000	1.0
100	−19.1	5000	0.5
125	−16.1	6300	−0.1
160	−13.4	8000	−1.1
200	−10.9	10000	−2.5
250	−8.6	12500	−4.3
315	−6.6	16000	−6.6
400	−4.8	20000	−9.3

2.7.3　等效(连续)A 声级

在评价噪声对人的影响时，不但要考虑噪声的大小，还要考虑噪声的性质以及作用时间。相同的噪声级，由于作用时间不同，人所受到的噪声影响也不相同，因此要评价噪声的影响，只用 A 声级是不够的，于是，引入了等效(连续)A 声级。等效 A 声级是以 A 声级为基础建立起来的关于非稳态噪声的噪声评价量，它是以 A 声级的稳态噪声代替变化的噪声，用能量平均的方法给出在相同暴露时间内能够给人以等数量的声能，这一声级就是这个变化噪声的等效 A 声级。其定义为：

在声场中一定点位置上，用某一段时间内能量平均的方法，将间隙暴露出来的几个不同的 A 声级，以一个声级表示该段时间内噪声的大小。这个声级即等效(连续)A 声级，记作 L_{eq}，单位为 dB(A)。

等效(连续)A 声级可以表示为

$$L_{eq} = 10\lg\left(\frac{1}{T}\int_0^T 10^{0.1L_A}\,dt\right) \tag{2.112}$$

式中，T——某一段时间的时间量，单位为 s；

L_A——某时刻噪声的 A 声级，单位为 dB(A)。

在很多实际过程中，对变化噪声的测量是测量若干个瞬时声级值。对于有限个声级测定值，式(2.112)可以简化为

$$L_{eq} = 10\lg\left(\frac{1}{n}\sum_{i=1}^{n} 10^{0.1L_{Ai}}\right) \tag{2.113}$$

式中，n——声级测量的次数，ISO 标准建议 $n = 100$；

L_{Ai}——n 个 A 声级中的第 i 个测量值，单位为 dB(A)。

2.7.4 烦恼度

人们对噪声最直接的主观反应就是引起烦恼，烦恼度是定量描述声音引起烦恼程度的一个评价量。烦恼度的定义有多种，一种典型的定义是：将噪声对人的影响分为五级，分别为“不烦恼”、“有点烦恼”、“烦恼”、“很烦恼”、“极烦恼”。其中，感到极度烦恼的人占整个被调查人数的百分比就是烦恼度(α_a)的值。

烦恼度 α_a 的定量描述的表达式有很多种，其中比较典型的有如下几种。

由 Schultz 提出的表达式：

$$\alpha_a = 0.036L_{dn}^2 - 3.27L_{dn} + 79.14 \tag{2.114}$$

式中，L_{dn}——昼夜等效连续声级，单位为 dB(A)。

由 Zwicker 提出的表达式：

$$\alpha_a = 0.56L_{eq} + 0.08\alpha_s + 0.40\alpha_r \tag{2.115}$$

式中，L_{eq}——等效连续 A 声级，单位为 dB(A)；

α_s——尖锐度(sharpness)，单位为 acum；

α_r——粗糙度(roughness)，单位为 asper。

尖锐度是人耳对声音信号中高频成分主观感受的心理学参数，反映信号的刺

耳程度，它是响度的一次加权。当临界带宽度(bark)数 z 大于 16 时，声音的尖锐度明显提高。到目前为止，尖锐度的计算还没有统一的国际标准，由 Bismark 提出并由 Zwicker 修正后的模型应用较多，计算公式为

$$\alpha_{\mathrm{s}}=0.1043\times\frac{\int_{1}^{24}N'(z)g(z)\mathrm{d}z}{\int_{1}^{24}N'(z)\mathrm{d}z} \tag{2.116}$$

式中，$N'(z)$——特性响度(也就是单个临界带宽内的响度)，单位为 sone；

$g(z)$——加权系数，其中

$$g(z)=\begin{cases}1, & z\leqslant 16\\ 0.06\mathrm{e}^{0.171z}, & z>16\end{cases}$$

z——临界带宽数。

粗糙度是描述声音信号调制程度的心理学参数，它反映信号调制度的大小、调制频率的分布等特征，适应于评价 20～200Hz 调制频率的声音，特别是对 70Hz 附近的声音有突出的评价效果。粗糙度计算公式为

$$\alpha_{r}=0.0003f_{\mathrm{mod}}(z)\sum_{i=1}^{24}\Delta N_{i}(z) \tag{2.117}$$

式中，$f_{\mathrm{mod}}(z)$——调制频率，单位为 Hz；

$\Delta N_{i}(z)$——第 i 个临界带宽响度的变化量，单位为 sone。

第 3 章　机械振动的基础知识

3.1　简 谐 振 动

机械振动是指机械系统围绕平衡位置的往复运动，它是机械系统的位移、速度、加速度在某一数值附近随时间的变化规律。机械振动的种类很多，简谐振动是最简单的机械振动，它是周期性振动。

简谐振动的位移可用正弦函数表示为

$$x = A_{\mathrm{m}} \sin(\omega t + \varphi) \tag{3.1}$$

式中，x——简谐振动的位移，单位为 m；

A_{m}——振动位移的最大值，称为振幅，单位为 m；

ω——角频率，单位为 rad/s；

t——时间，单位为 s；

φ——初相位角，单位为 rad。

简谐振动的周期为 2π，完成一个振动循环的时间称为周期，用 T 表示，单位通常为 s，有

$$T = \frac{2\pi}{\omega} \tag{3.2}$$

振动周期 T 的倒数定义为频率，用 f 表示，单位为 Hz，有

$$f = \frac{1}{T} = \frac{\omega}{2\pi} \tag{3.3}$$

对式(3.1)求一阶导数和二阶导数，可以得到简谐振动的速度和加速度，有

$$\frac{\mathrm{d}x}{\mathrm{d}t} = \omega A_{\mathrm{m}} \cos(\omega t + \varphi) = \omega A_{\mathrm{m}} \sin\left(\omega t + \varphi + \frac{\pi}{2}\right) \tag{3.4}$$

$$\frac{\mathrm{d}^2 x}{\mathrm{d}t^2} = -\omega^2 A_{\mathrm{m}} \sin(\omega t + \varphi) = \omega^2 A_{\mathrm{m}} \sin(\omega t + \varphi + \pi) \tag{3.5}$$

由式(3.4)和式(3.5)可知，简谐振动的速度和加速度也是简谐函数，它们的频率与位移相同，但速度相位比位移相位超前 $\pi/2$，加速度相位比位移相位超前 π。

由式(3.1)和式(3.5)，有

$$\frac{\mathrm{d}^2x}{\mathrm{d}t^2} = -\omega^2 x \tag{3.6}$$

式(3.6)表明在简谐运动中，加速度的大小与位移成正比，而其方向与位移方向相反，加速度的方向始终指向静止(平衡)位置。

简谐振动还可以用指数或复数形式表示为

$$x = A_{\mathrm{m}} \mathrm{e}^{\mathrm{j}(\omega t+\varphi)} \tag{3.7}$$

$$x = A_{\mathrm{m}}[\cos(\omega t+\varphi) + \mathrm{j}\sin(\omega t+\varphi)] \tag{3.8}$$

式中，$\mathrm{j} = \sqrt{-1}$。

在运算时，按复数规则进行运算，只取结果的实部或虚部即可。运用复数运算法则，可以方便地合成两个同频率的简谐振动，因此其在机械振动分析中得到了广泛使用。

速度和加速度也同样可以用指数或复数表示。用指数或复数求导的方法可以得到位移、速度和加速度之间的关系。由式(3.7)，有

$$\frac{\mathrm{d}x}{\mathrm{d}t} = \mathrm{j}\omega A_{\mathrm{m}} \mathrm{e}^{\mathrm{j}(\omega t+\varphi)} \tag{3.9}$$

$$\frac{\mathrm{d}^2x}{\mathrm{d}t^2} = -\omega^2 A_{\mathrm{m}} \mathrm{e}^{\mathrm{j}(\omega t+\varphi)} \tag{3.10}$$

简谐振动是最简单的周期振动，而实际中更多的是非简谐的周期振动或非周期的振动。图 3.1 为一种非简谐的周期振动。

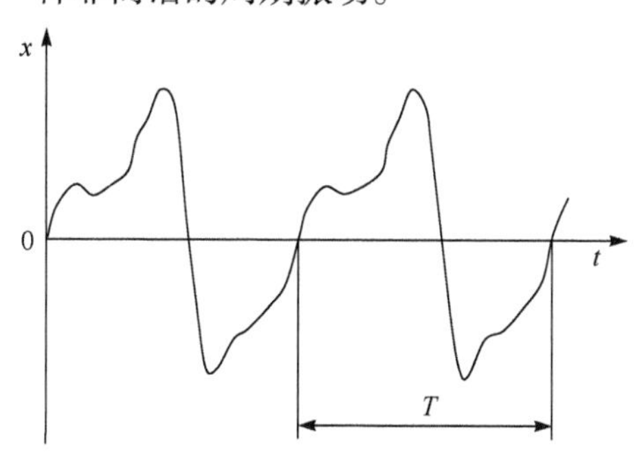

图 3.1　非简谐周期振动

任何一个周期函数都可以展开成傅里叶级数，利用傅里叶级数可以将非简谐的周期振动表示为一系列简谐振动之和，这一过程称为振动的频谱分析或者谐波分析。

设非简谐周期振动的函数为 $x(t)$，周期为 T，展开成傅里叶级数为

$$x(t) = \frac{a_0}{2} + \sum_{n=1}^{\infty}[a_n \cos(n\omega t) + b_n \sin(n\omega t)] \tag{3.11}$$

式中，ω——基频，$\omega = 2\pi / T$，单位为 rad/s；

a_0、a_n、b_n——待定常数，称为傅里叶系数。

只要 $x(t)$ 是已知的，那么傅里叶系数可以从三角函数正交性得到：

$$a_0 = \frac{2}{T}\int_0^T x(t)\mathrm{d}t \tag{3.12}$$

$$a_n = \frac{2}{T}\int_0^T x(t)\cos(n\omega t)\mathrm{d}t \tag{3.13}$$

$$b_n = \frac{2}{T}\int_0^T x(t)\sin(n\omega t)\mathrm{d}t \tag{3.14}$$

式(3.11)也可以写为

$$x(t) = \frac{a_0}{2} + \sum_{n=1}^{\infty} A_n \sin(n\omega t + \varphi_n) \tag{3.15}$$

式中，$A_n = \sqrt{a_n^2 + b_n^2}$；

$\varphi_n = \arctan\dfrac{a_n}{b_n}$。

由此可见，振动的周期函数可以用傅里叶级数展开为各阶谐波分量的叠加来表示。组成各谐波分量的频率是基频的整数倍，即 $\omega, 2\omega, 3\omega, \cdots, n\omega$，而不含有其他频率的谐波分量。

将一个周期振动分解为简谐振动的实质是将振动的时域表示变换为频域表示，或者说，将以时间为自变量来描述的振动变换为以频率为自变量来描述的振动。

3.2 自 由 振 动

振动系统在无外力激励或约束时的振动称为自由振动，也就是说，自由振动是系统对初始激励或约束的响应。对于无阻尼振动系统的自由振动，系统中没有任何的能量损失，在受到初始扰动时，系统将自由振动并维持稳定状态，振幅保持不变。但在实际中，所有的振动系统都存在能量损失，自由振动将逐步减小并最终消失。因此，在实际中，振动系统的自由振动是瞬态振动。

3.2.1 单自由度系统的自由振动

单自由度系统的自由振动是最简单的振动，也是最基本的振动系统，是研究机械振动的基础。

1. 无阻尼单自由度系统的自由振动

最基本的无阻尼单自由度系统由两个基本单元——质量和弹簧组成，如图 3.2 所示，图中质量为 m，弹簧刚度为 k。

在自由状态下，弹簧端部位置如图 3.2 中虚线所示，装上质量块后，弹簧在质量块重力 mg 的作用下产生压缩变形 Δx，弹簧恢复力为 $k\Delta x$。在没有外力扰动时，质量-弹簧系统处于静平衡状态，有

$$mg = k\Delta x \tag{3.16}$$

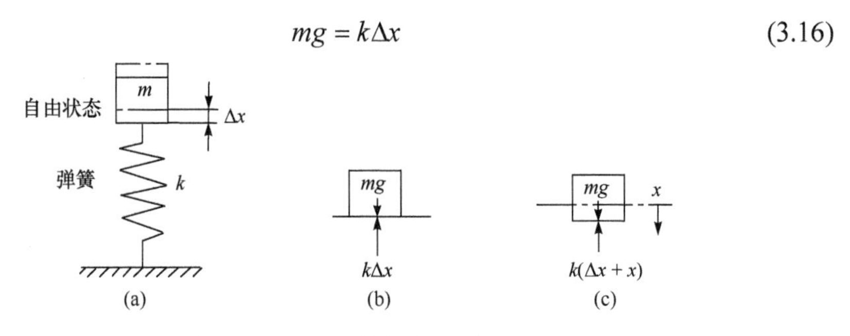

图 3.2　无阻尼单自由度系统

当系统受到外部初始力激励时，静平衡状态被破坏，弹簧恢复力不等于重力，系统发生自由振动。

为了便于分析，设质量块静平衡时的中心位置为坐标原点，坐标 x 的方向与地面垂直，向下为正。设在某一瞬时 t，质量 m 向下的位移为 x，则弹簧作用于质量块的力为 $-k(\Delta x + x)$。根据牛顿第二定律，有

$$mg - k(\Delta x + x) = m\frac{\mathrm{d}^2 x}{\mathrm{d}t^2}$$

即

$$m\frac{\mathrm{d}^2 x}{\mathrm{d}t^2} + kx = 0 \tag{3.17}$$

式(3.17)为无阻尼单自由度线性系统自由振动的微分方程。式(3.17)也可写为

$$\frac{\mathrm{d}^2 x}{\mathrm{d}t^2} + \frac{k}{m}x = 0 \tag{3.18}$$

设 $\frac{k}{m} = \omega_{\mathrm{n}}^2$ 并代入式(3.18)，有

$$\frac{\mathrm{d}^2 x}{\mathrm{d}t^2} + \omega_{\mathrm{n}}^2 x = 0 \tag{3.19}$$

式(3.19)与式(3.6)完全一样，因此自由振动为简谐振动。振动角频率 ω_{n} 为

$$\omega_{\mathrm{n}}=\sqrt{\frac{k}{m}} \tag{3.20}$$

振动频率 f_{n} 为

$$f_{\mathrm{n}}=\frac{\omega_{\mathrm{n}}}{2\pi}=\frac{1}{2\pi}\sqrt{\frac{k}{m}} \tag{3.21}$$

由此可知，无阻尼单自由度系统自由振动的频率取决于系统的质量和刚度，与外界的激励、初始条件等无关。

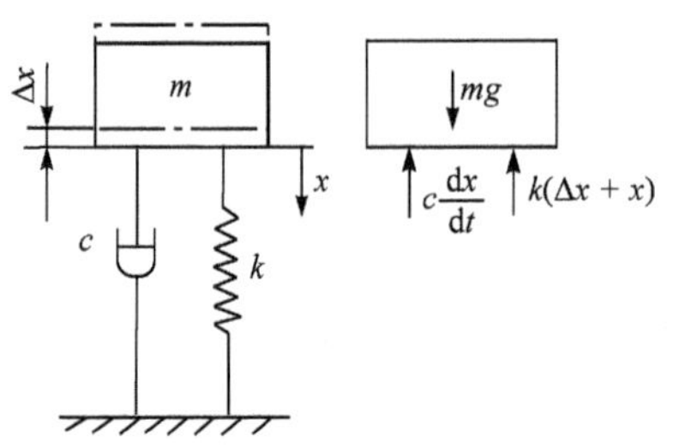

图 3.3　有阻尼单自由度系统

2. 有阻尼单自由度系统的自由振动

如果在如图 3.2 所示的无阻尼单自由度系统中增加阻尼器，则系统成为有阻尼单自由度系统，如图 3.3 所示。

假设系统中的阻尼为线性阻尼，与速度成正比，即 $f_{\mathrm{c}}=-c\frac{\mathrm{d}x}{\mathrm{d}t}$，$c$ 称为阻尼系数。按照牛顿第二定律，系统的振动方程为

$$m\frac{\mathrm{d}^2x}{\mathrm{d}t^2}+c\frac{\mathrm{d}x}{\mathrm{d}t}+kx=0 \tag{3.22}$$

将式(3.22)两边除以 m，并引入符号 ξ，则有

$$\frac{\mathrm{d}^2x}{\mathrm{d}t^2}+2\xi\omega_{\mathrm{n}}\frac{\mathrm{d}x}{\mathrm{d}t}+\omega_{\mathrm{n}}^2x=0 \tag{3.23}$$

式中，ξ——阻尼比，$\xi=c/(2m\omega_{\mathrm{n}})$。

式(3.23)为有阻尼单自由度系统自由振动的运动微分方程。由于阻尼的作用，振幅将逐渐衰减，因此这种振动又称为衰减振动。

为了求解，设式(3.23)的解为

$$x=A_{\mathrm{m}}\mathrm{e}^{\lambda t} \tag{3.24}$$

式中，A_{m}、λ——待定常数，这里 A_{m} 为实数，λ 为复数。

将式(3.24)代入式(3.23)，整理后，得到

$$(\lambda^2+2\xi\omega_{\mathrm{n}}\lambda+\omega_{\mathrm{n}}^2)A_{\mathrm{m}}\mathrm{e}^{\lambda t}=0$$

由于 $A_{\mathrm{m}}\mathrm{e}^{\lambda t}$ 不恒为零，所以有

$$\lambda^2+2\xi\omega_{\mathrm{n}}\lambda+\omega_{\mathrm{n}}^2=0 \tag{3.25}$$

式(3.25)称为系统的特征方程或频率方程，有两个特征根

$$\lambda_{1,2} = -\xi\omega_{\mathrm{n}} \pm \sqrt{\xi^2 - 1}\,\omega_{\mathrm{n}} \tag{3.26}$$

则微分振动方程的通解为

$$x = A_1 e^{\lambda_1 t} + A_2 e^{\lambda_2 t} \tag{3.27}$$

式中，A_1、A_2——任意常数，取决于运动的初始条件。

式(3.27)所描述振动的性质取决于$\lambda_{1,2}$的大小。由式(3.26)可见，随着阻尼比的变化，根号内的项可以大于、等于或小于零。下面分三种情况讨论不同阻尼比时的振动状态：

1) 弱阻尼比($\xi < 1$)

在实际问题中，大多数情况$\xi < 1$，此时，式(3.26)的两个特征根共轭复根为

$$\lambda_{1,2} = -\xi\omega_{\mathrm{n}} \pm \mathrm{j}\sqrt{1-\xi^2}\,\omega_{\mathrm{n}} \tag{3.28}$$

将式(3.28)代入式(3.27)，有

$$\begin{aligned} x &= e^{-\xi\omega_{\mathrm{n}}t}\left[(A_1 + A_2)\cos\sqrt{1-\xi^2}\,\omega_{\mathrm{n}}t + (A_1 - A_2)\sin\sqrt{1-\xi^2}\,\omega_{\mathrm{n}}t\right] \\ &= A_{\mathrm{m}} e^{-\xi\omega_{\mathrm{n}}t}\cos(\omega_{\mathrm{d}}t - \varphi) \end{aligned} \tag{3.29}$$

式中，ω_{d}——有阻尼系统的自然角频率，$\omega_{\mathrm{d}} = \sqrt{1-\xi^2}\,\omega_{\mathrm{n}}$。

有阻尼系统的角频率与系统动力学参数和阻尼比有关。当ξ很小(0.05～0.1)时，可以忽略ω_{d}与ω_{n}两者之间的微小差别。振幅A_{m}与相差角φ由初始条件x_0决定，x_0为常数，由下面的公式计算：

$$A_{\mathrm{m}} = \sqrt{x_0^2 + \left(\frac{\left.\frac{\mathrm{d}x}{\mathrm{d}t}\right|_{t=0} + \xi\omega_{\mathrm{n}}x_0}{\omega_{\mathrm{d}}}\right)^2} \tag{3.30}$$

$$\varphi = \begin{cases} \arctan\dfrac{\left.\frac{\mathrm{d}x}{\mathrm{d}t}\right|_{t=0} + \xi\omega_{\mathrm{n}}x_0}{\omega_{\mathrm{d}}x_0}, & x_0 > 0 \\ \pi + \arctan\dfrac{\left.\frac{\mathrm{d}x}{\mathrm{d}t}\right|_{t=0} + \xi\omega_{\mathrm{n}}x_0}{\omega_{\mathrm{d}}x_0}, & x_0 < 0 \end{cases} \tag{3.31}$$

式(3.29)所表示的运动称为衰减振动，振幅按指数规律衰减，在一定的时间后振动停止。衰减振动响应曲线如图 3.4 所示。

2) 临界阻尼比($\xi = 1$)

$\xi = 1$时的阻尼比称为临界阻尼比，临界阻尼系数c_{m}与系统参数的关系为

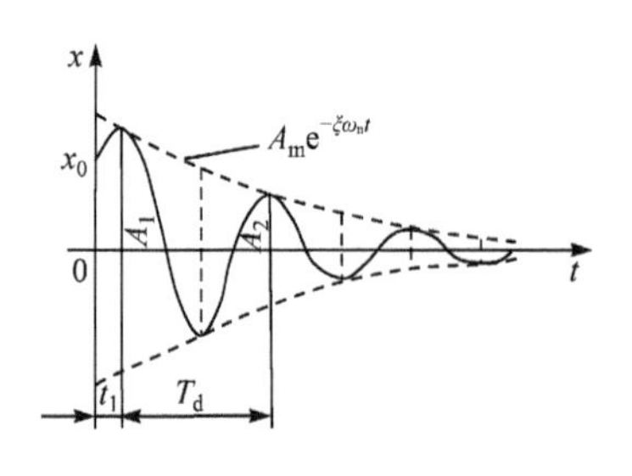

图 3.4　衰减振动响应曲线

$$c_m = 2m\omega_n = 2\sqrt{mk} \tag{3.32}$$

由式(3.26)可知，这时的特征根为两个相等的负实根，即 $\lambda_1 = \lambda_2 = -\omega_n$ ，代入式(3.27)，有

$$x = (A_1 + A_2)e^{-\omega_n t} \tag{3.33}$$

因此，当阻尼比为临界阻尼比时，系统不发生振动，为按指数规律衰减的非周期性运动，位移随时间延长最终趋于零。临界阻尼振动响应曲线如图 3.5 所示。

3) 强阻尼比($\xi > 1$)

当 $\xi > 1$ 时，为强阻尼比。由式(3.26)可知，特征根为两个不相等的负实根，代入式(3.27)得

$$x = A_1 e^{(-\xi+\sqrt{\xi^2-1})\omega_n t} + A_2 e^{(-\xi-\sqrt{\xi^2-1})\omega_n t} \tag{3.34}$$

式(3.34)右端两项的绝对值都随时间 t 按指数律减小，为非周期性运动，不产生振动，而是一种非周期性的蠕动。强阻尼振动响应曲线如图 3.6 所示。

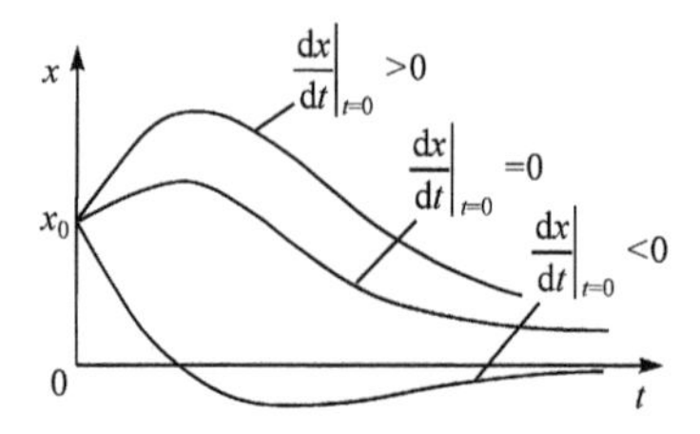

图 3.5　临界阻尼振动响应曲线

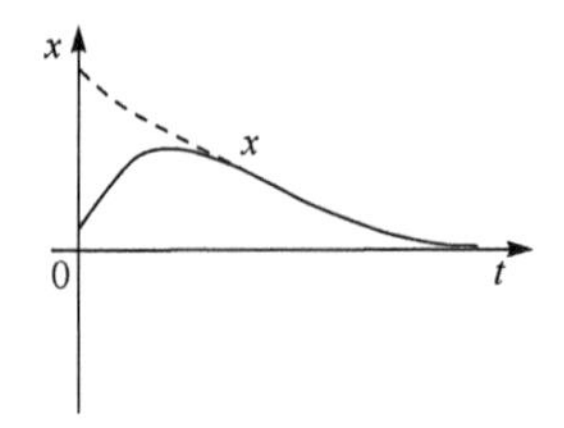

图 3.6　强阻尼振动响应曲线

3. 固有频率与静位移的关系

在图 3.2 中，质量 m 使弹簧 k 产生的为静位移 Δx ， $\Delta x = mg / k$ 。单自由度系统的固有频率 ω_n 为

$$\omega_n = \sqrt{\frac{k}{m}} = \sqrt{\frac{kg}{mg}} = \sqrt{\frac{g}{\Delta x}} \tag{3.35}$$

3.2.2　多自由度系统的自由振动

多自由度振动系统为有限多个自由度的振动系统。实际的弹性体结构需要用连续模型描述，但在很多情况下，可以简化为有限多个自由度系统的模型来分析。图 3.7 为有阻尼的 n 个自由度的振动系统。

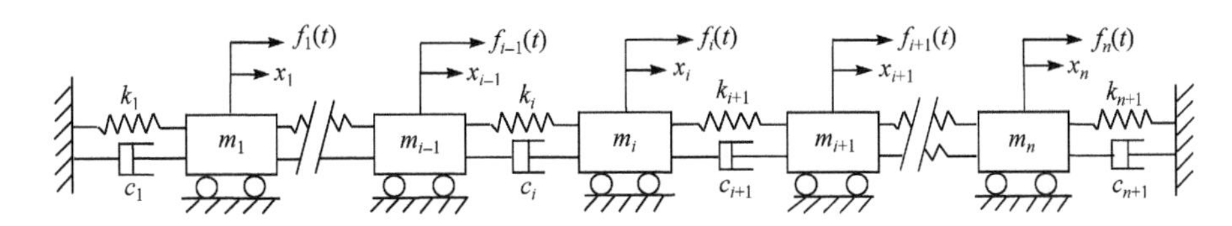

图 3.7　有限多个自由度振动系统

1. 振动方程

对如图 3.7 所示有阻尼的 n 个自由度的振动系统进行分析，取系统的静平衡位置为参考基准，各个质量偏离其平衡位置的位移分别用 $x_1, x_2, \cdots, x_n$ 表示，取各质量为分离体，按照达朗贝尔原理可以写出振动方程。其中，第 i 个质量的方程为

$$m_i \frac{\mathrm{d}^2 x_i}{\mathrm{d}t^2} - c_i \frac{\mathrm{d}x_{i-1}}{\mathrm{d}t} + (c_i + c_{i+1}) \frac{\mathrm{d}x_i}{\mathrm{d}t} - c_{i+1} \frac{\mathrm{d}x_{i+1}}{\mathrm{d}t} - k_i x_{i-1} + (k_i + k_{i+1}) x_i - k_{i+1} x_{i+1} = 0 \quad (3.36)$$

式中，$i = 1, 2, \cdots, n$；

$\frac{\mathrm{d}x_i}{\mathrm{d}t}$——质量 m_i 的速度；

$\frac{\mathrm{d}^2 x_i}{\mathrm{d}t^2}$——质量 m_i 的加速度。

式(3.36)为二阶常系数线性齐次微分方程组，将其写成矩阵形式有

$$[m]\left\{\frac{\mathrm{d}^2 x}{\mathrm{d}t^2}\right\} + [c]\left\{\frac{\mathrm{d}x}{\mathrm{d}t}\right\} + [k]\{x\} = \{0\} \quad (3.37)$$

式中，$[m]$——质量矩阵，有

$$[m] = \begin{bmatrix} m_1 & & & 0 \\ & m_2 & & \\ & & \ddots & \\ 0 & & & m_n \end{bmatrix}$$

$[c]$——阻尼矩阵，有

$$[c] = \begin{bmatrix} c_1 + c_2 & -c_2 & & & & & 0 \\ -c_2 & c_2 + c_3 & -c_3 & & & & \\ & -c_3 & \ddots & \ddots & & & \\ & & \ddots & \ddots & \ddots & & \\ & & & \ddots & \ddots & -c_{n-1} & \\ & & & & -c_{n-1} & c_{n-1} + c_n & -c_n \\ 0 & & & & & -c_n & c_n + c_{n+1} \end{bmatrix}$$

$[k]$——刚度矩阵，有

$$[k]=\begin{bmatrix} k_1+k_2 & -k_2 & & & & 0 \\ -k_2 & k_2+k_3 & -k_3 & & & \\ & -k_3 & \ddots & \ddots & & \\ & & \ddots & \ddots & \ddots & \\ & & & \ddots & \ddots & -k_{n-1} \\ & & & -k_{n-1} & k_{n-1}+k_n & -k_n \\ 0 & & & & -k_n & k_n+k_{n+1} \end{bmatrix}$$

$\left\{\dfrac{d^2x}{dt^2}\right\}$——加速度矢量，有

$$\left\{\frac{d^2x}{dt^2}\right\}=\left\{\frac{d^2x_1}{dt^2},\frac{d^2x_2}{dt^2},\cdots,\frac{d^2x_n}{dt^2}\right\}^T$$

$\left\{\dfrac{dx}{dt}\right\}$——速度矢量，有

$$\left\{\frac{dx}{dt}\right\}=\left\{\frac{dx_1}{dt},\frac{dx_2}{dt},\cdots,\frac{dx_n}{dt}\right\}^T$$

$\{x\}$——位移矢量，有

$$\{x\}=\{x_1,x_2,\cdots,x_n\}^T$$

为了简化，用M表示质量矩阵，C表示阻尼矩阵，K表示刚度矩阵，X表示位移矢量，则式(3.37)可表示为

$$M\frac{d^2X}{dt^2}+C\frac{dX}{dt}+KX=0 \tag{3.38}$$

2. 无阻尼自由振动方程

忽略式(3.38)中的阻尼，可以得到无阻尼系统的自由振动方程为

$$M\frac{d^2X}{dt^2}+KX=0 \tag{3.39}$$

3. 固有频率与固有振型

假设系统自由振动为简谐振动，则$\dfrac{d^2X}{dt^2}=-\omega^2X$，代入式(3.39)，得

$$(K-\omega^2M)X=0 \tag{3.40}$$

这是一组 n 元齐次线性方程。非零解的条件是其系数行列式等于零，即

$$\left|K-\omega^2 M\right|=0 \tag{3.41}$$

式(3.41)称为系统的频率方程或特征方程。将(3.41)展开后可以得到一个关于 ω^2 的 n 次代数方程

$$\omega^{2n}+a_1\omega^{2(n-1)}+a_2\omega^{2(n-2)}+\cdots+a_{n-1}\omega^2+a_n=0 \tag{3.42}$$

由式(3.42)可求得 n 个根，根开方后就是系统的 n 个固有频率 $\omega_{\mathrm{n}i}\,(i=1, 2, \cdots, n)$。其中，最小的非零频率为系统的基频或一阶固有频率，其余按照由小到大顺序，依次为 2 阶, 3 阶, …, n 阶固有频率。

3.3 强迫振动

3.3.1 单自由度系统的强迫振动

系统在受到持续的、随时间变化的外部或内部激励力作用时产生的振动为强迫振动，也就是系统对过程激励的响应。

振动系统对激励的响应，由激励性质和系统固有特性决定。激励的种类繁多，其中，简谐激励为最简单的激励。由于线性系统满足叠加原理，任意的周期激励都可以通过谐波分析分解成为一系列的正弦谐波激励。因此，只要分别求出各个正弦激励单独引起的响应，就可由叠加原理得到系统的总响应。

因此，首先介绍简谐激励响应，在此基础上，利用傅里叶分析和系统的叠加原理，就可以解决非周期激励的响应问题。

1. 简谐激励的响应

设简谐激励为 $F_0\mathrm{e}^{\mathrm{j}\omega t}$，在式(3.22)右端加上激励项，即系统强迫振动方程：

$$m\frac{\mathrm{d}^2x}{\mathrm{d}t^2}+c\frac{\mathrm{d}x}{\mathrm{d}t}+kx=F_0\mathrm{e}^{\mathrm{j}\omega t} \tag{3.43}$$

将式(3.43)表示为

$$\frac{\mathrm{d}^2x}{\mathrm{d}t^2}+2\xi\omega_{\mathrm{n}}\frac{\mathrm{d}x}{\mathrm{d}t}+\omega_{\mathrm{n}}^2x=\frac{F_0}{m}\mathrm{e}^{\mathrm{j}\omega t} \tag{3.44}$$

式(3.44)为非齐次二阶常系数微分方程，它的解包含通解和特解两个部分。通解为方程右端项等于零时的解，即黏性阻尼自由振动方程的解，如式(3.27)所示，它是振幅按指数规律衰减的减幅振动，持续时间短，为瞬态振动。方程的特解为激励频率下的稳态振动。

设式(3.44)的特解为

$$x = \tilde{A}e^{j\omega t} \tag{3.45}$$

将式(3.45)及其导数代入式(3.44)中，消去 $e^{j\omega t}$，整理后得

$$\tilde{A} = \frac{A_{st}}{1-\left(\dfrac{\omega}{\omega_n}\right)^2 + 2j\xi\dfrac{\omega}{\omega_n}} \tag{3.46}$$

式中，A_{st}——静振幅，$A_{st} = \dfrac{F_0}{k}$。

可以看出，响应振幅 $\tilde{A}$ 为复振幅，它与静振幅之比称为复频响应，用 $H(\omega)$ 表示为

$$H(\omega) = \frac{\tilde{A}}{A_{st}} = \frac{1}{1-\left(\dfrac{\omega}{\omega_n}\right)^2 + 2j\xi\dfrac{\omega}{\omega_n}} \tag{3.47}$$

复频响应包含了响应的幅值信息以及响应与激励之间的相位信息。将两种信息分开，可以表示为

$$H(\omega) = |H(\omega)|e^{j\theta} \tag{3.48}$$

其中

$$|H(\omega)| = \frac{1}{\sqrt{\left(1-\dfrac{\omega^2}{\omega_n^2}\right)^2 + \left(2\xi\dfrac{\omega}{\omega_n}\right)^2}} \tag{3.49}$$

$$\theta(\omega) = \arctan\left[2\xi\frac{\omega}{\omega_n}\bigg/\left(1-\frac{\omega^2}{\omega_n^2}\right)\right] \tag{3.50}$$

$|H(\omega)|$ 表示响应振幅与静振幅之比，称为放大因子。θ 是振动位移与激励之间的相位差。

系统的稳态响应为

$$x(t) = A_{st}H(\omega)e^{j\omega t} = A_{st}|H(\omega)|e^{j(\omega t+\theta)} = A_m e^{j(\omega t+\theta)} \tag{3.51}$$

$$A_m = A_{st}|H(\omega)| \tag{3.52}$$

因此，强迫振动也是简谐振动，振动频率与激励频率相同，与阻尼无关；振幅 A_m 与初始条件无关，稳定不变，在数值上是静振幅的 $|H(\omega)|$ 倍。

下面介绍系统对简谐激励的响应特性。

1) 幅频特性

图 3.8 为不同 ξ 值时 $|H(\omega)|$ 与 ω/ω_n 的关系曲线，称为幅频特性曲线或共振曲线。它具有以下特点：

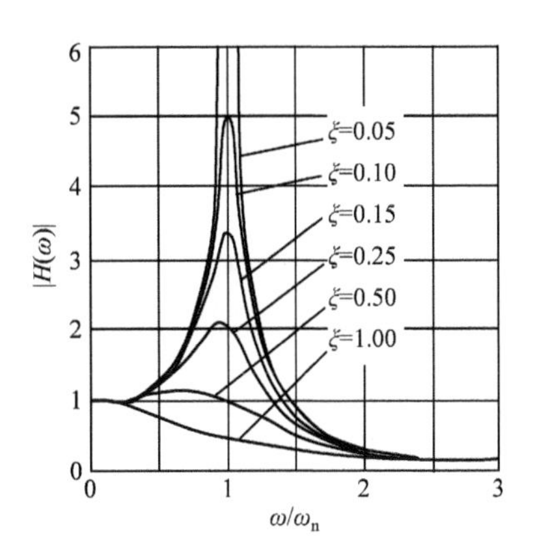

图 3.8　幅频特性曲线

(1) 当 $\omega=0$ 时，$|H(\omega)|=1$，表明所有曲线从 $|H(\omega)|=1$ 开始。当激励频率很低，即 $\omega \ll \omega_n$ 时，$|H(\omega)|$ 接近于 1，说明低频激励时振动幅值接近于静态位移，这时，动态响应很小，强迫振动的动态过程可近似地用静变形过程来描述。因此，这一频率范围通常称为“刚度控制区”或“准静态区”，在此区域内，系统的振动特性主要由弹性组件特性参数 k 决定。

(2) 当激励频率很高，即 $\omega \gg \omega_n$ 时，$|H(\omega)|<1$，且 $\omega/\omega_n \to \infty$ 时，$|H(\omega)| \to 0$。说明高频激励时，由于惯性的影响，系统来不及对高频激励做出响应，因而振动振幅很小。因此，这一频率范围通常称为“惯性控制区”，在此区域内，系统的振动特性主要由质量特性参数 m 决定。

(3) 当激励频率 ω 与固有频率 ω_n 接近时，即 $\omega \approx \omega_n$，$|H(\omega)|$ 曲线出现峰值，此时动态响应很大，振动幅值远大于静态位移。在这一频率范围内，$|H(\omega)|$ 曲线峰值主要由阻尼比决定，阻尼比小时，$|H(\omega)|$ 峰值较高，反之，则较小。因此，这一频率范围通常称为“阻尼控制区”，在此区域内，系统的振动特性主要由阻尼组件特性参数 ξ 决定。

(4) 对式(3.49)中 ω 求导，令其结果等于零，可得 $|H(\omega)|$ 曲线峰值对应的频率 ω_r 为

$$\omega_r = \omega_n\sqrt{1-2\xi^2} \tag{3.53}$$

这时的强迫振动称为共振，这一频率称为位移共振频率 ω_r。$|H(\omega)|$ 的最大值为

$$|H(\omega_r)| = \frac{1}{2\xi\sqrt{1-\xi^2}} \tag{3.54}$$

而 $|H(\omega_r)|A_{st}$ 为共振幅值。

无阻尼固有频率 ω_n、阻尼固有频率 ω_d 和位移共振频率 ω_r 三个频率具有以下关系：

$$\omega_r < \omega_d < \omega_n \tag{3.55}$$

因此，共振并不发生在ω_n处，而是发生在略低于ω_n处，如图 3.8 所示。

(5) 当ξ很小($\xi < 0.05$)时，$\omega_r \approx \omega_n$，这时放大因子为

$$|H(\omega_n)| \approx \frac{1}{2\xi} \tag{3.56}$$

放大因子常用符号Q表示，称为Q因子或品质因子。品质因子是一个用来描述共振峰锐性的尺度，也是系统阻尼的度，近似用式(3.57)求得：

$$Q \approx \frac{1}{2\xi} \approx \frac{\omega_n}{\Delta\omega} \tag{3.57}$$

式中，$\Delta\omega$——半功率带宽。

半功率带宽$\Delta\omega$是共振曲线上$|H(\omega)|$等于$Q/\sqrt{2}$的两点A_1、A_2(或−3dB 点，即$20\lg(1/\sqrt{2})$点)之间的频率宽度，如图 3.9 所示。

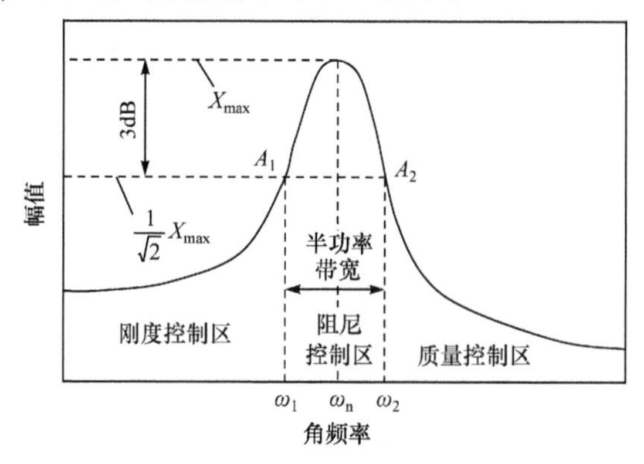

图 3.9　单自由度系统的半功率带宽及半功率点

2) 相频特性

式(3.50)描述了振动位移、激励两信号之间的相位差与激励频率之间的函数关系，所以称$\theta(\omega)$为系统的相频特性。

图 3.10 为不同ξ值时θ与ω/ω_n的关系曲线，称为相频特性曲线。相频特性曲线具有以下特点：

(1) 阻尼系统强迫振动的位移恒落后激励一个相位角θ，在 0 到π之间。

(2) 当$\omega = 0$时，$\theta = 0$，即所有曲线从$\theta(0) = 0$开始。当激励频率ω远低于ω_n，即$\omega \ll \omega_n$，系统处于弹性控制区时，θ接近于零，说明低频激励时振动位移与激励之间基本同相。

(3) 当激励频率ω很高，即$\omega \gg \omega_n$，系统处于惯性区时，θ接近于π，振动位移与激励之间相位相反。

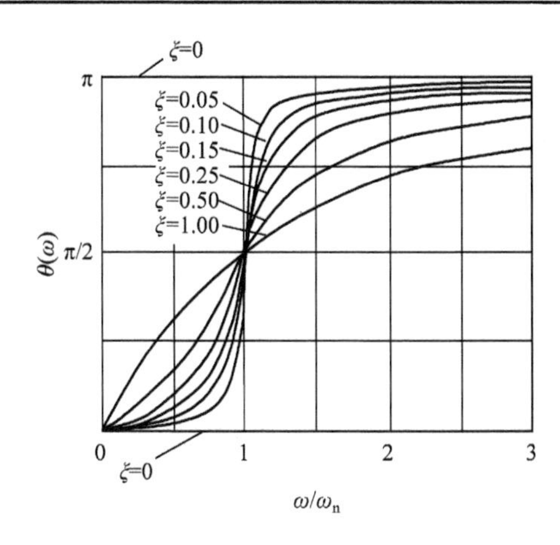

图 3.10　相频特性曲线

(4) 当 $\omega \approx \omega_{\mathrm{n}}$，处于阻尼区时，若 $\omega = \omega_{\mathrm{n}}$，则不论阻尼多大，$\theta$ 恒等于 $\pi/2$。在实际中，可利用相频曲线的这一特点来确定系统的固有频率，称为相位共振法。

3) 共振

共振是指系统做强迫振动时，激励频率的任何微小变化都会使其响应下降的振动状态。需要注意的是，阻尼系统强迫振动的位移响应、速度响应、加速度响应的峰值并不发生在同一频率处，因此有位移共振、速度共振、加速度共振以及相位共振的区别，只是它们的差别一般都很小。

当阻尼很小($\xi < 0.05$)时，$\omega_{\mathrm{r}} \approx \omega_{\mathrm{n}}$，式(3.44)的特解直接为

$$x(t) = \frac{1}{2\xi} A_{\mathrm{st}} (1 - \mathrm{e}^{-\xi\omega_{\mathrm{n}} t}) \sin(\omega_{\mathrm{n}} t) \tag{3.58}$$

当 $\xi = 0$ 时，$\omega_{\mathrm{r}} = \omega_{\mathrm{n}}$，此时振幅趋于无穷大，式(3.44)的特解为

$$x(t) = \frac{1}{2} A_{\mathrm{st}} \omega_{\mathrm{n}} t \sin(\omega_{\mathrm{n}} t) \tag{3.59}$$

由式(3.59)可知，共振是一个幅值随时间逐步增长的过程。在无阻尼系统中，振动幅值随着时间延续而无限增大。在阻尼系统中，振动幅值最后将稳定在某一峰值($A = A_{\mathrm{st}} / (2\xi)$)处。到达稳定振幅所需的时间或循环周期数，取决于阻尼的大小。阻尼越大，稳定所需的时间就越短。

式(3.58)和式(3.59)的曲线如图 3.11 所示。

2. 周期激励的响应

在实际中，大多数的激励为非简谐周期激励。由式(3.11)可知，它可分解为一组振幅不同、初相位不同、频率为基频整数倍的简谐振动之和。已知阻尼系统对简谐激励的响应如式(3.51)所示。

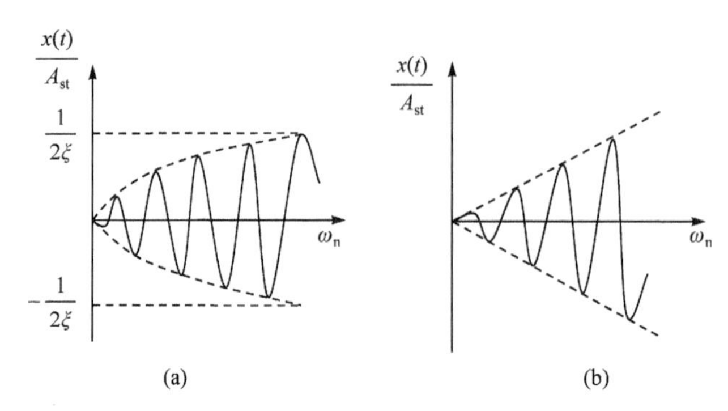

图 3.11　共振状态的稳定过程

根据叠加原理，系统稳定时的总响应等于各简谐激励产生的响应之和，即

$$x(t)=\sum_{i=1}^{n}A_{sti}\left|H(\omega_i)\right|e^{j(\omega_i t+\theta_i)} \tag{3.60}$$

3.3.2　多自由度系统的强迫振动

在式(3.38)的右端加一个激励力矢量项，可得到多自由度系统的强迫振动方程：

$$M\frac{d^2X}{dt^2}+C\frac{dX}{dt}+KX=F(t) \tag{3.61}$$

式中，$F(t)$——激励力矢量。

激励力矢量为

$$F(t)=\{f_1(t),f_2(t),\cdots,f_n(t)\}^T \tag{3.62}$$

由于多自由度系统的强迫振动方程是耦合的，响应的计算复杂，一般采用模态分析法求解。模态分析法是通过坐标变换用主坐标代替原来的物理坐标，将一组相互耦合的方程变成彼此独立的方程，每一个独立的方程都为一个单自由度系统振动方程。求出其响应后，再经过逆变换，求出系统物理坐标下的响应。

1. 无阻尼系统的计算

1) 列方程

根据简化模型列出无阻尼多自由度系统强迫振动方程为

$$M\frac{d^2X}{dt^2}+KX=F(t) \tag{3.63}$$

其中质量矩阵 M、刚度矩阵 K 均为实数阵，且为正定或半正定的对称阵。

2) 固有频率和主振型分析

由系统的主振型方程

$$(K-\omega^2 M)X=0$$

求出各阶固有频率 ω_{ni} (包括零频)及相应的主振型 X_i ($i=1, 2, \cdots, n$)。振型经正则化处理后依次排列成振型矩阵 P，即

$$P=[X_1,X_2,\cdots,X_n]=\begin{bmatrix} x_{11} & x_{12} & \cdots & x_{1n} \\ x_{21} & x_{22} & \cdots & x_{2n} \\ \vdots & \vdots & & \vdots \\ x_{n1} & x_{n2} & \cdots & x_{nn} \end{bmatrix} \tag{3.64}$$

3) 主坐标变换

利用主振型矩阵 P 对方程(3.63)进行坐标变换：

$$x=PZ \tag{3.65}$$

这里要先求出各个广义力：

$$q_i(t)=\frac{1}{M_i}X_i^{\mathrm{T}}F(t) \tag{3.66}$$

式中，M_i——广义质量，有

$$M_i=X_i^{\mathrm{T}}MX_i \tag{3.67}$$

于是，得到主坐标运动方程为

$$\frac{\mathrm{d}^2 z_i}{\mathrm{d}t^2}+\omega_i^2 z_i=q_i(t) \tag{3.68}$$

式中，$i=1, 2,\cdots, n$。

式(3.68)是系统在新坐标 Z 下的振动方程组。

4) 求主坐标方程

方程组(3.68)中每一个方程都可按单自由度系统中所述的方法求解，得到模态坐标响应 $z_1, z_2, \cdots, z_n$。

5) 坐标逆变换

求得系统的主坐标响应后，按 $x=PZ$ 进行逆变换，即可得到原坐标下的响应，即

$$\begin{aligned} x=PZ&=[X_1,X_2,\cdots,X_n]\begin{Bmatrix} z_1(t) \\ z_2(t) \\ \vdots \\ z_n(t) \end{Bmatrix} \\ &=z_1(t)X_1+z_2(t)X_2+\cdots+z_n(t)X_n \end{aligned} \tag{3.69}$$

由此可见，系统响应是由各阶主振型叠加而来的。无阻尼时，模态矩阵为实

数阵，求解比较方便。而有阻尼系统的模态分析要复杂许多。

2. 有阻尼系统的计算

小阻尼时，可近似按无阻尼实模态矩阵进行坐标变换。系统振动方程按式(3.61)描述，考虑阻尼时的主坐标运动方程为

$$\frac{\mathrm{d}^2 z_i}{\mathrm{d}t^2}+2\xi_i\omega_i\frac{\mathrm{d}z_i}{\mathrm{d}t}+\omega_i^2 z_i=q_i(t) \tag{3.70}$$

求解式(3.70)的步骤与前面无阻尼系统的计算相同，只是第四步求解的是有阻尼的方程。

第 4 章　电磁噪声和振动及控制方法

在全封闭滚动转子式制冷压缩机中，可用于驱动压缩机运转的电机类型有很多。目前，使用的电机主要有以下几种类型：

(1) 单相异步电机；

(2) 三相异步电机；

(3) 内置式永磁同步电机(IPMSM)；

(4) 永磁辅助同步磁阻电机(PMASynRM)。

其中，单相异步电机和三相异步电机用于定速压缩机；内置式永磁同步电机和永磁辅助同步磁阻电机用于调速压缩机。

电机产生电磁噪声和振动的原因有很多，同时，压缩机电机变频调速的控制方法也有多种，不同的变频调速方法产生的电磁噪声和振动的机理并不完全相同。为了更具有针对性，本章所讨论的电磁噪声和振动仅限于以下两个方面：

(1) 定速运转的单相异步电机和三相异步电机；

(2) 矢量控制变频调速的内置式永磁同步电机和永磁辅助同步磁阻电机。

4.1　电磁噪声和振动的激励源

电机的电磁噪声和振动是由在时间和空间上变化并在电机各部分之间作用的电磁力引起的。

当电机运转时，在定子和转子之间的气隙空间中会形成一个气隙磁场，电机的气隙磁场产生一个旋转脉动的电磁力波，以极对数为周期分布在气隙空间。在一定条件下，交变的电磁力激励起电机零部件振动，产生噪声。

电机气隙中的电磁力可以分解为径向、切向和轴向三个分量。由于大多数电机转子，尤其是小型电机，可以看成一个实心圆柱体，其刚度相对较大，而电机定子的刚度相对较小，故产生噪声的决定性因素是定子铁芯的振动。因此，电磁力的径向分量是引起电机振动的主要作用力，定子铁芯径向振动产生的噪声是电机电磁噪声的主要成分。定子铁芯可以简单地用一个内侧受到一个随时间变化和空间上分布压力作用的空心圆柱体来表示，定子铁芯上径向电磁力的分布以及电磁噪声和振动的传递如图 4.1 所示。

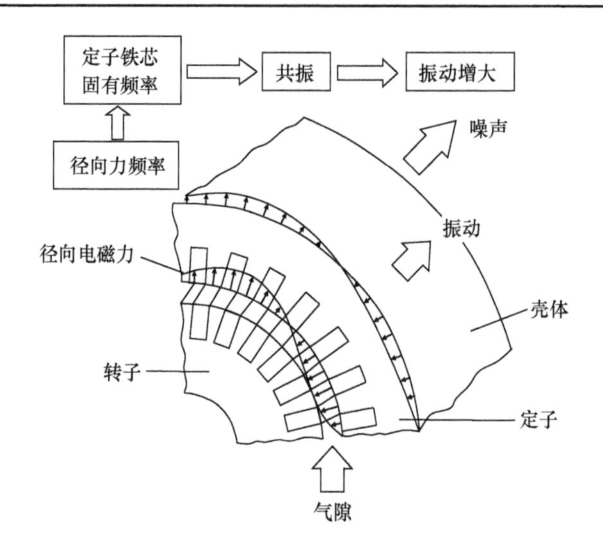

图 4.1　径向电磁力的分布以及电磁噪声和振动的传递

径向电磁力产生的振动大小与定子特性有很大的关系，大多数电机电磁振动的频率分布在 100～4000Hz。

气隙磁场中除了主磁通外，还有很多谐波分量，它们的频率一般与电机的齿槽数呈倍数关系。因此，电机电磁噪声和振动中不但有主磁通引起的噪声和振动，还有谐波磁通产生的、频率较高的电磁噪声和振动。特别是当定子和转子之间的气隙不均匀时，将加剧旋转力波所产生的电磁噪声。

在异步电机中，除了径向电磁力引起电机定子振动产生的噪声之外，转矩脉动和电磁力切向分量也对电机定子的振动和电磁噪声产生影响。在正常情况下，与径向分量相比，切向分量对定子噪声和振动的影响要小得多。

在内置式永磁同步电机和永磁辅助同步磁阻电机中，齿槽转矩、纹波转矩(永磁转矩和磁阻转矩)脉动引起的噪声在噪声频谱中可见到明显的峰值，通常是滚动转子式制冷压缩机主要的噪声源之一。

此外，磁致伸缩也是电机产生电磁噪声的原因之一。磁致伸缩是指铁磁性物质(磁性材料)在外磁场作用下，尺寸伸长或缩短，去掉外磁场后，其又恢复原来长度的现象。在电机中，定子和转子铁芯在交变磁场的作用下都会产生磁致伸缩现象。

在电源质量不高的情况下，或者逆变器供电进行变频调速运转时，由于电机定子绕组电流中存在高次时间谐波，产生寄生振荡转矩。通常，这些寄生转矩比由空间谐波产生的振荡转矩要大得多。此外，整流器的电压纹波通过中间电路传递到逆变器，还会产生另一种类型的振荡转矩。

电机在电磁力作用下产生的噪声和振动强度的大小，与电磁力的大小、定子铁芯-壳体的刚度、转子的刚度、运转频率、电源特性、变频调速方式、负载特性等多种因素有关。特别是当激发振动的电磁力与发生振动的零部件的固有频率接近或一致时，将会产生共振，这时电机的噪声和振动会显著增加。

在全封闭滚动转子式制冷压缩机中，电机运转产生的电磁噪声大部分由定子铁芯通过压缩机壳体辐射到周围空间，少部分通过压缩机的转子-偏心轮轴等零部件传递到压缩机壳体辐射到周围空间。

归纳起来，滚动转子式制冷压缩机中电机产生电磁噪声和振动的主要原因如图 4.2 所示。

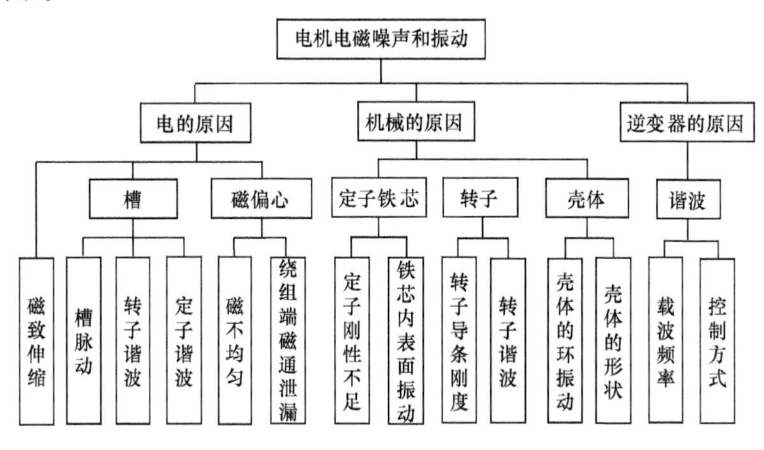

图 4.2　电机电磁噪声和振动产生的原因

降低电机电磁噪声和振动的方法，因电机的类型、结构、变频驱动方法和负载状况等情况的不同而异，要找到一个适合所有情况的万全之策是不可能的。在决定如何降低电机电磁噪声和振动时，最重要的是确定电磁噪声与振动的发生源，并识别影响最大的发生源。

从发生源入手是抑制电磁噪声和振动最有效的方法，因此在设计和制造电机时就应保证电机具有低振动和低噪声的特性。如果在电机运转时出现幅值较高的电磁噪声和振动，那么在不改变电机结构的情况下是很难用其他方法来降低这些噪声和振动的。

在对已制成电机的电磁噪声和振动进行分析时，首先应从电机电磁噪声和振动的频率特性分析(如采用噪声和振动的频谱分析)开始，了解电机电磁噪声和振动的频率特性，频谱中的某些频率成分与具有一定频率特性的某个激励源有关，应分析和确认对电磁噪声和振动有重要影响的发生源，然后确定相应的降低电磁噪声和振动的对策。

4.2 三相异步电机的电磁噪声和振动

在 4HP(制冷量约为 10kW)以上的定频滚动转子式制冷压缩机中，大多数使用转子为鼠笼式结构的三相异步电机作为驱动电机。三相鼠笼式结构异步电机主要由定子和转子两大部分组成，定子和转子铁芯均由硅钢片叠压而成。在定子铁芯上嵌入三相绕组，三相绕组一般采用星形(Y 形)连接并接入三相交流电；转子绕组是由与两端端环短接的轴向条组成的“鼠笼”绕组，多采用纯铝压铸而成，压铸的鼠笼绕组与转子硅钢叠片之间是非绝缘的。

当通入三相交流电流时，三相定子绕组在气隙中产生旋转磁场，定子旋转磁场在转子绕组中产生感应电流，感应电流与定子磁场依次相互作用产生电磁转矩。电机转子转动的方向与定子磁场的旋转方向一致。

进入气隙的主磁通，除了产生电磁转矩(切向电磁力)之外，还产生径向电磁力和轴向电磁力。如前所述，对于噪声和振动来说，作用在电机定子上的径向电磁力是引起定子铁芯产生振动并辐射噪声的主要激励源。一般情况下，异步电机的切向电磁力和轴向电磁力对噪声和振动的影响远小于径向电磁力，故在电机的电磁噪声和振动分析中常略去不计。但在某些场合下，如电机三相不对称时或在单相异步电机中，电磁力切向分量引起的振动也很大，容易导致与电机转子相连部件的振动，产生噪声。因此，本节主要介绍三相异步电机径向电磁力引起的电磁噪声和振动，4.3 节则着重介绍单相异步电机切向电磁力引起的电磁噪声和振动。

在滚动转子式制冷压缩机中，三相异步电机产生电磁噪声和振动的原因主要有以下五个方面：

(1) 基波主磁通产生的噪声和振动，包括偏心、不平衡电压、三相绕组不对称等引起的噪声和振动；

(2) 高次谐波磁通产生的噪声和振动，包括齿槽组合、磁通饱和等引起的噪声和振动；

(3) 电源谐波引起的噪声和振动；

(4) 拍振产生频率为 $2sf_0$ 的噪声和振动；

(5) 磁致伸缩导致的噪声和振动。

4.2.1 正弦波供电时的径向力波

正弦波供电是指供电电流为纯正弦波，不含任何谐波和纹波成分。

1. 径向力的计算式

根据麦克斯韦张量法，由电机气隙磁场产生，并作用于定子铁芯表面单位面积上的电磁力正比于磁通密度的平方。气隙中任意一点单位面积上的电磁力径向分量可以由式(4.1)确定：

$$p_{\mathrm{r}}(\alpha,t)=\frac{1}{2\mu_0}[B_{\mathrm{r}}^2(\alpha,t)-B_{\mathrm{t}}^2(\alpha,t)] \tag{4.1}$$

式中，$p_{\mathrm{r}}(\alpha,t)$——气隙中某一点单位面积上的电磁力径向分量，单位为 $\mathrm{N/m^2}$；

μ_0——真空中的磁导率，$\mu_0=4\pi\times10^{-7}\,\mathrm{H/m}$；

$B_{\mathrm{r}}(\alpha,t)$——气隙中某一点磁通密度瞬时值的径向分量，单位为 T；

$B_{\mathrm{t}}(\alpha,t)$——气隙中某一点磁通密度瞬时值的切向分量，单位为 T。

由于电机铁芯的磁导率远大于电机气隙的磁导率，气隙中磁力线实际上垂直于定子和转子的表面，气隙磁通密度的径向分量 $B_{\mathrm{r}}(\alpha,t)$ 远大于切向分量 $B_{\mathrm{t}}(\alpha,t)$。因此，式(4.1)可近似表示为

$$p_{\mathrm{r}}(\alpha,t)\approx\frac{1}{2\mu_0}B_{\mathrm{r}}^2(\alpha,t) \tag{4.2}$$

在忽略铁芯磁饱和时，径向气隙磁通密度可以表示为

$$B_{\mathrm{r}}(\alpha,t)=f(\alpha,t)\Lambda(\alpha,t) \tag{4.3}$$

式中，$f(\alpha,t)$——气隙磁动势，单位为 At；

$\Lambda(\alpha,t)$——气隙磁导，单位为 H。

由式(4.3)可知，电机气隙磁通密度可以表示为气隙磁动势与气隙磁导的乘积。当在空间上分布的磁通随时间变化时，在定子和转子之间空间上分布的电磁力将随时间变化。这种在空间上分布并随时间变化的径向电磁力称为径向电磁力波，简称径向力波，径向力波的阶次用 r 表示。在一定条件下，径向力波引起电机定子铁芯及壳体的振动，从而辐射出噪声。

2. 定子磁动势

在正弦波电流供电时，三相异步电机对称定子绕组的磁动势在空间和时间上的分布可以表示为

$$f_{\mathrm{s}}(\alpha,t)=\sum_{\nu=1}^{\infty}F_{m\nu}\cos(\nu p\alpha\mp\omega_0 t) \tag{4.4}$$

式中，$f_{\mathrm{s}}(\alpha,t)$——定子绕组磁动势，单位为 At；

ν——定子绕组磁动势谐波的阶次；

$F_{m\nu}$——定子绕组磁动势 ν 阶谐波的幅值，单位为 At；

p——电机极对数；

ω_0——定子电流基波的角频率，单位为 rad/s；

t——时间，单位为 s；

α——坐标系中离原点的角位移，单位为 rad。

当每极每相槽数 q_1 为整数槽($q_1 = z_1 / (2pm_1)$ ，其中，z_1 为定子槽数，m_1 为定子相数，三相时 $m_1 = 3$) 时，定子绕组的谐波阶次为

$$\nu = 2m_1 k \pm 1 = 6k \pm 1 \tag{4.5}$$

式中，$k = 0, 1, 2, 3, \cdots$。

因此，定子绕组产生奇数倍的谐波，但不包括次数为 3 的整数倍的谐波，也就是，定子绕组的谐波阶次为 1, 5, 7, 11, 13, …，其中，1, 7, 13, 19, …为正序旋转，5, 11, 17, 23, …为逆序旋转。

定子绕组齿谐波阶次为

$$\nu = 2m_1 q_1 k \pm 1 = k\frac{z_1}{p} \pm 1 \tag{4.6}$$

式中，$k = 1, 2, 3, \cdots$。

齿谐波是含量最大的定子绕组谐波，为激励电机产生电磁噪声和振动的主要分量。

3. 转子磁动势

三相异步电机转子绕组磁动势的空间和时间分布为

$$f_{\mathrm{r}}(\alpha,t) = \sum_{\mu=1}^{\infty} F_{m\mu} \cos(\mu p\alpha \mp \omega_\mu t + \phi_\mu) \tag{4.7}$$

式中，$f_{\mathrm{r}}(\alpha,t)$——转子绕组磁动势，单位为 At；

μ——转子绕组磁动势谐波的阶次；

$F_{m\mu}$——转子绕组磁动势 μ 阶谐波的幅值，单位为 At；

ω_μ——转子绕组 μ 阶空间谐波的角频率，单位为 rad/s；

ϕ_μ——同一阶次定子和转子谐波之间的矢量夹角，单位为 rad。

当转子为鼠笼式时，转子绕组磁动势的齿谐波阶次为

$$\mu = k\frac{z_2}{p} \pm 1 \tag{4.8}$$

式中，z_2——转子槽数；

$k = 1, 2, 3, \cdots$。

转子 μ 阶空间谐波的角速度为

$$\omega_\mu = \omega_0 \left[1 \pm k \frac{z_2}{p} (1-s) \right] \tag{4.9}$$

式中，s——转差率。

在基波频率下，转子与定子磁场之间的转差率定义为

$$s = \frac{n_s - n_m}{n_s} \tag{4.10}$$

式中，n_s——定子磁场的旋转速度(转子同步速度)，单位为 r/min；

n_m——转子旋转的机械速度，单位为 r/min。

4. 气隙磁导

气隙圆周上任意点的气隙磁导定义为该点气隙磁通密度与气隙磁动势的比值，其大小等于单位磁动势作用下单位面积上通过的磁通大小。

假设定子、转子之间的气隙沿电机圆周变化并且其边界为任意的周期性曲线。当定子、转子都有齿槽时，则定子和转子的合成气隙磁导可近似表示为

$$\begin{aligned} \Lambda_g(\alpha,t) = & \frac{\mu_0}{k_c g} \left\{ 1 + \sum_{k=1,2,3}^{\infty} A_k \cos(kz_1\alpha) + \sum_{l=1,2,3}^{\infty} A_l \cos[lz_2(\alpha - \omega_2 t)] \right\} \\ & + \frac{1}{2} \frac{\mu_0}{k_c g} \sum_{k=1,2,3}^{\infty} \sum_{l=1,2,3}^{\infty} A_k A_l \{ \cos[(lz_2 + kz_1)\alpha - lz_2\omega_2 t] \\ & + \cos[(lz_2 - kz_1)\alpha - lz_2\omega_2 t] \} \end{aligned} \tag{4.11}$$

式中，k_c——卡特系数；

g——电机定、转子的气隙长度，单位为 m；

A_k——定子槽开口 k 阶谐波磁导系数，单位为 H；

A_l——转子槽开口 l 阶谐波磁导系数，单位为 H；

k——定子磁导的阶次；

l——转子磁导的阶次；

ω_2——转子的角频率，单位为 rad/s。其中

$$\omega_2 = 2\pi(1-s) f_0 = p\Omega \tag{4.12}$$

式中，f_0——电源频率基频，单位为 Hz；

Ω——转子的机械角速度，单位为 rad/s。

式(4.11)中的第一项表示等效均匀气隙 $k_c g$ 的磁导；第二项表示定子谐波磁导；第三项表示转子谐波磁导；最后一项为定子和转子相互影响的谐波磁导。

5. 径向力波的频率和阶次

由式(4.4)、式(4.7)和式(4.11)，可以得到气隙中电角度为α时这一位置点的磁通密度径向分量瞬时值为

$$B_{\mathrm{r}}(\alpha,t)=[f_{\mathrm{s}}(\alpha,t)+f_{\mathrm{r}}(\alpha,t)]\Lambda_{\mathrm{g}}(\alpha,t) \tag{4.13}$$

将式(4.13)代入式(4.2)，得到气隙中作用在任意一点上单位面积的径向电磁力为

$$\begin{aligned}p_{\mathrm{r}}(\alpha,t)&=\frac{B_{\mathrm{r}}^2(\alpha,t)}{2\mu_0}\\&=\frac{1}{2\mu_0}\{[f_{\mathrm{s}}(\alpha,t)\Lambda_{\mathrm{g}}(\alpha,t)]^2+2f_{\mathrm{s}}(\alpha,t)f_{\mathrm{r}}(\alpha,t)\Lambda_{\mathrm{g}}^2(\alpha,t)\\&\quad+[f_{\mathrm{r}}(\alpha,t)\Lambda_{\mathrm{g}}(\alpha,t)]^2\}\end{aligned} \tag{4.14}$$

由式(4.14)可知，气隙中单位面积上的径向力波由无限多个谐波组成，但不同径向力谐波对噪声和振动的影响程度不同，因此只需要对主要的径向力波分析即可。略去对噪声和振动影响小的径向力波，式(4.14)可简化为

$$\begin{aligned}p_{\mathrm{r}}(\alpha,t)\approx&\frac{1}{4\mu_0}\sum_{\nu=1}^{\infty}B_{m\nu}^2[1+\cos(2\nu p\alpha\mp2\omega_0t)]\\&+\frac{1}{2\mu_0}\sum_{\nu=1}^{\infty}\sum_{\mu=1}^{\infty}B_{m\nu}B_{m\mu}\cos[p\alpha(\nu\mp\mu)\mp(\omega_0\mp\omega_\mu)t-\phi_\mu]\\&+\frac{1}{4\mu_0}\sum_{\mu=1}^{\infty}B_{m\mu}^2[1+\cos(2\mu p\alpha\mp2\omega_\mu t+2\phi_\mu)]\end{aligned} \tag{4.15}$$

式中，$B_{m\nu}$——定子磁通密度ν谐波的幅值，单位为T；

$B_{m\mu}$——转子磁通密度μ谐波的幅值，单位为T。

式(4.15)包括三项，第一项为相同阶次ν的定子谐波乘积，第二项为定子ν阶谐波与转子μ阶谐波的混合乘积，第三项为相同阶次μ的转子谐波乘积。其中，第一项中的常数$B_{m\nu}^2/(4\mu_0)$和第三项中的常数$B_{m\mu}^2/(4\mu_0)$对噪声和振动没有明显影响。下面分析这三项对噪声和振动的影响：

1) 相同阶次ν的定子谐波乘积

由式(4.15)中的第一项可知，相同阶次ν的定子谐波乘积产生的单位面积上径向力波的幅值为

$$P_{mr\nu}=\frac{B_{m\nu}^2}{4\mu_0} \tag{4.16}$$

式中，$P_{mr\nu}$——ν阶谐波单位面积上径向力波的幅值，单位为$\mathrm{N/m^2}$。

径向力波的角频率为

$$\omega_r = 2\omega_0 \tag{4.17}$$

径向力波的频率为

$$f_r = 2f_0 \tag{4.18}$$

径向力波的阶次为

$$r = 2\nu p = 2(kz_1 \pm p) \tag{4.19}$$

其中 ν 由式(4.6)计算。

因此，由相同阶次 ν 的定子谐波乘积产生的径向力频率为电源频率的 2 倍，即引起 2 倍电源频率的低频电磁噪声和振动。这种径向力波在电机固有频率较低的情况下，将引起电机较大的振动。由于 2 倍电源频率的电磁噪声和振动是由电机基波磁场产生的，所以无法消除这一频率噪声和振动。在中小型电机中，这一频率的径向力波对定子振动幅值有较大的影响，但由于人耳对这一频段噪声听觉不敏感，对人耳可听噪声的影响不大。

2) 定子 ν 阶谐波与转子 μ 阶谐波的混合乘积

由式(4.15)中的第二项可知，定子 ν 阶谐波与转子 μ 阶谐波的混合乘积产生的单位面积上径向力波的幅值为

$$P_{mr\nu,\mu} = \frac{B_{m\nu}B_{m\mu}}{2\mu_0} \tag{4.20}$$

式中，$P_{mr\nu,\mu}$——ν 阶和 μ 阶谐波混合乘积单位面积上径向力波的幅值，单位为 N/m^2。

径向力波的角频率为

$$\omega_r = \omega_0 \pm \omega_\mu = \omega_0 \pm \omega_0\left[1 \pm k\frac{z_2}{p}(1-s)\right] \tag{4.21}$$

径向力波的频率为

$$f_r = \left[k\frac{z_2}{p}(1-s) \pm 2\right]f_0 \tag{4.22}$$

$$f_r = k\frac{z_2}{p}(1-s)f_0 \tag{4.23}$$

径向力波的阶次为

$$r = (\nu \pm \mu)p \tag{4.24}$$

其中 ν 按照式(4.6)计算；μ 按照式(4.8)计算。

当 $r = (\nu + \mu)p$ 时，径向力波的频率按式(4.22)计算；当 $r = (\nu - \mu)p$ 时，径向力波的频率按式(4.23)计算。

定子 ν 阶谐波与转子 μ 阶谐波相互作用产生的径向电磁力波，是引起电机噪声和振动的主要因素。这种径向电磁力波的阶次低、幅值大、数量多，容易产生与电机定子固有频率相同或相近的振动，并且径向电磁力波的频率一般在人耳的敏感听力范围之内，容易产生刺耳的电磁噪声，是电机噪声和振动研究及抑制的主要内容。

3) 相同阶次 μ 的转子谐波乘积

由式(4.15)中的第三项可知，相同阶次 μ 的转子谐波乘积产生的单位面积上径向力的幅值为

$$P_{mr\mu}=\frac{B_{m\mu}^{2}}{4\mu_{0}} \tag{4.25}$$

式中，$P_{mr\mu}$——μ 阶谐波单位面积上径向力波的幅值，单位为 $\mathrm{N/m^2}$。

径向力波的角频率为

$$\omega_{\mathrm{r}}=2\omega_{\mu}=2\left[1\pm k\frac{z_{2}}{p}(1-s)\right]\omega_{0} \tag{4.26}$$

径向力波的频率为

$$f_{\mathrm{r}}=2\left[1\pm k\frac{z_{2}}{p}(1-s)\right]f_{0} \tag{4.27}$$

径向力波的阶次为

$$r=2\mu p=2(kz_{2}\pm p) \tag{4.28}$$

其中，μ 由式(4.8)计算。

三相异步电机正弦波供电时，由高次空间谐波产生的径向力波频率和阶次如表 4.1 所示。

表 4.1　由高次空间谐波 ν=1 产生的径向力波频率和阶次

激励源	径向力波的频率/Hz	阶次(环状模态)
相同阶次定子空间谐波的乘积	$f_{\mathrm{r}}=2f_{0}$	$r=2\nu p$ $r=2(kz_{1}\pm p)$ k=0, 1, 2, 3, …
相同阶次转子空间谐波的乘积	$f_{\mathrm{r}}=2[1\pm k(z_{2}/p)(1-s)]f_{0}$ 其中，s 为空间基波转差率	$r=2\mu p$ $r=2(kz_{2}\pm p)$
定子和转子空间谐波乘积 一般方程式	$f_{\mathrm{r}}=f_{0}\pm f_{\mu}$	$r=(\nu\pm\mu)p$
定子和转子空间谐波的乘积，其中， $\nu=kz_{1}/p\pm1$ 和 $\mu=kz_{2}/p\pm1$ (称为齿谐波或者梯级谐波)	$f_{\mathrm{r}}=[k(z_{2}/p)(1-s)\pm2]f_{0}$ $f_{\mathrm{r}}=[k(z_{2}/p)(1-s)]f_{0}$	$r=(\nu\pm\mu)p$

4.2.2　气隙偏心时的径向力波

在实际中，电机运转时不可避免地会出现转子偏心。转子偏心有两种类型：静态偏心和动态偏心。转子偏心时将增大电机的噪声和振动，降低电机的性能指标。主要影响如下：

(1) 产生不平衡磁拉力导致电机轴弯曲，并放大磁拉力；

(2) 在定子并联绕组中产生感应电压，使不平衡电流增大；

(3) 由于磁拉力的增大，降低电机轴的刚度和一阶临界转速。

转子偏心时径向电磁力的分析方法与不偏心时相同，都是利用麦克斯韦张量法计算出单位面积上的径向电磁力，所不同的是偏心后转子磁场的幅值、力波阶次和频率发生了改变。

1. 转子静态偏心

通常，转子静态偏心是由加工或装配造成的。转子静态偏心时，电机旋转时的最大气隙点和最小气隙点位置相对定子是固定的。在一般情况下，允许静态气隙偏心量不超过气隙平均值的±10%，否则，气隙中产生的单边磁拉力将引起明显的电磁噪声和振动。图 4.3 为转子静态偏心示意图，O' 为转轴中心。

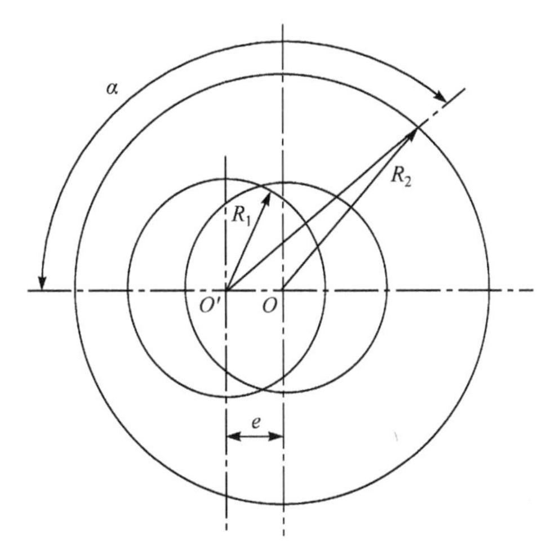

图 4.3　转子静态偏心示意图

由图 4.3 可以得到气隙长度随旋转角度变化的关系式为

$$g(\alpha)=R_2-R_1-e\cos\alpha=g(1-\varepsilon\cos\alpha) \tag{4.29}$$

式中，$g(\alpha)$——随角度 α 变化的气隙长度，单位为 m；

R_2——定子铁芯内圆半径，单位为 m；

R_1——转子铁芯外圆半径，单位为 m；

g——$e=0$ 时的理想均匀气隙长度，即 $g=R_2-R_1$，单位为 m；

e——转子静态偏心量，单位为 m；

ε——相对静偏心率。

其中，相对静偏心率为电机转子的偏心量与气隙长度之比，即

$$\varepsilon=\frac{e}{g} \tag{4.30}$$

转子静态偏心时，从式(4.29)可知，电机偏心时气隙长度的变化使气隙磁导发生改变。包括槽和偏心影响的相对气隙磁导 $\Lambda_{\mathrm{ge}}(\alpha)$ 为

$$\Lambda_{\mathrm{ge}}(\alpha)=\mu_0\frac{1}{gk_{\mathrm{c}}}\frac{1}{1-\varepsilon\cos\alpha}=\mu_0\frac{1}{gk_{\mathrm{c}}}\lambda_{ge}(\alpha) \tag{4.31}$$

其中

$$\lambda_{\mathrm{ge}}(\alpha)=\frac{1}{1-\varepsilon\cos\alpha} \tag{4.32}$$

将式(4.32)分解为傅里叶级数，取分解式前两项，则得到

$$\lambda_{\mathrm{ge}}(\alpha)\approx\frac{1}{\sqrt{1-\varepsilon^2}}+\frac{2\left(1-\sqrt{1-\varepsilon^2}\right)}{\varepsilon\sqrt{1-\varepsilon^2}}\cos\alpha \tag{4.33}$$

因此，有

$$\Lambda_{\mathrm{ge}}(\alpha)\approx\frac{\mu_0}{gk_{\mathrm{c}}}\left[\frac{1}{\sqrt{1-\varepsilon^2}}+\frac{2\left(1-\sqrt{1-\varepsilon^2}\right)}{\varepsilon\sqrt{1-\varepsilon^2}}\cos\alpha\right] \tag{4.34}$$

由式(4.34)可知，转子静态偏心时，相对气隙磁导 $\Lambda_{\mathrm{ge}}(\alpha)$ 是一个随位置变化的函数。将式(4.34)与基波定子磁动势相乘，可以得到气隙中随转子静态偏心脉动的磁通密度波，即

$$\begin{aligned}B_{1\varepsilon}(\alpha,t)&\approx\frac{\mu_0}{gk_{\mathrm{c}}}\left[\frac{1}{\sqrt{1-\varepsilon^2}}+\frac{2\left(1-\sqrt{1-\varepsilon^2}\right)}{\varepsilon\sqrt{1-\varepsilon^2}}\cos\alpha\right]F_{m1}\cos(p\alpha\mp\omega_0 t-\phi)\\&=\frac{\mu_0}{gk_{\mathrm{c}}}\left[\frac{1}{\sqrt{1-\varepsilon^2}}F_{m1}\cos(p\alpha\mp\omega_0 t-\phi)\right.\\&\left.\quad+\frac{2\left(1-\sqrt{1-\varepsilon^2}\right)}{\varepsilon\sqrt{1-\varepsilon^2}}F_{m1}\cos\alpha\cos(p\alpha\mp\omega_0 t-\phi)\right]\end{aligned} \tag{4.35}$$

由式(4.35)可知，其第一项为放大了$1\big/\sqrt{1-\varepsilon^2}$倍的定子基波气隙磁通密度；第二项为由转子静态偏心时齿槽作用产生的随静态偏心脉动的气隙磁通密度波，幅值变为理想状态下的$2\left(1-\sqrt{1-\varepsilon^2}\right)\Big/\left(\varepsilon\sqrt{1-\varepsilon^2}\right)$倍。因此，只需要研究第二项即可。

当偏心率$\varepsilon<0.3$时，式(4.35)的第二项可近似表示为

$$B_{1\varepsilon}(\alpha,t)\approx\mu_0\frac{\varepsilon}{2gk_{\mathrm{c}}}F_{m1}\cos\left[p\alpha\left(1\pm\frac{1}{p}\right)\mp\omega_0 t-\phi\right]\tag{4.36}$$

因此，由转子静态偏心引起的定子磁通密度高次谐波为

$$\nu_\varepsilon=1\pm\frac{1}{p}\tag{4.37}$$

它们的极对数为$p\pm1$。式(4.36)可以表示为

$$B_{1\varepsilon}(\alpha,t)\approx\mu_0\frac{\varepsilon}{2gk_{\mathrm{c}}}F_{m1}\cos(\nu_\varepsilon p\alpha\mp\omega_0 t-\phi)\tag{4.38}$$

由于转子静态偏心的影响，定子磁通密度波在转子中产生附加的磁通密度波，即

$$B_{2\varepsilon}(\alpha,t)=\sum_{\mu_\varepsilon=1}^{\infty}B_{2m\mu_\varepsilon}\cos(\mu_\varepsilon p\alpha\mp\Omega_{\mu_\varepsilon}t-\phi_{\mu_\varepsilon})\tag{4.39}$$

转子静态偏心时，转子磁通密度高次谐波μ_ε为

$$\mu_\varepsilon=k\frac{z_2}{p}+\left(1\pm\frac{1}{p}\right)\tag{4.40}$$

高次谐波的角频率Ω_{μ_ε}为

$$\Omega_{\mu_\varepsilon}=\omega_\nu+\omega_0\left[k\frac{z_2}{p}(1-s)\right]\tag{4.41}$$

式中，ω_ν——ν阶谐波的角频率，$\omega_\nu=\nu\omega_0=2\pi\nu f_0$。

将式(4.38)和式(4.39)代入式(4.2)，有

$$\begin{aligned}p_\varepsilon(\alpha,t)&=\frac{1}{2\mu_0}[B_{1\varepsilon}(\alpha,t)+B_{2\varepsilon}(\alpha,t)]^2\\&=\frac{1}{2\mu_0}\left\{\left[\mu_0\frac{\varepsilon}{2gk_{\mathrm{c}}}F_{m1}\cos(\nu_\varepsilon p\alpha\mp\omega_0 t-\phi)\right]^2\right.\\&\quad+\left(\mu_0\frac{\varepsilon}{2gk_{\mathrm{c}}}F_{m1}\right)\sum_{\mu_\varepsilon=1}^{\infty}B_{2m\mu_\varepsilon}\cos[(\nu_\varepsilon\pm\mu_\varepsilon)p\alpha\mp(\omega_0\mp\Omega_{\mu_\varepsilon})t+\phi'_{\mu_\varepsilon}]\\&\quad\left.+\frac{1}{2}\sum_{\mu_\varepsilon=1}B_{2m\mu_\varepsilon}^2[1+\cos(2\mu_\varepsilon p\alpha\mp2\Omega_{\mu_\varepsilon}t-2\phi_{\mu_\varepsilon})]\right\}\end{aligned}\tag{4.42}$$

转子静态偏心时，定子脉动磁通密度波与转子附加磁通密度波相互作用产生的径向力谐波，即式(4.42)中的第二项为引起噪声和振动的主要激励源。由式(4.42)可知径向力波的角频率为

$$\omega_{r\varepsilon} = \omega_0 \mp \Omega_{\mu_\varepsilon} = \omega_0 \pm \omega_\nu \pm \omega_0 \left[k \frac{z_2}{p}(1-s) \right] \tag{4.43}$$

当转子静态偏心 $\nu = 1$ 时，径向力波高次谐波的频率 $f_{r\varepsilon}$ 为

$$f_{r\varepsilon} = f_0 \left[2 \pm k \frac{z_2}{p}(1-s) \right] \text{和} f_{r\varepsilon} = kf_0 \frac{z_2}{p}(1-s) \tag{4.44}$$

偏心谐波的基波阶次为

$$r = 1 \text{和} r = 2 \tag{4.45}$$

由于偏心存在单边磁拉力(弯曲和椭圆形模态)，基于式(4.37)、式(4.40)和式(4.42)，也存在高阶偏心力谐波。

$$\begin{aligned} r_\varepsilon &= (\nu_\varepsilon \pm \mu_\varepsilon)p = \left[1 \pm \frac{1}{p} \pm \left(k \frac{z_2}{p} + 1 \pm \frac{1}{p} \right) \right] p \\ &= p \pm 1 \pm (kz_2 + p \pm 1) \end{aligned} \tag{4.46}$$

在同阶次空间谐波的干涉下，也可能产生零阶($r_\varepsilon = 0$)的振动。

2. 转子动态偏心

转子动态偏心是由电机轴弯曲、转子铁芯与转轴或者轴承不同心、转子铁芯加工不圆等造成的。动态偏心时，最大气隙点和最小气隙点在电机中的位置是不固定的，它随着转子的旋转而变化，即偏心位置对于定子是不固定的，对于转子是固定的。

转子动态偏心时，定、转子之间的气隙变化与时间的关系为

$$g(\alpha,t) = R_2 - R_1 - e_\text{d}\cos(\alpha - \Omega_\varepsilon t) = g[1 - \varepsilon_\text{d}\cos(\alpha - \Omega_\varepsilon t)] \tag{4.47}$$

式中，Ω_ε ——转子动态偏心时的机械角频率，单位为 rad/s；

e_d ——转子动态偏心量，单位为 m；

ε_d ——相对动偏心率。

其中

$$\varepsilon_\text{d} = \frac{e_\text{d}}{g} \tag{4.48}$$

转子动态偏心时的机械角频率为

$$\Omega_\varepsilon = \frac{\omega_0}{p}(1-s) = 2\pi \frac{f_0}{p}(1-s) \tag{4.49}$$

用上述转子静态偏心相同的分析方法，可以得到转子动态偏心时的磁导为

$$\Lambda_{\text{ged}}(\alpha,t)\approx\frac{\mu_0}{gk_{\text{c}}}\left[\frac{1}{\sqrt{1-\varepsilon_{\text{d}}^2}}+\frac{2\left(1-\sqrt{1-\varepsilon_{\text{d}}^2}\right)}{\varepsilon_{\text{d}}\sqrt{1-\varepsilon_{\text{d}}^2}}\cos(\alpha-\Omega_\varepsilon t)\right] \tag{4.50}$$

由式(4.50)可知，转子动态偏心时，相对气隙磁导 $\Lambda_{\text{ged}}(\alpha,t)$ 是一个随位置、时间和旋转角频率 Ω_ε 变化的函数。

气隙中随转子动态偏心脉动的磁通密度波为

$$\begin{aligned}B_{1\varepsilon d}(\alpha,t)&\approx\mu_0\frac{\varepsilon_{\text{d}}}{gk_{\text{c}}}\cos(\alpha-\Omega_\varepsilon t)F_{m1}\cos(p\alpha\mp\omega_0 t-\phi)\\&=\mu_0\frac{\varepsilon_{\text{d}}}{2gk_{\text{c}}}F_{m1}\cos\left[p\alpha\left(1\pm\frac{1}{p}\right)\mp(\omega_0\pm\Omega_\varepsilon)t-\phi\right]\\&=\mu_0\frac{\varepsilon_{\text{d}}}{2gk_{\text{c}}}F_{m1}\cos[\nu_{\varepsilon d}p\alpha\mp(\omega_0\pm\Omega_\varepsilon)t-\phi]\end{aligned} \tag{4.51}$$

其中，由转子动态偏心引起定子磁通密度的高次谐波为

$$\nu_{\varepsilon d}=1\pm\frac{1}{p} \tag{4.52}$$

它们的极对数为 $p\pm1$。

定子磁通密度波在转子中产生附加的磁通密度波为

$$B_{2\varepsilon d}(\alpha,t)=\sum_{\mu_{\varepsilon d}=1}^{\infty}B_{2m\mu_{\varepsilon d}}\cos(\mu_{\varepsilon d}p\alpha\mp\Omega_{\mu_{\varepsilon d}}t-\phi_{\varepsilon d}) \tag{4.53}$$

高次谐波为

$$\mu_{\varepsilon d}=k\frac{z_2}{p}+\left(1\pm\frac{1}{p}\right) \tag{4.54}$$

角频率为

$$\Omega_{\mu_\varepsilon}=\omega_\nu+\omega_0\left[k\frac{z_2}{p}(1-s)\right] \tag{4.55}$$

由定子磁通密度波引起的转子磁通密度波的极对数为 $p\pm1$。转子动态偏心引起的径向力波谐波可表示为

$$\begin{aligned}p_{\varepsilon d}(\alpha,t)&=\frac{1}{2\mu_0}[B_{1\varepsilon d}(\alpha,t)+B_{2\varepsilon d}(\alpha,t)]^2\\&=\frac{1}{2\mu_0}\left\{\mu_0\frac{\varepsilon_{\text{d}}}{2gk_{\text{c}}}F_{m1}\cos[\nu_{\varepsilon d}p\alpha\mp(\omega_0\pm\Omega_\varepsilon)t-\phi]\right\}^2\end{aligned}$$

$$+\frac{\varepsilon_{\mathrm{d}}}{4gk_{\mathrm{c}}}F_{m1}\sum_{\mu_{\varepsilon d}=1}^{\infty}B_{2m\mu_{\varepsilon d}}\cos[(\nu_{\varepsilon d}\pm\mu_{\varepsilon d})p\alpha\mp(\omega_0\pm\Omega_{\varepsilon}\pm\Omega_{\mu_{\varepsilon d}})t+\phi'_{\mu_{\varepsilon d}}]$$

$$+\frac{1}{2\mu_0}\sum_{\mu_{\varepsilon d}=1}^{\infty}B^2_{2m\mu_{\varepsilon d}}[\cos(\mu_{\varepsilon d}p\alpha\mp\Omega_{\mu_{\varepsilon d}}t-\phi_{\mu_{\varepsilon d}})]^2 \tag{4.56}$$

其中，主要径向力波谐波由式(4.56)中的第二项产生。按照式(4.52)、式(4.54)和式(4.56)，当转子动态偏心$\nu=1$时，高次谐波径向力的角频率为

$$\omega_{r\varepsilon d}=\left[1\pm\frac{1}{p}(1-s)\pm1\pm k\frac{z_2}{p}(1-s)\right]\omega_0 \tag{4.57}$$

由式(4.57)，可以得到两个径向力的频率表达式为

$$f_{r\varepsilon d}=\left[2\pm\left(\frac{1}{p}+k\frac{z_2}{p}\right)(1-s)\right]f_0 \tag{4.58}$$

$$f_{r\varepsilon d}=\left(\frac{1}{p}+k\frac{z_2}{p}\right)(1-s)f_0 \tag{4.59}$$

式(4.58)和式(4.59)频率的阶次由式(4.45)和式(4.46)确定。

三相异步电机正弦波供电转子静态和动态偏心时，由高次空间谐波产生的径向力波频率和阶次如表 4.2 所示。

表 4.2 转子偏心时由高次空间谐波ν=1 产生的径向力频率和阶次

激励源	径向力波的频率/Hz	阶次(环状模态)
定子和转子静态偏心空间谐波的乘积	$f_{\mathrm{r}}=[2\pm k(z_2/p)(1-s)]f_0$ $f_{\mathrm{r}}=[k(z_2/p)(1-s)]f_0$	$r=1$ $r=2$
定子和转子动态偏心空间谐波的乘积	$f_{\mathrm{r}}=[2\pm(1/p+kz_2/p)(1-s)]f_0$ $f_{\mathrm{r}}=(1/p+kz_2/p)(1-s)f_0$	$r=1$ $r=2$

4.2.3 电流谐波导致的径向力波

滚动转子式制冷压缩机的三相异步电机直接接入商用电源，受其他设备或原因的影响，供电电源有可能为非正弦波。

1. 电流的时间谐波

当供给定子的电流为非正弦波，即电流中含有高次时间谐波时，高次时间谐波的阶次n可表示为

$$n=2m_1k\pm1 \tag{4.60}$$

式中，k=1, 2, 3, …；

m_1——电机相数。

非正弦波电流 $i_1(t)$ 可以用傅里叶级数形式表示，即

$$i_1(t)=\sum_{n=1}^{\infty} I_{1mn}\sin(\omega_n t-\phi_{in}) \tag{4.61}$$

式中，I_{1mn}——n 阶谐波电流的峰值，$I_{1mn}=\sqrt{2}I_{1n}$，单位为 A；

ϕ_{in}——n 阶时间谐波电流的相位，单位为 rad；

ω_n——n 阶时间谐波电流的角频率，单位为 rad/s，其中

$$\omega_n = n\omega_0 \tag{4.62}$$

式中，ω_0——电源电流基频的角频率，单位为 rad/s。

n 阶时间谐波的转差率为

$$s_n=\frac{nn_s \mp n_s(1-s)}{nn_s} \tag{4.63}$$

式中，$nn_s = nf_0/p$——n 阶时间谐波的同步速度，单位为 r/min；

$n_s(1-s)$——转子速度，单位为 r/min。

在式(4.63)中，当时间谐波 $n=2m_1k+1$ 时，取“−”号；当时间谐波 $n=2m_1k-1$ 时，取“+”号。

当转差率很小时，式(4.63)可表示为

$$s_n \approx 1\mp\frac{1}{n} \tag{4.64}$$

随着时间谐波阶次的增加，式(4.64)表示的转差率将趋近于 1。

转差率 s_n、转子电流的角频率 ω_n、高次时间谐波转差率 s_{sn} 与同步速度之间有以下关系：

正序旋转磁场

$$s_n=1-\frac{1}{n}(1-s),\quad \omega_n=n\omega_0 s_n=\omega_0[n-(1-s)],\quad s_{sn}=1-\frac{1}{n} \tag{4.65}$$

逆序旋转磁场

$$s_n=1+\frac{1}{n}(1-s),\quad \omega_n=n\omega_0 s_n=\omega_0[n+(1-s)],\quad s_{sn}=1+\frac{1}{n} \tag{4.66}$$

2. 定子和转子磁通密度

对于 n 阶时间谐波，空间-时间变化的磁通密度可以表示为空间谐波之和。

1) 定子磁通密度

定子的磁通密度为

$$B_{1\nu n}(\alpha,t)=\sum_{\nu=1}^{\infty}B_{m\nu n}\cos(\nu p\alpha\mp\omega_n t)\tag{4.67}$$

式中，$B_{m\nu n}$——定子磁通密度谐波的峰值，单位为 T。

2) 转子磁通密度

转子的磁通密度为

$$B_{2\mu n}(\alpha,t)=\sum_{\mu=1}^{\infty}B_{m\mu n}\cos(\mu p\alpha\mp\omega_{\mu,n}t+\phi_{\mu,n})\tag{4.68}$$

式中，$B_{m\mu n}$——转子磁通密度谐波的峰值，单位为 T；

$\omega_{\mu,n}$——定子时间谐波 n 时转子系统空间谐波 μ 的角频率，单位为 rad/s；

$\phi_{\mu,n}$——给定 n 时定子和转子空间谐波矢量之间的角度，单位为 rad。

3. 径向力波的频率与阶次

下面将式(4.67)和式(4.68)代入式(4.2)中，采用与式(4.15)相同的方法分析电流谐波导致的径向力波的频率和阶次。

1) 由相同阶次 ν 定子谐波激励的径向力

由式(4.15)中第一项，相同阶次 ν 定子谐波的乘积为 $[B_{1\nu n}(\alpha,t)]^2$ ，即

$$p_{r,n}(\alpha,t)=\frac{1}{2\mu_0}[B_{1\nu n}(\alpha,t)]^2=\frac{1}{4\mu_0}\sum_{\nu=1}^{\infty}B_{m\nu n}^2[1+\cos(2\nu p\alpha\mp 2\omega_n t)]\tag{4.69}$$

由式(4.69)可知，径向电磁力的角频率为

$$\omega_{r,n}=2n\omega_0\tag{4.70}$$

径向电磁力的频率为

$$f_{r,n}=2nf_0\tag{4.71}$$

径向电磁力的阶次如式(4.19)所示。

对于基波 $\nu=1$ 和 $n=1$，径向电磁力的频率为 $f_{\mathrm{r}}=2f_0$，阶次 $r=2p$ 。对于 $\nu>1$ 的高次空间谐波和 $n=1$ 的时间基波，径向电磁力的频率也是 $f_{\mathrm{r}}=2f_0$ ，阶次 $r=2\nu p$ 。当基本空间谐波 $\nu=1$ 和时间谐波 $n>1$ 时，径向电磁力的频率为 $f_{r,n}=2nf_0$ ，阶次 $r=2p$ 。当然，还有更多的径向电磁力谐波是不同阶次的定子磁通密度谐波的混合相乘积的结果，例如，1 阶和 7 阶谐波也产生径向电磁力。

2) 定子 ν 阶和转子 μ 阶谐波的相互作用激励的径向力

由式(4.15)中的第二项可知定子和转子谐波 $2B_{1\nu n}(\alpha,t)B_{2\mu n}(\alpha,t)$ 的混合乘积为

$$p_{r,n}(\alpha,t)=\frac{2B_{1\nu n}(\alpha,t)B_{2\mu n}(\alpha,t)}{2\mu_0}$$
$$=\frac{1}{2\mu_0}\sum_{\nu=1}^{\infty}\sum_{\mu=1}^{\infty}B_{m\nu n}B_{m\mu n}\{\cos[(\nu-\mu)p\alpha\mp(\omega_n-\omega_{\mu,n})t-\phi_{\mu,n}]$$
$$+\cos[(\nu+\mu)p\alpha\mp(\omega_n+\omega_{\mu,n})t+\phi_{\mu,n}]\} \tag{4.72}$$

由式(4.72)可知，径向电磁力的角频率为

$$\omega_{r,n}=n\omega_0\pm\omega_{\mu,n} \tag{4.73}$$

径向电磁力的频率为

$$f_{r,n}=nf_0\pm f_{\mu,n} \tag{4.74}$$

径向电磁力的阶次为

$$r=(\nu\pm\mu)p \tag{4.75}$$

当$\nu=1$和时间谐波$n>1$时，径向电磁力的频率为

$$f_{r,n}=nf_0\pm f_{\mu} \tag{4.76}$$

阶次为

$$r=(1\pm\mu)p \tag{4.77}$$

由式(4.74)可知，径向电磁力的频率为转差率s_n的函数。

当时间谐波$n\geqslant 1$时，“谐波转子”角速度为

$$\Omega_{mn}=2\pi\frac{f_n}{p}(1-s_n)$$

转子绕组谐波的角频率为

$$\omega_{\mu,n}=\omega_n+kz_2\Omega_{mn}=\omega_n\pm z_2k\left[2\pi\frac{f_n}{p}(1-s_n)\right]$$
$$=2\pi f_n\left[1\pm k\frac{z_2}{p}(1-s_n)\right] \tag{4.78}$$

按照式(4.65)和式(4.66)，当$n=1$时，转差率$s_{n=1}=s\approx 0$；当$n>1$时，转差率$s_n\approx 1$。对于$\mu=kz_2/p\pm 1$，由混合乘积$B_{1\nu n}(\alpha,t)B_{2\mu n}(\alpha,t)$引起的噪声和振动的频率为

$$f_{r,n}=f_n\pm f_{\mu,n}=f_n\pm f_n\left[1\pm k\frac{z_2}{p}(1-s_n)\right]$$

也可以写为

$$f_{r,n}=f_n\left[k\frac{z_2}{p}(1-s_n)\pm 2\right] \tag{4.79}$$

$$f_{r,n} = f_n k \frac{z_2}{p}(1 - s_n) \tag{4.80}$$

混合乘积谐波的阶次由式(4.24)表示。

3) 相同阶次 μ 转子谐波激励的径向力

由式(4.15)中的第三项得相同阶次转子谐波的乘积为 $[B_{2\mu n}(\alpha,t)]^2$，即

$$\begin{aligned} p_{r,n}(\alpha,t) &= \frac{[B_{2\mu n}(\alpha,t)]^2}{2\mu_0} = \frac{[B_{m\mu n}\cos(\mu p\alpha \mp \omega_{\mu,n}t + \phi_{\mu,n})]^2}{2\mu_0} \\ &= \frac{1}{4\mu_0} B_{m\mu n}^2 [1 + \cos(2\mu p\alpha \mp 2\omega_{\mu,n}t + 2\phi_{\mu,n})] \end{aligned} \tag{4.81}$$

由式(4.81)可知，径向电磁力的角频率为

$$\omega_{r,n} = 2n\omega_\mu \tag{4.82}$$

径向电磁力的频率为

$$f_{r,n} = 2nf_\mu \tag{4.83}$$

径向电磁力的阶次由式(4.28)表示。

按照式(4.27)，有

$$f_{r,n} = 2nf_0\left[1 \pm k\frac{z_2}{p}(1 - s_n)\right] \tag{4.84}$$

4. 不同阶次定子谐波的相互作用

由于供给定子绕组的电流中含有丰富的高次时间谐波，不同阶次的高次时间谐波相互作用有可能产生显著的径向力。

频率为

$$f_{r,n} = (n' \pm n'')f_0 \tag{4.85}$$

阶次为

$$r = 0 \text{ 或者 } r = 2p \tag{4.86}$$

式中，$n' \neq n''$。

最重要的是由基波 f_0 与定子电流主要高次时间谐波的和与差引起的径向电磁力，其频率为

$$f_{r,n} = (1 \pm n)f_0 \tag{4.87}$$

5. 磁导和磁动势谐波的相互作用

磁导场谐波与定子电流高次时间谐波相关的磁动势谐波的相互作用也有可能

导致重要的振动，特别是在满负载和力阶次较低时。

径向电磁力的频率为

$$f_{r,n}=\left|(\pm f_n)-f_0\right|,\quad f_{r,n}=\left|f_n\pm f_0\left[1+k\frac{z_2}{p}(1-s)\right]\right| \tag{4.88}$$

阶次为

$$r=0,2 \tag{4.89}$$

三相异步电机供电时，电流谐波导致的径向力波频率和阶次如表 4.3 所示。

表 4.3　电流谐波导致的径向力波频率和阶次

激励源	径向力波的频率/Hz	阶次(环状模态)
相同阶次 ν 定子谐波乘积	$f_{r,n}=2nf_0$	$r=2\nu p$
定子 ν 阶和转子 μ 阶谐波的相互作用	$f_{r,n}=f_n\left[k\frac{z_2}{p}(1-s_n)\pm 2\right]$ $f_{r,n}=f_nk\frac{z_2}{p}(1-s_n)$	$r=(\nu\pm\mu)p$
相同阶次 μ 转子谐波激励的径向力	$f_{r,n}=2nf_0\left[1\pm k\frac{z_2}{p}(1-s_n)\right]$	$r=2\mu p$
不同阶次定子谐波的相互作用	$f_{r,n}=(n'\pm n'')f_0$	$r=0$ 或者 $r=2p$
磁导和磁动势谐波的相互作用	$f_{r,n}=\left|(\pm f_n)-f_0\right|$ $f_{r,n}=\left|f_n\pm f_0\left[1+k\frac{z_2}{p}(1-s)\right]\right|$	$r=0,2$

4.2.4　拍频振动和噪声

当有两个频率很接近的振动同时存在时，会产生拍频振动和噪声。拍频振动和噪声是一种时高时低的低频“嗡嗡”响的噪声，在 A 计权的噪声级中几乎可以忽略不计，但人耳可以听到，是一种令人烦恼的噪声。当异步电机气隙动偏心时，会产生与转差相关的低频拍频振动和噪声。拍频振动和噪声在采用异步电机驱动的滚动转子式制冷压缩机中是一种常见的噪声。

1. 拍频振动的理论

从机械振动的原理可知，当两个简谐振动的频率很接近时，将会出现振幅以一种很低的频率周期性变化的现象，即拍频(拍击)现象。拍频现象是一种振幅自动调制的现象。

假设两个简谐振动，其振动的角频率分别为 $\omega+\Delta\omega$ 和 $\omega-\Delta\omega$，并且 $\Delta\omega$ 很小，振动的幅值分别为 A_1 和 A_2。当这两个简谐振动叠加时，有

$$\begin{aligned}&A_1\cos(\omega+\Delta\omega)t+A_2\cos(\omega-\Delta\omega)t\\&=(A_1+A_2)\cos(\omega t)\cos(\Delta\omega t)-(A_1-A_2)\sin(\omega t)\sin(\Delta\omega t)\end{aligned}\tag{4.90}$$

在式(4.90)中，右边的第一项和第二项都可以看成频率为 ω 的简谐振动，而其振幅则按照谐波函数 $(A_1+A_2)\cos(\Delta\omega t)$ 与 $(A_1-A_2)\sin(\Delta\omega t)$ 缓慢变化。因此，式(4.90)右边的这两部分都是拍频振动。

式(4.90)右边第一项和第二项拍频的周期都为

$$T=\frac{2\pi}{2\Delta\omega}=\frac{\pi}{\Delta\omega}$$

拍频率为

$$f_{\mathrm{d}}=\frac{\Delta\omega}{\pi}\tag{4.91}$$

2. 电机拍频振动和噪声

异步电机是否出现拍频现象，取决于定子磁场与转子旋转角速度差值的大小。异步电机定子旋转磁场角速度与转子旋转的机械角速度异步，其差异的大小与转差率 s 有关。

异步电机运转时，旋转磁场的同步旋转频率 f_{sr} 为

$$f_{\mathrm{sr}}=\frac{f_0}{p}\tag{4.92}$$

式中，f_0——电机电源频率，单位为 Hz；

p——电机极对数。

转子的旋转频率 f_{rr} 为

$$f_{\mathrm{rr}}=\frac{(1-s)f_0}{p}\tag{4.93}$$

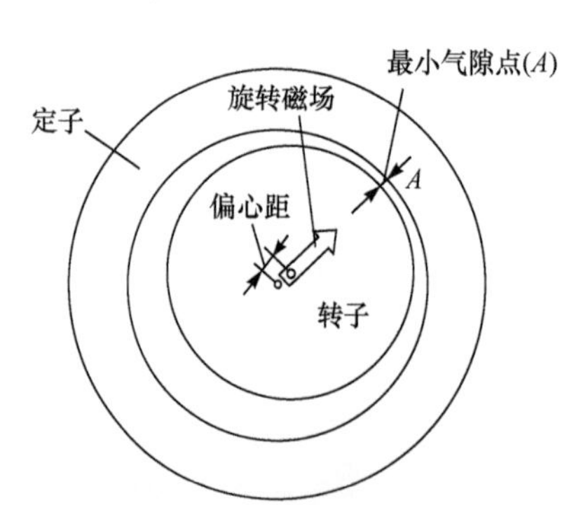

图 4.4　电机动态偏心示意图

图 4.4 为电机动态偏心示意图。由于存在动态偏心，气隙磁场产生的不平衡电磁力作用在转子上，产生了不平衡机械力，从而导致转子产生机械振动，而机械振动又进一步增加不平衡电磁力。

对于图 4.4 中最小气隙点 A，有

$$f_{\mathrm{sr}}-f_{\mathrm{rr}}=\frac{f_0-(1-s)f_0}{p}\times 2p=2sf_0 \tag{4.94}$$

也就是说，转子相对于同步转速旋转的磁场，转子的旋转总是比旋转磁场滞后转差频率 sf_0。以转差频率旋转一周时，电机转子两次通过最大磁通密度点，因此产生 2 倍转差频率($2sf_0$)的噪声和振动(峰值)，即拍频率为

$$f_{\mathrm{d}}=2sf_0 \tag{4.95}$$

拍频振动和噪声只有在拍频率 f_{d} 低于 10Hz 时人耳才能识别。

气隙动态偏心产生的电磁振动和噪声有以下特征：

(1) 转子旋转频率和旋转磁场同步转速频率的电磁振动和噪声都可能出现；

(2) 电磁振动和噪声以 $1/(2sf_0)$ 周期在脉动，因此当电机负荷增加，转差率 s 加大时，其脉动节拍加快；

(3) 电机发生与脉动节拍一致的电磁噪声。

4.3　单相异步电机的电磁噪声和振动

3HP(制冷量约为 7500W)及以下的定频滚动转子式制冷压缩机，通常采用转子为鼠笼式结构的单相异步电机驱动。

一般情况下，单相异步电机的气隙磁场是椭圆形的，它可以分解成一系列具有各次谐波的正序和逆序磁场，各次谐波磁场相互作用，分别产生切向振动和径向振动。单相异步电机中除径向力波产生的噪声和振动外，还有切向电磁力引起的噪声和振动，切向振动主要通过转子连接部件以共振的方式产生噪声。

4.3.1　径向力产生的电磁噪声和振动

1. 定子绕组磁动势

在全封闭滚动转子式制冷压缩机中，单相异步电机通常采用在辅绕组回路中串入电容器移相，使辅绕组电流相位差超前，主辅绕组在相位上错开一个接近 $\pi/2$ 的相位差角，因此单相异步电机是两相绕组的轴线在空间错开一个电位角(一般为 $\pi/2$)的电机。

由于单相异步电机主辅相绕组一般是不对称的，所以主辅绕组的磁动势幅值不同。主绕组的磁动势可以写为

$$\begin{aligned}f_{\mathrm{m}}(\alpha,t)=&\frac{1}{2}F_{m\nu}\cos\left[(\omega_0 t-\nu\alpha)+(\nu-1)\times\frac{\pi}{2}\right]\\&+\frac{1}{2}F_{m\nu}\cos\left[(\omega_0 t+\nu\alpha)+(\nu+1)\times\frac{\pi}{2}\right]\end{aligned} \tag{4.96}$$

辅绕组的磁动势为

$$f_{\mathrm{a}}(\alpha,t)=\frac{1}{2}F_{a\nu}\cos(\omega_0 t-\nu\alpha)+\frac{1}{2}F_{a\nu}\cos(\omega_0 t+\nu\alpha) \tag{4.97}$$

两相绕组的合成磁动势为

$$\begin{aligned} f(\alpha,t)&=f_{\mathrm{m}}(\alpha,t)+f_{\mathrm{a}}(\alpha,t)\\ &=f_{\mathrm{f}}(\alpha,t)+f_{\mathrm{b}}(\alpha,t) \end{aligned} \tag{4.98}$$

式中，$f_{\mathrm{f}}(\alpha,t)$——正序磁动势分量；

$f_{\mathrm{b}}(\alpha,t)$——逆序磁动势分量。

在一般情况下，单相异步电机的合成磁动势中存在正序磁动势和逆序磁动势，合成的磁动势为椭圆形旋转磁场。只有满足以下条件时，逆序磁动势才会消失，两相绕组的合成磁动势才会是一个圆形旋转的磁动势，也就是说：

(1) 两相绕组的轴线在空间错开的电位角为$\pi/2$；

(2) $F_{m\nu}=F_{a\nu}$。

2. 噪声和振动的频率

单相异步电机径向电磁振动的分析方法与三相异步电机的分析方法类似，也就是由磁动势与磁导相乘得到磁通密度，再根据麦克斯韦张量法求出径向力波，即可得到径向电磁噪声和振动的频率。由于单相异步电机的绕组和电源不对称，合成磁场包含正序磁场和逆序磁场。得到的磁通密度法向分量瞬时值如下：

对于定子，有

$$\begin{aligned} B_1(\alpha,t)&=\sum_{\nu=1,3,5,\cdots}^{\infty}B_{\nu\mathrm{f}}\cos(\nu p\alpha-\omega_0 t-\phi_{\nu\mathrm{f}})\\ &\quad+\sum_{\nu=1,3,5,\cdots}^{\infty}B_{\nu\mathrm{b}}\cos(\nu p\alpha+\omega_0 t-\phi_{\nu\mathrm{b}})\\ &=B_{1\mathrm{f}}(\alpha,t)+B_{1\mathrm{b}}(\alpha,t) \end{aligned} \tag{4.99}$$

对于转子，有

$$\begin{aligned} B_2(\alpha,t)&=\sum_{\mu=1,3,5,\cdots}^{\infty}B_{\mu\mathrm{f}}\cos(\mu p\alpha-\omega_{\mu\mathrm{f}} t-\phi_{\mu\mathrm{f}})\\ &\quad+\sum_{\mu=1,3,5,\cdots}^{\infty}B_{\mu\mathrm{b}}\cos(\mu p\alpha+\omega_{\mu\mathrm{b}} t-\phi_{\mu\mathrm{b}})\\ &=B_{2\mathrm{f}}(\alpha,t)+B_{2\mathrm{b}}(\alpha,t) \end{aligned} \tag{4.100}$$

式中，下标f、b分别表示正序磁场和逆序磁场。

其中

$$\omega_{\mu f}=\omega_0\left[1+k\frac{z_2}{p}(1-s)\right] \tag{4.101}$$

$$\omega_{\mu b}=\omega_0\left[1-k\frac{z_2}{p}(1-s)\right] \tag{4.102}$$

式中，$k=1, 2, 3, \cdots$。

将式(4.99)和式(4.100)代入式(4.14)，采用与三相异步电机相同的分析方法，可以得到径向力波的表达式。结果表明，单相异步电机的径向力波与三相异步电机的径向力波的频率相同，但幅值不同。因此，可直接使用 4.2 节的相关公式进行计算分析。

4.3.2　切向力产生的电磁噪声和振动

1. 切向振动力矩

单相异步电机气隙磁场所产生的电磁转矩可以通过磁场的能量对转子旋转角度的偏导数求得，即

$$T_t=\sum_{n=1}^{m}\sum_{r=1}^{z_2}i_{rR}\frac{\partial\phi_{nr}}{\partial\alpha} \tag{4.103}$$

式中，T_t——切向振动力矩，单位为 N · m；

i_{rR}——转子鼠笼中第 r 回路的电流，单位为 A；

ϕ_{nr}——第 n 相定子绕组在第 r 回路中产生的磁链，单位为 Wb。

通过推导，切向振动力矩可以表示为

$$\begin{aligned}T_t=\frac{p}{8}\sum_{\nu=0,2,4,\cdots}^{\infty}\overline{W}[&A_\nu\cos(\nu p\Omega t)+B_\nu\sin(\nu p\Omega t)+C_\nu\sin(\nu p\Omega-2\omega_0)t\\&+D_\nu\cos(\nu p\Omega-2\omega_0)t+E_\nu\sin(\nu p\Omega+2\omega_0)t+F_\nu\cos(\nu p\Omega+2\omega_0)t]\end{aligned} \tag{4.104}$$

当 ν 使 $\nu p/z_2$ 为整数时，$\overline{W}=z_2$；当 ν 为其他偶数时，$\overline{W}=1$。

由式(4.104)可见，电磁转矩包括以下部分：

(1) 在任意转速下都存在的异步转矩($\nu=0$ 时的第一项)，它不产生振动，是有效的电机驱动转矩；

(2) 转子静止时，变成同步转矩的交变振动力矩；

(3) 当转子旋转角频率等于 $\pm\dfrac{2\omega}{\nu p}$ 时，变成同步转矩的交变振动力矩；

(4) 不变成同步转矩的 2 倍电源频率的交变振动力矩。

因此，切向振动力矩的角频率为

$$\omega_{\mathrm{t}}=\begin{cases}2\omega_0\\ \nu p\Omega\\ \nu p\Omega\pm 2\omega_0\end{cases} \tag{4.105}$$

式中，$\nu=2, 4, 6, \cdots$(偶数)。

2. 切向振动

切向振动的速度可以表示为

$$\begin{aligned}\frac{\mathrm{d}y_{\mathrm{t}}}{\mathrm{d}t}=\frac{R_0 p}{8J_{\mathrm{s}}}\sum_{\nu=0,2,4,\cdots}^{\infty}\overline{W}\Bigg[&\frac{A_\nu}{\nu p\Omega}\sin(\nu p\Omega t)-\frac{B_\nu}{\nu p\Omega}\cos(\nu p\Omega t)\\ &-\frac{C_\nu}{\nu p\Omega-2\omega_0}\cos(\nu p\Omega-2\omega_0)t+\frac{D_\nu}{\nu p\Omega-2\omega_0}\sin(\nu p\Omega-2\omega_0)t\\ &-\frac{E_\nu}{\nu p\Omega+2\omega_0}\cos(\nu p\Omega+2\omega_0)t+\frac{F_\nu}{\nu p\Omega+2\omega_0}\sin(\nu p\Omega+2\omega_0)t\Bigg]\end{aligned} \tag{4.106}$$

因此，切向振动的频率为

$$f_t=\begin{cases}2f_0\\ \nu pf\\ \nu pf\pm 2f_0\end{cases} \tag{4.107}$$

式中，f_0——电源频率，单位为 Hz；

$f=\dfrac{\Omega}{2\pi}=\dfrac{n}{60}$，$n$ 为转子转速，单位为 r/min；

$\nu=2, 4, 6, \cdots$(偶数)。

3. 2 倍电源频率的切向振动

在单相异步电机上述的三类切向振动中，2 倍电源频率的切向振动分量十分突出，对电机噪声和振动的影响最大。

2 倍电源频率的切向振动是由正序磁场和逆序磁场相互作用产生的。正序磁场和逆序磁场转向相反，转速都为同步速度，所以产生的振动力矩的频率刚好为 2 倍电源频率。当逆序电流为零时，逆序磁场为零，切向振动为零，这在单相异步电机中是不可能的。因此，2 倍电源频率噪声和振动在单相异步电机中是不可避免的。

削弱切向振动的措施主要有：

(1) 尽可能地使逆序磁场为零，即选择电机的各种参数，如主副绕组匝比、电容等，使电机运转于圆形旋转磁场。

(2) 减小磁场谐波分量，这些谐波分量包括齿谐波磁场和 5 次、7 次谐波磁场，单相异步电机还包括 3 次谐波磁场。

4.4　同步电机的电磁噪声和振动

4.4.1　基本结构

1. 内置式永磁同步电机

内置式永磁同步电机是指将永磁体嵌入转子铁芯内部、采用逆变器由正弦波电流驱动的永磁同步电机。由于内置式永磁同步电机的转子具有凸极性，可利用磁阻转矩，其转矩由永磁转矩和磁阻转矩两部分组成，具有效率高、结构简单等优点。近年来，内置式永磁同步电机是变频滚动转子式制冷压缩机中应用最为广泛的一种驱动电机。图 4.5 为典型的永磁同步电机结构截面示意图。

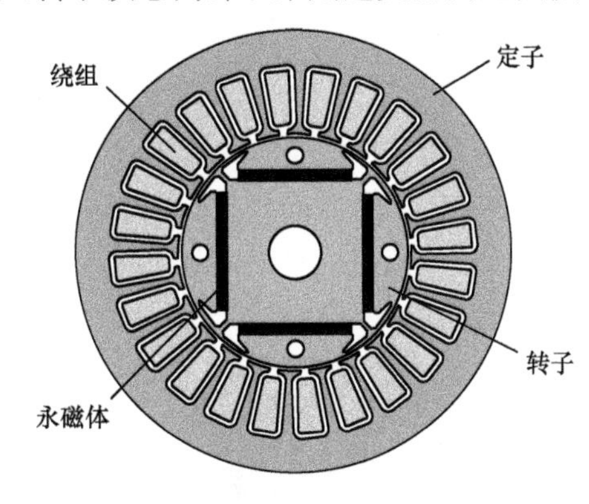

图 4.5　永磁同步电机截面示意图

为了实现高效率运转，目前，滚动转子式制冷压缩机中的内置式永磁同步电机，永磁体主要采用磁能积较高的稀土钕铁硼(Nd-Fe-B，主要成分为 $Nd_2Fe_{14}B$)材料。因此，这种类型的电机又称为稀土永磁同步电机。

1) 定子结构

用于滚动转子式制冷压缩机的内置式永磁同步电机，定子绕组通常为三相 Y 形绕组，绕组方式有两种类型：分布式绕组和集中式绕组。绕组跨距为多个定子槽的绕组称为分布式绕组；绕组跨距为一个定子槽(将线圈直接在定子齿上缠绕)的绕组称为集中式绕组。

图 4.6 为内置式永磁同步电机两种绕组的定子结构。由于集中式绕组磁动势中含有许多高次谐波，噪声和转矩脉动相对较大，所以分布式绕组与集中式绕组相比，其噪声和振动较小。但由于分布式绕组的端部比集中式绕组大，电机的铜损相对较大，存在成本高、效率低等缺点。随着降低噪声和振动技术的不断发展，集中式绕组电机在滚动转子式制冷压缩机中应用愈发广泛，特别是小容量滚动转子式制冷压缩机中，绝大多数采用集中式绕组定子结构的电机。分布式绕组则主要用于大容量压缩机中，在低噪声方面有较大的优势。

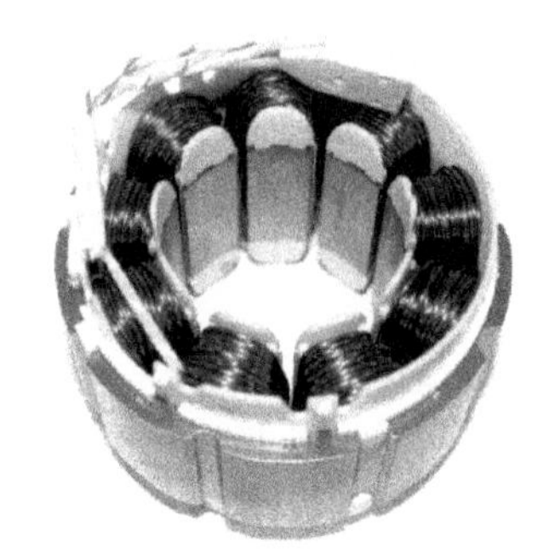

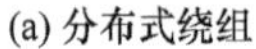

(a) 分布式绕组　　　　(b) 集中式绕组

图 4.6　内置式永磁同步电机定子结构

2) 转子结构

在内置式永磁同步电机中，永磁体嵌入转子内的布置方式有多种形式，图 4.7 展示了几种内置式永磁同步电机典型的转子结构。

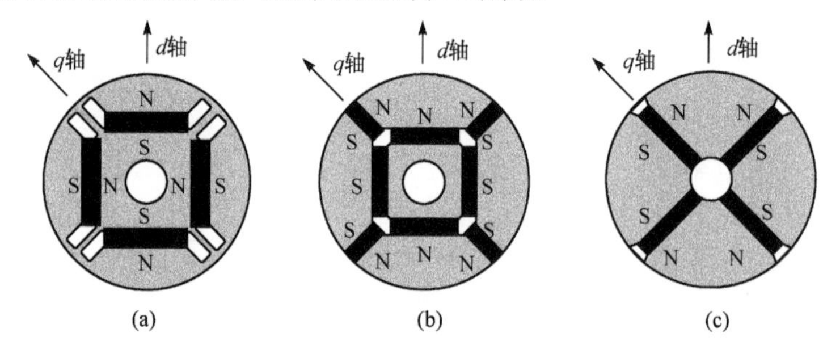

图 4.7　内置式永磁同步电机转子的几种典型结构示意图

在图 4.7 中，深色部位为永磁体材料，浅色部位为硅钢片。生产时需将成型的永磁体插入由硅钢片冲制叠压而成的转子铁芯中。

2. 永磁辅助同步磁阻电机

永磁辅助同步磁阻电机是在同步磁阻电机(SynRM)的基础上发展而来的，将永磁材料填充到转子的磁障结构中，使电机除了磁阻转矩之外还具有永磁转矩，提高了效率并降低了噪声。

虽然永磁辅助同步磁阻电机转矩的组成类似于普通的凸极式永磁同步电机，也由永磁转矩和磁阻转矩两部分组成，但与普通的凸极式永磁同步电机相比，永磁辅助同步磁阻电机转子的凸极比大得多，磁阻转矩为电机的主要转矩，永磁转矩为电机的辅助转矩，因而对永磁体磁性能的要求要低于永磁同步电机。

图 4.8 为永磁辅助同步磁阻电机的截面示意图。

用于滚动转子式制冷压缩机中的永磁辅助同步磁阻电机，一般采用铁氧体永磁体材料。虽然铁氧体永磁体材料的磁能积较稀土永磁体低，但由于永磁辅助同步磁阻电机可充分利用磁阻转矩，在电机体积相同的条件下，电机效率可达到内置式永磁同步电机同等水平。因此，它具有与内置式永磁同步电机一样高效率的优点，但成本与内置式永磁同步电机相比要低许多。

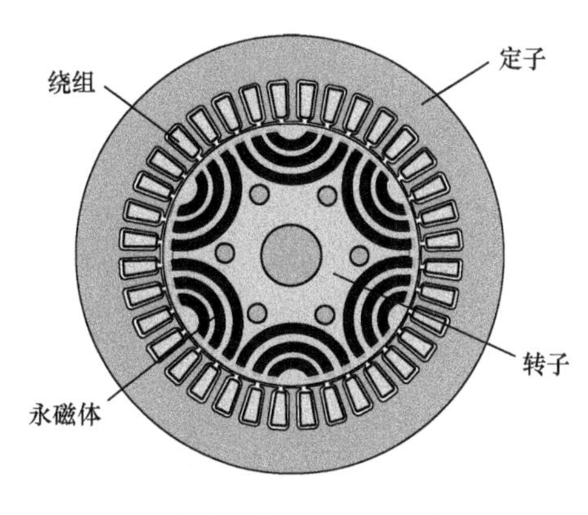

图 4.8　永磁辅助同步磁阻电机截面示意图

永磁辅助同步磁阻电机的定子结构与内置式永磁同步电机相同，也是采用三相 Y 形绕组，绕组形式同样为分布式绕组和集中式绕组两种。为提高电机转子的凸极比，转子结构与内置式永磁同步电机相比要复杂一些。

永磁辅助同步磁阻电机的优点是成本相对较低，但为了提高电机效率，防止永磁体退磁，以及降低电磁噪声和振动等，电机转子结构的设计以及变频驱动时的控制相对复杂。

4.4.2　电磁噪声和振动的产生机理及特征

由于内置式永磁同步电机和永磁辅助同步磁阻电机的转矩都是由电磁转矩和磁阻转矩组成的，可用相同的数学模型来描述，所以电磁噪声和振动的产生机理和抑制的基本原理相同。但由于电磁转矩和磁阻转矩在总转矩中所占比例不一样，这两种电机在具体的噪声和振动控制方法上也有一些区别。

在内置式永磁同步电机和永磁辅助同步磁阻电机中，除了径向电磁力对噪声和振动的影响之外，转矩脉动也对噪声和振动有显著的影响。因此，转矩脉动引起的噪声和振动也是研究的重点。

归纳起来，内置式永磁同步电机和永磁辅助同步磁阻电机的电磁噪声和振动的激励源主要有以下几个方面：

(1) 径向力波引起的电磁噪声和振动，它是由定子与转子之间的径向作用力波动所引起的；

(2) 齿槽转矩产生的电磁噪声和振动，它是由转子位置决定的定子和转子间静态磁拉力之差引起的，其大小由定子齿和转子永磁体的物理几何形状决定；

(3) 纹波转矩脉动(包括永磁转矩脉动和磁阻转矩脉动)产生的电磁噪声和振动，其中永磁转矩脉动是由定子电流磁动势谐波与转子永磁磁动势谐波相互作用产生的，磁阻转矩脉动主要是由定子磁动势谐波以及交、直轴电感随转子相对位置波动引起的，纹波转矩脉动是动态切向力按照一定的半径比例放大的结果；

(4) 载波产生的电磁噪声和振动，它是由逆变器脉冲宽度调制引起的；

(5) 不平衡电磁力产生的电磁噪声和振动，它是由偏心等导致电磁不平衡引起的；

(6) 相电流直流偏差和波形、相位偏差导致的电磁噪声和振动，它是由转矩脉动和谐波转矩引起的。

内置式永磁同步电机和永磁辅助同步磁阻电机的电磁噪声和振动具有以下特征：

(1) 气隙磁通密度中含有较多的高次谐波，因而感应电压波形中也含有高次谐波，齿槽转矩或转矩脉动呈变大趋势；

(2) 由于气隙磁通密度高，磁拉力有加大趋势，易引起定子环振动，同时，对气隙不均匀等引起的不平衡也非常敏感。

上述特征(1)主要由旋转方向的转矩脉动产生；特征(2)主要由半径方向的激振力产生。

4.4.3 正弦波供电时的径向力波

1. 定子的磁动势

当内置式永磁同步电机和永磁辅助同步磁阻电机供电电流为正弦波时，三相对称定子绕组磁动势的空间和时间分布的表达式为

$$f_{\mathrm{s}}(\alpha,t)=\sum_{\nu=1}^{\infty}F_{m\nu}\cos(\nu p\alpha\mp\omega_0 t) \tag{4.108}$$

当每极每相槽数为整数时，定子谐波磁场中只含有奇数次谐波。对于三相电机，定子磁动势谐波的阶次为

$$\nu=2m_1k\pm1=6k\pm1 \tag{4.109}$$

式中，$k=0, 1, 2, 3, \cdots$；

m_1——电机的相数。

定子磁动势齿谐波的阶次为

$$\nu=k\frac{z_1}{p}\pm1 \tag{4.110}$$

式中，$k=1, 2, 3, \cdots$。

当每极每相槽数为分数时，每极每相槽数为

$$q_1=\frac{z_1}{2m_1p}=b+\frac{c}{d}=\frac{bd+c}{d} \tag{4.111}$$

式中，b——整数；

c/d——最简分数。

当d为偶数时，单元电机数为$t=2p/d$，定子绕组的谐波阶次可表示为

$$\nu = 3k \pm 1 \tag{4.112}$$

当d为奇数时，单元电机数为$t=p/d$，定子绕组的谐波阶次可表示为

$$\nu = 6k \pm 1 \tag{4.113}$$

2. 转子的磁动势

由于转子永磁体产生的磁场为非正弦波，电机中具有等效的永磁体谐波磁动势，转子磁动势存在奇数次的高次谐波，由式(4.114)表示：

$$f_{\mathrm{r}}(\alpha,t) = \sum_{\mu=1}^{\infty} F_{m\mu} \cos(\mu p\alpha \mp \omega_\mu t + \phi_\mu) \tag{4.114}$$

其中

$$\omega_\mu = (1 \pm 2k)\omega_0 \tag{4.115}$$

转子磁动势存在奇次的高阶谐波，谐波的阶次表示为

$$\mu = 4k \pm 1 \tag{4.116}$$

式中，$k = 0, 1, 2, 3, \cdots$。

转子磁动势齿谐波的阶次为

$$\mu = k\frac{z_0}{p} \pm 1 = 2k \pm 1 \tag{4.117}$$

式中，z_0——转子磁极数，$z_0 = 2p$；

$k = 1, 2, 3, \cdots$。

3. 气隙磁导

定子和转子的合成气隙磁导为

$$\begin{aligned}\Lambda_{\mathrm{g}}(\alpha,t) &= \Lambda_{\mathrm{g}0}\lambda_{\mathrm{s}}(\alpha)\lambda_{\mathrm{r}}(\alpha,t)\\ &= \frac{\mu_0}{k_{\mathrm{c}}g}\left\{1 + \sum_{k=1}^{\infty} A_k \cos(kz_1\alpha) + \sum_{l=1}^{\infty} A_l \cos[lz_0(\alpha - \omega_0 t)]\right\}\\ &\quad + \frac{1}{2}\frac{\mu_0}{k_{\mathrm{c}}g}\sum_{k=1}^{\infty}\sum_{l=1}^{\infty} A_k A_l \{\cos[(lz_0 + kz_1)\alpha - lz_0\omega_0 t]\\ &\quad + \cos[(lz_0 - kz_1)\alpha - lz_0\omega_0 t]\}\end{aligned} \tag{4.118}$$

4. 气隙磁通密度

在忽略定子谐波磁动势作用于谐波磁导产生的谐波磁场时，由式(4.108)、式(4.114)和式(4.118)可以得出在正弦波供电时的气隙磁通密度表达式为

$$\begin{aligned}B_{\mathrm{r}}(\alpha,t)=&\Lambda_{\mathrm{g}0}\left[\sum_{\nu=1}^{\infty}F_{m\nu}\cos(\nu p\alpha\mp\omega_0 t)+\sum_{\mu=1}^{\infty}F_{m\mu}\cos(\mu p\alpha\mp\omega_\mu t+\phi_\mu)\right]\\&+\frac{\Lambda_{\mathrm{g}0}}{2}\sum_{\nu=1}^{\infty}\sum_{k=1}^{\infty}A_k F_{m\nu}\cos[(\nu p\pm kz_1)\alpha\pm\omega_0 t]\\&+\frac{\Lambda_{\mathrm{g}0}}{2}\sum_{\mu=1}^{\infty}\sum_{k=1}^{\infty}A_k F_{m\mu}\cos[(\mu p\pm kz_1)\alpha\mp\omega_\mu t+\phi_\mu]\end{aligned}\tag{4.119}$$

5. 径向力波的频率和阶次

将正弦波供电时气隙磁通密度式(4.119)代入式(4.2)中，可以得到正弦波供电时永磁同步电机径向电磁力的表达式为

$$\begin{aligned}p_{\mathrm{r}}(\alpha,t)=\frac{1}{2\mu_0}\Bigg\{&\Lambda_{\mathrm{g}0}\left[\sum_{\nu=1}^{\infty}F_{m\nu}\cos(\nu p\alpha\mp\omega_0 t)+\sum_{\mu=1}^{\infty}F_{m\mu}\cos(\mu p\alpha\mp\omega_\mu t+\phi_\mu)\right]\\&+\frac{\Lambda_{\mathrm{g}0}}{2}\sum_{\nu=1}^{\infty}\sum_{k=1}^{\infty}A_k F_{m\nu}\cos[(\nu p\pm kz_1)\alpha\pm\omega_0 t]\\&+\frac{\Lambda_{\mathrm{g}0}}{2}\sum_{\mu=1}^{\infty}\sum_{k=1}^{\infty}A_k F_{m\mu}\cos[(\mu p\pm kz_1)\alpha\mp\omega_\mu t+\phi_\mu]\Bigg\}^2\end{aligned}\tag{4.120}$$

由于只需要找出主要径向力波，可将式(4.120)简化为

$$\begin{aligned}p_{\mathrm{r}}(\alpha,t)\approx\frac{1}{2\mu_0}\Bigg\{&\left[\sum_{\nu=1}^{\infty}B_{m\nu}\cos(\nu p\alpha\mp\omega_0 t)\right]^2\\&+2\sum_{\nu=1}^{\infty}\sum_{\mu=1}^{\infty}B_{m\nu}B_{m\mu}\cos(\nu p\alpha\mp\omega_0 t)\cos(\mu p\alpha\mp\omega_\mu t+\phi_\mu)\\&+\left[\sum_{\mu=1}^{\infty}B_{m\mu}\cos(\mu p\alpha\mp\omega_\mu t+\phi_\mu)\right]^2\Bigg\}\\&+\frac{1}{2\mu_0}\left\{\frac{1}{2}\sum_{\mu=1}^{\infty}\sum_{k=1}^{\infty}B_{m\mu,k}\cos[(\mu p\pm kz_1)\alpha\mp\omega_\mu t+\phi_\mu]\right\}^2\end{aligned}\tag{4.121}$$

1) 相同阶次 ν 的定子谐波乘积

式(4.121)中的第一项，相同阶次 ν 的定子谐波乘积产生的单位面积上径向力

的表达式为

$$p_{r\nu}(\alpha,t)=\frac{B_{m\nu}^2}{4\mu_0}[1+\cos(2\nu p\alpha\mp 2\omega_0 t)] \tag{4.122}$$

则由式(4.122)可知，单位面积上径向力波的幅值为

$$P_{mr}=\frac{B_{m\nu}^2}{4\mu_0} \tag{4.123}$$

径向力波的角频率为

$$\omega_{\mathrm{r}}=2\omega_0 \tag{4.124}$$

径向力波的频率为

$$f_{\mathrm{r}}=2f_0 \tag{4.125}$$

当每极每相槽数为整数时，径向力波的阶次为

$$r=2\nu p=2(kz_1\pm p) \tag{4.126}$$

式中，ν 由式(4.110)计算。

当每极每相槽数为分数，且 d 为偶数时，按式(4.112)可得径向力波的阶次为

$$r=\frac{4(3k\pm 1)p}{d} \tag{4.127}$$

当每极每相槽数为分数，且 d 为奇数时，按式(4.113)可得径向力波的阶次为

$$r=\frac{2(6k\pm 1)p}{d} \tag{4.128}$$

2) 定子 ν 阶谐波与转子 μ 阶谐波的混合乘积

式(4.121)中的第二项，定子 ν 阶谐波与转子 μ 阶谐波的混合乘积产生的单位面积上的径向力表达式为

$$\begin{aligned}p_{r\nu\mu}(\alpha,t)=\frac{1}{2\mu_0}B_{m\nu}B_{m\mu}\{&\cos[p\alpha(\nu-\mu)\mp(\omega_0-\omega_\mu)t-\phi_\mu]\\&+\cos[p\alpha(\nu+\mu)\mp(\omega_0+\omega_\mu)t+\phi_\mu]\}\end{aligned} \tag{4.129}$$

则由式(4.129)可知，单位面积上径向力波的幅值为

$$P_{mr}=\frac{B_{m\nu}B_{m\mu}}{2\mu_0} \tag{4.130}$$

径向力波的角频率为

$$\omega_{\mathrm{r}}=\omega_0\pm\omega_\mu=[1\pm(1\pm 2k)]\omega_0 \tag{4.131}$$

径向力波的频率为

$$f_{\mathrm{r}}=2kf_0 \tag{4.132}$$

$$f_{\mathrm{r}} = 2(1+k)f_0 \tag{4.133}$$

当每极每相槽数为整数时，径向力波的阶次为

$$r = (\nu \pm \mu)p \tag{4.134}$$

式中，ν 按照式(4.110)计算；μ 按照式(4.117)计算。

当每极每相槽数为分数，且 d 为偶数时，按式(4.112)可得径向力波的阶次为

$$r = \frac{2(3k\pm 1)p}{d} \pm (2k\pm 1)p \tag{4.135}$$

当每极每相槽数为分数，且 d 为奇数时，按式(4.113)可得径向力波的阶次为

$$r = \frac{(6k\pm 1)p}{d} \pm (2k\pm 1)p \tag{4.136}$$

当 $r=(\nu+\mu)p$ 时，径向力波的频率按式(4.133)计算；当 $r=(\nu-\mu)p$ 时，径向力波的频率按式(4.132)计算。

3) 相同阶次 μ 的转子谐波乘积

式(4.121)中的第三项，相同阶次 μ 的转子谐波乘积，即

$$p_{r\mu}(\alpha,t) = \frac{1}{4\mu_0} B_{m\mu}^2 [1+\cos(2\mu p\alpha \mp 2\omega_\mu t + 2\phi_\mu)] \tag{4.137}$$

则由式(4.137)可知，单位面积上径向力波的幅值为

$$P_{mr} = \frac{B_{m\nu}^2}{4\mu_0} \tag{4.138}$$

径向力波的角频率为

$$\omega_{\mathrm{r}} = 2\omega_\mu = 2(1\pm 2k)\omega_0 \tag{4.139}$$

径向力波的频率为

$$f_{\mathrm{r}} = 2(1\pm 2k)f_0 \tag{4.140}$$

径向力波的阶次为

$$r = 2\mu p = 2(2k\pm 1)p \tag{4.141}$$

式中，μ 由式(4.117)计算。

4) 有槽定子的径向力

式(4.121)中的第四项为定子槽与转子永磁磁场相互作用产生的径向电磁力，称为有槽定子径向力。转子永磁磁场与定子槽相互作用可以产生明显的噪声和振动。按照式(4.121)，有

$$p_{r_\lambda,\mu,k}(\alpha,t)=\frac{1}{2\mu_0}\{0.5\Lambda_{g0}F_{m\mu}\Lambda_k\cos[(\mu p\mp kz_1)\alpha\mp\omega_\mu t+\phi_\mu]\}^2$$
$$=\frac{1}{8\mu_0}\Lambda_{g0}^2F_{m\mu}^2\Lambda_k^2\{1+\cos[2(\mu p\pm kz_1)\alpha\mp 2\omega_\mu t+2\phi_\mu]\}\tag{4.142}$$

则由式(4.142)可知，单位面积上径向力波的幅值为

$$P_{mr}=\frac{1}{8\mu_0}\Lambda_{g0}^2F_{m\mu}^2\Lambda_k^2\tag{4.143}$$

径向力波的角频率为

$$\omega_r=2\omega_\mu=2\mu\omega_0=2(1\pm 2k)\omega_0\tag{4.144}$$

径向力波的频率为

$$f_r=2\mu f_0=2(1\pm 2k)f_0\tag{4.145}$$

当每极每相槽数为整数时，径向力波的阶次为

$$r_\lambda=2(\mu p\pm kz_1)=2(2kp\pm p\pm kz_1)\tag{4.146}$$

式中，μ 由式(4.117)计算。

式(4.142)表示的径向力，它既在定子电流为零时出现，也在电机通入电流时出现，这与后面将介绍的齿槽转矩情况类似。

对于基波，当定子磁导谐波 $k=1$ 时，最重要的是低偶数阶 $r_\lambda=2, 4, 6, 8$，即

$$\mu=\frac{|0.5r_\lambda\mp z_1|}{p}=1, 3, 5, \cdots\tag{4.147}$$

径向力波的频率为

$$f_{r_\lambda}=2\mu f_0\tag{4.148}$$

表 4.4 是由式(4.147)和式(4.148)按照不同极对数和定子槽数计算得到的 r_λ、μ 和 f_{r_λ}。从表中可以看出，当 $p=5$ 和 $z_1=36$ 时，阶次最低，容易辐射出噪声。

表 4.4　转子磁场和定子槽相互作用径向力的阶次和频率

p	r_λ	z_1	q_1	μ	$f_{r_\lambda}=2\mu f_0$
2	4	12	1	5 和 7	$10f_0$ 和 $14f_0$
		18	1.5	8 和 10	$16f_0$ 和 $20f_0$
		24	2	11 和 13	$22f_0$ 和 $26f_0$
		36	3	17 和 19	$34f_0$ 和 $38f_0$
2	8	12	1	4 和 8	$8f_0$ 和 $16f_0$
		18	1.5	7 和 11	$14f_0$ 和 $22f_0$
		24	2	10 和 14	$20f_0$ 和 $28f_0$
		36	3	16 和 20	$32f_0$ 和 $40f_0$

续表

p	r_λ	z_1	q_1	μ	$f_{r_\lambda}=2\mu f_0$
3	6	18 24 36	1 1.333 2	5 和 7 7 和 9 11 和 13	$10f_0$ 和 $14f_0$ $14f_0$ 和 $18f_0$ $22f_0$ 和 $26f_0$
4	8	24 36	1 1.5	5 和 7 8 和 10	$10f_0$ 和 $14f_0$ $16f_0$ 和 $20f_0$
5	2	36	1.2	7	$14f_0$
5	8	36	1.2	8	$16f_0$

同步电机正弦波供电时，由高次空间谐波产生的径向力波频率和阶次如表 4.5 所示。

表 4.5　由高次空间谐波 $\nu=1$ 产生的径向力波频率和阶次

激励源	径向力波的频率/Hz	径向力波的阶次(环状模态)
相同阶次 ν 定子空间谐波的乘积 b_ν^2	$f_r=2f_0$	$r=2\nu p$ $r=2(kz_1\pm p)$ k=0,1,2,3,…
相同阶次 μ 转子空间谐波的乘积 b_μ^2	$f_r=2(1\pm 2k)f_0$	$r=2\mu p=2p(2k\pm 1)$ 其中， $\mu=2k\pm 1$
定子和转子空间谐波的乘积 $b_\nu b_\mu$ (一般方程式)	$f_r=f_0\pm f_\mu$	$r=(\nu\pm\mu)p$
定子绕组和转子空间谐波的乘积 $b_\nu b_\mu$ ，其中 $\nu=kz_1/p\pm 1$ 和 $\mu=2k\pm 1$	$f_r=2(1+k)f_0$ $f_r=2kf_0$	$r=(\nu\pm\mu)p$
转子磁场与有槽定子铁芯的相互作用	$f_r=2\mu f_0$ 其中， $\mu=2k\pm 1$	$r_\lambda=2(\mu p\pm kz_1)$

4.4.4　气隙偏心时的径向力波

1. 转子静态偏心时径向力波的频率和阶次

当偏心率 $\varepsilon<0.3$ ，转子静偏心时气隙磁导为

$$\Lambda_g(\alpha,t)=\mu_0\frac{1}{gk_c}\lambda_{ge}\approx\mu_0\frac{1}{gk_c}(1+\varepsilon\cos\alpha) \tag{4.149}$$

将式(4.149)中的第二项(第一阶谐波)与基波定子磁动势相乘，可以得到气隙中随转子静态偏心脉动的磁通密度波为

$$B_{1\varepsilon}(\alpha,t)\approx\mu_0\frac{\varepsilon}{gk_{\rm c}}\cos\alpha F_{m1}\cos(p\alpha-\omega_0 t-\phi)$$

$$=\mu_0\frac{\varepsilon}{2gk_{\rm c}}F_{m1}\cos\left[\left(1\pm\frac{1}{p}\right)p\alpha\mp\omega_0 t-\phi\right] \tag{4.150}$$

因此，由转子静态偏心引起的定子磁通密度高次谐波为

$$\nu_\varepsilon=1\pm\frac{1}{p} \tag{4.151}$$

它们的极对数为 $p\pm1$。式(4.150)可以表示为

$$B_{1\varepsilon}(\alpha,t)\approx\mu_0\frac{\varepsilon}{2gk_{\rm c}}F_{m1}\cos(\nu_\varepsilon p\alpha\mp\omega_0 t-\phi) \tag{4.152}$$

由于转子静态偏心的影响，定子磁通密度波在转子中产生附加的磁通密度波，即

$$B_{2\varepsilon}(\alpha,t)=\sum_{\mu_\varepsilon=1}^{\infty}B_{2m\mu_\varepsilon}\cos(\mu_\varepsilon p\alpha\mp\Omega_{\mu_\varepsilon}t-\phi_{\mu_\varepsilon}) \tag{4.153}$$

转子静态偏心时，转子磁通密度高次谐波为

$$\mu_\varepsilon=2k+\left(1\pm\frac{1}{p}\right) \tag{4.154}$$

角频率为

$$\Omega_{\mu_\varepsilon}=\omega_\nu+k\frac{z_0}{p}\omega_0=\nu\omega_0+2k\omega_0$$

由式(4.2)，有

$$p_\varepsilon(\alpha,t)=\frac{1}{2\mu_0}[B_{1\varepsilon}(\alpha,t)+B_{2\varepsilon}(\alpha,t)]^2$$

$$=\frac{1}{2\mu_0}\left\{\left[\mu_0\frac{\varepsilon}{2gk_{\rm c}}F_{m1}\cos(\nu_\varepsilon p\alpha\mp\omega_0 t-\phi)\right]^2\right.$$

$$+\left(\mu_0\frac{\varepsilon}{2gk_{\rm c}}F_{m1}\right)\sum_{\mu_\varepsilon=1}^{\infty}B_{2m\mu_\varepsilon}\cos[(\mu_\varepsilon\pm\nu_\varepsilon)p\alpha\mp(\omega_0\mp\Omega_{\mu_\varepsilon})t+\phi'_{\mu_\varepsilon}]$$

$$\left.+\frac{1}{2}\sum_{\mu_\varepsilon=1}^{\infty}B_{2m\mu_\varepsilon}^2[1+\cos(2\mu_\varepsilon p\alpha\mp2\Omega_{\mu_\varepsilon}t-2\phi_{\mu_\varepsilon})]\right\} \tag{4.155}$$

转子静态偏心时，定子的脉动磁通密度波与转子的附加磁通密度波相互作用产生的径向力谐波，即式(4.155)中的第二项是引起噪声和振动的主要激励源。则径向力波的角频率为

$$\omega_{r\varepsilon} = \omega_0 \pm \omega_\nu \pm 2k\omega_0 \tag{4.156}$$

当转子静态偏心 $\nu = 1$ 时，径向力波高次谐波的频率为

$$f_{r\varepsilon} = \left(2 + k\frac{z_0}{p}\right) f_0 = 2(1+k) f_0$$

$$f_{r\varepsilon} = k\frac{z_2}{p} f_0 = 2kf_0 \tag{4.157}$$

偏心谐波的基波阶次为

$$r = 1 \text{ 和 } r = 2 \tag{4.158}$$

由于偏心存在单边磁拉力(弯曲和椭圆形模态)，基于式(4.151)和式(4.154)，也有高阶偏心力谐波

$$\begin{aligned} r_\varepsilon &= (\nu_\varepsilon \pm \mu_\varepsilon)p = \left[1 \pm \frac{1}{p} \pm \left(2k + 1 \pm \frac{1}{p}\right)\right]p \\ &= p \pm 1 \pm (2kp + p \pm 1) \end{aligned} \tag{4.159}$$

在同阶次空间谐波的干涉下，也可能产生零阶($r_\varepsilon = 0$)的振动。

2. 转子动态偏心时径向力波的频率和阶次

当偏心率 $\varepsilon_\mathrm{d} < 0.3$ 时，转子动态偏心时的气隙磁导为

$$\Lambda_\mathrm{ge}(\alpha,t) = \mu_0 \frac{1}{gk_\mathrm{c}} \lambda_\mathrm{ge} = \mu_0 \frac{1}{gk_\mathrm{c}}[1 + \varepsilon_\mathrm{d}\cos(\alpha - \Omega_\mu t)] \tag{4.160}$$

气隙中随转子动态偏心脉动的磁通密度波为

$$\begin{aligned} B_{1\varepsilon d}(\alpha,t) &\approx \mu_0 \frac{\varepsilon_\mathrm{d}}{gk_\mathrm{c}} \cos(\alpha - \Omega_\varepsilon t) F_{m1} \cos(p\alpha \mp \omega_0 t - \phi) \\ &= \mu_0 \frac{\varepsilon_\mathrm{d}}{2gk_\mathrm{c}} F_{m1} \cos\left[p\alpha\left(1 \pm \frac{1}{p}\right) \mp (\omega_0 \pm \Omega_\varepsilon)t - \phi\right] \end{aligned} \tag{4.161}$$

式(4.161)可以表示为

$$B_{1\varepsilon d}(\alpha,t) \approx \mu_0 \frac{\varepsilon_\mathrm{d}}{2gk_\mathrm{c}} F_{m1} \cos[\nu_{\varepsilon d} p\alpha \mp (\omega_0 \pm \Omega_\varepsilon)t - \phi] \tag{4.162}$$

由转子动态偏心引起定子磁通密度的高次谐波为

$$\nu_{\varepsilon d} = 1 \pm \frac{1}{p}$$

极对数为 $p \pm 1$ 。

转子动态偏心时，定子磁通密度波在转子中产生的附加磁通密度波为

$$B_{2\varepsilon d}(\alpha,t)=\sum_{\mu_\varepsilon=1}^{\infty}B_{2m\mu_\varepsilon}\cos(\mu_{\varepsilon d}p\alpha\mp\Omega_{\mu_\varepsilon}t-\phi_{\mu_\varepsilon}) \tag{4.163}$$

其中

$$\Omega_{\mu_\varepsilon}=(1+2k)\omega_0$$

由式(4.2)有

$$\begin{aligned}p_{\varepsilon d}(\alpha,t)&=\frac{1}{2\mu_0}[B_{1\varepsilon d}(\alpha,t)+B_{2\varepsilon d}(\alpha,t)]^2\\&=\frac{1}{4\mu_0}\left(\mu_0\frac{\varepsilon_{\mathrm{d}}}{gk_{\mathrm{c}}}F_{m1}\right)^2\{1+\cos[2\nu_{\varepsilon d}p\alpha\mp2(\omega_0\pm\Omega_\varepsilon)t]-2\phi\}\\&\quad+\frac{\varepsilon_{\mathrm{d}}}{4gk_{\mathrm{c}}}F_{m1}\sum_{\mu_{\varepsilon d}=1}^{\infty}B_{2m\mu_\varepsilon}\cos\left\{(\mu_{\varepsilon d}\pm\nu_{\varepsilon d})p\alpha\mp\left[\left(1\mp\frac{1}{p}\right)\omega_0\mp\Omega_{\mu_\varepsilon}\right]t+\phi'_{\mu_\varepsilon}\right\}\\&\quad+\frac{1}{4\mu_0}\sum_{\mu_{\varepsilon d}=1}^{\infty}B_{2m\mu_\varepsilon}^2[1+\cos(2\mu_{\varepsilon d}p\alpha\mp2\Omega_{\mu_{\varepsilon d}}t-2\phi_{\mu_\varepsilon})]\end{aligned} \tag{4.164}$$

因此，径向力波的角频率为

$$\omega_{r\varepsilon d}=\left[\left(1\mp\frac{1}{p}\right)\mp(1+2k)\right]\omega_0 \tag{4.165}$$

径向力波高次谐波的频率为

$$f_{r\varepsilon d}=\left[2(1+k)\pm\frac{1}{p}\right]f_0 \tag{4.166}$$

$$f_{r\varepsilon d}=\left(2k\pm\frac{1}{p}\right)f_0 \tag{4.167}$$

偏心谐波的基波阶次为

$$r=1\text{ 和 }r=2 \tag{4.168}$$

由于偏心存在单边磁拉力(弯曲和椭圆形模态)，基于式(4.42)、式(4.151)和式(4.154)，也有高阶偏心力谐波：

$$\begin{aligned}r_{\varepsilon d}&=(\nu_\varepsilon\pm\mu_\varepsilon)p=\left[1\pm\frac{1}{p}\pm\left(2k+1\pm\frac{1}{p}\right)\right]p\\&=p\pm1\pm(2k+p\pm1)\end{aligned} \tag{4.169}$$

在同阶次空间谐波的干涉下，也可能产生零阶($r_\varepsilon=0$)的振动。

下面以一台 4 极内置式永磁同步电机为例来说明气隙不均匀对噪声和振动的

影响。图 4.9 为气隙均匀与转子静态偏心时径向电磁力的对比分析图。

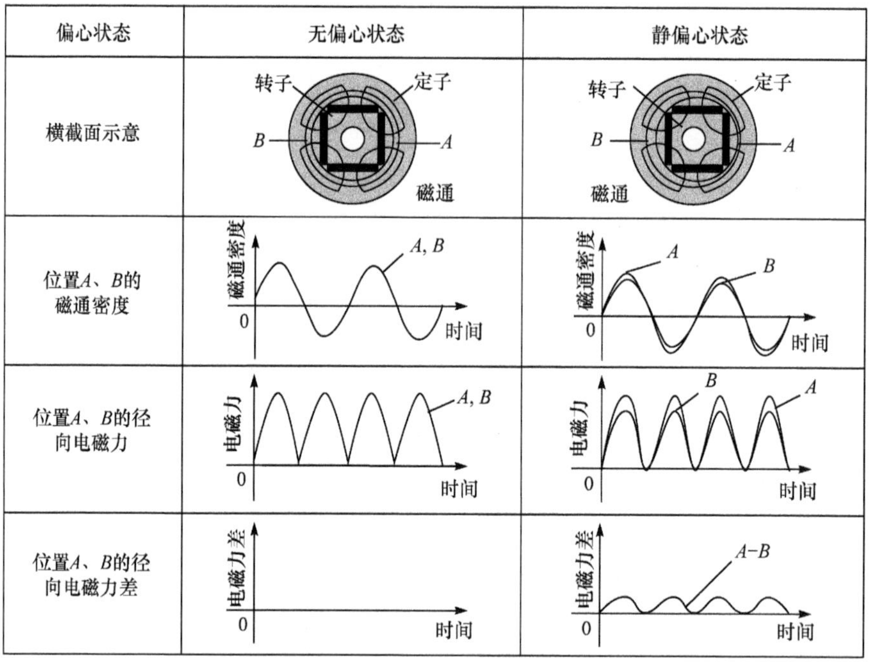

偏心状态	无偏心状态	静偏心状态
横截面示意	转子 定子 B A 磁通	转子 定子 B A 磁通
位置A、B的磁通密度	磁通密度 A, B 0 时间	磁通密度 A B 0 时间
位置A、B的径向电磁力	电磁力 A, B 0 时间	电磁力 B A 0 时间
位置A、B的径向电磁力差	电磁力差 0 时间	电磁力差 A−B 0 时间

图 4.9　电机转子偏心的径向电磁力比较

从图 4.9 中可以看出，当内置式永磁同步电机的气隙均匀时，作用在电机转子上的合成径向电磁力为零。当电机转子出现转子静态偏心时，作用在电机转子上合成的径向电磁力大于零。合成的径向电磁力旋转一周变化 4 次，即旋转一周变化的次数等于转子极数。

图 4.10 为图 4.9 中 4 极内置式永磁同步电机的径向电磁力随着气隙不均匀量变化的情况。从图中可以看出，电机不平衡径向电磁力随着气隙不均匀量的增大几乎呈线性关系增大，并且对一阶谐波 $2f_0$ 的影响大于二阶谐波 $4f_0$。

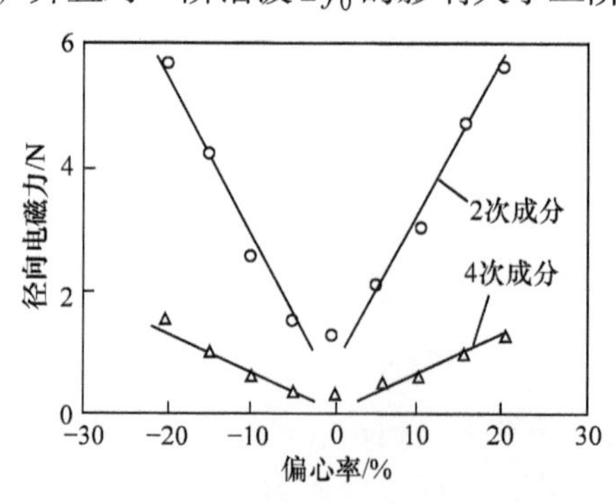

图 4.10　径向电磁力与偏心率的关系

作用在电机转子上的不平衡径向电磁力，会引起电机定子和转子的振动，产生电磁噪声。特别是作用在电机转子上的径向电磁力将导致压缩机偏心轮轴的径向振动，在某些运转频率下，当径向电磁激振力的频率与偏心轮轴轴系的弯曲振动固有频率接近或相等时将会引起共振，使压缩机产生较大噪声和振动，甚至有可能成为压缩机的主要噪声源，这种原因引起的噪声在变频压缩机中是一种经常见到的噪声类型，因此电机偏心量的控制是压缩机制造中的重要工作。

有关不平衡径向电磁力对偏心轮轴轴系弯曲振动的影响将在第 6 章中介绍。

三相正弦波供电转子静态偏心和动态偏心时，由高次空间谐波产生的径向力波频率和阶次如表 4.6 所示。

表 4.6 转子偏心时由高次空间谐波 ν=1 产生的径向力频率和阶次

激励源	径向力波的频率/Hz	阶次(环状模态)
定子和转子静态偏心空间谐波的乘积	$f_r = 2(1+k)f_0$ $f_r = 2kf_0$	$r=1$ $r=2$
定子和转子动态偏心空间谐波的乘积	$f_r = [2(1+k)\pm 1/p]f_0$ $f_r = (2k \pm 1/p)f_0$	$r=1$ $r=2$

4.4.5 逆变器供电时的径向力波

逆变器供电时，内置式永磁同步电机和永磁辅助同步磁阻电机的定子电流中含有大量的时间谐波。电流中的高次时间谐波将改变电机气隙磁场的分布，使气隙磁场中增加了大量的谐波成分，尤其是在逆变器的载波频率附近。电流高次时间谐波在气隙磁场中产生高速旋转的空间谐波磁场，使得电机中产生较大的径向力波，从而导致电机的噪声和振动增大。实际结果表明，由逆变器供电电机的噪声，一般情况下比采用标准正弦波供电的电机噪声高出 5～15dB。

1. PWM 方式逆变器输出电流的谐波

采用脉冲宽度调制(pulse width modulation, PWM)的逆变器输出电流的谐波，对噪声影响大的成分主要为 5 次、7 次、11 次、13 次。逆变器产生的高次时间谐波阶次表达式为

$$h = 2km_1 \pm 1 \tag{4.170}$$

式中，h——高次时间谐波的阶次；

m_1——电机相数；

$k = 1, 2, 3, \cdots$。

谐波的幅值与载波频率的高低有关，载波频率越高，谐波幅值越小。例如，

载波频率为 4kHz 时谐波最高幅值超过基波的 20%，载波频率为 10kHz 时最大谐波幅值不到基波的 10%；当载波频率超过 50kHz 时，谐波幅值低于基波的 3%。显然，载波频率越高谐波含量就越少，谐波畸变率越小，对电机噪声和振动的影响也会越小。但载波频率越高，逆变器的电损耗也越大，造成电机系统效率的降低。因此，在滚动转子式制冷压缩机的逆变器驱动中，需综合考虑能效和噪声，合理选择载波频率。一般情况下，载波频率选择的范围为 4～6kHz。

除了产生上述时间谐波外，载波频率与基波频率调制还将产生调制波。调制波会对电机的噪声产生显著的影响，这种噪声通常称为载波噪声。调制波的频率为

$$f_h = a_1 f_{sc} \pm b_1 f_0 \tag{4.171}$$

式中，f_h——调制波的频率，单位为 Hz；

f_{sc}——载波频率(变频器的开关频率)，单位为 Hz；

f_0——输入电机电流的基波频率，单位为 Hz；

a_1、b_1——奇偶性相异的正整数，即当 a_1 取奇数时 b_1 只能取偶数，当 a_1 取偶数时 b_1 只能取奇数。

也就是说，采用正弦波作为调制波时，在 PWM 逆变器输出波形中，由于电流谐波的调制作用，气隙磁场在载波频率及其倍频的两侧出现了明显的旁带频谱分量。

图 4.11 为正弦波 PWM 逆变器的输出线电压谐波频谱。当 $a_1 = 1$ 时，旁带频率分量为偶数，并且频率 $f_{sc} \pm 2f_0$ 处产生较大的峰值，而在频率 $f_{sc} \pm 4f_0$ 处产生的峰值较小；当 $a_1 = 2$ 时，旁带频率分量为奇数，同样，频率 $2f_{sc} \pm f_0$ 处产生较大的峰值，频率 $2f_{sc} \pm 3f_0$ 处产生的峰值较小。

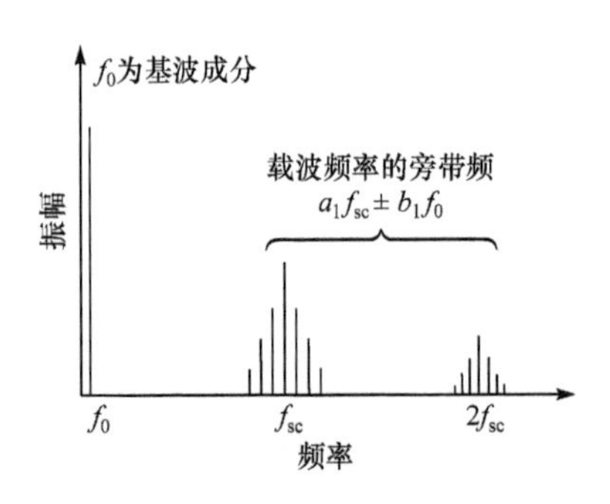

图 4.11　正弦波 PWM 逆变器的输出线电压谐波频谱

图 4.12 为一台永磁辅助同步磁阻电机在逆变器供电时实测的电流波形图。从图中可以看出，电流波形中包含有很多毛刺，即逆变器产生的高频时间谐波电流。

图 4.13 为逆变器供电时电流谐波分析频谱图，主要截取载波附近电流谐波特性，其中，逆变器的开关频率为 5036Hz，电机供电频率为 180Hz。从图中可以看出，在 1 倍载波附近产生的主要谐波频率为 4316Hz、4676Hz、5396Hz、5756Hz；2 倍载波 10072Hz 附近主要谐波频率为 9892Hz 和 10252Hz。

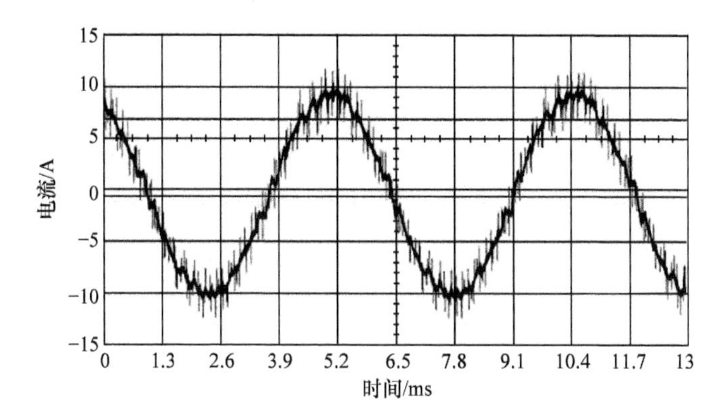

图 4.12　逆变器供电时电机负载电流波形

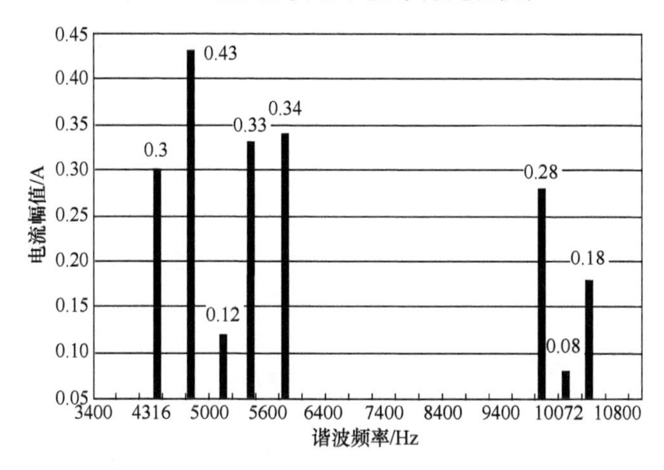

图 4.13　逆变器供电时电流谐波分析频谱图

2. 气隙磁动势

逆变器供电时，内置式永磁同步电机和永磁辅助同步磁阻电机的定子基波磁动势和永磁体谐波磁动势不发生改变，但由于定子电流含有大量的高次时间谐波，谐波磁动势与正弦波供电时不同。定子谐波磁动势包括两个部分：定子绕组基波电流产生的谐波磁动势和定子绕组 h 次时间谐波电流产生的谐波磁动势。因此，定子谐波磁动势为

$$f_{\mathrm{s}}(\alpha,t)=\sum_{\nu=1}^{\infty}F_{m\nu}\cos(\nu p\alpha\mp\omega_0 t)+\sum_{h=1}^{\infty}F_h\cos(\nu p\alpha\mp h\omega_0 t)\tag{4.172}$$

转子谐波磁动势为

$$f_{\mathrm{r}}(\alpha,t)=\sum_{\mu=1}^{\infty}F_{m\mu}\cos(\mu p\alpha\mp\omega_\mu t+\phi_\mu)\tag{4.173}$$

则气隙磁动势可表示为

$$f(\alpha,t)=\sum_{\nu=1}^{\infty}F_{m\nu}\cos(\nu p\alpha\mp\omega_0 t)+\sum_{\mu=1}^{\infty}F_{m\mu}\cos(\mu p\alpha\mp\omega_\mu t+\phi_\mu)$$
$$+\sum_{h=1}^{\infty}F_h\cos(\nu p\alpha\mp h\omega_0 t) \tag{4.174}$$

3. 气隙磁通密度

在忽略定子谐波磁动势作用于谐波磁导产生谐波磁场时，由式(4.174)和式(4.118)可以得到同步电机在逆变器供电时的气隙磁通密度为

$$B_{\mathrm{r}}(\alpha,t)\approx\frac{\mu_0}{k_{\mathrm{c}}g}\left\{\sum_{\nu=1}^{\infty}F_{m\nu}\cos(\nu p\alpha\mp\omega_0 t)+\sum_{\mu=1}^{\infty}F_{m\mu}\cos(\mu p\alpha\mp\omega_\mu t+\phi_\mu)\right.$$
$$+\sum_{h=1}^{\infty}F_h\cos(\nu p\alpha\mp h\omega_0 t)$$
$$+\sum_{\nu=1}^{\infty}\sum_{k=1}^{\infty}A_k F_{m\nu}\cos[(\nu p\pm kz_1)\alpha\mp\omega_0 t]$$
$$+\sum_{\mu=1}^{\infty}\sum_{k=1}^{\infty}A_k F_{m\mu}\cos[(\mu p\pm kz_1)\alpha\mp\omega_\mu t+\phi_\mu]$$
$$\left.+\sum_{h=1}^{\infty}\sum_{k=1}^{\infty}A_k F_h\cos[(\nu p\pm kz_1)\alpha\mp h\omega_0 t]\right\} \tag{4.175}$$

式(4.175)中，第三项由定子绕组h次时间谐波电流产生，在电机气隙中同样也产生旋转的基波磁场和谐波磁场，但角速度为基波磁动势产生的基波磁场和谐波磁场的h倍，具有幅值大、频率高的特点，是引起逆变器供电内置式永磁同步电机和永磁辅助同步磁阻电机电磁噪声和振动增大的主要因素。

4. 径向力波

忽略阶次较高、幅值较小的径向力，逆变器供电时同步电机产生的主要径向力可以简化为

$$p_{r,h}(\alpha,t)\approx\frac{1}{2\mu_0}\left\{\left[\sum_{\nu=1}^{\infty}B_{m\nu}\cos(\nu p\alpha\mp\omega_0 t)\right]^2\right.$$
$$+2\sum_{\nu=1}^{\infty}\sum_{\mu=1}^{\infty}B_{m\nu}B_{m\mu}\cos(\nu p\alpha\mp\omega_0 t)\cos(\mu p\alpha\mp\omega_\mu t+\phi_\mu)$$
$$+2\sum_{\nu=1}^{\infty}\sum_{h=1}^{\infty}B_{m\nu}B_h\cos(\nu p\alpha\mp\omega_0 t)\cos(\nu p\alpha\mp h\omega_0 t)$$

$$+2\sum_{\mu=1}^{\infty}\sum_{k=1}^{\infty}\sum_{h=1}^{\infty}A_k B_{m\mu}B_h\cos[(\mu p\pm kz_1)\alpha\mp\omega_\mu t+\phi_\mu]\cos(\nu p\alpha\mp h\omega_0 t)\Bigg\} \quad (4.176)$$

式(4.176)中的第一项和第二项与正弦波供电时的情况相同。第三项和第四项为逆变器供电时内置式永磁同步电机和永磁辅助同步磁阻电机特有的径向力波。其中，以定子高次时间谐波磁动势产生的基波磁场与永磁体基波磁场相互作用产生的径向力的影响最大。

5. 径向力波的频率与阶次

在正弦波供电时，定、转子基波磁场的幅值虽然很高，但产生的径向力的频率为 2 倍基波电频率($2f_0$)。径向力波的频率低，一般不会与电机定子的固有频率相接近引起较大的振动噪声。当采用逆变器供电时，由定子谐波磁动势产生的基波磁场的频率较高(hf_0)，因此它与永磁体磁场相互作用产生的径向力对电机的振动噪声有很大的影响。

1) h 阶时间谐波电流产生的定子基波磁场($\nu=1$)与转子永磁体基波磁场

由 h 阶时间谐波磁动势产生的定子基波磁场的谐波次数与正弦波供电时产生的基波磁场的极对数相同，但频率为基波磁场的 h 倍。由式(4.176)中的第三项可得，h 次时间谐波电流产生的定子基波磁场与转子永磁体基波磁场相互作用产生的径向力波阶次为

$$r=p\pm p=\begin{cases}2p\\0\end{cases} \quad (4.177)$$

即径向力波的阶次为 0 或 $2p$。当内置式永磁同步电机和永磁辅助同步磁阻电机的极对数大于 2 时，径向力波阶次 $2p$ 大于 4 次，对电机的振动噪声影响不大。因此，h 次时间谐波磁动势产生的定子基波磁场与转子永磁体基波磁场产生的径向力波阶次为 0。

由式(4.176)中的第三项可得，h 阶时间谐波磁动势产生的定子基波磁场频率与转子永磁体基波磁场频率相互作用产生的径向力波角频率为

$$\omega_{r,h}=(h\pm 1)\omega_0 \quad (4.178)$$

径向力波频率为

$$f_{r,h}=f_h\pm f_0=(h\pm 1)f_0 \quad (4.179)$$

式中，f_h——逆变器输出电流谐波频率，单位为 Hz；

f_0——电机的基波电流频率，单位为 Hz。

对于调制波 $f_h=a_1 f_{\mathrm{sc}}\pm b_1 f_0$，有

$$f_{r,h}=a_1 f_{\mathrm{sc}}\pm b_1 f_0\pm f_0=a_1 f_{\mathrm{sc}}\pm(b_1+1)f_0 \quad (4.180)$$

由于 a_1 和 b_1 为奇偶性相异的正整数，所以式(4.180)中载波频率和基波频率的系数同时取奇数，或同时取偶数。

2) h 阶时间谐波电流产生的定子 ν 阶谐波磁场与转子永磁体基波磁场

h 阶时间谐波电流产生的定子 ν 阶谐波磁场的谐波极对数为 ν，谐波频率为 hf_0。由式(4.176)中的第三项可得，径向力波的阶次为

$$r = p(\nu \pm 1) \tag{4.181}$$

由于逆变器供电时，同一阶次(h 阶)的时间谐波电流产生的定子谐波磁场的频率都为基波频率的 h 倍，所以径向力波的频率与式(4.179)和式(4.180)相同。由式(4.181)可知该径向力波阶次较高，对电机振动噪声的影响可以不予考虑。

3) h 阶时间谐波电流产生的定子基波磁场与转子永磁体谐波磁场

由式(4.176)中的第四项可得，h 阶时间谐波电流产生的定子基波磁场与转子永磁体谐波磁场相互作用产生的径向力波的阶次为

$$r = \mu p \pm kz_1 \pm p \tag{4.182}$$

径向力波角频率为

$$\omega_{r,h} = h\omega_0 \pm \omega_\mu = h\omega_0 \pm (1 \pm 2k)\omega_0 \tag{4.183}$$

径向力波频率为

$$f_{r,h} = f_h \pm \mu f_0 = hf_0 \pm (1 \pm 2k) f_0 \tag{4.184}$$

式中，$k = 1, 2, 3, \cdots$。

对于调制波 $f_h = a_1 f_{sc} \pm b_1 f_0$，则有

$$f_{r,h} = a_1 f_{sc} \pm b_1 f_0 \pm (1 \pm 2k) f_0 \tag{4.185}$$

从式(4.182)可知，由 h 次时间谐波电流产生的定子基波磁场与转子永磁体谐波磁场相互作用产生的径向力波阶次大于 4，在噪声和振动的计算中可以忽略。

4) h 阶时间谐波电流产生的定子 ν 阶谐波磁场与转子 μ 阶永磁体谐波磁场

由式(4.176)中的第四项可得，h 阶时间谐波电流产生的定子 ν 阶谐波磁场与转子 μ 阶永磁体谐波磁场相互作用产生的径向力波阶次为

$$r = \mu p \pm kz_1 \pm \nu p \tag{4.186}$$

产生的径向力波的频率与 h 阶时间谐波电流产生的定子基波磁场与转子永磁体谐波磁场相互作用产生的径向力波频率相同，即式(4.184)和式(4.185)。

由于逆变器供电产生了四种类型径向力波。其中，2)和 3)两种径向力波的阶次大于 4，所以在分析电磁噪声和振动时只考虑 1)和 4)两种径向力波的影响。其中，由 h 阶时间谐波磁动势产生的定子基波磁场与转子永磁体基波磁场相互作用产生的径向电磁力，由于力波阶次低($r = 0$)、力波频率高、力波幅值大，对电机振动噪声的影响最大。

6. 其他径向力波

采用逆变器供电时，除了逆变器载波频率产生径向力波之外，其他谐波也产生径向力波，其中，比较重要的有以下几种类型的径向力波。

1) 不同阶次定子谐波相互作用产生的径向力波

不同阶次的高次谐波相互作用有可能产生显著的径向力波，径向力波的阶次为

$$r = 0 \text{ 或者 } r = 2p \tag{4.187}$$

径向力波的频率为

$$f_{r,h} = (h' \pm h'')f_0 \tag{4.188}$$

式中，h' 和 h''——不同时间谐波的阶次，$h' \neq h''$。

在这些径向力波中，最重要的径向力波是由电流基波 f_0 与定子电流主要高次时间谐波的和与差引起的，该径向力波的频率为

$$f_{r,h} = (h \pm 1)f_0 \tag{4.189}$$

2) 磁导与磁动势谐波相互作用产生的径向力波

磁导场谐波与定子电流的高次时间谐波相关的磁动势谐波的相互作用也有可能导致重要的振动，特别是在满负载和力波阶次较低的情况。径向力波阶次为

$$r = 0, 2 \tag{4.190}$$

径向力波的频率为

$$f_{r,h} = \left|(\pm f_0) - f_0\right|, \quad f_{r,n} = \left|f_h \pm f_0(1+2k)\right| \tag{4.191}$$

3) 滤波器谐波产生的径向力波

滤波器谐波通过中间电路和逆变器传至定子绕组。对于三相电机，滤波器谐波产生的径向力波的阶次为

$$r = 2p \tag{4.192}$$

径向力波的频率为

$$f_{r,k} = 2m_1 k f_0 = 6kf_0 \tag{4.193}$$

式中，$k = 1, 2, 3, \cdots$。

同步电机逆变器供电时，载波频率导致的径向力波频率和阶次如表 4.7 所示。

表 4.7　逆变器供电时载波频率导致的径向力波频率和阶次

激励源	径向力波的频率/Hz	径向力波的阶次(环状模态)
h 阶时间谐波电流产生的定子基波磁场与转子永磁体基波磁场相互作用	$f_{r,h} = a_1 f_{sc} \pm (b_1+1)f_0$	$r=0$ $r=2p$

续表

激励源	径向力波的频率/Hz	径向力波的阶次(环状模态)
h 阶时间谐波电流产生的定子 ν 阶谐波磁场与转子永磁体基波磁场相互作用	$f_{r,h}=a_1 f_{sc}\pm(b_1+1)f_0$	$r=p(\nu\pm1)$
h 阶时间谐波电流产生的定子基波磁场与转子永磁体谐波磁场相互作用	$f_{r,h}=a_1 f_{sc}\pm b_1 f_0\pm(1\pm2k)f_0$	$r=\mu p\pm kz_1\pm p$
h 阶时间谐波电流产生的定子 ν 阶谐波磁场与转子 μ 阶永磁体谐波磁场相互作用	$f_{r,h}=a_1 f_{sc}\pm b_1 f_0\pm(1\pm2k)f_0$	$r=\mu p\pm kz_1\pm\nu p$

4.4.6 齿槽转矩

齿槽转矩是指电机绕组不通电时永磁体和电枢齿槽之间相互作用产生的转矩，由两者之间作用力切向分量的波动导致。其根源是定、转子齿槽造成的气隙磁导不均匀，即当定子和转子发生相对运动时，引起磁场储能变化而产生齿槽转矩。齿槽转矩相对旋转方向空间机械角度的变化是周期性的，变化的周期数取决于电机的极数和槽数，齿槽转矩与定子和转子相对位置有关，受电机齿槽结构和尺寸的影响较大，不受电流影响。

齿槽转矩是引起永磁电机转矩脉动和噪声的主要原因之一，当脉动转矩的频率与电枢电流谐振频率相等时还会产生共振。

1. 齿槽转矩的能量法位移原理分析

对于内置式永磁同步电机和永磁辅助同步磁阻电机，由于结构复杂以及局部磁饱和的影响，很难得到准确的齿槽转矩解析表达式，精确分析多采用电磁场数值计算的方法。但通过合理的近似处理，可利用解析法对参数和某些性能进行预估。

下面基于能量法位移原理对齿槽转矩进行分析。

齿槽转矩可由电枢绕组开路时电机等效气隙中所含磁场能量相对转子位置角的导数求得，即

$$T_{\text{cog}}=-\frac{\partial W}{\partial\alpha} \tag{4.194}$$

式中，T_{cog}——齿槽转矩，单位为 N · m；

W——电机气隙中的磁场能量，单位为 J；

α——定子齿中心线和磁极中心线之间的夹角，即定转子之间的相对位置角，单位为 rad。

假设电枢铁芯的磁导率为无穷大，电机内的存储能量可以近似表示为

$$W \approx \frac{1}{2\mu_0}\int_V B_g^2 \mathrm{d}V \tag{4.195}$$

式中，μ_0——气隙磁导率，单位为 H/m；

B_g——气隙磁通密度，单位为 T；

V——气隙的体积，单位为 m^3。

磁场能量 W 由永磁体性能、电机结构尺寸以及定子和转子之间的相对位置确定。

忽略磁饱和、漏磁、齿槽效应的影响，假设永磁体的磁导率与空气相同，则根据式 $B_g = B_r \frac{h_m}{h_m + g}$，气隙磁通密度沿永磁电机电枢表面的分布可近似表示为

$$B(\theta,\alpha) = B_r(\theta)\frac{h_m(\theta)}{h_m(\theta) + g(\theta,\alpha)} \tag{4.196}$$

式中，$B_r(\theta)$——永磁体剩磁密度，单位为 T；

$h_m(\theta)$——永磁体充磁方向长度，单位为 m；

$g(\theta,\alpha)$——有效气隙长度，单位为 m。

将式(4.196)代入式(4.195)可得

$$W = \frac{1}{2\mu_0}\int_V B_r^2(\theta)\left(\frac{h_m(\theta)}{h_m(\theta) + g(\theta,\alpha)}\right)^2 \mathrm{d}V \tag{4.197}$$

将 $B_r^2(\theta)$ 和 $\left(\frac{h_m(\theta)}{h_m(\theta) + g(\theta,\alpha)}\right)^2$ 分别进行傅里叶展开，就可以得到电机内的磁场能量，从而得到齿槽转矩的表达式。

在永磁体均匀分布的内置式永磁同步电机和永磁辅助同步磁阻电机中，永磁体剩磁密度沿圆周的分布如图 4.14 所示。因此，$B_r^2(\theta)$ 的傅里叶级数展开式为

$$B_r^2(\theta) = B_{r0} + \sum_{n=1}^{\infty} B_{rn}\cos(2np\theta) \tag{4.198}$$

式中，p——电机极对数；

n——傅里叶级数的阶次；

B_{r0}——磁通密度傅里叶级数的常数，单位为 T；

B_{rn}——n 阶磁通密度傅里叶级数的系数，单位为 T。

其中

$$B_{r0} = \alpha_p B_r^2$$

式中，α_p——永磁体磁极的极弧系数，单位为 rad；

B_r——永磁体剩磁密度，单位为 T。

$$B_{rn}=\frac{2p}{\pi\alpha}\int_{-\frac{\pi\alpha_p}{2p}}^{\frac{\pi\alpha_p}{2p}}B_r^2(\theta)\cos(2np\theta)\mathrm{d}\theta=\frac{2}{n\pi}B_r^2\sin(n\alpha_p\pi)$$

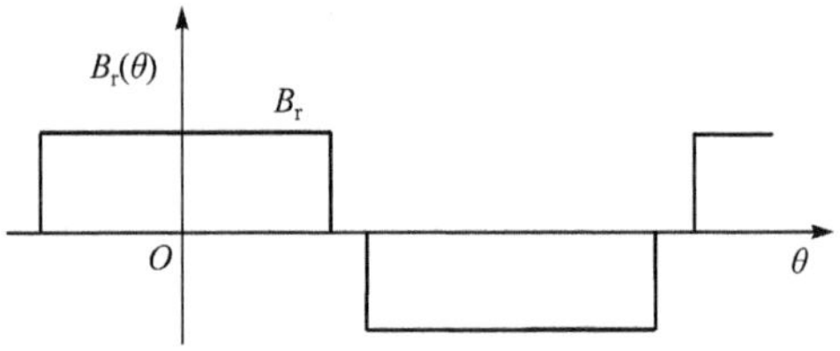

图 4.14　永磁体剩磁密度沿圆周的分布

不考虑转子相对位置的影响，当齿中心线位于 $\theta=0$ 时，$\left(\dfrac{h_m(\theta)}{h_m(\theta)+g(\theta,\alpha)}\right)^2$ 的傅里叶级数展开式为

$$\left(\frac{h_m(\theta)}{h_m(\theta)+g(\theta,\alpha)}\right)^2=G_0+\sum_{m=1}^{\infty}G_m\cos(mz_1\theta) \tag{4.199}$$

式中，z_1——定子槽数；

G_0——相对磁导傅里叶级数的常数；

m——傅里叶级数的阶次；

G_m——m 阶傅里叶级数的系数。

其中

$$G_0=\left(\frac{h_m}{h_m+g}\right)^2$$

$$G_m=\frac{2z_1}{\pi}\int_0^{\frac{\pi}{z}-\frac{\alpha}{2}}\left(\frac{h_m}{h_m+g}\right)^2\cos(mz_1\theta)\mathrm{d}\theta=\frac{2}{m\pi}\left(\frac{h_m}{h_m+g}\right)^2\sin\frac{mz_1\theta_{s0}}{2}$$

将式(4.198)和式(4.199)代入式(4.197)，再由式(4.194)，可得

$$T_{\mathrm{cog}}(\alpha)=\frac{\pi z_1L_{\mathrm{Fe}}}{4\mu_0}(R_2^2-R_1^2)\sum_{k=1}^{\infty}kG_mB_{r(kz_1/(2p))}\sin(kz_1\alpha) \tag{4.200}$$

式中，L_{Fe}——定子铁芯轴向长度，单位为 m；

R_2——定子铁芯内圆半径，单位为 m；

R_1——转子铁芯外圆半径，单位为 m；

k——能够使 $kz_1/(2p)$ 为整数的整数。

由式(4.200)可知，只有 $B_r^2(\theta)$ 的 $kz_1/(2p)$ 次谐波分量才能对齿槽转矩产生作

用，而其他谐波分量对齿槽转矩没有影响。因此，齿槽转矩的基波频率为定子槽数与转子极数的最小公倍数乘以转子的旋转频率，即

$$f_{\mathrm{cog}} = N_{\mathrm{c}}(z_1, 2p)\frac{f_0}{p} \tag{4.201}$$

式中，f_{cog}——齿槽转矩的频率，单位为 Hz；

$N_{\mathrm{c}}(z_1, 2p)$——定子槽数与转子极数的最小公倍数；

f_0——电源频率，单位为 Hz。

由式(4.200)可以看出，$B_{\mathrm{r}}^2(\theta)$ 和 $\left(\dfrac{h_m(\theta)}{h_m(\theta)+g(\theta,\alpha)}\right)^2$ 都对齿槽转矩有影响，但并不是所有的傅里叶分解系数都对齿槽转矩有影响。对 $B_{\mathrm{r}}^2(\theta)$ 而言，只有 $kz_1/(2p)$ 次傅里叶分解系数对齿槽转矩产生作用，对 $\left(\dfrac{h_m(\theta)}{h_m(\theta)+g(\theta,\alpha)}\right)^2$ 而言，只有 k 次傅里叶分解系数对齿槽转矩产生作用。所以，若能减小 $B_{r(kz_1/(2p))}$ 和 G_m 就能有效减小齿槽转矩。

2. 齿槽转矩的特点

齿槽转矩的特点主要如下：

(1) 与定子绕组电流无关，仅与永磁体和电机的定子、转子结构有关；

(2) 平均值为零，不产生有用转矩；

(3) 波动频率与槽数和极数有关，基波频率为槽数和极数的最小公倍数乘以转子的旋转频率。

4.4.7 永磁转矩和磁阻转矩脉动

如前所述，内置式永磁同步电机和永磁辅助同步磁阻电机的输出转矩为永磁转矩和磁阻转矩之和，因此转矩脉动包括永磁转矩脉动和磁阻转矩脉动，统称为纹波转矩。下面分别介绍这两种转矩脉动。

1. 永磁转矩脉动

永磁转矩可以用能量法分别表示为

$$T_{ma} = -p\left(i_a\frac{\partial\lambda_{ma}}{\partial\alpha_e} + i_b\frac{\partial\lambda_{mb}}{\partial\alpha_e} + i_c\frac{\partial\lambda_{mc}}{\partial\alpha_e}\right) \tag{4.202}$$

式中，T_{ma}——永磁转矩，单位为 N · m；

α_e——极坐标下的电角度，单位为 rad；

p——电机极对数；

i_a、i_b、i_c——a、b、c 三相绕组的电流，单位为 A；

λ_{mi}——永磁体与 i 相电流的耦合磁通量，单位为 Wb。

永磁转矩脉动是电磁输出转矩的变动成分，它由以下几种因素产生：电流随时间变化的波形、感应系数的变化、耦合磁通量 λ_{mi} 与转子运动的关系等。

式(4.202)中的耦合磁通量 λ_{mi} 可以用傅里叶级数表示为

$$\lambda_{mi}(\theta_e) = \sum_{k=1}^{\infty} -\lambda_k \sin k(\alpha_e - \psi_i) \tag{4.203}$$

式中，k——耦合磁通量的阶次；

λ_k——耦合磁通量的 k 阶谐波的幅值，单位为 Wb；

ψ_a、ψ_b、ψ_c——0、$2\pi/3$、$4\pi/3$；

i——电机绕组相序，分别为 a、b、c。

电机绕组的电流并不是纯时间变量的谐波函数，因此可用傅里叶级数表示为

$$i_i = \sum_{h=1}^{\infty} I_h \cos[h(\omega_0 t - \varphi - \psi_i)] \tag{4.204}$$

式中，I_h——h 阶谐波电流的幅值，单位为 A；

h——电流谐波的阶次；

ω_0——电频率的基频角频率，单位为 rad/s；

φ——超前角，由磁通量产生的基波分量与电流之间的角度，单位为 rad。

电角度 α_e 也是电频率 ω_0 与时间的乘积，即

$$\alpha_e = \omega_0 t$$

将式(4.203)和式(4.204)代入式(4.202)，永磁转矩可以写成以下形式：

$$\begin{aligned} T_{ma}(t) = \sum_{h=1}^{\infty}\sum_{k=1}^{\infty} pkI_h\lambda_k \left\{\left[\frac{1}{2} + \cos\frac{2\pi(k-h)}{3}\right]\cos[(k-h)\omega_0 t + h\varphi]\right. \\ \left. + \left[\frac{1}{2} + \cos\frac{2\pi(k+h)}{3}\right]\cos[(k+h)\omega_0 t - h\varphi]\right\} \end{aligned} \tag{4.205}$$

式中，k——磁链 λ_{mi} 谐波的阶次。

在式(4.205)中，当 $k-h$ 为零时，永磁转矩是恒定的，即完全静态；当 $k-h$ 和 $k+h$ 为 3 的倍数时，永磁转矩的谐波为电频率的 3 倍。

由转子磁动势的对称性可知，转子气隙磁通密度除基波外只有奇次谐波，并且三相电机的定子气隙磁通密度没有 3 以及 3 的倍数次谐波，所以只有 6 倍电频率的永磁转矩脉动。

因此，内置式永磁同步电机和永磁辅助同步磁阻电机的永磁转矩脉动频率

f_{m1} 为

$$f_{m1} = 6k_m f_0 \tag{4.206}$$

式中，k_m——永磁转矩脉动的阶次；

f_0——电频率，单位为 Hz。

2. 磁阻转矩脉动

磁阻转矩可以用能量法表示为

$$T_{\mathrm{ra}} = -p\left[\frac{1}{2}\left(i_a^2\frac{\partial L_{aa}}{\partial \alpha_e} + i_b^2\frac{\partial L_{bb}}{\partial \alpha_e} + i_c^2\frac{\partial L_{cc}}{\partial \alpha_e}\right) + i_a i_b\frac{\partial L_{ab}}{\partial \alpha_e} + i_a i_c\frac{\partial L_{ac}}{\partial \alpha_e} + i_b i_c\frac{\partial L_{bc}}{\partial \alpha_e}\right] \tag{4.207}$$

式中，T_{ra}——磁阻转矩，单位为 N · m；

L_{ij}——i 相和 j 相之间的互感，单位为 H；

i_a、i_b、i_c——a、b、c 三相绕组的电流，单位为 A。

感应系数矩阵可以表示为

$$\begin{aligned}&[L]_{abc}\\&=\sum_{m=0,1,2,\cdots}\begin{bmatrix}L_m\cos(2m\alpha_e) & M_m\cos\left[2m\left(\alpha_e-\dfrac{\pi}{3}\right)\right] & M_m\cos\left[2m\left(\alpha_e+\dfrac{\pi}{3}\right)\right]\\ M_m\cos\left[2m\left(\alpha_e-\dfrac{\pi}{3}\right)\right] & L_m\cos\left[2m\left(\alpha_e-\dfrac{2\pi}{3}\right)\right] & M_m\cos(2m\alpha_e)\\ M_m\cos\left[2m\left(\alpha_e+\dfrac{\pi}{3}\right)\right] & M_m\cos(2m\alpha_e) & L_m\cos\left[2m\left(\alpha_e+\dfrac{2\pi}{3}\right)\right]\end{bmatrix}\end{aligned} \tag{4.208}$$

式中，L_m——自感谐波系数；

M_m——互感谐波系数。

将式(4.204)和式(4.208)代入式(4.207)，磁阻转矩可以写成以下形式：

$$\begin{aligned}T_{\mathrm{ra}}(t) =& \sum_{m=0}^{\infty}\sum_{n=0}^{\infty}\sum_{h=1}^{\infty} pmI_n I_h\\ &\times\left\{2\left[\frac{L_m}{2}+M_m\cos(h+n)\right]\times\left\{\frac{1}{2}+\cos\left[(2m-h+n)\frac{2\pi}{3}\right]\right\}\right.\\ &\times\sin[(2m-h+n)\omega_0 t+(n-h)\varphi]+\left\{\frac{L_m}{2}+M_m\cos\left[(h-n)\frac{2\pi}{3}\right]\right\}\\ &\times\left\{\frac{1}{2}+\cos\left[(2m-h-n)\frac{2\pi}{3}\right]\right\}\times\sin[(2m-h-n)\omega_0 t+(h+n)\varphi]\end{aligned}$$

$$+\left\{\frac{L_m}{2}+M_m\cos\left[(h-n)\frac{2\pi}{3}\right]\right\}\times\left\{\frac{1}{2}+\cos\left[(2m+h+n)\frac{2\pi}{3}\right]\right\}$$
$$\left.\times\sin[(2m+h+n)\omega_0 t-(h+n)\varphi]\right\} \tag{4.209}$$

式中，n、h——电流谐波的阶次；

m——感应系数的阶次。

由式(4.209)可以看出，当$2m-h+n$或$2m-h-n$为零时，磁阻转矩为静态，当$2m-h+n$、$2m-h-n$或$2m+h+n$是3的倍数时，将产生3倍电频率的谐波。三相电机的定子气隙磁通密度没有3以及3的倍数次谐波，所以只有6倍电频率的磁阻转矩脉动。

因此，内置式永磁同步电机和永磁辅助同步磁阻电机的磁阻转矩脉动频率f_{m2}为

$$f_{m2}=6k_m f_0 \tag{4.210}$$

4.5　电磁噪声和振动的其他激励源

4.5.1　电压不平衡时的电磁噪声和振动

三相电机供电时，由于各种因素的影响，三相电的电压有可能是不平衡的。当三相电压不平衡时，各相的电流值不同。可以通过假设每相不同的电流值，然后用类似式(4.98)的方法计算合成定子磁动势，即可得到电压不平衡时的电磁噪声和振动的频率为

$$f_{runb}=2f_0 \tag{4.211}$$

即三相电压不平衡时，产生的电磁噪声和振动的频率为电频率的2倍。

4.5.2　磁致伸缩的噪声和振动

铁磁性物质在外磁场的作用下，其尺寸产生伸长(或缩短)，去掉外磁场后，又恢复到原来的长度，这种现象称为磁致伸缩现象(或磁致伸缩效应)。磁致伸缩现象是焦耳于1842年发现的，所以又称为焦耳效应。大多数铁磁体材料具有可测量的磁致伸缩。

材料的磁致伸缩特性用磁致伸缩系数表示，磁致伸缩系数λ为

$$\lambda=\frac{\Delta l}{l} \tag{4.212}$$

式中，Δl——磁化由零增加到饱和值时样本长度变化值，单位为m；

l——样本长度，单位为 m。

磁致伸缩系数 λ 可正可负。当磁致伸缩系数 λ 为正时，磁通密度增大引起铁磁性物质膨胀；当磁致伸缩系数 λ 为负时，磁通密度增大时引起铁磁性物质收缩。

磁致伸缩系数 λ 一般很小，大多数范围在 $10^{-6} \sim 10^{-3}$。纯铁的饱和磁致伸缩系数为 $\lambda = -2\times10^{-5} \sim 2\times10^{-5}$，薄钢板为 $\lambda = -0.1\times10^{-5} \sim 0.5\times10^{-5}$，镍为 $\lambda = -5.2\times10^{-5} \sim 0.8\times10^{-5}$。

电机的定子铁芯由硅钢片叠压而成，当定子铁芯受到交变磁场的作用时，按照磁通密度波发生周期性的形状变化和产生应力，使定子铁芯随励磁频率的变化做周期性振动，产生噪声和振动。特别是当磁致伸缩频率与定子铁芯固有频率相同或接近发生共振时，将产生较大的磁致伸缩电磁噪声。

图 4.15 为正弦磁通密度时的磁致伸缩变化，其中，图 4.15(a)为按正弦波变化的磁通密度，图 4.15(b)为相应的随时间变化的磁致伸缩系数曲线。磁致伸缩系数曲线 $\lambda(t)$ 可以用傅里叶级数变换分解为一恒量分量和一系列的谐波分量，谐波分量在恒量分量的平均位置附近振动，振动基波的频率为磁通密度波频率 f_0 的 2 倍，即

$$f_{ms} = 2f_0 \tag{4.213}$$

在交流供电的旋转电机中，磁致伸缩力基波的阶次为

$$r_{ms} = 2p \tag{4.214}$$

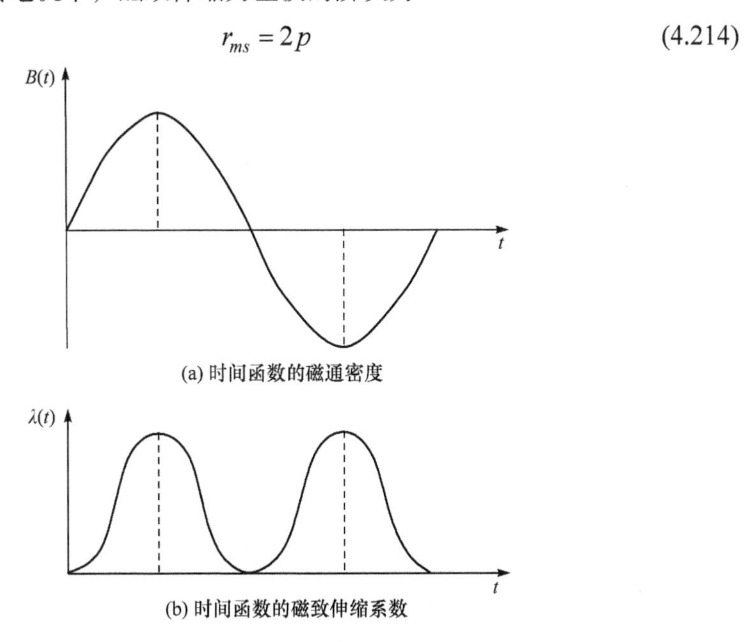

图 4.15　正弦磁通密度时的磁致伸缩变化

4.6　定子系统振动分析

在前面几节中，已经分析了电机径向力和切向力的大小、频率以及阶次，并且介绍了计算方法。电机结构的噪声和振动是这些力激励的直接响应，如果径向力波的频率与定子系统的某一固有频率接近，并且径向力波的阶次 r 与定子系统的环状振动模态 m 相同，就会产生显著的噪声和振动。

在滚动转子式制冷压缩机中，电机定子与压缩机壳体的固定方式有两种：一种是压缩机壳体加热后，将电机定子套入壳体内，利用冷却后两者之间的过盈量固定电机定子，大多数情况采用这种固定方法；另一种是采用多点焊接的方法固定电机定子，即在压缩机壳体上开一定数量的小孔，在开孔处将定子铁芯与壳体焊接起来，这种固定法多用于气体压力较高的压缩机。

由于这两种固定方式电机定子振动的传递路径有一定差异，所以压缩机壳体的振动响应不同。

定子系统的振动分析方法一般有解析计算法、有限元计算法和实验测试法，其中，解析计算法虽然简单，但精度较低，因此精确计算需要采用有限元法。下面分别介绍这几种分析法。

4.6.1　径向力波引起的定子振动

1. 径向力的幅值

将式(4.16)、式(4.20)和式(4.25)中单位面积径向力的幅值 P_{mr} 乘以 $2\pi R_2 L$，即可得到径向力的幅值，即

$$P_r = 2\pi R_2 L P_{mr} \tag{4.215}$$

式中，P_r——r 阶径向力的幅值，单位为 N；

R_2——定子铁芯的内圆半径，单位为 m；

L——定子铁芯的有效长度，单位为 m。

2. 单位面积上径向力的一般表达式

单位面积的径向力可以写成下面的一般形式：

$$p_r(\alpha,t) = P_{mr}\cos(r\alpha - \omega_r t) \tag{4.216}$$

式中，ω_r——r 阶径向力波的角频率，单位为 rad/s；

r——径向力波的阶次，$r = 0, 1, 2, 3, \cdots$。

由此可见，径向力波沿电机内圆以角速度 ω_r / r 在转动，在任意一点处的磁拉

力随时间变化的频率为 $f_r = \omega_r / (2\pi)$。如果这些力波的极对数少，就有可能引起定子的振动，如果频率 f_r 接近定子的固有频率，那么定子环就会发生最大变形。

3. 径向力波阶次与振型

在研究径向力波引起的电机定子铁芯(包括电机壳体)振动时，可以将振动划分为不同的空间形式(这些振动形式是所有类型的异步电机和同步电机等电机所固有的)，如图 4.16 所示。

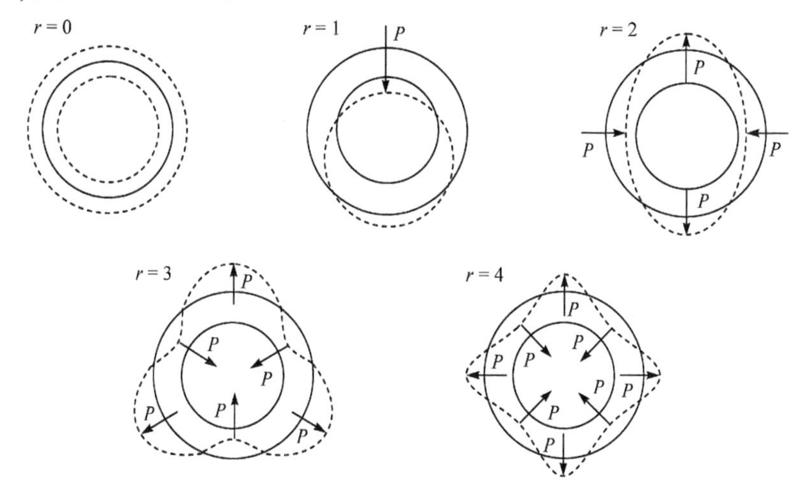

图 4.16 引起定子轭部变形的径向力空间分布

在图 4.16 中，实线表示电机机壳的外圆，虚线表示振动状态。从图中可以看出，径向激振力的分布与壳体结构振动的环形状态相类似。在图 4.16 中，实线和虚线相交部分表示无振动，实线与虚线的距离最大位置表示振幅最大的位置。环形振动状态发生时的振动频率称为壳体变形的固有振动频率。这种环形振动状态称为壳体变形的振动模态。r 为径向力波的阶次(阶次的定义为周向节点数除以 2)。

1) 当 $r=0$ 时

如图 4.16 所示 $r=0$ 的情况，径向力沿圆周均匀分布但随时间做周期性变化，电机定子的振动为一伸一缩脉动的圆柱体，为脉动振动模态。由式(4.216)可知，单位面积上的径向力为

$$p_0 = P_{mr=0}\cos(\omega_0 t) \tag{4.217}$$

式中，$P_{mr=0}$——$r=0$ 时单位面积径向力的幅值，单位为 N/m^2；

p_0——$r=0$ 时单位面积径向力，单位为 N/m^2；

ω_0——$r=0$ 时径向力波的角频率，单位为 rad/s。

式(4.217)描述的是极对数相同但频率不同的两个磁通密度波相互作用的结

果，它所产生的径向力均匀分布在定子的圆周上，并随时间周期性改变，引起定子铁芯的径向振动，这种振动与圆筒形容器承受可变内部压力的情况相类似。$r=0$ 脉动振动模态可能引起听觉上有害的低波数振动，即使在极数多以及定子电流为正弦波情况下也存在。

2) 当 $r=1$ 时

如图 4.16 所示 $r=1$ 的情况为“梁弯曲”模态，由式(4.216)得到单位面积上的径向力为

$$p_1 = P_{mr=1}\cos(\alpha - \omega_1 t) \tag{4.218}$$

式中，$P_{mr=1}$——$r=1$ 时单位面积径向力的幅值，单位为 N/m^2；

p_1——$r=1$ 时单位面积径向力，单位为 N/m^2；

ω_1——$r=1$ 时径向力波的角频率，单位为 rad/s。

这种振动形式的合力产生单边磁拉力作用在转子上，磁拉力旋转的角速度为 ω_1，在共振时造成电机剧烈振动。在物理上式(4.218)描述的是两个极对数相差 1 的磁通密度波之间的干涉。

3) 当 $r=2, 3, 4$ 时

如图 4.16 所示 $r\geqslant 2$ 的情况，定子铁芯将出现波浪形的变形，这是实际中大多数电机定子的振动形式。由式(4.216)得到单位面积上的径向力为

$$p_r = P_{mr=2,3,4}\cos(r\alpha - \omega_r t) \tag{4.219}$$

式中，$P_{mr=2,3,4}$——r 阶单位面积径向力的幅值，单位为 N/m^2；

p_r——r 阶单位面积径向力，单位为 N/m^2；

ω_r——r 阶径向力波角频率，单位为 rad/s；

r——径向力相应的阶次，$r=2, 3, 4$。

需要注意的是，在径向力波的作用下，电机轭部的各个单元既有径向位移，也有切向位移，由于切向位移较小，这里为了简化只研究径向振动。

4. 振动幅值与力波阶次的关系

一般情况下，电机的轭半径越大，固有频率越低。也就是说，当激振力和激振频率都相等时，几何尺寸越大的电机振动幅值越大，电磁噪声的声级也越大。

从以上分析可知，当径向力波的谐波频率与壳体变形的固有振动频率基本一致，空间状态与以壳体为主的电机的固有振动状态相一致，处于共振状态时，电机壳体的噪声与振动均将变大。但对于实际电机来说，其圆周方向和长度方向的刚度并不一定是均匀的。因此，壳体圆周的固有振动状态并非是按环形分布的。

研究表明，随着径向力波阶次的增大，对应的固有频率以 r^2 的速度增大，而振幅几乎以 r^4 的速度减小。在只考虑定子纯环状振动模态的情况下，定子铁芯的

变形量 Δd 是与径向力波阶次的 4 次方成反比的函数，即

$$\Delta d \propto \frac{1}{r^4} \tag{4.220}$$

因此，只有阶次较低的径向力波才会引起定子铁芯的振动，而高阶径向力波对振动的影响很小。所以，在电机电磁噪声和振动的分析中，只需要关注低阶径向力波引起的噪声和振动，即 $r = 0, 1, 2, 3, 4$。

4.6.2 受迫振动

电机的定子以及压缩机壳体在电磁力的激励下产生振动。在滚动转子式制冷压缩机中，定子系统基本上都是具有一定长度的圆环形结构，在周期性电磁力的作用下产生形变和振动，要建立一个整体的振动分析系统较为困难。但是，如果只考虑定子，或者将电机的所有振动行为都归于定子，则可以将定子简化成圆环形模型来分析。

定子系统振动主要是由作用在定子铁芯内表面上的电磁力引起的。电磁力有径向、切向和轴向分量，严格地说，三个分量都会激励起径向振动，径向振动在声辐射中起主要作用。但是，由于径向分量一般情况下比其他分量大得多，为简化分析，一般忽略电磁力切向和轴向分量的影响。

可以证明，只有当径向力波阶次 r 与定子环状振动模态 m 的阶次相同($r = m$)时，作用在电机定子系统上的径向力波才能激励起定子系统较大幅值的振动。

如果将定子简化为两端没有约束的圆环形壳体，那么可以推导出定子模态阶次 m 的振动位移幅值为

$$A_m = \frac{P_r / M}{\sqrt{(\omega_m^2 - \omega_r^2)^2 + 4\xi_m^2 \omega_r^2 \omega_m^2}} \tag{4.221}$$

式中，A_m——定子模态阶次 m 的振动位移幅值，单位为 m；

M——圆柱形壳体的质量，单位为 kg；

ω_m——模态阶次 m 时的角频率，单位为 rad/s；

ξ_m——m 阶模态阻尼比。

当激振力的频率与定子的固有频率接近时，振动达到最大值。结果表明，在所有的电磁力分量中，只有频率与定子模态的固有频率接近的分量才能对定子振动响应产生重大影响。

用放大因子表征激励的响应度，将式(4.221)改写，可得到放大因子 β_m 为

$$\beta_m = \frac{A_m}{P_r / (M\omega_m^2)} = \frac{1}{\sqrt{[1 - (\omega_r / \omega_m)^2]^2 + [2\xi_m (\omega_r / \omega_m)]^2}} \tag{4.222}$$

由式(4.222)可知，放大因子 β_m 与频率比和阻尼比有关，当 $\omega_r = \omega_m$ 时放大因

子最大，即产生共振，共振时振动的幅值取决于定子结构中的机械阻尼。

式(4.222)是按单一环状模态推导出来的，由于电机存在多种频率成分的径向电磁力，而激励的总响应是所有模态贡献的叠加，当整个频率域的振动模态可以分离出来时，式(4.222)可以用于计算每一阶模态固有频率。

4.6.3　定子系统固有频率的解析计算法

定子系统固有频率的解析计算法有多种，这里介绍简易计算法。

在电机定子固有频率的解析计算法中，将定子系统，即定子铁芯、绕组、壳体看成厚度均匀、装有齿和绕组的环。

基于能量法理论，并假设圆环的截面为均匀截面，截面的厚度和轴向长度比小于圆环的平均半径。可以推导出定子系统 m 阶环状振动模态的固有频率为

$$f_m = \frac{1}{2\pi}\sqrt{\frac{K_m}{M_m}} \tag{4.223}$$

式中，f_m——m 阶环状振动模态的固有频率，单位为 Hz；

K_m——m 阶环状振动模态的集中刚度，单位为 N/m；

M_m——m 阶环状振动模态的集中质量，单位为 kg。

1. 环状振动模态 $m=0$ 时的固有频率

对于厚度为 h、质量为 M、平均半径为 R 的定子铁芯，集中刚度 K_0 和集中质量 M_0 在脉动振动模态($m=0$)中分别为

$$K_0 = 2\pi\frac{EhL}{R} \tag{4.224}$$

式中，E——定子铁芯材料的纵向弹性模量，单位为 MPa；

L——定子铁芯的长度，单位为 m。

$$M_0 = Mk_{\mathrm{md}} = 2\pi RhL\rho k_{\mathrm{i}}k_{\mathrm{md}} \tag{4.225}$$

式中，ρ——定子铁芯材料的密度，单位为 kg/m^3；

k_{i}——占空系数；

k_{md}——质量附加系数。

对于叠片结构，弹性模量为 $E=2\times10^5\,\mathrm{MPa}$ ，密度为 $\rho=7700\mathrm{kg/m^3}$ ，占空系数为 $k_{\mathrm{i}}=0.96$ 。

将定子齿、绕组以及绝缘材料的质量均作为质量附加系数考虑，质量附加系数定义为

$$k_{\mathrm{md}} = 1+\frac{M_{\mathrm{t}}+M_{\mathrm{w}}+M_{\mathrm{i}}}{M} \tag{4.226}$$

式中，M_t——所有定子齿的质量，单位为 kg；

M_w——定子绕组的总质量，单位为 kg；

M_i——绝缘材料的总质量，单位为 kg；

M——定子铁芯圆环体(轭)部分的质量，单位为 kg。

由式(4.224)和式(4.225)得到 $m=0$ 时环状模态的固有频率计算式为

$$f_0=\frac{1}{2\pi}\sqrt{\frac{E}{\rho R^2 k_i k_{md}}} \tag{4.227}$$

2. 环状振动模态 $m=1$ 时的固有频率

对于环状振动模态 $m=1$(弯曲模态)，有

$$K_1=2\pi\frac{EhL}{R} \tag{4.228}$$

$$M_1=\frac{Mk_{md}}{F_1^2}=\frac{M_0}{F_1^2} \tag{4.229}$$

其中

$$F_1=\sqrt{\frac{2}{1+\kappa^2 k_{mrot}/k_{md}}} \tag{4.230}$$

式中，k_{mrot}——旋转质量相加因子；

κ——无量纲厚度参数。

无量纲厚度参数的表达式为

$$\kappa=\frac{h}{2\sqrt{3}R} \tag{4.231}$$

旋转质量相加因子为

$$\begin{aligned}k_{mrot}&=1+\frac{z_1 c_t L h_t^2}{2\pi R I_c}\left(1+\frac{M_w+M_i}{M_t}\right)\left[\frac{1}{3}+\frac{h}{2h_t}+\left(\frac{h}{2h_t}\right)^2\right]\\&=1+\frac{z_1 c_t L h_t^2}{2\pi R I_c}\left(1+\frac{M_w+M_i}{M_t}\right)(4h_t^2+6hh_t+3h^2)\end{aligned} \tag{4.232}$$

式中，I_c——平行于圆柱轴心线的中轴线截面转动惯量，单位为 $kg\cdot m^2$；

z_1——定子齿(槽)数；

c_t——齿宽，单位为 m；

h_t——齿高，单位为 m。

截面转动惯量为

$$I_{\mathrm{c}}=\frac{h^3L}{12} \tag{4.233}$$

则环状模态 $m=1$ 时的固有频率为

$$f_1=\frac{1}{4\pi}\sqrt{\frac{E}{R^2\rho k_{\mathrm{i}}k_{\mathrm{md}}}}\sqrt{\frac{2}{1+\kappa^2k_{\mathrm{mrot}}/k_{\mathrm{md}}}}=f_0F_1 \tag{4.234}$$

3. 环状振动模态 $m\geqslant 2$ 时的固有频率

环状振动模态 $m\geqslant 2$ 时，有

$$K_m=2\pi\frac{EI_{\mathrm{c}}}{R^3}(m^2-1)^2k_{\mathrm{a}}^2 \tag{4.235}$$

$$M_m=M\frac{k_{\mathrm{md}}}{F_m^2}\frac{m^2+1}{m^2}=2\pi RhL\rho k_{\mathrm{i}}\frac{k_{\mathrm{md}}}{F_m^2}\frac{m^2+1}{m^2} \tag{4.236}$$

$$F_m=\left\{1+\frac{\kappa^2(m^2-1)[m^2(4+k_{\mathrm{mrot}}/k_{\mathrm{md}})+3]}{m^2+1}\right\}^{-1/2} \tag{4.237}$$

其中系数 $k_{\mathrm{a}}>1$。

环状模态 $m\geqslant 2$ 时，可以推导出定子系统的固有频率为

$$\begin{aligned}f_m&=\frac{1}{2\pi}\frac{1}{R^2}\sqrt{\frac{E}{\rho k_{\mathrm{i}}k_{\mathrm{md}}}}\sqrt{\frac{I_{\mathrm{c}}}{hL}}\frac{m(m^2-1)}{\sqrt{m^2+1}}k_{\mathrm{a}}F_m\\&=f_0\kappa\frac{m(m^2-1)}{\sqrt{m^2+1}}k_{\mathrm{a}}F_m\end{aligned} \tag{4.238}$$

式(4.238)实际上是圆环环状振动的修正方程。

由于定子系统由叠片结构的轭和齿，分布在槽中的绕组、密封材料和壳体等复杂结构组成，上述计算式计算精度难以保证，并且只能用于定子铁芯单体的固有频率估算。

4.6.4 定子系统固有频率的有限元计算法

采用解析计算法可以简单地得到各阶固有频率，但由于实际的铁芯包含定子齿、外表面的切边以及铁芯上存在其他孔，其形状与单纯的圆环存在较大的差异，以及计算时某些参数的选择有一定的主观性，因此计算结果有较大的误差，特别是高阶固有频率误差大。而采取有限元计算法，不但可以充分考虑电机的整体状况，而且其计算结果比较准确。对于电机振动噪声的研究，电机固有频率的精确求解是非常必要的，因此采用有限元软件进行电机结构的模态分析具有非常重要

的作用。

在有限元分析中，将复杂的系统划分为有限个小单元分别计算，有限元的精度与模型中的单元数量有关。

有限元软件求解问题时的一般步骤如下：

(1) 几何建模，建立二维或三维模型表示物体或系统；

(2) 定义材料的属性，创建组成物体或系统必需的材料特性库；

(3) 网格生成，大多数软件包可以自动生成网格，但必须定义模型分解成有限单元的规则；

(4) 施加载荷，分配物理负载或边界条件的约束；

(5) 求解，求解程序模块用数值法求解微分方程，有限元软件需要选择期望解决问题的类型，如是稳态还是瞬态等；

(6) 后处理，结果可以用图、等值线或者表格形式输出。

图 4.17 为有限元程序计算得到的电机定子铁芯模态振型，径向振动阶次用 m 表示，轴向振动阶次用 n 表示。

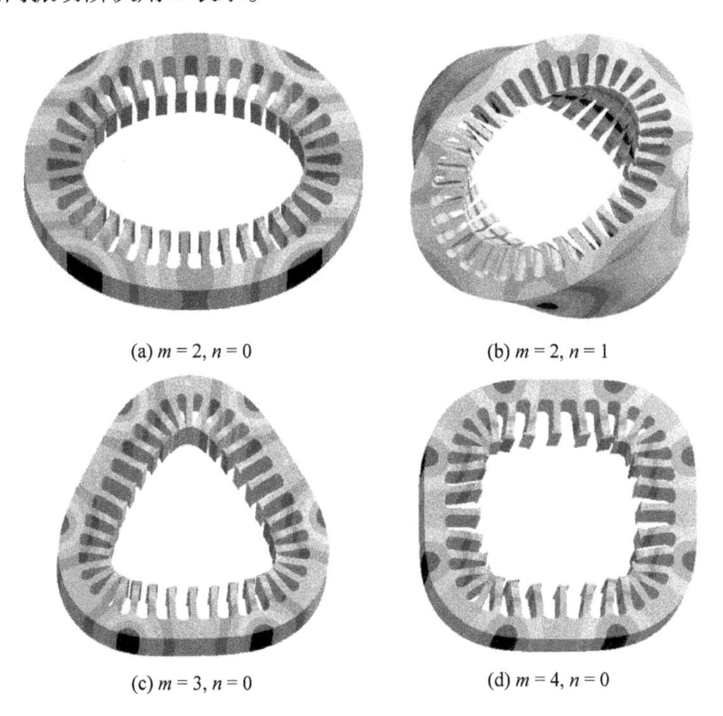

(a) $m = 2, n = 0$　(b) $m = 2, n = 1$　(c) $m = 3, n = 0$　(d) $m = 4, n = 0$

图 4.17　定子铁芯模态振型

4.6.5　定子系统固有频率的实验测试法

定子系统固有频率和振型的测定在以下条件进行：

(1) 支承条件，将其置于厚度约为 100mm 的海绵状橡胶板上，此橡胶板的固有频率与模型的固有频率相比要低很多，可以忽略；

(2) 采用脉冲锤对外表面进行径向方向的锤击，采用安装的振动加速度传感器测量振动响应；

(3) 振型通过齿内表面和轭部外表面的测量点测量；

(4) 采用高速傅里叶分析仪测量振动响应以及振型(测试方法参见第 10 章)；

(5) 刺耳的电磁噪声主要在 10kHz 以下产生，因此测试 10kHz 以下的固有频率。

4.7　降低异步电机电磁噪声和振动的方法

4.7.1　选择合适的定、转子槽配合

在异步电机中，电枢齿磁通脉动产生的谐波电磁力是最主要的电磁噪声源。定子和转子槽数的良好配合，可以消除某些阶次的电磁力波，获得明显的降噪效果，对降低电机电磁振动和电磁噪声具有决定性的意义。但是，各种槽数配合关系的选择，不仅与电磁振动和电磁噪声有关，还与异步电机的附加转矩、附加损耗、启动、运转和制动特性有关。一般来说，近槽配合时，附加损耗小，可提高电机的最大转矩，但电磁噪声大，而远槽配合有利于降低电机噪声。因此，选择定、转子槽数配合降低电磁噪声和振动时，还必须考虑对其他因素的影响。

(1) 为了减小气隙磁导齿谐波、定子和转子绕组磁势谐波、附加损耗产生的异步力矩的值，以及考虑到工作条件，应尽量满足下列条件：

① 当定子为开口槽时应保持下列关系

$$0.8z_1 \leqslant z_2 \leqslant 1.25z_1 \tag{4.239}$$

② 当为闭口槽和半闭口槽时，式(4.239)的范围可以适当放宽。

③ 在启动条件困难时，转子槽数应该小于定子槽数，即

$$z_2 < z_1 \tag{4.240}$$

④ 在正常和轻工作条件时，为了降低噪声，转子槽数应该比定子槽数多，即

$$z_2 > z_1 \tag{4.241}$$

(2) 高次谐波 ν 和 μ 的极对数由定子和转子槽数关系确定，力波阶次 r 也由定、转子槽数配合确定。对噪声影响最大的力波阶次为 $r = 0, 1, 2, 3, 4$，在大多数中小型电机中，$r = 0$ 时危害小于 $r = 1, 2, 3$。

选择 z_1 和 z_2 槽数配合时，只需要研究定、转子的一阶齿谐波，即防止定子一阶齿谐波和转子一阶齿谐波产生力波阶次为 $r = 0, \pm1, \pm2, \pm3, \pm4$ 的力波。

定子和转子一阶齿谐波产生的力波阶次为

$$r=(z_2\pm p)\pm(z_1\pm p) \tag{4.242}$$

根据(4.242)，低噪声槽数配合的条件可写为

$$z_1-z_2\neq\begin{cases}0,\pm1,\pm2,\pm3,\pm4\\2p,2p\pm1,2p\pm2,2p\pm3,2p\pm4\end{cases} \tag{4.243}$$

由式(4.243)可知，当 z_1-z_2 不等于 0 和 $2p$ 时，将不产生 $r=0$ 的振动；当 z_1-z_2 不等于 ±1 和 $2p\pm1$ 时，将不产生 $r=\pm1$ 的振动；当 z_1-z_2 不等于 ±2 和 $2p\pm2$ 时，将不产生 $r=\pm2$ 的弯曲振动；当 z_1-z_2 不等于 ±3 和 $2p\pm3$ 时，将不产生 $r=\pm3$ 的扭曲振动，依此类推。由此可见，式(4.243)实际上排除了选择转子奇数槽的可能性。

(3) 当定子为双层绕组，并且具有两个并联支路时，应避免

$$\left|z_1-z_2\right|=3p\pm1,\quad p\pm1 \tag{4.244}$$

上述仅为针对直槽转子的几个主要限制，当采用转子斜槽后噪声的状态将大有改善。

在滚动转子式制冷压缩机中使用的异步电机一般为 2 极，综合考虑振动、噪声和附加转矩、附加损耗，推荐采用如表 4.8 所示的定子和转子槽配合。

表 4.8　定子和转子槽配合表

z_1	z_2	$2p$
24	(16)，[20]，[22]，[28]，[30]	2
30	(16)，[20]，(22)，[16]，[34]，[36]	

注：带( )的表示在制动区内有大的同步附加力矩；带[ ]的表示转子斜过一个定子槽距时可以使用。

例如，如果定子槽数为 24，假设转子槽数可选择 18、22、30 三种。22 槽属于近槽配合，容易产生 2 阶径向力波；18、30 槽满足 $\left|z_1-z_2\right|=2p+4=6$，因此也容易产生 4 阶径向力波，由于齿谐波幅值随转子槽数增大而减小，从降低电磁噪声的角度而言，30 槽为最优。

定、转子槽配合对电机的影响是多方面的，而且常常互相矛盾，在设计时需综合考虑。例如，异步电机采用多槽配合($z_1>z_2$)虽能降低电磁噪声，但同时电机的杂散损耗也将增加，并且可能产生同步附加转矩，影响电机的启动性能，严重时电机将无法启动。

另外，还需要注意，合理选择槽数，并不能保证电机工作时噪声低，它还与定子振动系统的特性，即固有频率特性有关。

4.7.2 采用斜槽

采用定子或转子斜槽,可以使径向力波沿电机长度方向的轴线上发生相位移,即可以使不同的轴线位置的径向力之间存在相位差。因此，采用适当的斜槽可以有效削弱齿谐波，降低径向力波幅值，从而削弱电磁噪声和振动。在滚动转子式制冷压缩机中，异步电机基本都采用转子斜槽来降低电磁噪声和振动。

大量实验和计算表明，在转子斜过一个定子齿距的情况下，可以大幅降低一阶齿谐波产生的振动。特别是当定、转子槽配合不良时特别有效。

当转子采用斜槽后，也会带来一些不良后果，主要有以下几个方面：

(1) 长铁芯电机采用转子斜槽时，斜槽会引起横向电流，即电流从一根导条流经铁芯到另一根导条，产生较大的单向轴向力，引起附加的轴向窜动噪声；

(2) 斜槽还会产生附加转矩，引起扭转力矩和扭转振动，产生附加噪声；

(3) 由于斜槽的作用，径向力波中还存在轴向阶次为 1, 2, 3, …的分量和作用在定子铁芯上的扭转力矩。

根据线性假设，电机振动声功率正比于定子表面振幅的平方，而振动幅值又正比于电机气隙内的径向力。因此，采用斜槽(斜极)前后声功率级的变化值为

$$\Delta L = L_1 - L_2 = 10\lg(K_{sk})^2 = 20\lg(K_{sk}) \tag{4.245}$$

式中，L_1——无转子斜槽时的声级，单位为 dB；

L_2——有转子斜槽时的声级，单位为 dB；

K_{sk}——电机的斜槽(斜极)系数。

其中，电机的斜槽(斜极)系数由式(4.246)计算：

$$K_{sk} = \frac{\sin(\lambda\alpha_\zeta / 2)}{\lambda\alpha_\zeta / 2} \tag{4.246}$$

式中，λ——促成有关力波的转子磁动势波的极对数；

α_ζ——以弧度表示的转子槽的几何偏斜角度，单位为 rad。

式(4.245)中，由于忽略了扭转力矩和轴向非零阶径向力产生的振动，电机实际噪声级的降低要小于式(4.245)的计算值。

4.7.3 减小力波

1. 选择合适的定子绕组节距

选择合适的定子绕组节距可以最大限度地削弱相带谐波，从而降低由它引起的电磁噪声。对于单相电机，更偏重于采用正弦分布绕组以有效地削弱谐波磁场及其引起的噪声。

2. 缩小定、转子槽开口宽度或者采用闭口槽

缩小定、转子槽开口宽度或者采用闭口槽，对降低电磁噪声有一定的好处。对于闭口槽，随着负载的增大，转子电流也增大，转子磁动势谐波和均匀气隙相互作用而产生的磁通大，同时，转子闭口槽桥拱处由于饱和出现等效槽开口，降低电磁噪声的作用会减小。因此，不能靠采用转子闭口槽彻底解决噪声问题。

3. 选择合适的气隙磁通密度

按照式(4.2)，电机径向力波的幅值与气隙磁通密度的平方成正比，而振动的幅值与径向力的大小成正比，因而降低气隙磁通密度，可以降低径向力幅值及噪声，例如，增加定子每相的匝数或者增长定子铁芯的长度。

当气隙磁通密度由 B_1 变到 B_2 时，其声功率级的变化值可以按式(4.247)估算：

$$\Delta L_W = L_{W_1} - L_{W_2} = 40\lg\frac{B_1}{B_2} \tag{4.247}$$

由式(4.247)可知，气隙磁通密度减少一半，声功率级可以降低 12dB。但气隙磁通密度减小会使电机尺寸加大，电机成本增加。因而，不到不得已的情况，不要轻易采用降低气隙磁通密度的方法来降低噪声。

4. 合理选择气隙大小

由于气隙磁通密度波 $b(\alpha,t)$ 与气隙大小成反比，在其他情况不变的条件下，增大气隙可以使气隙磁通密度波和径向力波减小，从而降低噪声。当气隙从 g_1 增加到 g_2 时，声功率级的降低可按式(4.248)计算：

$$\Delta L_W = L_{W_1} - L_{W_2} = 40\lg\frac{g_2}{g_1} \tag{4.248}$$

增大气隙也将导致电机一些性能变化，如功率因数降低、空载电流增大、基本损耗增加、杂散损耗降低等，所以在设计电机时应综合考虑。当空载电流增大时，将使谐波磁动势增大，使谐波磁场有增大的趋势。因此，当气隙增大时，实际的电磁噪声下降值是小于式(4.248)的计算值的。

4.7.4　保证磁场的对称性

1. 降低 2 倍转差频率的电磁噪声和振动

2 极电机由于转子静态偏心和动态偏心，定子、转子铁芯材料磁性的不均匀以及电流的不对称，会产生 2 倍转差频率的电磁噪声和振动。如果电机发生某些故障，也会产生 2 倍转差频率的电磁噪声，如匝间短路、转子铸铝过程中的缺陷

造成的各导条电阻不均匀等。

降低 2 倍转差频率噪声的措施有以下几个方面：

(1) 确保转子的动平衡；

(2) 尽量减少逆序磁场；

(3) 定子、转子铁芯的磁导率均匀；

(4) 转子与定子同心。

2. 保证单相异步电机运转在圆形旋转磁场

对于单相异步电机，为了减少切向振动、径向振动及噪声，必须使逆序磁场减到最小，以确保电机在圆形磁场下运转。要保证电机在圆形磁场下运转，则应使空间正交布置的单相异步电机主绕组和副绕组分别产生的磁势幅值相等，时间相位差保持在 90°，这时的噪声最小。

图 4.18 为 2 极单相异步电机相位差与声功率级之间的关系，它表明最大声功率级随主、副绕组电流相位差而改变。从图中可以看出，当相位差为 90°时，全部主要脉动噪声成分具有最小的声功率级。

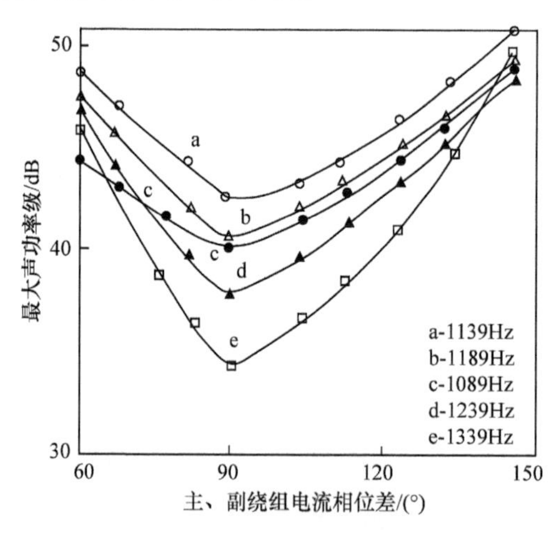

图 4.18　2 极单相电机最大声功率级随主、副相绕组之间电流的相位变化曲线
（转速 2970r/min，副绕组电流 0.51A，主绕组电流 0.56A）

3. 减少电机转子的偏心

电机转子的偏心会产生低阶径向力，产生电磁噪声和振动，因此必须使转子的偏心尽可能小。

在滚动转子式制冷压缩机中，偏心率应取转角 90°处的值，这是因为受吸气腔和排气腔压力差的影响，偏心轮轴将产生偏斜，对偏心率的影响很大。噪声与电机转子偏心率的关系如图 4.19 所示(图中为偏心率从 10%开始增大的噪声水平)，从图中可以看出，当偏心率增大时，噪声水平也增大。

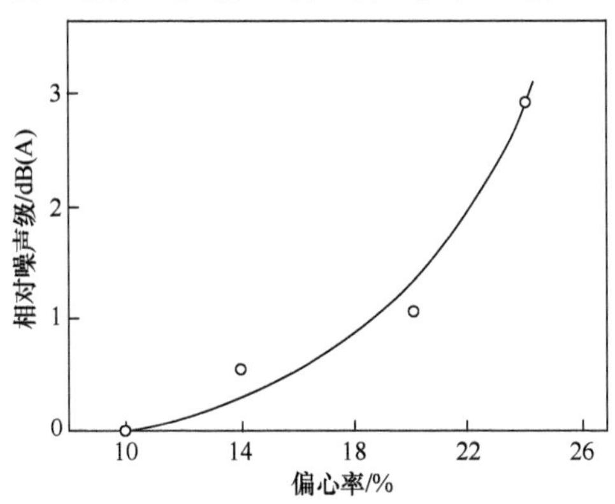

图 4.19　噪声与电机转子偏心率的关系

4. 采用合适的定子绕组连接方式

异步电机定子绕组常常需要设计成多并联支路或采用三角形(△形)接法，由于存在实际制造上的误差，支路间不可避免地总会有些不对称，这就可能产生支路间的循环电流；采用△形接法也有可能使某些谐波形成回路。这些都会产生附加的谐波磁场，引起噪声和振动。

4.7.5　降低定子表面的动态振动

1. 防止共振

很多以电磁噪声为主要噪声源的电机，往往存在着共振现象，避免共振现象的发生可以大大降低电机的这类噪声。

判断电机是否存在共振，一般步骤如下：

(1) 列出电机气隙磁场的力波阶次表，找出主要的力波，计算主要力波的频率和阶次；

(2) 用计算法或实测法确定电机的固有频率；

(3) 对比主要力波的频率与固有频率是否一致或者接近，若二者的相对误差在 5%以内，则可以认为存在共振现象。

电机发生共振的种类有很多，有定子共振、转子共振，甚至整机共振。众所周知，电机存在着无穷多个固有频率和力波频率，其径向电磁力的频率可以在很大的范围内变化，要完全避免共振是不可能的。避免共振主要是避免主要的力波频率与固有频率之间的吻合或接近。

另外，由于电机的主要径向力波的频率是与转差率有关的。当电机的固有频率低于主要力波频率时，在电机的启动过程中，主要力波的频率是逐步增高的，在某一转速下力波的频率会与固有频率一致而发生共振，产生短时较大的电磁噪声。一旦电机的转速升高后，这种电磁噪声将会消失。在一般情况下，此类原因产生的电磁振动和电磁噪声可不作处理。

要避免共振，除了改变定子结构参数以改变定子固有频率之外，最有效的是改变转子槽数，以改变激振力的频率。但由于固有频率及力波的复杂性，不存在适合任何容量电机的转子槽数。

2. 调整定子铁芯叠片与压缩机壳体之间的机械连接

通过调整压缩机壳体与定子铁芯之间的连接刚度、壳体刚度和壳体质量，可以使压缩机壳体的振动减小到定子铁芯振动的几分之一。另外，定子铁芯与压缩机壳体的连接采用焊接方式，也可以改变连接刚度。

3. 增加电机定子的刚度

可以用增加定子铁芯轭的厚度来增加定子的刚度。由于定子的振动幅值大致与定子轭厚度 h 的三次方成反比，而与发出噪声的声功率振幅的平方成正比，如果将定子轭厚度 h 由 h_1 增加到 h_2，则有

$$\Delta L_W = L_{W_1} - L_{W_2} = 10\lg\frac{W_1}{W_2} = 10\lg\left(\frac{h_2}{h_1}\right)^6 = 60\lg\left(\frac{h_2}{h_1}\right) \tag{4.249}$$

由式(4.249)可知，定子轭厚度 h 增加，则噪声的声功率级可以降低，例如，增加 10%的定子轭厚度，噪声大约可以降低 2.5dB，但电机的体积、重量和成本均要增加。

4. 阻尼降噪

在定子铁芯上或者壳体上涂上阻尼材料，或者用绝缘漆或环氧树脂将定子叠片完全黏结在一起，并且在铁芯和壳体之间的间隙中填充阻尼材料，能够增大电机结构的阻尼。

实践表明，增加电机的阻尼能有效降低噪声。

5. 增加力波的阶次

要消除电机中的径向力波是不可能的，但可以通过合理地选择远槽配合，增加力波的阶次来降低噪声。这是由于电机定子对阶次高的力波的刚度比对阶次低的力波的刚度大，并且当电机定子声辐射的振动阶次高时，声辐射的能量较低，因而电机噪声降低。

假设激振力幅值相等，则振动幅值近似地与力波阶次的四次方成正比，不计声辐射效率的降低，按声功率正比于振幅的平方估计，有

$$\Delta L_W = 10\lg\frac{W_1}{W_2} = 80\lg\frac{r_2}{r_1} \tag{4.250}$$

式中，r_1、r_2——力波的阶次。

由式(4.250)可见，当幅值不变时，力波阶次增加一倍，可降低噪声 24dB，其降噪效果是相当显著的。

对于定子与转子槽磁导的基波和磁动势的基波相互作用而产生的力波，最低的力波阶次可表示为

$$r = \left|z_1 - z_2\right| - 2p \tag{4.251}$$

例如，对于一台 2 极电机，其定子槽数为 60，转子槽为 54 时，最低力波阶次为 $r=4$，当转子槽数改变为 44 时，则 $r=14$，可大幅降低噪声和振动。

需要注意的是，因为力波阶次还要受转子偏心和不对称的影响，所以对于不同的力波阶次的振动，在不同频率时，声辐射效率是会变化的。

4.7.6　降低脉动噪声

在 2 极异步电机中，单边磁拉力是产生脉动噪声和振动的原因，这些单边磁拉力是转子静态和动态偏心，以及定子和转子铁芯的磁导不均匀引起的。降低 2 极电机脉动噪声采取的措施如下：

(1) 转子动平衡校核；

(2) 反向磁拉力的最小化；

(3) 定子和转子铁芯磁导均匀。

4.7.7　提高加工质量和装配质量

提高气隙装配时的均匀度，可以减少单边磁拉力和噪声。

提高铁芯的叠装质量，如果叠片和定子装配引起定子叠片松动或机械应力会增大电机噪声，由于叠片松动产生的噪声和振动的频率等于 2 倍电频率，即

$$f_{\text{lam}} = 2f_0 \tag{4.252}$$

和大约为 1000Hz 频率的边带，即

$$f_{\text{sdb}} \approx \pm 1000\text{Hz} \tag{4.253}$$

这种电磁噪声可以采用以下措施降低：

(1) 定子浸漆；

(2) 定子与压缩机壳体良好配合。

4.8 降低永磁同步电机电磁噪声和振动的方法

由于永磁同步电机是由逆变器驱动的，电机的噪声和振动除了与电机的设计和制造有关外，还与逆变器驱动产生的电流谐波有关。因此，降低同步电机噪声和振动的措施需要从电机设计、制造和控制策略几个方面进行。

在滚动转子式制冷压缩机中，降低内置式永磁同步电机电磁噪声和振动的方法主要包括减小齿槽转矩、减小纹波转矩、降低径向力波等。

4.8.1 减小齿槽转矩的方法

齿槽转矩脉动是内置式永磁同步电机固有的特性，特别是低速轻载运转时，齿槽转矩脉动将引起明显的速度波动，并产生较大的振动。

齿槽转矩随着永磁体磁通所在的磁路磁导变化而增加，随着磁场的能量变化在正反方向上交替产生。磁导的变化与定子槽和转子磁极的位置密切相关，因此减缓这种变化是降低齿槽转矩的关键。

减小齿槽转矩是电机设计阶段需要解决的问题，目前，对于一般的内置式永磁同步电机，减小齿槽转矩通常有以下方法：①斜槽，将铁芯制成斜槽，磁铁制成斜形，斜形充磁；②磁通势正弦波化，使磁铁的长度方向按半圆锥状变化，充磁正弦波化，磁极异向化；③减缓磁极的空隙变化，将铁芯磁极的两端切成直线或圆弧状，逐渐扩大空隙；④转矩变化高频率化，增加槽的数量使转矩脉动高频化，减小其影响程度；⑤插入辅助槽，将绕组沟槽细分，用辅助槽抵消磁场能量变化的影响；⑥沟槽/磁极结合，增加磁场或永磁体极槽数，减少磁极能量变化，选择适当的磁极数；⑦磁极影响平均化，改变铁芯磁极、永磁极的形状或改变节距，使磁导率均匀化；⑧平滑铁芯化，采用空隙绕组，从原理上消除齿槽效应。

由于产生齿槽转矩的主要原因是定子铁芯的槽，所以通过斜槽和变更齿距可使这种影响平均化，第①项和第⑦项基于这一思路。避开磁通的急剧变化，第②项和第③项基于这一思路。即使是相同的转矩，如果缩短作用时间也会减小其影响，增加铁芯磁极数或插入辅助槽数来使其高频化，这是第④项的思路。第⑤项和第⑥项的思路是利用狭缝，使其影响相互抵消。第⑧项的思路，则是完全不让齿槽转矩产生。

但是，在上述减小齿槽转矩的方法中，很多情况下都会带来主磁通下降的负面影响，在应用中需要考虑实施这些方法对电机性能的影响。除此之外，由于零部件精度或偏心等加工和装配误差也会产生齿槽转矩，所以在生产中也要给予足够的重视。

下面介绍几种在滚动转子式制冷压缩机中降低内置式永磁同步电机齿槽转矩常用的方法。

1. 合理选择极弧系数降低齿槽转矩

图 4.20 为极弧系数示意图。极弧系数是指永磁体对应的电角度与极对应的电角度的比值，即

$$\alpha_{\mathrm{p}}=\frac{\alpha_{\mathrm{PM}}}{\alpha_{\mathrm{Pole}}} \tag{4.254}$$

式中，α_{p}——极弧系数；

α_{PM}——永磁体对应的电角度，单位为 rad；

α_{Pole}——极对应的电角度，单位为 rad。

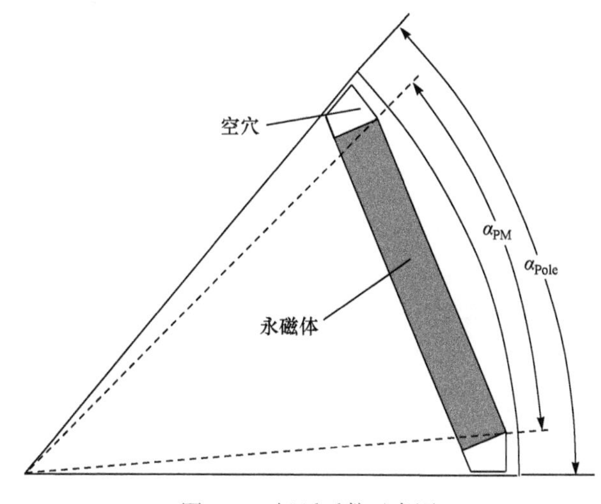

图 4.20　极弧系数示意图

由于齿槽转矩是磁极的边缘部分与定子齿相互作用产生的，磁极的极弧系数对齿槽转矩有较大的影响，所以通过最优极弧系数可以有效降低齿槽转矩。当极弧系数 α_{p} 满足以下关系时，齿槽转矩最小：

$$\sin\left(nN_{\mathrm{c}}\frac{\alpha_{\mathrm{p}}\pi}{2p}\right)=0 \tag{4.255}$$

式中，n——齿槽转矩的阶次。

因此，齿槽转矩最小时优化的极弧系数为

$$\alpha_{\mathrm{p}}=\frac{[N_{\mathrm{c}}/(2p)]-k}{N_{\mathrm{c}}/(2p)}=1-k\frac{2p}{N_{\mathrm{c}}} \tag{4.256}$$

式中，$k=1,2,\cdots,N_{\rm c}/(2p)-1$。

式(4.256)可以计算得到一系列极弧系数$\alpha_{\rm p}$，需要注意的是，如果$\alpha_{\rm p}$的值太小，虽然齿槽转矩减小了，但是永磁体的宽度也会变得很小而不能提供足够的磁通。在优化极弧系数时应尽量选取数值较大的$\alpha_{\rm p}$，这样既减小了齿槽转矩，又保证了转子提供足够的磁通。因此，实际中取$k=1$时的计算结果即可。

2. 定子齿开槽削弱齿槽转矩

齿槽转矩的谐波次数与定子槽数和转子极数的最小公倍数密切相关，定子槽数和转子极数的最小公倍数越大，齿槽转矩的谐波次数就越高，齿槽转矩的幅值就越小。因此，可以通过增大定子槽数和转子极数的最小公倍数的方式提高齿槽转矩的次数，而实现减少齿槽转矩幅值的目的。

在定子齿上开辅助槽，相当于增加了定子的槽数。如果在每个定子齿上开n个槽，相当于电机定子槽数由z_1增加为$(n+1)z_1$。则当$N_{\rm c}[(n+1)z_1,2p]/N_{\rm c}(z_1,2p)\neq 1$时，齿槽转矩的频率增大，而齿槽转矩的幅值降低。

定子齿开槽的槽口有多种形式，包括半圆形、矩形等，这里以矩形槽来分析辅助槽对齿槽转矩的影响。

图4.21为矩形辅助槽口宽度、深度及相邻辅助槽口中心线夹角示意图。在图中，两个相邻辅助槽口中心线夹角为β，槽口宽度为l_1，槽口深度为l_2。当在同一定子齿开多个辅助槽时，为防止在定子齿上开槽引起新的谐波，辅助槽口中心线应与定子齿的中心线严格对称。

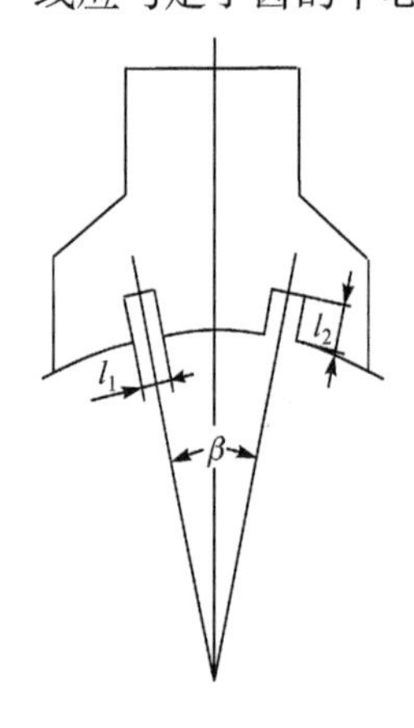

图4.21　辅助槽口宽度、深度及相邻辅助槽口中心线夹角示意图

在定子齿上开辅助槽后，齿槽转矩的频率将随着槽口数的增多而改变。当在每个定子齿开一个辅助槽时，齿槽转矩的频率将为原齿槽转矩2倍；当在每个定子齿开两个辅助槽时，齿槽转矩的频率将为原齿槽转矩3倍。因此，在每个定子齿上开的辅助槽个数越多，永磁同步电机齿槽转矩的削弱效果越好。

但辅助槽数过多，会削弱气隙磁通密度的幅值，影响电机性能，另外，辅助槽数还受电机结构限制，因此辅助槽数需根据实际情况来确定。

研究表明，辅助槽的槽口宽度、深度以及槽口中心线夹角都对削弱齿槽转矩有影响。

1) 槽口宽度对齿槽转矩的影响

在槽口深度和槽口中心线夹角值不变的前提下，齿槽转矩的幅值随着槽口宽度的增大先降低再增大，即槽口宽度有一最佳值使齿槽转矩幅值最小。

2) 槽口深度对齿槽转矩的影响

与槽口宽度相比，槽口深度对齿槽转矩波形影响较小，而对齿槽转矩幅值的影响较大。齿槽转矩幅值随槽口深度先增大后减小，当槽口深度达到一定数值后，齿槽转矩幅值变化很小。

3) 槽口中心线夹角对齿槽转矩的影响

齿槽转矩的幅值随着槽口中心线夹角的增大先减小再增大，槽口中心线夹角有一最佳值。

3. 选择合适的槽极配合降低齿槽转矩

由于齿槽转矩脉动的频率为定子槽数 z_1 和转子极数 $2p$ 的最小公倍数及其谐波次数，所以在定、转子相对位置变化一个齿距的范围内，齿槽转矩是周期性变化的，变化的周期取决于槽数与极数的组合。

用能量法推导出齿槽转矩谐波次数的计算公式为

$$\gamma = \frac{2pz_1}{N_m}k \tag{4.257}$$

式中，N_m ——定子槽数 z_1 和极数 $2p$ 的最大公约数；

$k = 1, 2, 3, \cdots$。

谐波次数越高，齿槽转矩的幅值就越小。

4. 采用斜槽降低齿槽转矩

定子斜槽或转子斜极可以减小转子旋转方向的磁阻变化从而抑制齿槽转矩。齿槽转矩在定子的一个槽距间大致呈线性分布，理论上采用定子斜槽或转子斜极方法可以使齿槽转矩减小到零。但实际上，由于边缘效应和转子不对称，最多只能使齿槽转矩抑制到额定转矩的 1%左右，而不能完全消除。

由于转子斜极在永磁体内置时实现比较困难，通常采用定子斜槽方法。在考虑不同齿极数配合的情况下，斜槽的斜槽系数为

$$\alpha_{sk} = \frac{kz_1}{N_c} \tag{4.258}$$

式中，$k = 1, 2, \cdots, N_c / z_1$。

由式(4.258)可知，对于不同的槽极数，为了消除齿槽转矩，斜槽系数有一个或多个取值。例如，对于槽极配合为 $z_1 / (2p) = 12 / 4$ 的电机，因为 $N_c / z_1 = 1$，最优的斜槽系数只能取 1；当 $z_1 / (2p) = 6 / 4$ 时，$N_c / z_1 = 2$，最优的斜槽系数可以取 1 或 0.5，即定子斜过一个齿距或者半个齿距都能消除齿槽转矩。但应注意，齿

槽转矩对定子斜槽的尺寸精度很敏感，斜槽尺寸的很小偏差，也会使齿槽转矩剩余较大的谐波转矩。

斜槽在削弱齿槽转矩的同时，也有效地减少了绕组反电动势的高次谐波，使绕组反电动势的波形更接近于正弦波，对于正弦波驱动的内置式永磁同步电机，也有利于电磁转矩纹波的减小。

但采用斜槽削弱齿槽转矩的方法也存在很多缺点：采用斜槽会使电机平均转矩减小，互感和杂散损耗增大。对于每相下槽数中等的电机，斜槽后电机效率降低几个百分点，斜过一个齿距将使平均转矩降低很多，因而必须与其他方法一起使用。同时，采用斜槽还会使电机定子结构复杂，大批量生产时加工困难，降低了生产效率和提高了生产成本。

5. 磁极分块移位降低齿槽转矩

在定子直槽的情况下，采用斜形转子磁极并斜形充磁的方法可以有效削弱齿槽转矩。但在实际中，采用斜形永磁体的方式成本高，生产工艺复杂。为了简化电机转子的结构，采用几段分块的永磁体沿圆周向错开一定角度安装，组成近似等效一个连续的斜极，也可以取得削弱齿槽转矩的效果。磁极之间的错开角度直接决定齿槽转矩的削弱效果。

实际中，通常有两种分块永磁体移位方法，如图 4.22 所示。在定子直槽的情况下，采用图 4.22(a)的沿一个方向连续移位的方法，能够消除谐波阶次是永磁体分块数目倍数以外的所有齿槽转矩谐波成分。

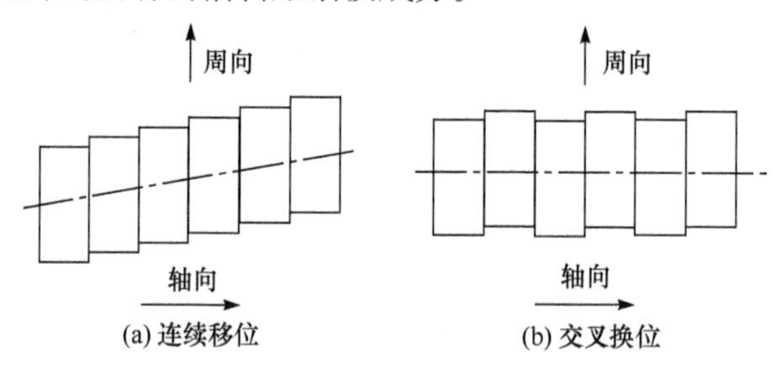

(a) 连续移位　　(b) 交叉换位

图 4.22　永磁体分块移位方法

分块移位的移位角可按式(4.259)计算：

$$\alpha_{\mathrm{r}}=\frac{2p\pi}{N_{\mathrm{c}}}\times\frac{n-1}{n} \tag{4.259}$$

式中，α_{r}——转子分块移位角，为电角度，单位为 rad；

n——转子分块数。

采用图 4.22(b)所示的交叉换位方法仅能消除齿槽转矩的奇数次谐波，对偶数次谐波转矩则没有影响。

上述两种方法都对感应反电动势的基波和谐波成分有一定的影响。如果将极弧系数的优化和永磁体分块移位的方法相结合，在定子直槽时，可以做到既消除齿槽转矩，又增大反电动势的基波数值。

由于滚动转子式制冷压缩机电机转子长度通常较短，所以只能在容量较大、轴向较长的压缩机电机中采用磁极分块移位方法来降低齿槽转矩。

6. 磁通势正弦波化降低齿槽转矩

对于正弦波驱动的内置式永磁同步电机，要求气隙的磁通密度波形为正弦波。磁通密度波形正弦波化的方法有以下几种：

1) 使永磁体沿长度方向按半圆锥状变化

为了改善气隙磁通密度的分布波形，通常将转子的外圆与定子的内圆设计成不同圆心或按半圆锥状变化，如图 4.23 所示。这样，定子齿与转子之间的气隙是不均匀的，磁极两边对应的气隙比极中间的气隙大。最大气隙用 δ_{max} 表示，最小气隙用 δ_{min} 表示。气隙小的位置，磁阻小，磁力线密；气隙大的位置，磁阻大，磁力线疏，因此气隙里各处磁通密度大小不同。

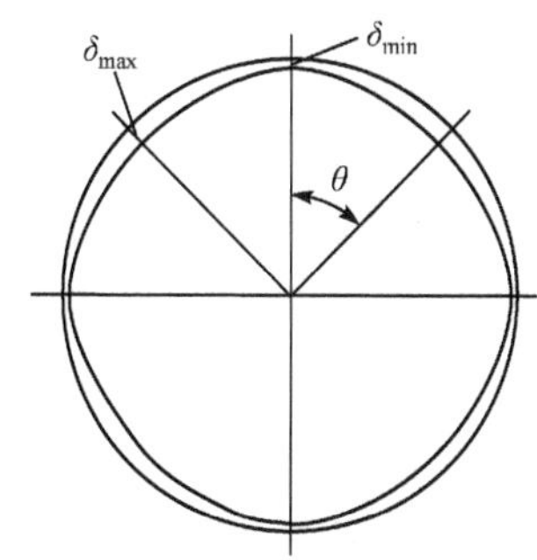

图 4.23　偏心时气隙不均匀示意图

磁通密度波形与最大气隙 δ_{max}、最小气隙 δ_{min} 和偏心角参数 θ 等有关。其中，最大气隙与最小气隙的比值，一般取 $\delta_{max}/\delta_{min}=1.3\sim1.8$。

采用定、转子不同圆心按半圆锥状变化的设计，可以使气隙磁通密度的分布呈近似正弦波。

2) 充磁正弦波化

永磁体充磁方式对气隙磁场的分布有很大的影响，通常对永磁体充磁有两种方法：磁极平行充磁和径向充磁。在极数少的情况下，采用平行充磁气隙磁场接近于正弦波，采用径向充磁气隙磁场接近于方波。当极数增多时，两种充磁方式得到的气隙磁场波形相类似，由于滚动转子式制冷压缩机中的内置式永磁同步电机极数少，为了保证气隙磁场的正弦波化，需采用平行充磁方式充磁。

需要指出的是，上述措施不但可以降低齿槽转矩脉动，同时也可以降低纹波转矩。

7. 采用分数槽降低齿槽转矩

由于内置式永磁同步电机采用斜槽或斜极措施比较困难，采用分槽数来减小齿槽转矩是一种良好选择。其原理是定子槽数与转子极数之间不是整数关系，从而使齿槽转矩的频率增加，幅值减小。

对于整数槽电机，定子槽数满足 $z_1 = 2m_1pq_1$ ，m_1 为绕组相数，定子槽数和转子极数之间的最大公约数 $N_{\mathrm{m}} = 2p$ ，由式(4.257)可以计算出齿槽转矩的谐波次数 $\gamma = z_1k$ 。

对于常用的 $q_1 = 1/2$ 分数槽结构，定子槽数满足 $z_1 = m_1p$ ，定子槽数和转子极数之间的最大公约数 $N_{\mathrm{m}} = p$ ，由式(4.257)计算得到齿槽转矩的谐波次数为 $\gamma = 2z_1k$ 。

因此，对于同样的定子槽数，采用 $q_1 = 1/2$ 分数槽结构，齿槽转矩的频率比采用整数槽结构提高了一倍，齿槽转矩脉动的幅值明显减小。

采用分数槽绕组降低齿槽转矩的方法，各极下绕组分布不对称，从而使电机的有效转矩分量部分被抵消，电机的平均电磁转矩也会因此而相应减小。

4.8.2 减小纹波转矩的方法

纹波转矩脉动是内置式永磁同步电机转矩脉动的主要成分之一，对于正弦波电流驱动的电机，其纹波转矩脉动有可能达到额定转矩的 10%以上。内置式永磁同步电机的反电动势波形和电流波形与理想波形的偏差是产生纹波转矩的主要原因。从电机设计的角度来讲，通过气隙磁场、定子绕组的合理设计，使绕组反电动势尽可能逼近理想波形，就能减小纹波转矩脉动。为了实现反电动势波形和电流波形的理想化，通常采取以下措施。

1. 采用合适的定子绕组连接方式

1) 集中绕组

为了减小反电势谐波，常用的方法是通过选取合适的分布因数和节距因数，但对于 9 槽 6 极和 6 槽 4 极的分数槽集中绕组，每极每相槽数 $q_1 = a + c/d$ 中的分子 c 等于 1，此时的绕组基波及各次谐波的分布因数等于 1，要通过绕组的分布效应来削弱谐波是无效的。当 $c = 1$ 时，考虑短矩的影响，反电势将完全反映其磁场的所有谐波。因此，只能通过转子永磁体产生正弦度较好的励磁磁场，才能获得较好的反电势波形，具体可采用 4.8.1 节中介绍的斜槽、磁极分块移位、磁通势正弦波化等相同的方法获得正弦波励磁磁场。

2) 分布绕组

对于整数槽绕组，其每极每相槽数为整数，采用分布绕组可以有效削弱一般高次谐波，并且每极每相槽数越多，抑制谐波效果越好。采用短距绕组，适当选择绕组的节距，使某一次谐波的节距系数等于或接近于零，即可达到消除或削弱某次谐波的目的。例如，为了消除第 ν 次谐波，应当选用比整距绕组短 τ/ν 的短距绕组(τ 为极距)。在 ν 次谐波磁场中，比整距绕组缩短 τ/ν 的线圈的两条导体边总处在同一极性的相同磁场位置下，因此两条导体边的 ν 次谐波电动势相互抵消，这就是短距绕组消除谐波电动势的原因。

另外，采用单双层混合不等匝绕组，也能有效地消除或削弱高次谐波，改善电机气隙磁势波形，使得气隙磁势分布更趋近于正弦波，从而有利于降低电磁噪声和振动。

2. 采用分数槽降低转矩脉动

在内置式永磁同步电机中，如采用整数槽，往往会产生定子齿与转子磁极相吸而产生齿和磁极“对齐”现象。采用分数槽则可将定子齿和转子磁极错开，从而降低转矩脉动。

由于齿槽的存在而引起的齿谐波电势，其谐波次数为 $2m_1q_1k\pm1$（$k=1,2,3,\cdots$ 为齿谐波的阶数)。在整数槽绕组中，齿谐波的绕组系数与基波的绕组系数相同，因此不能通过绕组的分布和短矩等方式来削弱转矩脉动，只能通过定子斜槽或转子斜极来削弱。

对正常结构的转子磁极，由于对称关系，磁极产生的磁场不存在偶数次谐波和分数次谐波，只有奇数次谐波。在整数槽绕组中，$2m_1q_1k\pm1$ 都等于奇数，因而所有阶齿谐波都存在，且基波齿谐波 $2m_1q_1\pm1$ 为最强。但在分数槽绕组中，由于 d/m_1 不等于整数，可以证明，除了 k 为 d 的倍数时 $2m_1q_1k\pm1$ 为奇数外，其他 $2m_1q_1k\pm1$ 均不等于奇数，将最强的齿谐波电势都消除，并将齿谐波电势阶次提高，而阶数越高，相应的齿谐波磁场越弱，因此对分数槽绕组而言，q_1 的分母 d 越大，削弱转矩脉动效应越强。

值得注意的是，对于 $d=2$ 的 9 槽 6 极和 6 槽 4 极等槽极数较低的分数槽电机，虽然 1 阶齿谐波被消除，但 2 阶齿谐波 5、7 次谐波的幅值仍然较大且阶次低，仍将引起噪声和振动问题。因此，只有槽数较多时采用分数槽设计才有意义。

采用分数槽后，由于定子槽不可能成为分数，又要保证各相所产生的转矩对称，这就使问题复杂化。分槽绕组的构成及绕组系数等问题这里不作介绍，可参考相关资料。

4.8.3　降低径向力波的方法

在滚动转子式制冷压缩机中，降低永磁同步电机径向力波引起噪声和振动的方法主要有以下几个方面：

1) 减小定子与转子的偏心量

由前面的分析可知，径向力波是定子与转子间气隙不均匀产生的，因此在制造过程中严格控制定子与转子间气隙的不平衡量，是降低径向力波最有效的方法。

在实际中，由于滚动转子式制冷压缩机制造的特殊性，要使定子与转子间气隙完全均匀是不可能的，但应将定子与转子间气隙不平衡量控制在一定范围内。实践证明，当气隙不平衡量控制在±10%范围内时，气隙不平衡对噪声和振动产生的影响可以接受。

2) 改变定子与转子间气隙的大小

如果在压缩机制造中难以保证电机气隙的不平衡量小于一定数值，那么可以适当增大定子与转子间的气隙长度。在气隙的不平衡量相同的情况下，增大定子与转子之间的气隙长度，实际上减小了偏心率，可以减小气隙不平衡引起的径向力波，从而降低径向力波引起的噪声和振动。

但气隙长度增大会带来电机效率的下降，在滚动转子式制冷压缩机中，气隙长度通常在0.45～0.75mm范围内选取。

3) 转子铁芯上沿径向方向开槽隙

为吸收不平衡的磁拉力，可以在转子铁芯上沿径向方向开槽隙，图4.24为径向槽隙对径向电磁力的影响。从图中可以看出，在转子铁芯上沿径向方向开槽隙后，当电流为3A时，径向电磁力下降了约48%。研究还表明，加入合适槽隙的结构，对电机转矩的影响很小。

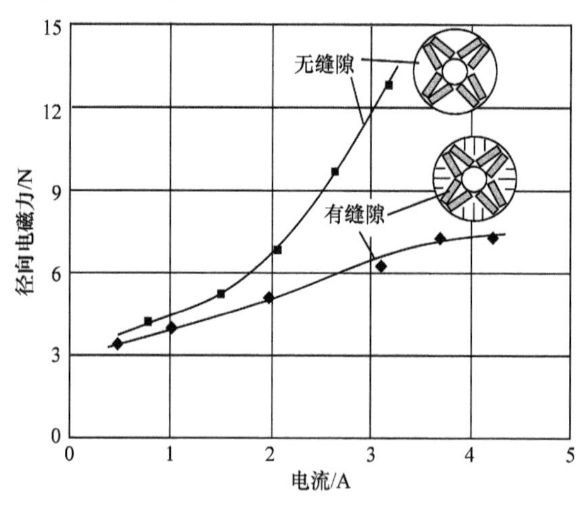

图4.24　径向槽隙对径向电磁力的影响

4.9　降低永磁辅助同步磁阻电机噪声和振动的方法

如前所述，永磁辅助同步磁阻电机的转矩与内置式永磁同步电机一样，也是由两部分组成，即永磁气隙磁场与定子电枢反应磁场相互作用产生的电磁转矩和d、q轴磁路不对称而产生的磁阻转矩。但由于永磁辅助同步磁阻电机磁路凸极比高，磁阻转矩占比高(为 50%～75%)，与永磁同步电机相比，磁场谐波含量高，电感值随电流变化大，噪声和振动问题相对突出。

4.8 节所讨论的永磁同步电机的噪声和振动控制方法，如合理选择槽极数、辅助槽、斜槽，增大气隙等方法，大部分同样可以应用于永磁辅助同步磁阻电机。但由于永磁辅助同步磁阻电机是以磁阻转矩为主的电机，在电机噪声和振动控制方面有其特殊性。

本节仅讨论降低永磁辅助同步磁阻电机噪声和振动的一些特殊方法和措施。

4.9.1　极弧角度优化

在永磁同步电机中，合理选择极弧系数可以有效削弱齿槽转矩，也可以降低由齿谐波引起的电磁激振力幅值。但对于永磁辅助同步磁阻电机，由于其存在多层永磁体，难以确定极弧系数。

在永磁辅助同步磁阻电机中，通过改变外层永磁体外圆弧极弧角度 α 也可以达到相同的效果。

图 4.25 为 6 极永磁辅助同步磁阻电机两层永磁体转子截面局部结构示意图。在图中，通过改变两层永磁体与转子中心的距离，即将两层永磁体向转子外圆或向转子中心移动，改变磁路宽度及与定子齿槽相对位置，使各层永磁体端部相对于定子齿槽的位置发生改变，这样实际上改变了永磁体外圆弧极弧角度 α 。

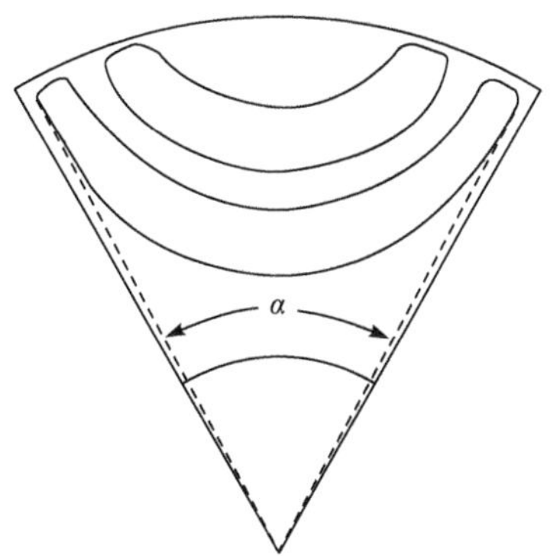

图 4.25　外层永磁体外圆弧极弧角度 α

研究表明，通过合理选择外层永磁体外圆弧极弧角度 α ，可以有效削弱齿槽效应产生的齿谐波含量，降低齿谐波引起的径向电磁力波，从而降低电机的噪声和振动。

图 4.26 为齿谐波含量及 0 阶径向力波幅值随外圆弧极弧角度 α 变化情况。从图中可以看出，最优的永磁体外圆弧极弧角度 α 约为 56.7°，在此角度附近，11 次和 13 次谐波的幅值最小，0 阶径向力波的幅值也最小。

4.9.2　不同磁障跨角组合优化

在永磁辅助同步磁阻电机中，转子的每层永磁体尺寸形状都将影响电机齿槽转矩和转矩脉动。可以通过对各层永磁体所占角度(磁障跨角)进行组合优化，使各层永磁体与定子作用产生的谐波相互抵消。

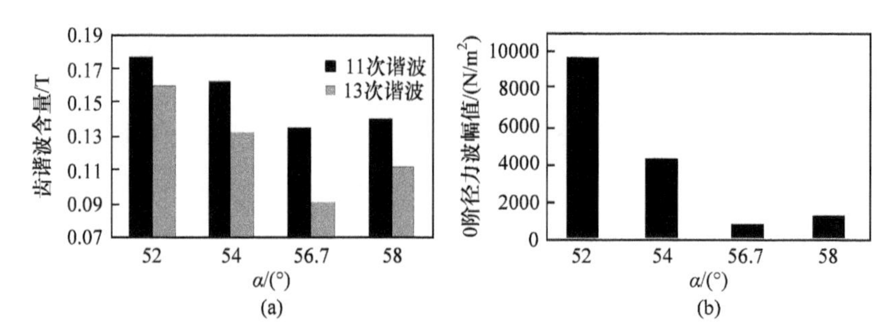

图 4.26　外圆弧极弧角度α对齿谐波含量和 0 阶径向力波幅值的影响

图 4.27 为两层永磁体转子局部结构示意图。可以通过优化内层磁障跨角α_1和外层磁障跨角α_2，使电机转矩脉动达到最小。

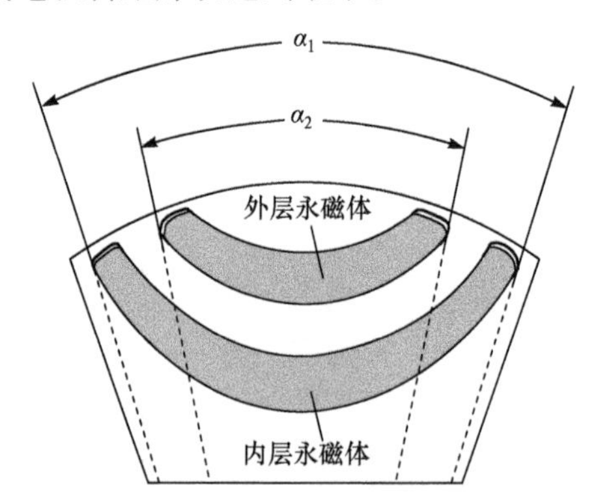

图 4.27　两层永磁体转子局部结构示意图

图 4.28 为 6 极永磁辅助同步磁阻电机转矩脉动与α_1和α_2的关系。从图中可

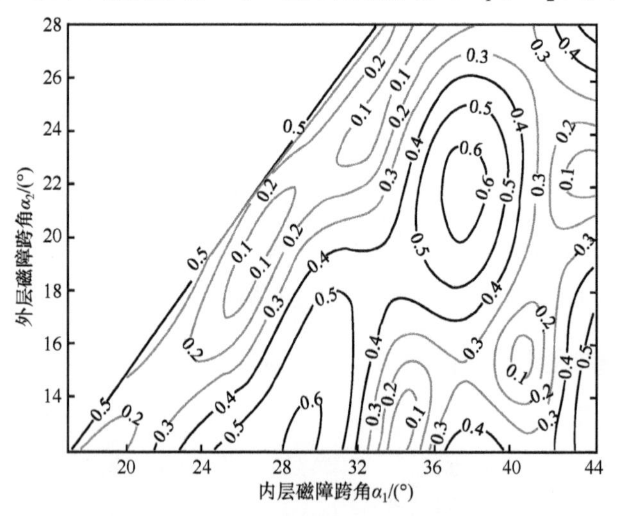

图 4.28　电机转矩脉动与α_1、α_2的关系

以看出，内、外层永磁体有多种磁障跨角组合，使得电机转矩脉动达到 0.1 以下。但在实际中，α_1 和 α_2 取值不宜过小，过小时将减小永磁体占比，导致电机性能降低。

4.9.3　转子永磁体槽端部切角处理

在永磁辅助同步磁阻电机中，磁阻转矩脉动是引起电机总转矩脉动的主要原因。在不考虑定子电流谐波时，磁阻转矩脉动是由 d、q 轴电感的非线性变化引起的。

在电机旋转过程中，当电机转子永磁体的端部旋转到定子齿部附近位置时，电机磁路的磁阻发生突变，引起电感的非线性变化，导致磁阻转矩脉动。

通过对转子永磁体槽端部进行切角设计，可以削弱永磁体端部处的磁阻突变，使旋转过程中电感趋向于线性变化，从而减小电机转矩脉动。图 4.29 为转矩脉动最大位置转子永磁体槽端部切角处理前后磁场分布情况。

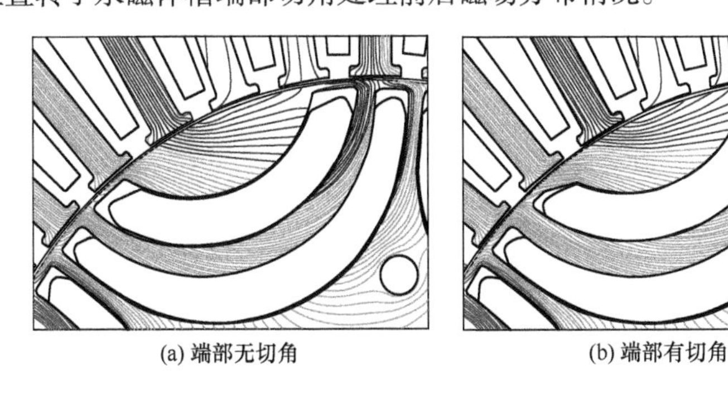

(a) 端部无切角　(b) 端部有切角

图 4.29　切角前后磁场分布图

图 4.29(a)中，转子中的两个永磁体端部相对定子齿的位置相同，磁场集中，电感变化大，此时转矩出现很大峰值；图 4.29(b)中，在对转子铁芯永磁体端部进行切角处理后，两个永磁体端部相对定子齿的位置不一致，与定子齿作用的转矩脉动相位错开，磁场分散均匀进入定子齿，从而减小转矩峰值幅值，转矩脉动大幅降低。

图 4.30 为切角处理前后的转矩脉动曲线。从图中可以看出，对永磁体端部切角处理后电机转矩脉动下降了 60%。

4.9.4　磁障不对称设计

在永磁辅助同步磁阻电机中，由于永磁体和磁障的位置及形状多种多样，磁障的结构对电机齿槽转矩脉动有直接影响。因此，可以通过改变永磁体两端磁障位置，以及磁障不对称设置等来降低转矩脉动。

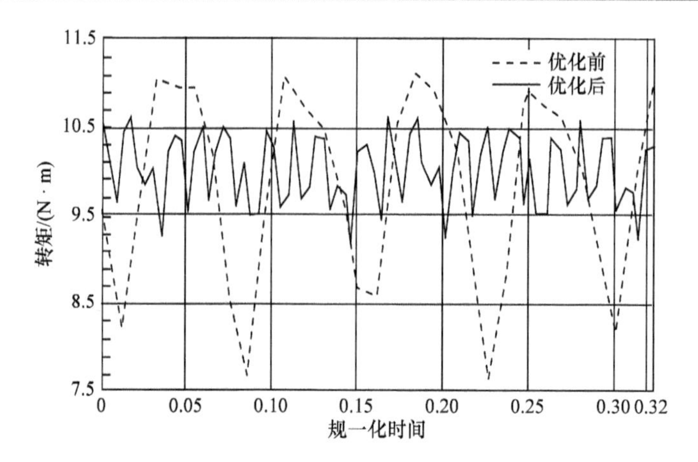

图 4.30　优化前后的转矩脉动曲线

图 4.31 为 A 型和 B 型两种转子结构，这两种转子除外层永磁体两端磁障位置形状不同，其余结构完全一样。将这两种结构组合在一起，组成 C 型转子结构，如图 4.32 所示。

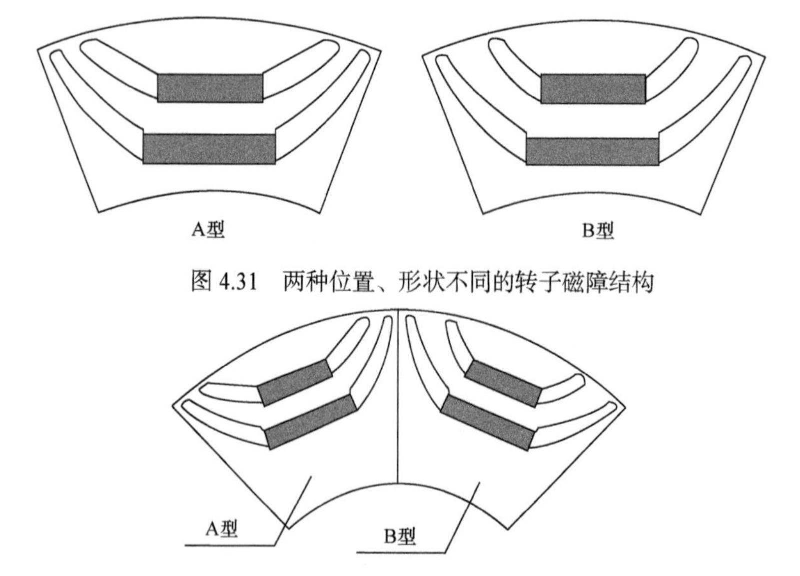

图 4.31　两种位置、形状不同的转子磁障结构

图 4.32　两种位置、形状不同的转子磁障结构组合成的 C 型转子

图 4.33 为 A、B、C 三种结构转子的转矩曲线。从图中可以看出，A 型和 B 型两种结构转子转矩曲线的相位及转矩脉动幅值大小不同。A 型和 B 型两种磁障结构组合成的 C 型结构转子，使得两种转矩脉动的峰值相位相互错开，转矩为 A、B 两种结构转子转矩的叠加，从而减小了转矩脉动。A 型转子的转矩脉动为 49.2%，B 型转子的转矩脉动为 28.8%，C 型转子的转矩脉动为 18.7%，C 型转子的转矩脉

动远小于 A 型和 B 型转子的转矩脉动。

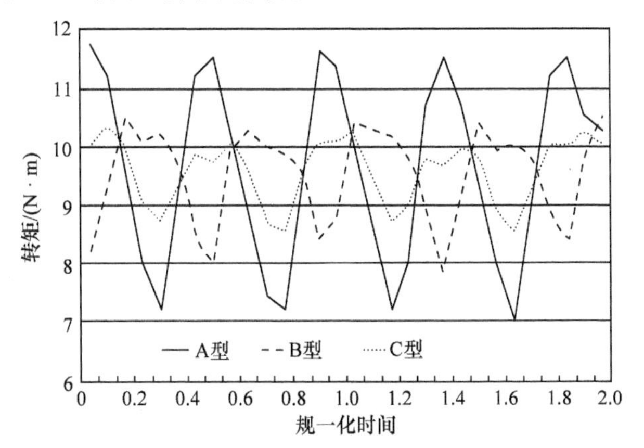

图 4.33　三种不同磁障形状转子的转矩曲线

相类似，也可以采用不同的磁障跨距角度结构来降低电机的转矩脉动，与上述方法不同之处是，每层磁障跨距角度位置均发生变化，同为 N 极或 S 极的磁障结构相同。图 4.34 为两种磁极磁障结构的组合图，A 型磁极磁障跨距所跨角度范围较小，B 型磁极磁障跨距所跨角度范围较大，组合后两种不同的磁障跨距结构(C 型)在转子圆周上交替均布，从而达到减小转矩脉动的目的。

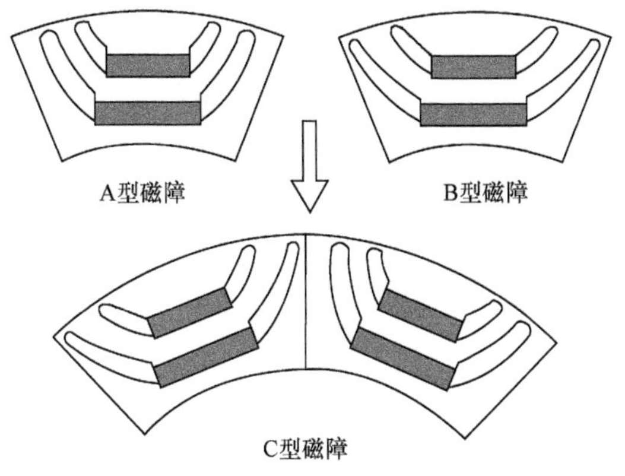

图 4.34　不同跨距角度磁极磁障组合转子结构

图 4.35 为组合前后电机转矩脉动曲线，从图中可以看出，采用不同磁极磁障组合成的转子结构，可以大幅减小转矩脉动，而且平均转矩还略有增加，降低转矩脉动效果较好。

同样，还可以采用磁障完全不对称转子结构方式来降低电机转矩脉动，如图 4.36 所示，它的特点是转子每极下磁障所跨角度均不一样，采用不对称结构后，电机转矩脉动由对称结构的 44%下降至不对称结构的 14%左右，转矩脉动下降 68%。转矩脉动的比较如图 4.37 所示。

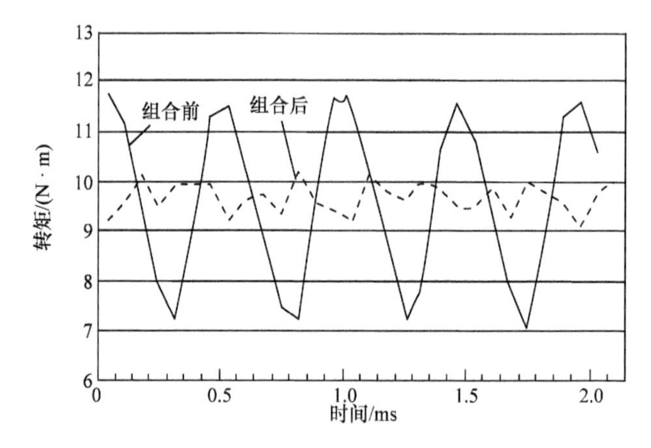

图 4.35　组合前后电机转矩曲线

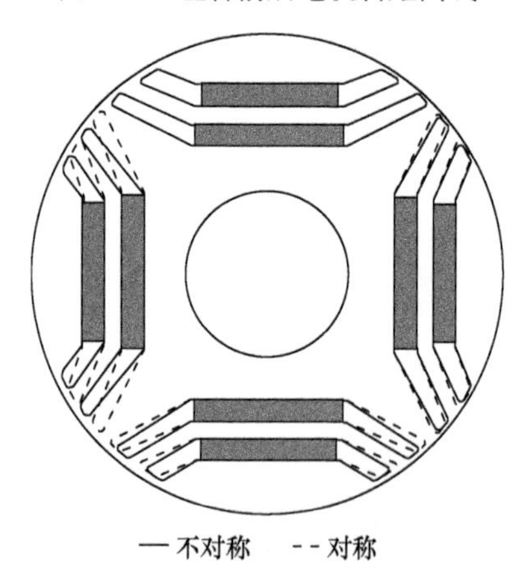

图 4.36　磁障完全不对称转子结构

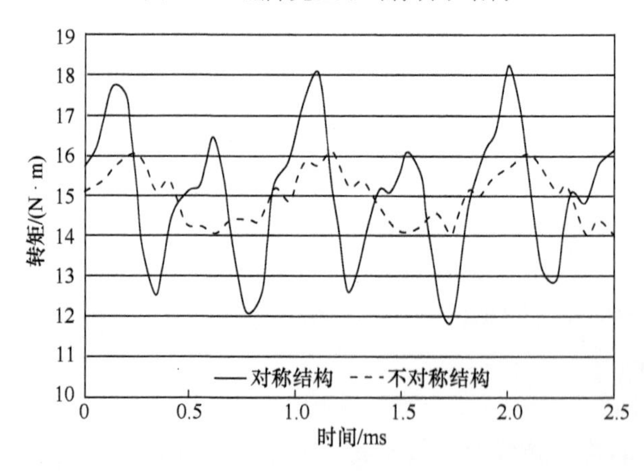

图 4.37　磁障对称与磁障不对称转子结构电机转矩曲线

从结构来看，以上几种转子磁障不对称组合的方法可以降低转矩脉动，但不对称组合设计会引起磁场不对称，引入新的低阶电磁力，有可能引起新的噪声和振动问题，在设计时需要综合考虑。

4.9.5 定子齿靴切边设计

对于分数槽集中绕组电机，由于定子齿数较少，齿靴较大，磁场较集中，气隙磁场趋于矩形波，磁场波平顶两侧呈现尖峰。设计时可以通过定子齿靴切边设计降低磁场谐波含量，使电机转矩脉动降低。

图 4.38 为一台 9 槽 6 极永磁辅助同步磁阻电机定子齿靴切边的结构图。其中，图 4.38(a)齿靴切平边，即平边与齿边垂直；图 4.38(b)齿靴切斜边，即平边与齿边不垂直。在其他结构不变的情况下，对比分析以上两种切边设计对电机转矩脉动的影响。

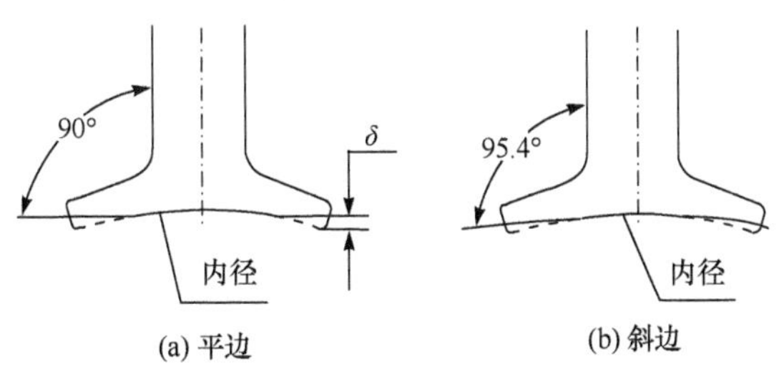

图 4.38 定子齿靴切边结构示意图

图 4.39 为定子齿下气隙磁通密度波形对比。从图中可以看出，当定子齿靴无切边时，气隙磁通密度波形趋于矩形波，在齿靴两端磁通密度突变，出现明显尖峰，波形畸变严重；当定子齿靴切平边时，齿靴两端切边处气隙磁阻变大，磁通密度变小，磁通密度尖峰基本消失，磁通密度向齿中心集中，中心区域的磁通密

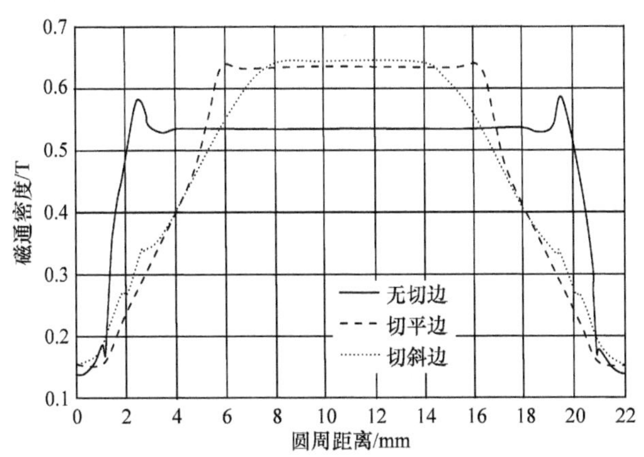

图 4.39 定子齿下气隙磁通密度波形图

度变大，磁通密度波形变为梯形波；当定子齿靴切斜边时，磁通密度进一步集中，磁通密度波形趋于正弦波，波形畸变较小。

定义 δ 为齿靴切边宽度，其值越大，切边量越大。图 4.40 为定子齿靴切边宽度 δ 对电机转矩脉动的影响。定子齿靴无切边时，转矩脉动为 37.2%，随着 δ 的增大，转矩脉动先降低后增大，当 δ 为 0.9mm 左右时，电机转矩脉动最小，即存在最优的切边量。需要注意的是，δ 值过大时，将会使得气隙磁通密度降低，导致电机输出转矩降低，设计时应综合考虑。

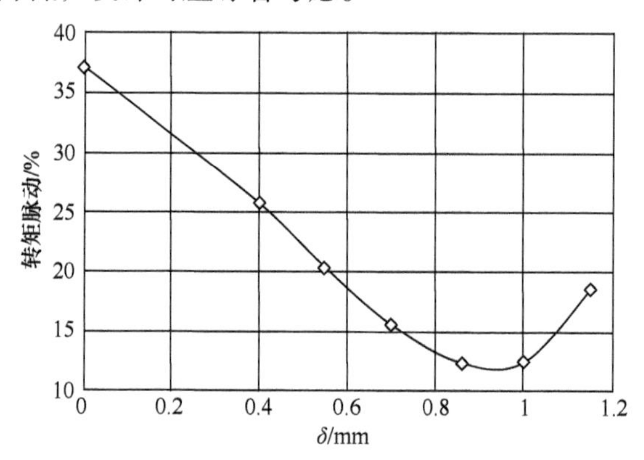

图 4.40　定子齿靴切边宽度 δ 对电机转矩脉动的影响

图 4.41 为某一台电机齿靴无切边与齿靴切边时电机转矩曲线。从图中可以看出，定子齿靴切边后电机转矩峰峰值大幅减小，转矩脉动下降了 67%。

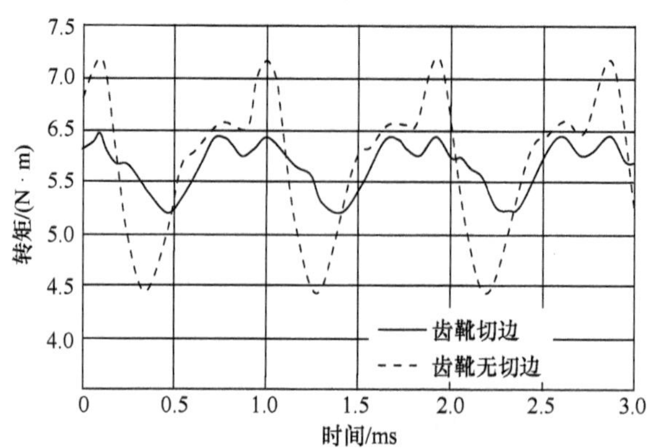

图 4.41　优化后的齿靴切边与无切边电机转矩曲线

4.9.6　实例分析

例 4.1　一台采用 36 槽 6 极永磁辅助同步磁阻电机驱动的滚动转子式制冷压缩机，实测结果表明，压缩机运转时，12 倍频(压缩机供电频率)的振动突出，分析为电机转矩脉动引起。

采用上述极弧角度优化和切角设计方法(图 4.42 和图 4.43)，降低了磁场 11 次、13 次谐波含量，从而降低了电机转矩脉动，削弱了 12 倍频 0 阶电磁力幅值。优化方案明显改善了电机 12 倍频振动。图 4.44 为优化前后实测压缩机振动结果对比。

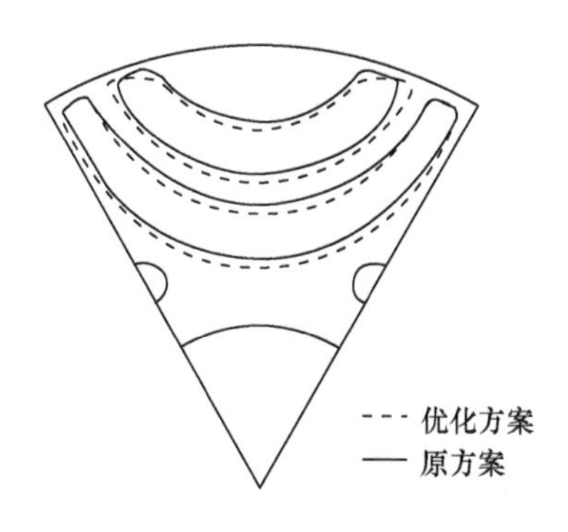

图 4.42　优化前后方案对比

图 4.43　优化后的转子铁芯结构

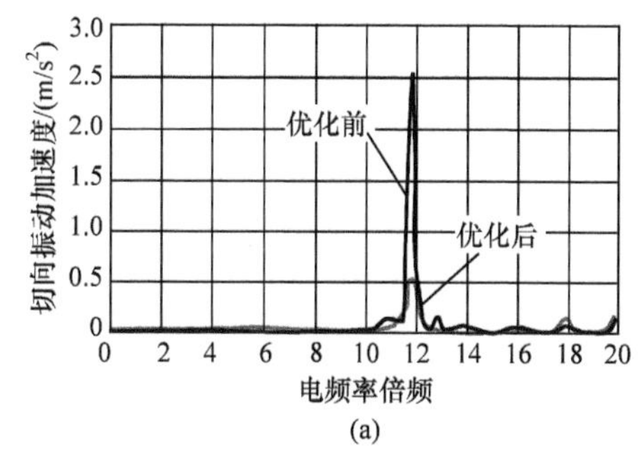

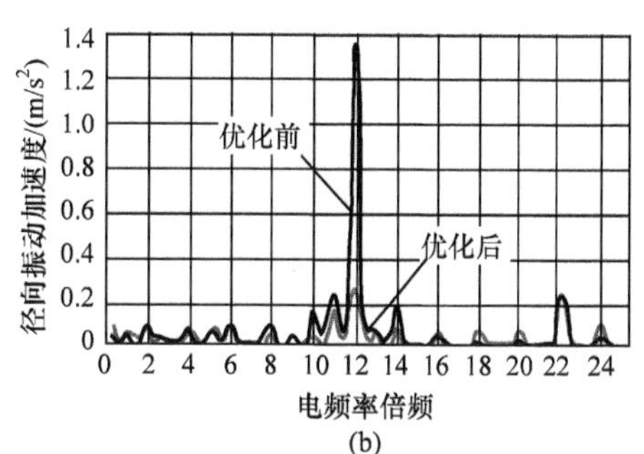

图 4.44　压缩机运转频率为 80Hz 时优化前后振动加速度对比

例 4.2　一台滚动转子式制冷压缩机使用的永磁辅助同步磁阻电机主要参数如表 4.9 所示。

表 4.9　电机主要参数

参数名称	单位	数值	参数名称	单位	数值
定子槽数	—	36	极对数	—	3
定子外径	mm	140	定子内径	mm	85
转子外径	mm	84	铁芯长度	mm	80
永磁体剩磁(25℃)	T	0.42			

由有限元计算得到的定子内表面径向力在空间和时间上的分布如表 4.10 所

示。其中，幅值较大的径向力波为 0 阶的 12 倍频(压缩机供电电源的倍数)和 6 阶的 2 倍频。由于一般只考虑 $r \leqslant 4$ 阶的径向力波对噪声和振动的影响，所以只需要分析 0 阶 12 倍频的径向力波即可。

表 4.10　径向力分布(幅值)　(单位：kN/m^2)

频率	阶次 r 的径向力波分布						
	0	1	2	3	4	5	6
$2f_0$	0.3	—	—	—	0.11	—	51.2
$4f_0$	—	—	0.04	—	—	—	0.2
$6f_0$	0.7	—	—	—	—	—	0.1
$8f_0$	—	—	—	—	—	—	0.3
$10f_0$	—	—	—	—	—	—	1.48
$12f_0$	4.23	—	—	—	0.06	—	—

表 4.11 为磁场谐波和绕组电势。从表中可以看出，11 次和 13 次谐波明显，而定子和转子 11 次谐波相互作用，定子和转子 13 次谐波相互作用产生 0 阶径向力波 12 倍频。因此，削弱定子和转子 11 次和 13 次谐波就可以削弱径向力波，达到抑制电磁振动的目的。

表 4.11　磁场谐波和绕组电势

幅值	谐波次数					
	1	5	7	11	13	17
磁场谐波 B_r/T	0.65	0.03	0.05	0.18	0.16	0.03
绕组电势 U_r/V	182	8.16	1.38	50	10.2	2.1

这里采用 4.9.2 节中的不同磁障跨角组合优化的方法来削弱径向力波。为表述方便，采用磁障跨角比来说明。

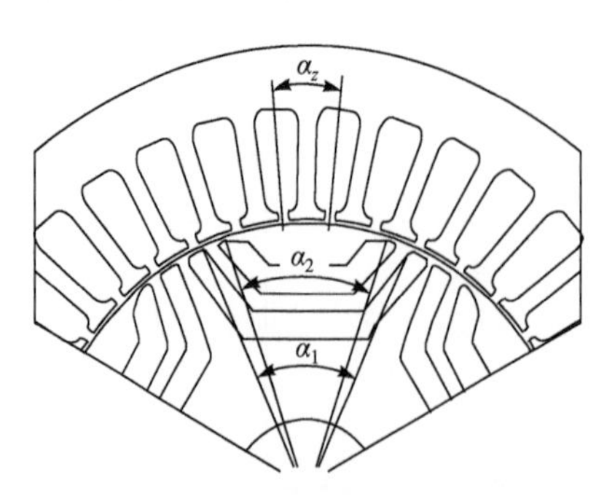

图 4.45　磁障跨角结构示意图

图 4.45 为磁障跨角结构示意图。在图中，α_z 为定子齿距角，即一个定子齿所占的角度。α_1 为内层磁障跨距角，α_2 为外层磁障跨距角。定义内层磁障跨角比为 $\beta_1 = \alpha_1 / \alpha_z$，外层磁障跨角比为 $\beta_2 = \alpha_2 / \alpha_z$。

绕组电势 11 次谐波含量与内层磁障跨角比 β_1 的关系如图 4.46 所示。从图中可以看出，当 $\beta_1 = 4.86$，即 $\alpha_1 = 48.6°$时，11 次谐波的含量最低。绕组电势 13 次谐波含量与内层磁障

跨角比 β_1 的关系如图 4.47 所示。从图中可以看出，13 次谐波含量幅值较小，β_1 对其影响较小，当 $\beta_1 = 4.74$，即 $\alpha_1 = 47.4°$时，13 次谐波的含量最低。由此可见，β_1 主要对 11 次谐波产生影响，β_1 的选择以 11 次谐波优化为主。

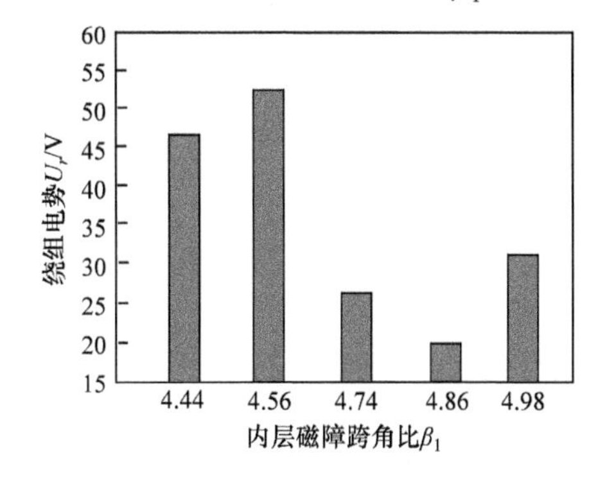

图 4.46　11 次电势谐波幅值与 β_1 的关系

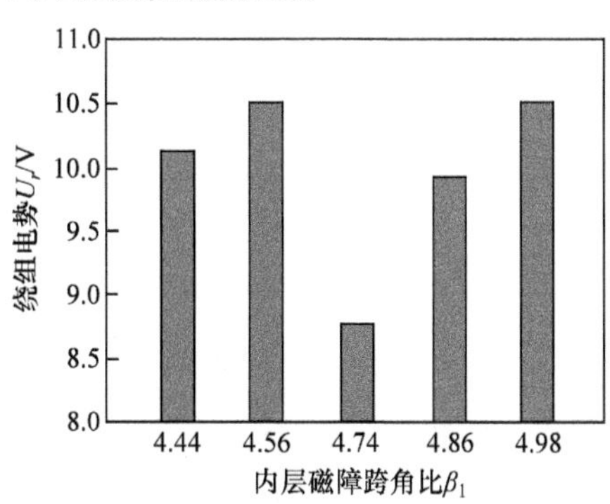

图 4.47　13 次电势谐波幅值与 β_1 的关系

对磁障端部进行削角处理，既可以保证电机输出力矩不下降，又可调整外层磁障跨距角 α_2，削角处理后，通过该处进入定子的磁力线被分散，减小了磁场突变，两端各自对应的齿槽位置不一样，也可以有效削弱齿槽效应引起的齿谐波。图 4.48 为绕组电势 11 次谐波幅值与外层磁障跨角比 β_2 的关系，从图中可以看出，当 $\beta_2 = 3.7$，即 $\alpha_2 = 37°$时，11 次谐波的含量最低。图 4.49 为绕组电势 13 次谐波幅值与外层磁障跨角比 β_2 的关系，从图中可以看出，当 $\beta_2 = 3.7$，即 $\alpha_2 = 37°$时，13 次谐波的含量最低。

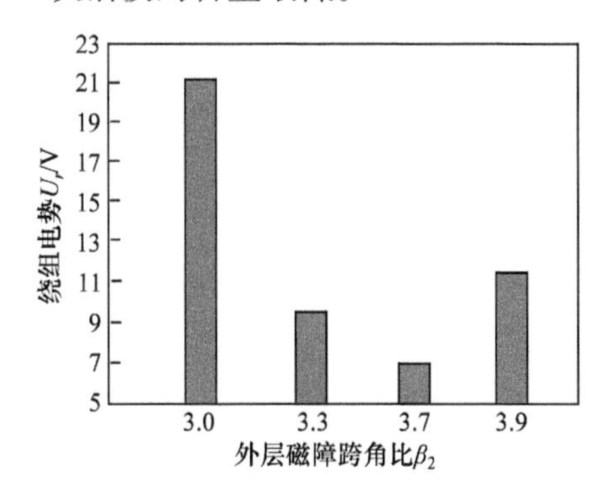

图 4.48　11 次电势谐波幅值与 β_2 的关系

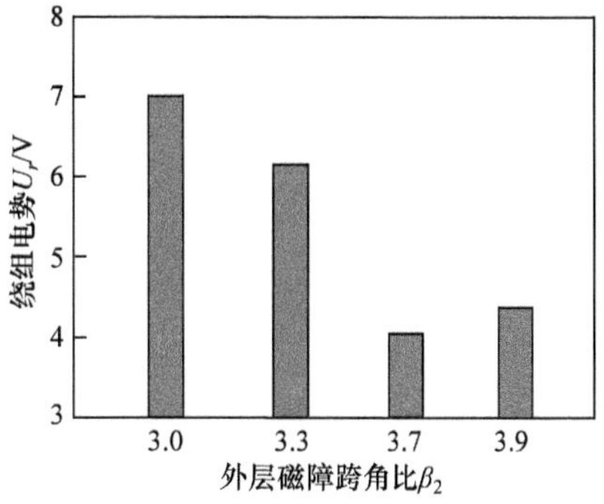

图 4.49　13 次电势谐波幅值与 β_2 的关系

通过以上改进设计，电机转子磁场及绕组电势 11 次和 13 次谐波均明显降低，0 阶 12 倍频径向力波降低了 80.03%，压缩机壳体的振动加速度由原来的 5.19m/s^2 下降为 1.67m/s^2，降幅为 67.9%。

4.10　降低逆变器驱动噪声和振动的方法

滚动转子式制冷压缩机采用 PWM 调速控制时，如前所述，由于逆变器输出电流中含有大量的时间谐波，引起电机电磁噪声增大，其中，时间谐波中以载波频率为中心的谐波对噪声的影响最大。

另外，如果压缩机运转的频率变化，电磁力的频率也随之变化。当电磁力的频率与固有频率接近或相同时将产生共振噪声。因此，在采用逆变器调速运转时，还需要考虑压缩机运转频率与固有频率的关系。

4.10.1　输出波形正弦化

在三相 PWM 逆变器中，尽量将输出电流波形接近正弦波，可以有效减少时间谐波成分激振力引起的噪声和振动。

减少时间谐波的方法之一是提高逆变器的载波频率。随着载波频率的提高，逆变器输出的电流波形更接近正弦波，时间谐波的幅值降低。同时，IGBT 开关动作引起的谐波成分的频率也提高，这样，电机绕组电感的滤波效果明显增强，从而可以减小谐波成分对噪声的影响。特别是将载波频率提高至 20kHz 以上时，产生的噪声超过人耳可听频率范围之外。但提高载波频率会导致 IGBT 开关的损耗增大，发热量增大。同时，也将降低制冷系统的性能系数，因此在应用中需要根据实际情况进行选择。

4.10.2　死区时间补偿

逆变器 IGBT 开关动作引起的典型谐波成分为死区时间引起的谐波。死区时间是为了防止 IGBT 开关切换过程中直流电路短路，将一个 IGBT 开关的关断与另一个 IGBT 开关导通之间的时间错开而产生的。因此，死区时间也称为换流余量时间。

由于 IGBT 开关关断和导通时间的错开导致波形错开，形成谐波成分。这种谐波成分为低阶谐波，对电流波形的影响较大，而且随着 IGBT 开关频率的升高，影响更为明显。

图 4.50 为死区时间分别采用 1.5μs 和 5.5μs 时采集得到的电流波形差异，以及对应的频域上频谱差异。显然，随着死区时间的加大，电流时域波形出现严重的畸变现象，电流波形正弦程度大幅降低。在频域上，随着死区时间的加大，1000Hz 以内低阶谐波出现大幅升高现象。因此，死区时间的选取是一个重要参数，选择合适的死区时间有利于降低低阶电流谐波。

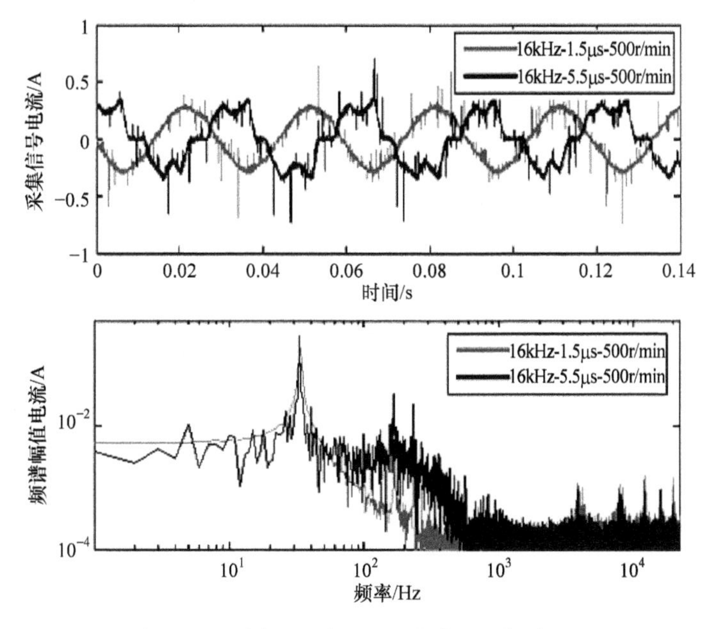

图 4.50　不同死区时间下电流波形及频谱差异对比

4.10.3　随机 PWM 法

如前所述，采用改变载波频率的方法来改善载波噪声，会造成电流谐波成分的变化或 IGBT 开关过程中电能损失的增加。为了解决这一问题，可采用随机 PWM 控制调速方式。随机 PWM 控制调速方式是不改变载波频率，而达到既降低载波噪声又不降低效率的有效方法。

IGBT 的开关脉冲在原来的 PWM 控制调速方式中是在载波周期的中心定期地产生，而随机 PWM 控制调速方式是在载波周期内任意时间产生，通过主动变化 IGBT 开关脉冲的位置让载波频率噪声成分分散使其白噪声化，从而达到降低载波频率噪声的目的。

随机 PWM 法可以分为随机开关频率、随机脉冲位置和随机开关三种方法。其中，随机开关频率削弱高次谐波的能力最强，产生的低次谐波也是三种方法中最少的。因此，这里主要介绍随机开关频率法。

随机开关频率法原理如图 4.51 所示，它是通过随机改变开关频率，将原来集中在开关频率整数倍及附近的谐波能量减少，使谐波能量明显地比较均匀地分布在尽可能宽的频带上，将离散谐波频谱变为频带上的连续谱，从而降低电磁噪声和振动。

随机开关频率法的开关频率可以表示为

$$f_{\mathrm{rc}} = f_{\mathrm{rc0}} + R_{\mathrm{ri}}\Delta f \tag{4.260}$$

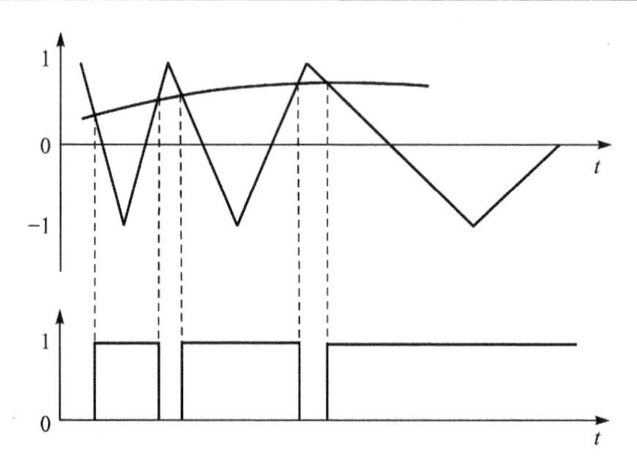

图 4.51 随机开关频率法原理图

式中，f_{rc}——随机开关频率，单位为 Hz；

f_{rc0}——开关频率的中心频率，单位为 Hz；

R_{ri}——在[−1，1]范围内分布的随机数；

Δf——频带宽度，单位为 Hz。

随机开关频率 f_{rc} 决定了逆变器输出电流中谐波的频谱分布，如果 f_{rc} 在一定范围内变化，则谐波频谱也在相应的范围内变化。逆变器输出电流的高次谐波含量与 R_{ri} 有关，R_{ri} 由随机数列来实现，随机数列的产生可以分为数学公式法、逻辑法(移位法)、查表法和物理法四种。

1. 数学公式法

利用数学公式法中的线性同余法求取随机数列，其表达式为

$$R_{n+1} = (R_n a + b) \bmod (2^{N_s}) \tag{4.261}$$

式中，R_n、R_{n+1}——第 n 次、第 $n+1$ 次产生的随机数；

a、b——质数；

N_s——随机数的最大字长。

R_n 和 R_{n+1} 为第 n 次与第 $n+1$ 次生成的待计算数值，令 a、b 的最大公约数均只有本身和 1，其中，N_s 为此法生成随机数的限定范围标志。此方法仅包括加法和乘积运算，占用计算资源少，具有很好的实用价值。

线性同余法的位数越多，周期就越长，所产生的随机数性能就越好，b 与 2^{N_s} 互素，且 a 为 $4K+1$ 的形式是实现满周期线性同余法的充分必要条件，其中，K 为非负整数，初始值在所表示值范围内随机选取。

2. 逻辑法

采用逻辑法产生随机数是通过对一个数的其中几位按照一定逻辑顺序运算得

到的，原理图如图 4.52 所示。随机数的位数取决于数字处理器的位数，这里选取 32 位。通过对选择的前面几位数进行逻辑运算，得到一个新的数值。然后将该数值移动到最低位，这样就可以产生一系列的随机数列。可以看出，选取的位数越多所产生的随机数性能越好。

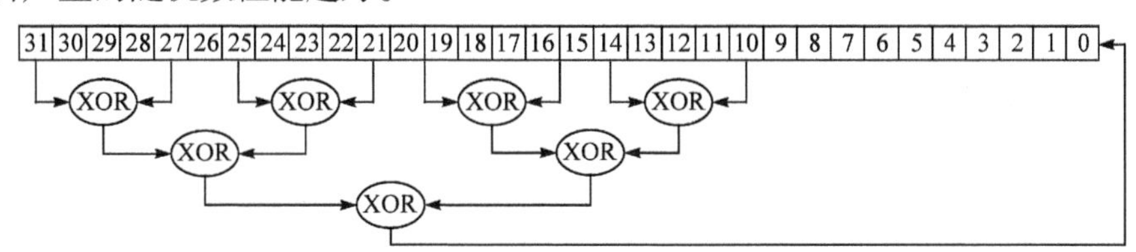

图 4.52　逻辑法原理

由于逻辑法所产生的随机数具有重复性，所以逻辑法也称为伪随机数产生法。

3. 查表法

在系统运行之前，事先用相关方法得到一系列随机数，将这些数导入系统的存储器中，系统运行时单片机对随机数表进行实时调用及计算，因此处理速度快。存储的随机数越多，随机 PWM 控制时会使谐波能量分散越平缓，噪声频谱的分布也越均匀，因此存储器空间的大小决定了查表法的运行效果。

4. 物理法

将物理随机数发生器连接到系统中，利用非线性变化的物理过程产生随机数，这种方法能够得到性能更好的随机数。

图 4.53 是采用随机 PWM 控制调速方式前后噪声降低效果的对比，从图中可以看出，采用随机 PWM 控制调速方式可大幅度降低载波噪声。

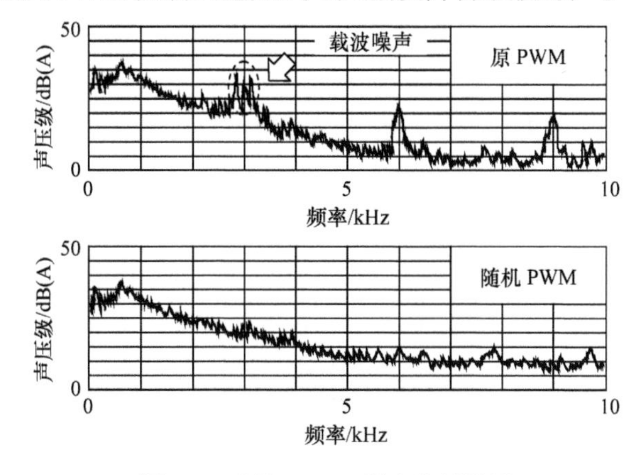

图 4.53　随机 PWM 噪声降低效果

4.10.4　电流滞环控制

一般情况下，为了获取圆形磁场，多采用空间矢量脉宽调制(SVPWM)控制法，而电流环多采用 PI 控制，由于载波频率固定，很容易会产生峰值较大的特定次谐波含量。

图 4.54 为电流滞环控制原理，图中，i_{ref} 为参考电流，i 为采集的电机电流，H 为滞环比较器环宽。将参考电流与电机电流比较后，将比较值 Δi 送进滞环比较器，当每次 Δi 穿过或者回落到 $H/2$ 时，开关管就发生一次动作，这样，开关频率不是一个固定值，而是一个随着 Δi 变化而变化的值。

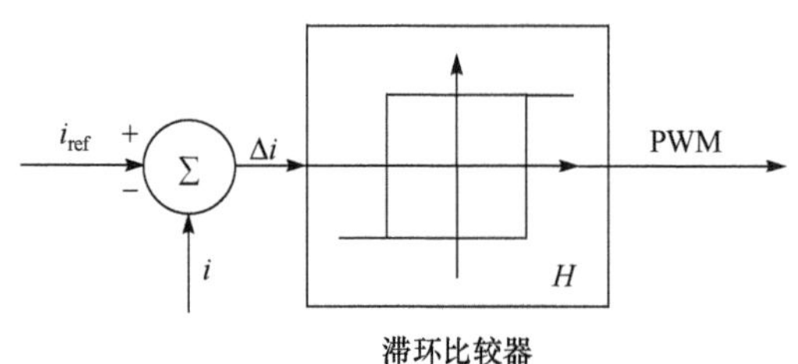

图 4.54　电流滞环控制原理图

电流滞环控制的优点是不输出特定次谐波含量，能有效抑制电机的电磁噪声；缺点是滞环控制的跟踪效果与滞环比较器环宽有关，开关频率范围广。

4.10.5　在线参数辨识法

在永磁辅助同步磁阻电机中，为了提高效率采用最大效率控制法。在最大效率控制法中，精确计算电流矢量角是电机效率最大化的关键。

交轴电感 L_q 和直轴电感 L_d 是计算电流矢量角的重要参数。由于永磁辅助同步磁阻电机的交轴电感 L_q 磁路主要由铁芯组成，磁导率大，容易产生磁饱和，磁路饱和后对交轴电感影响较大，而直轴电感 L_d 的磁路由串联永磁材料组成，其磁导率接近气隙，造成总磁路的磁导率很小，难以饱和。因此，压缩机运转过程中，随着负载的变化，供电电流大小变化，永磁辅助同步磁阻电机的交轴电感 L_q 随磁路饱和程度不同变化较大，直轴电感 L_d 变化相对较小。

由于压缩机工作时，电机处于高温高压制冷剂气体和润滑油的环境中，需采用无位置传感器系统，而交轴电感 L_q 的准确性对无位置传感器系统控制性能影响较大。如果交轴电感 L_q 误差大，将达不到最大效率控制的目的，导致电机运转效率降低，同时，由于控制系统得到的电感参数准确性不高，还会引起压缩机的振动，导致产生噪声。

因此，为获得较好的系统控制特性、提高电机运转效率以及降低噪声和振动，可对永磁辅助同步磁阻电机的电感等参数进行在线辨识。

1. 参数辨识方法

电机参数辨识的方法有多种，其中最小二乘法是常用的一种，其具有以下优点：①既可用于动态系统，也可用于静态系统。②既可用于线性系统，也可用于非线性系统；既可用于离线估计，也可用于在线估计。③在随机环境下，利用最小二乘法时，并不要求观测数据提供其概率统计方面的信息，而其估计结果，却有相当好的统计特性。④最小二乘法容易理解和掌握，利用最小二乘原理所拟定的辨识算法在实施上比较简单。⑤在其他参数辨识方法难以使用时，最小二乘法能提供问题的解决方案。

2. 遗忘因子递推型最小二乘法原理

最小二乘法通过计算模型的状态变量和观测向量，并将这一观测值与实际系统输出值比较，计算其差值的平方和，再以某种法则不断地改变待辨识参数的数值，当差值的平方和最小时，系统的参数矩阵被辨识，可以认为所求得的参数值即实际系统参数的辨识值。

对于一般离散系统，有

$$y(t)+a_1y(t-1)+\cdots+a_ny(t-n)=b_1u(t-1)+\cdots+b_mu(t-m)+\xi(t) \tag{4.262}$$

式中，$\xi(t)$——白噪声。

则最小二乘式为

$$\begin{aligned} y(t)&=-a_1y(t-1)-\cdots-a_ny(t-n)+b_1u(t-1)+\cdots+b_mu(t-m)+\xi(t) \\ &=\varphi^{\mathrm{T}}(t)\theta+\xi(t) \end{aligned} \tag{4.263}$$

其中

$$\theta=[a_1,\cdots,a_n,b_1,\cdots,b_m]^{\mathrm{T}}$$

$$\varphi(t)=[-y(t-1),\cdots,-y(t-n),u(t),\cdots,u(t-m)]^{\mathrm{T}}$$

设辨识参数向量为 $\hat{\theta}$，则第 k 次观测输出为

$$\hat{y}(k)=\varphi^{\mathrm{T}}(k)\hat{\theta} \tag{4.264}$$

对于 N 次观测，取性能指标函数为

$$J=\sum_{k=1}^{N}\left[y(k)-\varphi^{\mathrm{T}}(k)\hat{\theta}\right]^2 \tag{4.265}$$

最小二乘法参数辨识的目的是获得使指标函数 J 达到最小值的 $\hat{\theta}$。

对于遗忘因子递推型最小二乘法，可以选取指标函数：

$$J=\sum_{k=1}^{N}\lambda^{N-k}\left[y(k)-\varphi^{\mathrm{T}}(k)\hat{\theta}\right]^2 \tag{4.266}$$

式中，λ——遗忘因子，$0<\lambda<1$。

经过推导可以得到遗忘因子递推型最小二乘法辨识式：

$$P(t)=\frac{1}{\lambda}\left[P(t-1)-\frac{P(t-1)\varphi(t)P(t-1)}{\lambda+\varphi^{\mathrm{T}}(t)P(t-1)\varphi(t)}\right] \tag{4.267}$$

$$\hat{\theta}(t)=\hat{\theta}(t-1)+\frac{P(t-1)\varphi(t)[y(t)-\varphi^{\mathrm{T}}(t)\hat{\theta}(t-1)]}{\lambda+\varphi^{\mathrm{T}}(t)P(t-1)\varphi(t)} \tag{4.268}$$

当遗忘因子选择较小时，参数估计和跟踪参数变化能力较强，但易受噪声影响，估算精度较低；当遗忘因子选择较大时，参数估计和跟踪参数变化能力变差，但估算精度较高。

3. 永磁辅助同步磁阻电机数学模型

永磁辅助同步磁阻电机在 dq 旋转坐标系的数学模型为

$$\begin{bmatrix}u_d\\u_q\end{bmatrix}=\begin{bmatrix}R_a&0\\0&R_a\end{bmatrix}\begin{bmatrix}i_d\\i_q\end{bmatrix}+p\begin{bmatrix}L_d&0\\0&L_q\end{bmatrix}\begin{bmatrix}i_d\\i_q\end{bmatrix}+\omega\begin{bmatrix}0&-L_q\\L_d&0\end{bmatrix}\begin{bmatrix}i_d\\i_q\end{bmatrix}+K_{\mathrm{E}}\omega\begin{bmatrix}0\\1\end{bmatrix} \tag{4.269}$$

式中，u_d、u_q——直轴和交轴电压，单位为 V；

i_d、i_q——直轴和交轴电流，单位为 A；

L_d、L_q——直轴和交轴电感，单位为 H；

R_a——绕组相电阻，单位为 Ω；

p——微分算子；

ω——电气旋转角速度，rad/s；

K_{E}——电动势系数。

在实际的无位置传感器系统中，由于无法获得电机转子位置，需要选择一个可控的假想坐标系 $\gamma\delta$ 用于电机转子位置和转速的估算，这个坐标系定向于已知的估算的电机转子位置，假想坐标系与 dq 旋转坐标系之间的夹角为 $\Delta\theta$，因此可以利用矢量变换将 dq 旋转坐标系数学模型变换到假想坐标系中。

$$\begin{bmatrix}i_d\\i_q\end{bmatrix}=\begin{bmatrix}\cos\Delta\theta&\sin\Delta\theta\\-\sin\Delta\theta&\cos\Delta\theta\end{bmatrix}\begin{bmatrix}i_\gamma\\i_\delta\end{bmatrix} \tag{4.270}$$

$$\begin{bmatrix}u_d\\u_q\end{bmatrix}=\begin{bmatrix}\cos\Delta\theta&\sin\Delta\theta\\-\sin\Delta\theta&\cos\Delta\theta\end{bmatrix}\begin{bmatrix}u_\gamma\\u_\delta\end{bmatrix} \tag{4.271}$$

永磁辅助同步磁阻电机在假想坐标系下的状态方程为

$$\begin{bmatrix}i_\gamma(n+1)\\i_\delta(n+1)\end{bmatrix}=A\begin{bmatrix}i_\gamma(n)\\i_\delta(n)\end{bmatrix}+B\begin{bmatrix}u_\gamma(n)\\u_\delta(n)\end{bmatrix}+C[1] \tag{4.272}$$

其中

$$A=\begin{bmatrix} a_{11} & a_{12} \\ a_{21} & a_{22} \end{bmatrix}=\frac{-R_a L_0 \Delta T + L_d L_q}{L_d L_q} I + \frac{R_a L_1 \Delta T}{L_d L_q} Q + \frac{\omega(L_d^2 + L_q^2)\Delta T}{2L_d L_q} J - \frac{\omega(L_d^2 - L_q^2)}{2L_d L_q} S$$

$$B=\begin{bmatrix} b_{11} & b_{12} \\ b_{21} & b_{22} \end{bmatrix}=\frac{L_0 \Delta T}{L_d L_q} I - \frac{L_1 \Delta T}{L_d L_q} Q, \quad C=\frac{\omega K_{\mathrm{E}} \Delta T}{L_q}\begin{bmatrix} \sin\Delta\theta \\ -\cos\Delta\theta \end{bmatrix}, \quad I=\begin{bmatrix} 1 & 0 \\ 0 & 1 \end{bmatrix}$$

$$J=\begin{bmatrix} 0 & -1 \\ 1 & 0 \end{bmatrix}, \quad Q=\begin{bmatrix} \cos(2\Delta\theta) & \sin(2\Delta\theta) \\ \sin(2\Delta\theta) & -\cos(2\Delta\theta) \end{bmatrix}, \quad S=\begin{bmatrix} -\sin(2\Delta\theta) & \cos(2\Delta\theta) \\ \cos(2\Delta\theta) & \sin(2\Delta\theta) \end{bmatrix}$$

$$L_0=\frac{L_d + L_q}{2}, \quad L_1=\frac{L_d - L_q}{2}$$

由于永磁辅助同步磁阻电机在假想坐标系下状态方程的参数项包含电机的参数信息，所以可以通过递推最小二乘法来辨识电机状态方程的参数项，进而得到电机的参数信息。此方法只需电机在假想坐标系下的电压和电流信息即可进行电机参数辨识，无需传统辨识算法中所需的电机转速信息，排除了无位置传感器系统中转速估算误差带来的参数辨识问题，具有更好的参数辨识效果。

4. 参数辨识方程式

由上述方程可以得到永磁辅助同步磁阻电机参数辨识方程：

$$y(k)=[i_\gamma(k+1), i_\delta(k+1)] \tag{4.273}$$

$$\theta=\begin{bmatrix} a_{11} & a_{12} & b_{11} & b_{12} & c_1 \\ a_{21} & a_{22} & b_{21} & b_{22} & c_2 \end{bmatrix}^{\mathrm{T}} \tag{4.274}$$

$$\varphi(k)=[i_\gamma(k) \quad i_\delta(k) \quad u_\gamma(k) \quad u_\delta(k) \quad 1]^{\mathrm{T}} \tag{4.275}$$

$$\hat{R}_a=-\frac{a_{11}+a_{22}}{b_{11}+b_{22}} \tag{4.276}$$

$$\hat{L}_d=\frac{2\Delta T}{b_{11}+b_{22}+\sqrt{(b_{11}-b_{22})^2+4b_{12}b_{21}}} \tag{4.277}$$

$$\hat{L}_q=\frac{2\Delta T}{b_{11}+b_{22}-\sqrt{(b_{11}-b_{22})^2+4b_{12}b_{21}}} \tag{4.278}$$

例 4.3　一台采用永磁辅助同步磁阻电机驱动的单缸滚动转子式制冷压缩机，气缸容积为 9.1cm^3，制冷剂为 R-410A。将压缩机装入分体式空气调节器的室外机中，变频驱动采用无在线参数辨识和有在线参数辨识两种控制方式，对压缩机配管应力和室外机噪声进行测试对比。测试结果分别如图 4.55 和图 4.56 所示。

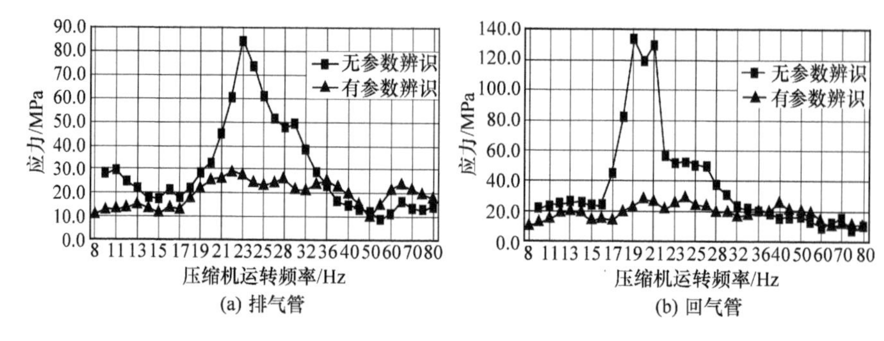

(a) 排气管　　(b) 回气管

图 4.55　压缩机配管的应力对比图

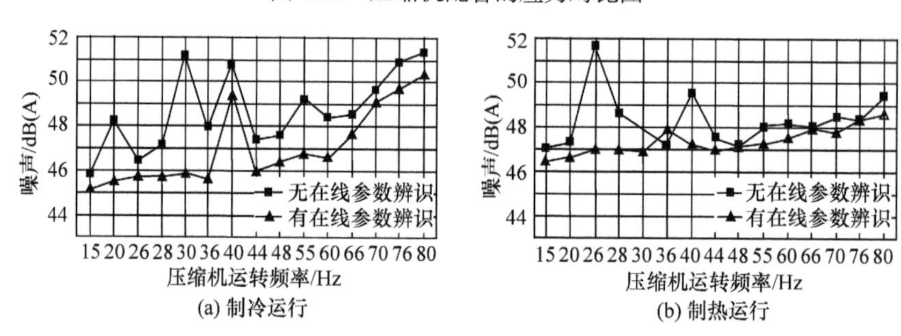

(a) 制冷运行　　(b) 制热运行

图 4.56　空调器室外机噪声对比图

从图 4.55 中可以看出，压缩机的排气管在 23Hz 附近有一共振频率，回气管在 19～23Hz 有一共振频率。在无在线参数辨识控制模式运转下，压缩机的配管应力出现峰值；在有在线参数辨识控制模式运转下，压缩机配管应力的峰值消失。说明在线参数辨识控制运转时，压缩机振动的激励力大幅减小。

从图 4.56 中可以看出，采用在线参数辨识控制模式后，在 15～80Hz 运转频率范围，室外机的噪声除个别频率外，都有一定幅度的降低。

第 5 章　气体动力性噪声及控制方法

气体动力性噪声是指高速气流、不稳定气流以及由于气流与物体相互作用产生的噪声。

按气体动力性噪声的产生机理和特性，气体动力性噪声又可分为涡流噪声、喷射噪声、旋转噪声、腔体共鸣噪声、压缩噪声、周期性吸气、排气噪声等。

在滚动转子式制冷压缩机的每一个工作周期中，从蒸发器出来的低温低压制冷剂气体，经气液分离器进入气缸的吸气腔内。在气缸内压缩到一定压力后，通过排气孔口通道、扩张室式消声器通道排放到压缩机壳体的电机前腔内，并通过电机转子与定子以及定子与壳体之间的通道进入压缩机壳体的电机后腔，最后通过壳体端部的排气管将高温高压的制冷剂气体通过管道输送到冷凝器中。

制冷剂气体在滚动转子式制冷压缩机中的流动过程为：进气管→气液分离器→吸气管→吸气腔→压缩腔→排气孔口→扩张室式消声器→电机前腔→电机通道→电机后腔→排气管。图 5.1 为典型的立式双缸滚动转子式制冷压缩机的气体流动示意图，其中，下气缸排出的气体经下部的扩张室式消声器后，再经流通通道排入上部扩张室式消声器后进入电机前腔。

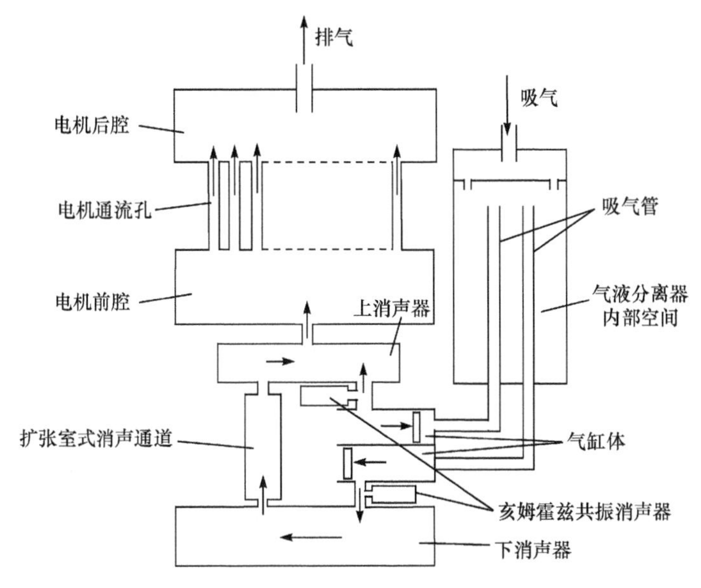

图 5.1　立式双缸滚动转子式制冷压缩机的气体流动示意图

在滚动转子式制冷压缩机中，气体动力性噪声主要是在吸气、压缩、排气和气体流动四个过程中产生的。归纳起来，滚动转子式制冷压缩机的气体动力性噪声主要有吸气噪声、压缩噪声、排气噪声、气体泄漏噪声、气体共鸣噪声、涡流噪声以及由于制冷剂气体在压缩机中流动的不稳定产生的其他气体动力性噪声等。

吸气噪声主要是由吸气时气流脉动产生的，通过气液分离器的空腔和结构的作用，激励起气液分离器壳体表面振动辐射出去。它还包括气柱共振噪声、涡流噪声、气体压力脉动引起的结构振动噪声等。

压缩噪声是由于气缸内制冷剂气体压力发生周期性变化产生的气体声，它同时会激励起滚动转子、气缸体、气缸端盖以及偏心轮轴等零件的振动而产生固体声。

排气噪声包括喷注和冲击噪声、涡流噪声、亥姆霍兹共振噪声以及排气气体压力脉动噪声等。排气时的气体压力脉动则通过消声器、壳体内电机前后空腔的作用，以压缩机壳体表面振动的形式辐射出去。

气体泄漏噪声主要是在气体压缩过程中，高压腔中的气体通过滚动转子与气缸壁之间的间隙向低压腔泄漏产生的噪声，以及排气阀片与阀座之间气体泄漏产生的噪声。

壳体内腔体的气体共鸣噪声主要是由于排气时气体压力脉动的频率与压缩机壳体内腔体的共鸣频率接近或一致时产生的，它通过壳体表面的振动辐射出去。

在滚动转子式制冷压缩机中，当气体压力脉动的频率，或者气体共鸣噪声的频率与压缩机的结构或壳体的固有频率接近或相同时都将产生共振，致使压缩机的噪声水平大幅增加。

滚动转子式制冷压缩机的气体动力性噪声影响大，产生的原因复杂，是压缩机噪声研究和控制中的重点内容。

5.1 消 声 器

在降低气体动力性噪声的工作中，消声是最常用和最有效的办法之一。因此，在讨论压缩机气体动力性噪声之前，先介绍消声器的基本原理。

消声器是一种能够允许气流通过，又能有效衰减或阻碍声音传递的装置(消声组件)。虽然消声器的种类繁多，结构形式多种多样，但是根据消声原理和结构特点，可以将消声器分为三种类型：阻性消声器、抗性消声器和阻抗复合式消声器。

在滚动转子式制冷压缩机中，使用的消声器为抗性消声器。抗性消声器，也称为反射式消声器，它由一些管道和腔体组成，其消声机理是：在气流管道上设置截面突变的管段或者旁接共振腔，在声传播过程中引起阻抗的改变，使某些频段的噪声反射回声源或产生干涉，起到声学滤波器的作用，即抗性消声器是通过控制声抗的大小来消声的。抗性消声器主要适合于消除低、中频噪声，对宽带高频噪声的消声效果较差。

在滚动转子式制冷压缩机中主要使用扩张室式消声器和亥姆霍兹共振消声器这两种类型的抗性消声器。

5.1.1　消声器评价指标

对消声器特性的评价主要有两个方面：①消声器的气体动力性能；②消声器的消声性能。

1. 气体动力性能评价

消声器的气体动力性能是指消声器的压力损失或者阻力系数。在压缩机气流通道上安装消声器，必然会影响压缩机的气体动力性能，增加压缩机的能量消耗。从某种角度来说，降低噪声与提高压缩机效率是相互矛盾的，设计时必须考虑这一矛盾，合理决策。因此，消声器的气体动力性能不但是评价消声器好坏的一个重要指标，也是衡量消声器是否具有实用价值的重要参数。

气体动力性能常用压力损失和阻力系数来表示：

1) 压力损失

消声器压力损失的大小是评价消声器好坏的一个重要指标，常用压力损失的绝对值 Δp 来表示。压力损失定义为

$$\Delta p = p_1 - p_2 \tag{5.1}$$

式中，Δp——消声器入口端与出口端的全压差，即消声器的压力损失，单位为 Pa；

p_1——消声器入口端的全压，单位为 Pa；

p_2——消声器出口端的全压，单位为 Pa。

当消声器的入口端与出口端的截面积相同时，如果气流均匀，流速相等，那么动压力是相等的，这时消声器的压力损失就是消声器入口端和出口端之间的静压差。

2) 阻力系数

消声器的气体动力性能，也可以用阻力系数来表示。阻力系数定义为

$$\varsigma = \frac{\Delta p}{\overline{p}} \tag{5.2}$$

式中，ς——消声器的阻力系数；

Δp——消声器的压力损失，单位为 Pa；

$\overline{p}$——消声器的平均动压，单位为 Pa。

2. 消声性能评价

消声器的消声性能主要从消声量与消声频率范围两个方面考量。对于消声量，通常用传递损失、插入损失等来评价：

1) 传递损失

传递损失主要用于在实验研究时评价消声器消声量，定义为出口为无反射端时，消声器入口和出口处的声功率级之差，它反映的是消声器入口的入射声功率与出口的透射声功率之比，即

$$\mathrm{TL}=10\lg\frac{W_1}{W_2}=L_{W_1}-L_{W_2} \tag{5.3}$$

式中，TL——声功率级的传递损失，单位为 dB；

W_1——消声器入口处的入射声功率，单位为 W；

W_2——消声器出口处的透射声功率，单位为 W；

L_{W_1}——消声器入口处的声功率级，单位为 dB；

L_{W_2}——消声器出口处的声功率级，单位为 dB。

传递损失没有包括声源和管道终结端的声学特性，它只与消声器本身的结构特性有关。在评价单个消声器的消声效果时，通常用传递损失。传递损失是评价消声器消声效果最简单的一种方法。

在实验室测量消声器传递损失的测量装置如图 5.2 所示。测量时在消声器的尾端安装一个全消声装置，这样，尾端的声音全部被吸收。在消声器的入口端安装两个传声器来测量入口管道不同位置的声压，分离入射波和反射波，计算出入射声功率。在消声器的出口端安装一个传声器，测量透射声功率。

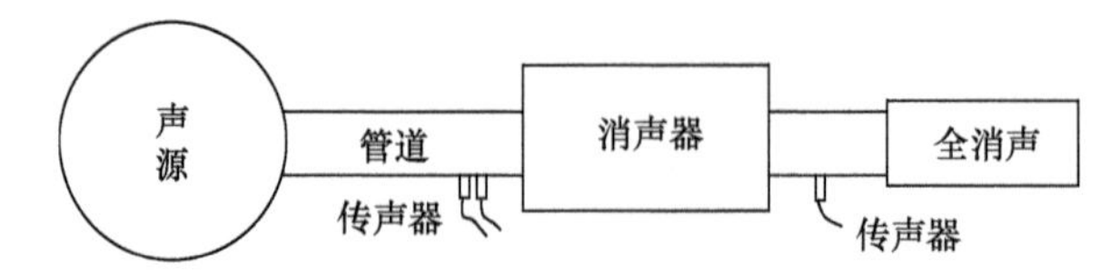

图 5.2　传递损失测量装置示意图

2) 插入损失

插入损失是指在系统中接入消声器之前和接入消声器之后，在某一固定点测得的计数声级(或总声压级、频带声压级)之差。计算式为

$$\mathrm{IL}=L_{p_1}-L_{p_2} \tag{5.4}$$

式中，IL——插入损失，单位为 dB；

L_{p_1}——系统接入消声器前某定点的声级，单位为 dB；

L_{p_2}——系统接入消声器后某定点的声级，单位为 dB。

插入损失的测量方法如图 5.3 所示。假设系统中没有安装消声器(图 5.3(a))，声源与测量点之间只是用管道连接，在测量点测得计数声级为 L_{p_1}，再将消声器安装到这一系统上(图 5.3(b))，并在同一点测量得到计数声级 L_{p_2}。

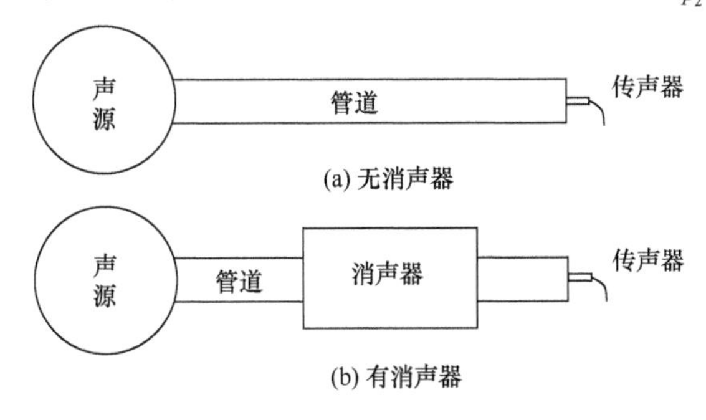

图 5.3　插入损失测量方法

与传递损失不同，插入损失考虑的是整个系统。除了消声器之外，插入损失还包括声源和出口的声学特征。因此，传递损失和插入损失在数值上有一定的差别。

5.1.2　扩张室式消声器

扩张室式消声器也称为膨胀式消声器，它是由扩张室及连接管串联组成的，形式有单节、多节、外接式、内插式等多种。

扩张室式消声器是利用管道截面积的扩张和收缩，即声阻抗的变化使沿管道的声波向声源方向反射回去，并利用扩张室和连接管的长度，使向前传递的声波与管道不同界面反射的声波差一个 180°的相位，从而使二者振幅相等，相位相反，相互干涉，达到理想的消声效果。在滚动转子式制冷压缩机中，排气阀出口使用的消声器为扩张室式消声器。

过去，在扩张室式消声器的设计中，通常采用 D. D. 戴维斯(D. D. Davis)的 TL 公式、福田公式和作为电气滤波器考虑的公式等作近似计算和分析。随着计算机技术的发展，目前多采用数值分析(如有限元法、边界元法等)的方法来分析扩张室式消声器的消声效果。

为了便于理解扩张室式消声器的工作原理，这里介绍 D. D. 戴维斯的计算公式。需要注意的是，D. D. 戴维斯的计算公式忽略了尾管的影响，因此完全按照这一公式使用是有问题的，并且计算十分复杂。

假设扩张室式消声器通道内的声波是平面波，管道内各处介质密度和声速相同，声压与气流的平均压力相比相当小，消声器的末端不存在反射，消声器壁面不透射声能，忽略介质黏性等造成的能量损失等。

对于平面波，如果管道内任一位置入射波的速度势为 Φ_i，反射波的速度势为 Φ_r，则

$$\Phi_i = A\mathrm{e}^{\mathrm{j}(\omega t-kx)}$$

$$\Phi_r = B\mathrm{e}^{\mathrm{j}(\omega t+kx)}$$

式中，A、B——入射波和反射波速度势的幅值，单位为 m^2/s；

k——声波波数，单位为 rad/m；

x——与起点的距离，单位为 m；

ω——声波的角速度，单位为 rad/s；

t——时间，单位为 s；

$\mathrm{j}=\sqrt{-1}$。

入射声波声压 p_i、反射声波声压 p_r、入射声波质点速度 u_i 和反射声波质点速度 u_r 分别为

$$p_i = \rho_r \frac{\partial \Phi_i}{\partial t} = \mathrm{j}\omega\rho_r A\mathrm{e}^{\mathrm{j}(\omega t-kx)} = p_{ai}\mathrm{e}^{\mathrm{j}(\omega t-kx)}$$

$$p_r = \rho_r \frac{\partial \Phi_r}{\partial t} = \mathrm{j}\omega\rho_r B\mathrm{e}^{\mathrm{j}(\omega t+kx)} = p_{ar}\mathrm{e}^{\mathrm{j}(\omega t+kx)}$$

$$u_i = -\frac{\partial \Phi_i}{\partial x} = \mathrm{j}kA\mathrm{e}^{\mathrm{j}(\omega t-kx)} = \frac{1}{\rho_r c_r} p_{ai}\mathrm{e}^{\mathrm{j}(\omega t-kx)}$$

$$u_r = -\frac{\partial \Phi_r}{\partial x} = -\mathrm{j}kB\mathrm{e}^{\mathrm{j}(\omega t+kx)} = -\frac{1}{\rho_r c_r} p_{ar}\mathrm{e}^{\mathrm{j}(\omega t+kx)}$$

式中，ρ_r——制冷剂气体密度，单位为 kg/m^3；

c_r——制冷剂气体声速，单位为 m/s；

p_{ai}——入射声波声压幅值，单位为 Pa；

p_{ar}——反射声波声压幅值，单位为 Pa。

入射声波能量的时间平均值为

$$\overline{W} = \frac{1}{2}\mathrm{Re}(p_i \tilde{u}_i S) = \frac{1}{2}\frac{S}{\rho_r c_r}|p_i|^2 \tag{5.5}$$

式中，$\tilde{u}_i$——u_i 的复数共轭数，单位为 m/s；

S——管道的截面积，单位为 m^2。

由式(5.3)和式(5.5)可得出管道内两点之间的传递损失为

$$\mathrm{TL} = 10\lg\frac{\overline{W}_1}{\overline{W}_2} = 10\lg\left[\left|\frac{p_{1i}}{p_{2i}}\right|^2 \times \frac{S_1}{S_2}\right] \tag{5.6}$$

式中，p_{1i}、p_{2i}——管道中点 1 和点 2 前进方向的声波声压，单位为 Pa；

S_1、S_2——管道中点 1 和点 2 的管道截面积，单位为 m^2。

1. 单节扩张室式消声器

1) 单节扩张室式消声器的传递损失

如图 5.4 所示的消声器称为单节扩张室式消声器。单节扩张室式消声器的进口管横截面积为 S_1，出口管横截面积为 S_2，扩张室横截面积为 S，扩张室长度为 l。

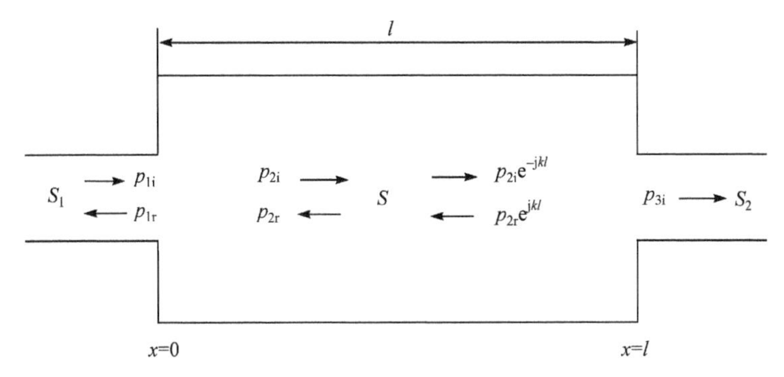

图 5.4　单节扩张室式消声器

设

$$m=\frac{S}{S_1}\text{，}\quad m_2=\frac{S}{S_2}$$

式中，m、m_2——扩张比或膨胀比。

在扩张室入口处，$x=0$，在扩张室末端处，$x=l$，在连接点处，声压连续、法向体积速度连续。

在 $x=0$ 处，有

$$p_{1i}+p_{1r}=p_{2i}+p_{2r}$$

$$S_1(p_{1i}-p_{1r})=S(p_{2i}-p_{2r})$$

在 $x=l$ 处，有

$$p_{2i}e^{-jkl}+p_{2r}e^{jkl}=p_{3i}$$

$$S(p_{2i}e^{-jkl}-p_{2r}e^{jkl})=S_2p_{3i}$$

经运算，得

$$\left|\frac{p_{1i}}{p_{3i}}\right|^2=\frac{1}{4}\left[\left(1+\frac{m}{m_2}\right)^2\cos^2(kl)+\left(m+\frac{1}{m_2}\right)^2\sin^2(kl)\right] \tag{5.7}$$

将式(5.7)代入式(5.6)，有

$$\mathrm{TL}=10\lg\left\{\frac{1}{4}\left[\left(1+\frac{m}{m_2}\right)^2\cos^2(kl)+\left(m+\frac{1}{m_2}\right)^2\sin^2(kl)\right]\right\}+10\lg\frac{m_2}{m} \tag{5.8}$$

式中，TL——单节扩张室式消声器传递损失，单位为 dB。

由式(5.8)可以看出，扩张室式消声器的传递损失主要取决于扩张比和扩张室的长度，它也是波长(或者频率)的函数。

当扩张比增大时，传递损失就增加。由于 $m=S/S_1$，所以增加扩张比有两种方法：一是增大扩张室的截面面积 S，二是减小管道的截面面积 S_1。但在实际的压缩机中，增大扩张室的截面积或者减小管道的截面积都是有限的。增大扩张室的截面积受压缩机内部安装空间的限制，而减小管道的截面积会导致消声器内气流速度过快，引起管壁上很高的摩擦噪声，以及增加气体流动的阻力产生额外的能量损失。

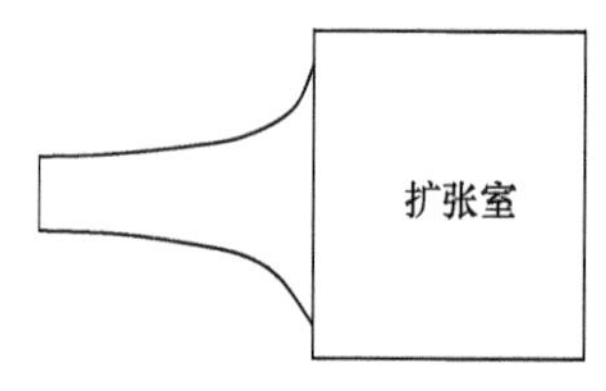

图 5.5　扩张管道结构

在滚动转子式制冷压缩机中，扩张室式消声器多采用扩张管道结构，如图 5.5 所示。这种结构既可以减小进口和出口的截面以增加传递损失，又不至于使气流流动阻力过大而增加压缩机的能量损失。

扩张室式消声器的消声频率特性由扩张室的长度 l 决定。在实际中，很多情况下将扩张室式消声器的入口和出口的管径设计成相同的尺寸，即 $m_2=m$，并用 m 表示扩张比，这时式(5.8)就变为

$$\mathrm{TL}=10\lg\left[1+\frac{1}{4}\left(m-\frac{1}{m}\right)^2\sin^2(kl)\right] \tag{5.9}$$

由式(5.9)可以画出单节扩张室式消声器的传递损失特性，如图 5.6 所示。

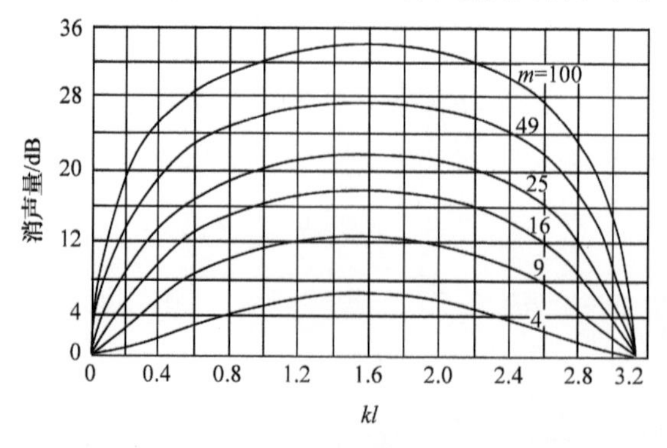

图 5.6　单节扩张室式消声器传递损失特性

由此可见，TL 是 kl 的周期函数，即随着频率的变化，传递损失在零与极大值之间变化。当 $\sin^2(kl)=1$，即 $l=(2n-1)\dfrac{\lambda}{4}$ $(n=1, 2, 3,\cdots)$时，将产生最大的传递损失，最大传递损失可由式(5.10)计算：

$$\mathrm{TL}_{\max}=10\lg\left[1+\frac{1}{4}\left(m-\frac{1}{m}\right)^2\right] \tag{5.10}$$

单节扩张室式消声器的最大传递损失主要取决于扩张比 m，随着扩张比 m 的增大而增大，最佳的扩张比为 7～20。过小的扩张比，传递损失较小；过大地增大扩张比，传递损失的增加量不大。最大传递损失与扩张比 m 的关系如表 5.1 所示。

表 5.1　$\mathrm{TL}_{\max}$ 与 m 的关系

m	$\mathrm{TL}_{\max}$ /dB	m	$\mathrm{TL}_{\max}$ /dB	m	$\mathrm{TL}_{\max}$ /dB
1	0	6	9.8	12	15.6
2	1.9	7	11.1	14	16.9
3	4.4	8	12.2	16	18.1
4	6.5	9	13.2	18	19.1
5	8.3	10	14.2	20	20.0

当 m 大于 5 时，最大传递损失可近似表示为

$$\mathrm{TL}_{\max}=20\lg m-6 \tag{5.11}$$

对应最大传递损失的中心频率为

$$f_{\max}=\frac{c_{\mathrm{r}}}{4l}(2n-1) \tag{5.12}$$

式中，$n=1, 2, 3, \cdots$。

从式(5.12)中可以看出，l 增大，消声器的最大传递损失频率 $f_{\max}$ 向低频移动。

应当指出，实际测定的是合成声压值而不是入射声压值，消声器入口处声压不是$|p_{\mathrm{i}}|$，而是$|p_{\mathrm{i}}+p_{\mathrm{r}}|$，因而所测得的消声量 ΔL_p 比式(5.10)的大。

当 $\sin^2(kl)=0$，即 $l=n\dfrac{\lambda}{2}$ 时，传递损失为零，即相应的声波可以完全无衰减地通过，不起消声作用。零传递损失所对应的频率称为通过频率，可用式(5.13)表示：

$$f_{\min}=\frac{nc_{\mathrm{r}}}{2l} \tag{5.13}$$

从式(5.11)和式(5.12)可以看出，增加 l 对消声器的最大传递损失没有影响，但会将最大传递损失频率向低频移动，有利于降低低频噪声。

因此，调整 l 可以适当调节传递损失最大中心频率、透射频率和传递损失的

带宽。

2) 扩张室式消声器的失效频率

由式(5.10)和式(5.11)可知，$\text{TL}_{\max}$ 的大小取决于扩张比 m 的大小，但是，如果 m 值过高，扩张室的截面积太大，中、高频率的声波在扩张室内的传递会以束状波而不是平面波形式通过，传递损失大大下降。其上限失效频率由式(5.14)计算：

$$f_{上} = 1.22\frac{c_{\mathrm{r}}}{D} \tag{5.14}$$

式中，D——扩张室截面直径或者当量直径，单位为 m。

下限失效频率计算公式为

$$f_{下} = \frac{c_{\mathrm{r}}}{\sqrt{2}\pi}\sqrt{\frac{S}{lV}} \tag{5.15}$$

式中，S——进出管横截面积，单位为 m^2；

l——扩张室的长度，单位为 m；

V——扩张室的体积，单位为 m^3。

2. 双节扩张室式消声器

双节扩张室式消声器由两个扩张室通过连接管连接而成，它的基本形式有两种，即外接管式和内插管式，分别如图 5.7 和图 5.8 所示。

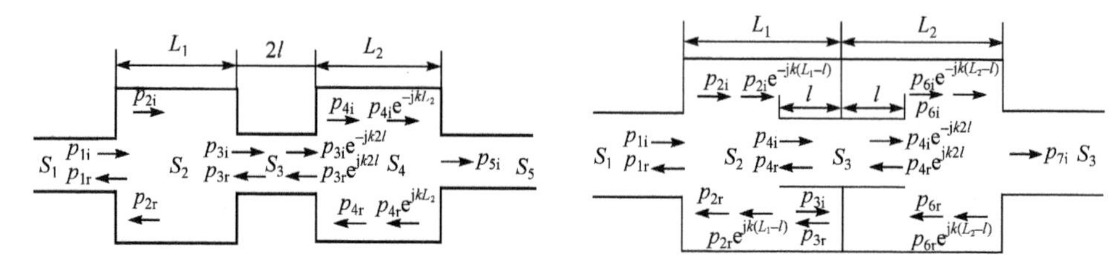

图 5.7　双节扩张室外接管式消声器　　　　图 5.8　双节扩张室内插管式消声器

1) 外接管式

图 5.7 所示结构的消声器称为双节扩张室外接管式消声器。设 $L_1 = L_2 = L$，$S_1 = S_3 = S_5$，$S_2 = S_4$，$m = S_2 / S_1$，则采用与上面相同的方法，可以推导出

$$\text{TL} = 10\lg\left\{\left[\text{Re}\left(\frac{p_{1\mathrm{i}}}{p_{5\mathrm{i}}}\right)\right]^2 + \left[\text{Im}\left(\frac{p_{1\mathrm{i}}}{p_{5\mathrm{i}}}\right)\right]^2\right\} \tag{5.16}$$

式中

$$\text{Re}\left(\frac{p_{1\mathrm{i}}}{p_{5\mathrm{i}}}\right) = \frac{1}{4m}\{(m+1)^2\cos[2k(L+l)] - (m-1)^2\cos[2k(L-l)]\}$$

$$\mathrm{Im}\left(\frac{p_{1\mathrm{i}}}{p_{5\mathrm{i}}}\right)=\frac{1}{8m^2}\{(m^2+1)(m+1)^2\sin[2k(L+l)]-(m^2+1)(m-1)^2\sin[2k(L-l)]$$
$$-2(m^2-1)^2\sin(2kl)\}$$

双节扩张室外接管式消声器的下限失效频率为

$$f_{\text{下}}=\frac{c_{\mathrm{r}}}{2\pi}\frac{1}{\sqrt{mLl+L(L-l)/3}} \tag{5.17}$$

2) 内插管式

图 5.8 所示结构的消声器称为双节扩张室内插管式消声器。

设 $L_1=L_2=L$，$S_1=S_3$，$m=S_2/S_1$，则有

$$\mathrm{TL}=10\lg\left\{\left[\mathrm{Re}\left(\frac{p_{1\mathrm{i}}}{p_{7\mathrm{i}}}\right)\right]^2+\left[\mathrm{Im}\left(\frac{p_{1\mathrm{i}}}{p_{7\mathrm{i}}}\right)\right]^2\right\} \tag{5.18}$$

式中

$$\mathrm{Re}\left(\frac{p_{1\mathrm{i}}}{p_{7\mathrm{i}}}\right)=\cos(2kL)-(m-1)\sin(2kL)\tan(kl)$$

$$\mathrm{Im}\left(\frac{p_{1\mathrm{i}}}{p_{7\mathrm{i}}}\right)=\frac{1}{2}\left\{\left(m+\frac{1}{m}\right)\sin(2kl)+(m-1)\tan(kl)\left[\left(m+\frac{1}{m}\right)\cos(2kl)-\left(m-\frac{1}{m}\right)\right]\right\}$$

其下限失效频率与式(5.17)相同。

此类消声器的消声特性由 m 、L 和 l 决定：m 大时，传递损失大；L 、l 则决定消声器的频率特性。

5.1.3　亥姆霍兹共振消声器

共振消声器有两种类型：旁支型和同轴型。在滚动转子式制冷压缩机中使用的共振消声器为旁支型共振消声器，一般设置在排气孔口通道、吸气通道以及气缸内壁等位置，用来降低排气噪声、吸气噪声和压缩噪声。

旁支型共振消声器又称为亥姆霍兹(Helmholtz)共振消声器，简称为亥姆霍兹消声器，其结构示意图如图 5.9 所示。

从图 5.9 可知，亥姆霍兹共振消声器是由主管道上旁接的一个短管(称为颈)和一个封闭空腔组成的。当入射波在主管道中传递，某些频率的声波达到管道的分歧点时，由于声阻抗发生突变，使大部分声能向声源反射回去，部分声能由于共振器的摩擦阻尼转化为热能而散失掉，只剩下一小部分声能通过管道的分歧点后继续向前传递，从而达到消声降噪的目的。

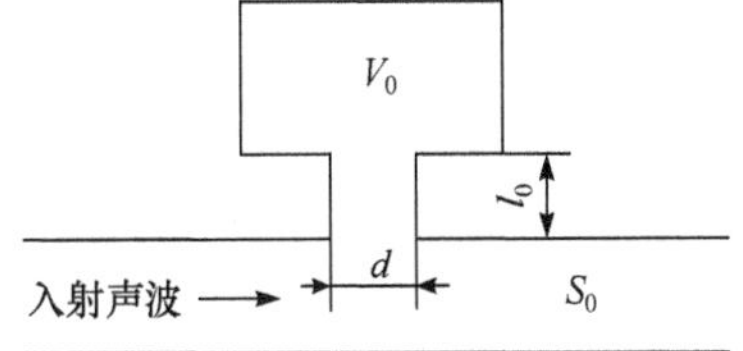

图 5.9　亥姆霍兹共振消声器结构示意图

1. 振动方程

如图 5.9 所示的亥姆霍兹共振消声器，它是由截面积为 S (直径为 d)、长度为 l_0 的短管以及容积为 V_0 的腔体相连通而组成的，主流道气流通道的截面积为 S_0。

当短管的长度与声波的波长相比很小时，可以将短管中的气体视为一个整体(气体质量块)，短管中的气体质量为 $\rho_r S l_0$，其中 ρ_r 为制冷剂气体的密度。当这一气体质量块有位移时，会引起腔体内的气体压力变化。当这一气体质量块向腔体内位移时，腔体内的气体压力升高，升高的气体压力企图将短管中气体质量块推出来。相反，当这一气体质量块向腔体外位移时，腔体内的气体压力降低，降低的气体压力试图将短管中的气体质量块吸进去。这样，腔体的作用类似于机械振动系统中的弹簧，短管内的气体质量块类似于机械振动系统的质量。

气体的可压缩性可以用气体的体积弹性系数 k 来表示。气体体积弹性系数 k 的定义是：一定体积的气体，当压力有一个增量 δp 时，原体积为 V_0 的气体相应就有 δV 的体积缩小。为了使 k 值为正值，则有

$$k = -V_0 \frac{\delta p}{\delta V} \tag{5.19}$$

由于腔体内气体的质量不变，有

$$\rho_r V_0 = 常数$$

所以

$$-\frac{\delta V}{V_0} = \frac{\delta \rho}{\rho_r}$$

因此

$$k = \rho_r \frac{\delta p}{\delta \rho} \tag{5.20}$$

当气体压力波动很小时，$\delta p / \delta \rho$ 即气体声速的平方 (c_r^2)，因此气体体积弹性系数 k 为

$$k = \rho_r c_r^2 \tag{5.21}$$

如果短管内气体质量块的位移用 x 表示，进入腔体的气体体积为 Sx，则腔体内气体压力的增量 δp 为

$$\delta p = \rho_r c_r^2 \frac{Sx}{V_0} \tag{5.22}$$

短管中的气体质量块受腔体内气体力 F 的作用，其符号与 x 相反，气体力 F 的表达式为

$$F = -\rho_r c_r^2 \frac{S^2 x}{V_0} \tag{5.23}$$

假设气体质量块在运动中受到的阻力 F' 与速度成反比，则有

$$F' = -c\frac{dx}{dt} \tag{5.24}$$

式中，c——阻尼系数，单位为 kg/s。

根据牛顿第二定律，可以推导得到短管内气体质量块的振动控制方程为

$$l_k \rho_r S \frac{d^2 x}{dt^2} + c\frac{dx}{dt} + \rho_r c_r^2 \frac{S^2}{V_0} x = S p_a e^{j\omega t} \tag{5.25}$$

式中，l_k——气体柱的有效长度，单位为 m；

p_a——作用在短管内气柱振动的幅值，单位为 Pa。

2. 共振频率

类比振动力学中的定义，当声波的波长大于共振器最大尺寸的 3 倍时，由式(5.25)可以得到系统振动的固有频率 f_r 为

$$f_r = \frac{c_r}{2\pi}\sqrt{\frac{S}{l_k V_0}} = \frac{c_r}{2\pi}\sqrt{\frac{G}{V_0}} \tag{5.26}$$

式中，G——传导率，单位为 m。

其中，短管的有效长度为

$$l_k = l_0 + \beta d \tag{5.27}$$

式中，β——管端修正系数，通常 $\beta = 0.85$。

由式(5.26)可知，共振频率与短管截面积 S 的平方根成正比，与短管有效长度 l_k 的平方根和腔体积 V_0 的平方根成反比。

传导率 G 是一个具有长度量纲的物理参量，它的定义为短管截面积 S 与短管有效长度之比，即

$$G = \frac{S}{l_0 + \beta d} \tag{5.28}$$

3. 传递损失计算

在忽略声阻的情况下，亥姆霍兹共振消声器对于频率为 f 的声波的传递损失，一般用式(5.29)来估算：

$$\mathrm{TL}=10\lg\left(1+\left(\frac{\frac{\sqrt{GV_0}}{2S_0}}{f/f_\mathrm{r}-f_\mathrm{r}/f}\right)^2\right) \tag{5.29}$$

由式(5.29)可以看出，这种消声器具有明确的频率选择性，即当主管道内的声波频率与亥姆霍兹共振消声器的固有频率一致($f=f_\mathrm{r}$)时就产生共振，如果不考虑声阻，传递损失TL理论上将无限增大，在偏离共振时，传递损失显著下降，这时传递损失TL仅与$\sqrt{GV_0}/(2S_0)$有关。也就是说，亥姆霍兹共振消声器在特定频率附近，可获得较大的消声效果，而在特定频率以外的频率则没有消声效果。因此，它适于消除声波中一些声压级特别高的频率成分。若把亥姆霍兹共振消声器的共振频率f_r设计得恰好等于峰值频率，则可以将这个峰值的噪声降低，取得显著的消声效果。图5.10为亥姆霍兹共振消声器的传递损失曲线。

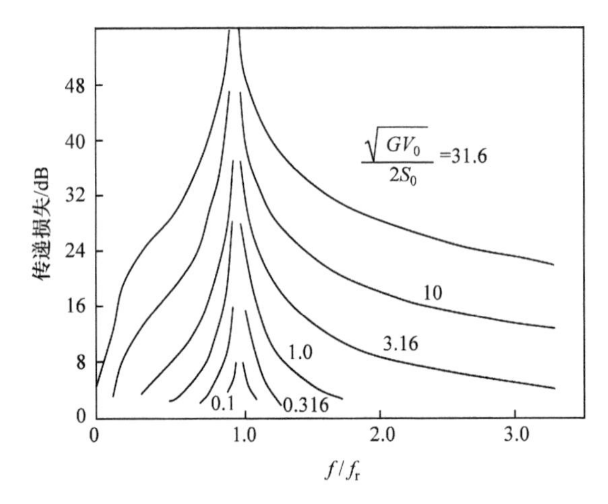

图5.10　亥姆霍兹共振消声器的传递损失曲线

由于式(5.29)为单一频率的传递损失，但在实际中，噪声源为连续的宽频带噪声，经常要计算某一频带内的消声量。此时，设$K=\sqrt{GV_0}/(2S_0)$，则式(5.29)可作如下简化：

倍频带

$$\mathrm{TL}=10\lg(1+2K^2) \tag{5.30}$$

1/3倍频带

$$\mathrm{TL}=10\lg(1+19K^2) \tag{5.31}$$

为了计算方便，将不同频带的传递损失与 K 值的关系列于表 5.2，由表 5.2 查出 K 值，就可知道某倍频带或 1/3 倍频带的传递损失。

表 5.2　不同频带的 *K* 值与传递损失的关系

频带类型 \ K 值	0.2	0.4	0.6	1.0	2	3	4
倍频程传递损失	0.3	1.2	2.4	4.8	9.5	12.8	15.2
1/3 倍频程传递损失	2.5	6.1	8.9	13.0	18.9	22.4	24.8

4. 设计步骤

在实际中，可按以下步骤设计亥姆霍兹共振消声器：确定共振频率及某一频带的传递损失(倍频程或 1/3 倍频程的传递损失)，由表 5.2 求出 K 值，由于 K 值与 V_0、G、S_0 值有关，当 K 值确定后，设计消声器主要考虑的是相应的体积 V_0 和气流通道 S_0，使其尽可能达到 K 值的要求。

将式(5.28)的 G 值代入 $K=\sqrt{GV_0}/(2S_0)$，有

$$K=\frac{2\pi f_{\mathrm{r}}}{c_{\mathrm{r}}}\frac{V_0}{2S_0} \tag{5.32}$$

消声器的空腔容积计算式为

$$V_0=2KS_0\frac{c_{\mathrm{r}}}{2\pi f_{\mathrm{r}}} \tag{5.33}$$

传导率的计算式为

$$G=\left(\frac{2\pi f_{\mathrm{r}}}{c_{\mathrm{r}}}\right)^2 V_0 \tag{5.34}$$

消声器短管通道面积 S 主要是由气体动力性能的要求决定的，在条件允许的情况下，应尽可能地缩小通道的面积，以缩小消声器的体积。

在求得共振腔体积 V_0 和传导率 G 之后，就可以具体设计消声器结构和尺寸。

5. 改善消声器性能的方法

亥姆霍兹共振消声器的消声频率范围窄，当偏离共振频率时，传递损失会急剧下降。为了弥补这一缺陷，可选择较大的 K 值。从式(5.30)和式(5.31)可以看出，在偏离共振频率时，亥姆霍兹共振消声器的传递损失与 K 值有关，K 值越大，传递损失也越大。因此，要使亥姆霍兹共振消声器在较宽的频率范围内获得较好的

消声效果，必须使 K 值足够大。亥姆霍兹共振消声器的 TL 、K 与 f/f_r 或 f_r/f 之间的关系如图 5.10 所示。

从图 5.10 可以看出，虽然 K 值增大可以改善共振消声的频带宽度，但是，K 值增大，亥姆霍兹共振消声器体积也增大，在滚动转子式制冷压缩机中应用时将受到结构的限制，特别是应用于排气孔口通道或气缸内壁时还会引起压缩机容积效率的下降。因此，在实际应用中，需要综合考虑传递损失与压缩机容积效率之间的关系，合理设计消声器的结构。

5.2 排气噪声及控制方法

5.2.1 排气噪声产生的机理

由于滚动转子式制冷压缩机的工作特性，排气噪声具有周期性和间断性的特点。滚动转子式制冷压缩机排气的气体动力性噪声是制冷剂气体经压缩后瞬间排放，气体膨胀而形成的湍流喷注脉动性噪声。

由声学理论可知，当流体中有障碍物存在时，流体与物体产生的不稳定反作用力形成偶极子声源，偶极子声源属于力声源。由于压缩机排气孔口阀片处产生的气流噪声符合上述机理，属于偶极子声源。偶极子辐射的声功率 W_d 与如下参数有关：

$$W_d \propto \frac{\rho_1^2 v^6 D^2}{\rho_r c_r^3} \tag{5.35}$$

式中，ρ_1——排出制冷剂气体的密度，单位为 kg/m^3；

ρ_r——壳体内制冷剂气体的密度，单位为 kg/m^3；

v——制冷剂气体的排出速度，单位为 m/s；

c_r——壳体内制冷剂气体的声速，单位为 m/s；

D——排气孔口的直径，单位为 m。

当高速流动的制冷剂气体从排气阀的出口高速喷射出来时，会与排气孔口周围的气体激烈混合时产生喷射噪声。同时，高速流动的气体还会产生强烈引射现象，使沿气流方向一定距离内的气体被喷射气流卷吸进去，从而喷射气体的体积越来越大，速度逐渐降低，产生气体的涡流噪声。另外，当气流流过排气阀周围的障碍物时，具有一定速度的气流与障碍物背后相对静止的气体相互作用，在障碍物的下游区形成涡流，也会产生涡流噪声。

此外，由于压缩气体瞬间排放产生较大的瞬间冲击力，这种瞬态力可以在较宽的频率范围激励起压缩机结构共振、压缩机壳体内腔体的气体共鸣等，使得压缩机产生噪声和振动。因此，在压缩机内部排气过程的气体动力性噪声具有很高的量级。研究表明，滚动转子式制冷压缩机排气噪声的频率分布范围很广，为宽带噪声，噪声的频率一般在 4000Hz 以下，能量主要集中在 500～1200Hz 的中高频段。

通常，滚动转子式制冷压缩机排气气体动力性噪声的频谱包括以下成分：基频噪声、涡流噪声、喷注和冲击噪声、亥姆霍兹共振噪声、驻波噪声、扩张室式排气消声器内的共鸣噪声、气流通过断面突变处的湍流噪声、气流再生噪声等。

1. 基频噪声

当排气阀片打开时，气缸压缩腔内的制冷剂高压气体通过排气孔口首先排放到排气出口的腔体中，经过气流通道进入电机前腔(如果为双级压缩机低压级，气缸排气则经气流通道进入高压级气缸的吸气腔，由高压级气缸排出)，再通过电机周围及内部的通道排放到电机后腔，然后经排气管排出压缩机。

当高压气体高速排放到排气孔口周围的空间时，会冲击周围空间中的气体，使其产生压力变化，形成压力冲击波，从而激发出噪声。滚动转子式制冷压缩机的排气过程是周期性和间歇性的，单缸压缩机每旋转一周排气一次，双缸压缩机每旋转一周排气两次，三缸压缩机每旋转一周排气三次。

由于排气过程的周期性，在排气孔口周围形成一个流场做周期性变化的气流，于是排气孔口便成为一个点声源。如果附近没有反射面，就会形成球对称的声场。喷出气体后经过时间 t，该声场中离喷射口距离为 r 处的声压瞬时值可以表述为

$$p(r,t)=\frac{\rho_{\mathrm{r}}S}{4\pi r}\frac{\partial v(t-r/c_{\mathrm{r}})}{\partial t} \tag{5.36}$$

式中，S——排气孔口的面积，单位为 m^2；

v——制冷剂气体的流出速度，单位为 m/s；

ρ_{r}——制冷剂气体的密度，单位为 $\mathrm{kg/m}^3$；

c_{r}——制冷剂气体的声速，单位为 m/s。

气流速度变化的频率就是压缩机气缸排气的频率，这一频率比较低，这种噪声构成了排气气体动力性噪声的低频部分，称为基频噪声，它是排气气体动力性噪声中最强的低频成分。

基频噪声的频率可用式(5.37)表示：

$$f=\frac{nz}{60}i \tag{5.37}$$

式中，f——排气气体动力性噪声的基波频率，单位为 Hz；

n——压缩机偏心轮轴的转动速度，单位为 r/min；

z——气缸数；

i——谐波次数，$i = 1, 2, 3, \cdots$。

虽然周期性的基频噪声是由每秒钟的排气次数决定的，但排气时脉动气流并不是按照正弦规律变化，而是具有明显的多频率波峰特性。因此，中高次谐波相当丰富，排气噪声的中频部分主要由这些高次谐波造成。

2. 涡流噪声

高速气流流经排气阀通道时，产生大量的涡流，从而形成宽频带连续的中、高频气流噪声，其最大峰值频率为

$$f = S_{\mathrm{r}} \frac{v}{d} \tag{5.38}$$

式中，S_{r}——斯特劳哈尔数，其值为0.05～0.25；

d——垂直气流方向上障碍物的特征尺寸，单位为m；

v——排气阀阀隙气体的流动速度，单位为m/s。

此涡流噪声属于偶极子声源，噪声声功率与气流速度的六次方成正比。同时，由于气体黏性，在气体排出时会带动排气阀片后的气体一起运动，产生卷吸作用，使周围气体发生旋转，形成涡流，辐射出涡流噪声。

3. 喷注和冲击噪声

基频噪声是由排气时气流速度起伏引起的，其实，即使滚动转子式制冷压缩机的排气阀片打开后，排气孔口的气流速度恒定不变，也会激发出噪声，这种由于高速气流喷注而产生的噪声称为喷注噪声。

喷注噪声的声功率W与气流速度的八次方成正比，其频率f与气流速度的一次方成正比，即有

$$W = K \frac{\rho_{\mathrm{r}} D^2 v^8}{c_{\mathrm{r}}^5} \tag{5.39}$$

式中，ρ_{r}——制冷剂气体的密度，单位为kg/m^3；

c_{r}——制冷剂气体的声速，单位为m/s；

D——喷气口直径，单位为m；

v——制冷剂气体的气流速度，单位为m/s；

K——一定状态下的比例常数，与喷射气流和周围静止气体的密度及热力学温度有关。

$$f \propto v \tag{5.40}$$

另外，在排气孔口附近存在着气体压力的不连续性。这种不连续性还会对周

围物体产生冲击，辐射出冲击噪声。

4. 亥姆霍兹共振噪声

如果一个封闭的容积为V_0的空腔，通过一根截面积为S、长度为l_0的管道与外界相通，就形成一个气体共振系统，这一共振系统称为亥姆霍兹共振腔系统，其共振频率由V_0、S和l_0决定。图 5.11 为亥姆霍兹共振腔的结构示意图。

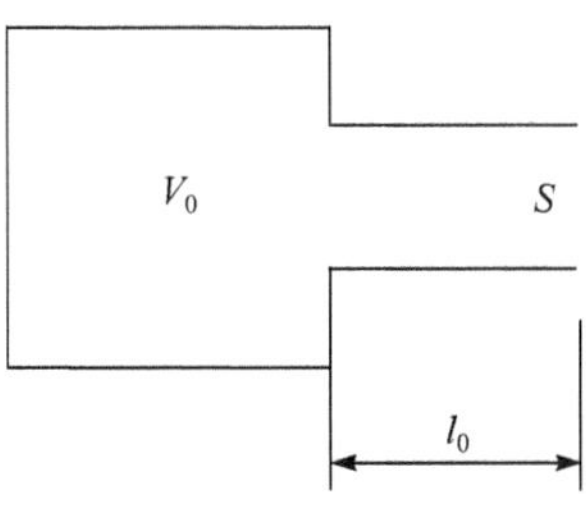

图 5.11　亥姆霍兹共振腔

在压缩机的排气过程中，排气阀片打开，气缸内的压缩腔与排气孔口通道实际上构成了亥姆霍兹共振腔。由于亥姆霍兹共振腔系统存在多个共振频率(基频及高次谐波)，排气时制冷剂气体激发的噪声中与共振频率一致的频率成分在这个共振腔中得到充分放大。在压缩机噪声频谱中，这一频率的噪声显得很突出。

在略去排气阀的影响时，亥姆霍兹共振腔共振噪声的基波频率可以按式(5.41)计算：

$$f=\frac{c_{\mathrm{r}}}{2\pi}\sqrt{\frac{S}{V_{\mathrm{h}}(l_0+\sqrt{S/2})}} \tag{5.41}$$

式中，V_{h}——气缸压缩腔的工作容积，单位为 m^3；

S——排气孔口的截面积，单位为 m^2；

l_0——排气孔口的长度，单位为 m。

对于圆形截面的排气孔口，设其半径为r，则式(5.41)可以写为

$$f=\frac{c_{\mathrm{r}}}{2\pi}\sqrt{\frac{\pi r^2}{V_{\mathrm{h}}(l_0+1.25r)}}=0.282c_{\mathrm{r}}r\sqrt{\frac{1}{V_{\mathrm{h}}(l_0+1.25r)}} \tag{5.42}$$

滚动转子式制冷压缩机排气时，亥姆霍兹共振噪声的频率和强度取决于气缸压缩腔的容积和排气孔口通道的声质量，它与压缩机的转速无关。

在式(5.41)和式(5.42)中，气缸压缩腔的工作容积V_{h}是随偏心轮轴的旋转而变化的，因而压缩机亥姆霍兹共振噪声的频率也随压缩腔工作容积的变化而变化。从排气阀片打开至排气阀片关闭这一过程中，压缩腔的工作容积不断缩小，而亥姆霍兹共振噪声的频率随着压缩腔工作容积的缩小而不断增高。因此，噪声频谱中对应的亥姆霍兹共振噪声峰值的范围比较宽，基波频率一般为500～1000Hz。

图 5.12 为某一型号滚动转子式制冷压缩机排气过程中偏心轮轴不同转角时亥姆霍兹共振声学特性的实测数据。从图中可以看出，除了基波频率的峰值外，还

有多阶高次谐波的亥姆霍兹共振噪声峰值。其中，基波频率的共振噪声峰值要远高于高次谐波共振噪声的峰值，因此基波频率的亥姆霍兹共振噪声峰值为主要噪声。

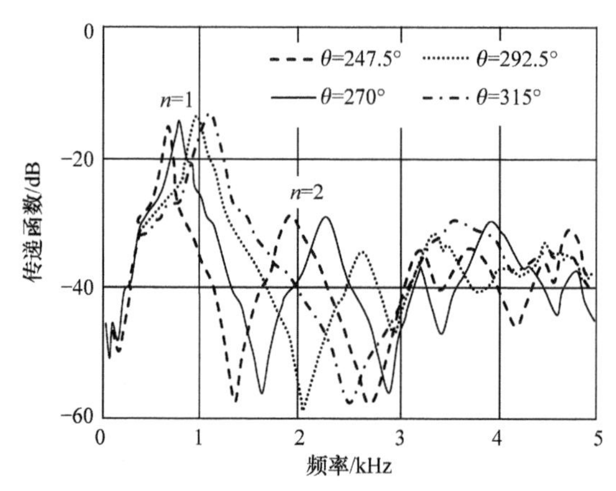

图 5.12　气缸排气腔在不同偏心轮轴旋转角度的声学特性

5. 驻波噪声

当偏心轮轴旋转的角度接近排气结束时，压缩腔的形状为长条形，在压缩腔内还将产生以气缸高度为长度的驻波，其频率为

$$f_s = \frac{c_r}{2H} i \tag{5.43}$$

式中，f_s——驻波的频率，单位为 Hz；

c_r——气缸内制冷剂气体的声速，单位为 m/s；

H——气缸的高度，单位为 m；

i——谐波次数，$i = 1, 2, 3, \cdots$。

6. 扩张室式消声器内的共鸣噪声

制冷剂气体经气缸压缩后通过排气阀排出时产生的气体压力脉动，将直接激发压缩机壳体的振动，并引起压缩机壳体内腔体的气体共鸣。气体压力脉动的振动幅值主要取决于气缸排气孔口部位的结构等因素，排气孔口的截面积越小，振动幅值越低，同时气缸的余隙容积也越小，提高了压缩机的容积效率。但排气孔口的截面积过小，排气时气体流动的阻力会增大，压缩机的消耗功率提高，总体上会降低压缩机的效率，因而不能靠减小排气孔口的面积来降低气体压力脉动。

滚动转子式制冷压缩机中，通常压缩机壳体内为高压气体，并且壳体的隔声效果有限，气体压力脉动对压缩机的噪声影响很大。为了降低排气时的气体压力脉动和排气噪声，一般在装有排气阀的气缸端盖上安装阀盖，与气缸端盖一起组成消声器来消减气体压力脉动，此消声器为扩张室式消声器。大多数情况下，阀盖采用 1mm 左右的薄钢板冲压成型，用螺钉直接固定在装有排气阀的气缸端盖上。排出气缸的制冷剂气体在阀盖与气缸端盖之间的通道内流动，阀盖的典型结构如图 5.13 所示。但安装排气消声器后，由于扩张室式消声器空腔结构的作用，在消声器内又会产生新的气体共鸣噪声。

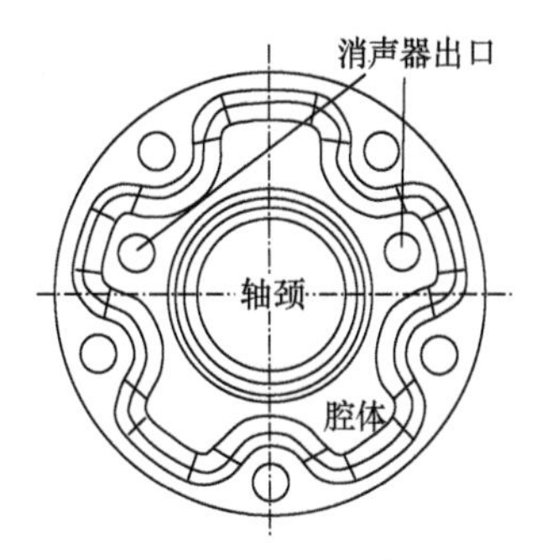

图 5.13　排气消声器结构示意图

决定气体压力脉动频率的主要因素是扩张室式消声器内的传输长度。扩张室式消声器中气体压力脉动的共振频率为

$$f_B = \frac{c_r}{L} i \tag{5.44}$$

式中，f_B——消声器内制冷剂气体压力脉动的共振频率，单位为 Hz；

c_r——消声器内制冷剂气体的声速，单位为 m/s；

L——消声器内制冷剂气体的传输长度，单位为 m；

i——谐波次数，$i = 1, 2, 3, \cdots$。

气流产生的脉动是在整个扩张室式消声器通道内振动传输的，但最主要的是沿圆周方向上传输的脉动。扩张室式消声器内通道沿圆周方向脉动的两个共鸣频率分别为

$$f_1 = (1.9 \sim 1.0)\frac{c_r d}{\pi D^2} \tag{5.45}$$

$$f_2 = (3.3 \sim 1.2)\frac{c_r d}{\pi D^2} \tag{5.46}$$

式中，d——沿通道内圆直径，单位为 m；

D——沿通道外圆直径，单位为 m。

因此，扩张室式消声器内的脉动频率 f_B 应避免与这两个共鸣频率 f_1 和 f_2 接近或相同，否则，在扩张室式消声器内将产生气体共鸣噪声。

7. 气流通过断面突变处的湍流噪声

由于滚动转子式制冷压缩机排气时，是先排放到扩张室式消声器内后排放到压缩机电机前腔腔体内的，消声器结构以及压缩机壳体内的结构形状复杂，气体

在消声器通道流动时不可避免地会造成流动截面发生突变，气流流经这样的截面时会产生涡流并辐射出噪声。

8. 气流再生噪声

当扩张室式消声器管道内气体流动速度非常高时,流体与管壁之间产生摩擦，一方面形成紊流，扰动扩张室式消声器壳体振动，另一方面当气流传到尾管时发生噪声，这就是气流摩擦噪声。当气流以一定速度通过扩张室式消声器时，气流在扩张室式消声器内所产生的湍流噪声以及气流激发扩张室式消声器的结构部件振动所产生的噪声，称为气流再生噪声。

气流再生噪声的大小主要取决于扩张室式消声器的结构形式和气流速度。扩张室式消声器的结构形式越复杂，气流通道的弯折越多，扩张室式消声器内通道壁面的粗糙度越大，则气流再生噪声也越高。

计算气流再生噪声的 A 声功率级的经验公式为

$$L_{\mathrm{WA}} = a + 60\lg v + 10\lg S \tag{5.47}$$

式中，a——与消声器结构形式有关的常数，单位为 dB(A)；
v——消声器内平均气流速度，单位为 m/s；
S——消声器内气流通道总面积，单位为 m^2。

5.2.2　影响排气噪声的主要因素

在滚动转子式制冷压缩机中,影响排气噪声大小以及频率特性的因素有很多，归纳起来，主要的影响因素有以下几个方面。

1. 运转频率的影响

排气噪声的大小和频率与压缩机运转频率(转速)密切相关。

排气噪声的幅值随着压缩机转速的升高而增大。当压缩机高速运转时，压缩腔内气体压力的过压缩量较大，气体流过排气阀瞬时气体质量流量大，排出气体的压力脉动幅值增大，同时，排气阀片在达到最大升程后维持时间相对延长，回落到阀座的速度也增大。转速增高还会使排气基频噪声的频率也增高，加上高频时的辐射能力比低频时强，因而排气噪声增大。另外，随着压缩机运转频率的增加，排气阀片的颤振加剧，造成气体压力脉动的加剧，也增大了排气噪声。

图 5.14 为某一气缸容积为 10.4cm^3 的滚动转子式制冷压缩机，采用 R-410A 制冷剂时在不同运转频率下排气阀片的运动轨迹。从图中可以看出，运转频率为 80Hz 时排气阀片存在比较严重的颤振现象。

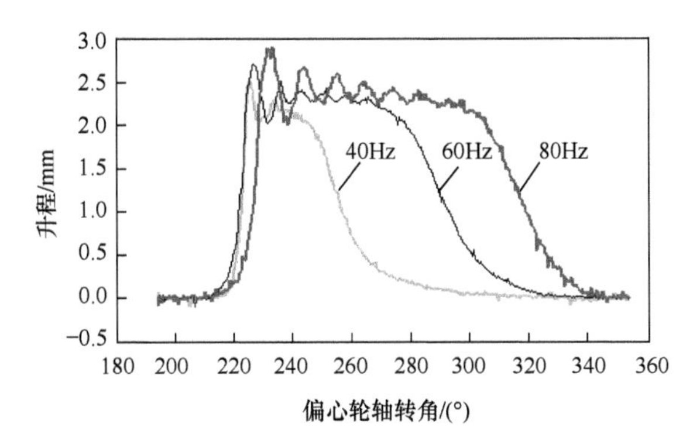

图 5.14　排气阀片在不同运转频率下的运动轨迹曲线

当压缩机的转速降低时，一切过程变得缓慢，气流速度对时间的导数变小，声压也降低。转速降低后，排气噪声频谱变得密集，并且向低频方向迁移。这样，即使总声压降低不多，其 A 计权声压级也将明显变小。

排气噪声随转速而变化的幅度可用式(5.48)估算：

$$L_{pn2} - L_{pn1} = 40\lg\frac{n_2}{n_1} \tag{5.48}$$

式中，n_1、n_2——压缩机的转速，单位为 r/min；

L_{pn1}、L_{pn2}——相应转速下 A 计权声压级排气噪声，单位为 dB(A)。

2. 负载的影响

压缩机的负载大小与压缩机的气缸容量、压力比等因素有关。压缩机的气缸容量越大，在运转频率一定时单位时间的排气量也越大，制冷剂气体排出排气孔口时的瞬时速度越高，制冷剂气体压力脉动越大，排气噪声也越大。

压力比越大，通常情况下压缩腔内的气体压力也越大，排气时的气体压力脉动与压缩腔内制冷剂气体的压力成正比。同时，制冷剂气体的密度随着压力的增大而增大，排气时制冷剂气体的密度大对排气阀片的冲击也大。因此，一般情况下，排气噪声随压力比的增大而增大。

3. 转角的影响

研究表明，在排气开始时，由于压缩机气缸压缩腔内的制冷剂气体压力与压缩机壳体内的制冷剂气体压力的差值最大，这时的排气噪声也最大。随着偏心轮轴的转动，气缸压缩腔的制冷剂气体压力与压缩机壳体内的气体压力差减小，这时压缩腔的容积变化率变小，排气噪声也逐渐减小。一般情况下，在 310°～360° 转角范围时的排气噪声最小，即在排气初始段的排气噪声最大，排气末段的排气噪声最小。

4. 排气孔口大小及通道形状的影响

如前所述，在压缩机排气过程中，气缸的压缩腔与排气通道构成亥姆霍兹共振腔，其排气噪声的频率和强度与排气孔口的大小及形状密切相关，排气孔口的结构尺寸是决定排气气体压力脉动的主要原因之一。

一般情况下，排气时产生的气体压力脉动幅值是随排气孔口截面积的增大而增大的，因此排气噪声一般情况下随排气孔口面积的增大而增大。图 5.15 为噪声与排气孔口直径的关系，从图中可以看出，排气噪声随着排气孔口直径增大的幅值高达 3dB(A)。其原因是排气孔口直径与排气孔口中高压气体能量的阻尼衰减能力呈负相关关系。排气孔口长度与噪声也有类似关系，但由于排气孔口尺寸也影响压缩机的效率，故排气孔口尺寸、噪声和压缩机效率三者之间存在综合优化的问题。

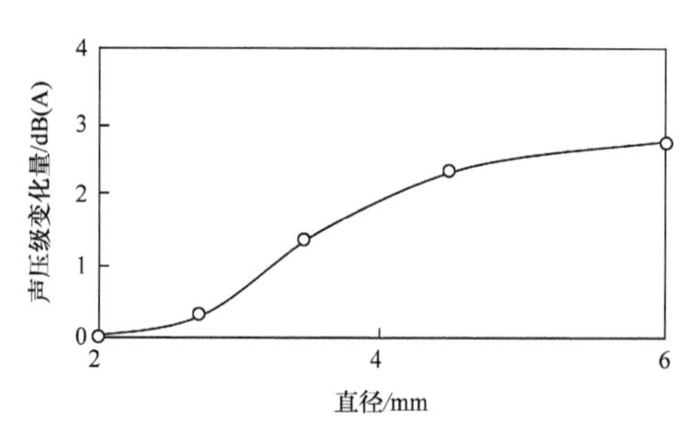

图 5.15　噪声与排气孔口直径的关系

排气通道形状也对排气噪声有影响，图 5.16 为两种形状的排气通道。在图 5.16(a)中，为了使气流平滑进入排气孔口通道，在气缸体上加工了圆柱面的缺口；在图 5.16(b)中，采用在排气孔口入口倒圆角的方法来平滑气体的流动。

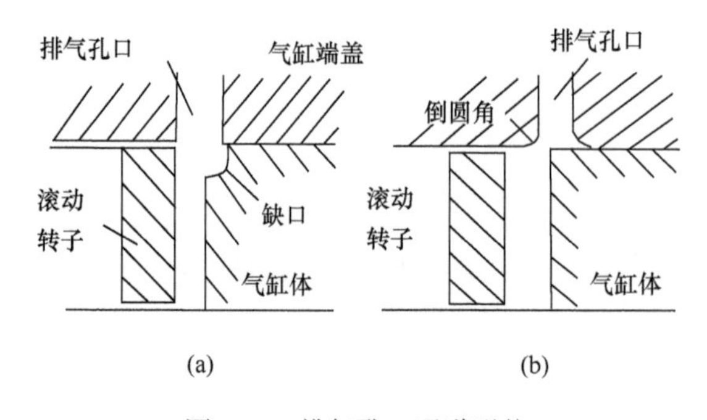

图 5.16　排气孔口通道形状

实验结果表明，图 5.16(b)所示结构的排气通道与图 5.16(a)所示结构的排气通道相比，在 4～7kHz 频率范围内的噪声水平有较大幅度的降低。

5. 排气阀片的影响

排气阀片的升程、刚度以及形状都对排气噪声的大小及频率特性有影响，下面分别说明：

(1) 排气噪声随排气阀片升程的增加而增加。排气阀片的升程高，排气阻力小，排气时的气流发展充分，排气速度快，气流冲击大，因而排气噪声大。

(2) 排气阀片的刚度过大，会造成排气阀片延时开启，排气时压缩腔的压力增高，排出排气孔口时气体的流速和压力脉动加剧，冲击、喷射的强度增加，因此排气噪声增大；排气阀片的刚度过小，会造成排气阀片延时关闭，使其容易产生颤振，同时阀片对阀座的冲击速度增大，产生冲击噪声。

(3) 气体排出排气孔口时将在排气阀片的背面区域形成负压，阀片的形状、大小不但影响排出气体的流动状态，而且也对负压区的形成有影响，从而对涡流噪声的大小有影响。

(4) 排气阀片本身的振动也对排气噪声有影响，当阀片在开启或关闭的过程中产生颤振时，会导致排出气体的压力脉动增大，使排气噪声增大。

因此，排气阀片的工作状态对排气噪声有较大的影响。在实际中可以用 *PV* 示功图来判断排气阀片的工作情况，并通过 *PV* 示功图来了解排气阀片运动的物理性质。图 5.17 为某一台滚动转子式制冷压缩机的示功图，从图中可以看出阀片刚度正常、阀片刚度偏大、阀片刚度偏小、阀片颤振、阀片升程过大等情况，非常直观有效地反映出了排气阀片的工作状态。

尽管示功图可以显示出排气阀片是否出现颤振现象，但需要注意的是，排气压力曲线的波动并不一定意味着是由排气阀片颤振引起的，它有可能是由压缩腔中气体脉动所致。气体脉动的波幅较大，在示功图上有可能反映为气体压力过高。

6. 阀座及周边结构的影响

排气阀的典型结构如图 5.18 所示，为了保证排气阀片与阀座之间的密封性，阀座的密封面通常采用圆弧形状。这样阀片在关闭过程中，阀片挤压出气体的过程较为缓和，有利于降低排气噪声。

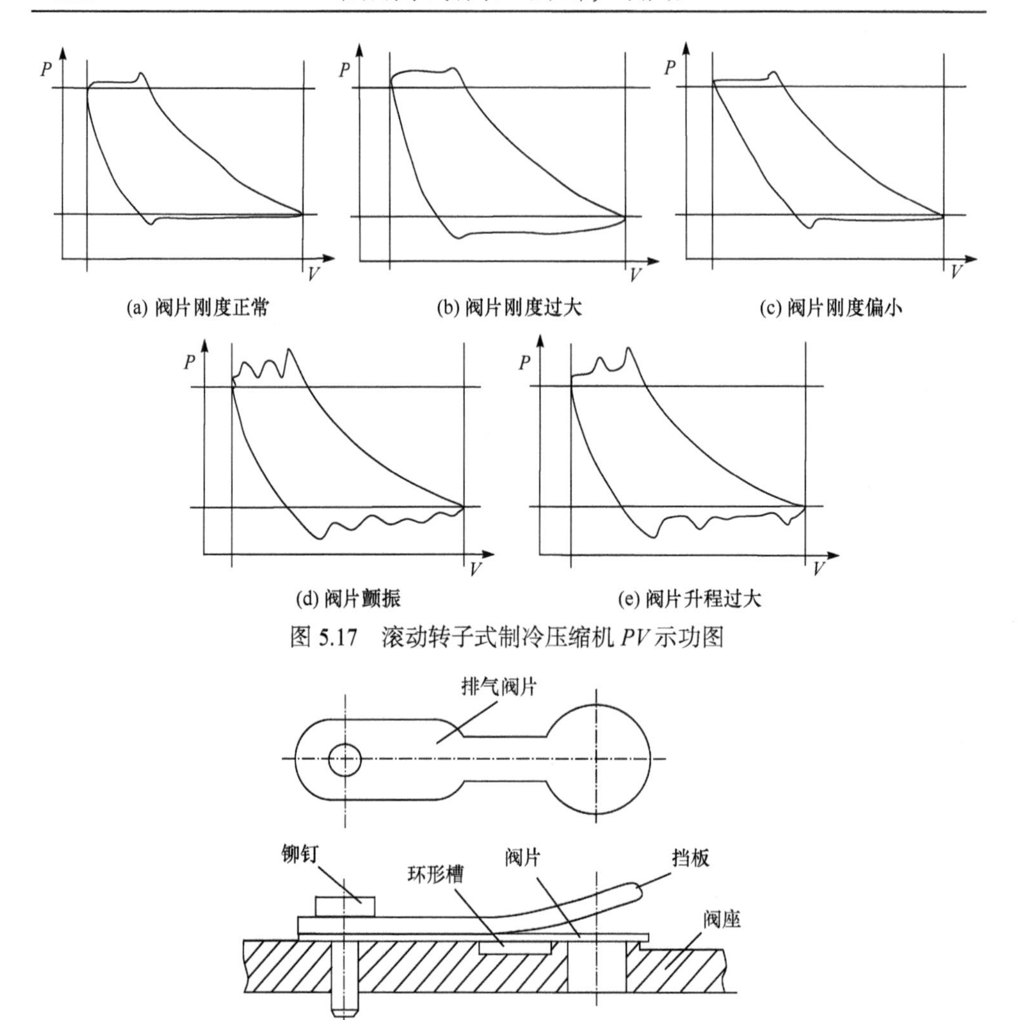

图 5.17　滚动转子式制冷压缩机 PV 示功图

图 5.18　排气阀结构示意图

同时，阀座周围的凹槽，可以使从排气阀片缝隙中排出的气体的通道更为顺畅，有利于减小排气过程中的气体压力脉动和涡流，降低气体动力性噪声。

但是，为了减小余隙容积，在设计中应尽可能减小排气通道的长度，通常排气阀阀座的密封平面低于端盖表面，从排气阀排出的气体并不是顺畅地流出，而是急剧地改变流动方向，会导致气流冲击噪声和涡流噪声的增大。

7. 扩张室式消声器结构的影响

在滚动转子式制冷压缩机中，通常在排气阀外部设置扩张室式消声器，排气阀排出的急剧膨胀的制冷剂气体并不是直接进入压缩机壳体内，而是通过扩张室式消声器后再排入压缩机壳体内。因此，扩张室式消声器的结构形式和尺寸对排气噪声的强度和频率分布都有很大的影响。设计良好的扩张室式消声器能有效地消减气体压力脉动、降低排气噪声，并且能最大限度地提高插入损失，减小消声器内的共振、漏声以及噪声的辐射等。

但是，如果扩张室式消声器的设计或制造不良，不仅不能起到消声作用，甚至有可能引起气体共鸣噪声，使消声器成为某些频率的噪声放大器。

8. 气缸数的影响

对于双缸滚动转子式制冷压缩机，在相同输气量的情况下，单个气缸的工作容积只有单缸滚动转子式制冷压缩机气缸的一半，其排气孔口的面积也小于单缸滚动转子式制冷压缩机。因而，双缸滚动转子式制冷压缩机总的排气噪声通常情况小于单缸滚动转子式制冷压缩机。但由于气缸的两个压缩腔交替工作，两个排气孔口排出气体之间的相互干涉，导致 600～1500Hz 频带的噪声有所增加。

对于双级压缩滚动转子式制冷压缩机，由于每级气缸的压力比降低，单个气缸的排气噪声下降，但两级之间的吸、排气过程不完全同步，气体流动状态复杂，两级之间的中间腔内气流压力脉动大，造成吸气和排气过程的状态变化大，所以相比同容积的单级压缩机噪声和振动大。对于双级压缩机，其多数情况下需要在中间腔补气入口处增加缓冲容积来消减中间腔的气流压力脉动。有关双级压缩机中间腔气体压力脉动问题，将在 5.6 节中进一步介绍。

5.2.3　排气噪声的控制方法

从前面的分析中可以知道，在滚动转子式制冷压缩机中，排气阀排气时的气体压力脉动是排气噪声最主要的根源，因此消减气体压力脉动是降低排气噪声的根本方法。通常，可采取以下几种方法降低排气噪声：①适当减小排气孔口的直径；②合理选择排气阀升程；③合理选择排气阀片的刚度；④合理设计阀座结构；⑤采用消声器消声。

需要注意的是，这些方法大多数会对压缩机的工作效率产生一定的影响，使用时需要综合分析，根据性能、噪声等要求合理选择。

1. 适当减小排气孔口的直径降低排气噪声

排气孔口大小的选择需要兼顾压缩机效率和噪声两个方面的因素。排气噪声随排气孔口的面积增大而增大，如果单纯从降低排气噪声的角度来考虑需减小排气孔口的面积。但排气孔口的面积大小也直接影响压缩机的效率，减小排气孔口面积，排气时排气通道的气体流动阻力增大，致使压缩机的功率变大；增大排气孔口面积，整个排气通道的容积变大，增大了压缩机的余隙容积，也会导致压缩机效率下降。

由于改变排气孔口面积的大小即改变气缸的余隙容积，为了便于分析，采用余隙比(余隙容积与气缸容积之比)来对压缩机效率与排气噪声的关系进行分析。

图 5.19 为测试得到的噪声和效率与余隙比的关系。从图中可以看出，压缩机效率先随着余隙比的增加而增加，达最高效率点后随着余隙比的增加而降低。

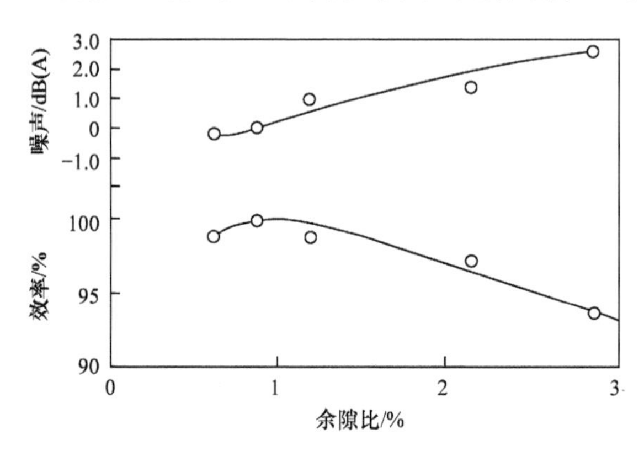

图 5.19　噪声和效率与余隙容积的关系

以上结果可以很好地说明排气孔口的大小与噪声和效率的关系，合理选择排气孔口的大小可以降低噪声水平，压缩机的效率也能得到改善。排气孔口的大小有一个最佳值，低于或高于这个值(即余隙比为 0.87%)时压缩机的效率都将降低。

为了提高压缩机的性能，在单缸滚动转子式制冷压缩机设计中也可以采用双排气阀结构，即在气缸的上下气缸端盖上分别安装排气阀。采用双排气阀结构可以缩小单个排气孔口的尺寸，减小排气时的气体压力脉动，从而使单个排气孔口的排气噪声降低，加上消声器的消声作用，总体上可以降低排气噪声。

2. 合理选择排气阀片升程控制排气噪声

从上面的分析可知，排气噪声与排气阀片升程密切相关，阀片的升程越大，阀片的冲击速度也越大，因而排气阀片的撞击噪声越大。单纯从降低撞击噪声的角度来考虑，阀片的升程应尽量取小，但阀片升程对排气效率有较大的影响，因此设计时需要综合考虑排气效率与噪声的关系。

图5.20为家用冰箱用滚动转子式制冷压缩机中排气撞击噪声变化量和排气效率与排气阀片升程的关系。从图中可以看出，排气效率先是随着排气阀片升程的增加而增加，在达到效率最高点后随阀片升程的增加而降低，阀片升程有一最佳高度。这是由于当排气阀片升程低于最佳高度时，制冷剂气体存在过压缩，导致排气效率降低，当阀片升程高于最佳点时，排气速度下降，作用在阀片上的气体力减少，阀片在弹簧力的作用下将发生位移，导致阀片升程的实际高度下降，排气效率也下降。

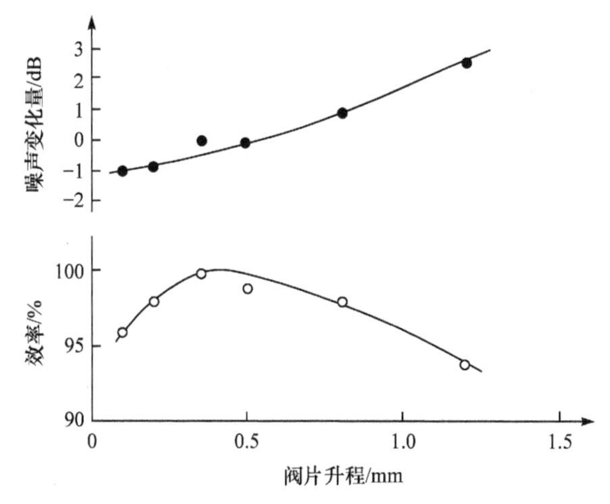

图 5.20　噪声和效率与排气阀片升程的关系

实践证明，根据排气阀片升程与噪声变化量和效率之间的关系，选取排气效率最高点的升程作为排气阀片升程是合适的。

3. 合理选择排气阀片的刚度降低排气噪声

选择合适的排气阀片刚度可以有效降低排气时的气体动力性噪声。在压缩机转速不变的情况下，排气阀片存在一个使排气噪声最低的最佳刚度，这时排气噪声的大小接近无排气阀时的噪声大小。

当排气阀片的刚度过大时，会使排气阀片开启延时，排气时气缸内外的压差增大，因而会造成排气时的气流速度和气流压力脉动增大，致使排气噪声增大。

同时，过小的排气阀片刚度会造成阀片在一个周期内反复关闭，增大排气时的气体压力脉动。特别是当压缩机高频运转，气体压力脉动进一步增大时，有可能出现因阀片颤振致使排气阀片不能及时关闭的现象。

排气阀片的刚度可以通过 *PV* 曲线的测量来合理确定，如图 5.17 所示。

4. 合理设计阀座结构降低排气噪声

在排气孔口周边设置沟槽、将密封面设计成圆弧形状、减少气体流动通道上的障碍等，可以减小排气时气体流动产生的涡流，降低气体动力性噪声。

5. 采用亥姆霍兹共振消声器降低压力脉动噪声

滚动转子式制冷压缩机的气缸在排气过程中产生的 1500～5000Hz 频率范围内气流压力脉动或高次谐波，对压缩机整机的噪声有着明显的影响，其原因有以下几个方面：

(1) 这一频率范围气流压力脉动的幅值较高；

(2) 压缩机壳体内腔体高阶共鸣噪声的频率通常在这一频率范围内，有可能激发起壳体内腔体的气体共鸣噪声；

(3) 压缩机壳体的传递特征曲线在这一频段也有很多峰值，传递效率高，噪声的辐射效率高。

因此，减小这一频段气体压力脉动的强度对于降低滚动转子式制冷压缩机整机噪声有着十分重要的意义。

在滚动转子式制冷压缩机中，通常在排气孔口通道上设置亥姆霍兹共振消声器来降低排气时产生的1500～5000Hz频率范围内的气体压力脉动。

设置在排气孔口通道上的亥姆霍兹共振消声器，一般直接在气缸体或气缸盖上机械加工而成，其结构如图5.21所示。由于受结构的限制以及为了确保压缩机的效率，它由容积很小的共振腔Ⅲ和与排气孔口Ⅰ连通的短管孔Ⅱ组成，其中，连通短管一般设在排气孔口的斜切孔位置。例如，一台制冷量约为2500W的空气调节器用单缸滚动转子式制冷压缩机，亥姆霍兹共振消声器的共振腔容积约为0.157cm^3，连通短管的横截面积约为0.015cm^2、长度约为6mm。

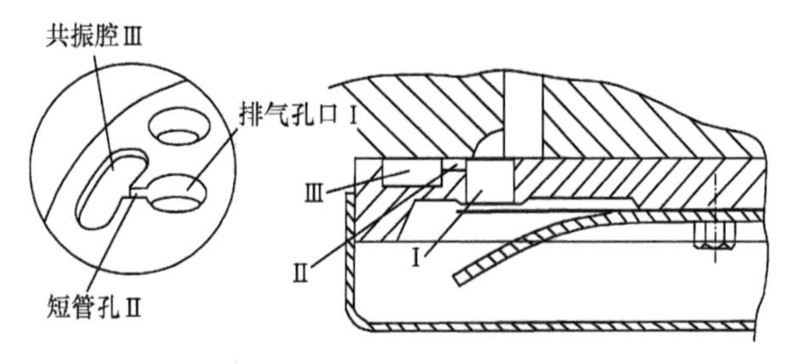

图5.21　排气孔口附近的亥姆霍兹共振消声器

图5.22为某一单缸滚动转子式制冷压缩机设置亥姆霍兹共振消声器前后压力脉动频谱。从图中可以看出，在安装了亥姆霍兹共振消声器之后，气缸压缩腔的气体压力脉动在很宽频率范围内得到了抑制，特别是在2000～3000Hz频率范围的气体压力脉动幅值有较大幅度的降低。

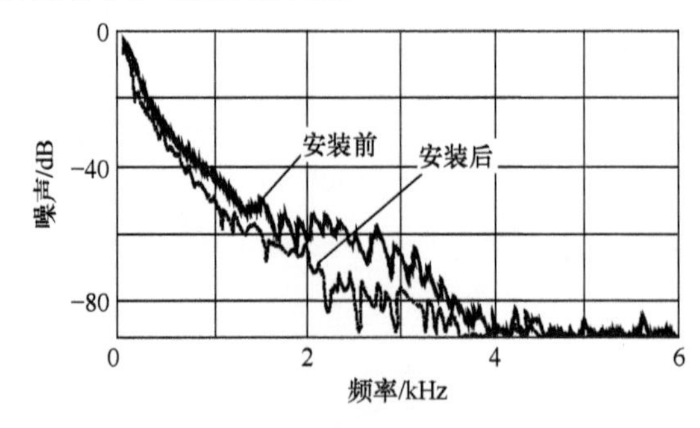

图5.22　安装亥姆霍兹共振消声器前后气缸压缩腔气体脉动谱

另外，从测试结果还可以发现，设置亥姆霍兹共振消声器后，压缩机壳体的振动加速度在整个频率范围内也得到了抑制，说明气体压力脉动引起的压缩机振动也降低了。

这些结果表明，在设置亥姆霍兹共振消声器后，排气孔口附近产生的高声压级的噪声明显得到了抑制。因此，亥姆霍兹共振消声器是降低排气气体动力性噪声最有效的措施之一。在排气孔口设置亥姆霍兹共振消声器对降低压缩机壳体内的气体共鸣噪声也具有重要意义，相关内容将在 5.5 节作进一步介绍。在上述亥姆霍兹共振消声器中，如果共振腔Ⅲ体积变大，降噪效果会相应提高，但由于受气缸结构尺寸的限制以及对压缩机容积效率的影响，实际中，共振腔容积受到一定限制。

亥姆霍兹共振消声器共振腔容积的大小与降低噪声的效果，以及与压缩机效率关系的研究结果如图 5.23 所示。从图中可以看出，当共振腔容积与压缩机气缸容积之比(V_r/V_0)约小于 0.3%时，随着共振腔容积的增大，噪声有比较大幅度的下降；当共振腔容积与气缸容积之比超过 0.3%时，再增大容积比，噪声下降的幅度则较小。在实际设计中，可在共振腔容积与压缩机气缸容积之比(V_r/V_0)在 0.3%～1%的范围选取共振腔的容积。

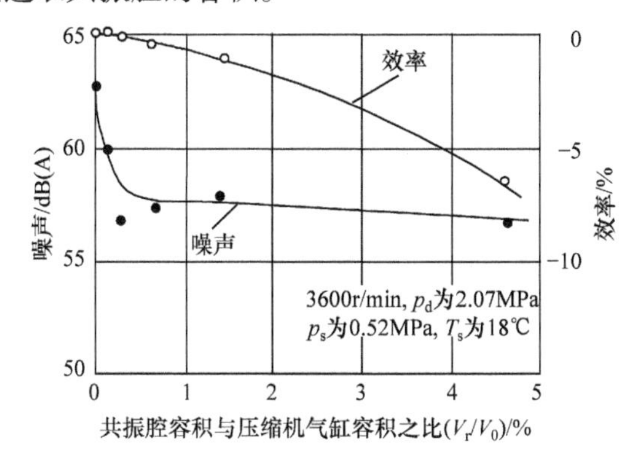

图 5.23　噪声、效率与共振腔容积和压缩机气缸容积之比的关系

需要注意的是，选取比气缸压缩腔开始压缩时气流脉动频率稍大的频率作为亥姆霍兹共振消声器的设计频率才能最有效地降低排气噪声。

另外，降低噪声的效果也与连通短管Ⅱ的尺寸有关。研究表明，在消声频率不变的情况下，适当增大连通短管的截面积可以增大消声量，但短管截面积有一最佳值，短管截面积超过某一数值时消声器的消声量下降，最佳短管截面积与压缩机的气缸容积有关，气缸容积越大，最佳短管截面积也越大。

也就是说，这些尺寸有最优参数，需要在设计时多方验证，以便确定最合理的共振消声器结构和尺寸。

亥姆霍兹共振消声器设计的一般步骤如下：

(1) 确定消声器的消声频率；

(2) 计算制冷剂气体的声速；

(3) 确定共振腔的容积；

(4) 确定亥姆霍兹共振消声器的结构。

例 5.1　某一型号的双缸滚动转子式制冷压缩机，改进设计后在 3150Hz 存在着明显的噪声峰值，压缩机的噪声值达 69.3dB，经过分析其是由排气噪声产生的，为亥姆霍兹共振消声器设计不合理造成，需重新设计满足要求的消声器。

已知压缩机使用的制冷剂为 R-22，亥姆霍兹共振消声器短管截面积为 2.66mm^2，长度为 2mm，计算亥姆霍兹共振消声器容积；工作条件为：吸气压力 0.641MPa，吸气温度 20℃，排气压力 2.161MPa，排气温度 86℃。

根据以上条件，假设压缩过程为绝热等熵压缩，由 R-22 制冷剂状态方程计算出排气孔口制冷剂密度为 77.35kg/m^3。

按照式(2.38)，得到气体制冷剂声速的计算公式：

$$c_r = \sqrt{\frac{\gamma p_0}{\rho_r}} = \sqrt{\frac{1.184 \times 2.161 \times 10^6}{77.35}} = 182\text{m/s}$$

由短管截面积计算当量直径 d：

$$d = 2\sqrt{2.66 / \pi} = 1.84\text{mm}$$

按照式(5.28)计算传导率 G：

$$G = \frac{S}{l_0 + \beta d} = \frac{2.66}{2 + 0.85 \times 1.84} = 0.746\text{mm}$$

按照式(5.34)计算亥姆霍兹共振消声器容积 V_0：

$$V_0 = \frac{c_r^2 G}{4\pi^2 f_r^2} = 63.1\,\text{mm}^3$$

如果假设消声器的容积形状为圆柱形，并取容积的直径为 4mm，则容积孔的深度为 5mm。

采用修正后的亥姆霍兹共振消声器，压缩机整机噪声下降至 66.2dB，3150Hz 频段的噪声也明显下降。

6. 合理设计扩张室式消声器降低排气噪声

在排气孔口通道上设置亥姆霍兹共振消声器，主要是针对气体压力脉动频率高于 2000Hz 的高频排气噪声，对 500～1600Hz 频率范围内的排气噪声没有明显的降噪效果。在这一频段范围，压缩机壳体空间的气体压力脉动是主要的噪声源，特别是壳体内腔体共鸣噪声的频率大多数情况也在这一频率范围，需要采用其他措施进行降噪。在滚动转子式制冷压缩机中，通常是在排气阀外部安装扩张室式消声器来降低这一频段范围的噪声。研究表明，设计良好的扩张室式消声器一般可降低压缩机整机噪声 2～4dB。

用于滚动转子式制冷压缩机排气消声的扩张室式消声器主要有多室扩张室式消声器和径向扩张室式消声器等类型。在实际中，需按消声的要求选用扩张室式消声器的类型。

目前，扩张室式消声器的设计主要采用有限元分析等数值计算的方法进行，设计步骤如下：

(1) 确定主要的消声频率及频率范围；

(2) 确定安装螺钉的位置和定心螺钉的位置；

(3) 确定消声器的结构、尺寸和分析模型，例如，图 5.13 所示的双出口扩张室式消声器的计算分析模型如图 5.24 所示；

(4) 应用有限元软件计算消声器的传递损失；

(5) 计算消声器压力损失大小；

(6) 实验验证消声器的消声效果。

但如果消声器的结构设计不合理或制造精度达不到要求，扩张室式消声器的消声效果将受到很大的影响，甚至起不到消声作用，有时还会反过来增大噪声。实际经验表明，影响消声器消声效果的因素主要有以下几个方面：

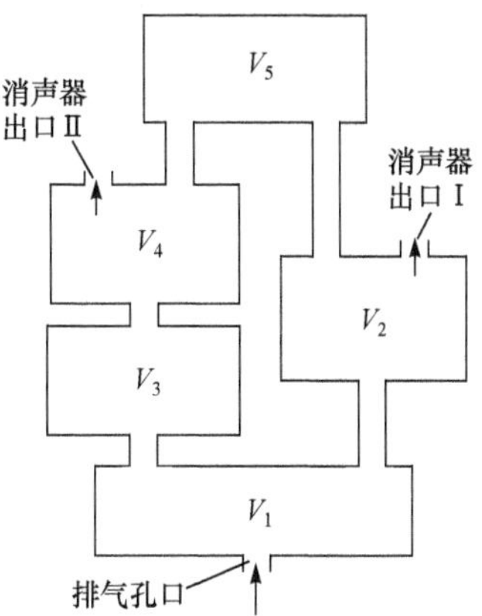

图 5.24　扩张室式消声器计算分析模型

1) 温度的影响

压缩机工作时的温度范围比较宽，在不同工况下排气温度不同。由于制冷剂气体的声速与温度有关，所以相同结构的消声器在不同温度下最大传递损失的频率发生变化。

声速与温度的关系为式(2.38)，并将热力学温度转换成摄氏温度，有

$$c_{\mathrm{r}} = \sqrt{\frac{\gamma R}{\mu}(273+t)} \tag{5.49}$$

式中，γ——制冷剂气体定压比热与定容比热的比值；

R——制冷剂气体的气体常数，单位为 J/(K · mol)；

μ——制冷剂气体摩尔质量，单位为 kg/mol；

t——摄氏温度，单位为℃。

声波的波长 λ 为

$$\lambda = \frac{\sqrt{\gamma R(273+t)/\mu}}{f} \tag{5.50}$$

对于某一频率的声波来说，其波长随温度的升高而增加，因而消声器的传递损失也会发生变化。例如，式(5.10)表示的扩张室式消声器的传递损失变为

$$
\begin{aligned}
\mathrm{TL} &= 10\lg\left[1+\frac{1}{4}\left(\frac{1}{m}-m\right)^2\sin^2\left(\frac{2\pi l}{\lambda}\right)\right] \\
&= 10\lg\left[1+\frac{1}{4}\left(\frac{1}{m}-m\right)^2\sin^2\left(\frac{2\pi l f}{\sqrt{\gamma R(273+t)/\mu}}\right)\right]
\end{aligned}
\tag{5.51}
$$

式(5.51)表明，对扩张室长度一定的消声器来说，温度升高就意味着(或者说相当于)消声器的“工作长度”变短，消声器的消声频率上移。因此，在消声器设计时必须考虑温度的影响，合理选择设计温度点。

2) 气体共鸣噪声的影响

扩张室式消声器腔体为空腔结构，具有固有的声学模态。当排气时气体压力脉动主要成分的频率与空腔结构的声学模态相同或接近时，扩张室式消声器的腔体内将产生气体共鸣噪声，这种共鸣噪声将放大排气噪声。因此，扩张室式消声器设计时应使共鸣频率避开排气噪声的主要激励频率。

3) 排气阀在消声器中位置的影响

在扩张室式消声器结构设计时，应尽可能将排气阀设计在扩张室式消声器空腔的中间位置，使排气阀周围空间较大，这样可以减少排气阀片打开排气时制冷剂气体对周围障碍物的冲击，从而降低冲击噪声和涡流噪声。

如图 5.25(a)和(b)所示的两种扩张室式消声器，除了排气阀位置与消声器内壁之间的距离不同外，其他结构完全一样。图 5.25(c)为采用这两种扩张室式消声器噪声的频率特性。

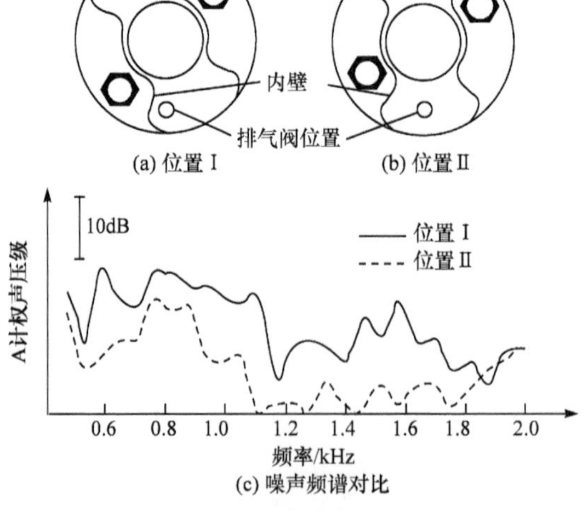

图 5.25　两种位置消声器与噪声的关系

从图 5.25(c)可以看出，排气阀设置在位置Ⅱ时，扩张室式消声器的消声效果要比在位置Ⅰ时的消声效果好很多。并且，当排气阀靠近消声器内壁时，在 1000Hz 到 2000Hz 频率范围内的噪声显著增加。

4) 扩张室式消声器材料的厚度及刚度的影响

在滚动转子式制冷压缩机中，扩张室式消声器大多数是由薄钢板冲压成型与气缸盖共同组成的。钢板的厚度与消声器壳体的透声量直接相关，钢板越厚透声量越小。根据隔声原理，可以知道消声器壳体的隔声能力取决于单位面积的质量(即面密度)及结构特性。

扩张室式消声器的壳体结构可以看成单层结构的隔声板。当声波垂直入射到单层壁板上时，如果不考虑壁板的弹性，则壁板将在声波的作用下做整体振动，又引起壁面另一侧的气体振动，部分入射声就是这样透射过去的。

(1) 平板隔声理论。

理论上垂直入射时的隔声量 TL_0 为

$$TL_0 = 10\lg\left[1+\left(\frac{\omega m}{2\rho_r c_r}\right)^2\right] \tag{5.52}$$

式中，ω——入射声波的角频率，$\omega = 2\pi f$，单位为 rad/s；

m——材料的单位面积质量，单位为 kg/m^2；

$\rho_r c_r$——制冷剂气体特性阻抗，单位为 $Pa \cdot s/m^3$，其中，ρ_r 为制冷剂气体密度，c_r 为制冷剂气体声速。

由于 $\omega m/(2\rho_r c_r) \gg 1$，式(5.52)可以写为

$$TL_0 \approx 20\lg\frac{\pi m f}{\rho_r c_r} \tag{5.53}$$

由式(5.53)可知，TL_0 是隔声结构质量的函数，因此将式(5.53)称为隔声效果的质量定律。也就是说，隔声结构材料的密度越大、厚度越厚，或者入射声波的频率越高，则传递损失就越大，所以在设计隔声结构时应尽量选用重而厚的材料。

入射声波与隔声结构面成 θ 入射角时，其隔声效果用式(5.54)计算：

$$TL_\theta = 10\lg\left[1+\left(\frac{\pi m f\cos\theta}{\rho_r c_r}\right)^2\right] \tag{5.54}$$

当声波无规则入射时，隔声效果为

$$TL_m = TL_0 - 10\lg(0.23TL_0) \tag{5.55}$$

比较式(5.53)～式(5.55)可以看出，斜入射或无规则入射的隔声量总是小于垂直入

射时的隔声量。

对于有边界条件的有限大的隔声板，当其面密度 $m<100\text{kg/m}^2$ 时，经过修正，常采用式(5.56)进行隔声量估算：

$$\text{TL}=18\lg m+12\lg f-44 \tag{5.56}$$

对于单层隔声材料，其传递损失随频率变化的情况如图 5.26 所示，传递损失与频率的关系曲线大致可以划分为四个区域。区域Ⅰ称为刚性控制区，在该区域内，隔声体对声波压力的反应如弹簧一样，即频率很低时，隔声量由隔声体的刚度与频率决定，刚度越大隔声量越大，隔声量随频率的增加而下降约 6dB/倍频程。区域Ⅱ是共振区(阻尼控制)，隔声量随着频率的上升出现共振越来越弱直至消失的现象，共振区的宽度取决于结构形状、边界条件和阻尼大小。区域Ⅲ为质量控制区，是“质量定律”起作用，这个区内声波对隔声件结构的作用如同一个力作用于质量块，质量越大则结构的振动速度越小，隔声量也越大，斜率为 4～6dB/倍频程。区域Ⅳ是吻合效应区，即某一频率的声波以一定的角度投射到隔声面上，使入射声波的波长在隔声材料上的投射正好等于隔声材料的固有弯曲波波长，从而激发隔声材料固有振动，向另一侧辐射与入射声波相同强度的透射声波，即声波原原本本地通过隔声结构而失去隔声效果，这种现象称为吻合效应。

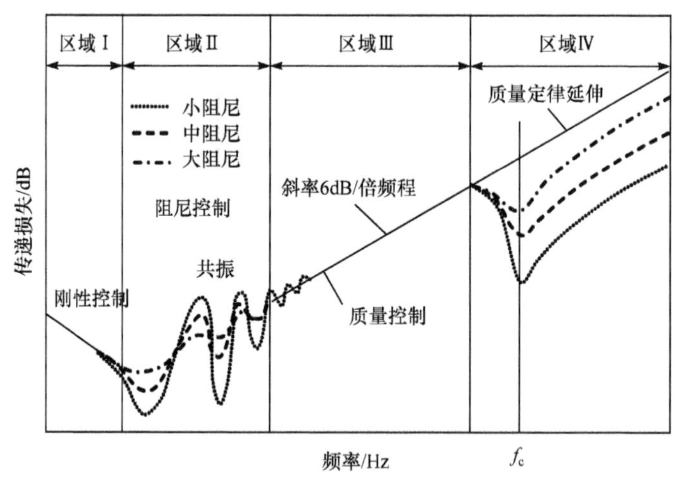

图 5.26　典型的平面传递损失

出现吻合效应的临界频率 f_c 为

$$f_c=\frac{c_r^2}{2\pi}\sqrt{\frac{m}{B}}=\frac{c_r^2}{2\pi t_m}\sqrt{\frac{12\rho(1-\nu^2)}{E}} \tag{5.57}$$

式中，B——壁材料的弯曲刚度，单位为 N · m；

ρ——壁材料的密度，单位为 kg/m^3；

t_m——壁厚，单位为 m；

E——壁材料的弹性模量，单位为 N/m^2；

ν——壁材料的泊松比。

出现吻合效应时，隔声壁的隔声量比质量定律低十几分贝，而且影响面相当宽，大约有 3 倍频程的频率范围。

如果要消除吻合效应的影响，要设法使隔声壁的临界频率尽可能不出现在主要的频率范围内。从式(5.57)可以看出，增加隔声壁的厚度或者刚度，f_c会下降；增加隔声壁的密度或者减小刚度，f_c会上升。

除了要考虑扩张室式消声器的透射声外，还要对扩张室式消声器壳体的固有频率进行测试分析，以避开排气噪声中的主要频率，防止扩张室式消声器壳体产生共振。

扩张室式消声器壳体的固有频率，必须避开声波的频率才能不发生共振。根据理论分析，只有当入射声的频率大于隔声壁结构共振频率的 1.42 倍时，才有明显的隔声效果。因此，为了有效地隔绝噪声，应尽可能降低扩张室式消声器壳体的共振频率。

对于由金属材料制作的隔声结构,其共振频率可以分布在很广的听阈范围内，必须考虑它们的影响。单层结构的共振频率可以由式(5.58)计算：

$$f_n = 600\sqrt{\frac{S}{mV}} \tag{5.58}$$

式中，f_n——单层结构的共振频率，单位为 Hz；

m——结构的面密度，单位为 kg/m^2；

S——结构的内表面积，单位为 m^2；

V——结构的体积，单位为 m^3。

(2) 消声器壁面隔声量。

由于滚动转子式制冷压缩机扩张室式消声器壁面是复杂的曲面结构，其结构刚度远大于平板结构，上述讨论的平板隔声理论并不能直接用于实际的消声壁面结构的隔声量计算。在实际中，一般通过测量或数值计算的方法确定消声器壁面的隔声性能。

图 5.27 为采用数值计算方法得到的某一台滚动转子式制冷压缩机扩张室式消声器壁面隔声量与频率的关系。从图中可以看出，当频率低于 4500Hz 时，消声器壁面结构的隔声量基本上都在 35dB 以上，这一隔声量与消声器的传递损失相比要大得多(10dB 以上)。所以，一般情况下，当频率低于 4500Hz 时消声器的设计无须考虑消声器透射噪声。

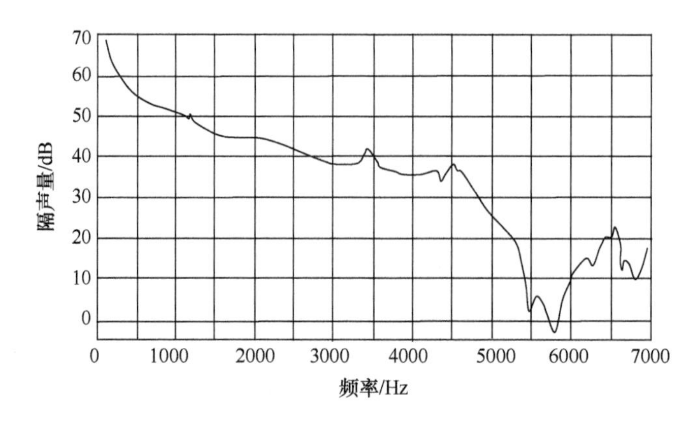

图 5.27　消声器壁面的隔声量

另外，从图 5.27 中还可以看出，消声器壁面出现共振的区间在 4500～6300Hz 频段范围，这一频段范围对噪声的隔声量很小。而部分压缩机的腔体共鸣噪声刚好在这一区间，有可能会对这一频段范围的压缩机整机噪声有一定影响，在设计消声器时需要给予一定的关注。

5) 扩张室式消声器与气缸盖轴承颈部之间间隙的影响

在滚动转子式制冷压缩机的扩张室式消声器中，噪声从以下几个途径传递和辐射：一个途径是扩张室式消声器与气缸盖轴承颈部(外径)之间的间隙，1000Hz 以下的低频带噪声主要通过这种途径传递；第二种途径是扩张室式消声器的出口孔，1000Hz 以下的强正弦噪声相关的低频正弦噪声通过这种方式辐射；第三种途径是扩张室式消声器表面振动辐射噪声，这种途径传递的声音频率主要在 800～1000Hz 范围。

如果扩张室式消声器与气缸盖轴承颈部之间存在间隙，会破坏消声器的声学模态，导致消声器的传递损失下降。图 5.28 为扩张室式消声器与气缸盖轴承颈部之间间隙对传递损失的影响。

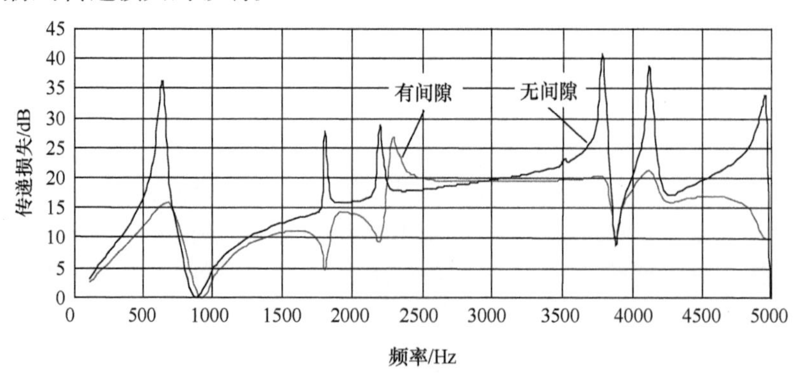

图 5.28　扩张室式消声器与轴承颈部配合间隙对传递损失的影响

因此，为了确保消声器的消声效果，以及防止低频带噪声通过间隙传递，应尽可能减小轴承颈部与消声器中心孔之间的配合间隙。这一点在消声器的设计、制造以及装配中往往容易被忽视，从而造成扩张室式消声器实际的消声效果达不到设计要求。

6) 扩张室式消声器出口位置的影响

在立式滚动转子式制冷压缩机中，不论是单排气结构还是双排气结构，或双缸结构，扩张室式消声器的最终出口通常都设置在电机与气缸上端盖之间的位置。这是由于气缸的下端盖浸在润滑油中，从排气阀排出的气体不能直接从气缸的下部排放到压缩机壳体内，绝大部分情况是经下部扩张室式消声器进入上部扩张室式消声器排放至压缩机壳体内。下排气孔口排出气体的流动途径如图 5.29 所示。

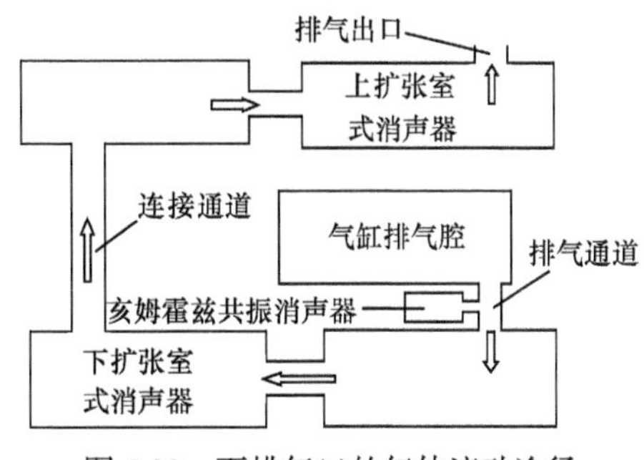

图 5.29　下排气口的气体流动途径

由于滚动转子式制冷压缩机结构紧凑，一般情况下，扩张室式消声器出口与电机之间的距离都比较小。电机的转子处于高速旋转中，而且电机转子上的平衡块高于电机转子端部平面，如果扩张室式消声器出口位置设置在靠近电机转子的部位，则旋转的电机转子上的平衡块在通过消声器出口部位时将周期性地改变二者之间的距离。这种周期性的距离变化，将会加大消声器出口的气体压力脉动和产生气流冲击，增大噪声。

因此，上扩张室式消声器的出口应尽量设置在靠近电机定子的部位或尽可能避开电机转子平衡块的突出区域。

7) 消声器出口数的影响

除非设置多个消声器出口有其他(降噪)作用，扩张室式消声器出口的数量应尽量少，原则上只设计一个出口。虽然对于扩张室式消声器来说，不同的出口位置有不同的消声效果，但设置多个出口会导致消声器的传递损失减小。

图 5.30 为出口设置在两个不同位置和同时设置两个出口时消声器的传递损失。从图中可以看出，当采用两个出口时，消声器的传递损失曲线在所有频段上都为消声效果较差的出口的消声量，即消声器的实际传递损失为图中位置 1+位置 2 的传递损失曲线。

8) 消声器出口面积的影响

由于扩张室式消声器的消声量取决于扩张比，一般情况下，设计时消声器出口的面积大于排气孔口的面积即可满足要求，出口面积过大会降低消声器的传递损失。图 5.31 为同一结构消声器出口面积不同时的传递损失曲线，从图中可以看出，消声器出口面积为 21mm^2 时的总传递损失最大，消声效果最优。

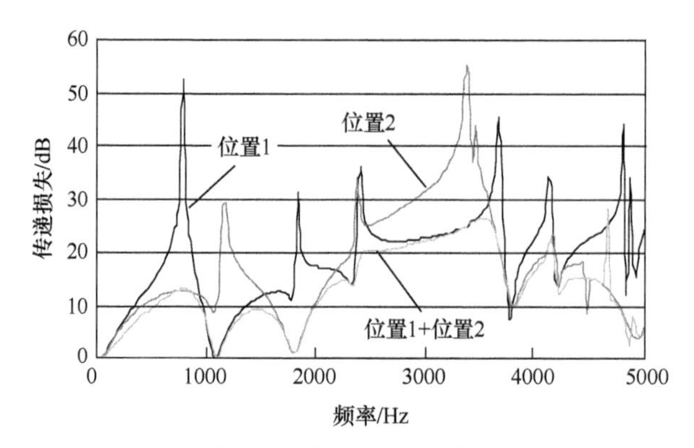

图 5.30　消声器出口数量不同时传递损失的比较

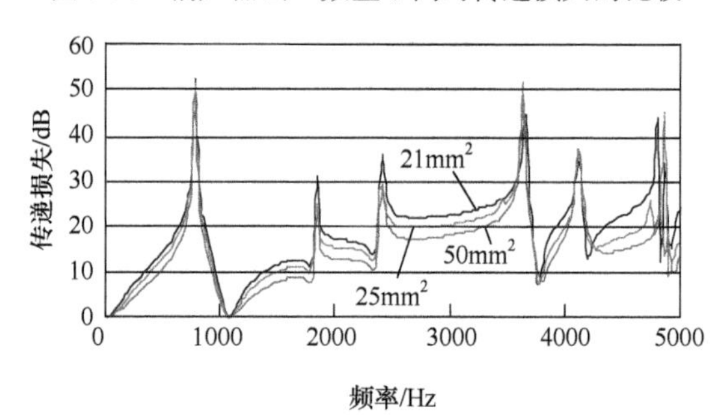

图 5.31　消声器出口面积不同时的传递损失

9) 消声器颈部截面的影响

一般情况下，消声器颈部截面积越小越有利于增大消声器的传递损失。但在滚动转子式制冷压缩机中，缩小消声器颈部截面积会引起消声器结构特性的变化，改变消声器的频率特性。颈部结构的最佳值需要根据传递损失曲线确定，图 5.32 为消声器颈部截面积不同时传递损失曲线的变化情况。另外，为了不使消声器的压力损失过大，消声器颈部的截面积通常应大于排气孔口的截面积。

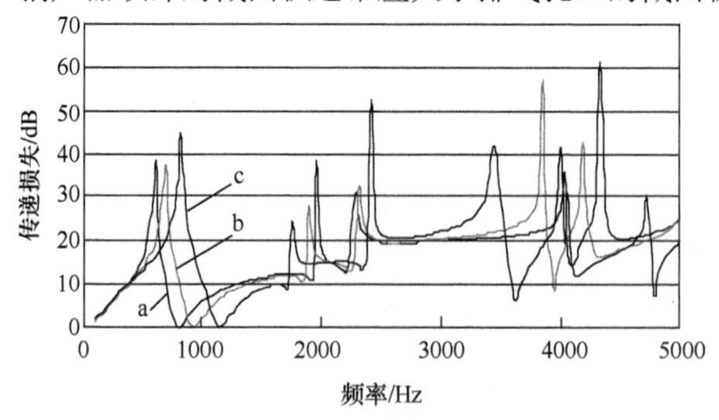

图 5.32　不同颈部截面积对传递损失的影响

（图中颈部截面积：a 为 $3.37mm^2$，b 为 $14.08mm^2$，c 为 $41.58mm^2$）

10) 排气通道的影响

这里的排气通道是指从排气孔口(排气阀口)至扩张室式消声器出口之间的气流通道。对于单排气系统，排气通道即单个扩张室式消声器内的气流通道；对于双排气系统，排气通道包括两个扩张室式消声器通道，其中一个排气孔口直接与扩张室式消声器相连，气体通过扩张室式消声器的出口排出，另一个排气孔口的排气进入扩张室式消声器通道后，再通过连接两个消声器的通道进入下一个扩张室式消声器。

图 5.29 所示的双排气系统中，下部的排气系统流程长，流道复杂，气体在流路通道中流动时，有可能产生气柱共振，增大噪声，因此流路通道设计时应注意防止产生气柱共振。

另外，可以将连接两个消声器之间的流路通道结构设计成扩张室式消声器结构，进一步降低下部排气孔口排气时产生的气体动力性噪声。

11) 气流速度的影响

气流速度对消声器的声学影响，主要表现在两个方面：一是气流的存在会引起声传递和声衰减规律的变化；二是气流在消声器内产生一种附加噪声，即再生噪声。特别是再生噪声对扩张室式消声器的消声效果产生影响，需要重点关注。

分析气流再生噪声的产生机理，大致有两个方面：一是气流经过扩张室式消声器时，因局部阻力和摩擦阻力而产生一系列湍流，以及流道截面的突变产生涡流，相应地辐射一些噪声；二是气流激发起消声器构件振动而辐射噪声。气流再生噪声相当于在原有噪声源上又叠加了一种新的噪声源。

降低扩张室式消声器内气流再生噪声的途径是：一是尽量降低扩张室式消声器中气体的流速；二是改善气体的流动状态，特别是要避免扩张室式消声器流道不同截面的突缩和突扩，使气流流动状态稳定，防止产生湍流和涡流。

12) 出口尾管的影响

如前面所述，滚动转子式制冷压缩机中使用的扩张室式消声器通常是用薄钢板冲压而成的，因而扩张室式消声器出口的长度一般就是钢板的厚度。在扩张室式消声器的出口采用翻边结构增加一定长度的尾管，可以增大扩张室式消声器从更低的频率到更高频率的消声效果。

但消声器出口的尾管也会产生噪声，这种噪声称为尾管噪声。尾管噪声是一种脉动噪声，如果声波以平面波的形式在消声器管道中传递，当达到尾管时，就好像尾管处有一个活塞在运动，如图 5.33 所示。

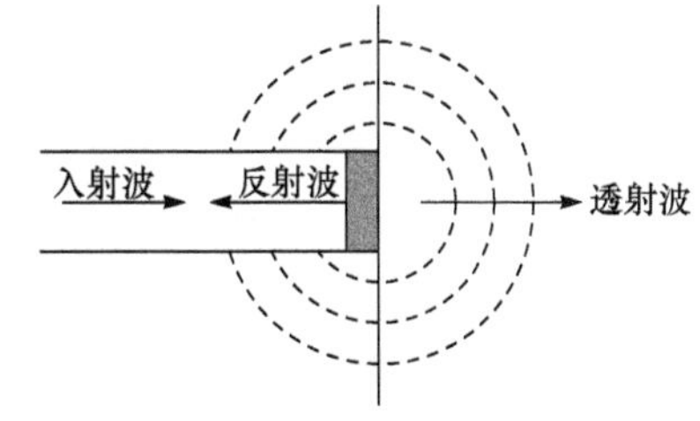

图 5.33　尾管的脉动噪声

尾管噪声由两部分组成：气体动力性噪声和气流摩擦噪声。稳定的气流在尾管处发出气体动力性噪声，而不稳定的气流产生摩擦噪声，在尾管噪声中，这两种噪声所占的比例取决于气流量的大小和速度。流量小和速度低时，气体动力性噪声为主要成分；而流量大和速度快时，摩擦噪声占主要成分。尾管噪声随着压缩机运转速度的增高而增大。

另外，需要注意的是，如果扩张室式消声器的出口离电机转子端部较近，那么增加出口尾管有可能使涡流噪声增大。

7. 在共鸣模态节点位置开设出口降低气体共鸣噪声

扩张室式消声器内存在固有的气体共鸣噪声，会导致扩张室式消声器的消声效果恶化。为了避免扩张室式消声器空间内气体共鸣噪声对压缩机整机噪声造成的影响，可以将消声器的排气出口设置在扩张室式消声器空间共鸣模态的节点线位置，使制冷剂气体从扩张室式消声器气体共鸣噪声最低的位置排出，这样，可以将扩张室式消声器内气体共鸣噪声的影响降至最小。

图5.34为某一台滚动转子式制冷压缩机扩张室式消声器采用有限元分析的前三阶声学模态图，该消声器的前三阶共鸣频率分别为 1143Hz(图 5.34(a))、1346Hz(图 5.34(b))和 2024Hz(图 5.34(c))。从图中可以看出，第一阶和第二阶模态的节点位于消声器的颈部和扩张室的边上，第三阶模态的节点分别位于消声器的颈部。因此，此消声器的排气出口应选择在扩张室的声模态节点位置(图 5.34 中的浅色部位)。

(a) 第一阶声学模态(1143Hz)

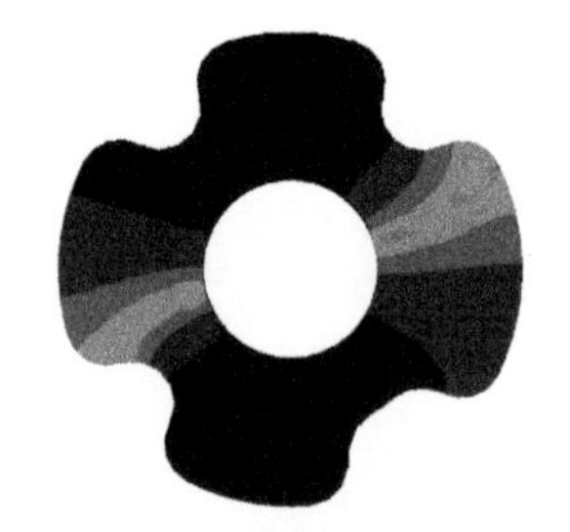

(b) 第二阶声学模态(1346Hz)

(c) 第三阶声学模态(2024Hz)

图 5.34　扩张室式消声器的声学模态

当扩张室式消声器存在两个气体共鸣频率时，有以下三种处理方式：

(1) 确定对压缩机噪声影响较大的气体共鸣频率，在这一频率的气体共鸣模态节点线上设置消声器出口；

(2) 在这两个气体共鸣模态的节点线位置分别设置消声器出口，来降低气体共鸣噪声，但需要确认设置两个出口时的实际消声效果；

(3) 如果两个共鸣模态的节点线交叉，那么可以将扩张室式消声器的出口设置在节点线交叉点上。

8. 采用双层扩张室式消声器降低排气噪声

对于某一些制冷剂(如 CO_2 制冷剂)，由于排气时的气体压力高、密度大，排气噪声相对较大，使用常规的扩张室式消声器难以取得令人满意的消声效果。为了有效降低排气噪声，可以采用双层结构的扩张室式消声器。

双层结构的扩张室式消声器是在单层消声器结构的外层再增加一个扩张室式消声器，实际上是通过增加消声器的节数，来改善消声效果。同时，采用双层结构也增强了隔声效果，可进一步降低排气噪声。

需要注意的是，采用双层结构的扩张室式消声器，增加了排气通道的流程和流阻，与单层结构的扩张室式消声器相比气体的流动损失增大，会对压缩机的效率造成一定的影响。

5.3　压缩噪声及控制方法

压缩噪声是指压缩机压缩过程中气缸内的制冷剂气体力直接激励压缩机结构振动所引起的、并通过内部传递路径传递到压缩机壳体的表面，由压缩机壳体表面辐射形成的空气噪声。

本书中，将传递气体力的滚动转子、偏心轮轴等互相配合的零部件在气体力的作用下越过配合间隙形成冲击和摩擦发出的噪声归入机械噪声，而不纳入压缩噪声中讨论。

对于确定的压缩机壳体表面，声辐射效率为定值，所以可用固体振动加速度(即压缩机表面振动加速度)来表征压缩噪声。又因为确定的压缩机具有确定的传递函数，所以也可以用气缸内气体的压力特性来表征压缩噪声。

5.3.1　压缩噪声与气缸内压力的关系

压缩噪声是由气缸内制冷剂气体压力变化引起的。如果气缸内气体压力保持恒定不变，则不管这一气体压力有多高，都不会产生噪声，这与物体静止放置在地面无论多重都不会产生噪声的道理一样。事实上，压缩机工作时气缸压缩腔内气体压力是周期性快速变化的，因而产生压缩噪声。

压缩腔内气体压力周期性改变的特性，主要体现在气体压力增长率 $\mathrm{d}p/\mathrm{d}t$ 对压缩噪声的影响。气体压力增长率越高，压力频谱的高频成分越强。一个极端的情况是，压缩腔内气体压力如果呈脉冲函数，则气体压力增长率趋向无穷大，气体压力频谱成为一条水平线，此时各种频率成分的幅值相同，即由脉冲函数的幅值决定。

压缩噪声的声强与压缩腔内气体压力增长率有如下关系：

$$I \propto [p_{\max}(\mathrm{d}p/\mathrm{d}t)_{\max}]^2 \tag{5.59}$$

式中，$p_{\max}$——压缩腔内气体压力的最大值，单位为 MPa；

$(\mathrm{d}p/\mathrm{d}t)_{\max}$——单位时间压缩腔内气体压力增长率的最大值，单位为 MPa/s。

气缸压缩腔内气体压力随时间的增长率可以转换为气体压力与压缩机转速和偏心轮轴转角的关系，有

$$\frac{\mathrm{d}p}{\mathrm{d}t}=\frac{\mathrm{d}p}{\mathrm{d}\theta}\cdot\frac{\mathrm{d}\theta}{\mathrm{d}t}=\frac{2\pi n}{60}\cdot\frac{\mathrm{d}p}{\mathrm{d}\theta} \tag{5.60}$$

式中，θ——偏心轮轴的转角，单位为 rad；

n——偏心轮轴的旋转速度，单位为 r/min。

从式(5.60)可以看出，如果压缩机转速保持恒定，则偏心轮轴单位转角的气体压力增高率 $\mathrm{d}p/\mathrm{d}\theta$ 就反映了 $\mathrm{d}p/\mathrm{d}t$ 的大小。反之，如果压缩机的转速随时间变化，则即使 $\mathrm{d}p/\mathrm{d}\theta$ 保持不变，$\mathrm{d}p/\mathrm{d}t$ 也是随着转速变化的。

5.3.2 压缩腔内气体压力的变化

在滚动转子式制冷压缩机中，压缩过程由滚动转子转至吸气孔口前边缘时开始，至滚动转子转至排气开始角排气阀打开后截止，之后进入排气过程。由于滚动转子式制冷压缩机的特殊性，气缸中的气体压力变化不但在压缩过程中出现，而且在排气过程中也出现较大的压力变化。因此，将排气过程因压缩产生的噪声也归为压缩噪声。气缸压缩腔内气体压力变化规律为

$$p_{\mathrm{c}}=\begin{cases} p_{\mathrm{s}}, & 0\leqslant\theta<\beta \\ p_{\mathrm{s}}\left(\dfrac{V_{\mathrm{s}}}{V_{\mathrm{c}}}\right)^{\gamma}, & \beta\leqslant\theta\leqslant\theta_{\mathrm{d}} \\ p_{\mathrm{d}}+(p_{\mathrm{d}}'-p_{\mathrm{d}})\dfrac{2\pi-\theta}{2\pi-\theta_{\mathrm{d}}}, & \theta_{\mathrm{d}}<\theta\leqslant 2\pi \end{cases} \tag{5.61}$$

式中，p_{c}——压缩腔内的气体压力，单位为 MPa；

p_{s}——吸气压力，单位为 MPa；

p_{d}——排气压力，单位为 MPa；

p_{d}'——排气阀打开时压缩腔内的压力，单位为 MPa；

V_{s}——开始压缩时工作腔的容积，单位为 m^3；

V_{c}——工作腔的容积，单位为 m^3；

β——吸气孔口前边缘角(见图 1.3)，单位为 rad；

γ——制冷剂气体的多变指数；

θ_d——排气开始角，单位为 rad。

由式(5.61)可知，当 $\beta \leqslant \theta \leqslant \theta_d$ 时，压缩腔内的气体压力与工作腔容积 V_c 的变化相关，有

$$V_c = V_t - \frac{1}{2}H(R^2 s(\theta) + h_v B_v) \tag{5.62}$$

式中，V_t——气缸的理论容积，单位为 m^3；

H——气缸的高度，单位为 m；

R——气缸的半径，单位为 m；

h_v——滑片的厚度，单位为 m；

B_v——滑片的伸出长度，单位为 m。

其中

$$s(\theta) = (1-a^2)\theta - \frac{(1-a)^2}{2}\sin(2\theta) - a^2 \arcsin\left(\left(\frac{1}{a}-1\right)\sin\theta\right) - a(1-a)\sin\theta\sqrt{1-\left(\frac{1}{a}-1\right)^2\sin^2\theta} \tag{5.63}$$

$$B_v = R\left[1-(1-a)\cos\theta - \sqrt{(1-a)^2\cos^2\theta + 2a - 1}\right] \tag{5.64}$$

式中，a——半径比，$a = R_r / R$，其中 R_r 为滚动转子半径。

偏心轮轴旋转一周压缩机压缩腔内制冷剂气体压力变化的典型曲线如图 5.35 所示。在排气阀开启之前，随着偏心轮轴转角的变化，制冷剂气体的压力上升并超过压缩机壳体内制冷剂气体的压力；排气阀开启时，气缸内的气体压力快速下降至壳体内的气体压力；在排气结束排气阀关闭时，气缸内气体的压力再次上升。

滚动转子式制冷压缩机存在过压缩，这是滚动转子式制冷压缩机结构特有的现象。过压缩时的制冷剂气体压力会突变增高，压缩噪声的噪声级也会突变增高。另外，由于余隙的存在，滚动转子式制冷压缩机的工作过程变得更为复杂。当滚动转子转过排气孔口边缘时，余隙容积中的高压制冷剂气体会向吸气腔中回流，使压缩腔的制冷剂气体压力突然降低，也会导致压缩噪声的增高。余隙容积中的回流与压缩机的运转频率有关，它随着压缩机运转频率的提高而减少，压缩机运转频率越低，回流情况越严重。因此，余隙容积对气体压力脉动影响一定程度上与压缩机的运转频率有关。

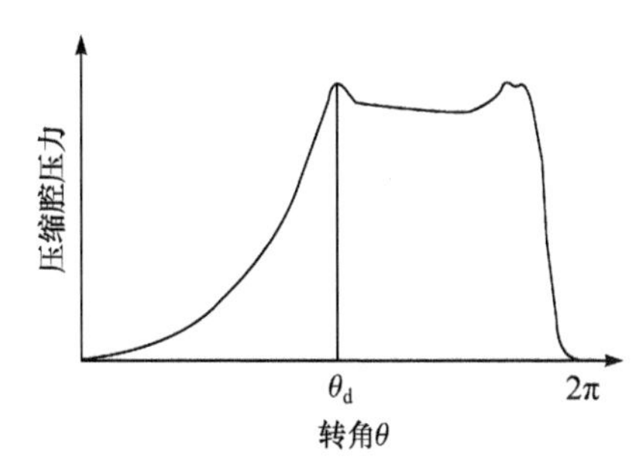

图 5.35　压缩腔内气体压力变化曲线

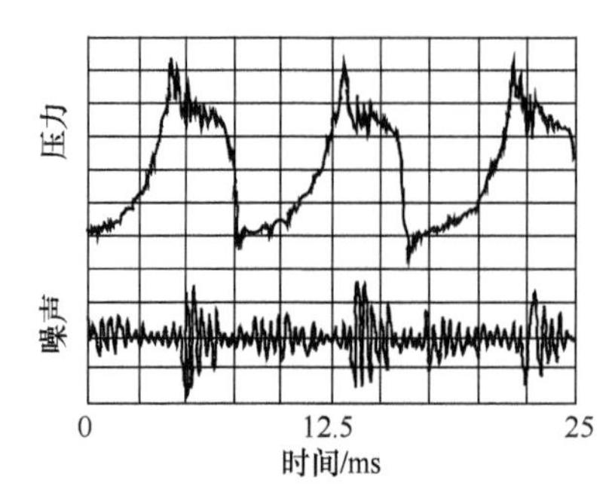

图 5.36　压缩机气体压力脉动与噪声波动

一般认为，滚动转子式制冷压缩机压缩过程中气缸内制冷剂气体压力脉动对噪声和振动影响较大的是排气阀开启前产生的压力脉动和余隙气体膨胀引起的压力脉动。

图 5.36 为实测的某一台滚动转子式制冷压缩机的压缩腔内气体压力和噪声值的时域变化曲线。实验结果表明，在排气阀开启时，压缩机的噪声和振动最大。

压缩过程中气缸腔体内的气体压力脉动是滚动转子式制冷压缩机最主要的气体激励力之一(特别是 2000Hz 以上的高频成分)。这种气体激励力不仅通过气缸、气缸端盖、滚动转子作用于偏心轮轴等部件引起这些零件的机械振动，而且在排气阀开启后还直接激发排气消声器和壳体的振动。

5.3.3　气缸内气体压力脉动及频谱

如前所述，滚动转子式制冷压缩机工作时，压缩过程气缸内气体压力呈周期性变化。这种周期性的气体压力变化使气缸产生气体声，同时激励起滚动转子、气缸、上下端盖(主副轴承)以及偏心轮轴等零件的振动、冲击而发出固体声，压缩噪声是压缩机噪声的重要来源之一。

分析压缩过程中气缸内气体压力的频谱，是研究和控制压缩过程中气体动力性噪声和固体噪声的重要环节之一。

在压缩机运行工况稳定的情况下，压缩过程气缸内的气体压力周期性变化曲线，可以通过傅里叶变换展开成下面的级数形式：

$$p(t)=\frac{A_0}{2}+\sum_{n=1}^{\infty}A_n\cos(n\omega_0 t+\phi_n) \tag{5.65}$$

式中，$A_0=\frac{2}{T_0}\int_{t_0}^{t_0+T_0}p(t)\mathrm{d}t$；

$A_n=\sqrt{a_n^2+b_n^2}$；

$a_n=\frac{2}{T_0}\int_{t_0}^{t_0+T_0}p(t)\cos(n\omega_0 t)\mathrm{d}t$；

$b_n=\frac{2}{T_0}\int_{t_0}^{t_0+T_0}p(t)\sin(n\omega_0 t)\mathrm{d}t$；

$\tan\phi_n=b_n/a_n$；

$\omega_0=2\pi/T_0$，其中 T_0 为压缩机运转周期，单位为 s。

由式(5.65)可知，压缩过程压缩机气缸内的气体压力幅值频谱是由一系列不同频率、不同幅值的离散谐波谱组成的，它的基频就是压缩机的运转频率，泛频(高次谐波)为基频的整数倍。

图 5.37 为某一台双缸滚动转子式制冷压缩机，制冷剂为 R-410A，压缩过程中气缸内气体压力实测数据经傅里叶变换后得到的频谱图，图中横坐标为频率，纵坐标为气体压力。从图中可以看出，气缸内气体压力的基频幅值远大于泛频幅值，是气缸内气体压力脉动的主要频率成分，泛频的气体压力脉动主要分布在中、低频率范围内，并且该频率范围内这些泛频的幅值，随着阶次的增高而递减。

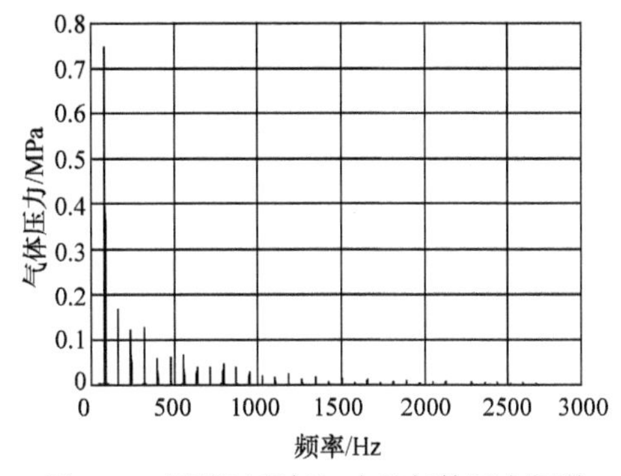

图 5.37　压缩过程气缸内的气体压力频谱

测试条件：压缩机标准工况；运转频率为 80Hz

根据声压级的定义，在求得气体压力的自功率谱 $G_p(f)$ 后，可用式(5.66)求出气缸内气体压力级 L_g：

$$L_g = 10\lg\frac{G_p(f)}{p_0^2} \tag{5.66}$$

式中，f——气体压力脉动的频率，单位为 Hz；

p_0——基准声压，$p_0 = 20\mu\text{Pa}$。

上面的气体压力级与声压级的数值相同。通过对不同形状气体压力频谱的实际分析表明，一般气体压力的频谱大致可以分为三个频段：①300Hz 以下为低频段；②1500Hz 以上为高频段；③两者之间为中频段。

(1) 低频段，包含由基频开始的前几阶谐波。在低频段，气体脉动的压力级达到相当大的量级，它们主要是由压缩机气缸排出气体压力的高低和示功图面积的大小和形状所决定的，其激励幅值相当大，引起气缸等零部件的低频强迫振动。由于气缸、滚动转子、偏心轮轴、轴承等零部件的固有频率相对较高，远高于激励力的频率，加上低频声辐射效率远小于 1，所以气缸、滚动转子、偏心轮轴、轴承等零部件振动所辐射出的低频段噪声较低。

(2) 中频段，压缩机工作过程的周期性变化特征逐渐消失，气体压力频谱受冲击性的气体压力所控制，其气体压力级随频率增加呈下降趋势，下降速率主要由气体压力曲线的最大气体压力增长率 $(\mathrm{d}p/\mathrm{d}t)_{\max}$ 的值来控制，$(\mathrm{d}p/\mathrm{d}t)_{\max}$ 值越大，则气体压力级随频率增加而下降的趋势就越小，即中频段的频谱曲线越平稳、能量越大。相对余隙较小的压缩机，在膨胀开始的瞬间，会产生较大的 $(\mathrm{d}p/\mathrm{d}t)_{\max}$ 值，从而产生在中频较大的噪声，特别是当出现封闭容积时，气体压力突然变化，

导致 $(\mathrm{d}p/\mathrm{d}t)_{max}$ 值较大。中频段的气体压力产生的激励，相对容易地通过部件振动向外传出，故引起中频段有较大噪声。

(3) 高频段，此频段气体压力级的幅值主要取决于最大气体压力增长率 $(\mathrm{d}p/\mathrm{d}t)_{max}$。它也具有冲击的性质，会引起气缸内气柱共振。当气柱共振加剧时，会引起示功图上出现锯齿形气体压力波，其共振频率 f_{res} 为

$$f_{res}=\frac{a_{ch}}{2H} \tag{5.67}$$

式中，a_{ch}——冲击波在制冷剂中的传递速度，$a_{ch}=1.1\sim1.15c_r$，其中 c_r 为制冷剂气体的声速，单位为 m/s；

H——气缸的高度，单位为 m。

在上述三个频段中，以第二频段气体压力激发的振动对压缩机噪声影响最大，原因有以下几个方面：①被它所激励的滚动转子、气缸体、上下端盖、偏心轮轴等零部件，其固有频率多处于中高频段范围，从而容易引起后者的共振；②虽然在这一频段气缸内的气体压力级远不及低频段时大，但在此区域中结构的衰减最小，结构响应最强，最容易产生振动而辐射出噪声；③这种振动所诱发的噪声，正符合人耳敏感的频率范围，其 A 声级较高。

图 5.38 为测量得到的某一型号滚动转子式制冷压缩机气缸压缩腔的气体压力随转角变化曲线。图中，在压力脉动波形曲线上还叠加有高频压力脉动成分。而且高频部分气体压力脉动的波长随着行程的行进而变短。因此，随着偏心轮轴角度 θ 的增加，气缸压缩腔空间减小，气体压力脉动频率变得更高。

图 5.39 是偏心轮轴旋转角度变化时，实验测量得到的某一型号压缩机气缸内气体压力脉动每阶共振频率的变化情况。

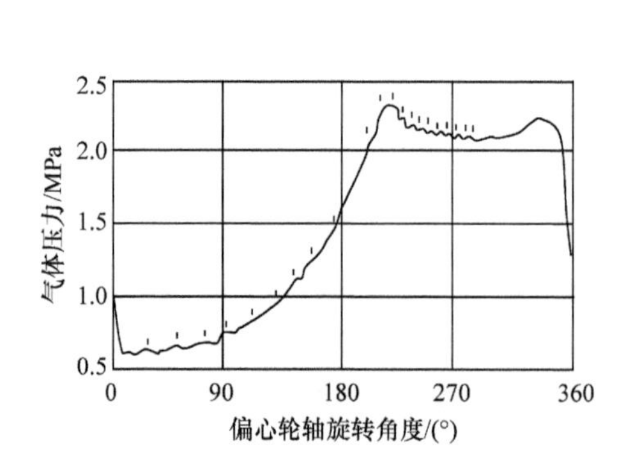

图 5.38　气缸压缩腔气体压力脉动的高频分量

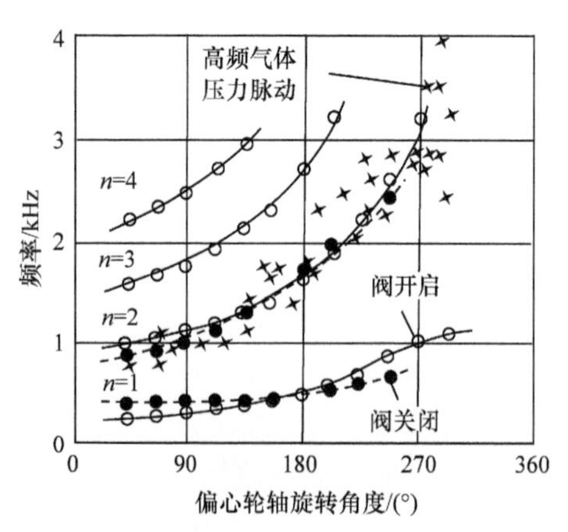

图 5.39　每阶共振频率的变化和观测到的气缸压缩腔压力脉动高频分量的变化

图 5.39 的结果也表明，在压缩机运转过程中，气缸压缩腔的气体压力脉动的频率是随偏心轮轴旋转角度 θ 变化的。旋转角度 θ 越大，即气缸压缩腔的容积越小，气体压力脉动的频率越高。对比图 5.12 气缸压缩腔的声学特性，在气缸的压缩腔中，观测到的压力脉动变化趋势与声腔共鸣频率的第二阶共鸣频率变化趋势是一致的。上述高频气体压力脉动产生的原因是当排气阀片关闭时气缸余隙中高压制冷剂气体的再压缩，以及当阀片打开时排气阀附近空间的高压制冷剂气体的突然膨胀导致气体密度变化。

随着压缩机偏心轮轴旋转速度的降低，排气阀打开时，气缸压缩腔内气体压力脉动高频分量变化以致一阶共振频率也受到激励，如图 5.39 所示。另外，通过研究发现，各部件之间的间隙增大后，气体的泄漏增加，则上述的高频气体压力脉动不容易发生，相应的噪声也有所降低。

总体上，除了某些特殊频率外，在压缩机内部各空间的气体压力脉动和声学放大是压缩机噪声辐射的主要根源之一。

5.3.4　压缩噪声与运转频率及转角的关系

在工况条件不变的情况下，随着压缩机运转频率的升高，气缸内气体扰动加剧，又由于气体泄漏和热传递损失的减少，气体压力和温度上升的速度加快；同时，单位时间内偏心轮轴所转过的角度也随着运转频率的升高而增加，压缩腔内的气体压力变化率增高。因此，随着压缩机运转频率的升高，压缩噪声的频率和幅值都会变化，其中，基频以及有关频率的噪声则与运转频率呈正比例增加。

为了进一步说明压缩噪声与运转频率及偏心轮轴旋转角度 θ 之间的关系，下面以实例来说明。

研究对象为用于房间空气调节器的双缸滚动转子式制冷压缩机，额定制冷量约 2500W，运转频率为 30～120Hz。对压缩机旋转一周气缸压缩腔内气体压力脉动进行测量，其中，在运转频率为 120Hz 时的测量结果如图 5.40 所示。各种运转频率下压缩腔内气体压力脉动基频的测量结果如表 5.3 所示。

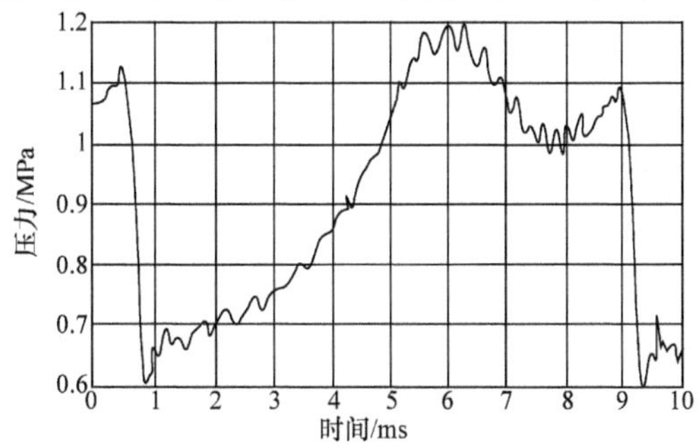

图 5.40　气缸压缩腔内的压力脉动

测量条件：p_d 为 1.2MPa, p_s 为 0.6MPa

表 5.3　不同运转频率下压缩腔内气体压力脉动的基波频率　(单位：Hz)

运转频率	排气阀开启前的频率	排气阀开启后的频率
30	1000	520
40	1130	510
50	1140	1820
60	1200	2500
70	1160	2380
80	1200	2560
90	1180	2860
100	1820	2380
110	1920	2780
120	1820	2780

通过这一实验可以得到以下信息：

(1) 在排气阀闭合的状态下，运转频率在 30～90Hz 范围时，脉动频率从 1000Hz 开始慢慢上升。当运转频率在 100Hz 以上时，脉动频率从 1800Hz 开始上升。

(2) 在排气阀打开的状态下，运转频率在 40Hz 以下时，气体压力的脉动频率从压缩腔的共鸣频率 500Hz 开始慢慢上升。但是运转频率在 50Hz 以上时，气体压力脉动频率为 1800～3000Hz。

实验研究结果表明，气缸中的气体在压缩过程中产生的气体压力脉动的峰值在 500～6000Hz 很宽的频率范围。

根据以上实验测试结果，可以得出以下几个结论：

(1) 当排气阀关闭时，产生与压缩腔高度尺寸相对应波长的驻波。压缩机在高速运转时，还将产生二阶驻波。

(2) 当排气阀开启时，排气孔口与压缩腔空间发生共鸣，共鸣频率由制冷剂声速、排气孔口以及压缩腔的几何形状尺寸决定。在低频工况下运转时，产生一阶驻波，在高频工况下运转时，可以观察到多阶频率的驻波。

(3) 气体压力脉动是由 1 次至 10 次左右的谐频脉动波叠加起来的。随着运转频率的上升，激励起的气体压力脉动基频也会发生变化。

(4) 随着压缩腔体积的减小，共振波会突然改变为气缸高度方向的驻波(研究表明，这种改变多在 270°左右发生)。

综上所述，在滚动转子式制冷压缩机的气缸里，压缩过程中由多种原因造成的气体脉动过程是很复杂的，其影响因素也很多。

5.3.5　压缩噪声的传递路径

由上述滚动转子式制冷压缩机压缩噪声的机理分析可知，压缩噪声的形成是由制冷剂气体压力的变化引起的，具有气体动力性的特性。但是，它的传递方式，不是直接向大气辐射噪声，而是通过使与之相接触的零件受激发生振动，最终通过压缩机壳体表面辐射出来，具有表面辐射的特征，故常将其归类于表面噪声一类。由于它是通过零部件受激，产生振动响应，最后辐射出相应噪声的，所以，它受其传声零件本身振动传递特性的影响很大，所辐射的噪声有的大大衰减，有的则衰减不大。

另外，如果零部件的固有频率与激励频率相一致，还将发生结构共振，产生结构共振噪声。

5.3.6 压缩噪声的控制方法

从前面的介绍中可以知道，滚动转子式制冷压缩机压缩噪声峰值的频率通常在 500～6000Hz 范围内。其中，压缩腔内在 3000～5000Hz 频率范围的气体压力脉动对压缩机整机的噪声有显著的影响。减弱这一频率范围的气体压力脉动，对降低压缩机的整体噪声有重要的作用，其原因是压缩机壳体的传递函数曲线在这个频段有很多峰值。

降低滚动转子式制冷压缩机压缩噪声的方法主要有两类：一是降低压缩腔内的气体压力脉动；二是对噪声传递路径进行控制。

1. 降低压缩腔内气体压力脉动的方法

1) 设置亥姆霍兹共振消声器

降低压缩腔内气体压力脉动的有效方法之一是在气缸体上设置亥姆霍兹共振消声器。图 5.41 为亥姆霍兹共振消声器在气缸体上的结构示意图，它的通道设置在气缸内壁面上。

图 5.42 为设置亥姆霍兹共振消声器前后气体脉动的实测结果对比。压缩机噪声测试的结果表明，在设置亥姆霍兹共振消声器后，3000～5000Hz 频段范围的气体压力脉动有明显减弱，这与消声器的共振特性是相符合的。另外，实验结果还表明，随着压缩腔内气体压力脉动的减弱，压缩机的壳体振动级也相应减弱。

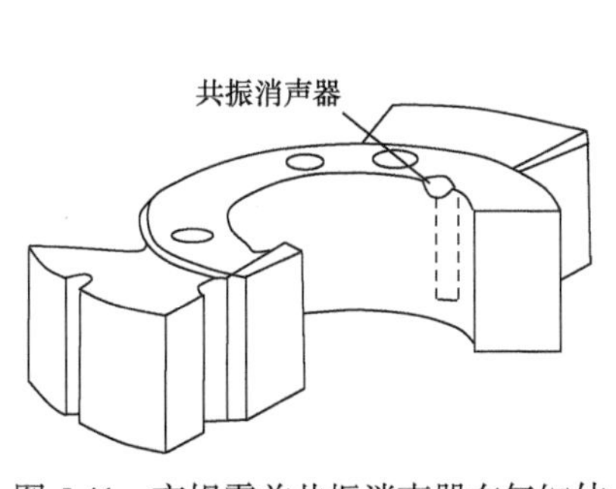

图 5.41 亥姆霍兹共振消声器在气缸体上的结构示意图

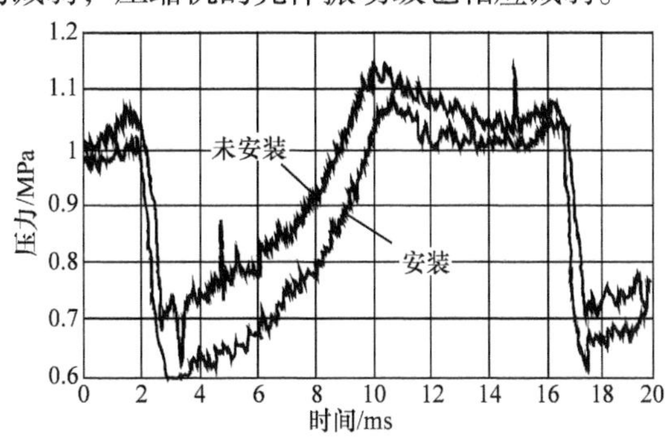

图 5.42 设置亥姆霍兹共振消声器前后的压力脉动比较

例 5.2　一台气缸容积为 42.8cm^3 的双缸滚动转子式制冷压缩机，制冷剂为 R-410A，噪声测试时发现在 2000～4000Hz 频率范围有明显而集中的峰值。为了消减这一频段的峰值噪声，在气缸内壁 200°位置设置亥姆霍兹共振消声器，消声器的设计消声频率为 1100Hz，表 5.4 为设置亥姆霍兹共振消声器前后各种运转频率下压缩机整机噪声的变化情况。从表中可以看出，在设置亥姆霍兹共振消声器后，各种运转频率下压缩机整机噪声有明显的降低。

表 5.4　设置亥姆霍兹共振消声器前后压缩机整机噪声的变化情况　(单位：dB(A))

运转频率/Hz	40	60	70
设置消声器	72.7	77.6	79.5
未设置消声器	75.4	80.6	80.9
噪声差值	2.7	3.0	1.4

虽然亥姆霍兹共振消声器只有一个共振频率，但实际上其可以在很大范围内明显减小压力脉动，如图 5.43 所示。这是因为随着偏心轮轴转角增大，共振频率升高，当通过亥姆霍兹共振消声器的设计频率时，即可消除该压力脉动，然后继续运转，压力脉动频率继续升高，但幅值均已减小。

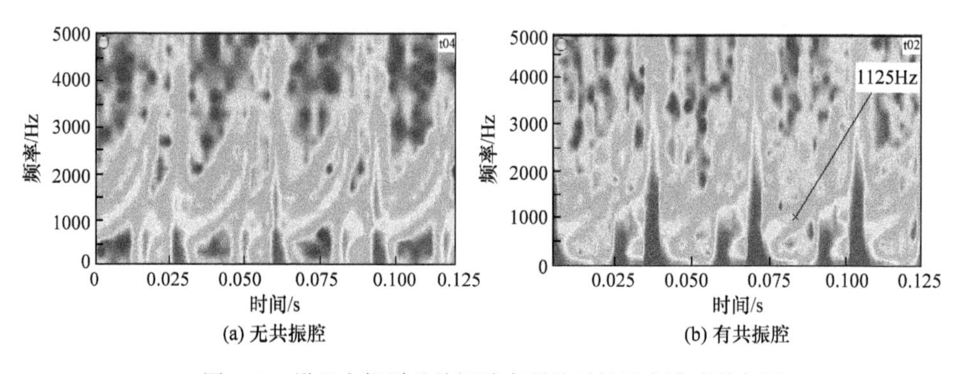

(a) 无共振腔　(b) 有共振腔

图 5.43　设置亥姆霍兹共振消声器前后的压力脉动瀑布图

因此，设计亥姆霍兹共振消声器时，应该选取比气缸压缩腔开始压缩时的气流脉动频率稍大的频率作为亥姆霍兹共振消声器的设计频率，这样才能最有效地降低压力脉动，从而降低压缩噪声和排气噪声。

从消声效果的角度来说，亥姆霍兹共振消声器的设置位置并无确定的要求，但最佳位置是排气阀开启前该消声器已不在压缩腔内的角度位置。这是因为尽管亥姆霍兹共振消声器在滚动转子通过以后不在压缩腔内，但压缩过程的最后阶段气体膨胀导致的气体压力脉动共振可以通过处于吸气过程中的消声器来减小。因此，消声器应该安装在转角 200°左右。

需要说明的是，亥姆霍兹共振消声器安装在转角 200°时压缩机容积效率的损失比安装在排气孔口附近时要小一些，这是由于排气阀片打开时压缩腔内已经没有共振消声器，不会对压缩机的容积效率产生影响。但亥姆霍兹共振消声器容积内的高压气体当滚动转子滚过后在吸气腔内膨胀，它会减小吸气腔的有效吸气量，同样会对压缩机的工作效率产生一定的影响。

另外，还需要说明的是，亥姆霍兹共振消声器安装在转角 200°位置时，对排气过程没有消声作用。

2) 防止过压缩

从图 5.42 中可以看出，在压缩结束开始排气的瞬间，压缩腔内气体压力有一峰值，开始排气后气体压力由峰值急剧下降到压缩机壳体内的压力，并有锯齿形波动，此时气体压力变化率很大，容易引起压缩腔内气体共振，从而激发高频强噪声。

气体压力峰值产生的原因是排气阀片的刚度过大。当排气阀片的刚度过大时，排气阀片延时开启，气缸压缩腔内的气体压力继续升高，排气阀片开启瞬间，由于气缸内气体压力与壳体中气体压力的差值大，在排气阀片开启时气缸内的气体压力下降的速度快，即 $\mathrm{d}p/\mathrm{d}\theta$ 的变化率大，同时，气缸内的气体速度也大，因而压缩噪声增大。因此，合理选择排气阀片的刚度对压缩噪声的降低也是十分重要的。

除了合理选择排气阀片的刚度来降低气体压力峰值外，还可以在气缸体上滚动转子运转至压缩结束处设置一月牙形削峰缓压槽来降低气体压力的峰值。

削峰缓压槽的结构如图 5.44 所示。在气体压力达到峰值前就由削峰缓压槽将高压腔与低压腔连通，部分高压气体通过削峰缓压槽泄至低压腔，从而避免气体压力的急剧变化。这种设置通过实验证明对压缩机的性能系数影响较小(小于 1%)，但对高频噪声有明显的抑制作用。

2. 压缩噪声传递路径的控制方法

如前所述，压缩噪声也是通过压缩机的壳体表面辐射出来的，压缩机结构的传递特性对压缩噪声有着重要的影响。因此，压缩机合理的结构设计是降低压缩噪声的一个重要途径。通常，对压缩噪声影响最大的传递路径是：滚动转子→偏心轮轴→主、副轴承→气缸端盖→气缸壳体的焊接点→壳体。

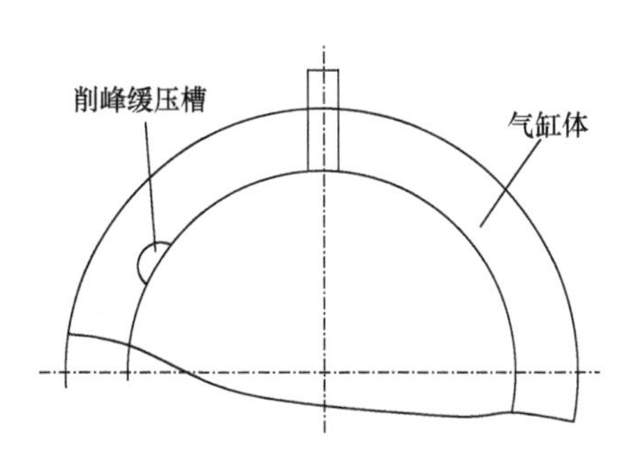

图 5.44　削峰缓压槽示意图

压缩噪声在传递路径的控制方法主要

有以下几个方面：

1) 适当减小轴承间隙

压缩过程的气体压力脉动，对与之相关联的零部件产生激励，导致零部件振动，其中，采用间隙配合的滑动轴承是最容易因激励而产生振动的。如果轴承设计或制造不良将会产生很大的噪声和振动，还有可能导致偏心轮轴产生高频振动而发出噪声。

在保证形成良好的油膜润滑的前提下，适当减小滑动轴承的配合间隙，是降低滑动轴承因压缩过程气体压力脉动激励导致噪声和振动最好的方法。

2) 避开共振频率

另一种对压缩噪声传递路径控制的有效方法是避免发生共振，特别是与壳体相连的零部件(通常为气缸体或端盖)的结构设计对压缩噪声的传递影响尤为重要。为了避免与壳体焊接时的变形，气缸体或上端盖的周边通常都设计成局部空心结构，这样降低了结构的刚度，使结构固有频率有可能落入压缩过程幅值较大的气体压力脉动频率范围之内，导致结构产生共振并将振动传递至壳体。

因此，焊接零件设计时必须保证结构的固有频率避开压缩过程主要气体压力脉动的频率范围。通常的做法是提高焊接部位结构的刚度，这样可以大幅度地提高整个结构的固有频率，使结构的固有频率远高出压缩过程气体压力脉动的频率范围，避免在传递路径中产生结构共振，减小空气噪声辐射的可能。

3) 提高气缸体的刚度

滚动转子式制冷压缩机气缸工作时在气体力的作用下会发生周期性的形变，这种周期性的形变导致气缸体的振动。气缸体周期性形变的作用力与气缸内的气体压力和气缸的直径成正比。

因此，气缸体结构设计时要尽可能提高刚度。特别是气缸滑片槽部位结构的特殊性，它对气缸刚度的影响较大，设计时需要给予特别的关注，确保气缸的刚度能满足要求。

4) 采用焊接气缸端盖固定气缸

采用焊接气缸端盖固定气缸的方法，使气缸体在压缩过程的周期性变形不会直接传到压缩机壳体上，可以有效降低壳体的振动。大多数情况下，焊接气缸端盖时的噪声和振动低于直接焊接气缸体时的噪声和振动。

5) 采用悬挂结构支承气缸

悬挂结构是指将气缸安装在专门的支承结构上，而支承结构与壳体焊接。采用悬挂结构支承气缸的方法，可以在一定程度上降低压缩过程气缸体周期性变形产生振动传递至壳体路径,是一种降低气缸压缩过程噪声和振动传递的有效方法。

采用悬挂结构支承气缸，压缩机的结构相对复杂一些，成本也有一定提高。具体结构将在第 6 章中作进一步说明。

5.4　吸气噪声及控制方法

滚动转子式制冷压缩机的吸气噪声，包括周期性的吸气压力脉动噪声、气柱共振噪声、吸气压力脉动对吸气管的激振噪声和吸气通道中的涡流噪声等。相对于排气噪声和压缩噪声，吸气噪声要小许多，但仍然是不可忽略的噪声源。

5.4.1　吸气压力脉动噪声

1. 吸气压力脉动噪声的产生机理

滚动转子式制冷压缩机没有吸气阀，吸气孔口一直与气缸的吸气腔连通。制冷剂气体从气液分离器到吸气腔的通道是一段变直径的 L 形圆管，称为吸气管。

滚动转子式制冷压缩机与往复式制冷压缩机相比，它的吸气过程相对比较平稳，吸气噪声要小得多。但滚动转子式制冷压缩机的吸气过程并不是连续的，单位时间的吸气量也随着偏心轮轴旋转角度的变化而变化。当滚动转子与气缸的切点在滑片中心时，排气过程结束，滚动转子需要滚过一定角度后才进入吸气过程。对于吸气过程来说，吸气腔工作容积或从吸气孔口吸入气体，或将气体倒流入吸气孔口。

根据滚动转子式制冷压缩机的结构特点和工作原理，气体在吸气管中的流动状态主要取决于吸气容积的容积变化率。根据几何分析可知，在压缩机旋转一周中，吸气腔的工作容积随转角的增大而增大，但吸气腔工作容积变化率先增大后减小，而且压缩机转速越高，容积变化率的幅值越大。这一特点导致吸气管中气体流动是非稳态的，其气流的压力和速度均呈周期性变化。这种非稳态的气体压力脉动使吸气管口的气体产生压力脉冲，因而产生周期性的吸气噪声。

可以将滚动转子式制冷压缩机的吸气腔和与之相连的气体管道看成一个吸气系统。在气缸周期性地吸气时，吸气系统内会产生一个周期性的气流激励，该激励函数与气缸内实际循环指示功图等状况有关。对该激励函数进行傅里叶分解，可以求出各次谐波的幅值，通常阶次越高幅值越低，呈中、低频为主的特性分布。其中，吸气气体压力脉动的峰值频率为

$$f = \frac{nz}{60} i \tag{5.68}$$

式中，f——吸气噪声的峰值频率，单位为 Hz；

n——压缩机的转速，单位为 r/min；

z——压缩机与气液分离器连通的气缸数；

i——谐波次数，$i = 1, 2, 3, \cdots$。

由于滚动转子式制冷压缩机吸气孔口的气体压力脉动值与排气孔口比相对小

得多，加上吸气腔的结构部件材料的强度大，故吸气压力脉动引起的噪声穿透力较小，因而吸气压力脉动引起的噪声在滚动转子式制冷压缩机噪声中影响相对较小。但吸气过程的气体压力脉动对气液分离器的噪声产生较大的影响，相关内容在 5.7 节中作介绍。

另外，与排气过程相类似，在吸气过程中气缸的吸气腔与吸气孔口也构成亥姆霍兹共振腔，存在固有的气体共振频率。吸气过程的气体压力脉动很容易传到气缸内，激发气缸内腔体的气体共振，使得气缸内的气体压力脉动增加。当吸气时气体脉动的频率与共振频率一致时，该频率成分在这个共振腔中得到充分的放大。

吸气过程的亥姆霍兹共振情况与排气过程的情况相反，它是刚开始吸气时气体共振频率最高，吸气结束时的气体共振频率最低。

2. 单缸压缩机吸气腔的压力脉动

图 5.45 为单缸滚动转子式制冷压缩机吸气腔内较为典型的气体压力波动曲线。从图中可以看出，在吸气行程刚开始的一段时间内，吸气腔内的气体压力明显低于吸气管入口端的气体压力，这是由吸气腔与吸气孔口之间的通流面积较小以及气体流动阻力所引起的。当$\theta = 2\pi + \beta$ (参见图 1.3)，吸气过程结束，压缩过程开始时，吸气腔内的气体压力明显高于吸气管入口端的气体压力，产生增压效应。增压效应主要由两方面的作用引起：一是吸气腔容积与余隙腔连通后，余隙腔中的高压气体向吸气腔回流而引起吸气腔内气体压力的升高；二是因吸气管内的气体压力脉动，吸气管内气体的流动是非稳定的，管内气流的压力和速度等参数在名义值附近波动，影响吸气腔内的气体压力波动，当吸气过程结束时，在气体惯性力的作用下，吸气腔内的气体压力波动达到最大值，产生增压效应。

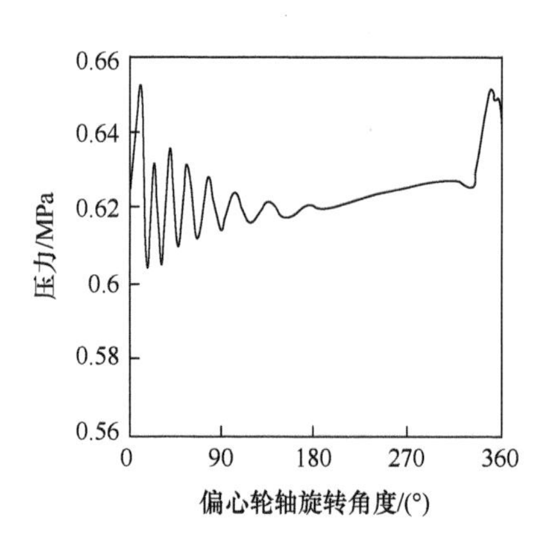

图 5.45　吸气系统的压力脉动

由气体压力脉动引起的增压效应还可以从图 5.45 中得到直观的说明，在吸气过程的前半段，吸气腔的容积变化率逐渐增大。由于惯性的作用，吸气管内的气体并不能迅速充满并快速膨胀至吸气腔容积内，导致吸气腔内的气体压力降低。在吸气过程的后半段，吸气腔的容积变化率又逐渐变小甚至变负，但由于前一阶段的加速，吸气管内的气体积累了相当的速度和动量，快速流动的气体由于惯性的作用并不能立即降低流动速度，从而使吸气腔内的气体压力得以升高。

3. 双缸压缩机吸气腔的压力脉动

双缸压缩机的吸气结构通常有两种类型：双吸气管结构(图 5.46)和单吸气管结构(图 5.47)。由于吸气通道的结构不同，这两种结构吸气时产生的气体压力脉动会有较大的差别。

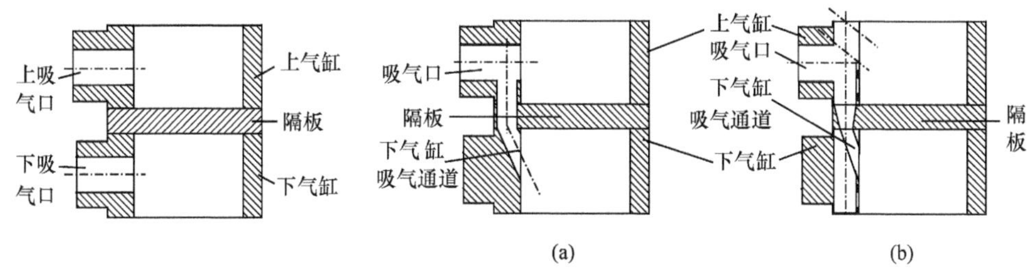

图 5.46　双吸气管的典型结构　　图 5.47　单吸气管的典型结构

1) 双吸气管结构的气体压力脉动

采用双吸气管结构时，两个气缸吸气腔中的气体压力随着偏心轮轴旋转而变化，如图 5.48 所示。由于上、下两个气缸的独立吸气，其气体压力脉动曲线与单缸滚动转子式制冷压缩机相同，即每个气缸的气体压力曲线趋势相同，气体脉动振幅相等。

2) 单吸气管结构的气体压力脉动

在双缸滚动转子式制冷压缩机中，实际中采用的单吸气管结构的具体形式有多种，图 5.47 为两种较为典型的单吸气管结构。

图 5.49 为单吸气管系统(a)的吸气腔中气体压力随偏心轮轴旋转角度的变化情况。上、下气缸用吸气连接管连接，在吸气过程中相互影响，所以两个气缸的气体压力曲线不同。上气缸的气体压力脉动与双吸气管压缩机的气体压力脉动相类似，在吸气开始和结束时波动比较大。开始后气体压力波动减小，在吸气过程像单吸气管系统一样，气体压力波动没有降低。

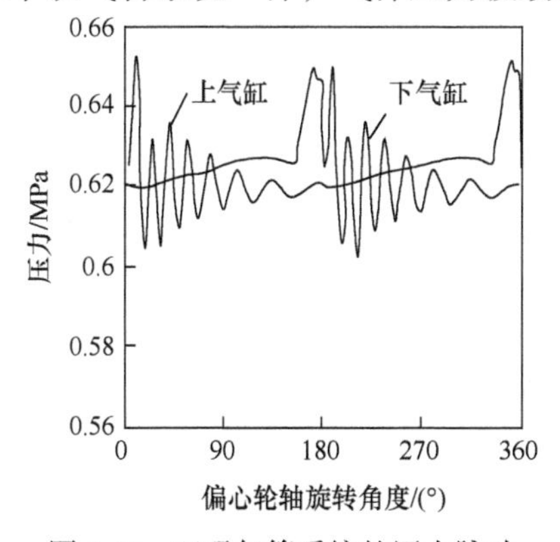

图 5.48　双吸气管系统的压力脉动

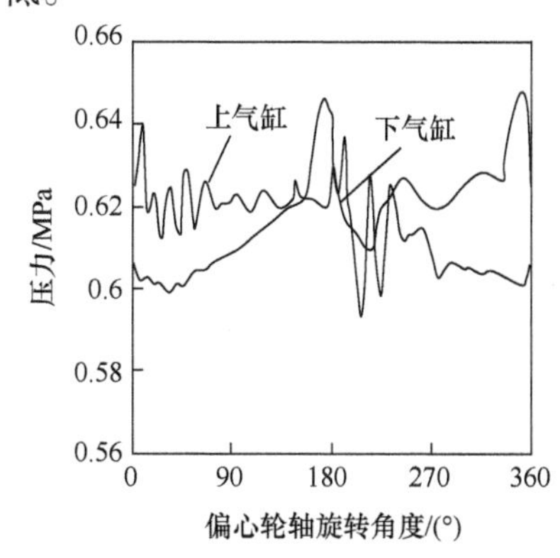

图 5.49　单吸气管系统(a)的压力脉动

由于图 5.47(a)模型的单吸气管系统是从气液分离器直接连接到上气缸的，吸气通道从上气缸连接到下气缸，所以上气缸的吸气过程受下气缸影响很小。吸气过程开始和结束时，由于受下气缸容积变化率最大时的回流激励而产生气体压力脉动。在中间压力阶段，下气缸正好在 180°时开始吸气，气体压力波动比较大，它将减弱上气缸中压力脉动的衰减。

下气缸中气体压力波动在吸气阶段的开始和结束时比较大，整个吸气过程吸气压力呈凹型趋势。下气缸的吸气通道比较长，吸气弯管的横截面积与独立吸气管系统相同。当吸气腔的容积变化比较大时，更容易出现吸气量减小、管道中气体压力降低的现象。

图 5.50 为单吸气管系统(b)中气缸吸气腔中气体压力随着偏心轮轴旋转时的变化情况。该方案使用了一个逐渐缩小的连接管将上气缸连接到下气缸。上气缸的气体压力曲线呈现与独立吸气管系统相同的趋势。除了在吸气过程开始和结束时气体压力脉动较大外，其他阶段的气体压力脉动减小，波动比较小。

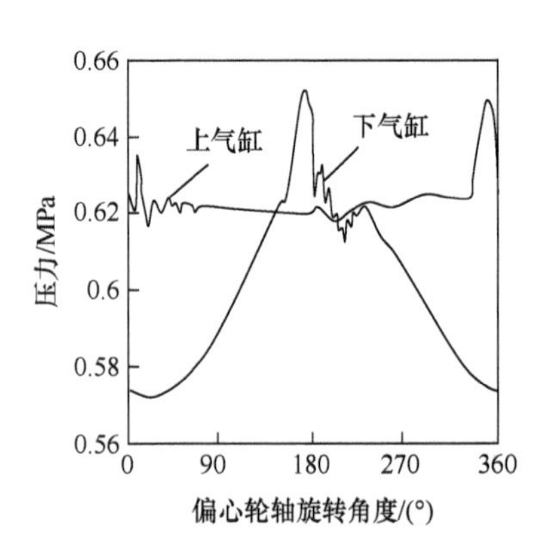

图 5.50　单吸气管系统(b)的压力脉动

下气缸中气体压力脉动的频率降低很多，气体压力曲线变成一个更加光滑的凹形型趋势，能够有效地降低吸气过程开始时上气缸的气体压力脉动。同时逐渐缩小的连接管可以有效地限制两个气缸之间的相互作用，与独立的吸气管系统有着相同的优势。然而，由于缩小连接管的直径，吸气量减小严重，吸气压力损失增加，特别是下气缸的吸气压力降低了大约 0.03MPa。

5.4.2　气柱共振噪声

虽然吸气管中气体压力脉动引起的噪声在滚动转子式制冷压缩机噪声中的影响相对较小，但当其激励的频率及其高次谐波频率与吸气系统的气柱固有频率相近时，将发生气柱共振，从而向系统外辐射出强烈的中低频噪声。

吸气管的另一端与气液分离器相连，相对于吸气管的管径来说，气液分离器可以看成大的容器。因此，吸气系统可以近似看成气缸一端为闭端，另一端为开口的声学管。吸气管内气柱共振的固有频率可由式(5.69)计算：

$$\tan\frac{\omega_r l}{c_r}=\frac{c_r S}{V\omega_r} \tag{5.69}$$

式中，ω_r——吸气管系统气柱共振的固有角频率，单位为 rad/s；

l——声学管长，单位为 m；

S——吸气管通道的面积，单位为 m^2；

c_r——吸气管中制冷剂气体的声速，单位为 m/s；

V——吸气腔的容积，单位为 m^3。

当吸气管长度很短时，式(5.69)可以简化为

$$\omega_r = c_r\sqrt{\frac{S}{Vl}} \text{ 或 } f_r = \frac{c_r}{2\pi}\sqrt{\frac{S}{Vl}} \tag{5.70}$$

由式(5.70)可知，随着吸气腔容积V在吸气过程中逐渐变大，气柱共振固有频率逐渐降低。

当吸气腔容积V可以略去不计或吸气过程刚开始时，式(5.69)可以写为

$$\cos\frac{\omega_r l}{c_r} = 0$$

即

$$f_r = \frac{c_r}{4l}(2i-1) \tag{5.71}$$

式中，i——谐波次数，$i = 1, 2, 3, \cdots$。

当吸气管的长度为激励力波长的 1/4 奇数倍时，就会发生气柱共振。上面的气柱固有频率计算公式，是在假设管道中传递的声波呈一维轴向平面波情况下得到的。

吸气系统中的气柱共振，会使系统的声学出口处发出较大的对应共振频率的速度脉动、压力脉动和气体动力性噪声。吸气系统的气柱共振，将激励起上下游与之相连的容器(气缸和气液分离器)内较大的气体声。此外，吸气系统中的气柱共振，也将激励起气缸以及吸气管管壁的振动，向外辐射噪声，并且激励起与它刚性相连的结构及整机壳体的振动，产生噪声。同时，如果吸气系统产生较大的气柱共振，还将造成压缩机的功耗增加、制冷量发生变化等。

5.4.3　吸气压力脉动对吸气管的激振噪声

除了上述气柱共振引起吸气管振动并辐射噪声外，当吸气管中存在截面变化和管道弯曲时，吸气管内的气体压力脉动(即吸气压力脉动)和速度波动将会对吸气管的管壁产生交变力，从而引起吸气管道的振动并辐射噪声。当吸气管道中气柱共振时，气体压力脉动值更大，这时管道的振动与声辐射更加强烈。

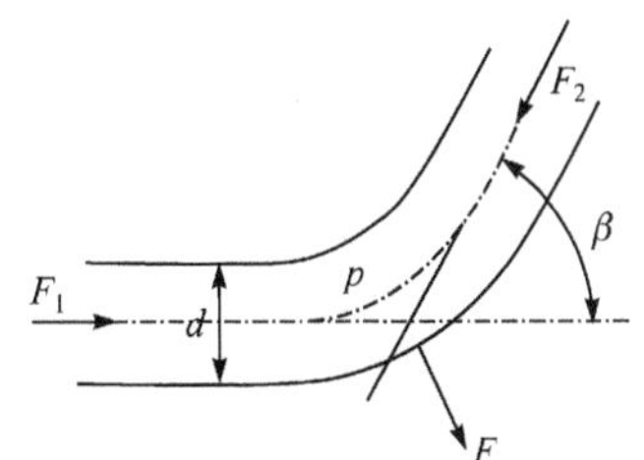

图 5.51　弯管上的作用力

1. 吸气压力脉动对弯管的激振

如图 5.51 所示的弯管，设气流的脉动压力为

p，管道的通流面积为S，弯管的弯角为β，则作用在管道截面上脉动力的大小为pS，即

$$F_1 = F_2 = pS \tag{5.72}$$

将此二力合成，可得到沿弯管分角线的合力F，其值为

$$F = 2pS\sin\frac{\beta}{2} \tag{5.73}$$

如果式(5.73)中的p为定值，则合力F是静载荷，对管道只会引起静变形和静应力。当$p = p_0 + \Delta p$时，$F = F_0 + \Delta F$，其中：

$$\Delta F = 2\Delta pS\sin\frac{\beta}{2} \tag{5.74}$$

管道在压力和速度波动的冲击下发生振动，由式(5.74)可知，ΔF随弯角β的增加而加大。当$\beta = 0°$时，管道为直管，$\Delta F = 0$，说明在直管中即使存在气体压力脉动，也不会对管道产生激振力；当$\beta = 90°$时，$\Delta F = \sqrt{2}\Delta pS$；当$\beta = 180°$时，管道为急转弯，$\Delta F = 2\Delta pS$。说明管道转弯时产生的激振力与弯角的大小有关，设计时应尽量减小弯角以减小气体压力脉动对管道系统的激振。

2. 吸气压力脉动对异径管的激振

对于如图 5.52 所示的异径管，其通流面积分别为S_1和S_2，以p表示异径截面处的脉动压力，则有

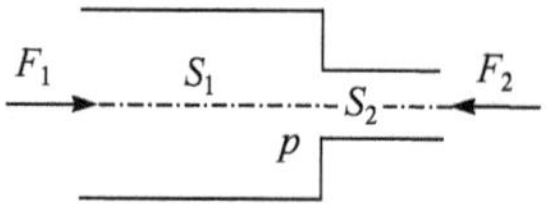

$$F_1 = pS_1, \quad F_2 = pS_2$$

于是合力为

$$F = F_1 - F_2 = p(S_1 - S_2) \tag{5.75}$$

图 5.52　异径管上的作用力

由于式(5.75)中的p都是随时间呈周期性变化的，所以作用在异径管处截面上的干扰力也周期性变化，它们的变化规律可以用脉动压力分析的方法计算出来。

由上述分析可知，管道中流动的脉动气体，在遇到弯管、异径管时，就会出现激励力。这些激励载荷将使管道做强迫振动，当这些激振力的频率等于或接近管道系统结构的某一阶固有频率时，还会使管道系统发生共振。因此，在吸气管的设计中，不但要避免气柱共振，而且要注意避免结构系统的机械共振。

5.4.4　吸气通道中的涡流噪声

在气流流动过程中，当流经障碍物时，由于气体存在黏性，使得具有一定速度的气流与障碍物背后相对静止的气体相互作用，会在障碍物的下游区形成带有

旋涡的气流。这些旋涡不断形成又不断脱落，而由于每个旋涡中心的压力低于周围气体的压力，所以每当一个旋涡脱落时，在气流中就会出现一次压力的跳变，这个压力脉动通过四周的介质向外传递，并作用于该障碍物，使障碍物受到压力脉冲，这种由于旋涡脱落引起气流中的压力脉动所造成的噪声，称为涡流噪声。涡流噪声的频率与旋涡脱落的频率有密切关系，它随着绕流速度的增大而增大。

当气流绕流的障碍物形状不规则时，旋涡的形成、脱落及排列也将是不规则的，所以其频率成分往往呈宽频带特性。但是，当流经的障碍物几何形状比较简单时，其涡流从形成、发展到脱落，在稳定的流动情况下大体上会有相同的周期性，因此也会具有较突出的频率成分，其峰值频率也可用式(5.38)来估算，即

$$f = S_{\mathrm{r}} \frac{v}{d}$$

由于每当一个旋涡脱落时就产生一个作用于障碍物上的脉动力，所以涡流噪声属于偶极子源。当作用于障碍物上的脉动力频率与障碍物的固有频率相吻合时，会辐射出较强的共振噪声。

5.4.5　吸气噪声的控制方法

在滚动转子式制冷压缩机中，降低吸气噪声的方法主要有以下几种。

1. 适当增大吸气通道的面积

增大吸气通道可以在一定程度上减少气体流动的阻力损失，降低压缩机的功耗，使气缸内吸气腔以及吸气管中压力脉动的幅值降低，从而降低振动的激励力。图 5.53 为某一台压缩机采用两种不同管径吸气管时吸气腔的气体压力的波形。从图中可以看出，吸气管管径增大后气缸吸气腔内气体压力脉动的幅值大幅降低。

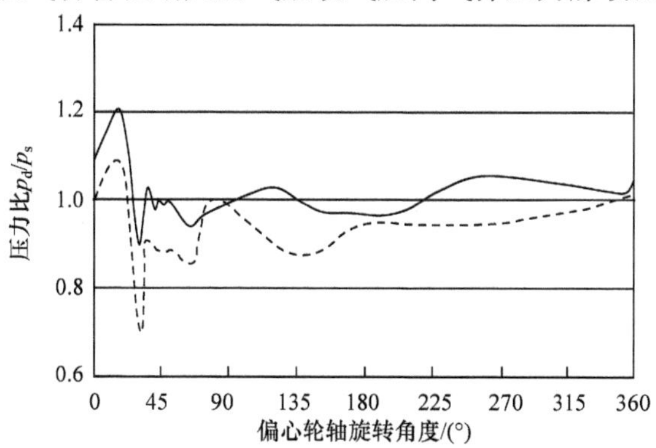

图 5.53　吸气管直径变化时吸气腔压力波形图

实线管直径 14mm，虚线管直径 11mm

但吸气通道的增大必然使吸气孔口前边缘角 β (参见图 1.3)增大，减少吸气腔的吸气量，造成压缩机效率的降低。因此，在采用这种措施降低气流压力脉动时应综合分析，合理选取吸气通道的截面积和截面形状。

2. 防止发生气柱共振

选取合适的吸气管长度，避开气柱共振，可以减小吸气过程的噪声。吸气管的长度 L 在式(5.76)范围之外，就可以避开气柱共振区，即

$$L=(0.8\sim1.2)i\frac{c_r}{4f} \tag{5.76}$$

式中，c_r——制冷制的声速，单位为 m/s；
　　f——压缩机的运转频率，单位为 Hz；
　　i——谐波次数，$i=1, 2, 3, \cdots$。

由于滚动转子式制冷压缩机的气液分离器通常安装在压缩机壳体上，为压缩机的组成部分，吸气管一般都比较短。从式(5.76)可以看出，只有当压缩机高频运转时才有可能发生与旋转频率相关的气柱共振。当吸气管发生气柱共振时，除了引起吸气管强烈的振动外，还会导致气液分离器中强烈的气体压力脉动，引起气缸、气液分离器等零部件的振动，产生较大的辐射噪声。

另外，当吸气管发生共振时，由于增压效应，可以提高压缩机气缸的容积效率，使制冷量达到最大(有可能达到 10%以上的提高)，但此时的吸气损失也相应增大，压缩机的能效比会稍微降低。

3. 改变管道弯头曲率半径

由上面的分析可知，压缩机吸气形成的气体压力脉动会对吸气管系统在弯头处造成冲击力。在滚动转子式制冷压缩机中，由于结构的原因，吸气管的转角 β 一般为 90°。因此，在压缩机结构参数(包括气液分离器与压缩壳体的距离、管径等)确定后，可以改变的只有管道的弯曲半径。

对于如图 5.51 所示的管道，假设有两种不同的弯曲半径，即 $R_1<R_2$，它们的转角 β 都为 90°，由式(5.74)可知，两种弯头所承受的冲击力 ΔF 是相等的。但由于管道Ⅱ的弯曲半径 R_2 大于管道Ⅰ的弯曲半径 R_1，所以，管道Ⅱ弯曲部位单位长度所承受的冲击载荷要小于管道Ⅰ，即两个同样转角的弯头单位长度所承受的冲击载荷与两个弯头弯曲半径成反比。因此，增大 L 形管道的弯曲半径可以在一定程度上降低激励。

4. 增大气液分离器的容积

增大气液分离器的容积，可以使气液分离器内的气体压力在吸气过程比较平

稳，减小在吸气过程中吸气管气体压力下降的幅度，从而减小气缸吸气腔的压力脉动幅值，使吸气腔和吸气通道的气体脉动减小，这样有利于减小吸气腔和吸气通道的气体压力脉动，降低吸气噪声。

5. 避免吸气通道的截面突变

尽量减小吸气通道的截面突变，可以使气体平稳地在管道中流动，避免出现因气体流动速度突变而产生的气体压力脉动及涡流等。

6. 吸气通道上设置亥姆霍兹共振消声器

研究和实验结果表明，在压缩机气缸的吸气孔口通道上设置亥姆霍兹共振消声器也可以在一定程度上降低吸气噪声。其原理是亥姆霍兹共振消声器降低了吸气过程的气体压力脉动。

例如，在气缸容积为 42.8cm^3 的双缸滚动转子式制冷压缩机的吸气通道上设置亥姆霍兹共振消声器，消声器的设计频率为 1000Hz。消声器在气缸上布置位置如图 5.54 所示，图中消声器的腔体部分设置在气缸的端盖上，消声器的短管设置在气缸体上，与吸气孔口通道相通。

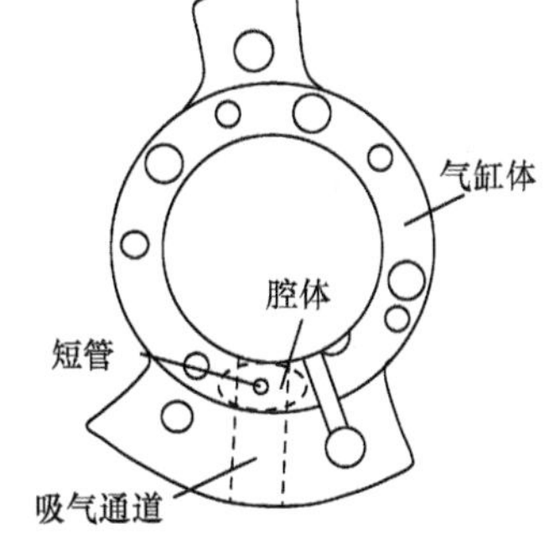

图 5.54　消声器布置位置

在压缩机标准工况下的实验结果表明，当压缩机运转频率为 40Hz 和 60Hz 时，整机噪声平均下降 1dB 和 2.2dB，具有一定的消声降噪效果。但在实验中也发现，当压缩机的运转频率超过 70Hz 时，整机噪声与没有设置消声器之前相当。其原因是运转频率提高后，压缩机的其他噪声增幅高于吸气噪声的增幅，吸气噪声对压缩机噪声的贡献率下降，因而体现不出消声器的消声效果。

实验结果还表明，在吸气通道上设置亥姆霍兹共振消声器，在高负荷工况运转时，可以提高压缩机效率大约 1%，但在低负荷工况运转时，压缩机的效率稍微有所下降。

7. 采用 Y 形吸气管降低吸气脉动

双缸滚动转子式制冷压缩机两个气缸的吸气过程呈 180°交替进行，在吸气管的入口出现气体相互干涉的现象，导致气体压力脉动增大。吸气管入口的气体流动干涉和流动速度如图 5.55 所示。

如果充分利用两根吸气管中气体流动的相位差，将两根吸气管合并成为一根吸气管，采用 Y 形结构的吸气管，就可以在一定程度上消除气体流动的不稳定性。

双管和 Y 形吸气管的结构对比如图 5.56 所示。

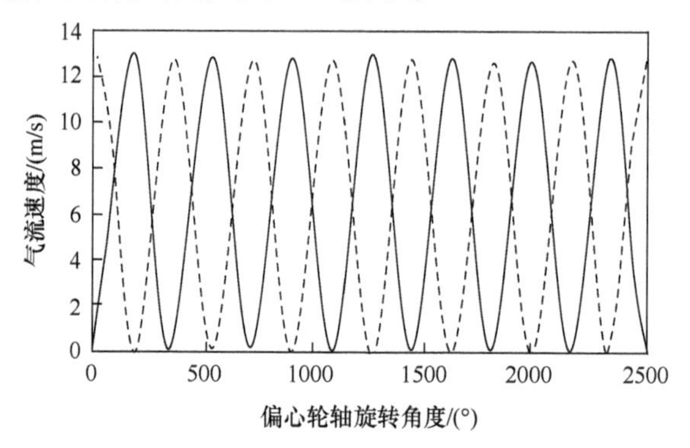

图 5.55　吸气管入口的气体流动干涉和流动速度

采用 Y 形结构吸气管，需要根据质量守恒定律确定管径，以确保气体的流动阻力在合理的范围。管道合并处气体流动速度脉动曲线如图 5.57 所示，从图中可以看出，气体流动速度的幅值大幅度减小，因此气体压力脉动的幅值也会降低。

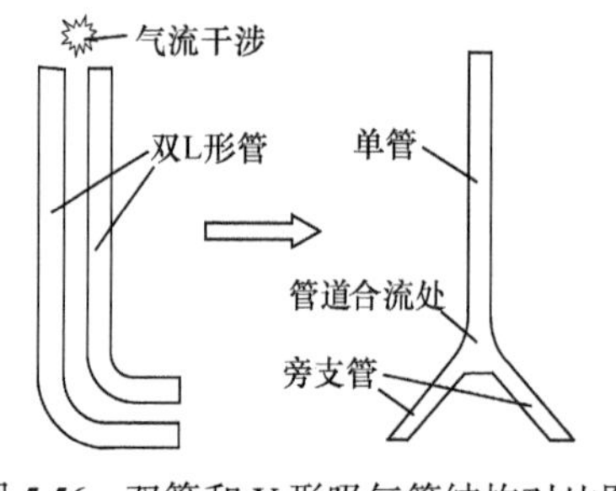

图 5.56　双管和 Y 形吸气管结构对比图

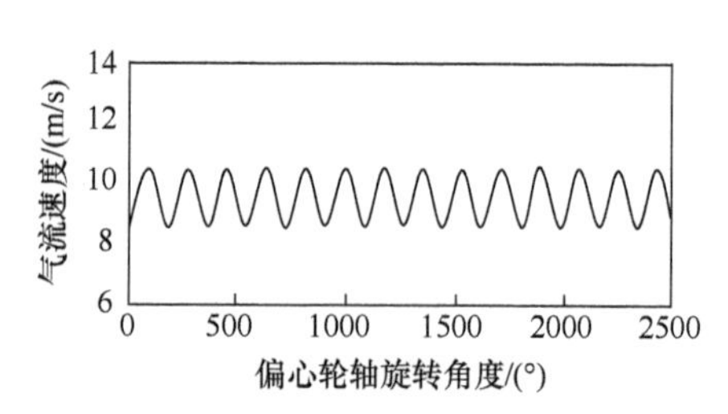

图 5.57　管道合流处气体流动速度脉动曲线

5.5　气体共鸣噪声及控制方法

由于全封闭滚动转子式制冷压缩机壳体内存在着多个结构复杂的空腔，排气过程中产生的强烈气体压力脉动，将会引起压缩机壳体空腔内的气体振动，气体压力脉动作用在压缩机的零部件及壳体引起振动并产生噪声。当空腔的声学模态与气体压力脉动的模态接近或相同时将产生气体共振，特别是与压缩机零部件结构和壳体结构的固有频率接近时还将引起结构共振，从而使压缩机辐射出较大的噪声。这种气体共振噪声也称为气体共鸣噪声。

在全封闭滚动转子式制冷压缩机中，气体共鸣噪声大致可以分为两种类型：系统气体共鸣噪声和单腔气体共鸣噪声。

(1) 系统气体共鸣噪声是当气体压力脉动的频率与压缩机内的空腔体及连接腔体管道组成气体流道系统固有频率接近或相同时，激励起气体系统共振而产生的噪声。

(2) 单腔气体共鸣噪声是当气体压力脉动的频率与单个腔体的声学模态接近或一致时引起的气体共振噪声。

在全封闭滚动转子式制冷压缩机中，系统的气体共鸣噪声一般为中、低频噪声，大多数情况气体低阶共鸣噪声的频率在 1000Hz 以下。单腔气体共鸣噪声的频率为中、高频，一般情况下，气体共鸣噪声的频率为 1000～5000Hz。

当激励频率在 1000Hz 以下时，全封闭滚动转子式制冷压缩机流道系统的声模态密集，容易激发出气体共鸣噪声，并且压缩机很多零部件的固有频率也在这一频段范围，容易引起机械共振。单腔体(主要指电机前腔和后腔)发生气体共鸣时，其噪声强度一般大于流道系统气体共鸣噪声的强度，因而对压缩机噪声的影响比较大，在很多情况下，其有可能成为滚动转子式制冷压缩机最主要的气体动力性噪声，这种噪声在压缩机噪声频谱图上可以看到密集的峰值。

气体共鸣噪声的频率由压缩机壳体内腔体各部分的尺寸、结构、润滑油量及制冷剂气体的声速(腔体内的气体压力、温度)等多种因素决定，与压缩机的转速、压力比等参数无关。

气体共鸣除了引起压缩机本体产生噪声之外，所产生的共鸣频率分量的气体压力脉动还会通过排气管传输至制冷剂管道中，激励起管道、热交换器等零部件的振动，产生二次噪声，即产生“传递声”，其有可能成为制冷系统噪声的重要激励源之一。

5.5.1　系统气体共鸣噪声

如前所述，全封闭滚动转子式制冷压缩机内的气体流道系统是由多个空腔体和管道连接而成的复杂气流系统。在压缩机工作过程中，其中一些腔体的容积和形状是不断变化的，例如，压缩腔的容积随偏心轮轴的转角变化、电机前腔的容积随润滑油的油面高低变化等，因此实际的工作状况较为复杂，分析时需要作一定的简化。

下面以立式单缸滚动转子式制冷压缩机为例来分析系统气体共鸣噪声。

1. 分析模型

立式单缸滚动转子式制冷压缩机壳体内排气阀后端的气流通道可以简化为如图 5.58 所示的模型，它由扩张室式消声器腔体、电机前腔和电机后腔，以及消声器出口流通通道，电机

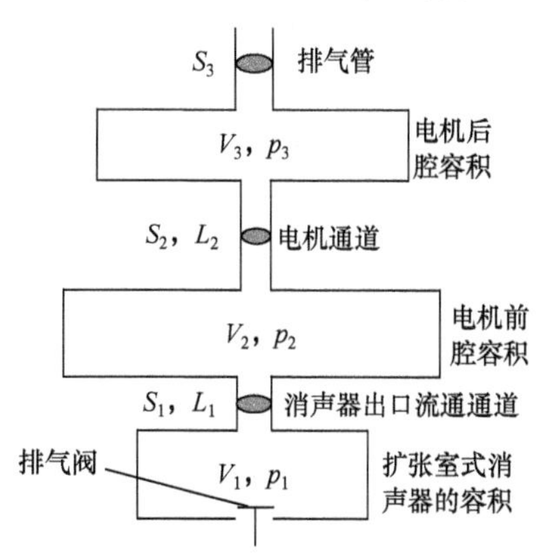

图 5.58　排气时壳体内气流通道的简化模型

定、转子及定子与壳体之间流通通道组成。从图中可以看出，壳体内的气体流动通道可以简化为大容积的腔体与小通流截面积的管道串联组成的气体流动系统。

排气阀排出的气体首先进入扩张室式消声器腔体V_1，然后从扩张室式消声器的出口进入电机前部腔体V_2，最后通过电机中的流通通道进入电机后腔体V_3并通过排气管排出压缩机。

在压缩机的底部储存有润滑油，润滑油会影响腔体的声学模态。但制冷剂气体的特性阻抗$\rho_r c_r$远小于润滑油的特性阻抗$\rho_y c_y$。为了简化分析，将润滑油与制冷剂气体之间的边界看成硬边界，因此电机前腔的容积V_2为去除润滑油所占容积后的容积(卧式压缩机电机后腔的容积也为去除润滑油所占容积后的容积)。由于润滑油的边界面在压缩机工作时是变化和不稳定的，电机前腔的容积和形状都发生变化，所以实际的结果是在一定范围内变化的。

2. 系统的运动方程

这里采用亥姆霍兹共鸣器法建立数学模型，来推导系统的运动方程。亥姆霍兹共鸣器法的一个突出特点是对研究对象的几何形状没有严格的要求。

为了便于分析，在这里作以下假设：

(1) 忽略涡流等不稳定性的影响，假设制冷剂气体在流动过程中是稳定的；

(2) 假设制冷剂气体流动过程中静压不变，它等于排气压力；

(3) 假设制冷剂气体流动过程中为绝热过程；

(4) 将电机部位的多个流通通道合并成一个流通通道；

(5) 假设电机前腔内的润滑油面是稳定的，即腔体的容积不变。

为了获得亥姆霍兹共振腔的运动模型，将如图 5.58 所示的气流通道模型转换为气体脉动的自由体力学分析模型，如图 5.59 所示。

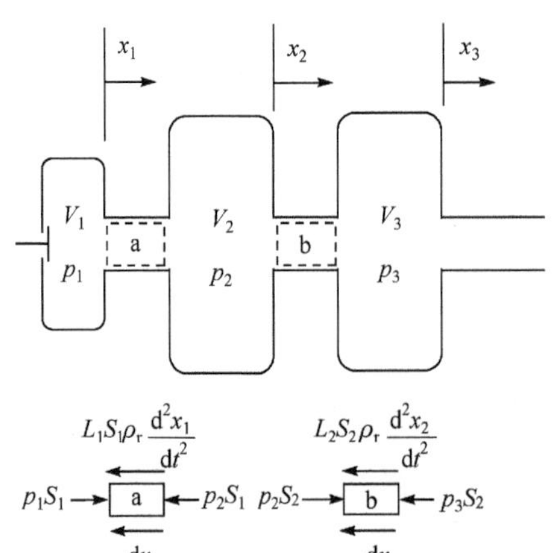

图 5.59　自由体受力分析模型

分别取图 5.59 中的通道 a 和通道 b 进行分析，根据牛顿第二定律有

$$S_1(p_1-p_2)=L_1S_1\rho_r\frac{d^2x_1}{dt^2}+c_1\frac{dx_1}{dt} \tag{5.77}$$

$$S_2(p_2-p_3)=L_2S_2\rho_r\frac{d^2x_2}{dt^2}+c_2\frac{dx_2}{dt} \tag{5.78}$$

式中，x_i——第 i 个流管内气体的位移，单位为 m；

c_i——第 i 个流管内气体的阻尼系数，单位为 N · s/m；

S_i——第 i 个流管的横截面积，单位为 m^2；

L_i——第 i 个流管的有效长度，单位为 m；

ρ_r——制冷剂气体的密度，单位为 kg/m^3；

p_i——第 i 个容积内气体动压，单位为 Pa。

动压 p_1 是在容积 V_1 中超过平均气体压力 p_d (排气压力)的压力增量，有

$$p_1 = \frac{c_r^2}{V_1}\int_0^t m_d \mathrm{d}t - \frac{\rho_r c_r^2 S_1}{V_1} x_1 \tag{5.79}$$

式中，m_d——排气阀的瞬间质量流量，单位为 kg/s；

c_r——制冷剂气体的声速，单位为 m/s；

t——时间，单位为 s。

动压 p_2 是指在容积 V_2 中超过平均气体压力的压力增量，有

$$p_2 = -k\frac{\mathrm{d}V_2}{V_2} \tag{5.80}$$

式中，k——制冷剂气体的体积弹性系数，$k = \rho_r c_r^2$，单位为 Pa。

由于

$$\mathrm{d}V_2 = S_2 x_2 - S_1 x_1 \tag{5.81}$$

式(5.80)可以写为

$$p_2 = \frac{\rho_r c_r^2}{V_2}(S_1 x_1 - S_2 x_2) \tag{5.82}$$

为了推导出 p_3 的计算式，假定排气管足够长以至于压力波被消耗掉而不存在反射。这个系统称为无反射系统。管入口振动的气体压力为

$$p_3 = c_r \rho_r \frac{\mathrm{d}x_3}{\mathrm{d}t} \tag{5.83}$$

压差 p_3 是指在容积 V_3 中超过平均气体压力的压力增量，有

$$p_3 = -k\frac{\mathrm{d}V_3}{V_3} \tag{5.84}$$

和

$$\mathrm{d}V_3 = S_3 x_3 - S_2 x_2 \tag{5.85}$$

因此得到

$$p_3 = \frac{\rho_r c_r^2}{V_3}(S_2 x_2 - S_3 x_3) \tag{5.86}$$

从式(5.83)和式(5.86)得出了无反射短管中气体柱的运动方程：

$$S_3 c_r \rho_r \frac{dx_3}{dt} + \frac{\rho_r c_r^2}{V_3} S_3^2 x_3 - \frac{\rho_r c_r^2}{V_3} S_2 S_3 x_2 = 0 \tag{5.87}$$

将式(5.79)和式(5.82)代入式(5.77)，将式(5.82)和式(5.86)代入式(5.78)中，可以重新得到两个运动方程：

$$L_1 S_1 \rho_r \frac{d^2 x_1}{dt^2} + c_1 \frac{dx_1}{dt} + \rho_r c_r^2 S_1^2 \left(\frac{1}{V_1} + \frac{1}{V_2}\right) x_1 - \frac{\rho_r c_r^2}{V_2} S_1 S_2 x_2 = \frac{S_1 c_r^2}{V_1} \int_0^t m_d dt \tag{5.88}$$

$$L_2 S_2 \rho_r \frac{d^2 x_2}{dt^2} + c_2 \frac{dx_2}{dt} + \rho_r c_r^2 S_2^2 \left(\frac{1}{V_2} + \frac{1}{V_3}\right) x_2 - \frac{\rho_r c_r^2}{V_2} S_1 S_2 x_1 - \frac{\rho_r c_r^2}{V_3} S_2 S_3 x_3 = 0 \tag{5.89}$$

3. 系统的气体共鸣频率

在得到系统的运动方程后，就可以计算出系统的气体共鸣频率。通常，如果系统有 n 个自由度，就会有 n 个气体共鸣频率，以及有 n 个振动模态。去掉式(5.88)和式(5.89)中的无反射端项、阻尼的影响和为得到自由振动方程而给的激励作用力项后，系统的运动方程变为

$$L_1 S_1 \rho_r \frac{d^2 x_1}{dt^2} + \rho_r c_r^2 S_1^2 \left(\frac{1}{V_1} + \frac{1}{V_2}\right) x_1 - \frac{\rho_r c_r^2}{V_2} S_1 S_2 x_2 = 0 \tag{5.90}$$

$$L_2 S_2 \rho_r \frac{d^2 x_2}{dt^2} + \rho_r c_r^2 S_2^2 \left(\frac{1}{V_2} + \frac{1}{V_3}\right) x_2 - \frac{\rho_r c_r^2}{V_2} S_1 S_2 x_1 = 0 \tag{5.91}$$

将式(5.90)和式(5.91)的自由振动方程写成矩阵形式：

$$[m]\left\{\frac{d^2 x}{dt^2}\right\} + [k]\{x\} = \{0\} \tag{5.92}$$

式中

$$[m] = \begin{bmatrix} L_1 S_1 \rho_r & 0 \\ 0 & L_2 S_2 \rho_r \end{bmatrix} \tag{5.93}$$

$$[k] = \begin{bmatrix} \rho_r c_r^2 S_1^2 \left(\dfrac{1}{V_1} + \dfrac{1}{V_2}\right) & -\dfrac{\rho_r c_r^2}{V_2} S_1 S_2 \\ -\dfrac{\rho_r c_r^2}{V_2} S_1 S_2 & \rho_r c_r^2 S_2^2 \left(\dfrac{1}{V_2} + \dfrac{1}{V_3}\right) \end{bmatrix} \tag{5.94}$$

和

$$\{x\} = \begin{bmatrix} x_1 \\ x_2 \end{bmatrix} \tag{5.95}$$

当气体压力脉动(激励)的频率接近系统的共鸣频率时，系统会起放大作用。

由于已假设系统受到气体共鸣频率谐波的激励，故方程的解可写为

$$\{x\}=\{u\}\mathrm{e}^{\mathrm{j}\omega t} \tag{5.96}$$

式中，$\{u\}$——振动模态；

ω——系统的固有频率。

将式(5.96)代入式(5.92)，得到

$$-[m]\{u\}\omega^2\mathrm{e}^{\mathrm{j}\omega t}+[k]\{u\}\mathrm{e}^{\mathrm{j}\omega t}=0 \tag{5.97}$$

整理式(5.97)后，得到

$$[[k]-[m]\omega^2]\{u\}=0 \tag{5.98}$$

将式(5.93)和式(5.94)代入式(5.98)，有

$$\begin{bmatrix} \rho_{\mathrm{r}}c_{\mathrm{r}}^2S_1^2\left(\dfrac{1}{V_1}+\dfrac{1}{V_2}\right)-\omega^2L_1S_1\rho_r & -\dfrac{\rho_{\mathrm{r}}c_{\mathrm{r}}^2}{V_2}S_1S_2 \\ -\dfrac{\rho_{\mathrm{r}}c_{\mathrm{r}}^2}{V_2}S_1S_2 & \rho_{\mathrm{r}}c_{\mathrm{r}}^2S_2^2\left(\dfrac{1}{V_2}+\dfrac{1}{V_3}\right)-\omega^2L_2S_2\rho_{\mathrm{r}} \end{bmatrix}\begin{Bmatrix} u_1 \\ u_2 \end{Bmatrix}=0 \tag{5.99}$$

由于$\{u\}=0$没有意义(称为零运动方式)，所以式(5.99)的解为

$$\left|[k]-[m]\omega^2\right|=0 \tag{5.100}$$

因此，由式(5.100)得到的系统特性方程为

$$\begin{aligned}\omega^4&-\left[\frac{S_1c_{\mathrm{r}}^2}{L_1}\left(\frac{1}{V_1}+\frac{1}{V_2}\right)+\frac{S_2c_{\mathrm{r}}^2}{L_2}\left(\frac{1}{V_2}+\frac{1}{V_3}\right)\right]\omega^2\\&+\frac{S_1S_2c_{\mathrm{r}}^4}{L_1L_2}\left(\frac{2}{V_2^2}+\frac{1}{V_1V_2}+\frac{1}{V_1V_3}+\frac{1}{V_2V_3}\right)=0\end{aligned} \tag{5.101}$$

求解式(5.101)即可得到气体共鸣噪声的频率。式(5.101)的解有两个正根和两个负根，即ω_1^2和ω_2^2。负根在物理上没有意义，可以忽略。两个正根ω_1和ω_2为系统的气体共鸣噪声的角频率。

如果在压缩机排气阀的外部没有安装扩张室式消声器，则壳体内的气体流道系统可以简化为如图 5.60 所示的分析模型。

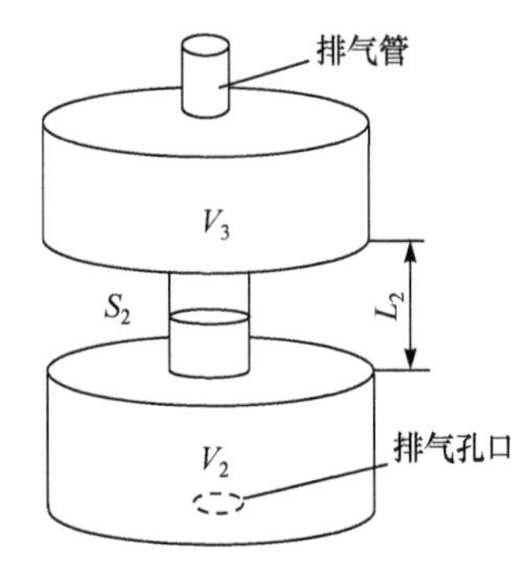

图 5.60　无扩张室式消声器的共鸣腔模型

采用上述同样的方法，可以推导出整个壳体内系统的气体共鸣频率f_{r}为

$$f_r = \frac{c_r}{2\pi}\sqrt{\frac{S_2}{L_2}\left(\frac{1}{V_2}+\frac{1}{V_3}\right)} \tag{5.102}$$

实际中，即使在排气孔口外部安装有扩张室式消声器系统，为了分析简化，也可以采用式(5.102)作近似计算，求出一阶气体共鸣频率。

由上述分析可知，系统产生气体共鸣时的气体压力脉动方向沿压缩机的轴线方向，它引起压缩机的零部件以及整机沿轴线方向的振动。

为了更深入了解系统气体共鸣时气体压力脉动对压缩机零部件振动产生的影响，下面以实例来说明。

例 5.3 一台采用 CO_2 为制冷剂的摆动转子式制冷压缩机(与滚动转子式制冷压缩机结构类似)，$V_2 = 370\text{mL}$，$V_3 = 820\text{mL}$，$S_2 = 1670\text{mm}^2$，$L_2 = 70\text{mm}$，当制冷剂气体压力为 12MPa、壳体内温度为 120℃时，制冷剂气体的声速为 280m/s。

由式(5.102)，得到一阶气体共鸣频率为

$$f_r = \frac{280}{2\pi}\sqrt{\frac{1670\times10^{-6}}{70\times10^{-3}}\left(\frac{1}{370\times10^{-6}}+\frac{1}{820\times10^{-6}}\right)} \approx 431\text{Hz}$$

气体共鸣频率的气体压力脉动方向为压缩机的轴线方向，将引起压缩机零部件及整机沿轴线方向的振动。

由于 CO_2 制冷剂具有压力高、气体压力脉动幅值大等特性，采用传统的热套方法不能将电机定子铁芯有效地固定在压缩机壳体，在压缩机设计初期采用三点焊接方式固定。但采用焊接方式固定电机定子铁芯时钢片容易产生振动，振动的方向与气流压力脉动的方向一致。测试结果表明，振动的固有频率为 400Hz 左右，由于固有频率比较接近壳体内系统的气体共鸣频率，所以 400Hz 和 800Hz 频段压缩机的噪声和振动增大。为了解决这一问题，将电机定子铁芯的焊接改为二段六点焊接的方式，其噪声和振动大幅降低。图 5.61 为改进前后测量得到的压缩机壳体的振动加速度。另外，噪声测试的结果表明，400Hz 频段的声功率级下降了大约 10dB。

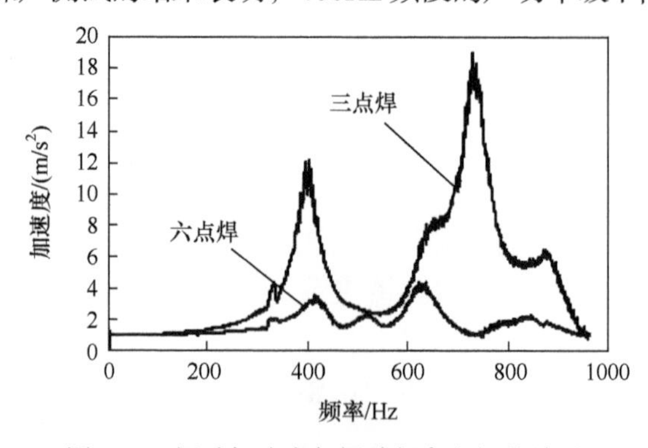

图 5.61 振动加速度与振动频率之间的关系

4. 采用亥姆霍兹共振消声器时的运动方程

在排气孔口通道上设置共振腔(亥姆霍兹共振消声器)的系统属于消声器系统。为了便于分析，将消声器系统简化成如图 5.62 所示的模型。

需要说明的是，如图 5.62 所示的增加亥姆霍兹共振消声器容积的分析模型并不能完全替代位于排气孔口通道的共振腔，只能近似替代，因此分析结果会有一定的误差。

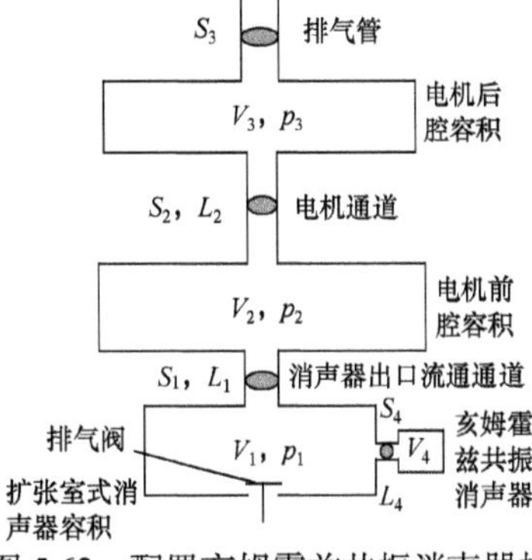

图 5.62　配置亥姆霍兹共振消声器排气时壳体内气流通道的简化分析模型

按照上述相同的方法，可以得到系统的运动方程为

$$L_1S_1\rho_r\frac{d^2x_1}{dt^2}+c_1\frac{dx_1}{dt}+\rho_rc_r^2S_1^2\left(\frac{1}{V_1}+\frac{1}{V_2}\right)x_1-\frac{\rho_rc_r^2}{V_2}S_1S_2x_2+\frac{\rho_rc_r^2}{V_1}S_1S_4x_4=\frac{S_1c_r^2}{V_1}\int_0^t m_d dt \tag{5.103}$$

$$L_2S_2\rho_r\frac{d^2x_2}{dt^2}+c_2\frac{dx_2}{dt}-\frac{\rho_rc_r^2}{V_2}S_1S_2x_1+\rho_rc_r^2S_2^2\left(\frac{1}{V_2}+\frac{1}{V_3}\right)x_2-\frac{\rho_rc_r^2}{V_3}S_2S_3x_3=0 \tag{5.104}$$

$$L_4S_4\rho_r\frac{d^2x_4}{dt^2}+c_4\frac{dx_4}{dt}+\rho_rc_r^2S_4^2\left(\frac{1}{V_1}+\frac{1}{V_4}\right)x_4+\frac{\rho_rc_r^2}{V_1}S_1S_4x_1=\frac{S_4c_r^2}{V_1}\int_0^t m_d dt \tag{5.105}$$

$$S_3\rho_rc_r\frac{dx_3}{dt}-\frac{\rho_rc_r^2}{V_3}S_2S_3x_2+\frac{\rho_rc_r^2}{V_3}S_3^2x_3=0 \tag{5.106}$$

求解上述运动方程可以得到系统的共鸣频率。由于计算复杂，在实际中需要采用计算机程序求解上面的运动方程。

将计算结果与上面的结果进行比较，就可以看出排气通道配置亥姆霍兹共振消声器后对系统气体共鸣噪声的影响。

5.5.2　单腔气体共鸣噪声

在全封闭滚动转子式制冷压缩机中，壳体内除了腔体与连接管道组成一个声学系统外，壳体内所有腔体和连接管道都有各自的声学模态和气体共鸣频率。

滚动转子式制冷压缩机的排气阀设置在壳体内电机的前腔体中。排气时的气体压力脉动较大，一般情况下，电机前腔的气体共鸣噪声对压缩机噪声的贡献较大；而电机后腔，制冷剂气体流经电机通道后气体压力脉动减小，激励相对较小，气体共鸣噪声的声压级较低，相比较而言难以出现对整机噪声影响较大的气体共鸣噪声。因此，在大多数情况下，只需要对电机前腔内的气体共鸣噪声治理就可以取得令人满意的效果。

同时，壳体内气体压力脉动激起的气体共鸣噪声级是随着压缩机的转速增加而增大的。当压缩机低速转动时，排气阀排气时产生的气流压力脉动幅值较低，激励起的气体共鸣噪声相对较小；随着压缩机转速的增高，气流压力脉动的幅值增大，因而更容易激发起有一定强度的气体共鸣噪声。

1. 共鸣频率与模态

为简化分析，假设壳体内电机的前腔和后腔为封闭腔体，边界为刚性边界($|Z| \to \infty$)。由于压缩机的腔体容积较小，按照小封闭腔体的声学理论，腔体的声学模态仅与腔体的几何形状和尺寸有关。对于简单的封闭腔体结构，可以用解析法计算腔体的共鸣噪声频率和模态，对于结构复杂的封闭腔体，需要用有限元数值分析法，或者采用实验的方法来分析。滚动转子式制冷压缩机的腔体形状复杂，难以用解析法精确求解，在实际中多采用数值方法(有限元法)计算或实验法测量。

在这里，为了对腔体共鸣频率和模态有一定的认识，采用解析法对立式滚动转子式制冷压缩机腔体进行分析。分析模型为将电机前腔的空间简化为封闭圆环形腔体，其中，主轴承外表面为腔体内柱状体边界，圆形壳体内表面为腔体圆柱体边界，电机端面和消声器外壳等零件的表面分别为 z 轴边界，如图 5.63 所示。将电机后腔空间简化为封闭圆柱体，其中，圆形壳体内表面为腔体圆柱体边界，压缩机顶部壳体内表面和电机端面等零件分别为 z 轴边界，如图 5.64 所示。

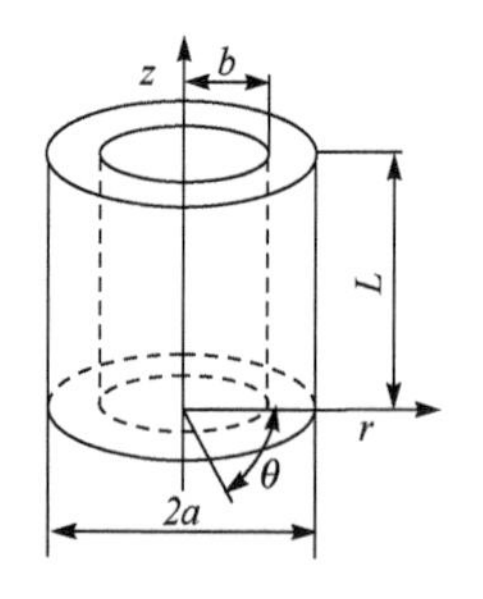

图 5.63 圆环形腔体

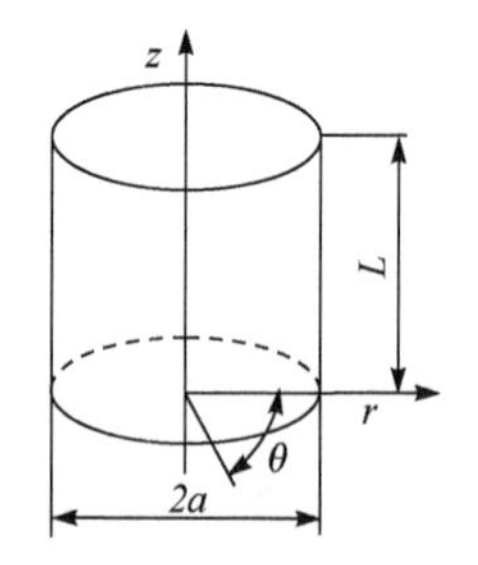

图 5.64 圆柱形腔体

以柱坐标系描述如图 5.63 和图 5.64 所示圆环形腔体和圆柱形腔体的声波动方程。设腔体的径向坐标为 r，极坐标为 θ，轴坐标为 z。在柱坐标中，对于微小的气体扰动，声波动方程为

$$\frac{\partial^2 p}{\partial r^2}+\frac{1}{r}\frac{\partial p}{\partial r}+\frac{1}{r^2}\frac{\partial^2 p}{\partial \theta^2}+\frac{\partial^2 p}{\partial z^2}=\frac{1}{c_{\mathrm{r}}^2}\frac{\partial^2 p}{\partial t^2} \tag{5.107}$$

设式(5.107)的解为

$$p=R(r)\Theta(\theta)Z(z)\mathrm{e}^{-\mathrm{j}\omega t} \tag{5.108}$$

将式(5.108)代入式(5.107)中，有

$$\frac{1}{R(r)}\frac{\mathrm{d}^2R(r)}{\mathrm{d}r^2}+\frac{1}{r}\frac{1}{R(r)}\frac{\mathrm{d}R(r)}{\mathrm{d}r}+\frac{1}{r^2}\frac{1}{\Theta}\frac{\mathrm{d}^2\Theta(\theta)}{\mathrm{d}\theta^2}+\frac{1}{Z(z)}\frac{\mathrm{d}^2Z(z)}{\mathrm{d}z^2}+k^2=0 \tag{5.109}$$

式中，k——波数，$k=\omega/c_{\mathrm{r}}$。

由于$\Theta(\theta)=\Theta(\theta+2\pi)$，所以$\Theta(\theta)$可表示为

$$\Theta(\theta)=\sum_{n=0}^{\infty}(A_n\sin(n\theta)+B_n\cos(n\theta)) \tag{5.110}$$

式中，A_n、B_n——n阶系数；

n——阶数，$n=0,1,2,\cdots$。

只考虑第n阶时，式(5.109)变为

$$\frac{1}{R(r)}\frac{\mathrm{d}^2R(r)}{\mathrm{d}r^2}+\frac{1}{r}\frac{1}{R(r)}\frac{\mathrm{d}R(r)}{\mathrm{d}r}+\left(k^2-\frac{n^2}{r^2}\right)+\frac{1}{Z(z)}\frac{\mathrm{d}^2Z(z)}{\mathrm{d}z^2}=0 \tag{5.111}$$

式(5.111)可以写为如下两个微分方程：

$$\frac{\mathrm{d}^2Z(z)}{\mathrm{d}z^2}+k_z^2Z(z)=0 \tag{5.112}$$

$$\frac{\mathrm{d}^2R(r)}{\mathrm{d}r^2}+\frac{1}{r}\frac{\mathrm{d}R(r)}{\mathrm{d}r}+\left(k_r^2-\frac{n^2}{r^2}\right)R(r)=0 \tag{5.113}$$

其中

$$k^2=k_r^2+k_z^2 \tag{5.114}$$

式中，k_r——径向波数；

k_z——轴向波数。

由式(5.112)可以得到

$$Z(z)=C_n\sin(k_zz)+D_n\cos(k_zz) \tag{5.115}$$

式中，C_n、D_n——常数。

对式(5.113)作一变换，设$k_rr=x$，则方程变为

$$\frac{\mathrm{d}^2R(r)}{\mathrm{d}x^2}+\frac{1}{x}\frac{\mathrm{d}R(r)}{\mathrm{d}x}+\left(1-\frac{n^2}{x^2}\right)R(r)=0 \tag{5.116}$$

式(5.116)为标准的n阶柱贝塞尔方程，其一般解为

$$R(k_r r)=E_n\mathrm{J}_n(k_r r)+F_n\mathrm{N}_n(k_r r) \tag{5.117}$$

式中，E_n、F_n——常数；

$\mathrm{J}_n(k_r r)$——n阶贝塞尔函数；

$\mathrm{N}_n(k_r r)$——n阶诺伊曼函数。

因此，式(5.109)的第n阶解为

$$\begin{aligned}p_n=&[E_n\mathrm{J}_n(k_r r)+F_n\mathrm{N}_n(k_r r)][A_n\sin(n\theta)+B_n\cos(n\theta)]\\&\times[C_n\sin(k_z z)+D_n\cos(k_z z)]\mathrm{e}^{-\mathrm{j}\omega t}\end{aligned} \tag{5.118}$$

1) 封闭圆环形腔体

对于封闭圆环形腔体，边界条件为

$$-\left.\frac{\partial p}{\partial z}\right|_{z=0}=0,\quad -\left.\frac{\partial p}{\partial z}\right|_{z=L}=0 \tag{5.119}$$

$$-\left.\frac{\partial p}{\partial r}\right|_{r=a}=0,\quad -\left.\frac{\partial p}{\partial r}\right|_{r=b}=0 \tag{5.120}$$

式中，a——封闭圆环形腔体外圆半径，单位为m；

b——封闭圆环形腔体内圆半径，单位为m；

L——封闭圆环形腔体高度，单位为m。

将式(5.118)代入式(5.119)，有

$$D_n=0$$

$$\sin(k_z L)=0$$

因此

$$k_z=\frac{s\pi}{L} \tag{5.121}$$

式中，$s=0, 1, 2, \cdots$。

将式(5.118)代入式(5.120)，有

$$E_n\mathrm{J}'_n(k_r a)+F_n\mathrm{N}'_n(k_r a)=0 \tag{5.122}$$

$$E_n\mathrm{J}'_n(k_r b)+F_n\mathrm{N}'_n(k_r b)=0 \tag{5.123}$$

因此，有

$$\mathrm{J}'_n(k_r a)\mathrm{N}'_n(k_r b)-\mathrm{J}'_n(k_r b)\mathrm{N}'_n(k_r a)=0 \tag{5.124}$$

由式(5.124)可求解出k_r。

而

$$k=\sqrt{k_r^2+k_z^2}$$

因此

$$f=\frac{c_{\rm r}}{2\pi}\sqrt{k_r^2+\left(\frac{s\pi}{L}\right)^2} \tag{5.125}$$

由于式(5.124)是在刚性壁条件下得到的，k_r 为一系列特定数值，此特定值可用下标 n 、m 两个正整数表示，写成 $k_r=k_{nm}$ ($n=0$, 1, 2, …； $m=0$, 1, 2, …)，其中，n 和 m 分别表示周向和径向模态阶次。因此

$$f_{nms}=\frac{c_{\rm r}}{2\pi}\sqrt{k_{nm}^2+\left(\frac{s\pi}{L}\right)^2} \tag{5.126}$$

在特定情况下，即当横向平面上没有振动模态，仅在垂直方向产生振动模态时，共鸣频率为

$$f_{rs}=\frac{sc_{\rm r}}{2L} \tag{5.127}$$

封闭圆环形腔体的声学模态 $\varPsi_{nms}$ 为

$$\varPsi_{nms}=\varPhi_{nm}(r){\rm e}^{-{\rm j}\frac{s\pi}{L}z}\begin{cases}\cos(n\theta)\\ \text{或}\\ \sin(n\theta)\end{cases} \tag{5.128}$$

式中

$$\varPhi_{nm}(r)={\rm J}_n\left(\frac{\pi k_{nm}r}{a}\right)-\frac{{\rm J}_n'\left(\dfrac{\pi k_{nm}b}{a}\right)}{{\rm N}_n'\left(\dfrac{\pi k_{nm}b}{a}\right)}{\rm N}_n\left(\frac{\pi k_{nm}r}{a}\right) \tag{5.129}$$

2) 封闭圆柱体

对于如图 5.64 所示的封闭圆柱体，采用上述方法可以证明气体共鸣频率计算式与式(5.126)相同。

计算气体共鸣频率时，由表 5.5 查出贝塞尔根值，计算出 k_{nm} ，代入式(5.126)即可。

封闭圆柱体的声学模态 ψ_{nms} 为

$$\psi_{nms}={\rm J}_n(k_{nm}r)\cos\frac{s\pi z}{L}\begin{cases}\sin(n\theta)\\ \text{或}\\ \cos(n\theta)\end{cases} \tag{5.130}$$

表 5.5　部分贝塞尔根值($k_r a = k_{nm} a$)

m	n						
	0	1	2	3	4	5	6
0	0.0	1.8412	3.0542	4.2012	5.3176	6.4156	7.5013
1	3.8317	5.3314	6.7061	8.0152	9.2824	10.5199	11.7349
2	7.0156	8.5363	9.9695	11.3459	12.6819	13.9872	15.2682
3	10.1730	11.7060	13.1704	14.5859	15.9641	17.3128	18.6374

封闭圆柱体的声学模态振型如图 5.65 所示。

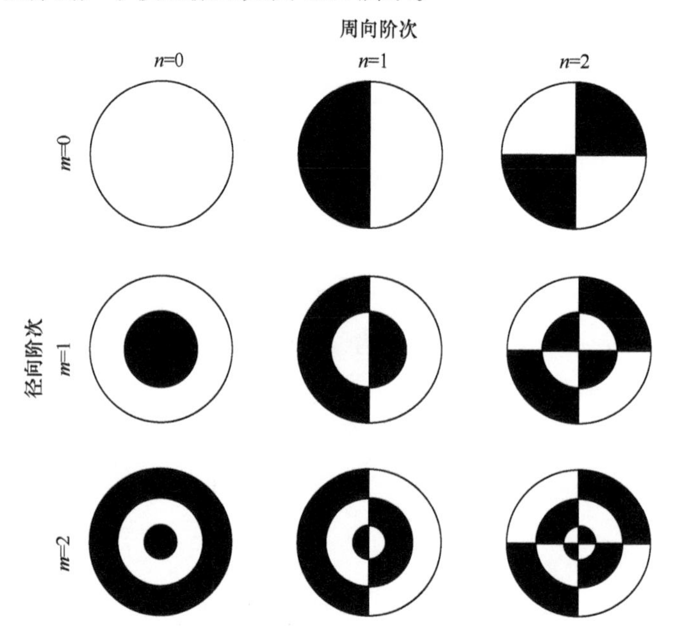

图 5.65　封闭圆柱体周、径向声学模态振型

2. 气体共鸣噪声的特征

研究表明，全封闭滚动转子式制冷压缩机壳体内腔体的气体共鸣噪声有明显的模态特征，大致有以下规律(不同的压缩机有所不同，与压缩机空腔体的容积、结构、制冷剂气体的声速等有关)：

(1) 当腔体内的气体共鸣噪声频率低于 150Hz 时，声压在腔体内的空间剖面内没有明显的分布规律，为体积共鸣的形态；

(2) 150～450Hz 范围内的气体共鸣噪声，声压在腔体内呈高度方向中间部位低而周边高的分布状态，为轴向方向上的第一阶模态；

(3) 500～1200Hz 范围内的气体共鸣噪声呈径向切两个半周分布，为周向的第一阶模态；

(4) 频率再向高频移动，声压在腔体内为径向、周向和轴向声学模态的高阶声学模态或更复杂的模态。

5.5.3　壳体内气体共鸣噪声的控制方法

在全封闭滚动转子式制冷压缩机中，壳体内的气体共鸣噪声是气体动力性噪声固有的规律，它由压缩机壳体内腔体的气流通道结构以及制冷剂气体的特性决定，要完全消除是不可能的，只能减小其影响。

气体共鸣噪声的主要传递路径有两类：①由壳体内的气体压力脉动引起结构零件、壳体振动，通过壳体的外表面辐射出空气噪声；②气体压力脉动通过排气管传递到制冷系统中，引起管道与其他结构的振动产生噪声。

(1) 壳体的辐射噪声。在全封闭滚动转子式制冷压缩机中，气体共鸣辐射出的空气噪声频率主要集中在中、高频范围。在大多数情况下，辐射的噪声强度较大，在频谱图上呈现出密集的峰值。特别是当气体共鸣振动频率与壳体固有频率接近或相吻合时，将导致壳体的共振，产生更大的辐射噪声。

(2) 管道的传递噪声。压缩机壳体内气体共鸣时气体压力脉动通过排气管传递到制冷系统中，引起管道系统及其他结构振动产生噪声，特别是当气体共鸣的频率(低频分量)与管道系统产生共振时，将产生较大的共振噪声。气体共鸣通过管道传递产生的二次噪声是制冷系统中一种常见的噪声。

在滚动转子式制冷压缩机中，对压缩机壳体内腔体气体共鸣噪声的控制，主要有以下几种方法：①改变激励源的频率或幅值；②改变共鸣振动频率或壳体的固有频率；③采用相位干涉法。

1. 改变激励源的幅值降低气体共鸣噪声

如前所述，滚动转子式制冷压缩机腔体各个空间被激起的气体共鸣噪声主要取决于腔体空间的形状、大小，制冷剂种类以及腔体内的环境因素(温度、压力等)，因此通过空间形状和大小来控制气体共鸣特性在压缩机设计上往往是困难的。一般情况下，为抑制腔体气体共鸣的影响，最好的方法是使制冷剂气体在低噪声(低气体压力脉动)状态排入腔体内，以达到不产生过大的腔体气体共鸣噪声的目的。

压缩机壳体内腔体气体共鸣噪声最主要的激励源是排气阀排气时的气体压力脉动，因此改变排气时气体压力脉动的频率或者幅值就可以有效降低壳体内腔体的气体共鸣噪声。经常采用的方法有如下两种：

1) 在排气孔口通道内设置亥姆霍兹共振消声器

如 5.3.1 节所述，在排气过程中，气缸的压缩腔与排气孔口通道实际上构成了亥姆霍兹共振腔，产生亥姆霍兹共振噪声。压缩机壳体内腔体气体共鸣噪声的主要激励源是压缩腔的亥姆霍兹共振，当亥姆霍兹共振频率或其高次谐波频率与壳体内腔体气体共鸣频率一致或接近就会引起腔体产生气体共鸣噪声。

消除压缩机壳体内腔体气体共鸣噪声最有效的方法是降低气体压力脉动的幅值，即针对激励起共鸣噪声相应频率的排气气体压力脉动采取消减措施，就可以有效地降低壳体内腔体的气体共鸣噪声。因此，只要将排气孔口通道上安装亥姆霍兹共振消声器(图 5.21)，并将消声频率设计成与壳体内腔体共鸣噪声的频率一致，就可以有效降低壳体内腔体的气体共鸣噪声。

2) 改变排气孔口的大小或结构

改变排气孔口的大小或排气阀的结构等参数，使排气时的气体压力脉动主要频率及谐波频率偏离压缩机壳体内腔体的共鸣频率，以及降低气体压力脉动的幅值，从而达到减小对气体共鸣噪声激励的目的。

2. 改变共鸣振动频率或壳体的固有频率降低气体共鸣噪声

1) 改变壳体固有频率的方法

改变压缩机壳体固有频率的方法有很多，如改变壳体厚度、壳体与电机定子固定的刚度、壳体与气缸体的焊接点数及焊接位置等。

2) 改变腔体气体共鸣频率的方法

改变电机前腔和后腔的容积、通道的截面积等，可以使压缩机壳体内腔体气体共鸣噪声的频率避开壳体的固有频率。

3. 采用相位干涉法降低气体共鸣噪声

当滚动转子式制冷压缩机壳体内腔体的气体共鸣噪声呈偶极子声场分布模态时，利用声波相位干涉的原理来降低气体共鸣噪声可以取得良好的效果。

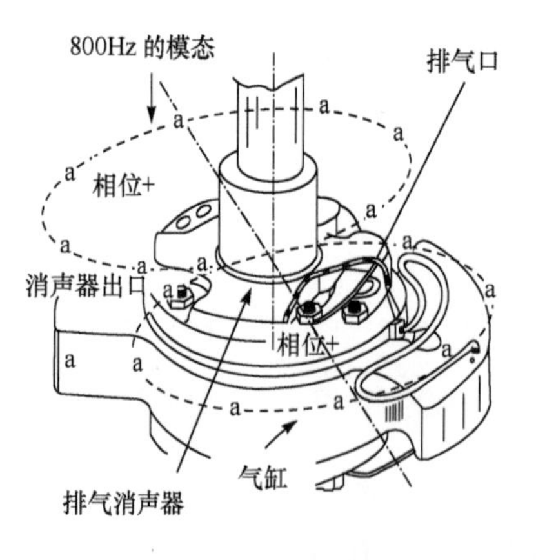

图 5.66　壳体空间的偶极子噪声源

在滚动转子式制冷压缩机壳体圆筒形的空间内，当扩张室式消声器只有一个出口时，由扩张室式消声器出口气体所激起的偶极子模态气体共鸣噪声，其声场的分布如图 5.66 所示。如果扩张室式消声器出口附近声场的相位为正，则与它相反的一侧就会形成一个声压相同而相位为负的声场。

为了利用扩张室式消声器出口声场分布的特点降低噪声，可以在以偏心轮轴轴心为中心对称的位置上设置两个消声器出口，出口 A 的辐射声与出口 B 的辐射声形成的声场在空间中就会形成相位相反的偶极子声场。在理想状态下，如果扩张室式消声器这两个出口发出声音的声压和相位相等，则空间内的声波会发生相位干涉，相互抵消从而有效降低气体共鸣噪声。这种情况下，扩张室式消声器两个出口发出的声波在空间内发生相位干涉的情况如图 5.67 所示。

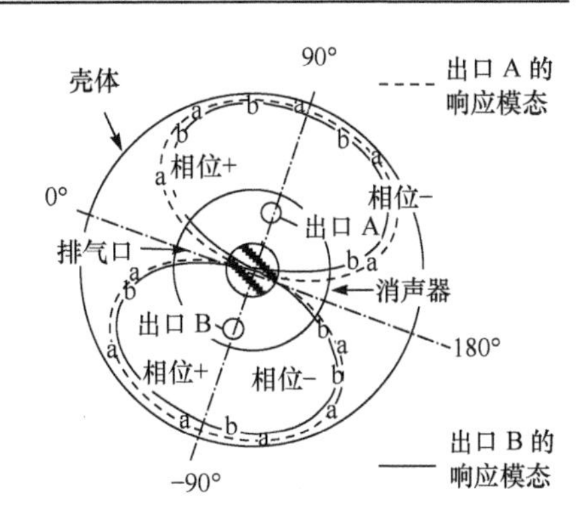

图 5.67　相位干涉原理

由于从扩张室式消声器的两个出口发出的声音必须声压、相位相同才能够发生相位干涉而降低噪声，所以扩张室式消声器内从声源到两个出口的声音传递特性也必须相同。因此，设计上需要采用几何形状或具有声学对称性的单一扩张室式消声器形状，才有可能使声源到两个出口的声学传递特性保持一致，否则，难以得到理想的效果。

图 5.68 是某一型号滚动转子式制冷压缩机通过设置相位干涉型扩张室式消声器降低噪声的实测结果。在压缩机壳体内是电机前腔体中空间共鸣产生的 800Hz 的噪声，采用相位干涉型消声器后这一频率附近噪声的幅值可以大幅度降低。

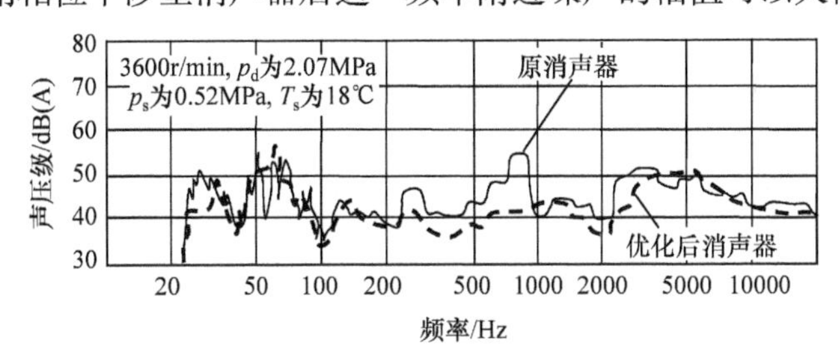

图 5.68　压缩机原消声器与相位干涉型消声器噪声比较的 1/3 倍频程图

5.6　双级压缩中间腔的气体动力性噪声及控制方法

如第 1 章所述，在双级压缩中间补气滚动转子式制冷压缩机中，两级气缸为串联结构，制冷剂气体经过两次压缩后排出压缩机。为了保证压缩机的可靠运转和确保压缩机的性能，需要在低压级气缸和高压级气缸之间的连通通道中设置有一定容积的中间腔体。由于受压缩机结构的限制，设置于压缩机内部的中间腔体的容积一般都比较小，并且在中间腔体中同时发生吸气、排气及补气过程，因而中间腔体内制冷剂气体的流动状态和压力变化状态复杂。这样，在中间腔体以及流通通道中存在着激烈的气体压力脉动、涡流等现象，产生气体动力性噪声。同时，中间腔体内制冷剂气体的压力脉动还会导致补气管道内制冷剂气体的压力脉动，致使管道系统振动，辐射出空气噪声。

中间腔体内的制冷剂气体压力脉动，以及制冷剂气体的流动状态，是双级压缩中间补气滚动转子式制冷压缩机中最为复杂的部位之一。

5.6.1 中间腔气体压力脉动产生的机理

在双级压缩机中间腔体内的制冷剂气体压力脉动是由排气、吸气以及中间补气三种激励源共同作用的结果。具体原因如下：

(1) 对于两个气缸为 180°布置的双级压缩机，低压级气缸开始排气角取决于中间腔的压力，并且排气过程是不连续的，而高压级气缸的吸气开始角与中间腔的气体压力无关，是由压缩机结构决定的。压缩机低压级气缸的排气与高压级气缸的吸气是不可能同步的，它们之间存在着时间差，因此引起中间腔内气体压力的变化。

(2) 在压缩机一个旋转周期中的每一瞬时，低压级气缸的排气量与高压级气缸的吸气量不相等，因此造成中间腔气体压力的波动。

(3) 高压级气缸吸气回流及余隙膨胀造成中间腔气体压力的脉动。

(4) 对于三缸双级压缩变容积比压缩机，当低压级的两个气缸进行容积比变换时，低压级气缸的输气量突然发生变化，对中间腔的气体压力具有冲击性影响。

(5) 中间补气管中的补气量随中间压力的变化而波动，引起中间补气管道中气体压力振荡，反过来又对中间腔的气体压力产生冲击。

(6) 在中间补气阀开启及关闭过程，中间补气管中的气流突然流动或停止，对中间腔气体压力产生冲击。

(7) 在中间腔体气体压力脉动剧烈、复杂的情况下，低压级气缸排气阀片运动状态也变得复杂，容易产生阀片颤振、脱离升程限制器等现象，反过来又对中间腔体内的气体压力脉动产生影响。

对于无中间补气且中间腔体位于内部的双级压缩机，腔体内的气体压力脉动主要通过激励起气缸体等零件的振动，引起压缩机壳体的振动辐射噪声。

对于带中间补气结构的双级压缩机，除了与无补气结构的双级压缩机一样，气体压力脉动激励起气缸体等零部件振动导致壳体振动辐射噪声之外，气体压力脉动还会通过中间补气管导致与之相连的其他管道振动，并产生噪声。实际结果表明，由中间补气管内的气体压力脉动引起的管道振动是非常剧烈的。

5.6.2 控制方法

在双级压缩机中，中间腔气体压力脉动主要通过激励起中间补气管道振动产生噪声，其次通过激励起压缩机结构的振动产生噪声。

降低中间腔气体动力性噪声的控制措施主要有以下几个方面。

1. 压缩机外设置缓冲容器

由于受结构的限制，压缩机内中间腔的容积不可能设计得足够大，为了解决这一问题，可以在压缩机壳体外的中间补气口处设置压力缓冲容器。压力缓冲容器结构和安装方式如图 1.16 所示。

缓冲容器的位置应尽可能靠近压缩机的中间腔，容积在结构允许的条件下尽量选择大一些，并将缓冲器固定在压缩机壳体上，可有效降低气体压力脉动产生的影响。

实验结果表明，设置中间压力缓冲器后，中间腔体内的气体压力脉动大幅降低，同时，对中间补气管道系统的脉动冲击也大幅下降，补气过程相对平稳，管道的噪声和振动大幅下降。

设置压力缓冲容器是降低中间腔气体压力脉动的有效措施之一。

2. 设置亥姆霍兹共振消声器

在中间腔的气流通道上设置亥姆霍兹共振消声器，可以降低高频气体压力脉动的幅值，从而降低噪声。

3. 采用扩张室式消声器结构

将中间腔设计成截面积变化的流道，这样可以构成多腔体的扩张室式消声器，使中间腔也具有消声性能。

4. 增加刚度

增大流通通道和中间腔体的刚度，提高固有频率，可以使气体压力脉动难以激励起机械结构的振动。

5. 设置中间补气吸气阀

在双级压缩机中间补气入口设置补气阀，补气阀的结构与排气阀一样，也为舌簧片阀。当中间腔内制冷剂气体压力高于中间补气口流入的制冷剂气体压力时，补气阀关闭，截断中间腔气体回流至中间补气管；当中间腔的制冷剂气体压力低于中间补气口流入的制冷剂气体压力时，补气阀开启，中间补气管与中间腔连通，中间压力的制冷剂气体通过补气阀进入压缩机的中间腔内，与低压级气缸排出的制冷剂气体混合，由高压级气缸吸入。

设置中间补气阀可有效降低中间补气管内的气体压力脉动，降低对管道振动的激励。研究表明，由于减少了中间腔气体的回流，还可以有效提高压缩机的效率。

6. 合理设计高压级气缸与低压级气缸的相位角

三缸双级压缩机的低压级由两个气缸并联组成，通常，两个低压级气缸互成180°相位差。由于在中间腔内同时存在两个低压级气缸排气，一个高压级气缸吸气，以及中间补气在中间腔内与低压级的排气混合，中间腔内的气体压力脉动状态复杂，容易引起噪声，需要合理设置高低级气缸的相位角以减小气体压力脉动的幅值。

实验结果表明，将高压级气缸与一个低压级气缸(定容气缸)的相位角设置成相差 150°时，不但压缩机可以得到较好的性能，而且可以大幅降低中间腔的气体压力脉动。

例如，某一台三缸双级压缩变容积比压缩机，在压缩机实验台上进行两种气缸相位角差的对比实验，使用的制冷剂为 R-410A，测试工况为压缩机的标准《房间空气调节器用全封闭型电动机-压缩机》(GB/T 15765—2014)规定的名义制冷工况。

实验数据表明，高压级气缸与低压级定容气缸的相位角取 150°时与相位角取180°时相比，中间腔气流压力脉动的幅值降低了 51.8%((0.305−0.147)/0.305×100%)，压缩机功耗降低了 3.57%，COP(制冷量与压缩机输入功率之比)提升了 2.93%。具体对比数据如表 5.6 所示，气缸两种相位角的中间腔压力变化曲线对比如图 5.69 所示。

表 5.6 不同相位角差设计性能差异对比

方案	中间压力/MPa	制冷量/W	输入功率/W	COP/(W/W)
气缸相位差 180°	1.750	3820.5	1230.45	3.105
气缸相位差 150°	1.750	3792.75	1186.55	3.196
差异率	—	−0.725%	−3.57%	2.93%

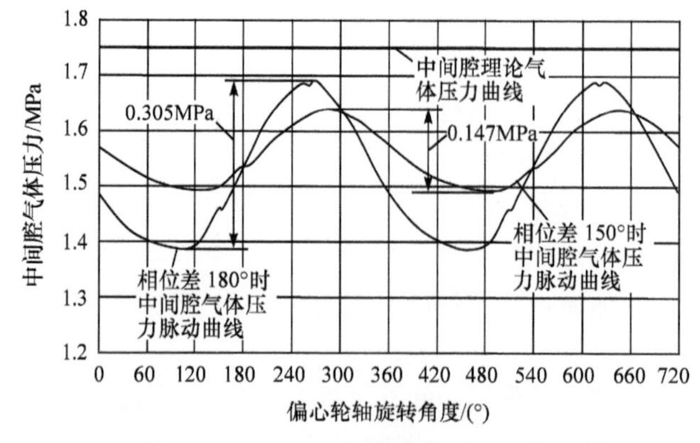

图 5.69 气缸不同相位角时中间腔气体压力随偏心轮轴旋转角度变化曲线

5.7　气液分离器的噪声及控制方法

为了防止液击，全封闭滚动转子式制冷压缩机的吸气孔口前一般都配有气液分离器来分离气体和液体。图 5.70 为气液分离器典型结构示意图，它主要由壳体、进气管、吸气管、挡板、过滤网、安装支架和隔板等组成。一般情况下，气液分离器通过吸气管和安装支架与压缩机壳体相连接，与压缩机成为一个整体。

气液分离器除了起到气液分离的作用外，还有另外一个重要的作用就是气体压力脉动缓冲器和消声的作用。利用它可以消减吸气过程中的气体压力脉动和降低吸气噪声，并且因提高了吸气过程的平稳性而提高了压缩机的效率。

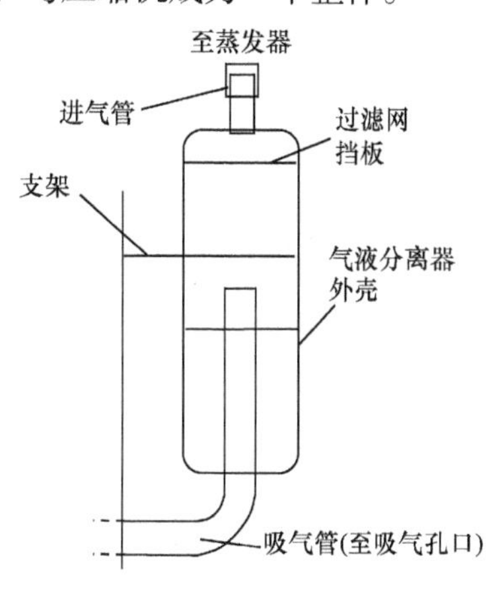

图 5.70　气液分离器典型结构示意图

气液分离器从结构上看相当于内插管扩张室式消声器，具有消声器的作用。它的消声量取决于扩张比，即气液分离器的截面积与进气管截面积之比，而最大消声频率与气液分离器的长度有关，随着气液分离器长度的增长最大消声频率降低。

但由于滚动转子式制冷压缩机吸气过程的周期性和间断性，以及工况的变化，制冷剂气体在气液分离器中流动状态十分复杂。并且由于气液分离器功能上的要求，在内部腔体中设置了过滤网、隔板等零部件，气体在气液分离器中流动时还有可能出现剧烈的涡流和湍流。如果气液分离器结构设计不合理，其不仅起不到减缓气流压力脉动和降低噪声的作用，而且还有可能导致某些频段的噪声增大，以及产生液压缩等方面的问题。另外，由于气液分离器的表面积在滚动转子式制冷压缩机总的表面积中占比较大，并且气液分离器壳体壁厚比压缩机本体壳体的壁厚薄，在相同的气体压力脉动情况下，更容易辐射噪声，因而气体动力性噪声的影响也大。

5.7.1　气液分离器噪声产生的原因

在气液分离器中，产生气体动力性噪声的原因主要有以下几种原因。

1. 气体压力脉动引起的噪声

由于滚动转子式制冷压缩机的吸气过程是间断性和周期性的，并且当滚动转子转动至吸气孔口后边缘角 α 到吸气孔口前边缘角 β 范围时，压缩腔与吸气孔口相连通，基元容积内的吸气气体产生回流，所以吸气管中气体流动方向是变化的。当制冷剂气体从气液分离器内的吸气管流出或回流，以及从进气管流入时，管道内的气体形成脉动能量很大的压力驻波，引起气液分离器内部气体压力周期性脉动。这种内部气体压力脉动导致气液分离器壳体的振动产生噪声。

1) 影响气液分离器中气体压力脉动的主要因素

(1) 气液分离器容积的影响。

气液分离器容积的大小对气液分离器内的气体压力脉动的影响重大。在压缩机吸气腔容积和转速一定的情况下，气体压力脉动的幅值随着气液分离器容积的增大而减小。

(2) 压缩机转速的影响。

压缩机的转速对气液分离器中气体压力脉动的影响很大。随着转速的增大，单位时间内流入和流出气液分离器的气体质量增加，而压缩机的吸气过程是间断的，当管道内的瞬时气流速度急速增大时，气液分离器中气体压力下降的幅值迅速增大，因此气液分离器内的气体压力脉动也随压缩机转速的增大而增大。

同时，由于转速的变化，气体压力脉动主要分量的频率也会发生变化。

(3) 压缩机吸气腔容积的影响。

压缩机吸气腔的容积越大，单位时间吸气管内的气体流量越大，同时流速的变化率也越大，因而在气液分离器中产生的气体压力脉动也越大。

(4) 进出管截面积的影响。

进出管的截面积越大，气体流动的阻力和流动的速度就越小，气液分离器内的气体压力脉动也就越小。

由于气液分离器的出口管是与压缩机的吸气管相连的，吸气孔口截面积过大势必减小压缩机的吸气容积，因此气液分离器出口管截面积的大小取决于吸气孔口的截面积。

适当增大进气管的截面积，不但可以降低进气管的气体压力脉动，而且可以降低流动损耗，提高压缩机的工作效率。

(5) 吸气管结构形式的影响。

如前所述，双缸滚动转子式制冷压缩机的吸气管有两种形式：单吸气管结构和双吸气管结构。双缸滚动转子式制冷压缩机的两个吸气腔以相差 180°相位角交替吸气，但由于压缩机旋转两周才完成一个压缩循环，所以实际上两个气缸的吸气过程是同时进行的，只不过当一个气缸的吸气速度处于下降阶段时，另一个气缸的吸气速度处于上升阶段。与单缸滚动转子式制冷压缩机相比，双缸滚动转子式制冷压缩机的两个气缸轮流吸气，其吸气过程的气体流动状况要复杂得多，有可能产生更大的气流压力脉动和气流涡流。

双缸滚动转子式制冷压缩机采用单吸气管结构时，吸气管内气体压力脉动的频率是双吸气管结构的 2 倍，管道内气流的流速、流阻、流速变化率都比双吸气管结构大。因此，一般情况下在气液分离器中产生的气体压力脉动幅值要大于双吸气管结构。

通常情况下，当采用双吸气管结构时，两根吸气管一般是平行安置在气液分离器中的，由于两个气缸以相差 180°相位角同时吸气，这样在两根吸气管管口附近就形成了很复杂的气流状态。两根吸气管的入口处将产生较大的压力梯度，造成气液分离器内的气体压力脉动增大。当两根吸气管之间的距离较近时，两根吸气管口的压力梯度产生气流干涉，这种气流的干涉将导致气流噪声，有时还有可能产生明显的啸叫声。

2) 气液分离器的共鸣噪声及频率特征

气液分离器内部属空腔结构，它与压缩机壳体内的腔体一样，具有固有的声学特性，可以采用相同的方法分析共鸣噪声以及频率特征。

当吸气系统产生的气体压力脉动频率以及谐波频率与气液分离器空腔声学模态频率一致或接近时，将在气液分离器内部产生强烈的共鸣噪声。此噪声又将激励起气液分离器壁面和管道的振动，从而向周围大气辐射出强烈的噪声。由于气液分离器壳体的表面积较大，壁厚又较薄，所以辐射的结构噪声的声功率较大，有时其产生的噪声级甚至大大超过压缩机本体的噪声。

气液分离器空腔的声学模态主要由以下几方面的因素决定。

(1) 气液分离器内腔结构长度方向的气柱共振频率：

$$f_{ri} = \frac{c_{\mathrm{r}}}{2l} i \tag{5.131}$$

式中，c_{r}——制冷剂气体的声速，单位为 m/s；

l——气液分离器的长度，单位为 m；

$i = 1, 2, 3, \cdots, n$。

(2) 气液分离器周向和径向的共鸣频率：

$$f_{rnm} = \frac{c_{\mathrm{r}}}{2\pi} k_{nm} = \frac{c_{\mathrm{r}}}{2\pi a}(k_{nm} a) \tag{5.132}$$

式中，a——气液分离器的内圆半径，单位为 m；

$k_{nm}a$——贝塞尔根值，具体参见表 5.5，其中 n 和 m 分别表示周向和径向模态阶次。

(3) 气液分离器分隔板长度方向的气柱共振频率：

$$f_{ri1} = \frac{c_{\mathrm{r}}}{2l_1} i \tag{5.133}$$

式中，l_1——气液分离器分隔板的长度，单位为 m。

上述三个计算公式是在假设气液分离器中的声波为平面波的前提下导出的。但由于气液分离器的内部结构并不是规则的，这三个计算公式的计算结果与实际存在一定偏差。因此，在实际中多采用有限元法计算或实验方法测量气液分离器的声学模态。

图 5.71 为在空气中测试得到的某一台滚动转子式制冷压缩机气液分离器的空腔共鸣频率，可将这个结果换算成制冷剂气体中的共鸣频率值。图 5.71 中各个峰值产生的原因如下：

(1) 500Hz 的峰值是腔体长度的驻波(图中的峰值如 A 所示)；

(2) 1400Hz 和 2100Hz 的峰值是圆周方向的 1 次和 2 次共鸣(图中 1 次共鸣峰值如 B 所示，2 次共鸣峰值如 C 所示)；

(3) 1600Hz 的峰值是以分隔板为长度的驻波(图中的峰值如 D 所示)。

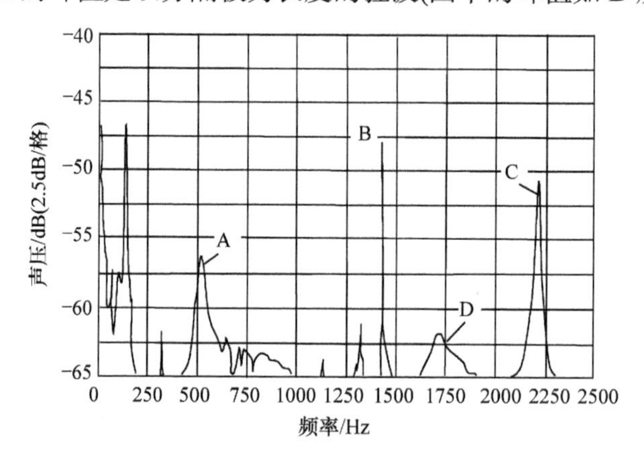

图 5.71　气液分离器腔体内的共鸣频率

需要注意的是，气液分离器在实际使用中，由于在其下部储存有液态制冷剂和润滑油，并且压缩机工作时液体所占的容积不断变化。因此，实际上气液分离器的腔体内气体的体积及形状会发生变化，共鸣频率也会发生变化。

2. 液体制冷剂蒸发产生的噪声

在一些工况条件下，会有少量的液态制冷剂返回气液分离器，液态制冷剂在气液分离器内蒸发成气体。制冷剂由液体蒸发成气体时体积的突然增大也是噪声产生的一个原因。

3. 气体流动产生的噪声

在气液分离器的空腔内，由于压缩机吸气过程的间断性和周期性，以及腔体内结构的复杂性，制冷剂气体在空腔内流动的速度和流动的方向不断变化，也不可避免地会产生各种类型的气体动力性噪声。

4. 结构振动产生的噪声

气液分离器的结构振动主要由两方面因素引起：压缩机壳体的振动激励和气液分离器中气体压力脉动力的激励。

由于压缩机动力学结构的不平衡性以及压缩机壳体内压缩过程导致压缩机外壳的振动，这种振动通过气液分离器安装支架和吸气管传递到气液分离器上，引起气液分离器壳体的振动并辐射噪声。

气液分离器中气体压力脉动、涡流和湍流都将激励起气液分离器壳体的振动。其中，L 形吸气管由于管中的气体压力脉动幅值较大，会激励起 L 形管道振动和气液分离器壳体振动，这种振动的激励甚至有可能超过气液分离器内部气体力激励，成为气液分离器中的主要激振源之一。

5.7.2　控制气液分离器气体动力性噪声的方法

控制气液分离器的气体动力性噪声时，主要考虑以下几个方面的问题：①气液分离器结构模态和声模态；②气液分离器内部流场；③气液分离器传递损失；④压缩机壳体与气液分离器之间的振动传递。具体的控制方法主要有以下几个方面。

1. 采用合适的气液分离器容积降低气体压力脉动

气液分离器的容积大小对降低吸气过程的气体压力脉动有重要影响，通常，在压缩机各种条件相同的情况下，气液分离器的容积越大，气液分离器腔体内的气体压力脉动幅值就越小。但如果气液分离器的容积过大，则造成压缩机体积过大，成本增高。在实际中应在最小容积的基础上，根据制冷和热泵系统的工况特点以制冷剂的充注量合理确定气液分离器的容积。

2. 适当增大进出管的管径降低气体压力脉动

适当增大气液分离器进出管的管径，可以有效降低管内气体的流动速度和流动阻力，改善管口部位的气体流动状态，降低气液分离器内气体压力脉动的幅值及减小涡流，从而降低气体动力性噪声。

另外，增大气液分离器的进出口管径，还会降低气体的流动阻力，有利于提高压缩机的效率。

3. 改变进出管口过滤网组件之间的距离降低涡流噪声

在滚动转子式制冷压缩机的气液分离器中，气体压力变化最为剧烈的位置是滤网垫板及内部吸气管的入口处，而这两个部位也是气体流速最大的位置。湍流导致的噪声较大，是需要重点研究的结构。

气液分离器进出管口与过滤网组件之间的距离对涡流噪声有重要影响，如果进出管口与过滤网之间的距离较小，那么不可避免地会导致管口气体的流动状态复杂，局部区域气体流动的速度过大，产生强烈的涡流噪声。因此，在气液分离器结构设计时应保证它们之间有足够大的距离，其中，增大出管与过滤网组件之间距离对 100～3000Hz 气体压力脉动的减小幅度较大。但当 L 形管与过滤网之间距离增大后，气液分离器腔体内液体容积变小，即降低了气液分离器的容积效率，损害了气液分离器的性能。

4. 防止气液分离器腔体内产生共鸣噪声

腔体共鸣噪声是气液分离器中最主要的气体动力性噪声源之一。气液分离器设计时应使空腔的响应频率避开吸气过程中的主要气体压力脉动频率及高次谐波，并尽可能利用气液分离器的消声特性，将气液分离器的最大消声频率与主要气体压力脉动频率设计成一致。调整气液分离器的长度和内部弯管尺寸以及过滤网、隔板等零部件的形状和安装位置，可以获得最佳消声效果的结构参数。同时，改变气液分离器壳体的直径，可以获得更大的消声量。

5. 改变气液分离器壳体的传递特性

改变气液分离器壳体的传递特性主要有以下方法：

(1) 增加气液分离器壳体的厚度。气液分离器除了分离气液之外，其壳体还起到隔声的作用。壳体隔声量的大小与材料的面密度、噪声频率有关，因此增加壁厚可以提高其隔声效果。

由式(5.56)可知，隔声量 TL 随频率 f 的增大和气液分离器壳体材料面密度 m 的增大而增大。因此，增加气液分离器壳体的厚度，可以降低气体动力性噪声的透射能力，也可增加气液分离器的刚度，改变其原来的固有频率，避开由壳体共振引起的噪声。

(2) 改变壳体直径以增大刚度，也就是改变气液分离器的固有频率，使其避开气体压力脉动的主要激励频率。

(3) 在气液分离器内增加分隔板，改变气液分离器腔体的气体共鸣模态频率，可以使气液分离器的共鸣频率避开压缩机吸气过程的主要激励频率，避免共鸣噪声的产生。

6. 消除气液分离器啸叫声的方法

当双缸滚动转子式制冷压缩机采用双吸气管时，由于两根吸气管的吸气过程相差 180°交替进行，气液分离器中吸气管入口附近的气体流动状态十分复杂，有可能发生干涉现象，将增大气液分离器的气体动力性噪声，严重时相互干涉还可能产生啸叫声。

如果出现啸叫噪声，可以采用以下方法解决：

1) 调整两根吸气管之间的距离

调整两根吸气管之间的距离，实际上就是减小两根吸气管在吸气过程中的相互干涉，降低吸气管口气流涡流的强度，从而降低噪声。

2) 采用斜口形的吸气管结构

将吸气管的入口设计成斜口形，并将两根吸气管的斜口背靠背方式安装在气液分离器内，可以消除啸叫声，如图 5.72 所示。

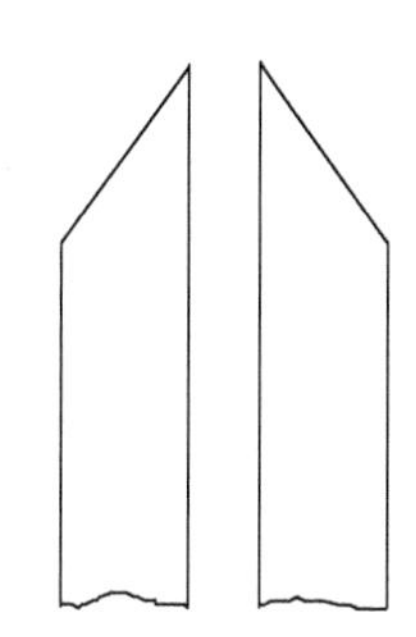

图 5.72　背靠背安装的斜口形吸气管

采用斜口形吸气管结构消除啸叫声的原理是改变了吸气管口气体流动的状态。斜口形吸气管口与平口形吸气管口气体流动主要有以下不同：

(1) 斜口形吸气管入口处的压力梯度小于平口形吸气管，流体能够更加顺利地流入管道内；

(2) 斜口形吸气管入口截面有效地分离了经过滤网支架的气体与回流气体的相交，流动干涉效应在一定程度上减弱，从而可以有效抑制流体压力脉动和吸气管口的涡流强度，使气流噪声降低。

7. 良好的固定方法降低结构噪声

在气液分离器中，压缩机吸气管(L 形管)内的气流压力脉动幅值远大于气液分离器内壁面气体压力脉动的幅值，吸气管在气流压力脉动的作用下产生振动，将导致气液分离器壳体的振动并辐射出空气噪声。为了避免吸气管振动而产生噪声，通常在吸气管的中间部位用隔板将吸气管固定，这样可以使吸气管的振动大幅度减小。

同时，为了降低压缩机壳体传递给气液分离器的振动，可以在压缩机壳体与气液分离器之间加入橡胶垫，将刚性接触变为弹性接触，与原来支架直接点焊在气液分离器上的刚性连接相比，可有效降低压缩机壳体传递到气液分离器上的振动，从而降低气液分离器的辐射噪声。

5.8　旋转体的气体动力性噪声

在滚动转子式制冷压缩机中，旋转体由偏心轮轴和电机转子组成，它的气体动力性噪声是由气体流动产生的，有涡流噪声和笛鸣噪声两种主要成分。

涡流噪声主要由电机转子引起气体湍流在旋转表面交替出现涡流引起的，为宽带噪声。笛鸣噪声是由气体在固定障碍物上擦过而产生的，为单一频率的噪声，电机内的笛鸣噪声主要是径向通风沟槽引起的。涡流噪声与笛鸣噪声的产生原因没有直接联系，两种噪声可以分别处理。

5.8.1 涡流噪声

旋转体旋转时，由于电机转子表面的不平整和电机转子上的平衡块，会影响气流在电机转子表面和电机转子端部流动。由于气体具有黏滞力，会形成一系列的小涡流，这种涡流及涡流的分裂使气体产生扰动，形成气体的压缩和稀疏，从而产生噪声，其频率为

$$f_{\mathrm{or}} = S_{\mathrm{r}}\frac{v}{d}i \tag{5.134}$$

式中，S_{r}——斯特劳哈尔数，0.05～0.25；

v——气体与物体的相对速度，单位为 m/s；

d——物体垂直于速度方向的正表面宽度，单位为 m；

i——谐波次数。

涡流噪声的频率与旋转体的旋转速度成正比，即随着旋转速度的增大，涡流噪声的频率增大。

平衡块设置在电机转子的端部，为旋转涡流噪声的主要产生源。降低平衡块的突出高度，可有效降低平衡块产生的涡流噪声。

5.8.2 笛鸣噪声

笛鸣噪声为纯音，在滚动转子式制冷压缩机中，产生笛鸣噪声的主要原因是气流被电机转子部件均匀分割，产生的纯音频率 f_{rd} 为

$$f_{\mathrm{rd}} = \frac{N_{\mathrm{d}}n}{60}i \tag{5.135}$$

式中，N_{d}——电机转子表面凸起数量；

n——电机的转速，单位为 r/min；

i——谐波次数。

笛鸣噪声随转动部件和固定部件之间间隙的减小而增强，增大间隙是降低笛鸣噪声的有效办法。

第 6 章　机械噪声及控制方法

6.1　机械噪声形成的机理

机械噪声是机械设备运转时机械零部件之间的交变作用力产生的，交变作用力包括零部件之间的撞击力、摩擦力或不平衡力。这些力的传递与作用一般分为三类：撞击力、摩擦力和周期性作用力。

撞击力是指机械零部件之间由不接触状态变为接触状态而产生的力。机械零部件之间发生撞击时产生的噪声称为撞击噪声。

摩擦力是指机械零部件之间处于接触状态，并发生相对运动时产生的力。由摩擦力形成的噪声称为摩擦噪声。

周期性作用力是指零部件之间处于接触状态，并发生周期性或随机性振动时产生的作用力。在激励力的作用下，机械结构产生振动，振动中伴有强迫振动和自由振动(即固有振动)，并产生噪声，这种噪声称为结构振动噪声。

在实际的机械结构中，绝大多数情况下，这三种类型的噪声是同时存在的，也就是说，同时存在撞击、摩擦和结构振动。但这三种噪声的影响程度不同，只有在某一时间或某种情况下，会以其中某一种噪声为主。

另外，机械噪声的特性(如声级大小、频率特性和时间特性等)与激励力特性、物体表面的振动速度、边界条件以及固有振动模态等因素有关。因此，机械噪声源的分析是一个很复杂的过程。

6.1.1　撞击噪声的形成机理

当机械零部件撞击时，其机械能分为四个部分：①做功；②克服各种阻力转化为热能；③通过撞击零部件以固体声的形式传播；④转化为使零件产生弹性形变的振动能。振动能部分以声波的形式向四周空间辐射形成撞击噪声。

撞击噪声的发声机理有以下几种：

(1) 在撞击瞬间，由于两物体间的高速接触，迫使物体撞击面间的空气高速挤出而引起喷射噪声，称为空气排斥噪声。

(2) 在撞击瞬间，两物体的接触面上由于撞击而发生突然的变形，形成一突发的压力脉冲噪声，称为脉冲噪声。

(3) 在撞击瞬间，受到一个很大瞬时力的作用，机械零部件产生很大的加速度(负值)，并产生噪声，称为加速度噪声。加速度噪声是物体的加速运动在空气介质中产生的压力扰动，加速度噪声与物体的振动无关，因此也被称为刚性辐射。

(4) 撞击后，引起两撞击零部件结构发生固有频率的振动而激发的结构噪声，称为自激噪声，它是逐渐衰减的自由振动辐射的噪声。

在以上四种噪声中，以自激噪声的影响最为强烈，其辐射噪声维持的时间最长。撞击的激励频率与撞击的物理过程有关。撞击时间短，作用力大，激励的频带宽，激发物体本征振动方式多，呈宽频带撞击噪声；撞击时间长，作用力小，激励的频带窄，激励的振动方式少，呈窄频带撞击噪声。

撞击噪声具有以下几个方面的特点：

(1) 撞击作用时，系统之间动能传递的时间很短；

(2) 撞击激励函数是非周期性的，其频谱是连续的；

(3) 在撞击作用下，系统所产生的运动和撞击函数(力的时间和空间分布)与系统的材料和结构有关。

撞击响应的最大值可能出现在撞击持续时间内，也可能出现在撞击停止后，取决于撞击持续时间t_0与系统固有周期 T 的比值t_0/T。当t_0/T值不同时，响应的最大值及出现的时间均不相同。

6.1.2 摩擦噪声的形成机理

当两物体在一定压力作用下相互接触，并且做相对运动时，物体之间将产生摩擦力。摩擦力的方向与物体相对运动的方向相反，阻止运动的进行，摩擦能激发物体发生振动并发出声音，从而产生摩擦噪声。

在很多情况下，摩擦力并不是一个常数，而是随运动速度的变化而变化，当摩擦力随运动速度的变化而变化时，能激发运动部件的自激振动而产生噪声，也就是说，摩擦噪声是由于摩擦引起摩擦物体的张弛振动而激发的噪声。尤其是当振动频率与物体的固有频率相吻合时，物体的共振将产生强烈的摩擦噪声。摩擦力也能激发运动物体的耦合振动，特别是运动物体的振动与不同固有频率接近时，摩擦力激发出强烈的耦合振动而产生噪声。

由摩擦自激振动产生的噪声是一个非常不稳定的现象，摩擦噪声的产生、声压级大小以及主频成分等参数受许多因素的影响，如摩擦副的材料性能、系统的刚度、相对滑动速度、界面的润滑条件等。

摩擦振动噪声是一种非常复杂的自然现象，其发生机理非常隐蔽，没有直接的物理量可以作为摩擦噪声发生的判据。国际上提出了许多机理用于解释摩擦噪声的一些现象和产生的原因，但无法满意地解释所有的现象。例如，不能解释摩擦噪声发生时为何摩擦部件同时有耦合的法向振动和切向振动，也无法预测摩擦噪声的产生和消失。

目前为止，出现的摩擦噪声机理有十多种，其中得到大多数学者所接受的主要有以下五种，它们分别为：黏着-滑动机理、摩擦力-相对滑动速度负斜率机理、自锁-滑动机理、模态耦合机理及锤击理论。

下面以黏着-滑动机理来简要说明摩擦噪声的产生机理。黏着-滑动机理可用图 6.1 来描述。

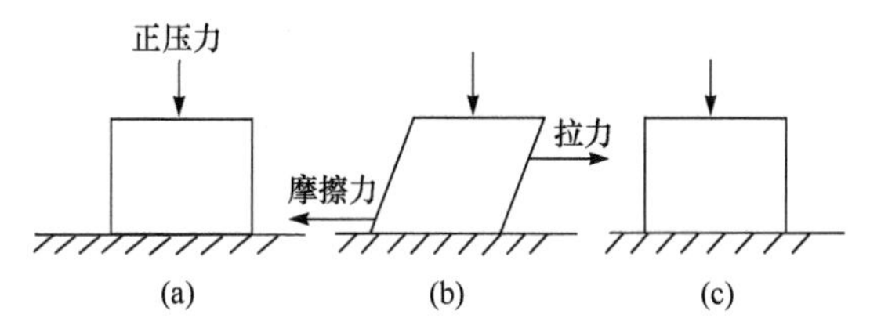

图 6.1　摩擦形成的张弛振动示意图

如图 6.1 所示，如果一个物体受到拉力作用，在两个物体之间将产生摩擦力，当拉力小于摩擦力时，两个物体间无相对运动，在拉力和摩擦力作用下物体发生弹性变形，拉力增大，物体弹性变形增大。当拉力逐渐增大到超过摩擦力时，两个物体发生相对运动，物体以跳跃形式转移到新的位置上，物体的弹性变形消失。当拉力持续维持不变时，上述过程将不断重复。在物体连续地发生跳脱转移过程中，物体产生张弛振动，这种张弛振动的激励源为摩擦力。

摩擦引起张弛振动的强度与摩擦力的大小有关，摩擦力大，张弛振动的幅值大。张弛振动频率与两个物体间的相对运动速度有关，相对运动的速度增大，两个物体间的跳脱转移频率加快。当张弛振动频率与物体的固有频率吻合时，将产生共振，就会形成强烈的噪声和振动。摩擦振动是非线性振动，局部摩擦引起的振动频谱中包含有高次谐波和分谐波振动(即次谐波振动)。

摩擦噪声可以分为频率为 200～500Hz 的低声强级噪声，以及频率为 1～15kHz 的高声强级噪声。其中，对人的听觉影响大的是高声强级噪声，而低声强级噪声的影响较小，不会对环境造成明显的影响。

到目前为止，大部分研究者认为高声强级噪声是由摩擦自激振动引起的，即由摩擦力-速度曲线的负斜率特性诱发系统某些零部件的自激振动而产生的。研究表明，摩擦噪声的频率为摩擦系统的某几阶固有频率。

降低或消除摩擦噪声的方法是减小接触物体间的摩擦力，通常通过在摩擦面间施加润滑剂和降低接触物体表面粗糙度等方法来减小摩擦噪声。

6.1.3　结构振动噪声的形成机理

结构振动噪声是机械结构对各种激励力的振动响应，它是机械噪声中最重要的噪声源之一，包括强迫振动和固有振动，其中，固有振动起主要作用。结构振动噪声以振动系统的一个或多个固有振动频率为主要组成部分，而振动系统的固有频率与结构的性质有关。

机械系统中的零部件都各自组成弹性振动系统，都有各自的固有频率。当受到各种周期性激励、冲击性激励或随机性激励时，都会形成各种形式的强迫振动和固有振动(自激振动)，这种振动干扰着周围的空气介质而发出声音，形成错综复杂的噪声频谱。特别是当交变作用力的某些谐波分量与结构的固有频率相近时，将形成结构模态共振，从而激励起相当大的结构振动噪声。

6.1.4 滚动转子式制冷压缩机的机械噪声

滚动转子式制冷压缩机的机械噪声是在电磁力、气体力以及不平衡惯性力等的作用下，使相对运动零部件之间产生撞击、摩擦以及激发固有振动而产生的。

在滚动转子式制冷压缩机中，相对运动零部件有：偏心轮与滚动转子内圆、偏心轮轴与主副轴承、偏心轮轴止推面与止推轴承、滚动转子外圆与滑片端部、滚动转子外圆与气缸内壁、滚动转子端面与气缸端盖、滑片与滑片槽、滑片与气缸端盖，以及排气阀片的开启关闭等。

滚动转子式制冷压缩机的机械噪声按照产生的原因来分，主要包括：

(1) 排气阀开启和关闭时，排气阀片及阀座与升程限制器的撞击噪声、排气阀片的自激振动噪声等；

(2) 滑片与滑片槽之间的撞击和摩擦噪声；

(3) 滑片端部与滚动转子外圆之间的摩擦和撞击噪声；

(4) 轴承噪声；

(5) 不平衡惯性力激励起零部件振动辐射的噪声；

(6) 不平衡电磁力(如电机转子偏心等)引起的偏心轮轴弯曲振动噪声；

(7) 制冷剂气体力对机械零部件的冲击以及气体压力脉动导致机械零部件的机械运动等产生的噪声。

由于滚动转子式制冷压缩机机械噪声的强度、频率与压缩机的转速、吸气和排气压力(负荷大小)、制造精度、装配精度以及结构响应等多种因素有关，其机械噪声的组成成分十分复杂。

一般情况下，滚动转子式制冷压缩机机械噪声的频率在 7000Hz 以下。

6.2 排气机械噪声及控制方法

滚动转子式制冷压缩机的排气阀为舌簧片阀，它由阀座、阀片和升程限制器

(也称为挡板)等组成，升程限制器和阀片用铆钉固定在阀座结构上，排气阀的结构如图 5.18 所示。

当气缸压缩腔内的制冷剂气体压力与气缸外部的制冷剂气体压力平衡时，排气阀开始启动。在开启初期，压缩腔内的制冷剂气体通过阀座与阀片之间的间隙泄漏，当压缩腔的制冷剂气体压力继续升高时，阀片被气缸内的制冷剂气体力迅速推离阀座，撞击到升程限制器，制冷剂气体从排气阀中排出。当阀片两侧的压力差消失时，排气过程结束，阀片在自身弹簧力及制冷剂气体反压力的作用下回到阀座，排气阀关闭。排气阀片在开启和关闭过程中分别与升程限制器和阀座发生撞击，产生撞击噪声。

此外，排气阀片在排气过程中，由于制冷剂气体压力的脉动，有可能导致排气阀片的颤振。排气阀片的颤振除了与排气过程气体压力脉动的状态、阀片升程等有关，还与阀片系统的固有频率相关。在滚动转子式制冷压缩机中，阀片质量-弹性振动系统的第一阶固有频率一般在 350～450Hz。

因此，排气阀的机械噪声主要为撞击噪声和阀片的颤振噪声。

6.2.1　排气阀片的撞击噪声

在排气阀片的撞击噪声中，根据 E.J.Richard 的研究，影响较大的为自激噪声和加速度噪声。

1. 阀片撞击阀座和升程限制器的频率

阀片撞击阀座和升程限制器的频率，即压缩机的运转频率，可用式(6.1)表示：

$$f = \frac{n}{60} i \tag{6.1}$$

式中，f——阀片撞击阀座和升程限制器的频率，单位为 Hz；

n——压缩机的转速，单位为 r/min；

i——谐波次数，$i = 1, 2, 3, \cdots$。

2. 自激振动噪声

排气阀自激噪声的频率与升程限制器、阀座以及阀片的固有频率相关，开启时产生的撞击噪声频率与升程限制器结构系统的固有频率有关，关闭时产生的撞击噪声频率与阀座(端盖)等系统的固有频率有关。

阀片撞击的自激振动噪声的 A 声级计算式可用式(6.2)估算(式(6.2)及式(6.3)均由 E.J.Richard 提出)：

$$L_{\mathrm{eq}}=10\lg\frac{\Delta f}{f_{\mathrm{c0}}}+10\lg N+20\lg\left|F'\right|+10\lg R_0+10\lg\frac{A\sigma}{f_{\mathrm{c0}}}+10\lg\frac{1}{\eta}+10\lg\frac{1}{d}+B \quad (6.2)$$

式中，L_{eq}——撞击在中心频率为 f_{c0}、带宽为 Δf 的频带中产生的 A 声级，单位为 dB；

f_{c0}——中心频率，单位为 Hz；

Δf——频带宽，单位为 Hz；

N——每秒钟的撞击次数；

F'——撞击力的平均变化率；

R_0——转移导纳；

A——A 计权函数在该频率上的数值；

σ——辐射效率；

η——撞击零件的材料内耗；

d——撞击结构的平均厚度，单位为 m；

B——常数项，取决于选用的单位。

由于撞击的时间很短，撞击力的高次谐波分量较多也较大。图 6.2 为阀片的前三阶振型。从图中可以看出，压缩机工作时，如果阀片发生自激振动，起主要作用的是一阶振型的振动，即一阶弯曲振动。原因如下：

(1) 由于排气时的瞬时激励是作用在阀片的头部，一阶振型起主要作用；

(2) 由于受到升程限制器的限制，难以激发出二阶振型的振动。

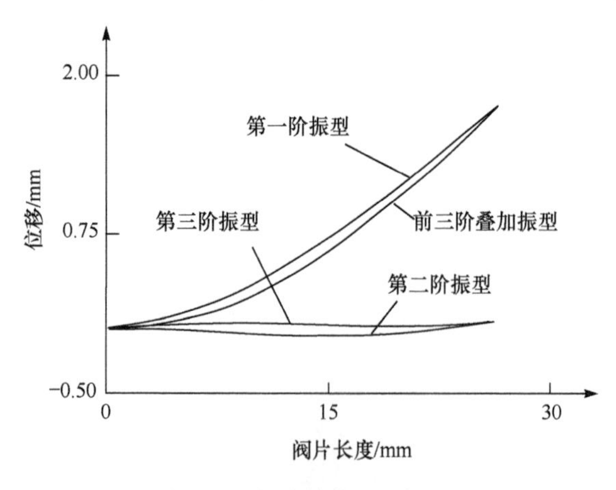

图 6.2 阀片的前三阶振型

3. 加速度噪声

在排气阀片开启和关闭的过程中，排气阀片运动的速度是变化的，并且在撞击力持续作用的瞬间以极大的负加速度运动，对周围制冷剂气体介质产生压力扰动而形成刚性辐射的加速度噪声。加速度噪声的压力变化在声压-时间图上表现为幅值很大的声压脉冲。

阀片加速度噪声的 A 声级可以用式(6.3)估算：

$$L_{pA}=117-20\lg l+20\lg v_0+6.67\lg m-40\lg\delta-A \tag{6.3}$$

式中，L_{pA}——加速度噪声 A 声级，单位为 dB；

l——测量点到撞击点的距离，单位为 m；

v_0——撞击零件的相对撞击速度，单位为 m/s；

m——与阀片同体积制冷剂气体介质的质量，单位为 kg；

δ——无量纲的撞击持续时间，$\delta=c_r t_0/\sqrt[3]{V}$，其中 V 为阀片体积(m^3)，c_r 为周围制冷剂气体的声速(m/s)，t_0 为撞击力作用持续的时间(s)。

加速度噪声的声压峰值以及辐射的声能，随着撞击力持续时间的增加而下降。

4. 撞击噪声的辐射

在全封闭滚动转子式制冷压缩机中，阀片撞击产生的机械振动主要通过固体传递路径传递，通过压缩机壳体辐射出噪声。当排气阀开启和开闭时，在压缩机壳体上可以测量到相应的振动响应。

图 6.3 为实验得到的排气阀片位移及壳体振动加速度的时域曲线。在实验条件下，当 $\theta=220°$时，在压缩腔内高压制冷剂气体作用下排气阀片迅速开启，排气阀片与升程限制器撞击；当 $\theta=0°$或 360°时，排气结束，排气阀片在制冷剂气体压力差和阀片弹性力的作用下与阀座发生撞击。

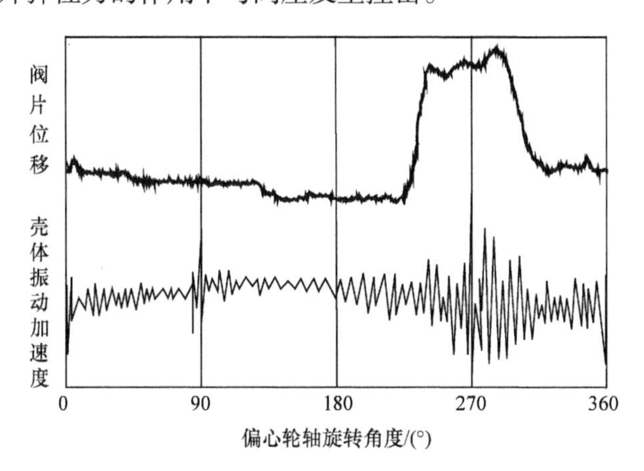

图 6.3　排气阀片位移及壳体振动加速度

从图 6.3 中可以看出，在排气阀片与升程限制器发生撞击时压缩机壳体的振动响应大于与阀座发生撞击时的振动响应。正常情况下，滚动转子式制冷压缩机排气阀片与升程限制器的撞击噪声一般都大于与阀座的撞击噪声。

5. 影响撞击噪声的主要因素

从式(6.2)和式(6.3)可以看出，撞击噪声的强度与阀片的撞击速度、撞击次数、零部件的阻尼系数、阀片质量等因素有关。还可以看出，采用高内耗的阻尼材料做撞击件可以降低自激噪声；增加撞击持续时间，减小撞击件体积可以降低加速度噪声。

撞击时所发出的自激噪声和加速度噪声的大小与撞击零件的形状有关。当撞击零件的质量比较集中，即在 x、y、z 三个方向上的尺寸相差不大时，撞击只激发起纵向波，撞击能量转化为自激噪声和加速度噪声的能量相当。当撞击零件的质量不集中，在某些方向上的尺寸较大时，撞击时将会产生弯曲波，由此所激发的振动量级相当大，转化为自激噪声的能量要比转化为加速度噪声的能量高几个数量级，这时的撞击噪声主要是自激噪声。

对于舌簧阀片来说，其形状为片状，阀片的表面积与体积之比很大，因而自激噪声的能量要远比加速度噪声能量高。

1) 阀片撞击速度的影响

排气阀片的撞击速度 v_0 可由式(6.4)估算：

$$v_0 = \omega h_0 \tag{6.4}$$

式中，h_0——排气阀片升程，单位为 m；

ω——压缩机运转角速度，单位为 rad/s。

由式(6.4)可见，随着阀片升程的增加以及压缩机运转角速度的升高，撞击噪声增大。

(1) 撞击速度与运转频率的关系。

对于同一台压缩机来说，排气阀的设计是不变的。对于定速压缩机，排气阀的设计可以满足最佳的工作状态；但对于变频运转的压缩机，排气阀设计并不能保证在所有的转速范围都处于最佳工作状态。随着运转频率的变化，排气阀片的撞击速度也并非完全符合式(6.4)的线性规律。

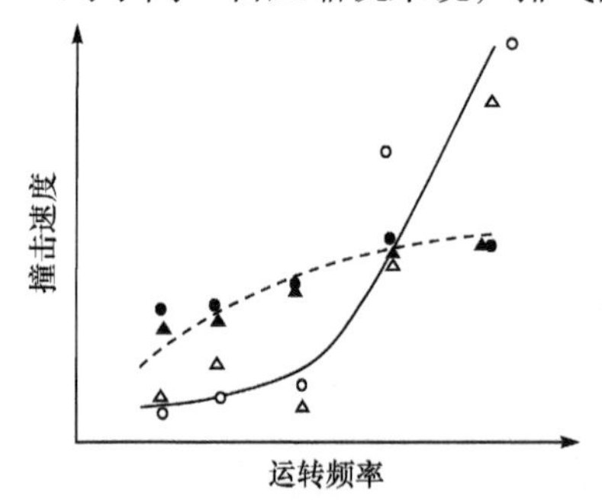

图 6.4　排气阀片撞击速度与压缩机运转频率的关系

虚线为对升程限制器的撞击速度，实线为对阀座的撞击速度；●和○表示上排气阀，▲和△表示下排气阀

图 6.4 为某一台采用双排气阀结构的单缸滚动转子式制冷压缩机，排气阀片对阀座和升程限制器的撞击速度随压缩机运转频率变化的实测曲线。从图中可以看出，随着压缩机运转频率的升高，排气阀

片对阀座和升程限制器的撞击速度都增大；当压缩机低频运转时，排气阀片开启过程的速度大于关闭过程的速度，对升程限制器的撞击噪声大于对阀座的撞击噪声；但随着压缩机运转频率的进一步升高，阀片对阀座的撞击速度从某一运转频率开始急剧增大，这时阀片对阀座的撞击噪声也急剧增大。

实际上，图 6.4 中阀片对阀座撞击速度随压缩机运转频率的升高而急剧增大是阀片延时关闭造成的，其原因是排气阀片的刚度偏小。在阀片刚度偏小时，随着压缩机运转频率的升高，排气阀片的关闭角度迅速向后顺延，在较高的运转频率时，排气阀片的关闭角度甚至有可能大于 360°，造成阀片对阀座的撞击力增大，撞击噪声增大。同时，由于排气阀片延迟关闭，还会造成气体回流加剧，致使压缩机功耗增大，效率下降。

图 6.5 为某一台压缩机排气阀片的关闭角度随运转频率的变化情况。从图中可以看出，随着运转频率的升高，排气阀片关闭角度几乎与运转频率呈线性关系延迟。当运转频率为 70Hz 时，排气阀片于 359°时关闭，当运转频率为 90Hz 时，排气阀片延迟至 372.25°才关闭。

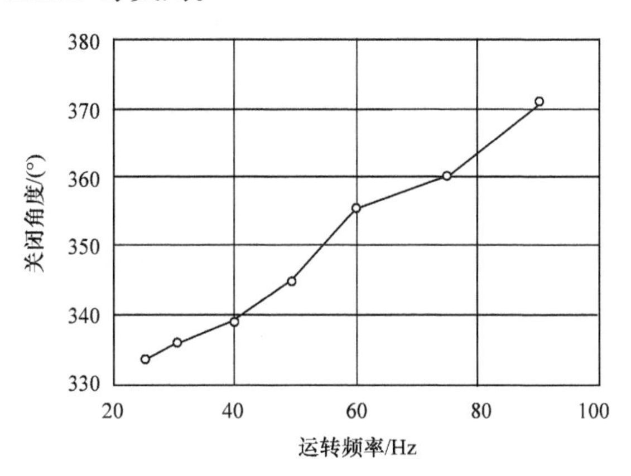

图 6.5　排气阀片关闭角度随运转频率的变化

为了改善压缩机的效率、提高排气阀片的可靠性以及减小与阀座的撞击噪声，在排气阀设计时，必须综合考虑过压缩和阀片延时关闭问题，合理选择排气阀片的刚度。

(2) 撞击速度与升程的关系。

排气阀片对升程限制器和阀座的冲击速度近似与阀片升程成正比，因此阀片撞击噪声随着升程的增高而增大。

例如，某一台滚动转子式制冷压缩机，排气阀片升程限制器的升程分别设置为 2.0mm、2.2mm、2.6mm、3.0mm，运转频率为 80Hz 时，排气阀片对升程限制器和阀座的撞击速度如表 6.1 所示。

表 6.1　排气阀片对升程限制器和阀座的撞击速度　(单位：m/s)

撞击部位	升程高度/mm			
	2.0	2.2	2.6	3.0
升程限制器	8.9	9.4	10.1	11.2
阀座	14.3	15.1	16.6	20.7

从表 6.1 中还可以看出，当压缩机运转频率为 80Hz 时，排气阀片撞击阀座的速度大于撞击升程限制器的速度，说明压缩机在这一运转频率下，阀片的关闭时间小于阀片的开启时间，其原因是排气阀片出现了延迟关闭。

2) 排气压力的影响

排气压力的增大对排气噪声的影响有两个方面：一是制冷剂气体的密度增大，对阀片的气体冲击力增大，因而阀片的运动速度加快，产生的撞击噪声增大；二是随着排气压力的增大，排气阀片本身开始产生小的振动，当阀片振动频率与其固有频率接近或相同时，将产生共振。当阀片共振时，将导致气缸容积效率的降低和噪声的增大。

3) 排气阀片刚度的影响

排气阀片刚度对撞击噪声的影响主要有以下两个方面：

(1) 阀片刚度过大时，在压缩腔中出现过压缩现象，排气阀打开后，制冷剂气体的作用力大，阀片的运动速度快，因而对升程限制器的冲击力增大，撞击噪声增大；

(2) 阀片刚度过小时，排气结束时阀片延时关闭，对阀座的冲击增大，其撞击噪声增大。

6.2.2　排气阀片的颤振噪声

1. 排气阀片产生颤振噪声的原因

在排气阀片开启和关闭过程中，阀片处于高速运动和不断地撞击之中，阀片本身也会发生振动并产生噪声。这种振动即阀片的颤振，颤振的频率近似等于阀片质量-弹簧系统的固有频率。阀片发生颤振时还会增加撞击阀座或升程限制器的次数，从而增加噪声。

2. 影响因素

1) 运转频率的影响

随着压缩机运转频率的变化，阀片撞击升程限制器的次数和阀片本身的颤振次数也是变化的。在压缩机低频运转时，阀片的运动周期长，压缩腔内制冷剂气体压力与壳体内制冷剂气体压力基本相同，阀片到达升程限制器时有足够的时间反弹回来，此时，阀片颤振幅度很大而振荡次数很少。在压缩机高频运转时，压缩腔内制冷剂气体压力增加的速度快，阀片响应的时间缩短，阀片在升程限制器上的颤振次数增加，振动幅度变小。

例如，一台使用 R-410A 制冷剂的滚动转子式制冷压缩机，当运转频率为 25Hz 时，阀片的颤振次数约为 3 次，而运转频率为 75Hz 时，阀片的颤振次数可达 10 次左右，如图 6.6 所示。

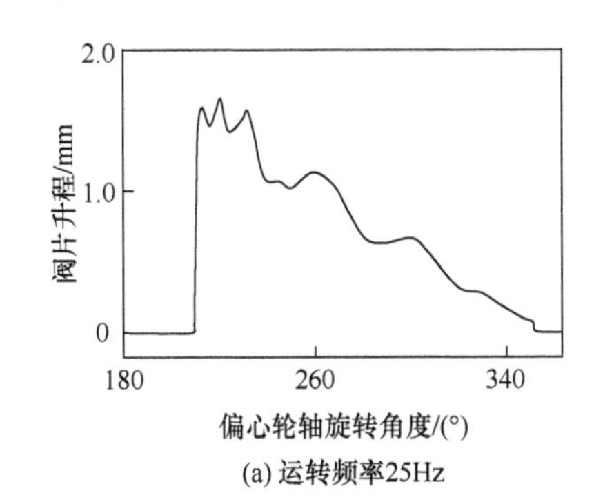

(a) 运转频率25Hz

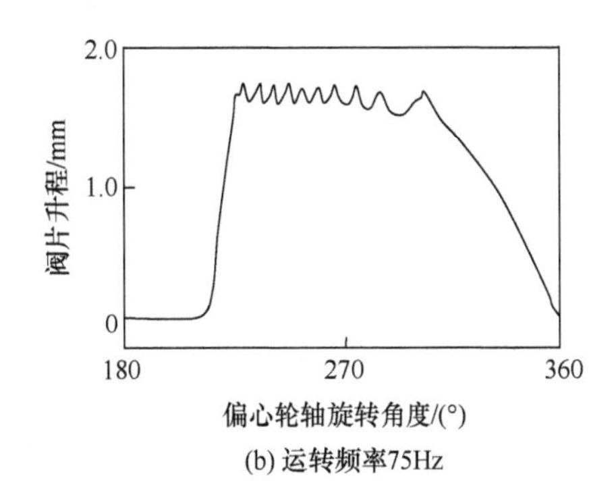

(b) 运转频率75Hz

图 6.6　排气阀片在不同频率下的运动规律

2) 阀片刚度的影响

阀片刚度过大，在阀片撞击升程限制器和阀座时，容易出现撞击反弹。阀片刚度过小，排气结束时会出现阀片延时关闭，并容易产生阀片颤振。

6.2.3　降低排气阀撞击和颤振噪声的方法

由于阀片撞击时产生的噪声与撞击速度成正比、与作用时间成反比，所以控制排气阀片的撞击噪声，只需要控制排气阀片的撞击速度和撞击作用时间即可。因此，在进行排气阀设计时，应尽可能降低撞击速度和延长撞击作用时间，如合理设计排气阀升程、排气阀升程限制器的接触型线等，均能够有效地减小阀片的撞击速度或撞击力。而阀片的颤振噪声主要从阀片的刚度选择、防止共振等方面控制。

降低排气阀片撞击和颤振噪声的方法主要有以下几个方面。

1. 合理设置阀片与阀座高度差

排气阀片在关闭时与阀座碰撞产生的撞击噪声，可以通过合理设置排气阀片铆接座(阀片的安装平面)与阀座的高度差来降低，通常的做法是使阀座的高度低于阀片铆接座平面的高度。阀座与阀片铆接座平面高度差与反压力之间的关系

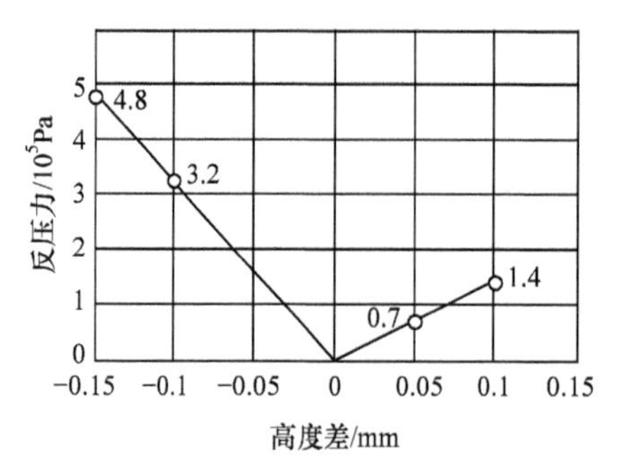

图 6.7　不同高度差时的气体反压力

如图 6.7 所示(图中所示为有限元计算结果)。

在图 6.7 中，横坐标表示阀座与阀片铆接座平面的高度差，纵坐标表示排气阀片关闭时所需要的制冷剂气体反压力。从这一计算结果可知，在同样的高度差下，阀座平面低于阀片铆接座平面(图中负值)时阀片关闭所需要的制冷剂气体反压力大。由于排气阀片关闭时撞击阀座的瞬时速度和制冷剂气体反压力的大小成正比，所以在同样制冷剂气体反压力的条件下，阀座平面低于阀片铆接座平面时可以降低排气阀片关闭的撞击速度，从而降低撞击噪声。

2. 合理选择排气阀片的升程

由上述分析可知，排气过程的撞击噪声与阀片的升程密切相关，阀片的升程越大，阀片撞击升程限制器和阀座的冲击速度也越大。如果单纯从降低撞击噪声的角度考虑，阀片升程应尽量取小，但阀片升程对压缩机的效率有较大的影响，排气阀设计时需要综合考虑效率与噪声的关系。

3. 选择合适的排气阀片刚度

排气阀正常工作时，在一个工作循环中完成一次开启和关闭，其中，阀片弹性力的作用是使排气阀及时开启和关闭。

如果阀片刚度过大，即阀片的弹性力过强，排气时制冷剂的气流推力不足以克服阀片弹性力，则在开启过程中，阀片有可能在阀座与升程限制器之间来回振荡，致使排气阀的时间截面积减小，附加阻力损失急剧增加，因而形成排气阀的多次启闭，也有可能发生阀片回到阀座时发生反跳的现象，增加阀片的撞击强度，导致排气过程的机械噪声增大，同时也会给压缩机带来能量损失。

如果阀片刚度过小，即阀片的弹性力过弱，阀片开启后贴在升程限制器上的时间延长，致使滚动转子转到排气终点位置时，阀片仍未落在阀座上，出现延迟关闭现象。由于滚动转子式制冷压缩机是无再膨胀行程的压缩机，延迟关闭时气流的作用力造成排气阀片在关闭时对阀座的撞击速度比正常关闭时大得多，将增大撞击噪声。并且还有可能造成阀片撞击阀座时发生反弹，使阀片的应力增大，严重时致使阀片和阀座磨损加剧，排气阀片过早损坏。

合适的排气阀片刚度可以通过 PV 曲线测量得到。

4. 合理选择排气孔口面积

在压缩机旋转一周中，排气阀片始终受到制冷剂气体力的作用。在排气阀片开启前，阀片上下表面压差形成静压力 $F_{\Delta p}$；阀片开启后，制冷剂气体喷射时，受到气体冲力 F_{L} 的作用。可以写成以下表达式：

$$F_{\Delta p} = \Delta p S \tag{6.5}$$

式中，Δp——阀片上下表面单位面积的压力差，单位为 Pa；

S——排气孔口的面积，单位为 m^2。

$$F_{\mathrm{L}} = mv = \rho Q v = \rho v^2 S \tag{6.6}$$

式中，m——排气孔口单位时间排出制冷剂气体的质量，单位为 kg/s；

v——排气孔口制冷剂气体的排出速度，单位为 m/s；

ρ——排气孔口排出制冷剂气体的密度，单位为 $\mathrm{kg/m^3}$；

Q——排气孔口单位时间排出制冷剂气体的体积，单位为 $\mathrm{m^3/s}$。

在排气阀开启瞬间，作用在排气阀片上的制冷剂气体力合力 F_{T} 为

$$F_{\mathrm{T}} = F_{\Delta p} + F_{\mathrm{L}} \tag{6.7}$$

由式(6.6)可知，在排气孔口面积 S 不变时，瞬时体积流量 Q 与瞬时流速 v 成正比，即瞬时体积流量越大，流速也越大。排气阀在开启之后形成的气体冲击力与瞬时流速的平方成正比，与制冷剂气体的密度成正比。制冷剂气体的密度与气缸内压力有关，压力越高，制冷剂气体的密度越大。

当排气孔口面积 S 变化时，瞬时体积流量与瞬时流速都会发生改变。显然，瞬时体积流量相同时，排气孔口面积 S 小，气流速度大，排气阀片所受到的制冷剂气体冲力大，因此对升程限制器的撞击速度也增大。适当增大排气孔口的面积可以降低撞击噪声。

但从第 5 章可知，气体动力性噪声随排气孔口面积的增大而增大，因此需要在排气过程流阻损失不大的前提条件下，综合平衡气体动力性噪声和撞击噪声，合理选择排气孔口的面积。

5. 选择阻尼材料或表面阻尼处理

撞击材料的阻尼对撞击噪声大小有重大的影响。如果阀座和升程限制器采用高阻尼的材料或对表面进行阻尼处理，可以增加撞击的时间，减小结构对撞击的响应，降低噪声。

6. 设计合理的阀座结构

排气阀座周边常加工有环形凹槽，结构如图 5.18 所示。它的作用是减少阀座

与排气阀片的接触面积,并且有较高的平面度和较低的表面粗糙度以保证气密性。但为了减小气缸的余隙容积，通常排气阀座沉入气缸盖中，与气缸盖的表面有较大的高度差。为了制冷剂气体流动顺畅，减少流动的阻力，可以将排气槽的侧面加工成斜面，这样可以减小制冷剂气体力对排气阀片开启时的作用，从而减小对升程限制器的撞击速度和撞击力，降低撞击噪声。

7. 设计合理的升程限制器结构

如果阀片在开启过程中逐渐与升程限制器接触，即开启过程中阀片的刚度逐渐增大，可以有效降低阀片与升程限制器的撞击噪声。常用的两种渐进式升程限制器结构如图 6.8 所示。

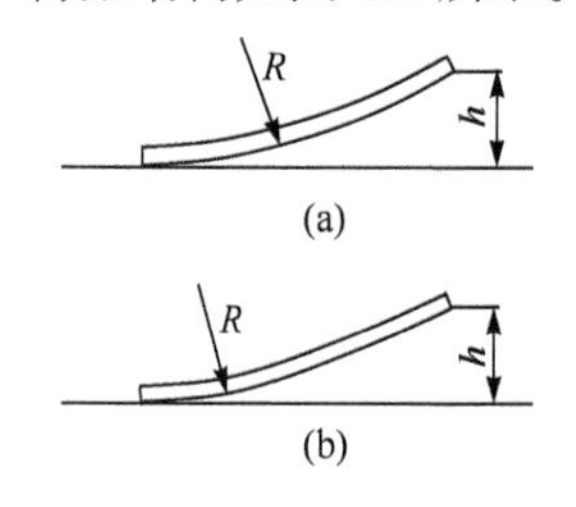

图 6.8　升程限制器结构形式

图 6.8(a)为单曲率升程限制器,其大圆弧与根部直线相切，它是目前应用较为广泛的升程限制器结构。单曲率升程限制器具有结构简单、易于加工并且根部变形小等优点，但其前部形状与阀片实际的运动情况不相符合。在阀片开启阶段，其前部只是瞬间与升程限制器相接触，而其后部则能始终贴合。

图 6.8(b)为单曲率直线升程限制器,其前部直线和根部直线均与大圆弧相切。单曲率直线升程限制器既能使气流有效通流面积增大，根部形变小，同时与阀片实际运动的变形较吻合，此种结构的阀片撞击噪声相对较小。

8. 避开共振频率

避免排气阀片共振的措施主要有以下几个方面：

1) 改变制冷剂气体力的激励

改变排气时制冷剂气体力的激励，是避免排气阀片共振的重要方法。其主要措施有：改变扩张室式消声器出口的位置、增加扩张室式消声器的出口数量、改变扩张室式消声器的结构、改变排气孔口的大小结构等。

2) 改变排气阀片的固有频率

改变排气阀片的固有频率是有效避开共振的方法，通常可以通过改变阀片的宽度、厚度及长度来改变固有频率。

6.2.4　排气阀片固有频率的测量方法

排气阀片由弹簧薄钢片制成，弹性力与阀片挠度(即阀片升程)有关，用式(6.8)表示：

$$F_0 = k_0 h_0 \tag{6.8}$$

式中，F_0——作用于阀片特征升程 h_0 处的阀片弹性力，单位为 N；

h_0——阀片特征升程，单位为 m；

k_0——阀片的刚性系数，单位为 N/m。

排气阀片的刚性系数 k_0 除与阀片结构形状、阀片厚度有关之外，还与阀片材质、热处理工艺等因素有关。

由于滚动转子式制冷压缩机排气阀片的厚度通常为 0.2～0.4mm，并且尺寸和质量较小，所以很难用激振法进行固有频率的测量，通常采用测量声谱的方法来测量其固有频率。排气阀片实际上类似于音叉，测量时人为给阀片一初始激励，阀片做自由衰减振动并辐射出结构声，此声波的频率即阀片的固有频率。

图 6.9 为排气阀片固有频率测量系统的示意图。采用瞬时激励法，给固定阀片施加一个瞬时力，使阀片获得一瞬时激励，从而激发出阀片的各阶固有频率(非自由状态下的模态频率)声波。由传声器拾取时域响应声信号，该声信号为一衰减信号，如图 6.10 所示。采集到的声信号数据经快速傅里叶变换后，可以得到频域内的响应信号和一阶固有频率。

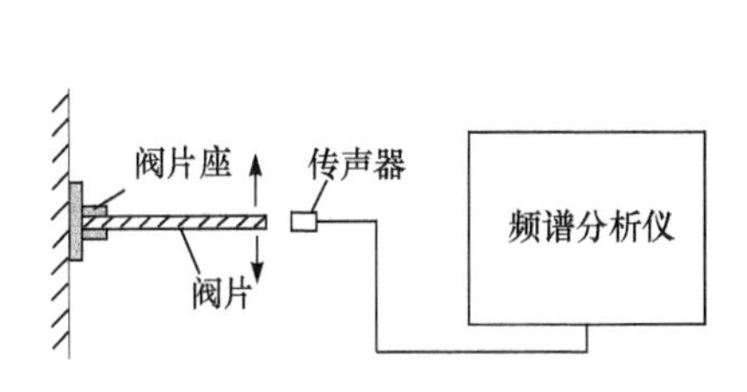

图 6.9　排气阀片固有频率测量系统示意图

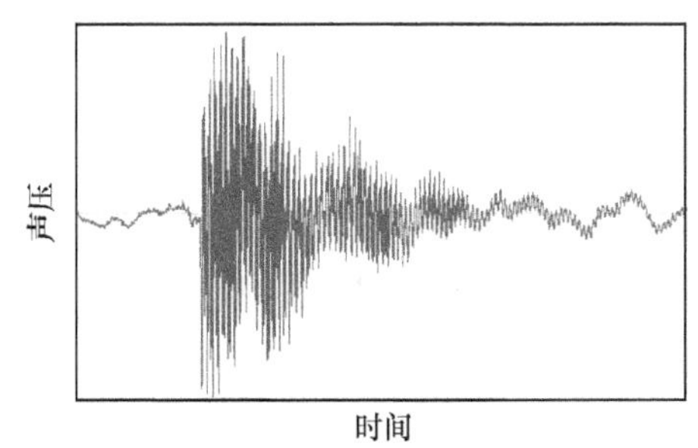

图 6.10　阀片受瞬时激励后的时域衰减信号

图 6.11 为测量得到的阀片固有频率。从图中可以看出，阀片响应声压谱中，出现了一阶固有频率(262.94Hz)和二阶固有频率(524.11Hz)峰值，一阶固有频率峰值远大于其他频率，说明阀片受到激励后，激发出的振动以一阶固有频率为主。

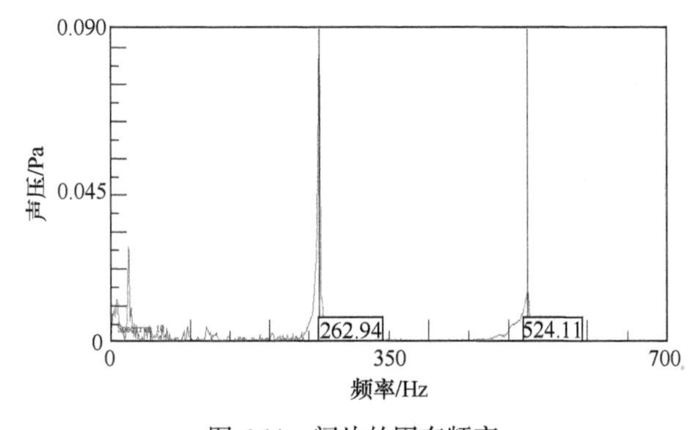

图 6.11　阀片的固有频率

需要注意的是，阀片固有频率的测量应在压缩机阀片的实际安装结构上进行才能得到较为准确的结果。测量时应去掉阀座和升程限制器多余部分，以减小对测量的干扰，并在对应于阀片与升程限制器分离处切割去掉影响阀片自由振动的部位。

6.3　转子系的弯曲噪声与振动控制方法

在全封闭滚动转子式制冷压缩机中，电机转子与压缩机偏心轮轴为一体化结构设计，共同组成压缩机的旋转系，在这里统称为转子系。压缩机运转时，转子系上受到各种激励力的作用，包括不平衡旋转惯性力、电磁力、气体力、撞击力及摩擦力等，这些作用力都将导致转子系的振动并产生噪声。激励起转子系振动产生噪声的因素有很多，并且这些激励力相互耦合，因此转子系的振动状态复杂。

作用在转子系上的激励力可以分为切向力、径向力和轴向力，这三种类型的作用力将引起转子系的周向振动、弯曲振动和轴向窜动，并且相互影响和耦合。

本节主要介绍转子系的弯曲噪声和振动产生的原因及控制方法，6.4 节介绍轴向窜动和噪声产生的原因及控制方法，而转子系周向振动产生的原因及控制方法将在第 8 章中介绍。

引起转子系弯曲振动的力主要为径向作用力，其中，最主要的径向激励力如下：

(1) 不平衡的旋转惯性力；

(2) 压缩过程中的气体力；

(3) 不平衡的径向电磁力。

当径向激励力的频率与转子系的某一阶固有频率接近或一致时，将会导致转子系的弯曲振动，放大噪声和振动。转子系弯曲振动噪声是滚动转子式制冷压缩机常见的噪声之一，发生弯曲振动时在噪声频谱上可以看到明显的峰值。

转子系的固有频率与转子系的结构、尺寸以及材料的弹性模量等因素有关。在滚动转子式制冷压缩机中，转子系弯曲振动的一阶固有频率通常在 190～500Hz 范围，因此一般情况下，这种原因产生的共振噪声为中低频噪声。

6.3.1　旋转不平衡惯性力产生的噪声及控制方法

1. 旋转不平衡惯性力引起的噪声

旋转机械的振动，绝大多数情况是由旋转零部件(即转子系)产生的不平衡惯性力引起的。转子系的形状不对称、材质不均匀、毛坯缺陷、热处理变形、加工或装配误差以及与转速有关的变形等，使其质量分布不均匀，质心不在旋转轴心线上，当转子旋转时产生不平衡的离心惯性力或离心惯性力矩，从而激励起机械零件振动并产生噪声。

由于滚动转子式制冷压缩机是一种带有偏心机构的装置，由电机转子、偏心轮轴和滚动转子组成的压缩机转子系在旋转时本身是不平衡的，运转时产生不平衡离心惯性力和离心惯性力矩，从而使压缩机产生噪声和振动。

转子系不平衡离心惯性力或离心惯性力矩产生的噪声和振动由基频及其高次谐波组成，其频率的表达式为

$$f = \frac{n}{60} i \tag{6.9}$$

式中，f——转子系不平衡惯性力产生的振动频率，单位为 Hz；

n——转子系的转速，单位为 r/min；

i——谐波次数，$i = 1, 2, 3, \cdots$。

因此，转子系不平衡离心惯性力或离心惯性力矩产生噪声和振动的基频为压缩机的运转频率。

虽然，滚动转子式制冷压缩机转子系不平衡惯性力产生的基频噪声和振动的频率并不高(变频压缩机运转频率范围一般为 5～130Hz，定频压缩机为 50Hz 或 60Hz)，特别是低阶谐波的频率处于人耳不太敏感的区域。但压缩机高频运转时，转子系不平衡离心惯性力或离心惯性力矩会产生很大的冲击力，破坏其他零件(如轴承等)的平稳工作状态，产生高频噪声和振动。也就是说，这种噪声源往往本身不辐射空气噪声，而主要是作为振动的激励源，通过轴承、气缸等传递路径传递到压缩机壳体上，迫使壳体振动辐射出空气噪声。

当压缩机零件的某一阶固有频率与转子系基频或谐波频率相等或接近产生共振时，将产生较大的共振噪声。因此，转子系的不平衡是重要的噪声源。

2. 控制不平衡力的一般方法

惯性力和惯性力矩将引起转子系支承的动反力和振动，从而产生噪声。为了减小动反力或振动，降低由转子系激励的噪声和振动，必须使压缩机转子系的惯性力和惯性力矩得到平衡。

平衡是在转子系上选定适当的校正平面，加上适当的校正质量(或校正质量组)，使转子系的振动(或动反力)减小到某个允许值以下的过程。

如果设转子系绕 z 轴转动，那么将各质点不平衡惯性力向任意一点简化，可得到一个力 R_0 和一个力矩 T_0，其大小为

$$R_0 = m_c r_c \omega^2 \tag{6.10}$$

$$T_0 = \omega^2 \sqrt{I_{xz}^2 + I_{yz}^2} \tag{6.11}$$

式中，m_c——转子系质量，单位为 kg；

r_c——质心到 z 轴的距离，单位为 m；

ω——转子系的角速度，单位为 rad/s；

I_{xz}、I_{yz}——转子系的转动惯量(惯性积)，单位为 kg · m²。

平衡应满足的条件如下：

(1) $R_0 = 0$，即 $r_c = 0$；

(2) $T_0 = 0$，即 $I_{xz} = 0$，$I_{yz} = 0$。

满足条件(1)，即应使 z 轴通过质心，满足条件(2)，则 z 轴是主惯性轴之一，所以平衡应满足的条件是转轴 z 为中心主惯性轴之一。

滚动转子式制冷压缩机的结构特性决定了转子系本身是不可能平衡的，需要用配置平衡配重块的方法来平衡。

3. 单缸压缩机转子系的平衡块配置

单缸滚动转子式制冷压缩机转子系由电机转子、偏心轮轴和滚动转子组成。由于偏心轮轴和滚动转子的质心与转子系的旋转中心不重合，所以在压缩机运转过程中将产生离心惯性力，其惯性力 F_{Ir} 为

$$F_{Ir} = (m_e + m_p)e\omega^2 = m_{r1}e\omega^2 \tag{6.12}$$

式中，$m_{r1} = m_e + m_p$，m_e 为偏心轮的质量，m_p 为滚动转子的质量，单位为 kg；

e——偏心轮的偏心量，单位为 m；

ω——压缩机转子系的角速度，单位为 rad/s。

在滚动转子式制冷压缩机中，由于受到结构的限制，转子系的平衡配重块只能设置在电机转子的端部。为了使惯性力和惯性力矩完全平衡，通常在电机转子的两端面加两个平衡配重块，如图 6.12 所示。

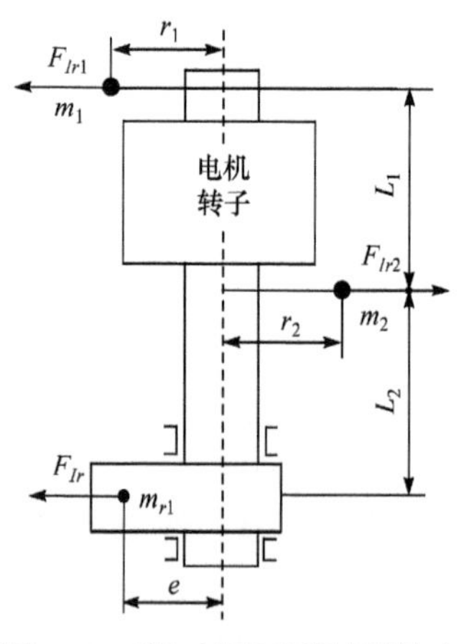

图 6.12 单缸转子系旋转惯性力及力矩平衡

如果两个平衡配重块的质量分别为 m_1 和 m_2，它们的回转半径分别为 r_1 和 r_2，则

$$F_{Ir1} = m_1 r_1 \omega^2, \quad F_{Ir2} = m_2 r_2 \omega^2$$

由图 6.12 可知，它们应满足下述两个条件：

力平衡

$$-m_1 r_1 \omega^2 + m_2 r_2 \omega^2 - m_{r1} e\omega^2 = 0 \tag{6.13}$$

力矩平衡

$$m_1 r_1 \omega^2 L_1 = m_{r1} e\omega^2 L_2 \tag{6.14}$$

由式(6.13)和式(6.14)，有

$$m_1 = \frac{e}{r_1}\frac{L_2}{L_1}m_{r1} \tag{6.15}$$

$$m_2 = \frac{e}{r_2}\left(1+\frac{L_2}{L_1}\right)m_{r1} \tag{6.16}$$

4. 双缸压缩机转子系的平衡块配置

双缸滚动转子式制冷压缩机的转子系如图 6.13 所示。一般情况下，双缸滚动转子式制冷压缩机偏心轮轴的两个偏心轮呈 180°相对配置，安装在偏心轮轴上的两个滚动转子以 180°的转角差同时工作。

1) 对称气缸压缩机

对称气缸是指双缸滚动转子式制冷压缩机的两个偏心轮和滚动转子的质量以及偏心距是相等的，也就是 $m_{r1}e_1 = m_{r2}e_2$。因此，对称气缸的双缸滚动转子式制冷压缩机的旋转惯性力本身是平衡的。但由于两个偏心质量的旋转惯性力不在同一平面上，将产生惯性力矩，所以对称气缸的双缸滚动转子式制冷压缩机的平衡配重块是用于平衡旋转惯性力矩的。平衡配重块的配置如图 6.13 所示，有以下力学关系：

力平衡

$$-m_{r1}e_1\omega^2 + m_{r2}e_2\omega^2 + m_3r_3\omega^2 - m_4r_4\omega^2 = 0 \tag{6.17}$$

力矩平衡

$$-m_{r1}e_1\omega^2L_1 + m_{r2}e_2\omega^2L_2 - m_3r_3\omega^2L_3 + m_4r_4\omega^2L_4 = 0 \tag{6.18}$$

求解上述两个方程，因 $m_{r1} = m_{r2}$，$e_1 = e_2 = e$，故转子系的平衡配重块质量为

$$m_3 = \frac{e}{r_3}\frac{(L_1 - L_2)}{(L_4 - L_3)}m_{r1} \tag{6.19}$$

$$m_4 = \frac{e}{r_4}\frac{(L_1 - L_2)}{(L_4 - L_3)}m_{r1} \tag{6.20}$$

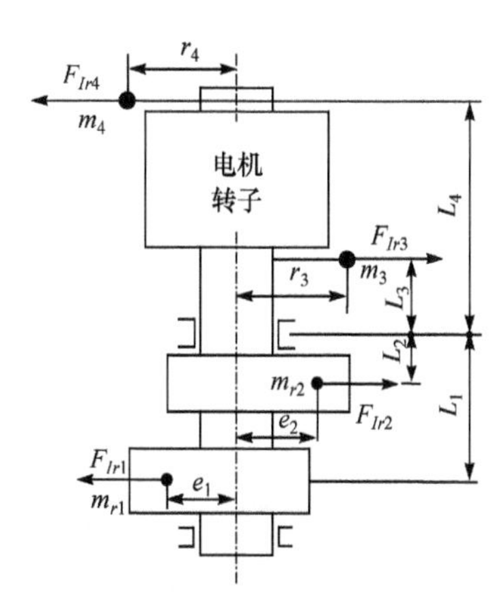

图 6.13 双缸转子系旋转惯性力及力矩平衡

对称气缸的双缸滚动转子式制冷压缩机，由于平衡配重块只需要用于补偿两个滚动转子偏心位置差异所产生的力矩，其平衡配重块的质量与单缸滚动转子式制冷压缩机相比要小得多。

2) 非对称气缸压缩机

非对称气缸是指双缸滚动转子式制冷压缩机的两个偏心轮(包括滚动转子)的质量及偏心距是

不相等的，即 $m_{r1}e_1 \neq m_{r2}e_2$。在双级压缩、双缸变容等滚动转子式制冷压缩机中有可能采用非对称气缸。例如，双级压缩机(两缸串联)的气缸结构与双缸压缩机(两缸并联)基本相同，但由于低压级气缸的工作容积大于高压级气缸的工作容积，所以转子系上的两个偏心质量及偏心距不相等。假设图 6.13 中的低压级气缸位于下部，则 $m_{r1}e_1 > m_{r2}e_2$。

由式(6.17)和式(6.18)有

$$m_3 = \frac{m_{r1}e_1(L_1+L_4) - m_{r2}e_2(L_2+L_4)}{r_3(L_4-L_3)} \tag{6.21}$$

$$m_4 = \frac{m_{r1}e_1(L_1+L_3) - m_{r2}e_2(L_2+L_3)}{r_4(L_4-L_3)} \tag{6.22}$$

非对称气缸的双缸滚动转子式制冷压缩机，平衡配重块需要用于补偿两个气缸偏心距和偏心质量差异所产生的力和力矩。

5. 三缸双级滚动转子式制冷压缩机转子系的平衡块配置

三缸双级滚动转子式制冷压缩机的三个气缸是非对称的，即偏心轮轴上的三个偏心质量(包括滚动转子)、偏心距都不相同，并且偏心质量的布置也有多种方式，有在同一个平面的布置方法(三个偏心质量互成 180°平面布置)，也有不在同一个平面的布置方法。

下面以三个偏心质量质心在同一个平面上，如图 6.14 和图 6.15 所示的布置方法为例说明。

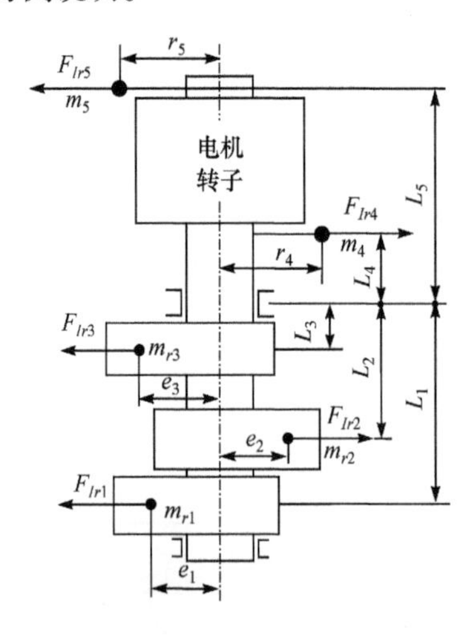

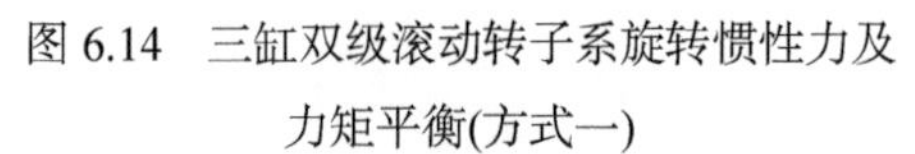
图 6.14　三缸双级滚动转子系旋转惯性力及力矩平衡(方式一)

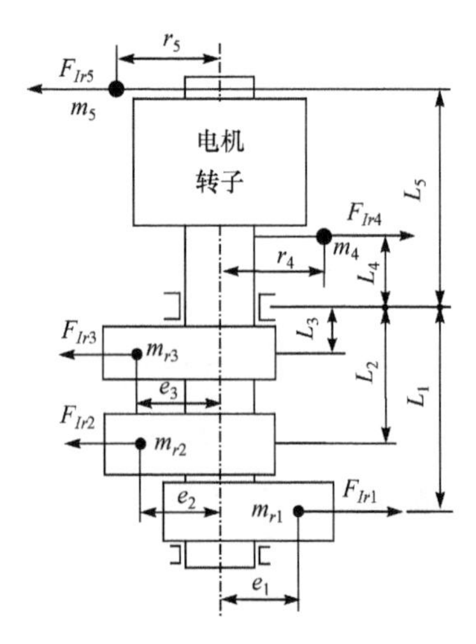

图 6.15　三缸双级滚动转子系旋转惯性力及力矩平衡(方式二)

在图 6.14 中：

力平衡

$$-m_{r1}e_1\omega^2+m_{r2}e_2\omega^2-m_{r3}e_3\omega^2+m_4r_4\omega^2-m_5r_5\omega^2=0 \tag{6.23}$$

力矩平衡

$$-m_{r1}e_1\omega^2L_1+m_{r2}e_2\omega^2L_2-m_{r3}e_3\omega^2L_3-m_4r_4\omega^2L_4+m_5r_5\omega^2L_5=0 \tag{6.24}$$

由式(6.23)和式(6.24)有

$$m_4=\frac{m_{r1}e_1(L_1+L_5)-m_{r2}e_2(L_2+L_5)+m_{r3}e_3(L_3+L_5)}{r_4(L_4-L_5)} \tag{6.25}$$

$$m_5=\frac{m_{r1}e_1(L_1+L_4)-m_{r2}e_2(L_2+L_4)+m_{r3}e_3(L_3+L_4)}{r_5(L_5-L_4)} \tag{6.26}$$

在图 6.15 中：

力平衡

$$m_{r1}e_1\omega^2-m_{r2}e_2\omega^2-m_{r3}e_3\omega^2+m_4r_4\omega^2-m_5r_5\omega^2=0 \tag{6.27}$$

力矩平衡

$$m_{r1}e_1\omega^2L_1-m_{r2}e_2\omega^2L_2-m_{r3}e_3\omega^2L_3-m_4r_4\omega^2L_4+m_5r_5\omega^2L_5=0 \tag{6.28}$$

由式(6.27)和式(6.28)有

$$m_4=\frac{-m_{r1}e_1(L_1+L_5)+m_{r2}e_2(L_2+L_5)+m_{r3}e_3(L_3+L_5)}{r_4(L_4-L_5)} \tag{6.29}$$

$$m_5=\frac{-m_{r1}e_1(L_1+L_4)+m_{r2}e_2(L_2+L_4)+m_{r3}e_3(L_3+L_4)}{r_5(L_5-L_4)} \tag{6.30}$$

6. 控制不平衡力的其他方法

在前面介绍的压缩机转子系平衡方法中，假设转子系为刚性。当滚动转子式制冷压缩机高速运转时，转子系实际上具有一定的挠度，即转子系是弯曲的。采用上述一般平衡方法并不能保证转子系离心惯性力最小，仍然有可能会产生较大的噪声和振动。

某一台单缸滚动转子式制冷压缩机采用上述一般平衡方法后，随运转速度变化，转子系最大挠度的测试数据如图 6.16 所示。从图中可以看出，压缩机在 5400r/min 运转时转子系的挠度比 1800r/min 运转时的挠度大 0.16mm。

为了确保压缩机高频率运转时转子系的平稳性，转子系的动平衡性能除了要满足力和力矩平衡外，还应满足一阶振型状态下的动平衡，才能有效减少不平衡离心惯性力和力矩作用下的噪声和振动。

满足一阶振型状态下的动平衡设计方法有多种，这里介绍一种考虑偏心轮轴挠度的压缩机转子系平衡设计方法。

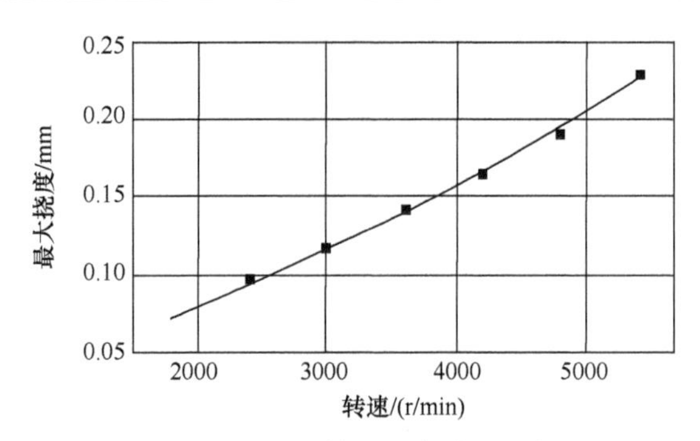

图 6.16　转子系随转速变化时的最大挠度

进行静平衡计算时，由于偏心轮、主副平衡块和电机转子因挠度产生的离心力非常小，可忽略挠度的影响。在进行动平衡计算时，由于偏心轮、主副平衡块因挠度产生的附加离心力矩远小于电机转子因挠度产生的附加离心力矩，可忽略偏心轮和主副平衡块因挠度产生的附加离心力矩的影响。

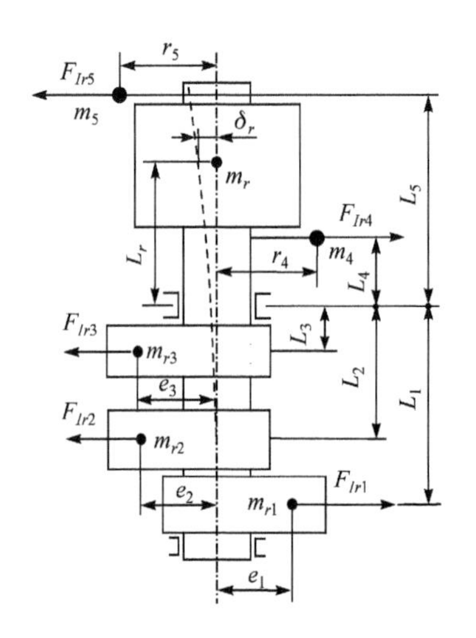

图 6.17　考虑挠度的转子系平衡系统

因此，考虑偏心轮轴挠度的转子系平衡设计方法时，只考虑转子挠度产生的附加力矩对动平衡的影响就可得到比较满意的结果，这样既简化了平衡计算过程，又可评估挠度对平衡带来的影响。

下面以图 6.15 所示的偏心轮轴为例对考虑偏心轮轴挠度的转子系平衡设计方法进行说明。考虑偏心轮轴挠度的压缩机转子系平衡系统如图 6.17 所示。

力平衡(忽略电机转子因挠度产生的离心力)

$$m_{r1}e_1\omega^2 - m_{r2}e_2\omega^2 - m_{r3}e_3\omega^2 + m_4r_4\omega^2 - m_5r_5\omega^2 = 0 \tag{6.31}$$

力矩平衡

$$m_{r1}e_1\omega^2 L_1 - m_{r2}e_2\omega^2 L_2 - m_{r3}e_3\omega^2 L_3 - m_4r_4\omega^2 L_4 + m_5r_5\omega^2 L_5 + m_r\delta_r\omega^2 L_r = 0 \tag{6.32}$$

式中，m_r——电机转子的质量，单位为 kg；

δ_r——电机转子质心因轴弯曲产生的偏心量，单位为 m；

L_r——电机转子质心到转矩中心的距离，单位为 m。

由于偏心轮轴结构复杂，需要在一般平衡法的力平衡和力矩平衡基础上采用有限元法计算偏心轮轴的挠度，将有限元计算的挠度结果代入平衡方程中，进行循环计算，直到计算得到合理的平衡质量及挠度值，计算流程图如图6.18所示。

为了评估平衡性能，引入静平衡系数和动平衡系数，其定义为

$$K_{\mathrm{j}} = \frac{m_{r2}e_2 + m_{r3}e_3 + m_5 r_5}{m_{r1}e_1 + m_4 r_4} \tag{6.33}$$

$$K_{\mathrm{d}} = \frac{m_{r1}e_1 L_1 + m_5 e_5 L_5 + m_r \delta_r L_r}{m_{r2}e_2 L_2 + m_{r3}e_3 L_3 + m_4 e_4 L_4} \tag{6.34}$$

式中，K_{j}——静平衡系数；

K_{d}——动平衡系数。

通过多次循环迭代计算，考虑电机转子因偏心轮轴的挠度产生不平衡块惯性力矩的影响，最终进行转子系平衡块配重的设计后，静平衡系数 K_{j}、动平衡系数 K_{d} 的值应近似等于1。

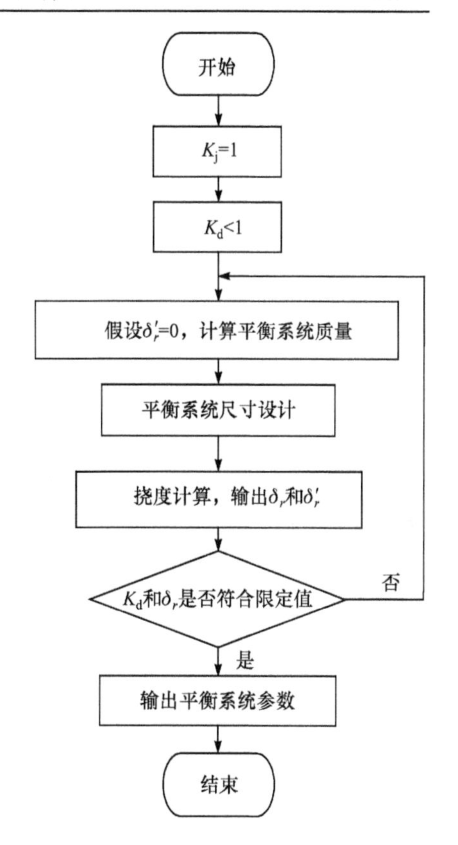

图6.18 转子系平衡计算流程图

6.3.2 气体激励力产生的噪声及控制方法

1. 气体激励力

引起转子系弯曲振动的气体激励力，主要为制冷剂气体压缩过程中作用在滚动转子上的径向气体力，它为周期性变化的作用力。

径向气体力可用如图6.19所示的模型来分析。设滚动转子在气缸中任一位置 θ 时，曲边三角形 ABT 内的气体处于压缩状态，其气体压力为 p_θ，而气缸工作容积的其他部分处于吸气状态，吸气压力为 p_s。滚动转子外圆表面与 AT 弦平行方向的气体力相互抵消。

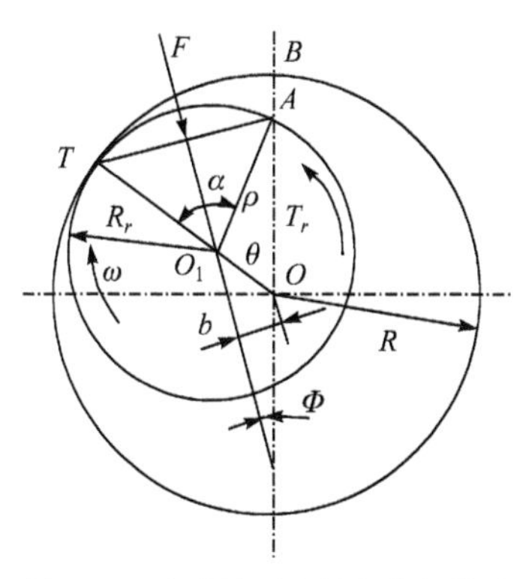

图6.19 滚动转子上的径向气体力

在垂直于 AT 弦方向，作用的气体力 F 为 AT 平面面积上气体压力差产生的总合力，即

$$F = \overline{AT}(p_\theta - p_s)H \tag{6.35}$$

式中，$\overline{AT}$——AT 的长度，单位为m；

H——气缸的有效工作高度，单位为m。

由于 $\overline{AT}$ 及 p_θ 均随滚动转子转角 θ 的位置而变化，所以 F 的大小和方向也是变化的，但它始

终指向滚动转子中心O_1。

由图 6.19 中的几何关系可知

$$\overline{AT} = 2R_r \sin\frac{\alpha}{2} = 2R_r \sqrt{\frac{1-\cos\alpha}{2}} \tag{6.36}$$

式中，R_r——滚动转子外圆的半径，单位为 m。

对于△AOO_1，按余弦定理有

$$\rho^2 = R_r^2 + e^2 + 2R_r e\cos\alpha \tag{6.37}$$

式中，e——偏心距，即气缸中心至滚动转子中心的距离，$e = R - R_r$，单位为 m。

又由几何关系得

$$\rho = e\cos\theta + \sqrt{R_r^2 - (e\sin\theta)^2} \tag{6.38}$$

将式(6.38)代入式(6.37)，并将根号按二次项式定理展开，略去高次项有

$$\cos\alpha = \cos\theta - \frac{\varepsilon_1}{2}[1-\cos(2\theta)]$$

式中，$\varepsilon_1 = e/R_r$。

因而

$$\overline{AT} = R(1-\varepsilon)\sqrt{2(1-\cos\theta)+\frac{\varepsilon}{1-\varepsilon}[1-\cos(2\theta)]} \tag{6.39}$$

式中，$\varepsilon = e/R$。

将式(6.39)代入式(6.35)得

$$F = RH(1-\varepsilon)(p_\theta - p_s)\sqrt{2(1-\cos\theta)+\frac{\varepsilon}{1-\varepsilon}[1-\cos(2\theta)]} \tag{6.40}$$

式中，p_θ按式(6.41)计算：

$$p_\theta = p_s\left[\frac{(2-\varepsilon)\left(\pi-\dfrac{\beta}{2}\right)+(1-\varepsilon)\sin\beta+\dfrac{1}{4}\varepsilon\sin(2\beta)}{(2-\varepsilon)\left(\pi-\dfrac{\theta}{2}\right)+(1-\varepsilon)\sin\theta+\dfrac{1}{4}\varepsilon\sin(2\theta)}\right]^\gamma \tag{6.41}$$

式中，β——特征角(吸气孔口前边缘角，如图 1.3 所示)；

γ——压缩过程指数。

根据式(6.40)计算得到的F-θ曲线如图 6.20 所示，从图 6.20 中可知，气体力合力的峰值出现在排气开始时。

根据图 6.19，可以得到作用力的方向角$\varPhi$为

$$\varPhi = \theta - \frac{1}{2}\arccos\left\{\cos\theta - \frac{\mu}{2}[1-\cos(2\theta)]\right\} \tag{6.42}$$

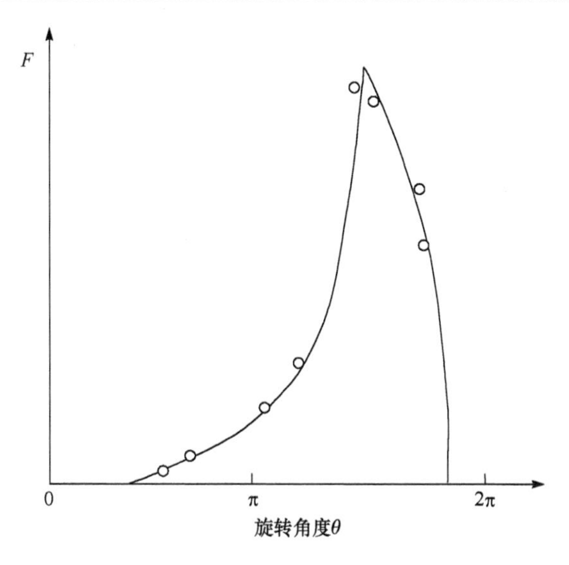

图 6.20　气体力合力的变化曲线

2. 气体激励力的频率

从前面的分析可知，压缩机的转子系每旋转一周，单个气缸内作用在转子系上的径向气体力的大小和方向都变化一次，单个气缸内气体力对转子系激励的频率即压缩机的运转频率。因此，单缸压缩机径向气体力对转子系激励力的基频为运转频率，双缸压缩机为运转频率的 2 倍，即可表示为

$$f = \frac{zn}{60} \tag{6.43}$$

式中，z——压缩机的气缸数；

n——压缩机的转速，单位为 r/min。

三缸压缩机径向气体力对转子系激励力的频率与工作模式有关，当压缩机为两缸工作模式运转时，气体激励力的基频为运转频率的 2 倍；当压缩机为三缸工作模式运转时，气体激励力的基频为运转频率。

3. 降低气体激励力引起噪声的方法

从 5.3 节的分析中可以知道，气体压缩过程气缸内气体压力变化状态复杂，除了产生压缩机运转频率为基频的气体压力脉动外，还有高阶谐波的气体压力脉动、排气阀片开启时产生的气体压力冲击及驻波等。

降低气体激励力产生噪声的方法主要有以下几个方面：

(1) 采用合理的结构设计提高转子系偏心轮部位的刚度，减小转子系在气体径向力作用下弯曲振动引起的振动；

(2) 合理控制气缸高度，减小主、副轴承之间的距离。双缸或三缸滚动转子式制冷压缩机主、副轴承之间支承距离较大，转子系的刚度小，采用低气缸高度设计(即气缸扁平化设计)可以缩短主、副轴承距离，降低转子系气体力作用下弯曲振动的幅值；

(3) 在主轴承上开弹性槽(参见图 6.46)，可有效增大轴承的受力面积，减小转子系弯曲振动。

6.3.3　不平衡电磁激振力引起的噪声及控制方法

如第 4 章所述，压缩机驱动电机工作时，在电机转子上作用着各种频率成分的不平衡径向电磁力，激励起转子系弯曲振动产生噪声。其中，电机转子偏心时产生的不平衡径向电磁力影响最大，为最主要的激励源。

1. 不平衡径向电磁力的频率

不平衡径向电磁力的幅值与电机类型、结构等有关，与电机转子偏心率的大小近似成正比。由第 4 章可知，电机转子静偏心时周期性作用在转子系上的不平衡径向电磁力最主要的频率成分如下：

(1) 异步电机

$$f_{r\varepsilon} = kf_0 \frac{z_2}{p}(1-s) \tag{6.44}$$

(2) 内置式永磁同步电机和永磁辅助同步磁阻电机

$$f = 2kf_0 \tag{6.45}$$

在滚动转子式制冷压缩机中，异步电机一般为定速运转(运转频率为 50Hz 或 60Hz)，且 $p=1$。从式(6.44)可知，不平衡径向电磁力的基频频率一般情况下高于滚动转子式制冷压缩机转子系的一阶弯曲振动，在绝大多数情况下，不会激励起转子系的弯曲振动。因此，在采用异步电机驱动的滚动转子式制冷压缩机中，难以出现由不平衡径向电磁力导致的转子系弯曲振动噪声。

滚动转子式制冷压缩机中的内置式永磁同步电机和永磁辅助同步磁阻电机，电机极对数一般为 2 或 3。在压缩机运转的频率范围，由式(6.45)可知，电机转子静偏心产生不平衡径向电磁力的基频频率为几十赫兹至几百赫兹，与转子系一阶弯曲模态的固有频率接近或重合的可能性较大。因此，在变频滚动转子式制冷压缩机中，容易出现由不平衡径向电磁力激励的转子系弯曲振动噪声。

2. 转子系弯曲振动的固有频率及影响因素

1) 转子系弯曲振动的固有频率

当转子系单体采用轴承支承时，可以由质量和弹性模量等参数计算出弯曲振动的固有频率，也可以用模态测试法测量出固有频率。

在实际的电机中，当电机转子在定子中运转受到不平衡径向电磁力的作用时，转子系的固有频率将发生变化。因此，需要考虑定、转子间不平衡径向电磁力对转子系固有频率的影响。

由于压缩机制造、装配等方面的原因，电机的定子与转子之间存在一定的偏心量，从而产生不平衡径向电磁力。在不平衡电磁力的作用下，转子系会出现一定程度的弯曲振动，进一步加大转子的偏心率。

当定子与转子之间的偏心率较小时，不平衡径向电磁力 F_m 与偏心量 δ 大致成比例，可用式(6.46)表示：

$$F_m = k_m \delta \tag{6.46}$$

式中，k_m——比例常数，由电机气隙磁通密度、铁芯尺寸、绕组参数等决定。

假设转子系的弯曲刚度系数为 k_s，由于不平衡磁拉力 F_m 的作用，转子系的变形量为 F_m / k_s。因此，转子系的变形量 δ' 可由式(6.47)表示：

$$\delta' = \lim_{n\to\infty} \sum_{i=0}^{n} \left(\frac{k_m}{k_s} \right)^i \delta = \frac{k_s}{k_s - k_m} \delta \tag{6.47}$$

由式(6.47)可知，定、转子间的不平衡电磁力起负弹性系数作用。这一关系可以用传递函数表示，如图 6.21 所示，其为正反馈系统。由这一传递函数可以得到与式(6.47)相同的结果。

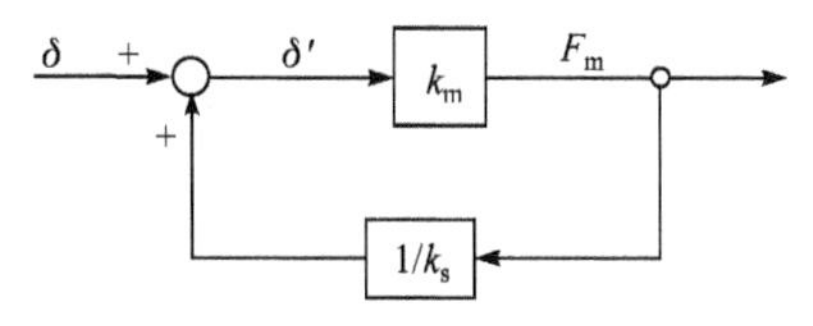

图 6.21　电机刚度框图

例如，采用实验法测试某一台永磁同步电机转子系弯曲振动的固有频率，测试得到的转子系单体弯曲振动的固有频率为 177Hz。将转子系装入定子中，在电机绕组不通入电流的情况下，作用在电机转子上的不平衡径向力为永磁体的磁拉力，测试得到的固有频率为 162Hz。也就是说，电机转子装入定子后，在无负载的条件下转子系弯曲振动的固有频率降低 8.5%。

2) 电流与转子系弯曲振动的关系

由于转子系弯曲振动的固有频率与不平衡径向电磁力的大小有关，即与供给压缩机电机电流的大小有关。随着电流的增大，转子系弯曲振动的固有频率降低。

下面以实例来说明电流变化时转子系弯曲振动固有频率的变化。

当偏心量小时，转子系弯曲振动固有频率随电流变化而变化的情况如图 6.22 所示，图中纵轴为实验装置力传感器的输出值，横轴为电机运转频率。从图中可以看出，当电机的电流为 0.6A 时，转子系的固有频率为 157Hz；当电机电流为 2.7A 时，转子系的固有频率为 143Hz。当电流为 2.7A 时，转子系的固有频率比无负载时降低了 12%，可以由固有频率的变化推算出转子系的刚度降低了 22%。

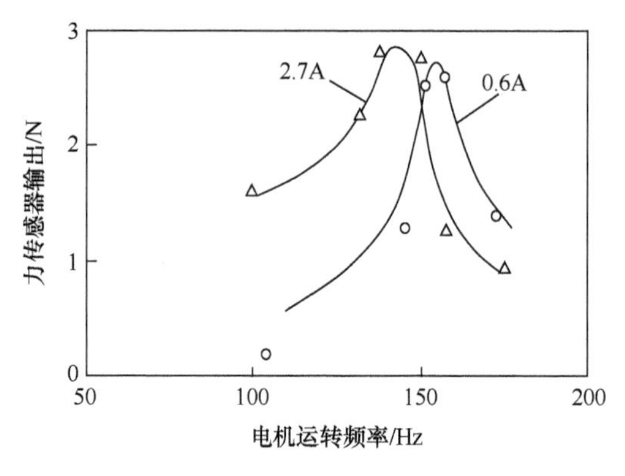

图 6.22　固有频率的测量

上述结果说明，不平衡径向电磁力对转子系弯曲振动固有频率有较大的影响，在压缩机的实际工作过程中，转子系弯曲振动固有频率是随电机电流大小而变化的。这一现象在压缩机转子系弯曲振动的分析中需要特别关注。

3. 控制方法

在滚动转子式制冷压缩机中，降低电机转子偏心引起的转子系弯曲振动噪声主要有以下方法。

1) 降低电机转子静态偏心量

由于电机不平衡径向电磁力近似与偏心率成正比，所以提高压缩机零件的制造和装配精度，减小或消除电机转子的偏心率，是降低转子系弯曲振动噪声最根本和最有效的方法。

2) 增大电机气隙

增大电机定子和转子的气隙长度，在偏心量相同的情况下可以降低电机的偏心率，从而降低不平衡径向电磁力的幅值，减小激励力。但增大电机气隙长度会导致电机效率下降。

3) 改变转子系的固有频率

改变转子系的固有频率，使不平衡电磁力的激励频率远离转子系弯曲模态的固有频率，避免共振发生。

4) 改变电机结构

改变电机定、转子结构设计，可以降低电机转子偏心时不平衡电磁力的幅值，从而降低对转子系的激励。

例如，在内置式永磁同步电机和永磁辅助同步磁阻电机中，当电机转子偏心时，采用集中卷绕组电机与采用分布卷绕组电机虽然不平衡电磁力的频率相同，但采用分布卷绕组时不平衡径向电磁力幅值大幅减小，可以降低对转子系弯曲振动激励力，从而降低振动噪声。

例 6.1　一台采用 6 槽 4 极集中卷永磁同步电机驱动的压缩机，在各种运转频率下测量压缩机的噪声时发现，当压缩机运转频率在 78Hz 附近时，315Hz 频带的噪声异常突出，比相邻两个频带的噪声高出 15dB 以上，产生刺耳噪声。图 6.23 为压缩机 1/3 倍频程噪声的测量结果。

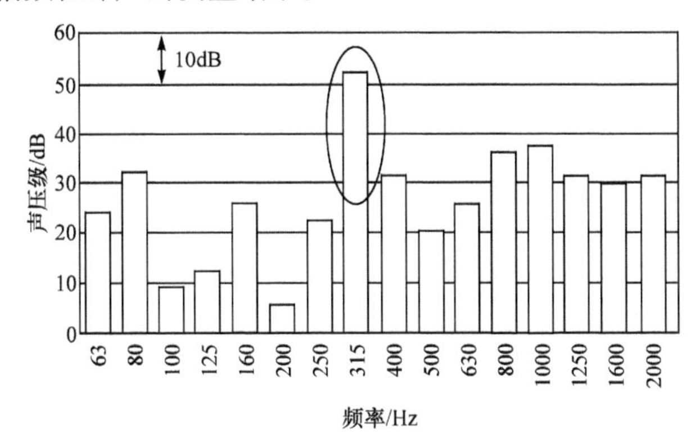

图 6.23　压缩机噪声的声压级(1/3 倍频程)

测试条件：运转频率 78Hz，p_d/p_s=2.4MPa/0.8MPa

按照式(6.45)，可以计算出不平衡径向电磁力的基频频率为 $2\times2\times78\text{Hz}=312\text{Hz}$，推测 315Hz 频带的噪声是由不平衡径向电磁力激励压缩机转子系弯曲振动引起的。

为了确认运转频率对噪声的影响，对压缩机在各运转频率下 2 倍电源频率的噪声变化情况进行测试研究，噪声测试的结果如图 6.24 所示(图中实线表示)。

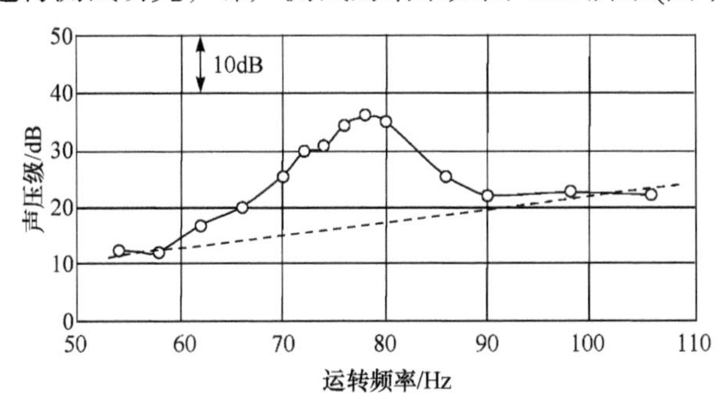

图 6.24　各运转频率的 2 倍电源频率噪声变化

测试条件：p_d/p_s=2.6MPa/1.1MPa～2.8MPa/0.7MPa

一般情况下，随着压缩机运转频率升高，压缩机的负载按比例增大，与转速有关的噪声分量也随着运转频率的升高而增大(图 6.24 中虚线为正常压缩机运转频率变化时的噪声变化情况)。但从图 6.24 可以看出，压缩机噪声在运转频率为 78Hz 时达到最大后，运转频率继续升高时 2 倍电源频率的噪声值反而下降。因此，可以认为当压缩机运转频率在 78Hz 附近时，也就是在 1/3 倍频程的 315Hz 频带范围，转子系产生了弯曲振动。

为了得到转子系的固有频率，采用三维有限元法对如图 6.25 所示的压缩机模型进行分析。分析结果表明，转子系的一阶弯曲模态的固有频率为 307Hz，振型如图 6.25 中虚线所示。这一模态的振动使转子系在径向方向产生幅值较大的形变，容易受电机转子和定子之间产生的不平衡径向电磁力影响。因此，可以认为 315Hz 频带产生噪声的原因就是不平衡电磁力激励起转子系弯曲振动产生的。

可以采用降低电机转子偏心率和改变转子系固有频率两种方法来消减转子系的共振和噪声：

1) 降低电机转子偏心率

图 6.26 为电机转子的偏心率与不平衡径向电磁力率之间的关系。通过生产过程控制的改进，可以将电机转子的偏心率减少 25%，这样，不平衡径向电磁力率可以降低 25%。

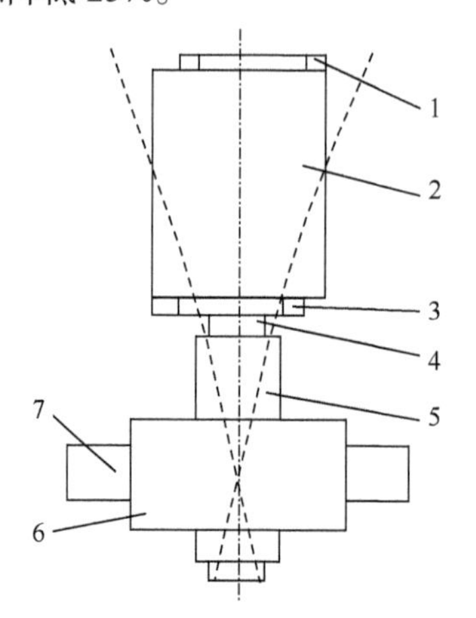

图 6.25 转子系一阶弯曲振型示意图

1-副平衡块；2-电机转子；3-主平衡块；4-偏心轮轴；5-主轴承；6-副轴承；7-气缸

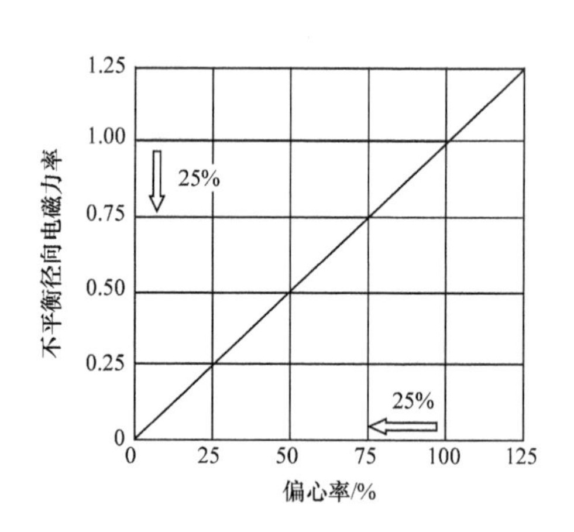

图 6.26 不平衡径向电磁力率与偏心率的关系

2) 改变转子系固有频率

通过调整结构改变转子系的固有频率。在结构调整后，测量压缩机噪声和转子系的固有频率，对比结果如表 6.2 所示。转子系的固有频率和实验得到的噪声峰值频率完全一致，实验结果表明，改变转子系的固有频率可以降低弯曲振动噪声。

表 6.2　模态分析和实验结果　(单位：Hz)

结构	模态分析结果	实验结果	
	转子-偏心轮轴的固有频率	噪声频率峰值	运转频率
原结构	307	312	78
新结构	420	420	105

经过评估对比，表明降低电机转子偏心率是较好的降低噪声的方法。降低电机静偏心率后的实验结果表明，315Hz 频带的噪声大约下降了 16dB，500Hz、800Hz 和 1000Hz 频带的噪声也有一定幅度的降低。图 6.27 为降低电机偏心率后的实验结果。

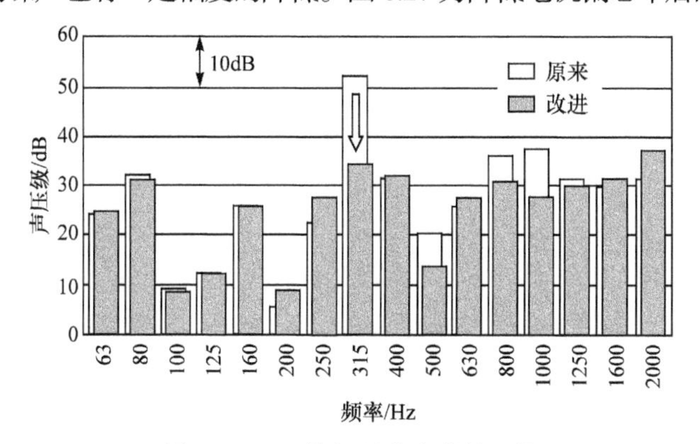

图 6.27　1/3 倍频程噪声谱的比较

测试条件：运转频率 78Hz，p_d/p_s=2.4MPa/0.8MPa

6.3.4　三种不平衡力的综合影响

在上述讨论中，是将不平衡惯性力、气体力以及不平衡电磁力分开研究的，在压缩机的实际工作中，这三种力同时作用在压缩机转子系上，共同对转子系产生影响。

下面以实例来说明三种不平衡力的综合影响。研究的对象为单缸滚动转子式制冷压缩机，在压缩机转子系的端部布置两个传感器测量运转过程中的变形量，这两个传感器相差 90°，垂直于转子系轴线。当压缩机运转频率为 60Hz 时，转子系端部的轨迹曲线如图 6.28 所示。从图中可以

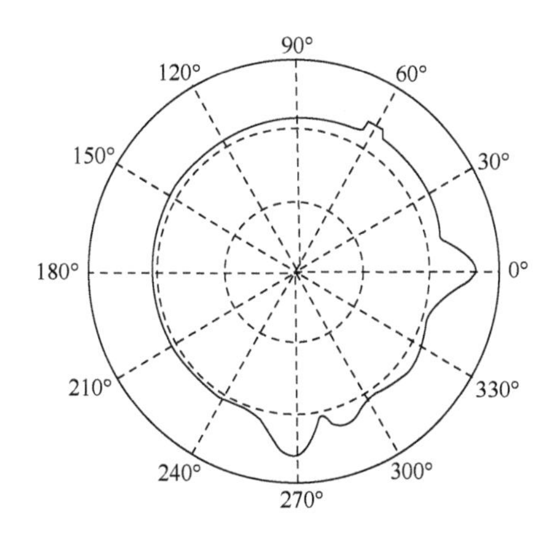

图 6.28　转子系端部的轨迹曲线

看出，转子系端部的运动轨迹为不规则的曲线，说明转子系产生了弯曲振动。

图 6.29 为采用有限元法得到的三种不平衡力对转子系随转速变化的变形情况。计算结果表明，旋转惯性力导致转子系变形，而转子系的变形又引起不平衡的电磁力，从而加剧转子系的变形；不平衡旋转惯性力和不平衡径向电磁力是影响转子系弯曲振动的主要因素；气体力对转子系的弯曲振动影响相对较小。

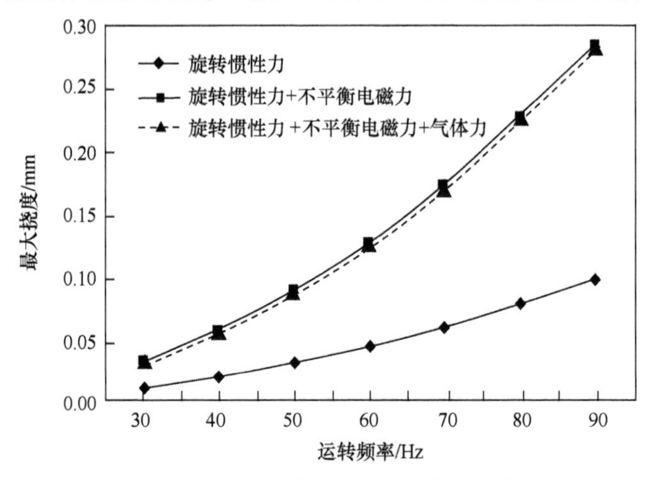

图 6.29 转子系端部弯曲振动随运转频率的变化

因此，在滚动转子式制冷压缩机中，重点应降低不平衡旋转惯性力和不平衡径向电磁力，以降低对转子系弯曲振动的影响。

6.4 转子系轴向窜动与噪声控制方法

6.4.1 轴向窜动产生噪声的原因

滚动转子式制冷压缩机工作时，转子系的轴向受气体力、电磁力、摩擦力和润滑油黏滞力等作用，将引起转子系的轴向振动或者轴向窜动。

当转子系发生轴向窜动时，止推轴承的接触面将发生脱离和撞击，产生撞击噪声。当轴向窜动特别严重时，还有可能导致偏心轮端部与气缸端盖平面发生非正常接触，产生撞击噪声。

止推轴承接触面的脱离撞击噪声，通常是间断性“咕咕”声，人耳可以清晰听到。间断性撞击噪声的频率与止推轴承的固有频率相关。研究表明，一般情况下撞击噪声为 1～5kHz 的宽带噪声，噪声的峰值大多数集中在 3kHz 以下频率。特别是当压缩机低频运转时，压缩机运转一周间断性噪声产生一次，在噪声时域信号中可以看到明显的周期性。

由于内置式永磁同步电机和永磁辅助同步磁阻电机的转子质量相对于异步电机的转子质量小，并且大多数情况下电机转子中的永磁体与转子轴平行，没有轴向磁拉力，相对来说这类压缩机的转子系更容易发生窜动。

止推轴承发生撞击时，不但会产生噪声，而且会对压缩机的可靠性产生影响。发生撞击时，大多数情况下可以发现止推轴承接触面上有明显的摩擦痕迹。

图 6.30 为某一台压缩机止推轴承进行轴向撞击实验得到的噪声声压频谱图。从图中可以看出，轴向窜动撞击噪声频率主要集中在 1～3kHz 范围，其中，最高峰值在 1.9kHz 附近。

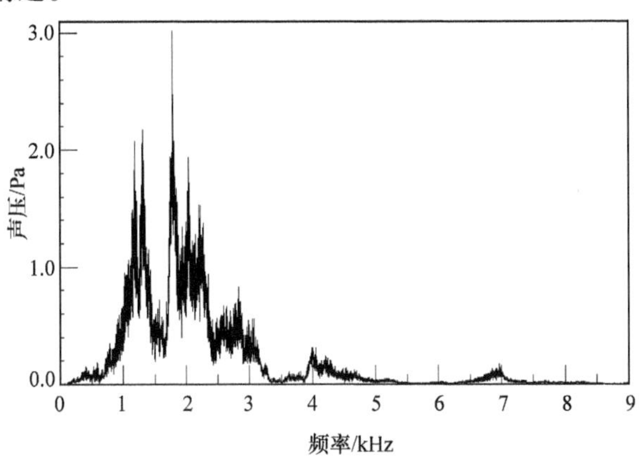

图 6.30　轴向窜动撞击噪声的频谱图

6.4.2　转子系受力分析

下面以立式单缸滚动转子式制冷压缩机为例，分析转子系在轴向力作用下的窜动。为简化分析，作以下假设：

(1) 转子系为刚性体，即窜动时转子系做轴向刚体位移，不发生弹性变形；

(2) 径向轴承为流体润滑，轴向无固体摩擦力。

设中心线为 z 轴，向上方向为 z 轴的正方向，转子系的轴向受力如图 6.31 所示。

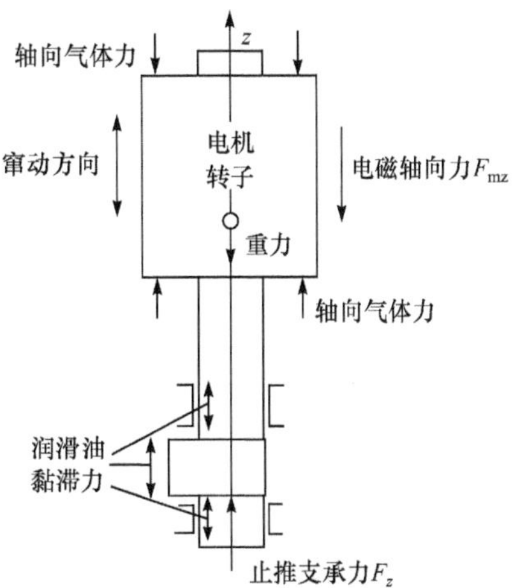

图 6.31　转子系上的轴向力

1. 轴向气体力的瞬时合力

轴向气体力的瞬时合力为

$$F_g = S(p_{r1} - p_{r2}) \tag{6.48}$$

式中，F_g——转子系轴向气体力的瞬时合力，单位为 N；

S——电机转子端面的面积，单位为 m^2；

p_{r1}——电机前腔的瞬时制冷剂气体压力，单位为 MPa；

p_{r2}——电机后腔的瞬时制冷剂气体压力，单位为 MPa。

一般情况下，由于流通通道中存在一定的流动阻力，电机前腔中制冷剂气体压力的均方根值略高于电机后腔。但由于压缩机排气过程的间断性和周期性，以及制冷剂气体流经电机流通通道需要一定时间，所以在电机前腔和电机后腔内制冷剂气体压力变化存在相位差，会出现在某一时间段内，电机前腔内的瞬时制冷剂气体压力高于电机后腔的瞬时制冷剂气体压力($p_{r1} > p_{r2}$)，即气体力瞬时合力 F_g 为正，合力的方向为图 6.31 中 z 轴的正方向；在某一时间段内电机前腔的瞬时制冷剂气体压力幅值低于电机后腔的制冷剂气体压力幅值($p_{r1} < p_{r2}$)，即气体力瞬时合力 F_g 为负，合力的方向为图 6.31 中 z 轴的负方向。

2. 轴向电磁力

电机运转时，电机产生的轴向电磁力与斜槽、斜极、运转频率、负载特性等因素有关。

1) 电机的轴向力

在滚动转子式制冷压缩机中，电机转子采用斜槽或斜极时轴向电磁力的方向指向止推轴承，其大小可用式(6.49)计算：

$$F_{mz} = \frac{2}{d_r} T_m \tan \alpha_{\varsigma} \tag{6.49}$$

式中，F_{mz}——电机转子斜槽或斜极产生的轴向电磁力，单位为 N；

d_r——电机转子外径，单位为 m；

T_m——电机转矩，单位为 N · m；

α_{ς}——转子斜槽或斜极角度，单位为 rad。

从式(6.49)中可以看出，轴向电磁力与电机转矩的大小成正比，也就是说，压缩机的负载越大，轴向电磁力也越大。同时，由于滚动转子式制冷压缩机具有旋转一周负载大幅变化的工作特性，即使在压缩机运转工况稳定的情况下，电机的转矩在旋转一周中也是变化的。因此，电机转子斜槽或斜极产生的轴向电磁力大小受平均负载和周期性负载的影响。

2) 定、转子高度差产生的轴向电磁力

当采用永磁体平行的内置式永磁同步电机和永磁辅助同步磁阻电机为驱动电机时，为了防止转子系的窜动，需要预设一定的轴向电磁力。通常将电机定、转子设计成一定的高度差，即转子的高度大于定子的高度，使伸出端产生的轴向电磁力指向止推轴承方向。定、转子高度差产生的轴向电磁力与高度差和转矩(电流)的大小有关。

例如，采用内置式永磁同步电机驱动的某一型号滚动转子式制冷压缩机，当压缩机运转频率为 60Hz、输出转矩为 6N · m 时，因定、转子高度差产生的轴向电磁力的变化曲线如图 6.32 所示。从图中可以看出，随着电机定、转子高度差增大，轴向电磁力也增大，但并不是线性增加。当定、转子高度差增加到 3mm 以上时，轴向电磁力的增加量显著降低。

当高度差为 4mm，压缩机的运转频率为 60Hz 时，不同电机输出转矩下的轴向电磁力变化情况如图 6.33 所示。从图中可以看出，随着电机转矩的增大(电流增大)，轴向电磁力几乎按线性比例增大。

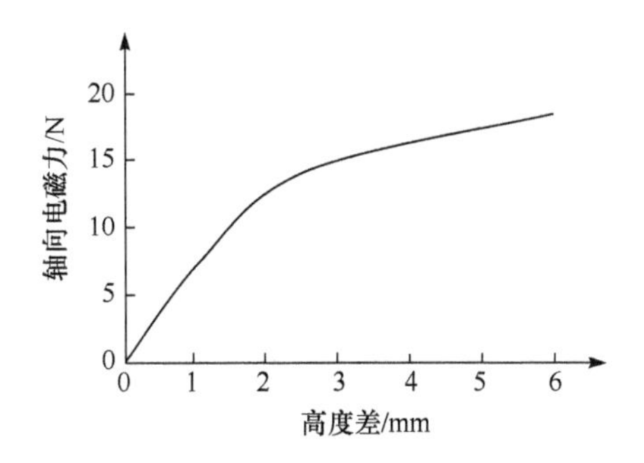

图 6.32　定转子不同高度差时轴向电磁力的变化曲线

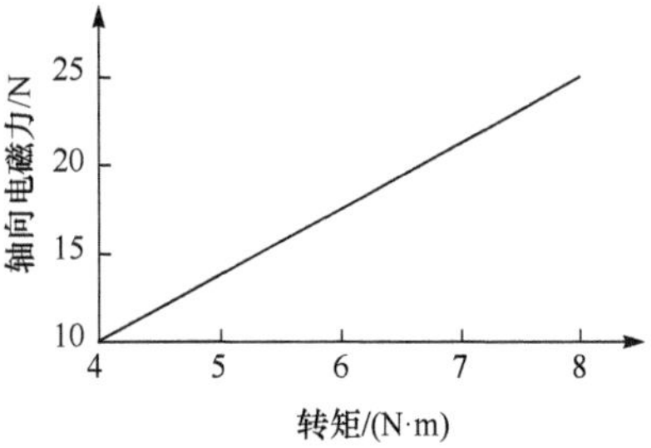

图 6.33　不同转矩下轴向电磁力的大小

3. 窜动的条件

如图 6.31 所示，转子系产生窜动(刚性位移)的条件是转子系 z 轴方向止推轴承上的瞬时支承力 $F_z = 0$，即在某一瞬时，以下关系式成立，转子系才会发生轴向窜动：

$$F_g > m_c g + F_{mz} + v_t \frac{dz}{dt} \tag{6.50}$$

式中，m_c——转子系的质量，单位为 kg；

g——重力加速度，单位为 m/s²；

F_{mz}——轴向电磁力(包括斜槽或斜极和定转子高度差产生的轴向电磁力)，单位为 N；

v_t——轴承润滑油的运动黏度，单位为 m²/s；

dz/dt——转子系 z 轴方向某一时刻的瞬时速度，单位为 m/s。

在轴向窜动发生后，当轴向气体的瞬时合力 F_g 小于转子系的重力和轴向电磁力时，转子系将向下运动，止推轴承接触发生撞击。

6.4.3 气体压力脉动分析

从前面的分析可知，由于轴向电磁力始终指向止推面，所以导致转子系发生轴向窜动是作用在转子系上的气体力。也就是说，电机前腔和后腔内制冷剂气体压力脉动的压力差是使转子系产生轴向窜动的根本原因。

下面分析电机前腔与后腔内制冷剂气体压力脉动的特性以及影响因素。

1. 气体压力脉动的特性

压缩机壳体内制冷剂气体压力脉动特性与排气结构特性有关。按照制冷剂气体由气缸直接排入压缩机壳体内的气缸数和排气阀数分，主要有单缸单排气结构、单缸双排气结构和双缸双排气结构三种类型：

1) 单缸单排气结构

单缸单排气结构在压缩机旋转一周中，排气阀开启关闭完成一次工作过程，即气体压力脉动的频率为

$$f = \frac{n}{60} i \tag{6.51}$$

式中，n——压缩机转速，单位为 r/min；

i——气体压力脉动的谐波次数。

图 6.34 为一台单缸单排气结构压缩机排气时电机前腔和后腔内气体压力脉动的测试结果。从图中可以看出，电机后腔气体压力脉动的相位角迟于电机前腔，而且气体压力脉动的幅值前者也大于后者。低频运转时，在一旋转周期内腔体中产生气体压力脉动除了主峰值之外，还出现了次峰值，随着压缩机转速的增加，次峰值幅值减少，达到 120Hz 时，次峰值基本消失，只出现主峰值的脉动，并且随着压缩机旋转频率的升高，相位延迟和压力脉动振幅增大。另外，前、后腔的平均压力差大于 1kPa，但远小于脉动幅值。

2) 单缸双排气结构

单缸双排气结构在压缩机旋转一周中，两个排气阀同时开启关闭完成一次工作过程，在压缩机壳体内的气体压力脉动频率与单缸单排气阀结构产生的气体压力脉动频率一样，同样可由式(6.51)表示。

由于单个气缸布置两个排气阀，大大降低了排气时的气流冲击，产生的气体压力脉动幅值要小于单缸单排气阀结构。但由于两个排气阀的排气通道不一样长，气体进入壳体内的时间存在差异，气体压力脉动的波形更为复杂。

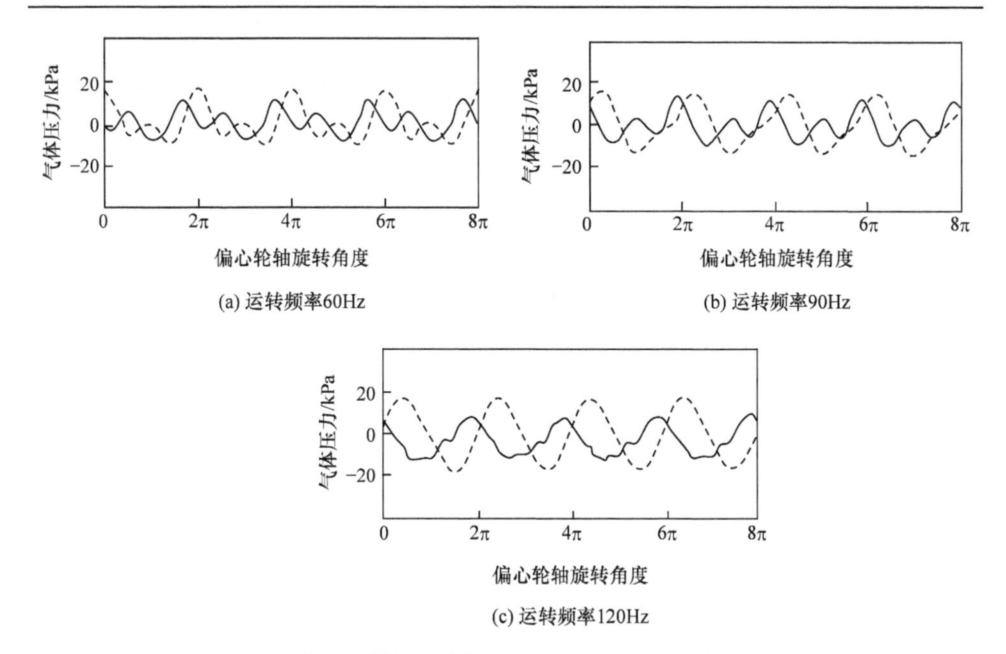

图 6.34　单缸单排气阀排气时电机前后腔内的气体压力脉动

实线为前腔，虚线为后腔

3) 双缸双排气结构

双缸压缩机在旋转一周中，两个排气阀排气时存在 180°的相位差，即气体压力脉动的频率为

$$f = \frac{2n}{60} i \tag{6.52}$$

由于两个排气阀排气存在 180°的相位差，加剧了电机前腔与后腔空间内的气体压力差脉动。

图 6.35 为某一台双缸滚动转子式制冷压缩机运转频率为 70Hz 时电机前、后腔内气体压力脉动差的测试曲线。从图中可以看出，电机前后的气体压力差在 4 个周期内，会出现 8 次脉动的峰值，这与双缸压缩机每周期排气两次的规律相对应。

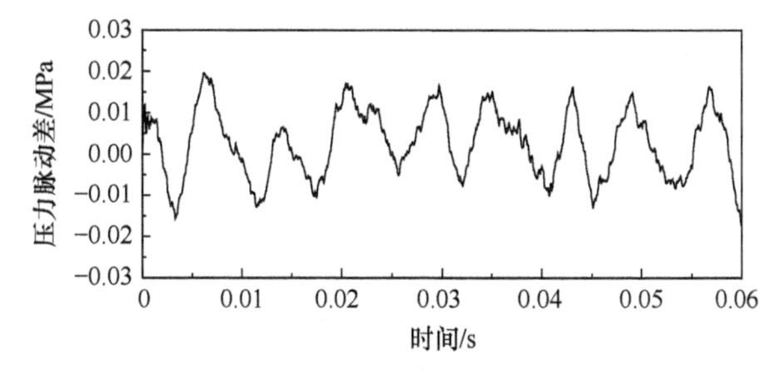

图 6.35　电机前、后腔气体压力脉动差的测试曲线(70Hz)

2. 影响因素

影响压缩机壳体内气体压力脉动特性的因素有很多，它与工况条件、压缩机运转频率、排气压力、通道截面积与长度、压缩机壳体容积、壳体腔体共鸣等多个因素有关。

1) 工况条件对气体压力脉动特性的影响

图 6.36 为某一型号滚动转子式制冷压缩机在不同工况条件下，电机前腔和后腔中气体压力脉动变化关系的实测曲线。从图 6.36 中可以看出，电机前腔内的气体压力脉动在某特定工况时比标准工况时大得多，而电机后腔内的气体压力脉动变化不大。

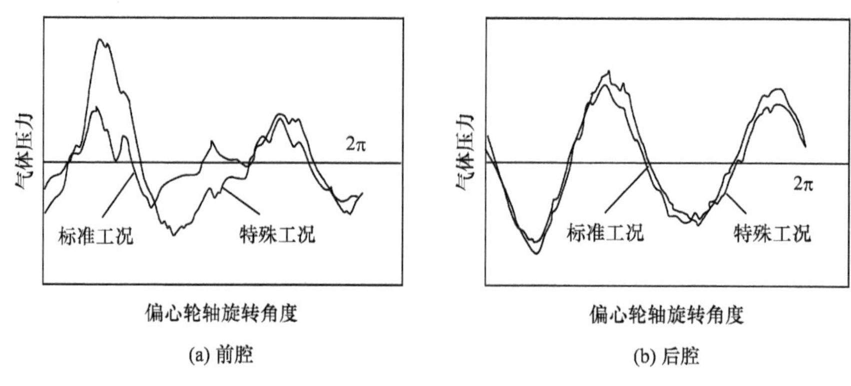

图 6.36　压缩机前、后腔体内的气体压力脉动

2) 运转频率对气体压力脉动特性的影响

由于压缩机的排气阀位于电机前腔内，随着运转频率的升高，气缸内气体压力状态、排气阀片的工作状态变得更复杂，排气时产生的气体脉动更大。因此，电机前腔体内的气体压力脉动的频率、频率成分以及幅值都随压缩机运转频率的升高而发生较大变化；在电机后腔中，由于前腔以及前腔与后腔通道对气体脉动的缓冲作用，后腔内气体压力脉动随运转频率的增加变化比较小，其关系如图 6.37 所示。

3) 排气压力对气体压力脉动特性的影响

当排气压力高时，压缩机排气时气体压力脉动幅值高，腔体内制冷剂气体压力的脉动幅值也高。

4) 通道截面积与长度对气体压力脉动特性的影响

连接前腔与后腔的气流通道的截面积越大，气体流动的阻力越小，前腔与后腔之间形成的气体脉动压差越小。

在通道截面积相同的情况下，通道的长度越长，气体流动的阻力越大，前腔与后腔之间的气体压力差越大。在通流面积相同的情况下排气量越大，转子系轴向压差脉动越大。

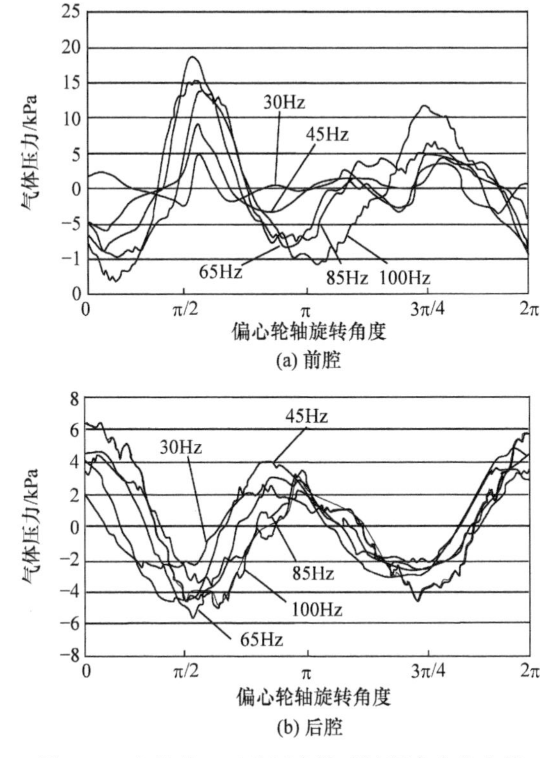

图 6.37　电机前、后腔压力脉动随频率变化曲线

5) 压缩机壳体容积对气体压力脉动特性的影响

压缩机壳体的容积越大，由排气阀排入腔体内的气体对容积内气体压力的冲击越小，因而形成的气体压力脉动越小。

压缩机前腔和后腔的容积比也对前腔与后腔之间的气体压力差产生影响。适当增大前腔与后腔的容积比有利于减小气体压力差。

6) 壳体腔体共鸣对气体压力脉动特性的影响

当电机前、后腔或压缩机壳体系统发生气体共鸣时，会产生以共鸣频率为峰值的高能量气体压力脉动，增大气体压力差。

6.4.4　降低转子系轴向窜动的方法

1. 降低气体压力差的方法

(1) 在定子通流面积相同的情况下，压缩机输气量越大，转子轴向气体压力差脉动越大。降低电机前后腔之间的瞬时气体压力差，最有效、最简单的方法是增大连接电机前后腔之间流通通道的截面积，降低气体流动的阻力。具体方法是在电机定子外围切除一部分，增大电机定子与壳体之间气体流通通道的面积。

虽然增大定子制冷剂通流面积可以大幅降低转子系轴向气体压力差的脉动幅值，但增大定子制冷剂通流面积将引起电机效率的降低。

(2) 在电机转子轴向上加工一些小孔，可以一定程度上平衡电机前后腔气体压力脉动。

(3) 对于双缸压缩机，当两个排气阀的排气共用一个出口时，两个排气孔口的气流相互干扰，致使气流压力脉动幅值大。研究表明，采用排气旁通方式可以有效降低电机前后腔气体压力脉动的压力差，双缸压缩机排气旁通结构气流流动路径如图 6.38 所示。从图中可以看出，下气缸的排气出口与上气缸的排气出口为两个独立通道。旁通结构降低气流脉动的原理是：①采用流路旁通可以在一定程度上改变两股排气的相位差；②减小了两股排气相互之间的扰动，从而改变了压缩机腔体内部的压力形式，有效地降低了上排气结构造成的压力差脉动峰值。其中，②的影响更为重要。采用旁通结构法与增大电机前、后腔之间流通截面积法相比，不会引起电机效率的降低，实际意义更大，因此在压缩机结构允许的条件下，应优先采用排气旁通结构法。

(4) 对于双排气的单缸压缩机和双缸压缩机，下消声器作为排气通路中的一个亥姆霍兹共振腔，其体积是影响压力脉动的一个参数，增大下消声器的体积可以明显降低电机前后腔的最大压力差。

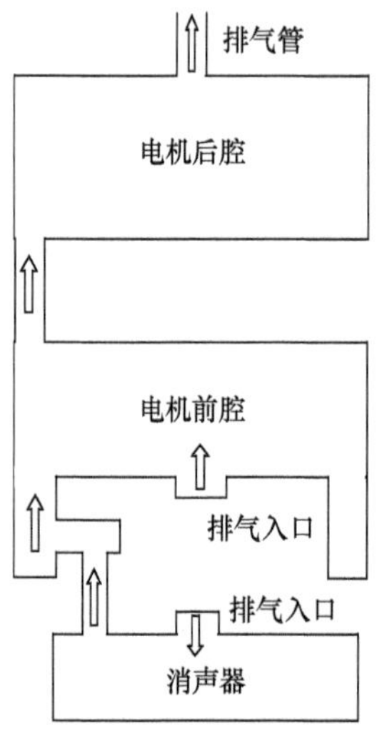

图 6.38 双缸压缩旁通结构示意图

(5) 当转子系轴向窜动严重时，可适当增大电机前腔的容积，减小电机后腔的容积，可降低电机前后腔气体压力脉动差的幅值。

2. 抑制轴上下运动的其他方法

抑制轴上下运动的其他方法如下：

(1) 提高偏心轮轴止推面和止推轴承的形状精度，防止在旋转过程中因接触面的不平导致转子系的止推面从轴承面上脱离，产生轴向窜动。

(2) 适当增加电机转子和偏心轮轴的重量，即增加运动惯量，使推动转子系运动所需要的力增大，降低转子系发生轴向窜动的可能性。

(3) 排气消声器的出口方向偏离电机转子的位置，防止排气时的气流直接冲击转子端部，特别要注意避免消声器出口正对转子平衡块的突出部位，造成周期性距离变化，增大对转子端部产生冲击性作用。

(4) 将电机转子位置设计成高于定子，从而产生轴向电磁力，利用电机的轴向电磁力抑制转子系的轴向窜动。

6.5　轴承噪声及控制方法

在滚动转子式制冷压缩机中，有三种类型的滑动轴承：支承转子系的径向滑动轴承(主、副轴承)、滚动转子与偏心轮轴的径向轴承，以及支承偏心轮轴的止推轴承。

6.5.1　滑动轴承噪声及控制方法

1. 滑动轴承的结构和工作原理

滚动转子式制冷压缩机的滑动轴承由轴承体(简称轴承)和润滑系统(包括供油系统和润滑油)两部分组成，其结构简图如图 6.39 所示。工作时轴颈在轴承中旋转并带动润滑油形成动压油膜，靠油膜压力和外载荷相抵来实现支承并保证轴颈的灵活转动。

下面以图 6.40 说明动压油膜形成的简单原理。在给定工作条件下，轴颈旋转中心 O_2 距离轴承旋转中心 O_1 为某一稳定距离 e_r ，e_r 为偏心距。

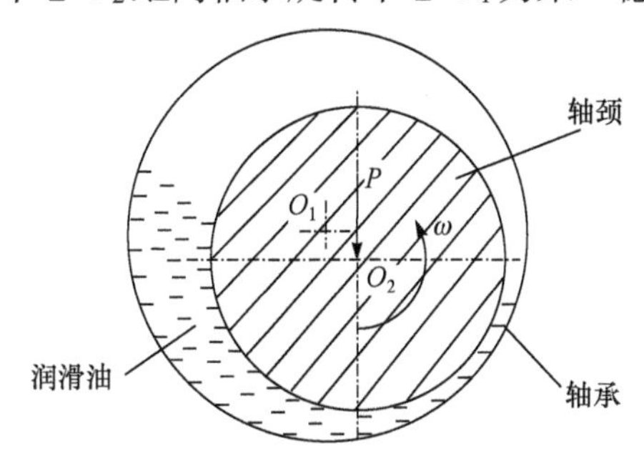

图 6.39　滑动轴承结构示意简图

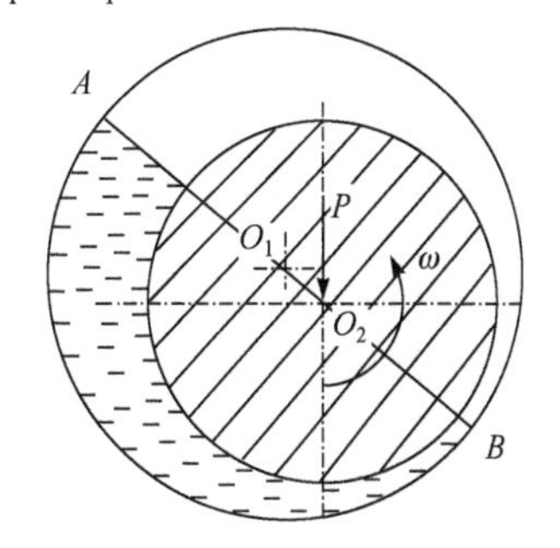

图 6.40　动压油膜的形成原理

在 O_1 和 O_2 连线下方将形成一个收敛的空间。从 A 点到 B 点，润滑油被轴颈强迫带入收敛空间，使润滑油形成收敛油楔状油膜(动压油膜)，产生很大的压力，其压力总和等于外载荷 P 时，即支承起轴颈。对于滑动轴承来说，动压油膜不仅是载荷的传递体，也是避免轴颈与轴承直接接触的中介物质。

轴承与轴颈之间的油膜避免了旋转表面与非旋转表面之间的直接接触，减少了两表面间的摩擦和功耗，同时也为支承转子提供了动压力。

2. 滑动轴承的噪声和振动

按照产生机理，滚动转子式制冷压缩机滑动轴承的噪声和振动大致可以分为以下四种类型：

1) 强迫振动噪声

强迫振动，又称同步振动，在滚动转子式制冷压缩机中主要由作用在转子系的不平衡惯性力、径向不平衡电磁力和气体力等造成。转子系不平衡惯性力造成振动的频率为其旋转频率及其倍频；径向不平衡电磁力造成振动的频率为电磁力的频率及其倍频。振动的幅值、激振力频率在达到转子系临界转速之前，随着激振力的频率升高而增加；在超过转子系临界转速之后，则随激振力频率的升高而降低，在临界转速处有一共振峰值。

2) 自激振动噪声

自激振动，又称亚同步振动，即油膜涡动及油膜振荡。由于油膜振荡在转子超一阶临界转速后才可能发生。通常，在滚动转子式制冷压缩机的运转范围，旋转速度远低于一阶临界转速，因此滚动转子式制冷压缩机滑动轴承的自激振动主要为油膜涡动。

油膜涡动是一种转子中心绕轴承中心转动的亚同步振动现象，其旋转频率即振动频率，约为转子系旋转频率的一半(图 6.41)，因而常称为半速涡动或半频涡动。油膜涡动常常在某个转速下突然发生。

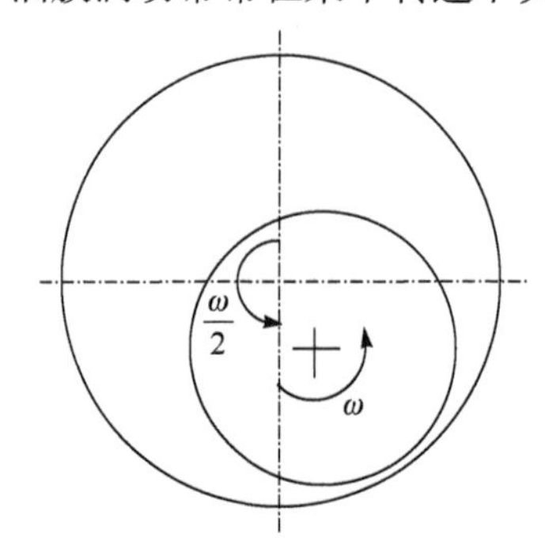

图 6.41　转子转动

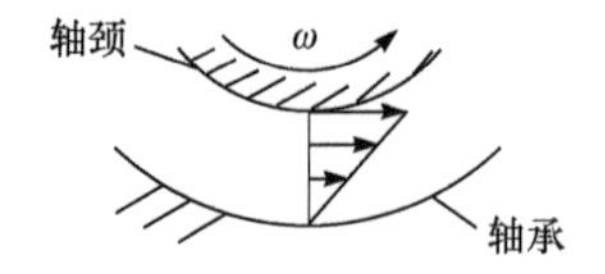

图 6.42　油膜沿径向的速度分布

由于轴承不旋转，轴承表面的油膜速度为零，轴颈表面的油膜速度与轴颈表面的速度相同。假设油膜为层流，则油膜沿径向的速度分布如图 6.42 所示。油膜的平均周向速度为轴颈表面周向速度的一半，即转子系转动时，油膜将以轴颈表面周向速度一半的平均速度环行。而实际上，涡动频率总是小于旋转频率的 1/2，根据统计，涡动频率为轴旋转频率的 42%～48%，即

$$f_{\mathrm{ow}}=(0.42\sim0.48)\frac{n}{60} \tag{6.53}$$

式中，f_{ow}——轴承涡动频率，单位为 Hz；

n——轴颈的旋转速度，单位为 r/min。

涡动频率小于旋转频率 1/2 的原因是轴颈表面比轴承表面光滑以及轴承中润

滑油端泄等影响。

3) 摩擦噪声

在滚动转子式制冷压缩机中，作用在偏心轮轴上的径向力有周期性作用的气体力、不平衡惯性力和不平衡电磁力等。在偏心轮旋转一周中这些力的方向和大小都是变化的，因此作用在径向轴承上负载的方向和幅值也是变化的。这将导致径向轴承油膜厚度的变化，在一定的旋转角度范围内油膜很薄，轴承处于边界润滑状态。

同时，在径向力的作用下，偏心轮轴将会出现弯曲变形，从而使偏心轮轴在轴承中倾斜，造成轴承端部的润滑油膜变薄。由于偏心轮轴和轴承的刚度不足，其变形量容易达到轴承的间隙值，造成轴承固体接触，即出现混合润滑。轴承表面的混合润滑状态如图 6.43 所示。

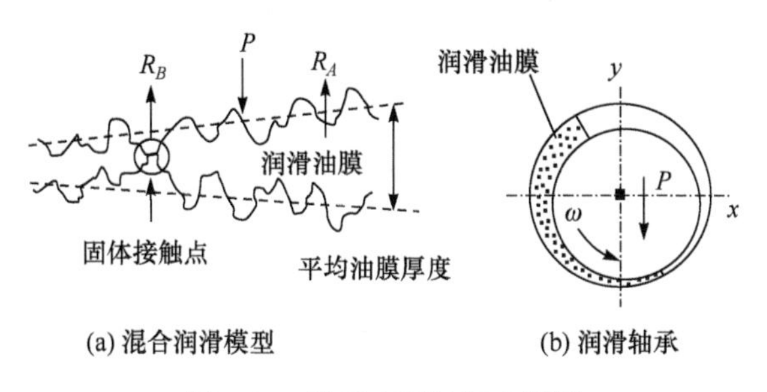

图 6.43　轴承表面的混合润滑

图 6.44 为滑动轴承出现固体接触的干摩擦情况。当发生干摩擦，在轴颈转动时，接触点 K 产生摩擦力 F，其方向与轴的转动方向相反。有

$$T = Fr \tag{6.54}$$

式中，T——摩擦力矩，单位为 N · m；

r——轴颈的半径，单位为 m。

摩擦力矩 T 的作用方向与轴颈的转动方向相反。轴颈在力 F 及摩擦力矩 T 作用下，一方面产生向下的移动趋势，另一方面产生与轴颈转动方向相反的回转运动。这样，就形成了轴颈在旋转过程中的瞬时抖动，即振动。振动的振幅和频率取决于力 F 的大小及系统的刚度。这种轴颈振动产生的噪声即摩擦噪声。

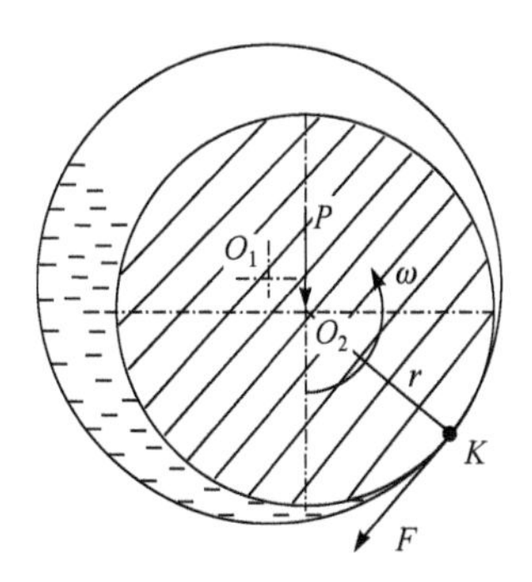

图 6.44　滑动轴承的干摩擦

4) 轴颈椭圆度产生的振动噪声

如果轴颈存在椭圆度，那么其影响如同轴两个方向的刚度不同一样，会引起双倍旋转频率的振动，即

$$f_{\mathrm{ov}} = k\frac{n}{30} \tag{6.55}$$

式中，f_{ov}——轴颈椭圆度产生的双倍旋转频率，单位为 Hz；

$k=1, 2, 3, \cdots$。

显然，为了使振动减小，应尽量减小轴颈的椭圆度。椭圆度大小对振动级的影响用 $2\omega^2$ 与 $\varepsilon = r_{max} - r_{min}$ 的乘积大小来估算。其中，ω 为转子系的角速度，r_{max} 和 r_{min} 分别为轴颈的最大半径和最小半径，如图 6.45 所示。

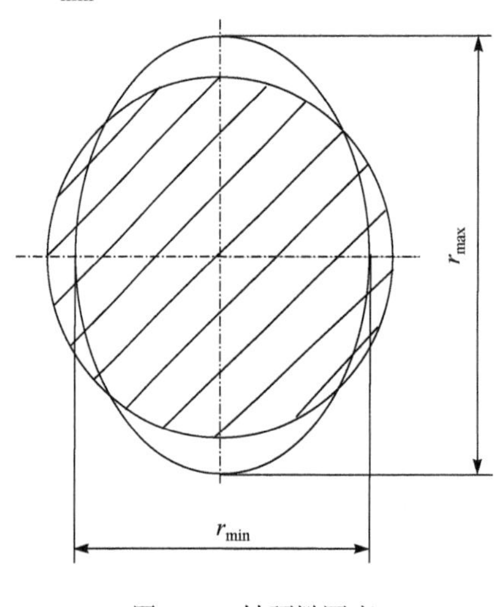

图 6.45　轴颈椭圆度

假设轴颈的最大半径 r_{max} 和最小半径 r_{min} 在一个平面上，则转子系质心在垂直于轴方向的位移 y 为

$$y = \frac{\varepsilon}{2}\sin(2\omega t) \tag{6.56}$$

转子系质心加速度的幅值为

$$\frac{\mathrm{d}^2 y}{\mathrm{d}t^2} = 2\omega^2 \varepsilon \tag{6.57}$$

作用在支座上振动力的幅值 F_ε 为

$$F_\varepsilon = 2\omega^2 \varepsilon m_c \tag{6.58}$$

式中，m_c——转子系质量，单位为 kg。

为了控制轴颈椭圆度产生的噪声和振动，在滚动转子式制冷压缩机中，轴颈的椭圆度应小 8μm。

综上所述，由滑动轴承产生的噪声是以固有频率和一些间断性噪声组成的宽带噪声。在正常情况下，滑动轴承噪声的幅值较小，远低于滚动轴承。

3. 影响滑动轴承噪声和振动的因素

影响滑动轴承噪声和振动的主要原因有轴承间隙、表面粗糙度、润滑油运动黏度、负荷、旋转速度、刚度和同轴度等：

1) 轴承间隙的影响

轴承间隙对滑动轴承的噪声有较大的影响。当主、副轴承的间隙增大时，轴在轴承内可发生晃动，会促使机体的振动加剧；当间隙过小时，润滑油的油膜变薄，甚至出现不利于油膜形成的情况，容易产生固体接触，导致摩擦发热，使润滑油的黏度变低，进一步加剧固体接触，增大噪声。

2) 表面粗糙度的影响

轴承表面的粗糙度过大，当油膜厚度偏薄时，表面的凹凸不平容易产生固体接触，导致摩擦力加大，摩擦噪声增大。但在油膜完全破坏的情况下，也是轴与轴承直接接触发生干摩擦的情况下，是否产生摩擦噪声取决于接触表面摩擦系数的大小，摩擦系数的大小与接触表面的粗糙度有关。若摩擦系数低于某一水平，则难以产生摩擦噪声；若摩擦系数高于该值时，则容易产生摩擦噪声，即摩擦噪声的产生与否取决于某一摩擦系数阈值。随着接触表面发生干摩擦时间的增加，有可能导致表面磨损，摩擦系数增大。当发生严重摩擦时，将引起轴承或其他零部件的高频振动，并发出尖叫的摩擦噪声。

3) 润滑油运动黏度的影响

良好的润滑是确保滑动轴承可靠工作的基本条件，也是降低轴承噪声的基本条件。在压缩机中润滑油是与制冷剂混合在一起使用的，选择润滑油时，要充分考虑制冷剂对润滑油运动黏度的影响。

4) 负荷的影响

在压缩机中，负荷对轴承噪声的影响分两个方面：负荷大小的影响和负荷突变的影响。

轴承的负荷大小对轴承噪声有着重要的影响。负荷大也就是轴承上的法向力大，当法向力超过某一值时，接触部位的油膜厚度变薄，有可能出现固体接触。一旦发生固体接触，接触面之间的法向力对磨损产生影响，从而引起摩擦力的波动，而波动的摩擦力正是摩擦噪声产生的原因。

负荷突变实际上也是摩擦力的突变，因此负荷突变也是对轴承摩擦噪声产生影响的一个重要因素。

5) 旋转速度的影响

在润滑油供油状态良好的情况下，黏着作用使轴颈表面产生油膜，随轴颈的旋转挤入承载面而被压缩，形成很高压力来支承载荷。旋转速度越高带入的油越多，越有利于滑动轴承稳定工作，在润滑良好不出现固体界面直接接触的情况下，摩擦系数几乎可以低至 0.001。但当滑动速度进一步增大时，摩擦系数随之略有增加，这由流体黏性引起的拖曳效应所致，这时不会产生摩擦噪声。当旋转速度(滑动速度)很低，启动、停止时刻则难免发生固体表面直接接触，产生摩擦噪声。

在高速旋转中，如果因轴变形、负荷过大等造成轴承固体表面直接接触，则会产生高频摩擦噪声。研究表明，高频尖啸摩擦噪声一般在相对滑动速度比较大时才会发生，摩擦噪声的强度随相对滑动速度的增大而增大。

6) 刚度的影响

在滚动转子式制冷压缩机中，气缸内的径向气体力等负荷不是均匀作用在偏心轮轴上，而是随着偏心轮轴的旋转而变化。偏心轮轴在不均匀的径向力作用下将产生弯曲变形，当变形量超过一定值时将造成轴颈与轴承的固体接触。因此，偏心轮轴刚度应满足径向负荷作用下轴承能正常工作。

7) 同轴度的影响

滚动转子式制冷压缩机主、副轴承的同轴度良好是保证轴承处于流体动压润滑的基本条件。当出现主、副轴承同轴度不良超过一定数值时，不可避免地会导致轴与轴承之间出现固体接触，产生摩擦噪声。

在滚动转子式制冷压缩机中，轴承本身的噪声并不太大，但是它对压缩机的支承刚度和固有频率有很大的影响，轴承的振动又导致轴系的振动而产生噪声。

4. 降低轴承噪声的方法

1) 适当缩小主轴承与轴颈的间隙和增加主轴承的高度

缩小主轴承与轴颈的配合间隙，增加主轴承的高度，可以保证压缩机偏心轮轴旋转时的稳定性，减少轴承的磨损，降低噪声和振动，同时可以提高轴承的可靠性。目前，已有厂家将主轴承与轴颈的配合间隙缩小到 20μm 左右，主轴承的高度增加至 52mm。

为了达到既缩小间隙、增加高度又能使间隙均匀的目的，在工艺上除了提高轴颈的加工精度外，还对主轴承孔采用内圆磨后增加珩磨的工序。为了避免将偏心轮轴轴颈与主轴承孔的加工精度提得过高，增加成本，在实际中多采用选配工艺来保证配合精度。

2) 采用轴承凹槽

为改善偏心轮轴的受力，增大承压面积，并使轴承具有一定的弹性，大容量的压缩机中通常在主轴承端面上开一环形槽(一般槽宽度约为 1.5mm，深度约为 8mm，环厚度为 1.5～2.0mm，如图 6.46 所示)，这样当偏心轮轴受负荷作用变形时，轴承的薄壁部位产生有效的变形，有助于使轴承表面形成相对较厚的油膜，可有效解决偏心轮轴受力变形时与轴承的接触状态，减小出现干摩擦的可能性。这时的润滑状态可以认为是受油膜压力产生弹性变形的弹性流体润滑状态。采用环形槽结构在负荷大、润滑状态恶劣的情况改善效果更为显著。

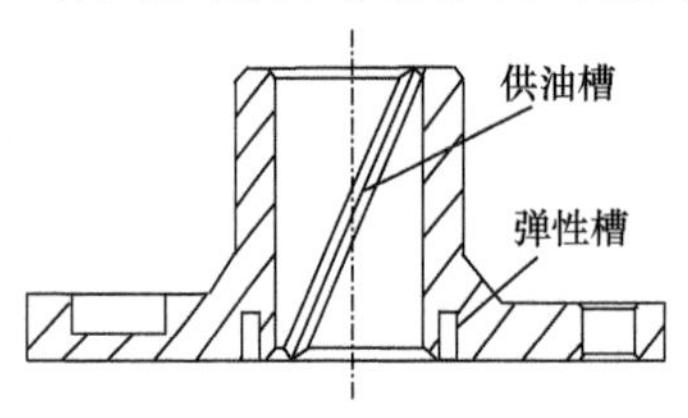

图 6.46　主轴承弹性槽、供油槽结构示意图

除了在主轴承端面上开环形槽增加油膜厚度外，对于承载较大的副轴承也可开环形槽来增加油膜厚度，改善润滑状态。

需要注意的是，为使薄壁结构充分发挥其作用，需要确保薄壁部的受压面积的槽深，即考虑压缩机结构因素后，相对于壁厚，槽深是薄壁部的润滑特性设计更为重要的参数。

3) 良好的润滑

为了保证主、副轴承供油充分，并且在整个轴承中分布均匀，通常在主、副轴承孔内壁上开供油槽。其中，主轴承的供油槽为旋转线型的主动供油槽，结构如图 6.46 所示，偏心轮轴上的供油孔在叶片泵和离心力的作用下将润滑油送入主轴承的下部空间储存，并沿着供油槽从轴承的上部排出；而副轴承由于通常浸泡在润滑油中，它的供油槽是平行于轴线的直线型，与主轴承不相同的是它的润滑油储存在轴承的上部空间内，沿着供油槽从轴承的下部排出回到油池。旋转线型供油槽的旋转方向与偏心轮轴的旋转方向相同，在偏心轮轴旋转运动的作用下，将供油槽下部的润滑油带入轴承内。

需要注意的是，轴承的储油空间应足够大，并且偏心轮轴的横向排油孔的出口要有足够的空间距离保证润滑油能从排油孔中排到储油空间，否则，将没有足够的润滑油保证轴承的润滑。

4) 轴颈的表面处理

为了减少轴颈与轴承之间的磨损，可对轴颈表面采用特殊处理工艺，通常有三种方法：表面磷化处理、表面淬火处理和浸硫渗氮处理。

表面磷化处理的目的是在轴颈的表面形成一层磷化膜。结晶性磷化膜是一种能吸油的多孔性表面，能使金属表面保持油膜，因而能有效地保持金属表面的润滑性，同时磷化膜还具有一定的硬度。磷化膜能提供一种非金属床，这种床甚至当润滑突然中断的时候，也能够吸收机械应力。另外，磷化膜的存在，克服了金属表面疤痕及凹凸不平的影响，从而使轴承运动更加平稳。

表面淬火的目的是增加轴颈表面的硬度，从而降低轴颈磨削加工后的表面粗糙度以及受力时的变形，减少轴承发生固体接触的概率。

而对轴颈表面浸硫渗氮处理则可形成良好的金相组织，它的上表层是多孔区，由硫化物和氮化物组成，中间层为致密区，由铁的氮化物组成，下层为氮的扩散区。润滑油通过毛细现象浸入并保存在多孔区，以改善轴在启动状态的润滑性能。致密区非常硬，能防止由于金属的接触引起的表面变化。

5) 采用固体润滑剂

任何能降低相对运动接触表面的摩擦或磨损的固体物质称为固体润滑剂。固体润滑剂可以在摩擦副表面上形成稳定的、连续的硬质或软质保护膜，从而防止摩擦副破坏，以满足某些特殊工况条件下的润滑。常用的固体润滑剂大多为非油溶性，并可在润滑油中形成悬浮、分散的固体微粒。可用作固体润滑剂的物质有很多种，最常见的固体润滑剂是石墨、二硫化钼(MoS_2)、聚四氟乙烯(PTFE)。其中，在滚动转子式制冷压缩机中使用的固体润滑剂为 MoS_2。

(1) 固体润滑机理。MoS_2 晶体为六角形晶系层状结构，晶体是由 S-Mo-S 三个平层组成的单元层。在单元层内部，每一个钼原子由硫原子形成的三角棱柱包围，它们以很强的共价键联系在一起。单元层的厚度为 3.08×10^{-10}m，层与层之间的距离为 6.16×10^{-10}m，在 0.025mm 的薄层内就有近 4 万个单元层。层与层之间以较弱的分子力相连接，MoS_2 极易从层与层之间劈开，所以具有良好的固体润滑性能。MoS_2 与金属表面的结合力很强，能形成一层很牢固的膜。这层膜能耐 35MPa

的摩擦速度。MoS_2 的摩擦系数为 0.06 左右，对酸有良好的稳定性，最高使用温度可达 370℃。

层状结构的 MoS_2 每一层的厚度约为 6×10^{-10}m，如果结构中的每一层都有润滑性能，那么厚度仅有 1×10^{-6}m 的涂层膜有耐几十万次的抗磨性能。因为摩擦大都发生在润滑膜与转移膜之间，所以虽有摩擦，但不一定发生磨损。而且涂层的破损部位还可以通过移动黏着于被润滑材料上的润滑膜和堆积在摩擦部位两旁的 MoS_2 磨屑修补。

(2) 应用方法。在滚动转子式制冷压缩机中，用溶剂将 MoS_2 悬浮，然后将悬浮液涂抹或喷涂在偏心轮轴上，固化形成一层薄的干膜。

6) 选用良好的轴承材料

轴承材料的基本要求如下：

(1) 高疲劳强度。疲劳强度是材料在弹性极限以下受周期性载荷作用，不致发生开裂或产生表面凹坑的能力。轴承工作时受到很大的周期性交变载荷，因而要求轴承材料具有较高的疲劳强度。通常硬而韧的材料具有较高的疲劳强度，抗拉强度与弹性模量比值越大的材料，其疲劳强度也越高。

(2) 良好的摩擦兼容性。摩擦兼容性是指轴承材料与既定材料做相对运动时防止与轴颈发生冷焊和咬合的能力。

一般情况下，材料相同的一对摩擦副，其摩擦兼容性不好，所以轴和轴承不应选用相同的材料，两者应有较大的硬度差。

(3) 良好的顺应性。顺应性是指滑动轴承材料通过弹性或塑性变形而自行适应轴的弯曲或轻微不对中而保持正常运转的能力。

(4) 良好的嵌入性。

7) 确保主副轴承的同心度

8) 提高轴承表面加工精度

6.5.2　止推轴承噪声及控制方法

在滚动转子式制冷压缩机中，止推轴承的噪声主要由两个方面的原因产生：摩擦噪声和撞击噪声。其中，撞击噪声的产生原理及控制方法已在 6.4 节介绍。

1. 止推轴承摩擦噪声的产生机理

通常，滚动转子式制冷压缩机的止推轴承设置在偏心轮的端面上，由于受结构的限制，止推轴承端面是一个半月形并且偏心的平面，为不对称结构，油膜生成的路径受到一定程度的影响，在止推轴承接触面上油膜没有完全形成或者油膜不稳定的情况下，容易发生固体接触，从而产生摩擦噪声。

另外，由于止推轴承接触面的面积相对较小，当止推轴承上的作用力较大，以及润滑油中含制冷剂过多时，油膜中因含有制冷剂形成贫油膜层，也有可能导致油膜破坏，发生固体接触，产生摩擦噪声。

2. 降低止推轴承摩擦噪声的方法

滚动转子式制冷压缩机中，降低止推轴承摩擦噪声的方法大致可以分为以下几个方面：

(1) 提高加工精度，降低止推轴承表面的粗糙度，以及保证轴承面的平面度，可以有效降低固体接触的可能性。

(2) 设计合理的油路结构，保证止推轴承润滑良好。

(3) 合理的接触面积，使单位面积上的作用力小于许可值。

(4) 在接触面上采用耐磨性能优异的非金属材料，或加大接触表面两种材料的硬度差，以及对表面进行处理。

(5) 采用弹性结构，将偏心轮轴的止推面由偏心拐端面改为偏心轮轴的轴端面，将具有一定弹性的止推座固定在副轴承外圆上，在止推座放置经过表面氮化的止推垫，由止推垫支承偏心轮轴，轴端止推轴承的结构如图 6.47 所示。

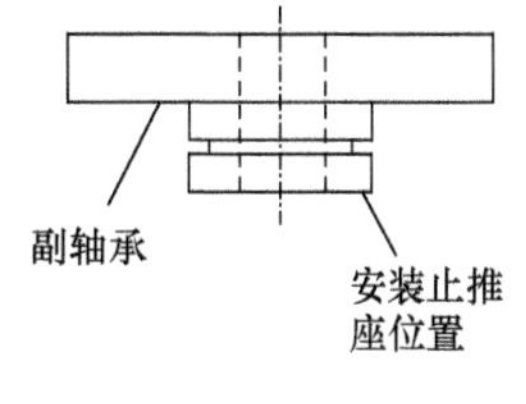

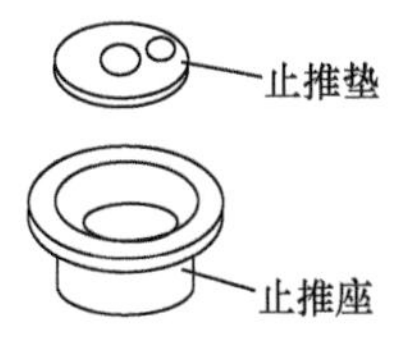

图 6.47　轴端止推轴承结构

采用这种结构的止推轴承不仅可以使压缩机的整个转子系统的支承面中心与重力中心重合，有利于压缩机运转过程中的稳定性，而且弹性结构支承吸收了偏心轮轴运转过程中由于力矩以及轴向力变化产生的振动，降低了噪声。

同时，由于将止推轴承置于轴的端部，轴承的线速度降低，减小了摩擦力矩，还可以提高压缩机的机械效率。

6.6　滑片与滚动转子的撞击噪声及控制方法

一般情况下，滚动转子式制冷压缩机稳定运转时，滑片端部在弹簧力和气体力的作用下与滚动转子外圆表面保持接触，组成基元容积。

但在某些工况条件下，滑片与滚动转子会发生脱离和撞击，产生间断性的撞击噪声。产生撞击噪声的原因大致分为跟随性不良和液压缩脱离两种类型。

当滑片端部与滚动转子外圆发生撞击时，可以听到清晰的“嗒嗒”撞击噪声。

6.6.1　跟随性不良导致的撞击噪声及控制方法

跟随性不良导致的撞击噪声，是指压缩机运转过程中，由于吸、排气的压力差和弹簧力不足以平衡滑片的往复惯性力和滑片与滑片槽之间的摩擦力，致使滑片端部不能始终与滚动转子外表面保持接触，而在某一旋转角度时出现滑片端部与滚动转子外表面发生脱离，再次接触时发生的撞击噪声。这种脱离现象也称为滑片跳动或滑片脱离。这种撞击噪声在压缩机启动运转初期和低频运转时特别容易发生。

图 6.48 为正常运转和滑片端部与滚动转子外圆表面发生撞击时，测量得到的压缩机壳体的振动波形。从图中可以看出，当压缩机正常运转，滑片端部与滚动转子保持接触时，压缩机壳体上测得的振动波为较平滑的连续波；而启动阶段，滑片不能跟随滚动转子的转动，发生了反复剧烈的撞击，产生冲击波形。

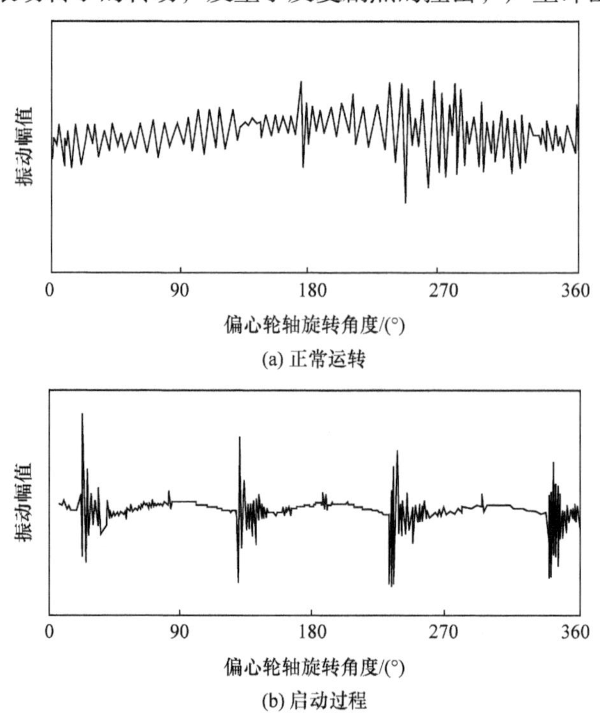

图 6.48　滑片和滚动转子撞击时的振动波形

滑片端部与滚动转子外圆表面撞击噪声的频率主要集中在 2000～7000Hz 范围。

1. 分析的力学模型

为了便于分析，将滑片在压缩机气缸滑片槽中的工作状态简化为如图 6.49 所示的力学模型。在图 6.49 中，O 为气缸中心，O_1 为滚动转子中心。

滑片的位移是偏心轮轴旋转角度、偏心量以及滚动转子半径的函数，表达式为

$$x_r = e(1-\cos\theta) + R_r\left(1-\sqrt{1-\varepsilon^2\sin^2\theta}\right) \tag{6.59}$$

式中，x_r——滚动转子与滑片接触位置至气缸中心的距离，单位为 m；

e——偏心距，单位为 m；

θ——偏心轮轴旋转的角度，单位为 rad；

R_r——滚动转子的半径，单位为 m；

$\varepsilon = e/R$，其中 R 为气缸体内圆半径，单位为 m。

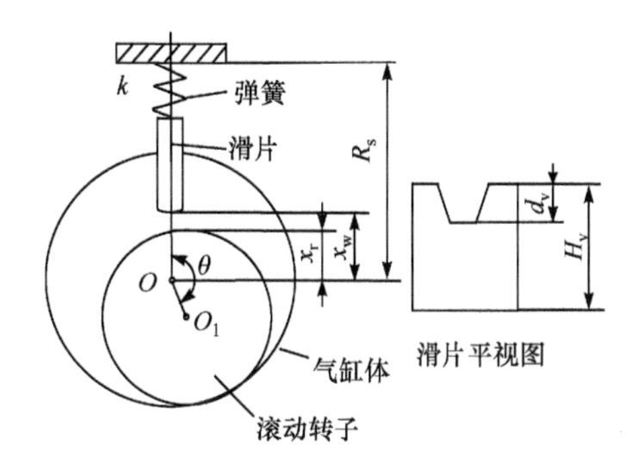

图 6.49　滑片在气缸内的几何分析模型

图 6.50 为滑片的受力分析图。从图中可知，滑片上作用有弹簧力、摩擦力、接触力和气体压力。其中，摩擦力可以简化为非保守的阻力，存在于滑片侧面与气缸槽之间，阻尼系数 c 由实验得到。可以列出滑片的动力学方程为

$$m\frac{d^2x_w}{dt^2} + c\frac{dx_w}{dt} + k\Delta x = F_p + F_r \tag{6.60}$$

式中，m——滑片的质量，单位为 kg；

x_w——滑片顶部与气缸中心的距离，单位为 m；

c——滑片在滑片槽及上下端盖之间的阻尼系数，单位为 N · s/m；

k——弹簧的刚度，单位为 N/m；

Δx——弹簧的压缩量，单位为 m；

F_p——滑片两端部的气体压力差产生的作用力，单位为 N；

F_r——滚动转子对滑片的反作用力，单位为 N。

其中，弹簧的压缩量 Δx 为

$$\Delta x = x_{s0} - R_s + x_w + h_v - d_v \tag{6.61}$$

式中，x_{s0}——弹簧的自由长度，单位为 m；

R_s——弹簧末端至气缸中心的距离，单位为 m；

h_v——滑片的长度，单位为 m；

d_v——弹簧槽的长度，单位为 m。

滑片两端部气体压力差产生的作用力 F_p 为

$$F_{\mathrm{p}} = S\left[\frac{1}{2}(p_{\mathrm{c}} + p_{\mathrm{s}}) - p_{\mathrm{d}}\right] \tag{6.62}$$

式中，S——滑片端部的面积，单位为 m^2；

p_{c}——气缸压缩腔内的气体压力，由式(5.61)计算，单位为 MPa；

p_{s}——气缸吸气腔内的气体压力，单位为 MPa；

p_{d}——滑片背部的气体压力，单位为 MPa。

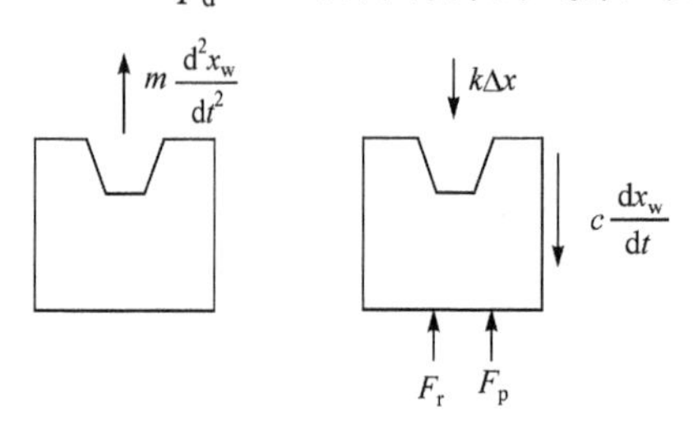

图 6.50　滑片的受力分析

当滑片没有与滚动转子接触时，滚动转子对滑片的反作用力 $F_{\mathrm{r}} = 0$ 。当滑片与滚动转子接触时，滑片与滚动转子外壁面的接触点将产生弹性变形，产生弹性力，$F_{\mathrm{r}} > 0$ ，即如果滑片端部穿透滚动转子的外圆壁面，则与滚动转子外壁面接触的接触弹性系数非常大，从而阻止了过量的穿透。反作用力的计算式为

$$F_{\mathrm{r}} = \begin{cases} k_{\mathrm{c}}\delta - c_{\mathrm{c}}\dfrac{\mathrm{d}x_{\mathrm{w}}}{\mathrm{d}t}, & x_{\mathrm{w}} \leqslant x_{\mathrm{r}} \\ 0, & x_{\mathrm{w}} > x_{\mathrm{r}} \end{cases} \tag{6.63}$$

式中，c_{c}——接触阻尼系数，单位为 N · s/m；

k_{c}——接触弹性系数，单位为 N/m；

δ——接触变形量，单位为 m。

其中

$$\delta = x_{\mathrm{r}} - x_{\mathrm{w}} \tag{6.64}$$

采用 Runge-Kutta 方法求解式(6.60)，将得到的结果与式(6.59)计算的结果进行比较，即可得到滑片跳动的距离。

2. 影响因素

1) 吸、排气压力差的影响

压缩机工作时，滑片端部在气缸内外气体力合力、滑片运动惯性力、弹簧力以及滑片运动阻尼力的共同作用下与滚动转子外圆表面保持接触，其中，气体力合力起主要作用。研究表明，滑片跳动在吸、排气压力差较小时更容易出现，这时滑片的背压不足以维持滑片端部与滚动转子外圆表面接触。

在压缩机启动初期，特别是热泵工作时，由于制冷剂迁移，液态制冷剂多储

存在气液分离器和压缩机中，建立起一定大小的吸、排气压力差需要一段时间，在这一段时间内容易发生滑片跳动现象，一旦吸、排气压力差达到一定值后，滑片跳动现象将消失。因此，压缩机启动时由于吸、排气压力差导致的滑片跳动现象持续时间较短，一般只有几秒钟至几分钟时间。

模拟计算和实验结果都表明，吸、排气压力差造成滑片与滚动转子脱离区间通常为 0°～220°，也就是说，滑片端部从 0°开始脱离滚动转子外圆表面，在 220°附近与滚动转子外圆表面发生撞击。

图 6.51 为排气压力与吸气压力差为 0.03MPa 时滑片和滚动转子运动轨迹的模拟计算结果。从图中可以看出，滑片与滚动转子外圆表面的轨迹曲线并不完全相同，存在无接触的间隙。

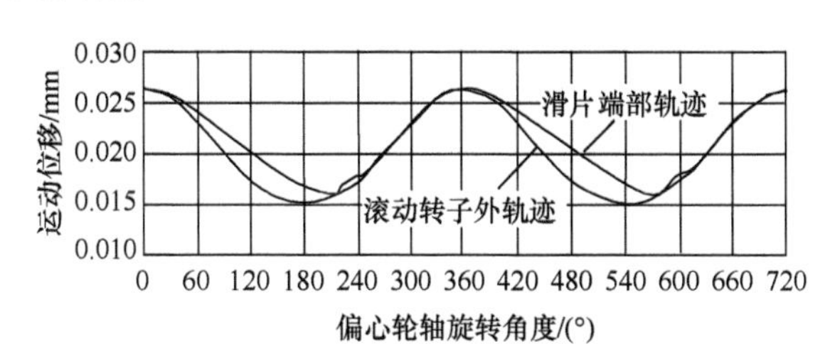

图 6.51　滑片跳动特性的模拟结果

模拟计算条件：$p_d - p_s$=0.03MPa

2) 过压缩的影响

当排气过程接近结束时，气缸内的压力急速上升出现过压缩。这时，作用在滑片两端的气体压力差大幅减小，如果气体的压力差不足以维持滑片与滚动转子外圆表面接触，就会出现滑片跳动现象。

3) 运转频率的影响

随着压缩机运转频率的提高，滑片往复运动的加速度提高，滑片的往复惯性力与加速度的平方成正比。因此，维持滑片与滚动转子外圆表面接触所需要的气体力急剧增大。在高频率运转下，当气体力不足以维持滑片端部与滚动转子外圆表面接触时，就有可能出现滑片跳动现象，产生撞击噪声。也就是说，维持滑片端部与滚动转子外圆表面保持接触所需要的气体压力差随压缩机运转频率的提高而增加。

4) 弹簧力的影响

弹簧力的影响包括两个方面：预紧力和弹性模量的影响。研究表明，改变弹簧自由状态下长度(即增大预紧力)和弹簧弹性模量对滑片跳动现象的改善作用非常小，其原因是作用在滑片上气体力的影响远大于弹簧力的影响。

另外，增大弹簧力还会使滑片作用在滚动转子上的压力增大，造成压缩机功耗增大。

5) 阻尼力的影响

作用在滑片上的阻尼力越大，滑片运动的阻力也越大，滑片的跟随性与阻尼力的大小成反比。

6) 滑片质量的影响

滑片质量越大，其往复运动的惯性力就越大，滑片的跟随性也就越差，滑片越容易产生跳动现象。研究表明，减轻滑片的质量，可以有效降低滑片跳动的概率。

7) 偏心量的影响

滚动转子式制冷压缩机的偏心量决定了滑片的行程。当压缩机运转频率一定时，滑片的行程越长，加速度越大，即滑片的加速度与滚动转子的偏心量成正比。也就是偏心量越大，发生滑片跳动的可能性越大，撞击强度越大。

8) 材料的影响

滑片和滚动转子之间撞击噪声的频率与材料的特性有关。不同频率的噪声传递特性不同，对整机噪声的影响也不同。

3. 降低滑片跳动产生撞击噪声的方法

综上所述，影响滑片跳动的因素有很多，如弹簧力(包括弹性模量和弹簧长度)、气体力、阻尼力、滑片质量、过压缩以及压缩机运转频率等，其中，对滑片跳动产生影响最大的因素是滑片质量、过压缩和压缩机运转频率。因此，降低滑片跳动撞击噪声的方法主要有以下几个方面：

1) 改变滑片的结构

将平板式结构改为局部空心式结构，即在保证密封的前提下，将靠近弹簧部位滑片中间的局部区域去掉，减轻滑片的重量。由于滑片的尺寸通常比较小，这种措施只能在容量较大的压缩机上才能采用。

2) 选择轻质材料

在更高频率运转的变频压缩机上，为了保证滑片与滚动转子之间的“跟随性”，以及使用的可靠性，要求采用质量轻但耐磨性更好的滑片。

三洋电机开发出了 SiC 晶须作纤维的纤维强化铝合金(FR-AL)，它由体积分数为 30%的 SiC 晶须预制体(增强纤维)以及含硅质量分数为 17%的铝合金压铸而成。纤维强化铝合金具有重量轻(密度为 2.85g/cm^3，仅为铸铁的 40%)、强度高(弯曲强度为 500MPa，为铸铁的 1.67 倍)、耐磨性好及化学性能稳定等特点，并且膨胀系数与铸铁相当，完全可以满足滑片热变形要求。

实验表明，将这种材料的滑片用于频率为 180Hz 的高频率运转滚动转子式制冷压缩机上，完全能满足“跟随性”的要求，而且能减小压缩机的轴承载荷，是比较理想的滑片材料。

3) 改变滑片材料

当滑片与滚动转子发生撞击时，滑片材料不同，撞击噪声频率成分不同，人耳所感受到的噪声不同。

4) 降低过压缩

滚动转子式制冷压缩机的过压缩与排气通道结构密切相关，与气缸上的槽口(排气通道缺口)角度的关系更大。

例如，对某一型号滚动转子式制冷压缩机的研究表明，当气缸排气孔槽口与气缸的轴线成 45°时，偏心轮轴的转动角度超过 330°时气缸内的气体压力迅速上升，形成脉冲气体压力，并在旋转角为 350°左右时达到 3.5MPa，此时排气孔槽口的流通截面积非常小，滑片因气体压力差太小从滚动转子外圆表面上脱离。如果将气缸排气孔槽口改成一个大的斜面，则流通区域扩大，气体压力上升角度增大至约为 350°，过压缩的气体压力明显下降，并且作用在滑片上的气体压力差的最小值从 18N 增加至 68N，滑片端部作用在滚动转子外圆表面上的最小法向力变为 30N。

6.6.2　液压缩脱离导致的撞击噪声及控制方法

在压缩机工作中，当有大量的液态制冷剂进入气缸时，将出现液压缩现象。由于压缩过程中，压缩腔内液态制冷剂压力上升的速度远大于气态制冷剂，在排气阀片提前开启的同时，也将导致滑片端部与滚动转子外圆表面脱离，并产生撞击噪声。

1. 产生液压缩的原因

在滚动转子式制冷压缩机中，大量液态制冷剂进入气缸的原因主要有以下几个方面：

(1) 在冬季长时间停机时，处于室外环境的压缩机由于制冷剂迁移的作用，液态制冷剂进入压缩机壳体空间、气缸和气液分离器内。

(2) 在热泵系统逆向运行除霜时，由于四通阀的切换，液态制冷剂返回压缩机的气液分离器中，部分液态制冷剂进入气缸中。

(3) 在低负荷运转时，由于压缩机运转频率降低，如果节流装置设置不当(或采用毛细管节流)，以及风机系统循环风量与系统需求不匹配，那么在蒸发器中会产生大量未蒸发的液态制冷剂返回压缩机的气液分离器中，部分液态制冷剂进入气缸中。

在上述三种原因中，以第(3)项持续时间最长，产生的影响最大，特别是在变频压缩机中容易出现。

2. 控制方法

液压缩原因导致的滑片撞击噪声，难以在压缩机设计中解决，需要通过系统设计来解决。主要有以下几种方法：

(1) 低温环境下使用的热泵系统，在压缩机底部(油池)壳体上安装电加热带，加热壳体，使气缸中的液态制冷剂蒸发。实际经验表明，大多数情况下，需要通电时间保证 4h 以上才能将液态制冷剂蒸发(取决于环境温度、压缩机体积以及电加热带功率等因素)。对于变频压缩机，除了采用电加热带加热之外，还可采取短时间开环启动压缩机，先将气缸中的部分液态制冷剂排出，通常开环运行时间约 8s，停机后再正常启动。

(2) 采用热气旁通法除霜。热气旁通法是利用压缩机排气管与室外热交换器之间的旁通回路，将压缩机排出的高温制冷剂气体直接引入室外热交换器，利用压缩机排气热量融化室外热交换器表面霜层的除霜方法。由于四通阀在除霜过程中不换向，大量减少了除霜过程中返回气缸中的液态制冷剂。

(3) 采用蓄热除霜法除霜。利用包裹在压缩机壳体上的相变蓄热材料吸收压缩机的热量，将热量储存起来，除霜时再从相变蓄热材料吸取热量，可有效解决除霜回液问题。

(4) 采用合理的系统参数，如在压缩机低频运转时，降低冷凝器风机的风量，减小过冷度，使蒸发器中液态制冷剂完全蒸发，回到压缩机的制冷剂为气态。

6.7　滑片与滑片槽的撞击噪声及控制方法

6.7.1　滑片与滑片槽撞击噪声产生的原因

滑片在滑片槽中做往复运动时，滑片受到气体力、摩擦力、润滑油黏滞阻力、往复惯性力等的作用，并且作用力的大小和方向都随偏心轮轴转角的变化而变化，因此滑片在滑片槽中的运动状态也会随着偏心轮轴转角的变化而变化。由于滑片与滑片槽之间存在间隙，滑片与滑片槽之间不可避免地会出现碰撞，产生撞击噪声。

滑片与滑片槽之间撞击噪声产生的原因主要有以下两种类型：①正常运转时滑片上各种力的作用下产生的撞击；②气缸内残留过多润滑油导致液压缩产生的撞击。

当滑片与滑片槽发生撞击时，可以听到周期性的“嗒嗒”声。

1. 作用力产生的撞击

图 6.52 为压缩机运转中滑片与滑片槽的撞击运动。下面用实验方法说明滑片

与滑片槽的撞击过程。

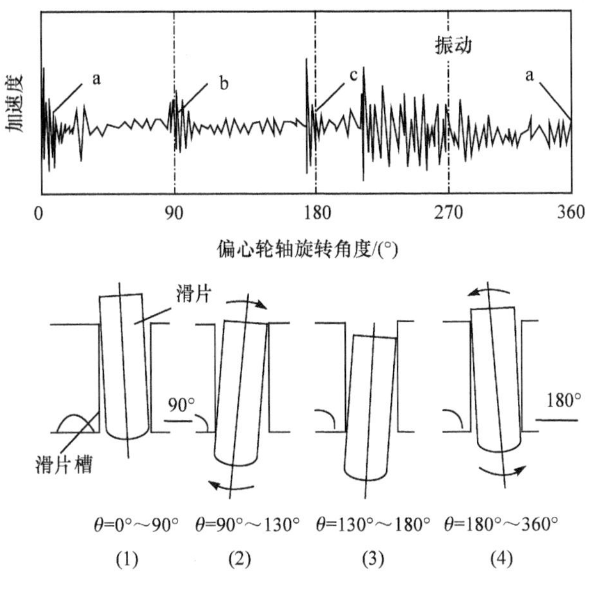

图 6.52　滑片在滑片槽中的撞击运动

如图 6.52 中(1)所示，当偏心轮轴旋转角度 $\theta=0°$时，滑片两侧的制冷剂气体压力相等，滑片端部受到滚动转子外圆表面摩擦力的作用使滑片向右偏转，端部与滑片槽右侧接触；随着偏心轮轴旋转角度 θ 的增大，压缩腔制冷剂气体的压力大于吸气腔，但仍小于滑片端部的摩擦力，滑片与滑片槽维持原接触状态。

如图 6.52 中(2)所示，当偏心轮轴旋转角度 θ =90°左右时，压缩腔与吸气腔的制冷剂气体压力差大于滑片端部的摩擦力，滑片突然向左侧滑动与滑片槽接触并撞击，撞击产生的振动如图中壳体振动加速度波形中的冲击波形 b 所示。

如图 6.52 中(3)所示，偏心轮轴旋转角度 θ 在 130°～180°区间内，在制冷剂气体压力差的作用下，滑片维持与滑片槽左侧接触。

如图 6.52 中(4)所示，当偏心轮轴旋转角度 $\theta=180°$左右时，滑片的侧面与滑片槽在相反方向相接触，产生撞击噪声，撞击产生的振动如图中壳体振动加速度冲击波形 c 所示。

实验结果表明，在压缩机旋转一周中，滑片与滑片槽发生两次撞击，撞击脉冲波形 b 和 c 产生的脉冲噪声主要为 2000Hz 以上的高频宽带噪声。

另外，当滑片与滑片槽撞击时，由于滑片突然滑动，滑片与滚动转子之间的接触状态也将发生变化，摩擦力的变化引起作用在偏心轮轴上的负载转矩变化，从而导致偏心轮轴的振动。负载转矩测试时，在滑片与滑片槽撞击的旋转角度位置，可以在负载转矩-旋转角度曲线上清晰地看到负载转矩变化曲线发生了波动。

2. 残留润滑油导致的撞击

当滚动转子式制冷压缩机的吸气压力很低时，或者压缩机刚启动时，由于压缩机吸气侧的温度较低，气液分离器中的制冷剂大量处于液体状态，吸入气缸的制冷剂气体量偏少。这种状态下，气缸中的润滑油很难被制冷剂气体从排气孔口带出，润滑油在气缸中逐渐积累，当润滑油积累到一定程度，滚动转子转过排气孔口时，在滚动转子、气缸与滑片之间形成的细小空间内就会出现液压缩，导致润滑油的压力突然急剧增大，引起滑片的振动，并与滑片槽撞击产生撞击噪声。当气缸内残留的润滑油过多时，润滑油压的急剧升高还有可能导致滑片与滚动转子分离，出现滑片与滚动转子之间的碰撞，产生撞击噪声。

由于气缸内残留润滑油引起的滑片撞击噪声一般持续时间较短，大多数情况只持续数百毫秒至几秒，但产生的噪声较大，人耳可清晰听到。同时，当液压缩情况严重时，也可以从电机电流的时域图中看到明显的电流峰值。

6.7.2 控制方法

1. 适当控制滑片和滑片槽的间隙

从机械撞击噪声形成的规律来看，显然，滑片与滑片槽撞击噪声的大小与两者之间的间隙大小有关，间隙越大，撞击噪声也越大。从降低噪声的角度来说，要尽可能减小两者之间的间隙。但间隙的大小又与压缩机的效率有关，间隙过小，滑片在滑片槽中的运动阻力大，运动能耗大，同时会对滑片跟随滚动转子运动造成一定的影响；间隙过大，除了撞击噪声大之外，泄漏量也大，造成气缸的容积效率下降。因此，确定滑片与滑片槽间隙时需要考虑以下几个方面的因素：①滑片的灵活运动；②压缩机的效率；③撞击噪声的大小。

图6.53为实验得到的压缩机壳体表面振动与滑片和滑片槽间隙及运转频率的关系。实验结果还表明，压缩机壳体表面振动大小与周期性“嗒嗒”声强弱对应，壳体表面振动幅值越大，“嗒嗒”声越强。

图 6.54 为滑片与滑片槽之间的间隙分别为 20μm(滑片撞击不明显)和25μm(滑片撞击明显)时的噪声对比(1/3 倍频程)。从图中可以看出，当滑片发生撞击时，500Hz 以上宽频段内的噪声增大，尤其是 2000Hz 以上频段噪声有较明显的升高。

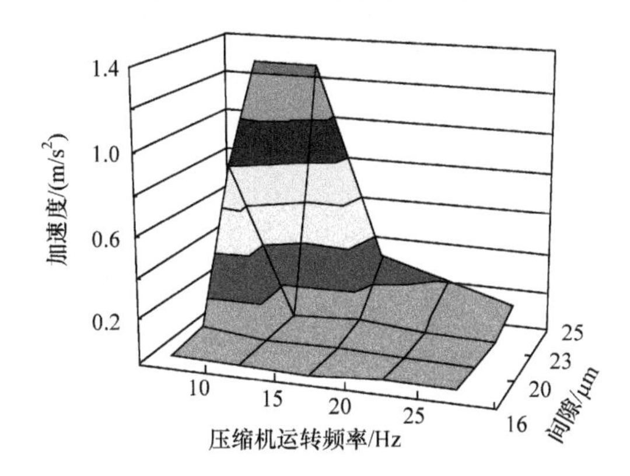

图 6.53　壳体振动与滑片、滑片槽间隙及运转频率的关系

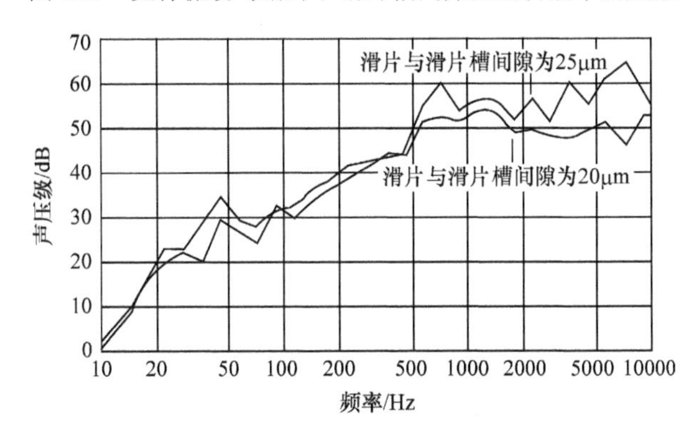

图 6.54　滑片与滑片槽间隙为 20μm 和 25μm 时的噪声对比

从图 6.53 和图 6.54 中可以看出，滑片和滑片槽的撞击噪声与两者之间间隙的大小有以下规律：

(1) 当滑片与滑片槽之间的间隙小于某一数值时(如图 6.53 中的 20μm)，两者之间的撞击强度几乎不发生变化；

(2) 当滑片与滑片槽之间的间隙大于某一数值时(如图 6.53 中的 23μm)，撞击强度急剧增大，间隙越大，撞击强度越大；

(3) 发生撞击时，撞击噪声的频率主要分布在 500～10000Hz 范围，其中，3000Hz 以上噪声强度较大。

上述实验结果表明，当滑片与滑片槽之间的间隙小于 20μm 时，基本上可以消除撞击噪声。

早期的滚动转子式制冷压缩机，滑片与滑片槽之间的间隙基本都在 20～30μm，不可避免地产生撞击噪声。随着压缩机制造技术水平的提高，现在已经完全可以实现间隙小于 20μm、并且保证滑片运动可靠性的间隙配对。目前，很多滚动转子式制冷压缩机滑片与滑片槽间隙配对设计为 16μm 左右。

2. 避免润滑油压力突变

为了避免因气缸内残留润滑油的压力上升引起滑片振动，必须消除残留润滑油压力增大的影响。比较有效的方法是增大排气孔口与滑片之间的容积，使残留润滑油有储存空间，避免出现压缩残留润滑油导致润滑油压力突变的问题。在实际中，常用的方法是在滑片槽排气侧气缸体上增加 45°倒角，以增大间隙容积，如图 6.55 所示。

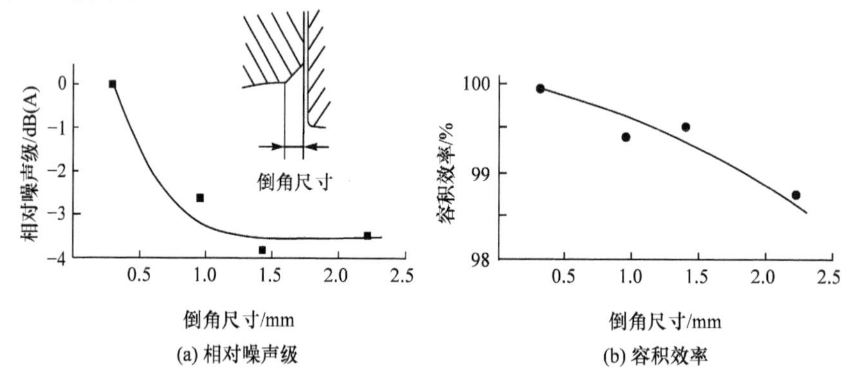

图 6.55　相对噪声级和容积效率与滑片槽边倒角尺寸的关系

但是，在滑片槽排气侧气缸体上增加倒角必然会导致压缩机容积效率降低。研究表明，倒角的大小与压缩机噪声、容积效率之间有一最佳值。图 6.55 为某滚动转子式制冷压缩机相对噪声级和容积效率与气缸体倒角尺寸的关系，图中以倒角尺寸 0.5mm 为参照，分别测出了不同倒角尺寸与相对噪声级和容积效率之间的关系。

从图 6.55 可以看出，当倒角尺寸增大时，压缩机的噪声水平急剧减小，当达到 1.3mm 以上时，压缩机噪声水平几乎不再变化，即当形成的容积大于某一值时，不会出现润滑油压力突然升高的现象，滑片将不再产生振动。

由于在滑片槽上增加倒角，气缸的余隙容积增大，将导致压缩机气缸的容积效率降低，为了兼顾噪声和效率，需要确定最佳倒角尺寸。在本例中，同时满足噪声和效率的最佳倒角尺寸为 1.3mm。这时，容积效率仅比倒角尺寸为 0.5mm 时降低 0.5%，是一种可以接受的降噪设计方案。

6.8　滚动转子与气缸壁的摩擦和撞击噪声及控制方法

滚动转子式制冷压缩机工作时，理论上滚动转子和气缸内壁之间是不接触的，通常留有 10μm 左右的间隙，依靠间隙中润滑油油膜来隔离气缸的压缩腔和吸气腔。但由于制造精度、装配误差、焊接变形、轴承间隙以及运转时零部件变形等的影响，压缩机工作时滚动转子与气缸内壁之间仍有可能发生摩擦和撞击，产生噪声。

显然，为了避免滚动转子与气缸内壁之间发生摩擦和撞击，应加大两者之间的间隙，但过大的间隙必然导致制冷剂气体由压缩腔向吸气腔的泄漏量增加，致使压缩机的效率下降。因此，有必要对间隙与噪声和效率之间的关系进行分析研究。

图 6.56 为滚动转子和气缸径向间隙与相对噪声级以及容积效率的关系。这一径向间隙是在气缸、滚动转子、偏心轮轴和主副轴承在装配上保证同心的条件下的间隙值。实验中，通过改变滚动转子外径来调整间隙大小。在图 6.56 中，最小的间隙为 1μm。

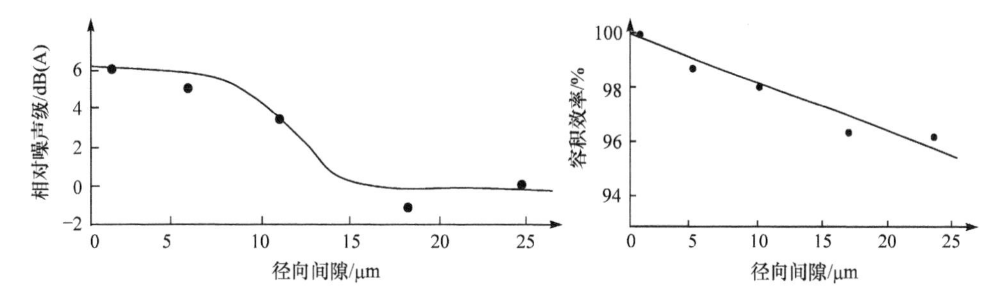

图 6.56　滚动转子和气缸径向间隙与相对噪声级和容积效率的关系

从图 6.56 中可以看出，随着径向间隙的减小，压缩机的容积效率逐渐增大。在径向间隙大于 15μm 之前，减小径向间隙，相对噪声级没有发生变化；当径向间隙减小到 15μm 以下时，相对噪声级急剧增大；当径向间隙小于 5μm 时，相对噪声级达到最大，其原因是滚动转子与气缸之间已经发生摩擦和撞击；随着径向间隙的进一步减小，滚动转子与气缸内壁之间的摩擦、撞击加剧，噪声进一步增大，但噪声的增幅大幅降低。

研究表明，当滚动转子与气缸之间发生摩擦和撞击时，2000～7000Hz 频率段的噪声增大。

对时域谱上零部件的振动与偏心轮轴旋转角度的相关性分析可以发现，滚动转子与气缸的摩擦和撞击主要发生在偏心轮轴旋转角度 θ 为 140°～200°的范围内，如图 6.57(a)所示。在这一转角范围，力 F 增加到最大，压迫滚动转子与气缸内壁接触，使滚动转子与气缸内壁之间发生摩擦和撞击。通过分析计算，可以计算出力 F 的大小以及出现极值的点在转角 θ 为 170°处，如图 6.57(b)所示。

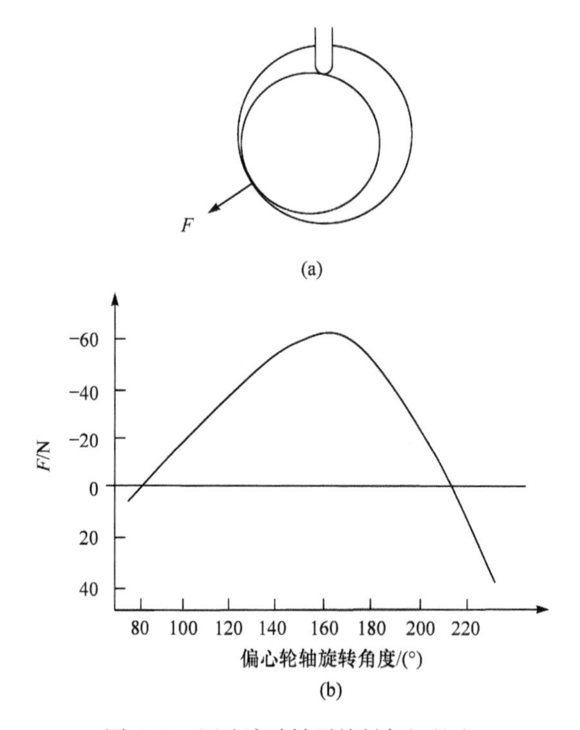

图 6.57　压迫滚动转子接触气缸的力

以上结果可以很好地说明滚动转子和气缸内壁的径向间隙与压缩机相对噪声级和容积效率的关系。单纯从提高容积效率方面考虑，径向间隙要设计得小一些，但从压缩机容积效率和噪声的角度综合考虑，径向间隙最佳值为 15μm 左右。

6.9　滚动转子与上下端盖之间的摩擦噪声及控制方法

6.9.1　产生的原因

在气缸中，滚动转子两个端面与气缸两个端盖平面之间在设计上是有间隙的，依靠润滑油油膜来保证密封。在压缩机运转过程中，由于气体力的周期性作用，偏心轮轴以及其他零部件也会周期性地发生变形。因此，滚动转子在气缸内并不是一直保持平行转动，而是有可能随着偏心轮轴旋转角度的变化发生偏转，与气缸端盖的平面发生摩擦，产生摩擦噪声。

图 6.58 为滚动转子在气缸中运动时与两个气缸端盖平面接触的情况示意图。实验结果表明，滚动转子与气缸两个端盖平面接触状况的变化不会在壳体振动加速度波形中产生明显的冲击波形。但可以测试到随着滚动转子在 A 和 B 两种旋转状态中，摩擦噪声有所改变。

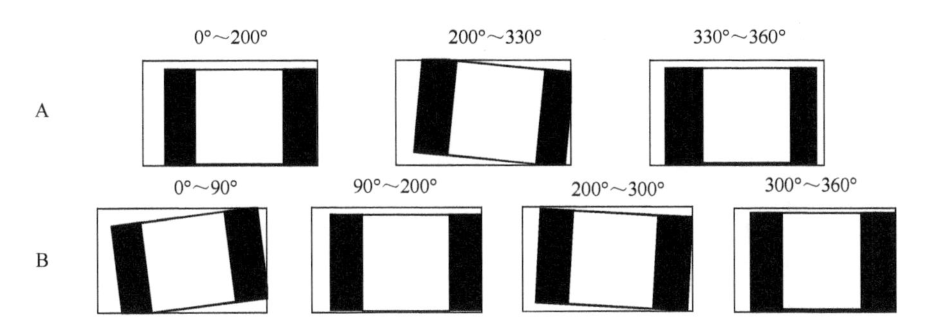

图 6.58　滚动转子在气缸中运动时与上下气缸端盖的接触情况

由于受加工和装配精度的影响，每一台压缩机的滚动转子在气缸内的旋转状态都是不同的，所以滚动转子与气缸两个端盖平面之间发生摩擦并不具有普遍性的规律。实验结果表明，其摩擦噪声多出现在 1600～2000Hz 的频率范围内。

6.9.2　影响因素

影响滚动转子与气缸两个端盖平面之间发生摩擦的原因主要有以下几个方面：

1) 制造装配精度的影响

在滚动转子式制冷压缩机中，滚动转子与气缸两个端盖平面之间发生摩擦，大多数情况是由制造和装配精度达不到设计要求产生的。

2) 零部件变形的影响

为了减小压缩机的体积及轴承的摩擦损耗，通常偏心轮轴的刚度不大。当压缩机负荷过大时，偏心轮轴将发生弯曲变形，偏心轮轴的弯曲变形必然导致滚动转子在气缸内的偏位。当偏位量达到滚动转子与两个端盖平面之间的间隙时，就会破坏油膜层出现固体接触，导致直接摩擦。

3) 间隙大小的影响

除了偏心轮轴变形的影响外，配合间隙过大也同样对滚动转子在气缸内的偏位产生影响。主要影响的配合间隙有：滚动转子与偏心轮之间的配合间隙、偏心轮轴与主副轴承的配合间隙。

当滚动转子与偏心轮之间的配合间隙偏大时，由于具有一定的调节空间，滚动转子随偏心轮轴弯曲变形时的偏位量相对较小，滚动转子与上下端盖发生固体接触的概率也较小；当间隙偏小时，滚动转子在气缸内的调节空间较小，随偏心轮轴变形时的偏位量相对较大。

轴承的间隙偏大时，偏心轮轴在转动过程中轴心位置变化量大，容易导致滚动转子在气缸内偏位。

因此，在各种间隙量的设计中必须综合考虑泄漏、油膜形成以及偏心轮轴刚度等多方面的影响因素。

6.9.3 控制方法

防止滚动转子与上下气缸端盖平面发生摩擦和碰接的方法主要有以下几个方面：

1) 适当增大偏心轮轴的直径

适当增大偏心轮轴的直径，实际上是增大了偏心轮轴的刚度，减小受力时的变形量。但增大偏心轮轴的直径，将导致压缩机功耗增大等问题。

2) 降低气缸高度

降低气缸高度，即采用气缸的扁平化设计，可减小主副轴承之间的距离，提高偏心轮轴的刚度。特别是双缸和三缸滚动转子式制冷压缩机，由于主副轴承之间的距离相对较远，在运转过程中偏心轮轴更容易产生变形，所以这类压缩机气缸的扁平化设计非常重要。

3) 提高偏心轮连接部位的刚度

在中间补气的双缸和三缸滚动转子式制冷压缩机中，由于需要设置中间腔和流道，偏心轮之间的距离较大，容易导致偏心轮轴的刚度不足。增大偏心轮连接部位的尺寸是经常采用的方法。

4) 提高主副轴承的同轴度

从装配上提高主副轴承的同轴度，可以提高滚动转子端面与气缸盖之间的平行度，减小发生摩擦的概率。

6.10 降低机械噪声的其他方法

除了上述已经介绍过的一些控制措施之外，下面介绍几种控制滚动转子式制冷压缩机机械噪声的其他措施。

6.10.1 提高气缸的刚度

提高气缸体的刚度，可以减小气缸体在工作时周期性气体力作用下产生的变形，防止与运动部件产生碰撞和发生固体接触，同时可以降低由气体压力脉动激励起的气缸机械振动。

滑片槽为气缸体刚度的薄弱部位，气缸体设计时重点考虑结构对刚度的影响。

6.10.2 选择合适的焊接方法

在滚动转子式制冷压缩机中，压缩机构是采用焊接方式固定在压缩机壳体上的。由于在焊接过程中，焊接热源集中在焊接点，焊接零件以及与其接触的零件产生空间和时间上梯度较大且非均匀的温度场，使零件产生不同程度的热变形。

同时，由于焊接过程中各种约束力的存在，在热变形和作用力两者的共同作用下，压缩机的焊接零部件在焊接及冷却过程中产生变形。特别是滑片槽部位的刚度较弱，热应力导致壳体收缩形成对气缸滑片槽的挤压，焊接对滑片槽的精度影响最大。

早期的焊接位置多设置在气缸体上，这种焊接方式简称为气缸焊接。采用气缸焊接时，容易产生较大的变形量。变形量与气缸的结构、材料、焊接工艺状况等有关。特别是传统的斧形气缸(图 6.59)，焊接后变形最大，尤其是当材料强度低(如采用金属型共晶铸件时)，焊接参数选择不当，各焊点参数不一致以及时间不同步时，其气缸变形量甚至可高达 15μm 以上。

焊接过程中产生的零件变形不但对压缩机的性能产生影响，而且会造成压缩机噪声增大，严重时甚至导致压缩机不能正常工作。

为解决气缸焊接变形问题，目前主要有以下几种结构设计方法：

1) 采用轮辐形气缸结构设计

采用如图 6.60 所示的轮辐形气缸以及 FC25 砂型铸件，可以将滑片槽的变形量控制在 5μm 以内。在采用轮辐形气缸时，仍然需要注意轮辐的结构设计，使焊接时的变形尽可能少地影响气缸内径和滑片槽。

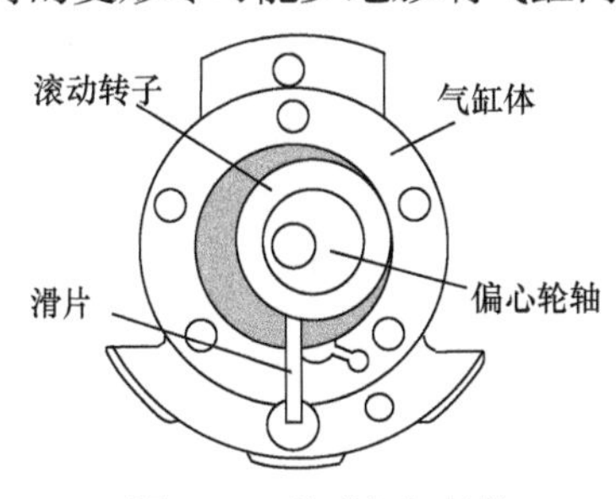

图 6.59　斧形气缸结构

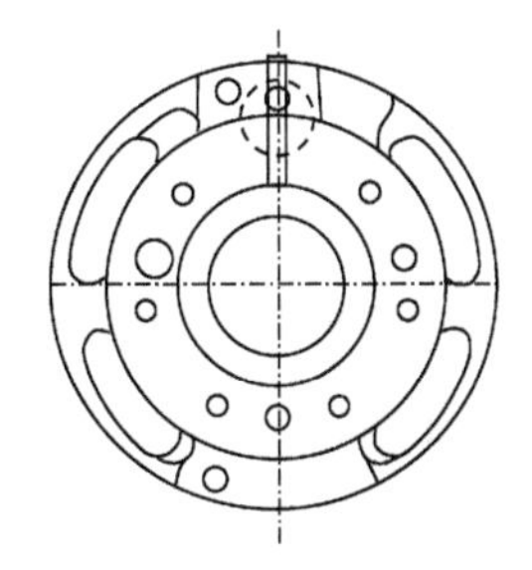
图 6.60　轮辐形气缸结构

采用轮辐形气缸虽然可以减小气缸焊接时的变形，但焊接部位的不同，气缸的变形仍有较大的差别。实践证明，将焊接部位设置在轮辐上与设置在空心部位相比，温度场相对比较均匀，温度梯度较小，其变形量也相对较小，有利于进一步降低噪声。另外，焊接后气缸与壳体轴线的倾斜角度也较小，也可以提高气缸的刚度。

2) 采用上端盖焊接方式的结构设计

将焊接的位置设计在上端盖上，如图 6.61 所示，可以彻底避免滑片槽的受热变形。但上端盖在焊接过程中同样会产生变形，特别是容易产生平面变形导致与滚动转子端部之间的间隙发生变化，严重时两者有可能发生干摩擦和产生摩擦噪声，因此仍然要注意上端盖的结构设计。

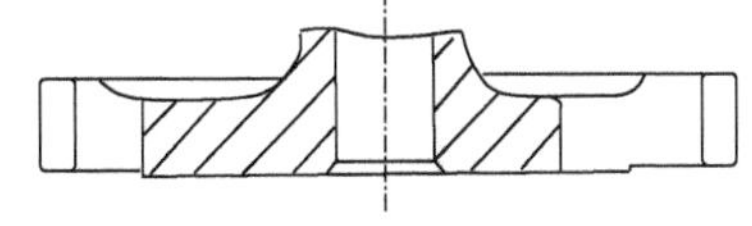
图 6.61　上端盖轮辐结构

为了防止上端盖焊接时的平面变形，与气缸体一样，也可以将上端盖设计成轮辐形以降低焊接热应力的影响。

3) 采用过渡法兰方式的结构设计

日本东芝公司采用过渡法兰方式固定气缸，图 6.62 为过渡法兰的结构示意图。它将经加工后的铸件或冲压件先焊接在壳体上，经过加工校准位置后，再用螺栓将气缸固定在过渡法兰上。采用过渡法兰固定气缸的方式不仅可以有效避免焊接对气缸及滑片槽形状产生的影响，而且还可带来气缸的小型化，并且可以在装配过程中自由调整电机定、转子气隙，从而改善压缩机的启动性能和降低电机的电磁噪声。

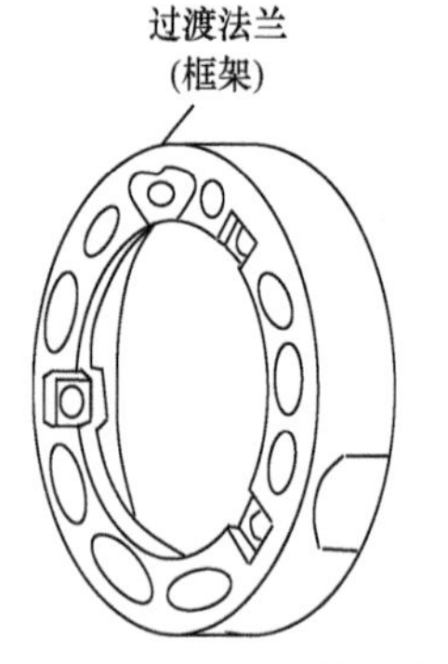

图 6.62　过渡法兰结构示意图

同时，采用过渡法兰还可以起到吸收振动的作用，因而可以有效减小结构振动的传递，降低压缩机噪声，是低噪声压缩机设计中的良好方法。

采用过渡法兰结构设计的缺点是会增加压缩机成本和结构的复杂性。

6.10.3　合理避开主要激振频率

在结构设计时应尽量使结构的固有频率避开主要激励力频率，以防止结构共振。例如，在滚动转子式制冷压缩机中，经常出现 300～800Hz 频率的峰值噪声。分析表明，这是由于偏心轮轴至壳体之间的传递特性也刚好在这一频率范围，使这一频率的振动无衰减地传递至壳体，引起壳体的振动并辐射出噪声。

6.10.4　提高制造装配精度

1) 采用铣削+磨削方式提高加工精度

采用铣削+磨削方式加工滑片槽，与拉削方式相比可以大幅度提高精度，滑片槽的尺寸精度可达±1μm，两侧面的平行度、平面度也可从 7μm 提高到 4μm，从而使滑片与滑片槽的配合间隙缩小至 15～20μm，这样可以提高压缩机效率和降低摩擦噪声。

2) 提高装配精度

滚动转子式制冷压缩机的装配是保证其性能和可靠性的一个重要环节，同时对压缩机的噪声有着十分重大的影响。高精度的装配可以保证所有运动零件之间的合理间隙，避免运动部件之间出现不正常的摩擦和撞击。

6.10.5　采用强力供油系统

保证压缩机的各相对运动部件之间的良好润滑，不但可以降低噪声，而且可以保证密封性能，提高压缩机的可靠性。保证良好润滑的方法有以下几个方面：

1) 压缩机泵油叶片形状的设计

滚动转子式制冷压缩机泵油叶片形状的设计十分关键,扭角大小选择应适当。扭角太小，提升扬程不够，润滑油达不到最远的润滑位置；扭角太大，又会导致润滑油在偏心轮轴孔内旋转，不利于形成高的油压。

2) 偏心轮轴的油孔设计

一般情况下，偏心轮轴的油孔设计成阶梯形为宜，与叶片配合部位可以较大，通至油孔尾端的部位应尽可能小一些。这种设计既有利于工艺过程中排出切屑、污物，更主要的是在叶片泵油过程中有利于在油孔内形成较高的油压，提高输油能力。

也可以将偏心轮轴中油孔设计成不通的孔来形成较高的油压，但这样设计不利于清除切屑、排出污物和油气分离，还有可能对压缩机的可靠性带来影响。为了解决这一问题，可以在油孔尾端的小孔内插入支承转子圆盘的长销，由于销的插入进一步缩小了孔通道，这种设计既可形成高的油压，又利于油气分离，减小压缩机向外的排油量，保证油池内油面的稳定。

3) 选用优质的润滑油

在滚动转子式制冷压缩机中，润滑油的功能是：在相对运动零部件之间形成油膜，避免出现边界润滑和干摩擦，同时形成油膜密封和带走热量。因此，选择合适运动黏度的润滑油对降低压缩机的噪声也十分重要。

由于润滑油与制冷剂混合，参与压缩机润滑的实际上是润滑油与制冷剂的混合物，并且环境温度高。因此，要求润滑油有良好的热稳定性和与制冷剂有良好的相溶性等各方面的要求。

4) 保证一定的油温过热度

当蒸发温度较低(如空气源热泵系统低温制热)时，有可能出现“回气带液”现象，即从吸气口回到压缩机的制冷剂为气液两相并存，液态制冷剂落入压缩机油池中将降低润滑油的温度，并且有一部分液态制冷剂溶入润滑油。这种混合物进入运动副部位后受热，液态制冷剂快速蒸发成气体，致使润滑部位缺油，造成摩擦噪声增大，严重时将导致压缩机运动副的磨损和失效。

为了保证运动副的可靠润滑，必须保证压缩机壳体内的制冷剂气体有一定的过热度。这样，回到压缩机内的液态制冷剂能够快速蒸发成气体，而不落入油池与润滑油形成混合物，或者落入油池后能够快速蒸发成气体。这一过热度称为“油温过热度”。

油温过热度的定义为：油温过热度=润滑油的实际温度−排气压力对应的饱和温度。最低油温过热度的选取与制冷剂的种类和润滑油的特性有关，通常油温过热度应大于 5℃。

第 7 章　噪声的传递与辐射

在前面几章中，已经介绍了全封闭滚动转子式制冷压缩机的电磁噪声、气体动力性噪声和机械噪声的产生机理以及一些控制方法。

实际上，对于全封闭滚动转子式制冷压缩机，前面所讨论的各种噪声并不是直接辐射到空气中，而是以振动形式传递到压缩机壳体及其附件(包括配管等)上，引起壳体和附件的振动，辐射出空气噪声。

压缩机噪声的激励源种类繁多，由于这些激励源的产生机理不同、传递路径不同，以及传递过程的能量损失不同，且辐射效率与振动频率和辐射表面的结构有关，最终产生的噪声结果也不一样。因此，传递路径和辐射的研究也是压缩机噪声控制中的重要环节。

7.1　压缩机噪声的传递路径

如前所述，在全封闭滚动转子式制冷压缩机中，激励力有电磁力、气体力、液体力和机械力四种类型。而传递路径可以分为固体传递路径、气体传递路径和液体传递路径三种类型：

1) 固体传递路径

固体传递是指结构振动通过机械零部件之间的传递，将振动传递到压缩机的壳体及其附件上，引起压缩机壳体和附件的振动，辐射出空气噪声。

2) 气体传递路径

气体传递是指以制冷剂气体压力脉动形式进行能量的传递，激励起压缩机零部件结构、壳体及附件的振动，辐射出空气噪声。

3) 液体传递路径

液体传递是指通过液体(包括润滑油和液态制冷剂)进行的能量传播，它以液体的流动、冲击等形式引起压缩机结构和壳体的振动，辐射出空气噪声。

上述三种类型传递路径并不是独立的，而是相互影响、相互作用。事实上，这三种传递路径有可能是并联或串联的，也有可能是串并联混合的。因此，在实际的压缩机中，噪声传递过程比较复杂。

图 7.1 为简化后的滚动转子式制冷压缩机噪声传递过程示意图，图中忽略了液体动力性噪声及其传递路径。

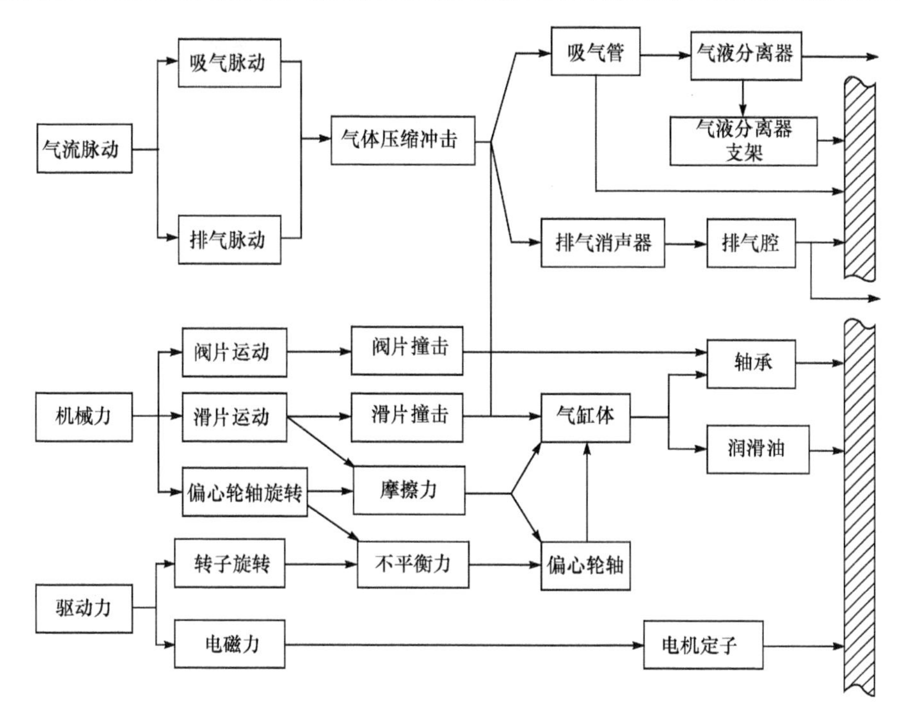

图 7.1　滚动转子式制冷压缩机噪声传递过程示意图

将如图 7.1 所示的噪声传递过程按激励源—路径—响应过程进一步简化，简化后的表示方式如图 7.2 所示。从另一个角度考虑，也可以把振动的传递路径及辐射效率当做激励力至辐射噪声的传递路径。

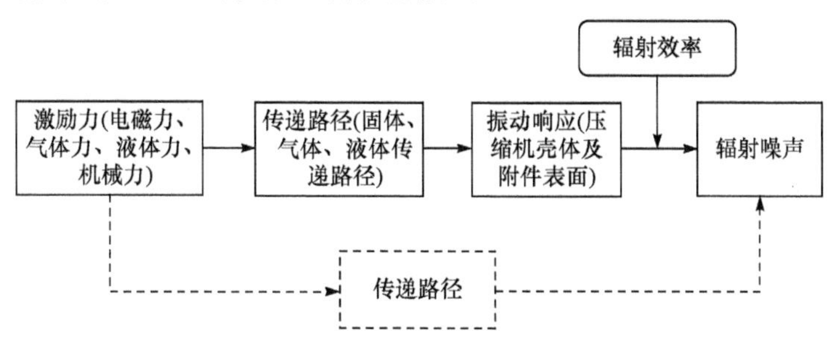

图 7.2　滚动转子式制冷压缩机噪声的传递路径

对于线性时不变系统，图 7.2 所示的噪声传递路径在频域上可由式(7.1)描述：

$$X(\omega)=H(\omega)F(\omega) \tag{7.1}$$

式中，$X(\omega)$——系统的响应向量，如振动、噪声；

$H(\omega)$——系统的传递函数矩阵，表征传递路径的特性；

$F(\omega)$——系统的激励力向量。

图 7.3 为三种激励源、传递路径和响应的关系。从传递路径来看，实际的噪声和振动响应，有可能是激励源为主要影响因素(图 7.3(a))，也有可能是传递路径为主要影响因素(图 7.3(b))，还有可能是激励源和传递路径共同为主要影响因素(图 7.3(c))。因此，在噪声和振动控制中，需要准确定位激励源和传递路径中影响最大的因素，才能达到有效减振降噪的目的。

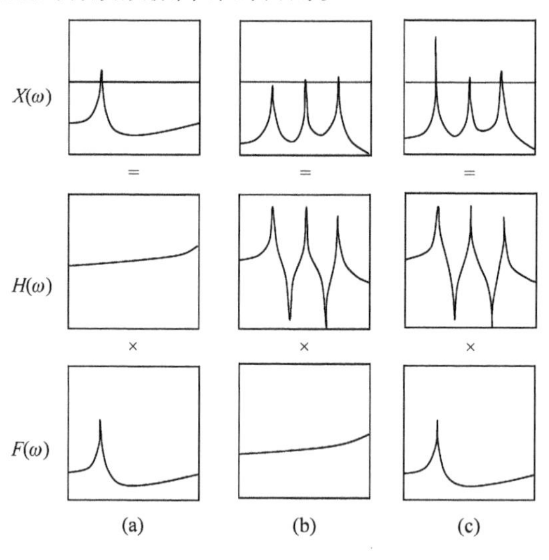

图 7.3　三种激励源、传递路径和响应的关系

7.2　激励源特性

激励源特性包括幅值特性和频率特性两个方面，因此对激励源的分析就是要确定出幅值较大的主要频段。在全封闭滚动转子式制冷压缩机中，由于气缸周期性完成吸气、压缩、排气和余隙膨胀四个过程，主要激励力具有周期性和一定的脉冲性特性。

滚动转子式制冷压缩机激励力的脉冲性与激励力本身的特性有关。一般情况下，随着压缩机转速的升高，各种激励力的频率和幅值提高，结构响应也随之向高频方向推移，噪声增强。

脉冲性激励源，其激励力均含有较宽的频率范围，容易激发起压缩机中各零件的中高频振动。脉冲性非常强的激励力，由于它的力频谱本来已接近一条水平线，所以压缩机转速的提高并不影响其频率组成；而脉冲性较低的激励力引起的噪声频率则随着压缩机转速的提高而升高，强度也迅速增强。

例如，压缩噪声是由气缸内气体压力变化引起的，气缸内的气体压力随压缩腔容积的变化过程表现为示功图。气缸压缩腔内气体压力的上升速率与压力比和压缩机的转速有关，压力比越大，转速越高，压缩过程的脉冲性越强，力频谱中的高频成分越强，辐射出的噪声强度也越大。

从上面的分析可以知道，为了降低压缩机的噪声，从激励力方面来说，不但要降低它的幅值，而且要降低它的脉冲性，使得激励力尽可能地平缓。

压缩机的激励源，除了引起内部力传递机构中的各零部件按各自固有频率和振型进行复杂的瞬时振动外，最终还将导致压缩机壳体和附件表面产生中高频振动，从而诱发辐射出中高频空气噪声。

在第 4～6 章中已经对压缩机中的主要噪声激励源进行过详细分析，在这里将压缩机中各种激励力主要作用频率特性汇总，如表 7.1 所示。

表 7.1　压缩机主要激励力频率特性

主要激励力		频率特性
电磁力(同步电机)	径向、切向电磁力波	主要为电频率的偶数次谐波
	齿槽转矩脉动	定子槽数与转子极数最小公倍数的 n 次运转频率谐波
	永磁、磁阻转矩脉动	对于三相电机，为电频率的 $6n$ 次谐波
	控制器载波	主要为载波频率 1、2 次谐波及其旁带频率
	气隙磁场动、静偏心	动偏心时，新增电磁力频率为原有力波频率±1 倍旋转频率；静偏心时，无新增电磁力频率
	磁致伸缩	2 倍电源频率
气体力	制冷剂气体压缩过程不平衡力与力矩	单缸压缩机为旋转频率 1 倍频及其谐波，主要为 1 倍频；双缸压缩机为旋转频率 2 倍频及 $2n$ 谐波，主要为 2 倍频；三缸双级压缩机双缸和三缸模式下为旋转频率 1 倍频及其谐波，主要为 1 倍频
	吸气压力脉动	3000Hz 以内宽频，主要在 1500Hz 以内
	压缩过程压力脉动	500～6000Hz 宽频，能量主要集中在 3000～5000Hz
	排气压力脉动	4000Hz 以下宽频，能量主要集中在 500～1200Hz 的中高频段
机械力	旋转部件不平衡惯性力与力矩	旋转频率 1 倍频及其谐波，主要为 1 倍频
	排气阀撞击	200～800Hz、1500～5000Hz 宽频
	转子系弯曲振动	150～2000Hz，主要受 1、2 阶弯曲模态影响
	转子系轴向撞击	5kHz 以内宽频，主要集中在 3kHz 以下
	滑片与滚动转子撞击	2～7kHz 宽频
	滑片与滑片槽摩擦撞击	2kHz 以上宽频
	滚动转子与气缸壁摩擦撞击	2～7kHz 宽频
	滚动转子与上下端盖摩擦撞击	主要为 1600～2000Hz 频段

注：电磁力频率特性较为丰富，本表中仅列出了同步电机主要的电磁力特性，更为详细的电磁力特性参见第 4 章内容。

从上述激励源特性分析可知，滚动转子式制冷压缩机的噪声和振动激励源成分复杂，有宽频和单一频率激励源等类型，而且，有一些激励源的频率随着压缩机运转频率的变化而变化。例如，气体动力性及机械摩擦、撞击等激励源从频谱上看是宽频的，而电磁力虽然具有明显的谐波特征，但随着压缩机运转频率的变化，也会使相对固定的电磁力谐波具有宽频作用效果。而宽频的激励力极容易激发结构或声腔模态共振(或共鸣)，引起压缩机异常大的噪声与振动。

7.3　传递路径特性

如 7.1 节中所述，噪声的传递路径有可能是并联或串联的，也有可能是串并联混合的。

电磁激励力一方面通过电机定子的作用引起压缩机壳体振动，另一方面通过电机转子的作用引起气缸体振动，由气缸体与壳体的焊点传递至压缩机壳体；在气体力中，吸气过程的气体压力脉动一部分通过气液分离器腔体的传递引起气液分离器壳体振动，另一部分通过气缸吸气腔的传递引起气缸振动，传递至压缩机壳体；压缩过程中的气体压力脉动直接作用在气缸体、滚动转子和气缸端盖上，再传递至压缩机壳体；排气过程中的气体压力脉动通过排气腔体的传递(放大或衰减)，作用在与制冷剂气体接触的零部件及压缩机壳体上，最终引起壳体振动；运动部件之间的摩擦、撞击及其他周期性作用的机械力，通过气缸体与壳体焊点传递至压缩机壳体，引起壳体振动；压缩机壳体与气液分离器的振动也会相互传递和影响；各种腔体内制冷剂气体压力脉动会引起与之接触的零部件的振动，零部件的振动反过来也会引起腔体内制冷剂气体的压力脉动，这种耦合作用在两者模态频率及振型接近时尤为严重。

根据单自由度系统在简谐激励下的响应特性，传递路径对响应的影响可以分为三个影响频段：刚度控制区、阻尼控制区和惯性控制区。在刚度与惯性控制区，系统的响应特性主要受激励源特性影响；而在阻尼控制区(即共振区)，系统响应特性主要受传递路径特性影响。从这个角度出发，下面主要从声腔和结构模态特性方面介绍压缩机气体和固体传递路径的特性。

7.3.1　气体传递路径特性

在滚动转子式制冷压缩机中，充满制冷剂气体的腔体与结构存在结构模态，也存在固有的声腔模态。如第 5 章所述，声腔模态频率特性只与制冷剂气体的声速及腔体形状尺寸有关。当声速或声腔结构尺寸发生变化时，声腔模态频率也会随之改变。压缩机在吸气、压缩、排气及余隙膨胀过程中均会产生强烈的气体压力脉动。由于气体压力脉动特性为宽频，很容易激发声腔模态而产生声腔共鸣。在滚动转子式制冷压缩机中，最主要的腔体为压缩机壳体腔体和气液分离器腔体，分别容易受排气和吸气压力脉动的激励而发生声腔共鸣。

对于结构简单、形状规则的声腔，可按理论公式进行计算得到模态频率；对于形状复杂的声腔，只能通过数值计算和实验分析的方法得到模态频率，或者做相应简化计算得到近似结果。在 5.5 节和 5.7 节中已经介绍了压缩机壳体腔体与气液分离器腔体的声模态理论计算公式及特性，这里采用数值计算法作进一步的分析和说明。

1. 压缩机壳体腔体的声模态特性

压缩机壳体腔体主要由电机前腔、电机通道及电机后腔等腔体组成。在 5.5 节中，将压缩机壳体腔体的声模态分为流道系统和单腔体声腔共鸣两类，并给出了简化模型的理论计算公式。

图 7.4 为采用数值计算得到的压缩机壳体腔体声模态振型。流道系统 1 阶声腔模态频率主要由电机前、后腔体积与电机流通通道长度和总截面积参数决定，为 150～450Hz 频率范围。结果表明，数值计算与理论公式(式(5.102))计算结果的误差较小。图 7.4(a)为流道系统 1 阶声模态振型。

当流道系统声腔共鸣时，声波按平面波传播，电机前腔和后腔的气体压力脉动有一定的相位差。对于双缸滚动转子式制冷压缩机，如果流道系统的 1 阶声模态频率过低，当压缩机高频运转时容易受排气过程气体压力脉动的激励，在电机前腔和后腔之间形成较大的脉动压力差，导致偏心轮轴发生轴向窜动，产生撞击噪声。

图 7.4(b)为数值计算得到的腔体周向 1 阶声模态振型。由腔体声腔共鸣频率

(a) 排气流道系统1阶声模态振型

(b) 腔体周向1阶(1,0,0)声模态振型

图 7.4　压缩机壳体腔体声模态振型

计算公式(5.126)可知，腔体的声模态频率较为丰富。其中，周向 1 阶(1,0,0)为频率最低的声模态，频率一般在 500～1200Hz 范围内，容易受压缩机排气时气体压力脉动激励产生共鸣，对压缩机中低频噪声有较大的影响。

由于压缩机壳体腔体的结构复杂，腔体共鸣频率按照简化式的计算结果误差较大，所以分析时应以数值计算或实验测试的结果为准。

2. 气液分离器腔体的声模态特性

气液分离器声腔模态除了与制冷剂气体声速、气液分离器筒体高度和内径有关，还与中间隔板结构形式及位置有关。在 5.7 节中，已经介绍了气液分离器声腔模态频率的理论简化计算公式，式(5.131)～式(5.133)都可以看成式(5.126)的简化。

对于没有中间隔板的气液分离器，因为声腔结构相对简单，理论公式计算结果误差相对较小，在实际中可用理论公式作近似计算。但为了增加气液分离器筒体的刚度以及气液分离的能力，部分气液分离器在筒体的中间位置设置中间隔板。由于中间隔板一般为多孔结构，气液分离器的声腔结构复杂，难以用理论计算公式获得满足要求的精度，这种情况下，需采用数值计算方法以及实验分析方法来确定声腔模态。

图 7.5 为气液分离器的轴向 1 阶声模态振型和周向 1 阶声模态振型。由于气液分离器为长筒形结构，其轴向 1 阶(0,0,1)声腔模态频率最低，频率为 400～800Hz；周向 1 阶(1,0,0)声腔模态频率一般为 1000～2000Hz；2000Hz 以上高阶模态为复合模态。

需要注意的是，在某些工况条件下，气液分离器腔体的下部空间储存有液态

(a) 轴向1阶声模态振型

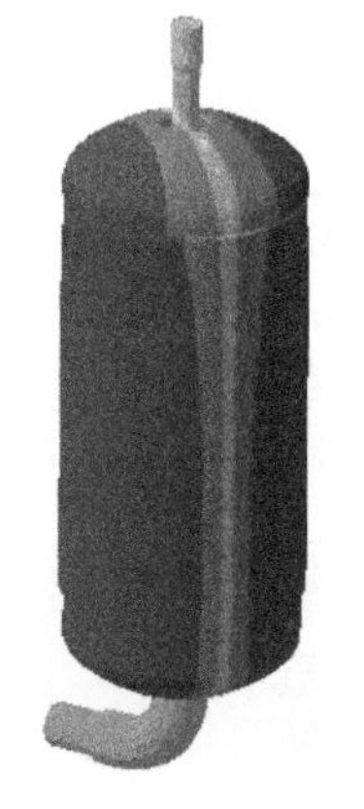

(b) 周向1阶声模态振型

图 7.5　气液分离器腔体声模态振型

制冷剂和润滑油，在压缩机运转过程中，液位高度是变化的。另外，压缩机壳体下部的润滑油油面高度也随工况条件以及压缩机运转频率变化而变化，这将对压缩机和气液分离器腔体的声模态产生影响。由于液态制冷剂、润滑油以及润滑油和液态制冷剂混合物的特性阻抗均远大于制冷剂气体的特性阻抗，所形成的液面可以近似按刚性壁面处理。因此，在压缩机运转过程中，腔体的声腔模态频率随着液面的高低变化而变化。也就是说，腔体气态制冷剂所占空间越大，腔体的声模态频率越低，反之亦然。

7.3.2 固体传递路径特性

图 7.6 为通过锤击法敲击某一型号滚动转子式制冷压缩机的壳体和气液分离器得到的频率响应曲线。

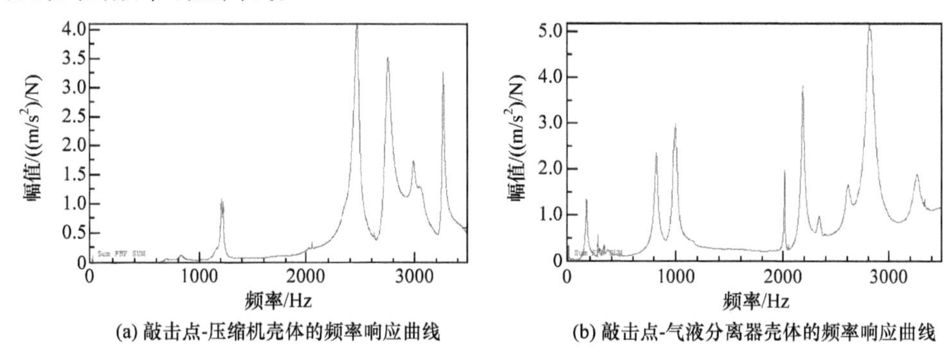

(a) 敲击点-压缩机壳体的频率响应曲线　(b) 敲击点-气液分离器壳体的频率响应曲线

图 7.6 频率响应曲线

结合模态分析可以得到以下结论：在 4～40Hz 频率范围，主要存在 6 阶压缩机整机的刚体模态；在 150～1400Hz 频率范围，主要存在气液分离器的局部刚体模态、气缸转子组件的两阶弯曲模态和轴向平动模态，以及安装支承脚的局部模态；在 1400～2000Hz 频率范围，主要存在压缩机壳体的径向 2 阶模态；在 2000～3500Hz 频率范围，主要存在气液分离器壳体径向 2 阶模态、压缩机壳体径向 3 阶模态、整机一阶弯曲模态及压缩机上盖局部模态。当频率高于 3500Hz 时，模态频率更为密集，压缩机壳体的柔性模态大多分布在这一高频段。

从以上分析可以看出，在 4～40Hz 频率范围，属于刚体模态共振区，主要影响压缩机整机低频振动位移特性；在 40～1400Hz 频率范围，压缩机壳体基本处于刚度控制区，主要影响压缩机中低频振动响应，振动响应主要受各种激励力特性以及零部件局部模态(气缸转子组件、气液分离器及安装支承脚局部模态)特性的影响；在 1400Hz 频率以上，压缩机的中高频振动受压缩机壳体及气液分离器壳体柔性模态的影响。

1. 整机刚体模态

整机刚体模态是指压缩机整机中各零部件间没有相对运动而呈刚体运动振型的模态。刚体模态由压缩机整机质量、转动惯量及隔振器水平与垂直方向动刚度决定。由于压缩机质量相对较大，而橡胶隔振器刚度较低，压缩机整机刚体模态频率较低，一般在 40Hz 以下，压缩机低频运转时容易被激发共振，导致压缩机低频振动大。

图 7.7 为某一型号滚动转子式制冷压缩机 6 阶刚体模态测试结果。从图中可以看出，前两阶沿 x、y 轴跳动模态频率最低，为 4～8Hz；其次为绕 z 轴摇动的模态，为 8～20Hz，该阶模态极易被不平衡力矩激发产生极大的振动；绕 z 轴跳动的模态，由于压缩机重心位置偏置，与绕 y 轴摇动的模态存在一定振型耦合，模态频率为 15～30Hz；另外两阶摇动模态频率为 20～40Hz，影响相对较小。

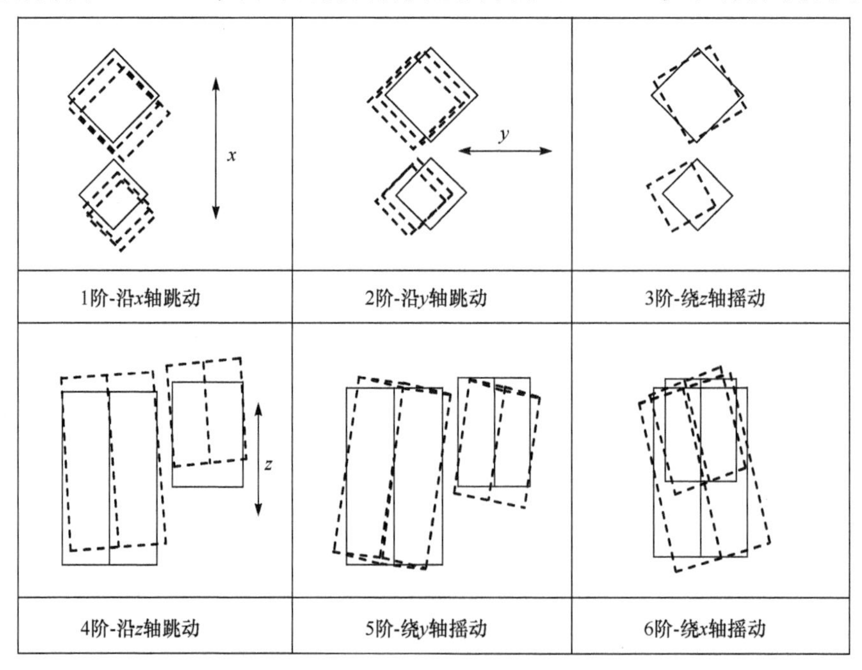

图 7.7　某一型号压缩机 6 阶刚体模态

2. 整机柔性模态

相对于刚体模态，柔性模态是指整机模态振型中各零部件有相对运动的模态。随着分析频率的上升，整机的模态密度不断增加。由于压缩机的中低频噪声难以通过被动降噪措施解决，这里重点讨论对压缩机整机噪声和振动影响较大的中低频结构模态。

在滚动转子式制冷压缩机中，由于不同零部件的结构刚度与质量分布特性不同，整机柔性模态中大部分表现为零部件的局部模态，包括气液分离器、气缸转子组件、安装支承脚等，这些模态具有相对的局部特性，但有可能是导致异常噪声和振动的主要原因。另外，压缩机壳体的径向低阶模态如果受相同阶数、相同频率电磁力激发，也将产生强烈的共振噪声。

1) 压缩机壳体的模态特性

滚动转子式制冷压缩机壳体，一般是厚度为 2～5mm 冷轧钢板卷制焊接而成的圆环形结构。如图 1.5 所示，圆环形壳体的两端分别与两个端盖焊接，通过热套方式将电机定子固定在壳体上部，采用焊接方法将气缸体固定在壳体的下部。由此可见，由两个端盖、电机定子和气缸支承的压缩机圆环形壳体的结构刚度相对较大。压缩机壳体的最低频率柔性模态为径向 2 阶(2,0)模态，一般在 1400Hz 以上；其次是径向 3 阶(3,0)模态，一般在 2500Hz 以上。图 7.8 为压缩机壳体结构模态振型。

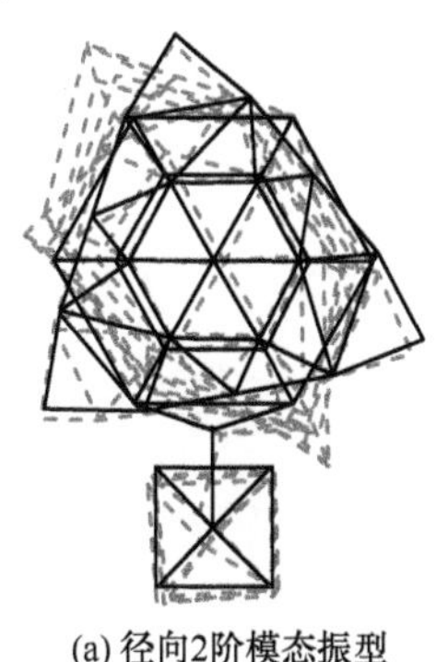

(a) 径向2阶模态振型

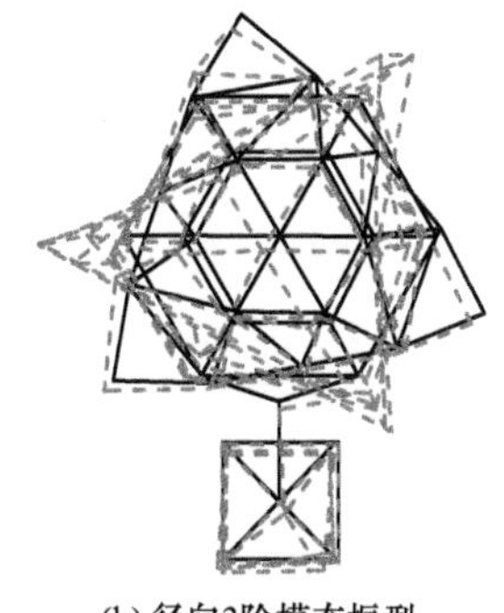

(b) 径向3阶模态振型

图 7.8　压缩机壳体结构模态振型

在 1400Hz 以下频段范围，压缩机壳体表现出较大的刚性，振动响应特性主要受激励力特性、零部件局部模态及声腔模态特性的影响。在压缩机壳体径向模态共振区，主要考虑避免由电机径向力波激发的共振。这是由于电机的径向电磁力波具有空间分布特性，当径向电磁力的空间阶次与壳体径向模态阶次一致，以及电磁力的频率与壳体径向模态频率相近时，将产生模态共振，激发出强烈的噪声和振动响应。

2) 气液分离器局部模态特性

气液分离器是除压缩机壳体之外具有最大辐射面积的附件。除了受气液分离器内部空腔气体压力脉动直接激励之外，还有压缩机的振动通过气液分离器与压缩机壳体之间的连接结构传递过来，激励起气液分离器振动。

如图 5.70 所示，气液分离器与压缩机壳体之间通过吸气管和支架连接。吸气管一般使用厚度为 1mm 左右的铜管，而气液分离器上部与焊接在压缩机壳体上的支架一般有两种连接形式：①气液分离器筒体与支架间垫有一层减振橡胶垫，外部由不锈钢材质的卡箍锁紧；②气液分离器筒体直接焊接在支架上。这两种结构形式在不同的压缩机厂家中均有使用。

由于气液分离器与压缩机壳体之间的连接刚度较低，气液分离器局部存在较密集的结构模态。根据气液分离器部件局部模态特征，可以将气液分离器的模态分为三类:①由连接刚度与气液分离器部件构成的质量弹簧系统的局部刚体模态；②气液分离器结构的柔性模态；③吸气直管段的弯曲模态。

图 7.9 为某型号滚动转子式制冷压缩机气液分离器部件局部刚度模态。

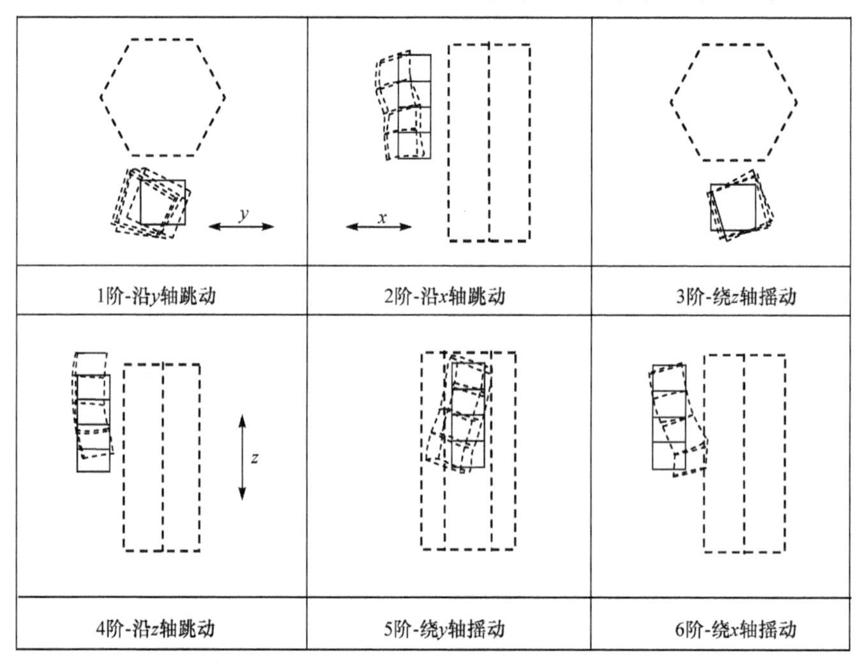

图 7.9　某型号压缩机气液分离器部件局部刚体模态

气液分离器局部刚体模态主要受气液分离器部件质量、转动惯量及吸气管与支架连接刚度的影响，模态频率在 1200Hz 范围内。其中，沿 y 轴跳动模态的频率最低，在 150～400Hz 频率范围，该阶模态容易受不平衡力与力矩激励产生较大的低频振动以及容易通过吸气管路传递引起系统低频噪声问题;第 4～6 阶模态对压缩机中低频噪声也有一定贡献，容易受激发产生噪声峰值。

气液分离器结构的柔性模态主要是指气液分离器筒体在径向与轴向的振型阶次(m,n)。一般情况下,最低阶柔性模态为径向 2 阶(2,0)模态,其模态频率在 2000Hz 以上，主要影响高频噪声。

图 7.10 为气液分离器吸气管结构。在图中，将气液分离器与压缩机气缸体连

接的吸气管分为吸气弯管段和吸气直管段，吸气直管段位于气液分离器内部。吸气直管段一般有如图 7.10(a)、(b)两种结构方式，其中，图 7.10(a)可以看成悬臂梁结构；图 7.10(b)可以看成两端固支的固定梁结构。这两种结构的吸气直管段弯曲模态频率可按式(7.2)近似计算：

$$f_i = \frac{A_i}{2\pi}\sqrt{\frac{EI}{\mu l^4}} \tag{7.2}$$

式中，f_i——吸气直管段第 i 阶弯曲模态频率，单位为 Hz；

E——吸气直管段材料的弹性模量，单位为 Pa；

I——吸气直管段横截面对形心轴的惯性矩，单位为 m^4；

μ——吸气直管段单位长度的质量，单位为 kg/m；

l——吸气直管段长度(具体见图 7.10)，单位为 m；

A_i——吸气直管段第 i 阶弯曲模态频率系数。

其中

$$I = \frac{\pi d^3 t}{8} \tag{7.3}$$

式中，d——吸气直管段外径，单位为 m；

t——吸气直管段壁厚，单位为 m。

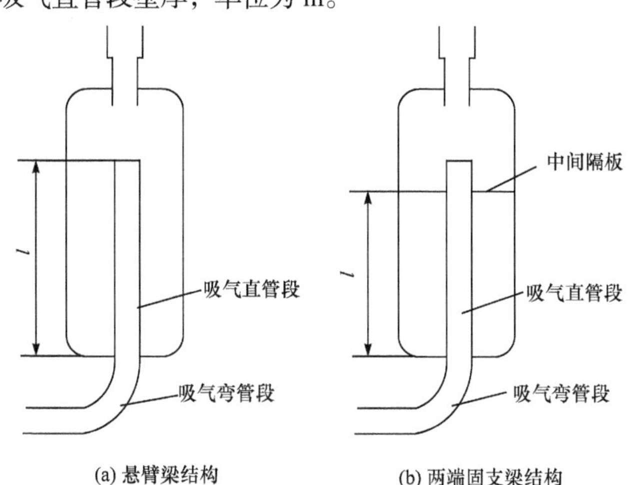

图 7.10　气液分离器吸气管结构

当为悬臂梁结构时，模态频率系数 A_i 前 3 阶取值分别为 3.52、22、61.7；当为两端固支结构时，A_i 前 3 阶取值分别为 22.4、61.7、121。图 7.11 为气液分离器结构模态振型。

需要注意的是，式(7.2)是有一定的前提条件的，即一端或两端完全约束，但由于结构的柔性(尤其对于高阶模态)，实际结果比理论计算结果偏低。对于悬臂结构的吸气直管段，其 1 阶弯曲模态频率在 150～700Hz 范围，该阶模态容易与气液分离器 1 阶摆动模态产生耦合，需注意避免。如使用两端固支的结构形式，该阶模态频率能显著提升。

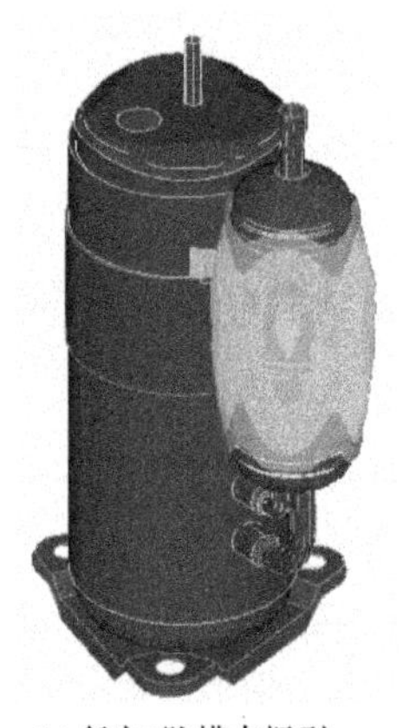

(a) 径向2阶模态振型

(b) 吸气直管1阶弯曲模态振型

图 7.11　气液分离器结构模态振型

3) 气缸转子组件局部模态特性

气缸转子组件由气缸组件和电机转子组件构成。压缩机运转时，在气缸转子组件上同时作用有电磁激励力、气体动力性激励力以及机械激励力。作用于各零部件上的激励力，最终通过与压缩机壳体焊接的焊点和吸气管传递至压缩机壳体，引起壳体的振动，产生噪声。

表 7.2 为某台小输气量单缸滚动转子式制冷压缩机气缸组件主要零件 1 阶自由模态频率的数值计算结果。从表中可以看出，由于气缸组件各零部件结构刚度相对较大，单个零件的模态频率较高。随着输气量的增加，压缩机各个零件的尺寸增大，刚度有一定程度的降低。一般情况下，压缩机的偏心轮轴、气缸上端盖、气缸体和气缸下端盖 1 阶模态频率分别在 1500Hz、2000Hz、3000Hz、5000Hz 以上。

表 7.2　某型号压缩机气缸组件主要零件 1 阶自由模态频率的数值计算结果

零件名	偏心轮轴	气缸上端盖	气缸体	气缸下端盖
模态频率	3170Hz	3318Hz	5827Hz	9273Hz
模态振型				

尽管气缸各个零件的模态频率较高，但装配后，由于刚度和质量的重新分布，会出现多阶模态频率相对较低的整体模态，尤其是前 2 阶弯曲模态。其中，1 阶弯曲模态频率一般在 150～600Hz 范围，2 阶弯曲模态频率一般在 800～2000Hz 范围，这两阶模态对压缩机中低频噪声影响较大。在 6.3.3 节中已经介绍过 1 阶弯曲模态的影响因素及改善措施，在此不再赘述。图 7.12 为气缸转子组件模态振型。

(a) 1阶弯曲模态振型

(b) 2阶弯曲模态振型

图 7.12　气缸转子组件模态振型

从图 7.12 中可以看出，气缸转子组件的 1 阶弯曲模态主要受偏心轮轴刚度、主轴承支承刚度及转子组件质量影响；而 2 阶弯曲模态除上述影响因素外还受气缸与壳体焊点连接刚度的影响。图 7.13 为同一机型使用不同气缸焊点数(3 点焊、6 点焊)时，去除壳体上盖后，力锤激励偏心轮轴末端测得壳体焊点部位响应的频

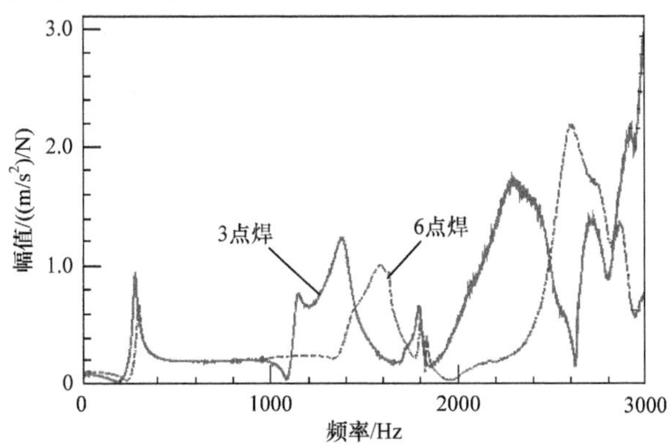

图 7.13　偏心轮轴末端到壳体焊点部位的频率响应曲线

率响应曲线。通过对比可以看出，不同的焊接方式对 1 阶弯曲模态基本没有影响，而对高阶模态影响较大，增加连接刚度可以提高模态频率。另外，还可以通过增加气缸与壳体之间的连接阻尼降低共振区的响应。

除了气缸转子组件的弯曲模态外，轴向的一阶模态同样对压缩机振动噪声有重要影响，尤其是当存在异常的轴向窜动时。转子系(包括偏心轮轴和转子组件)与气缸组件的上、下端盖在轴向是存在间隙的，处在不同的润滑接触状态对转子系轴向的支承刚度是不同的，这也就意味着转子系的轴向模态是随运转状态而变化的，但其最大模态频率可以按转子系与上或下端盖完全固接在一起来考虑，该阶模态频率一般在 1500Hz 以下。

4) 安装支承脚局部模态

目前，滚动转子式制冷压缩机的安装支承脚结构有两种类型：一种为整体冲压式支承脚，焊接在壳体下盖上；另一种为 L 形支承脚，使用电阻焊焊接在壳体下部，如图 7.14 所示。

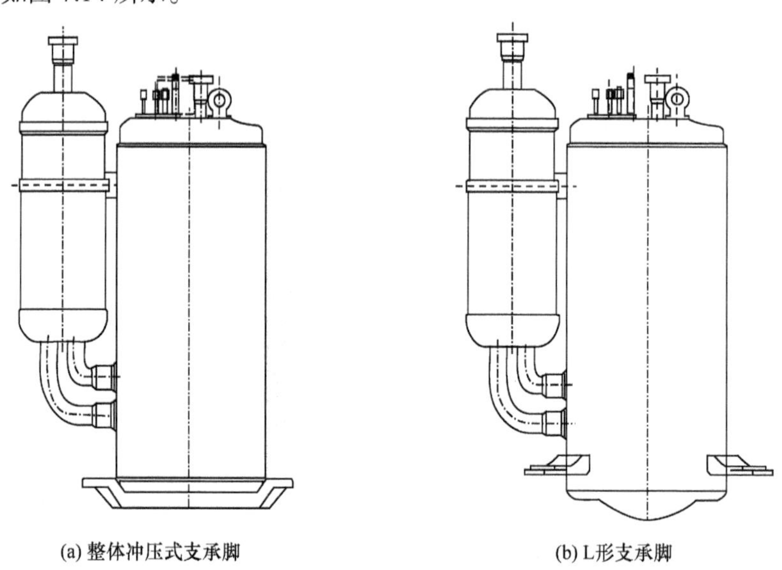

(a) 整体冲压式支承脚　　(b) L形支承脚

图 7.14　压缩机安装支承脚结构形式

激励力通过激发压缩机壳体下盖或壳体振动，再传递至安装支承脚上，引起安装支承脚振动，并辐射噪声。虽然安装支承脚的结构表面面积不大，但如果被激发共振也会产生一定能量的噪声与振动，尤其是其振动容易通过橡胶隔振器传递至安装基础引起异常噪声。

整体冲压式支承脚结构刚度相对较低，在 2000Hz 以内存在多阶局部模态，其第 1 阶模态频率一般在 500～800Hz 范围；而 L 形支承脚结构刚度相对较大，2000Hz 以内局部模态数相对较少，其 1 阶模态频率一般在 1000Hz 以上。

图 7.15 为两种支承脚结构的压缩机安装支承脚上的频率响应曲线。从图中可以看出，在 2000Hz 以内，整体冲压式支承脚存在 4 阶模态，而 L 形支承脚只有 1 阶模态，因此 L 形支承脚更利于降低噪声和振动。

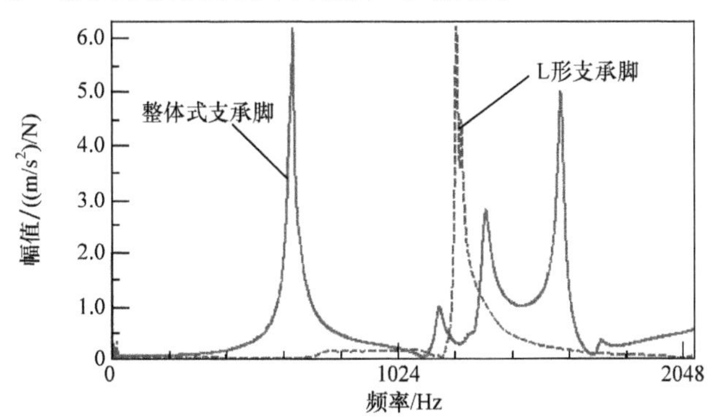

图 7.15　两种安装支承脚频率响应曲线对比

7.4　压缩机壳体及附件表面的噪声辐射

7.4.1　压缩机壳体表面的噪声辐射

1. 辐射声功率与表面振动的关系

滚动转子式制冷压缩机壳体表面辐射噪声的声功率与表面振动功率之间有如下关系：

$$W_{\text{rad}} = \sigma_{\text{rad}} W_{\text{v}} \tag{7.4}$$

式中，W_{rad}——表面辐射声功率，单位为 W；

W_{v}——表面振动功率，单位为 W；

σ_{rad}——声辐射效率。

表面振动功率可计算如下：

$$W_{\text{v}} = \rho_0 c_0 S \overline{v}_{\text{rms}}^2 \tag{7.5}$$

式中，$\rho_0 c_0$——空气的特性阻抗，单位为 $\text{N} \cdot \text{s/m}^3$；

S——振动表面面积，单位为 m^2；

$\overline{v}_{\text{rms}}^2$——质点振动速度均方根值的空间平均值，单位为 m^2/s^2。

因此

$$W_{\text{rad}} = \sigma_{\text{rad}} \rho_0 c_0 S \overline{v}_{\text{rms}}^2 \tag{7.6}$$

2. 声辐射效率计算方法

声辐射效率 σ_{rad} 的数值可由计算得到，也可以由实验测定。

1) 计算法

对于任意结构，其振动的声辐射效率定义为

$$\sigma_{\text{rad}} = W_{\text{rad}} / W_{\text{r}} \tag{7.7}$$

式中，W_{r}——参考声功率，单位为 W。

参考声功率的物理意义可理解为与结构具有相同表面积和相同均方根振动速度的空气层在单位时间内的平均振动能。

设结构表面上任一点 X 的瞬时振动速度为 $v_{\text{s}}(X,t)$，则参考声功率 W_{r} 可表示为

$$W_{\text{r}} = \frac{\rho_0 c_0}{T} \int_0^T \iint_S v_{\text{s}}^2(X,t) \mathrm{d}S\mathrm{d}t \tag{7.8}$$

式中，T——评价时间，单位为 s。

设 $\langle \overline{v}^2 \rangle$ 为振动表面 S 上的时间和空间平均均方振动速度，即

$$\langle \overline{v}^2 \rangle = \frac{1}{TS} \int_0^T \iint_S v_{\text{s}}^2(X,t) \mathrm{d}S\mathrm{d}t \tag{7.9}$$

则结构辐射的声功率为

$$W_{\text{rad}} = \rho_0 c_0 S \sigma_{\text{rad}} \langle \overline{v}^2 \rangle \tag{7.10}$$

对于特定结构，其辐射效率由式(7.11)确定：

$$\sigma_{\text{rad}} = \frac{W_{\text{rad}}}{\rho_0 c_0 S \langle \overline{v}^2 \rangle} \tag{7.11}$$

由式(7.11)直接分析辐射效率的影响因素是困难的，为此进行频域上的讨论。设声功率 W_{rad} 在频域上的谱密度为 $w_{\text{rad}}(\omega)$，并记振速 $v_{\text{s}}(x,t)$ 的自功率谱为 $G_{\text{u}}(X,\omega)$，于是将式(7.10)转换到频域上表示，有

$$w_{\text{rad}}(\omega) = \rho_0 c_0 S \sigma_{\text{rad}}(\omega) \langle G_{\text{u}}(\omega) \rangle \tag{7.12}$$

式中，$\langle G_{\text{u}}(\omega) \rangle$——振动速度自功率谱 $G_{\text{u}}(X,\omega)$ 在振动表面 S 上的平均值：

$$\langle G_{\text{u}}(\omega) \rangle = \frac{1}{S} \iint_S G_{\text{u}}(X,\omega) \mathrm{d}S(X) \tag{7.13}$$

显然，$\langle G_{\text{u}}(\omega) \rangle$ 仅反映了表面振动速度幅值的信息，而各点振速相位关系对声功率 $w_{\text{rad}}(\omega)$ 的影响就只能通过辐射效率 $\sigma_{\text{rad}}(\omega)$ 来反映。

定义振动表面上点辐射阻抗为

$$Z(X,\omega) = \frac{P(X,\omega)}{U(X,\omega)} = \rho_0 c_0 [\alpha(X,\omega) + \mathrm{j}\beta(X,\omega)] \tag{7.14}$$

式中，$P(X,\omega)$——振动表面近场声压的傅里叶变换；

$U(X,\omega)$——振动表面振速的傅里叶变换；

$\alpha(X,\omega)$——点辐射阻系数；

$\beta(X,\omega)$——点辐射抗系数。

可以证明，点辐射阻抗的虚部所吸收的功率为无功功率，反映了声场与振动表面之间的能量交换；其实部所吸收的功率为有功功率，即表面声强，记作 $I(X,\omega)$，则

$$I(X,\omega)=\rho_0 c_0 S\alpha(X,\omega)G_{\mathrm{u}}(X,\omega) \tag{7.15}$$

结合式(7.10)、式(7.11)和式(7.13)可得

$$\sigma_{\mathrm{rad}}(\omega)=\frac{w_{\mathrm{rad}}(\omega)}{\rho_0 c_0 S\langle G_{\mathrm{u}}(\omega)\rangle}=\frac{\iint\limits_S \alpha(X,\omega)G_{\mathrm{u}}(X,\omega)\mathrm{d}S(X)}{\iint\limits_S G_{\mathrm{u}}(X,\omega)\mathrm{d}S(X)} \tag{7.16}$$

式(7.16)表明辐射效率为振动表面各点辐射阻系数 $\alpha(X,\omega)$ 关于振动速度自功率谱的加权平均值，由此可见辐射效率 $\sigma_{\mathrm{rad}}(\omega)$ 与各点振动相位之间存在着非常复杂的关系。在实际结构中，结构表面振动速度幅值和相位的影响因素是相当复杂的，除结构自身因素之外，主要还受外部激励的影响，如果外激励改变，各点振速的幅值和相位都随之改变，结果必将导致辐射效率 $\sigma_{\mathrm{rad}}(\omega)$ 的改变。因此，$\sigma_{\mathrm{rad}}(\omega)$ 实际上代表了包含激励因素在内的整个给定振动系统的辐射特性。

2) 实验法

压缩机壳体表面辐射声功率 W_{rad} 可以通过声强测量来确定：

$$W_{\mathrm{rad}}=\overline{I}S_{\mathrm{s}}=\frac{\overline{p}^2}{\rho_0 c_0}S_{\mathrm{s}} \tag{7.17}$$

式中，S_{s}——测量面积，单位为 m^2；

$\overline{I}$——测量面 S_{s} 上的平均声强，单位为 $\mathrm{W/m}^2$；

$\overline{p}^2$——测量面 S_{s} 上的声压均方值的空间平均值，单位为 Pa^2。

联立求解式(7.6)和式(7.17)得

$$\overline{p}^2=\sigma_{\mathrm{rad}}(\rho_0 c_0)^2\frac{S}{S_{\mathrm{s}}}\overline{v}_{\mathrm{rms}}^2 \tag{7.18}$$

测量面上的平均声压级为

$$L_p=10\lg\frac{\overline{p}^2}{\overline{p}_0^2}=10\lg\sigma_{\mathrm{rad}}+20\lg\frac{\rho_0 c_0}{p_0}+10\lg\frac{S}{S_{\mathrm{s}}}+10\lg\overline{v}_{\mathrm{rms}}^2 \tag{7.19}$$

将常温、常压下空气的特性阻抗和基准声压的数值代入式(7.19)，可以得到

$$L_p=10\lg\sigma_{\mathrm{rad}}+10\lg\frac{S}{S_{\mathrm{s}}}+10\lg\overline{v}_{\mathrm{rms}}^2+146 \tag{7.20}$$

在压缩机壳体表面近距离布置若干个传声器可以测量出平均声压 $\overline{p}$，布置多

个加速度传感器可以测量出均方速度$\overline{v}_{\text{rms}}^2$。可由式(7.20)计算出$\sigma_{\text{rad}}$。

7.4.2 压缩机附件表面的噪声辐射

压缩机附件主要指气液分离器、双级压缩机的缓冲器，附件表面声辐射的分析方法与压缩机壳体表面声辐射的分析方法相同。

引起附件表面振动主要有三个方面的因素：气液分离器和缓冲器内部的气体动力性激励；压缩机壳体的振动传递至附件；制冷剂管道的振动传递至气液分离器、缓冲器。

由于压缩机附件为薄板壳结构，其厚度与刚度远小于压缩机壳体，固有频率相对较低，与激励力的频率范围更接近，产生机械共振的概率更高。在某些情况下，气液分离器和缓冲器表面有可能辐射出很强的噪声。

特别是当压缩机本体结构振动或气体动力性激励的频率与附件的固有频率相吻合时，将导致附件表面的强烈振动。虽然这一振动为局部振动，但由于这些附件为板壳结构，辐射的空气噪声很大。在实际中，经常遇到压缩机附件辐射出强声级的噪声，有时某些频率的噪声甚至远超过压缩机本体辐射的噪声。

7.5 辐射噪声的控制方法

如前所述，压缩机表面的辐射噪声与激励源、传递路径以及振动响应有关，因此在降低压缩机及附件表面辐射噪声时应清楚主要的影响因素，才能起到事半功倍的效果。

根据机械振动的原理，当在系统的刚度控制区时，系统的振动响应由激励力幅值与系统刚度决定，激励力越小，刚度越大，响应越小；当在系统的惯性控制区时，系统的振动响应由激励力幅值与系统质量决定，激励力越小，质量越大，响应越小；当在系统的阻尼控制区时，系统的振动响应由激励力幅值与系统阻尼决定，激励力越小，阻尼越大，响应越小。

7.5.1 降低激励力

激励力是压缩机壳体及附件表面辐射噪声的根源，因此降低激励力就能降低表面辐射噪声。有关降低激励力的方法已在第 4～6 章讨论过，在这里不再赘述。

7.5.2 优化传递路径

当系统处于刚度与惯性控制区时，通过增加系统的刚度与质量可以降低系统的响应。但在这两个控制区频段，系统的响应特性主要由激励力特性决定，通过降低激励力效果将更明显。

当系统处于阻尼控制区，即共振区时，系统的阻尼特性对响应起主要影响。但由于压缩机的结构阻尼主要由结构材料内阻尼及不同零部件间的连接、接触阻尼组成，通常，各阶柔性模态的模态阻尼均处于较低水平(模态阻尼比一般在 2%以内)，难以采取措施得到有效提高。因此，比较有效的方法是通过优化结构刚度及质量分布或声腔形状及尺寸尽量避免结构或声腔模态被能量大的激励力激发共振或共鸣。也就是，结构或声腔模态的模态频率需要避开主要的激励力频率，或者使激励力的作用位置处于模态的振型节点位置。

例 7.1　某一台单缸滚动转子式制冷压缩机，在 1/3 倍频程频谱上 400Hz 和 500Hz 频段的噪声值远高于附近频段。经过实验和数值分析确认，噪声主要由于气液分离器结构 3 阶轴向刚体模态与内腔体 2 阶声腔模态耦合导致。图 7.16 为气液分离器结构和内腔体声腔模态振型。

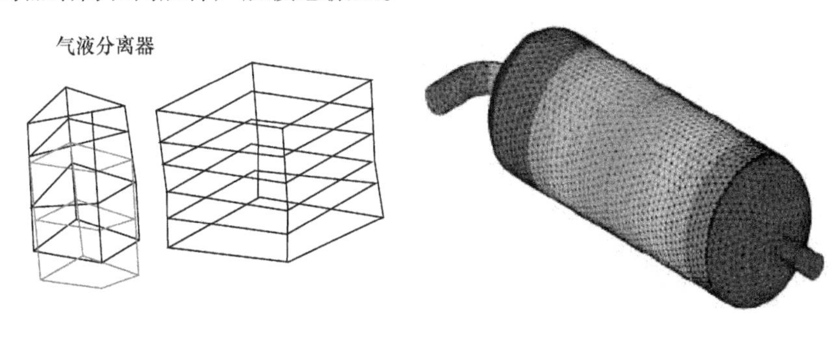

(a) 结构轴向平动模态　　(b) 内腔体声腔模态

图 7.16　气液分离器结构及内腔体声腔模态振型

通过在气液分离器内增加隔板的方法改变声腔模态和采用气液分离器与支架焊接的方法改变结构模态，使两个模态解耦。这两种方法均能取得较好的降噪效果，改进前后的结果分别如图 7.17 和图 7.18 所示。

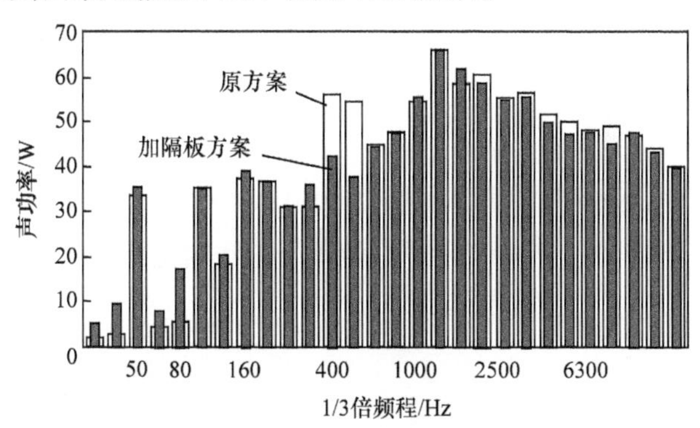

图 7.17　气液分离器内增加隔板前后噪声频谱对比

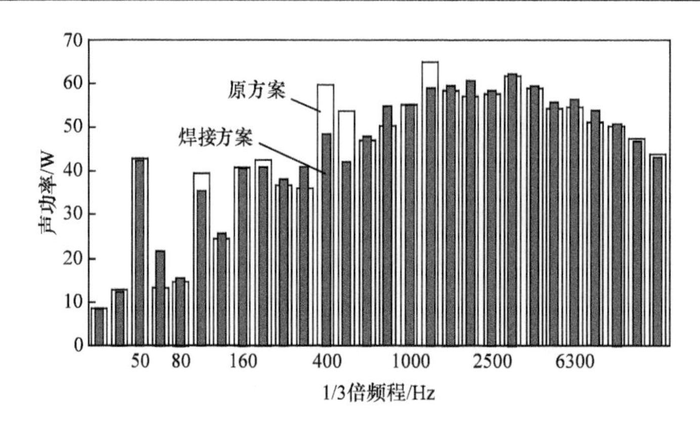

图 7.18　气液分离器与压缩机壳体焊接前后噪声频谱对比

例 7.2　某一台变频双缸滚动转子式制冷压缩机，气液分离器在某些运转频率下存在强烈的共振，切向振动响应非常大。仿真与实验模态分析表明，压缩机气液分离器在 206Hz 附近存在切向摆动刚体模态。图 7.19 为仿真和实验模态分析结果。可以确定该阶气液分离器模态分别被 6 倍运转频率电磁力、压缩阻力矩 2 次及 1 次谐波在压缩机低频、中频及高频运转时激发。

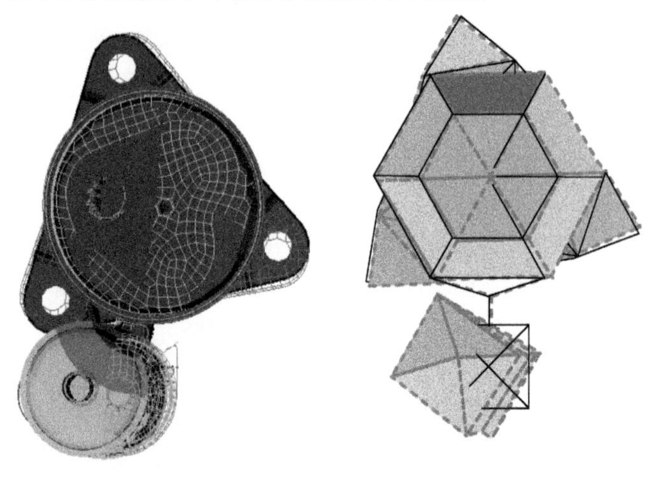

(a) 数值计算结果(207Hz)　　(b) 实验结果(206Hz)

图 7.19　气液分离器结构切向摆动刚体模态实验与数值计算结果

通过对气液分离器支架优化，提高气液分离器的支承刚度，该阶模态频率得以提高，避免了共振，测试结果如图 7.20 所示。

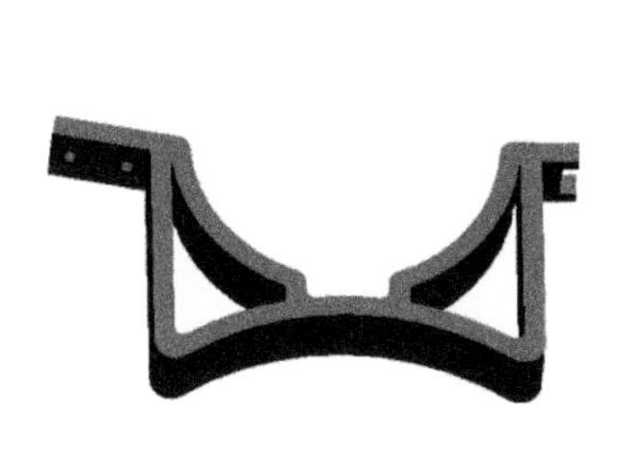

(a) 气液分离器支架优化结构

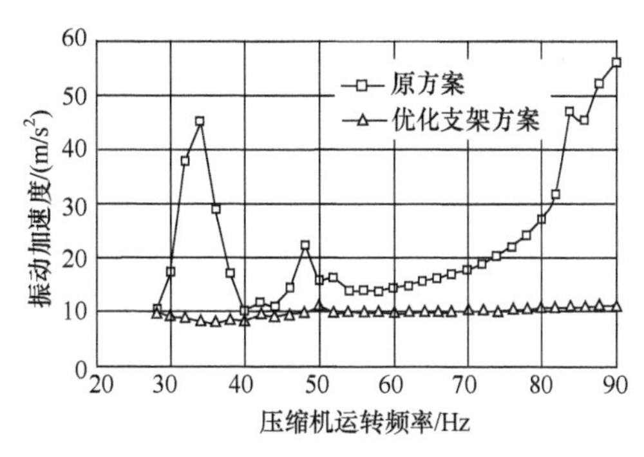

(b) 振动加速度峰值对比(600Hz以内)

图 7.20　气液分离器支架结构改进优化与减振效果

7.5.3　降低结构辐射效率

从 7.4 节可以知道，声辐射效率表征的是系统在激励力作用下的噪声辐射能力，不仅与振动弹性物体固有的物理性能有关，而且与激励力以及辐射的声环境有关。

压缩机壳体和气液分离器是压缩机噪声的主要辐射表面，都为圆柱形壳体。相关文献研究结果表明，圆柱形壳体在中低频段的声辐射效率小于 1，声辐射效率随频率升高而增加，并且圆柱形壳体的长度越大、外径越小、厚度越小，则声辐射效率越低；在高频时，声辐射效率基本为 1，即振动能全部转换成声能辐射出去。

在压缩机设计时，可以根据圆柱形壳体噪声辐射的特性对结构做适当的调整。

7.5.4　阻尼、吸声与隔声

上述介绍的表面辐射噪声的控制方法主要为主动控制法，需要改变压缩机的结构或生产工艺。当这些措施实施代价较高或者难以实现时，还可以采用以下方法降低压缩机的噪声辐射：①在压缩机表面贴阻尼材料来吸收能量，降低振动幅值；②使用吸声和隔声材料来包裹压缩机，衰减压缩机表面辐射噪声在空气中的传播。

通常，在压缩机上使用的阻尼材料主要成分为丁基橡胶、软化剂+其他助剂、无机填料(碳酸钙、滑石粉等)+炭黑，其阻尼系数随温度的升高而降低。因此，一般将阻尼材料贴附在气液分离器表面，用来降低气液分离器的辐射噪声。

将吸声和隔声材料组合成复合结构是目前降低压缩机噪声辐射常用的方法。图 7.21 为两种常用的复合材料的结构形式，使用时将吸声材料一侧面向压缩机壳体和附件将其包裹起来。

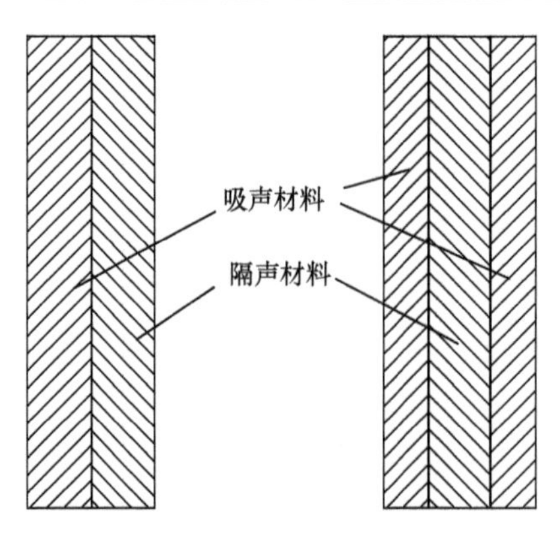

图 7.21　两种类型复合材料的结构剖面

图 7.22 为某型号滚动转子式制冷压缩机在包裹复合材料前后的噪声频谱对比。从图中可以看出，复合材料只对 800Hz 以上中高频噪声才有比较好的降噪效果，这是由声波传播、吸声材料和隔声材料的特性决定的。吸声和隔声性能良好的复合材料，可以大幅度降低噪声，一般情况下，压缩机采用复合材料包裹后，总辐射噪声的声功率可以降低 10dB 左右，因此这是一种降低压缩机中高频辐射噪声的有效方法。

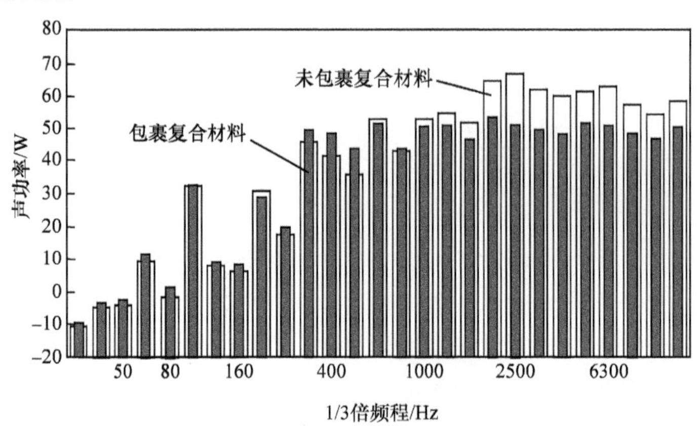

图 7.22　某型号滚动转子式制冷压缩机包裹复合材料前后噪声频谱对比

第 8 章　压缩机的振动与控制

在前面几章中，已经介绍了电磁激励力、气体激励力、机械激励力对噪声和振动的影响，但没有涉及压缩机整机振动等方面的内容。

本章将介绍以下内容①介绍引起压缩机振动的原因、振动的类型以及振动参量和振动烈度；②对气体压缩过程中压缩机各运动零部件进行受力分析，并列出零部件运动方程和整机振动方程；③讨论压缩机转子系旋转速度波动的原因及控制方法；④介绍通过电机转矩控制抑制整机振动的方法；⑤介绍降低压缩机振动传递的隔振方法。

8.1　压缩机振动的原因及类型

8.1.1　引起压缩机振动的原因

全封闭滚动转子式制冷压缩机是由电机驱动、带有偏心机构、压缩制冷剂气体的旋转机械。在压缩机运转过程中，受电磁力、气体力、不平衡惯性力、摩擦力和撞击力等激励源的作用，将引起压缩机的振动。

归纳起来，引起滚动转子式制冷压缩机振动的主要激励源有以下几类：

1) 气体压缩过程的载荷波动

在压缩过程中，气缸内制冷剂气体的压力周期性变化，导致阻力矩(负载转矩)也周期性变化，而驱动电机的输出转矩(驱动转矩)相比之下变化很小。因此，瞬间阻力矩与瞬间电机驱动力矩大小不相等，存在转矩差，转矩差作为激励力矩引起压缩机圆周方向的振动。

2) 气体压缩过程的径向力波动

在压缩过程中，由于气缸内制冷剂气体的压力周期性变化，作用于滚动转子上的径向气体力大小和方向也周期性变化，使偏心轮轴产生径向振动。同时，气缸内周期性的气体压力变化也引起气缸体周期性振动形变。

3) 气体压力脉动

制冷剂气体压力脉动导致的振动由两个方面的原因引起，即周期性吸、排气过程产生的气体压力脉动和压缩过程中产生的气体压力脉动。

气体压力脉动将产生两方面的影响：一方面，导致压缩机壳体内腔体的气体共鸣，产生更大的气体压力脉动；另一方面，气体压力脉动将激励起压缩机零部件和整机的振动。特别是当气体压力脉动的激励频率与某些零部件或壳体的固有频率一致或接近时，产生共振，进一步放大压缩机的振动。

4) 周期性的吸、排气

吸、排气过程的周期性和间断性，除了产生气体压力脉动引起振动外，还会对周围的零部件产生冲击作用，引起这些零部件的振动。

5) 转子系的不平衡惯性力

滚动转子式制冷压缩机的转子系由偏心轮轴、滚动转子、电机转子等组成。在转子系的配平没有完全消除不平衡惯性力时，旋转过程中的离心惯性力将导致转子系振动。随着旋转速度的增加，振动的幅值逐渐变大，其振动通过轴承传递引起其他零部件振动，并导致整机振动。

6) 转子系的轴向窜动

在压缩机排气过程中，由于电机前后腔的气体压力脉动存在相位差和幅值差，导致转子系轴向窜动，并撞击止推轴承，从而引起压缩机的轴向振动。

7) 电机不平衡径向电磁力

电机不平衡径向电磁力(包括变频驱动中 PWM 控制产生的电流谐波)导致电机定子形变、电机转子振动，从而引起压缩机零部件和整机的振动。特别是当不平衡径向电磁力的激励频率与转子系的固有频率一致或接近时，将导致转子系的弯曲振动，并引起压缩机整机振动。

8) 电机转矩脉动

除了不平衡径向电磁力外，电机转矩脉动也是导致压缩机振动的重要因素。特别是采用内置式永磁同步电机和永磁辅助同步磁阻电机为驱动电机时，齿槽转矩、电磁转矩脉动和磁阻转矩脉动是压缩机振动的主要激励源之一。

9) 内部其他零部件的运动

排气阀片开启关闭的撞击、滑片往复运动惯性力以及零部件之间的摩擦力和撞击力等，也会激励起零部件的振动。

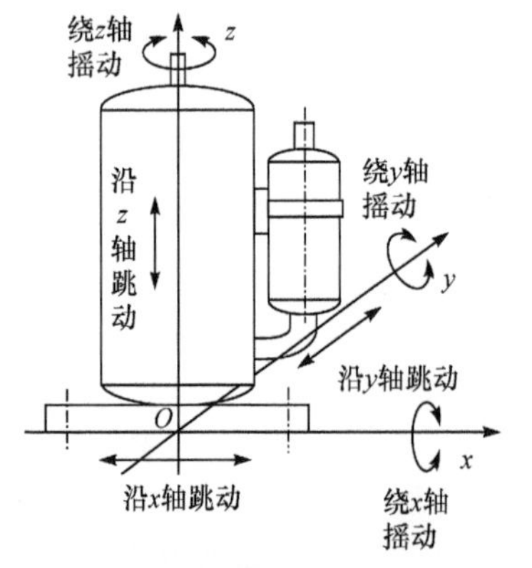

图 8.1　压缩机整机的刚性振动模型

8.1.2　压缩机振动的类型

滚动转子式制冷压缩机的振动可以分为整机振动、结构振动和转子系振动等类型。

1. 整机振动

整机振动是指整个压缩机沿 x、y、z 轴三个方向的跳动以及压缩机绕 x、y、z 轴三个方向的摇动，为六个自由度的刚体运动，故又称为整机刚性振动。图 8.1 为压缩机整机的刚性振动模型，其中，z 轴为压缩机偏心轮轴的轴心线方向。

引起压缩机整机振动的激励源有很多，压缩机中所有的激励力都会引起压缩机整机振动，但影响的程度不同。在这六个自由度的振动中，绕压缩机 z 轴的摇动为主要振动，引起 z 轴摇动的激励源主要为负载转矩与电机驱动转矩之差(在本书中称为残差转矩)、转子系旋转不平衡惯性力、不平衡电磁力以及电机转矩脉动等。

整机振动强度是压缩机总体振动品质的反映，它包含了有关压缩机设计、性能、制造水平、变频控制技术、隔振设计水平高低等丰富的信息，是一项综合性的指标。

压缩机整机振动还将引起压缩机配管、安装基础以及机组其他结构或零部件的振动，并产生二次噪声。整机振动严重时还有可能出现配管断裂，导致制冷系统失效等故障。

2. 结构振动

结构振动泛指压缩机的结构零部件(如气缸体、气缸盖、阀片、滑片、偏心轮轴、电机等)在电磁力、气体力、摩擦力、冲击力和惯性力等作用下所激励起的多种形式的弹性振动，它们是引起压缩机机械噪声的主要原因。特别是当激励力的频率与结构零部件的某一固有频率接近或一致时，将致使压缩机的结构共振，产生较大的噪声。

3. 转子系振动

转子系振动是指滚动转子式制冷压缩机转子系(含偏心轮轴、电机转子和滚动转子)的振动，包括圆周方向的振动和弯曲振动。其中，圆周方向振动的激励源主要为残差转矩和电机转矩脉动等；弯曲振动的激励源则主要为不平衡的电机径向电磁力、不平衡的旋转惯性力、气体压缩过程中交变的气体力等。

在转子系中，圆周方向的振动为主要的振动，它是压缩机整机振动最主要的激振成分。一般情况下，弯曲振动相对于圆周方向的振动要小，但如果转子系的动平衡不良，或电机气隙不均匀，那么转子系的弯曲振动也有可能达到较高的幅值，特别是当激励力的频率与转子系的固有频率相等或接近时，产生的弯曲振动也有可能成为压缩机整机振动的主要激励源，并产生较大峰值的噪声。

8.1.3　控制压缩机振动的主要方法

振动控制的任务是通过采取一定措施使受控对象的振动水平满足设计要求。在滚动转子式制冷压缩机中，振动的控制方法大致可以分为以下几种。

1. 减小振动源的激励

减小振动源的激励是降低压缩机振动最基本的方法，也是最重要、最有效的方法。它涉及压缩机设计、制造及使用的全过程。例如，改善旋转零部件的机械平衡性能，减小不平衡电磁力和气体力，提高零部件的加工、装配精度，以防止产生新的激振源等。振动的激励力减小，振动响应自然也会减小。

滚动转子式制冷压缩机的激振源大多数是宽频带的，但也包含许多频率峰值成分，因此特别要注意削弱激励力中那些有重要影响的频率成分。例如，要重点关注对人耳最敏感噪声频段的激振源和对振动影响最大的激励源，降低这些频段的激励强度，才能取得良好的降振效果。

2. 减小振动的结构响应

减小振动的结构响应，最主要的是要避免出现激振频率与系统固有频率接近或者一致的情况。一般来说，可通过改变结构或零部件的动力学参数(如质量与转动惯量的大小及分布、刚度与阻尼特性等)来调整系统的固有频率，避免共振以及减小振动响应。

3. 采用隔振器降低整机振动传递

要完全消除压缩机的振动是不可能的，采取上述措施也只能将振动控制在一定范围内。采用隔振器不但可以减小振动的能量向周围传递，而且可以减小压缩机振动对基础及周围环境的不良影响，防止二次噪声的产生。

4. 振动的主动控制

主动控制又称有源控制，它利用外界供给的能量作为控制振动和抵消其影响的手段。振动的主动控制技术是振动理论和控制理论相结合的一种振动控制技术。

在滚动转子式制冷压缩机中，低频运转采取的转矩补偿控制方法就是振动的主动控制，它是压缩机实现低频运转的重要手段。

8.1.4　振动参量及振动烈度

1. 物理度量参数

如第 3 章所述，描述振动现象有位移、速度、加速度和频率等物理量参数。采用何种物理量参数来表示振动的状态和评价振动的影响，是研究振动必须首先考虑的问题。

从测量的角度考虑，低频振动测量位移、中频振动测量速度、高频振动测量加速度较为合适。这是由于在一般情况下，低频振动幅值较大，高频振动的幅值较小。

位移(即振动的幅值)本身是一个绝对指标，它主要用于相同频率下比较。但位移有时可以直接反映物体的变形，它可以用于研究零件的强度、结构刚度、弹性组件的恢复力等，也可以用于研究压缩机轴承间隙、偏心轮轴轴心轨迹、位移等。

速度包含位移和频率两个参量，是二者的乘积，速度与频率成正比。因此，速度与位移或加速度不同，其可以等同地反映低频、中频和高频的谐波成分。另外，由于振动能量与速度的平方成正比，几何形状相似的同类型压缩机，振动速度相同时产生的应力也相同，因此可以采用振动速度作为评定机械和结构振动程度的度量参数。

加速度与频率的平方成正比，它对高频振动比较敏感。同时，加速度与作用力或惯性载荷成正比，因此加速度适合研究冲击等问题。

频率是噪声和振动研究中一个十分重要的参数，不同频率的振动所产生的影响不同，它是详细分析或表征复杂振动现象的重要依据，频谱分布状态分析是噪声和振动研究中不可或缺的组成部分。

对于滚动转子式制冷压缩机的整机振动，通常频率测量范围为 10～1000Hz，对于压缩机结构振动及共振的研究，频率测量范围可达到 2000Hz 以上，结构振动高频分量对噪声的传递有着重要的影响。

对于简谐振动，用峰值(即最大值)描述即可，峰值、平均值、有效值(均方根值)之间有固定的比例关系。对于复杂振动多用均方根值描述，这是因为峰值只能说明瞬间的情况，而均方根值兼顾了振动的整个时间历程。同时，振动速度的均方根值还可以直接反映系统动量的大小。

除了上述物理参数外，在振动测量分析中，常用对数单位、分贝等来描述振动的大小，称为振动(量)级。常用的有速度级和加速度级。它们的定义如下。

振动速度级为

$$L_v = 20\lg\left(\frac{v}{v_0}\right) \tag{8.1}$$

式中，L_v——振动速度级，单位为 dB；

v——振动速度，单位为 m/s；

v_0——振动速度基准值，$v_0 = 10^{-9}$ m/s。

振动加速度级为

$$L_a = 20\lg\left(\frac{a}{a_0}\right) \tag{8.2}$$

式中，L_a——振动加速度级，单位为 dB；

a——振动加速度，单位为 m/s^2；

a_0——振动加速度基准值，$a_0 = 10^{-6}\,\text{m/s}^2$。

2. 振动烈度

压缩机整机振动强度可以采用当量振动烈度参数来评价。其定义为：在相互垂直的三个方向上(如图 8.1 所示的 x、y、z 三个坐标轴方向)，测量多个测点振动速度的均方根值，三个方向速度均方根值平均值向量和的模，即压缩机整机的当量振动烈度 V_s，即

$$V_s = \sqrt{\left(\frac{\sum \overline{v}_x}{n_x}\right)^2 + \left(\frac{\sum \overline{v}_y}{n_y}\right)^2 + \left(\frac{\sum \overline{v}_z}{n_z}\right)^2} \tag{8.3}$$

式中，$\overline{v}_x$、$\overline{v}_y$、$\overline{v}_z$——x、y、z 三个坐标方向上各测点振动速度的均方根值，单位为 m/s；

n_x、n_y、n_z——x、y、z 三个坐标方向上各测点数。

8.2　压缩机的振动分析

引起压缩机振动的因素有很多，在前面几章中，已经介绍过电磁激励力、气体激励力和机械激励力对噪声和振动的影响。本节以单缸滚动转子式制冷压缩机为例，分析气体压缩过程各运动部件的受力，并推导出运动方程，最后推导出整机的不平衡力和振动方程。

8.2.1　坐标及变量

8.2 为气缸横截面上的坐标与变量。在图中，定义了气缸的直角坐标及变量，量，其中，x、y、z 轴定于气缸体上，原点定于气缸体中心点 O 点上，x 轴为滑片的中心线，y 轴与 x 轴在同一平面上并垂直于 x 轴，z 轴与偏心轮轴的中心线重合。滚动转子的中心点为 O_1，O_1 绕 O 点旋转，O_1 点与 O 点之间的距离为偏心距 e；O_v 为滑片顶部半径的中心点，位于 x 轴的滑片中心线上。主要变量为偏心轮轴旋转角度 θ 和滚动转子旋转角度 ϕ，辅助变量为滑片顶部中心 O_v 与气缸中心 O 的距离 x_v 以及 O_vO_1 连线与 x 轴的夹角 ξ。

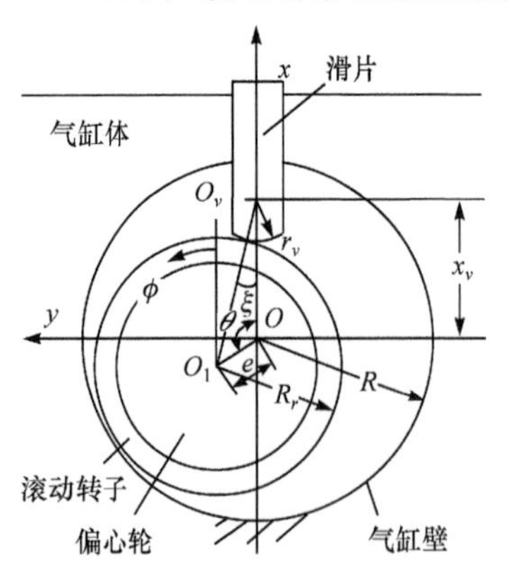

图 8.2　气缸横截面上的坐标与变量

在图 8.2 中，设偏心轮轴逆时针方向旋

转时θ和ϕ为正值，顺时针旋转时ξ为正值。假设压缩机运转时滑片端部紧贴着滚动转子外表面做往复运动，则辅助变量x_v及ξ与几何参数之间有以下关系：

$$(r_v + R_r)\sin\xi = e\sin\theta \tag{8.4}$$

$$x_v = (r_v + R_r)\cos\xi + e\cos\theta \tag{8.5}$$

式中，R_r——滚动转子外圆半径，单位为 m；

r_v——滑片顶端半径，单位为 m。

由式(8.4)可得到辅助变量ξ与偏心轮轴旋转角度θ之间的关系如下：

$$\xi = \arcsin\left(\frac{e\sin\theta}{R_r + r_v}\right) \tag{8.6}$$

8.2.2　滑片的运动方程

滚动转子式制冷压缩机工作时，滑片背部受压缩机壳体内高压制冷剂气体和弹簧力的作用，使滑片端部紧压在滚动转子外表面上形成密封线，当偏心轮轴和滚动转子旋转时，滑片在滑片槽内做往复直线运动。滑片以及滚动转子与气缸体内壁的切点将气缸分隔为吸气腔和压缩腔两个部分。

为了简化分析，假设气缸体、滚动转子、偏心轮轴和滑片等均为刚体。图 8.3 为滑片的受力状态。

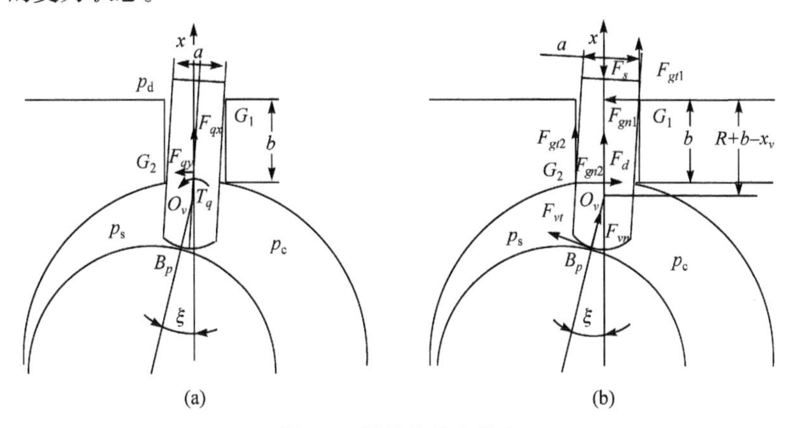

图 8.3　滑片的受力状态

1. 作用在滑片上的气体力

由于压缩腔的气体压力p_c高于吸气腔的气体压力p_s，在滑片两侧气体压力差的作用下，滑片中心线向顺时针方向轻微倾斜。滑片与气缸滑片槽的接触点为图 8.3 中所示的G_1与G_2两点，滑片从G_1至与滚动转子的接触点B_p之间表面作用气体压力为p_c，从B_p到G_2之间表面作用气体压力为p_s，从G_1至G_2之间表面作用的气体压力为压缩机壳体内的平均气体压力p_d。

1) x 方向作用在滑片上的气体力

根据理论计算和实验分析，滑片两侧所承受的油膜压力随时间而变化，滑片两个侧面与滑片槽并非总是保持接触。假设滑片两侧的油膜压力分布为线性，并且滑片两侧间隙内的压力相互抵消。有

$$F_{qx}=\left[-ap_{\mathrm{d}}+\left(\frac{1}{2}a+r_v\sin\xi\right)p_{\mathrm{c}}+\left(\frac{1}{2}a-r_v\sin\xi\right)p_{\mathrm{s}}\right]H \tag{8.7}$$

式中，F_{qx}——x 方向作用在滑片上的气体力，单位为 N；

a——滑片的厚度，单位为 m；

p_{s}——气缸吸气腔的气体压力，单位为 MPa；

p_{c}——气缸压缩腔的气体压力，由式(5.61)计算，单位为 MPa；

p_{d}——压缩机壳体内的气体压力，单位为 MPa；

H——气缸的高度，单位为 m。

2) y 方向作用在滑片上的气体力

y 方向作用在滑片上的气体力为

$$F_{qy}=[-bp_{\mathrm{d}}+(R+b-x_v+r_v\cos\xi)p_{\mathrm{c}}-(R-x_v+r_v\cos\xi)p_{\mathrm{s}}]H \tag{8.8}$$

式中，F_{qy}——y 方向作用在滑片上的气体力，单位为 N；

R——气缸半径，单位为 m；

b——滑片与滑片槽的接触长度，单位为 m。

3) 气体力作用在滑片上产生的力矩

气体力作用于滑片上在 O_v 点产生逆时针方向的力矩为

$$\begin{aligned}T_q=&\left\{-b\left(R-x_v+\frac{1}{2}b\right)p_{\mathrm{d}}+\frac{1}{2}\left[(R+b-x_v)^2+\frac{1}{4}a^2-r_v^2\right]p_{\mathrm{c}}\right.\\&\left.-\frac{1}{2}\left[(R-x_v)^2+\frac{1}{4}a^2-r_v^2\right]p_{\mathrm{s}}\right\}H\end{aligned} \tag{8.9}$$

式中，T_q——气体力产生的力矩，单位为 N · m。

2. 作用在滑片上的其他力

作用在滑片上的其他作用力如图 8.3(b)所示，作用力有 G_1、G_2 和 B_p 点的约束力 F_{gn1}、F_{gn2}、F_{vn} 和摩擦阻力 F_{gt1}、F_{gt2}、F_{vt}，以及弹簧力 F_s、摩擦阻力 F_d 等，作用力的方向如图 8.3(b)所示。

1) 弹簧力

滑片弹簧力的作用是迫使滑片端部紧贴在滚动转子外圆表面上。滑片弹簧力也有使偏心轮轴弯曲和产生轴承负荷的作用，但数值比作用在滚动转子上的气体

力小很多，在分析时略去不计。有

$$F_s = k\left(x_v - R_r + e\right) \tag{8.10}$$

式中，F_s——作用于滑片上的弹簧力，单位为 N；

k——弹簧的刚度，单位为 N/m。

2) 润滑油黏性摩擦阻力

润滑油黏性摩擦阻力为

$$F_d = \frac{\operatorname{sgn}\left(-\frac{\mathrm{d}x_v}{\mathrm{d}t}\right)\eta_0 \frac{\mathrm{d}x_v}{\mathrm{d}t}}{\delta_{pb}} \tag{8.11}$$

式中，F_d——润滑油黏性摩擦阻力，单位为 N；

η_0——润滑油的动力黏度，单位为 Pa · s；

δ_{pb}——滚动转子与滑片端部的油膜间隙，单位为 m。

3) 滑片往复运动的惯性力

滑片往复运动时，速度的大小和运动的方向都随偏心轮轴的旋转而不断变化，因此滑片往复惯性力的大小和方向也是在不断变化的。往复惯性力的变化会改变滑片与滚动转子外圆表面之间的压力。当往复惯性力作用的方向朝着滚动转子外圆表面时压力增大，使滑动的滑片更紧贴在滚动转子外圆表面上；当往复惯性力的作用方向背离滚动转子时压力减小，使滑片具有与滚动转子外圆表面脱离的趋势。

滑片往复惯性力为

$$F_v = -m_v \frac{\mathrm{d}^2 x_v}{\mathrm{d}t^2} \tag{8.12}$$

式中，F_v——滑片的往复惯性力，单位为 N；

m_v——滑片的质量，单位为 kg。

3. 滑片的运动方程

(1) 考虑施加于滑片的所有力，得到往复运动方程为

$$m_v \frac{\mathrm{d}^2 x_v}{\mathrm{d}t^2} = -F_s + F_{qx} + F_{gt1} + F_{gt2} + F_{vn}\cos\xi + F_{vt}\sin\xi + F_d \tag{8.13}$$

(2) y 方向的力平衡方程为

$$F_{qy} + F_{vt}\cos\xi - F_{vn}\sin\xi + F_{gn1} - F_{gn2} = 0 \tag{8.14}$$

(3) 作用在 O_v 点的力矩为

$$\left(R + b - x_v\right)F_{gn1} + \frac{1}{2}aF_{gt1} - \left(R - x_v\right)F_{gn2} - \frac{1}{2}aF_{gt2} + T_q - r_v F_{vt} = 0 \tag{8.15}$$

滑片与滑片槽壁面之间、滑片与滚动转子外表面之间的摩擦状态处于边界润滑状态，在 G_1、G_2 和 B_p 点的摩擦阻力 F_{gt1}、F_{gt2}、F_{vt} 服从库仑摩擦定律，如式 (8.16)所示：

$$\begin{cases} F_{gt1} = \mathrm{sgn}\left(-\dfrac{\mathrm{d}x_v}{\mathrm{d}t}\right)\mu_g \left|F_{gn1}\right| \\ F_{gt2} = \mathrm{sgn}\left(-\dfrac{\mathrm{d}x_v}{\mathrm{d}t}\right)\mu_g \left|F_{gn2}\right| \\ F_{vt} = \mathrm{sgn}(v_{Bn})\mu_v F_{vn} \end{cases} \tag{8.16}$$

式中，μ_g——滑片与滑片槽之间的摩擦系数；

μ_v——滑片与滚动转子之间的摩擦系数；

v_{Bn}——滚动转子与滑片端部的滑动速度，单位为 m/s。

其中，滚动转子和滑片端部的滑动速度由式(8.17)给出：

$$v_{Bn} = R_r \frac{\mathrm{d}\phi}{\mathrm{d}t} - e\frac{\mathrm{d}\theta}{\mathrm{d}t}\cos(\theta+\xi) - r_v \frac{\mathrm{d}\xi}{\mathrm{d}t} \tag{8.17}$$

式中，$\dfrac{\mathrm{d}\phi}{\mathrm{d}t}$——滚动转子旋转角速度，单位为 rad/s；

$\dfrac{\mathrm{d}\theta}{\mathrm{d}t}$——偏心轮轴旋转角速度，单位为 rad/s；

$\dfrac{\mathrm{d}\xi}{\mathrm{d}t}$——$O_vO_1$ 连线与 x 轴夹角的角速度，单位为 rad/s。

当摩擦力由式(8.16)计算时，约束力 F_{gn1}、F_{gn2}、F_{vn} 由式(8.13)～式(8.16)导出的以下矩阵式计算：

$$\begin{bmatrix} F_{gn1} \\ F_{gn2} \\ F_{vn} \end{bmatrix} = A^{-1} \begin{bmatrix} m_v \dfrac{\mathrm{d}^2 x_v}{\mathrm{d}t^2} + F_s - F_{qx} - F_d \\ -F_{qy} \\ -T_q \end{bmatrix} \tag{8.18}$$

其中 A^{-1} 矩阵为以下矩阵 A 的逆矩阵：

$$A = \begin{bmatrix} \delta_1\delta_2\mu_g & \delta_1\delta_3\mu_g & \cos\xi + \delta_4\mu_v\sin\xi \\ 1 & -1 & \delta_4\mu_v\cos\xi - \sin\xi \\ R+b-x_v+\dfrac{1}{2}\delta_1\delta_2 a\mu_g & -R+x_v-\dfrac{1}{2}\delta_1\delta_3 a\mu_g & -\delta_4 r_v\mu_v \end{bmatrix} \tag{8.19}$$

δ_1、δ_2、δ_3、δ_4 分别由以下式子定义：

$$\begin{aligned}
&\delta_1 = \mathrm{sgn}\left(-\frac{\mathrm{d}x_v}{\mathrm{d}t}\right) \\
&\delta_2 = \mathrm{sgn}(F_{gn1}) \\
&\delta_3 = \mathrm{sgn}(F_{gn2}) \\
&\delta_4 = \mathrm{sgn}(v_{Bn})
\end{aligned} \tag{8.20}$$

8.2.3　滚动转子运动方程

滚动转子式制冷压缩机运转时，滚动转子的运动为行星运动，它绕气缸中心 O 点做公转运动，又绕自身中心 O_1 点做自转运动，滚动转子随偏心轮轴的转动缓慢自转，自转的角速度远低于偏心轮轴的角速度。实际上，滚动转子自转的瞬时角速度的大小和方向都是随时间变化的。

1. 作用在滚动转子上的气体力

图 8.4 为作用于滚动转子上的力和力矩。点 A_p 表示滚动转子与气缸内壁之间的最小间隙位置，滑片及点 A_p 将气缸分为压缩腔和吸气腔。作用于滚动转子的气体力 F_p 为

$$F_p = 2R_r(p_\mathrm{c} - p_\mathrm{s})H\sin\frac{\theta+\xi}{2} \tag{8.21}$$

气体力 F_p 由压缩腔指向吸气腔，方向垂直于线 $\overline{A_pB_p}$，并且通过滚动转子中心 O_1，其作用结果是产生轴承负荷并使偏心轮轴弯曲。由于线 $\overline{A_pB_p}$ 的长度和压缩腔的压力 p_c 均随滚动转子转角 θ 的位置而变化，所以 F_p 的大小和方向也是变化的，但它始终指向滚动转子中心 O_1。

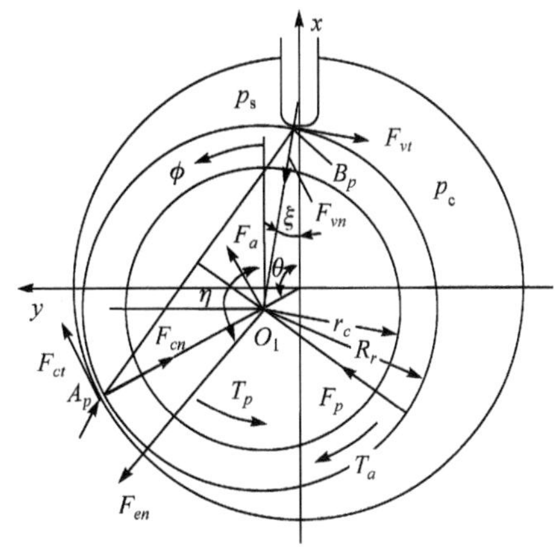

图 8.4　作用于滚动转子上的力和力矩

2. 作用在滚动转子上的摩擦力和力矩

作用在滑片接触点 B_p 上的力 F_{vt} 和 F_{vn} 由式(8.16)给出，其方向如图 8.4 所示。滚动转子与轴销之间的间隙由油泵润滑，此处的摩擦阻力状态由滑动轴承的 Sommerfeld 润滑理论来估算。因此，作用于滚动转子内表面的摩擦力矩 T_p 为

$$T_p = \frac{F_f \eta_0 r_c^2 v_{pc} l_p}{\delta} \tag{8.22}$$

式中，F_f——油膜的摩擦力，单位为 N；

r_c——滚动转子的内径，单位为 m；

v_{pc}——滚动转子与轴销的滑动速度，单位为 m/s；

l_p——滚动转子轴承的长度，单位为 m；

δ——滚动转子与轴销之间的间隙，单位为 m。

其中，滚动转子与轴销之间的滑动速度由式(8.23)给出：

$$v_{pc}=r_c\left(\frac{\mathrm{d}\theta}{\mathrm{d}t}-\frac{\mathrm{d}\phi}{\mathrm{d}t}\right) \tag{8.23}$$

作用于滚动转子内表面的油膜阻力合力 F_{en}，其方向通过转子中心 O_1(图 8.4)，用与 x 轴的转角 η 来表示。

在靠近点 A_p 处采用平面轴承的 Reynolds 润滑理论分析制冷剂气体的流动，则摩擦阻力 F_{ct} 与气膜阻力 F_{cn} 分别为

$$F_{ct}=\frac{\mu_{fc}\eta_g Be}{\delta_{pc}}\frac{\mathrm{d}\theta}{\mathrm{d}t} \tag{8.24}$$

$$F_{cn}=\frac{\mu_{pc}\eta_g B^2 e}{\delta_{pc}^2}\frac{\mathrm{d}\theta}{\mathrm{d}t} \tag{8.25}$$

式中，μ_{fc}——油膜摩擦阻力的摩擦系数；

μ_{pc}——油膜气膜阻力的摩擦系数；

η_g——制冷剂的动力黏度，单位为 Pa · s；

B——轴承的等效长度，单位为 m；

δ_{pc}——滚动转子与气缸的最小间隙，单位为 m。

由润滑油黏性导致的作用于滚动转子上部及底部的摩擦阻力 F_a 和力矩 T_a 的作用方向如图 8.4 所示，其计算式为

$$F_a=\frac{2\pi e\eta_0(R_r^2-r_c^2)}{\delta_{pb}}\frac{\mathrm{d}\theta}{\mathrm{d}t} \tag{8.26}$$

$$T_a=\frac{\pi\eta_0(R_r^4-r_c^4)}{\delta_{pb}}\frac{\mathrm{d}\phi}{\mathrm{d}t} \tag{8.27}$$

式中，δ_{pb}——滚动转子与滑片末端的间隙，单位为 m。

3. 滚动转子上的力平衡方程

考虑施加于滚动转子所有的作用力，x 和 y 方向的力平衡方程为

$$-m_p \frac{d^2 x_{o1}}{dt^2} + F_{en}\cos\eta - F_{vn}\cos\xi - F_{vt}\sin\xi - F_{cn}\cos\theta$$

$$+F_{ct}\sin\theta + F_p \cos\frac{\theta-\xi}{2} + F_a\sin\theta = 0 \tag{8.28}$$

$$-m_p \frac{d^2 y_{o1}}{dt^2} + F_{en}\sin\eta + F_{vn}\sin\xi - F_{vt}\cos\xi - F_{cn}\sin\theta - F_{ct}\cos\theta$$

$$+F_p \sin\frac{\theta-\xi}{2} - F_a\cos\theta = 0 \tag{8.29}$$

式中，m_p——滚动转子质量，单位为 kg。

(x_{o1}, y_{o1})——滚动转子中心点 O_1 的坐标，定义为 $x_{o1} = e\cos\theta$ ，$y_{o1} = e\sin\theta$ 。

由式(8.28)和式(8.29)，可以得到油膜阻力 F_{en} 及方向角 η 为

$$F_{en} = \sqrt{f_1^2 + f_2^2} \tag{8.30}$$

$$\eta = \arctan\frac{f_2}{f_1} \tag{8.31}$$

其中 f_1 和 f_2 是 θ 的函数，计算式为

$$f_1 = (\cos\xi + \delta_4\mu_v\sin\xi)F_{vn} + \left(\frac{\mu_{pc}B}{\delta_{pc}}\cos\theta - \mu_{fc}\sin\theta\right)\frac{\eta_g Be}{\delta_{pc}}\frac{d\theta}{dt}$$

$$-F_p\cos\frac{\theta-\xi}{2} - F_a\sin\theta - m_p e\left[\left(\frac{d\theta}{dt}\right)^2\cos\theta + \frac{d^2\theta}{dt^2}\sin\theta\right] \tag{8.32}$$

$$f_2 = (-\sin\xi + \delta_4\mu_v\cos\xi)F_{vn} + \left(\frac{\mu_{pc}B}{\delta_{pc}}\sin\theta + \mu_{fc}\cos\theta\right)\frac{\eta_g Be}{\delta_{pc}}\frac{d\theta}{dt}$$

$$-F_p\sin\frac{\theta-\xi}{2} + F_a\cos\theta + m_p e\left[-\left(\frac{d\theta}{dt}\right)^2\sin\theta + \frac{d^2\theta}{dt^2}\cos\theta\right] \tag{8.33}$$

4. 滚动转子的运动方程

按照滚动转子中心 O_1 的力矩平衡，滚动转子旋转运动方程为

$$I_p\frac{d^2\phi}{dt^2} = R_r(F_{vt} + F_{ct}) + T_p - T_a \tag{8.34}$$

式中，I_p——滚动转子的转动惯量，单位为 $kg \cdot m^2$。

8.2.4 偏心轮轴运动方程

图 8.5 为作用在偏心轮轴上的力和力矩。当电机转矩 T_m 逆时针方向作用于偏

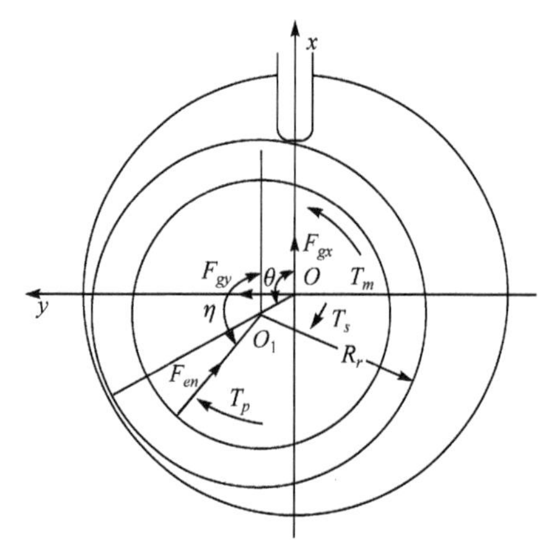

图 8.5　作用在偏心轮轴上的力和力矩

心轮轴时，油膜压力 F_{en} 作用于偏心轮轴的方向如图 8.5 所示。如果油膜的 Sommerfeld 变量值相当大，则由式(8.22)给出摩擦力矩 T_p，摩擦力矩的作用为顺时针方向。约束力 F_{gx} 和 F_{gy} 的作用方向指向偏心轮轴中心。

1. 偏心轮轴的力平衡方程

由偏心轮轴的力平衡方程，可以得到 F_{gx} 和 F_{gy} 的计算式为

$$F_{gx}=m_c\frac{\mathrm{d}^2x_{oc}}{\mathrm{d}t^2}+F_{en}\cos\eta \tag{8.35}$$

$$F_{gy}=m_c\frac{\mathrm{d}^2y_{oc}}{\mathrm{d}t^2}+F_{en}\sin\eta \tag{8.36}$$

式中，m_c——偏心轮轴总的质量(包含电机转子等零件)，单位为 kg；

x_{oc}、y_{oc}——偏心轮轴的质心坐标。

偏心轮轴质心坐标的计算公式为

$$x_{oc}=-e_c\cos\theta$$

$$y_{oc}=-e_c\sin\theta$$

式中，e_c——m_c 的质心偏心量，单位为 m。

2. 偏心轮轴的摩擦阻力矩

由于偏心轮轴及轴承的间隙由油泵来润滑，作用于偏心轮轴的摩擦阻力矩可基于 Sommerfeld 润滑理论由式(8.37)估算：

$$T_s=\frac{\mu_{fs}\eta_0 r_s^3 l_s}{\delta_s}\frac{\mathrm{d}\theta}{\mathrm{d}t} \tag{8.37}$$

式中，μ_{fs}——油膜摩擦系数；

r_s——偏心轮轴半径，单位为 m；

l_s——偏心轮轴轴颈的长度，单位为 m；

δ_s——偏心轮轴与轴承的间隙，单位为 m。

3. 偏心轮轴旋转运动方程

根据偏心轮轴中心的力矩平衡方程，可得出偏心轮轴旋转运动方程为

$$I_c \frac{\mathrm{d}^2\theta}{\mathrm{d}t^2} = T_m - eF_{en}\sin(\eta - \theta) - T_p - T_s \tag{8.38}$$

式中，T_m——电机驱动转矩，单位为 N · m；

I_c——偏心轮轴的转动惯量，单位为 kg · m²。

其中，电机驱动转矩为角速度的函数，即

$$T_m = T_m\left(\frac{\mathrm{d}\theta}{\mathrm{d}t}\right)$$

利用式(8.28)与式(8.29)，则消除式(8.38)中的 F_{en} 及角度 η，写成以下形式：

$$\begin{aligned}(I_c + m_p e^2)\frac{\mathrm{d}^2\theta}{\mathrm{d}t^2} = & T_m + eF_{vn}\sin(\theta + \xi) - eF_{vt}\cos(\theta + \xi) \\ & - eF_{ct} - eF_p \sin\frac{\theta + \xi}{2} - eF_a - T_p - T_s\end{aligned} \tag{8.39}$$

在式(8.39)中，等式右边的第二项和第三项分别代表在滑片-滚动转子上的约束力和摩擦阻力引起的力矩，并且它们包含由于滑片往复运动造成的惯性矩。利用式(8.16)和式(8.18)推导的惯性矩，可将式(8.39)变为

$$\begin{aligned}[I_c + m_p e^2 + m_v e^2 r_1(\theta) r_2(\theta)]\frac{\mathrm{d}^2\theta}{\mathrm{d}t^2} = & T_m - m_v e^2\left(\frac{\mathrm{d}\theta}{\mathrm{d}t}\right)^2 r_1(\theta) r_3(\theta) \\ & - r_1(\theta) e(F_{qx} + F_d - F_s) - r_4(\theta) eF_{qy} + r_5(\theta) T_q - eF_{ct} \\ & - eF_p \sin\frac{\theta + \xi}{2} - eF_a - T_p - T_s\end{aligned} \tag{8.40}$$

其中 $r_1(\theta)$、$r_2(\theta)$、$r_3(\theta)$、$r_4(\theta)$、$r_5(\theta)$ 分别为

$$\begin{aligned}
r_1(\theta) &= \frac{[\sin(\theta + \xi) - \delta_4 \mu_v \cos(\theta + \xi)] \times \left[\frac{1}{2}\delta_1(\delta_2 - \delta_3)\mu_g a + b\right]}{|A|} \\
r_2(\theta) &= \left(1 + \frac{e}{R_r + r_v}\frac{\cos\theta}{\sin\xi}\right)\sin\theta \\
r_3(\theta) &= \left(1 + \frac{e}{R_r + r_v}\frac{\cos\theta}{\cos\xi}\right)\cos\theta + \frac{e}{R_r + r_v}\left(\frac{e}{R_r + r_v}\frac{\cos^2\theta}{\cos\xi}\tan\xi - \sin\theta\right)\frac{\sin\theta}{\cos\xi} \\
r_4(\theta) &= \frac{[\sin(\theta + \xi) - \delta_4 \mu_v \cos(\theta + \xi)][(\delta_2 + \delta_3)(R - x_v) + \delta_1\delta_2\delta_3\mu_g a + \delta_3 b]\delta_1\mu_g}{|A|} \\
r_5(\theta) &= \frac{e[\sin(\theta + \xi) - \delta_4 \mu_v \cos(\theta + \xi)]\delta_1(\delta_2 + \delta_3)\mu_g}{|A|}
\end{aligned} \tag{8.41}$$

式中，$|A|$——矩阵 A 的行列式。

8.2.5 不平衡力和振动方程

1. 不平衡力

为了研究滚动转子式制冷压缩机的振动，需分析作用于气缸体和偏心轮轴轴颈所有的力和力矩，如图 8.6 所示。其中，作用在气缸壁上气体压力 p_s 和 p_c 的合力 F'_{ps} 和 F'_{pc} 由下式给出：

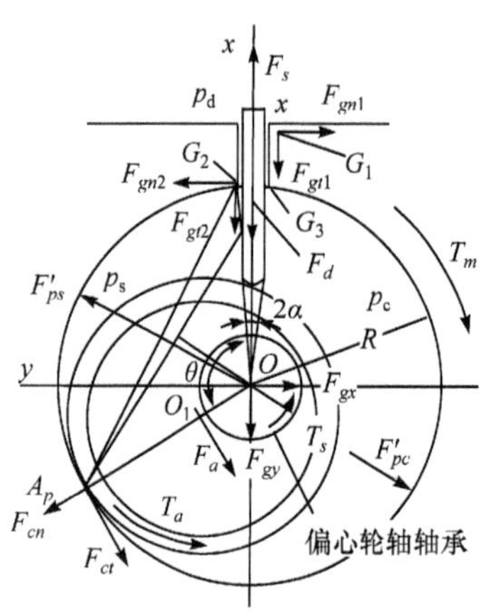

图 8.6 作用在气缸和轴承上的力和力矩

$$
\begin{aligned}
F'_{ps} &= 2RHp_s \sin\frac{\theta-\alpha}{2} \\
F'_{pc} &= 2RHp_c \sin\frac{\theta+\alpha}{2}
\end{aligned}
\tag{8.42}
$$

F'_{ps} 和 F'_{pc} 的方向经过气缸体中心点 O 且分别垂直于连线 $\overline{A_pG_2}$ 和 $\overline{A_pG_3}$。在图 8.6 中还分别给出了作用于气缸体的约束力 F_{gn1}、F_{gn2}、F_{cn} 和摩擦阻力 F_{gt1}、F_{gt2}、F_d、F_{ct}、F_a 及弹性力 F_s 的方向。力矩 T_m 为作用于气缸体上电机转矩的反作用力矩，方向为顺时针方向。作用在偏心轮轴的上油膜阻力 F_{gx}、F_{gy} 和阻力矩 T_s 的方向如图 8.6 所示。

整理所有作用于气缸体和偏心轮轴轴颈的力和力矩，列出气缸体中心 O 点的合力 F_x、F_y、F_z 和 x、y、z 轴的力矩 T_x、T_y、T_z 计算式，有

$$
\begin{cases}
F_x = -m_v \dfrac{\mathrm{d}^2 x_v}{\mathrm{d}t^2} + (m_p e - m_c e_c)\left[\left(\dfrac{\mathrm{d}\theta}{\mathrm{d}t}\right)^2 \cos\theta + \dfrac{\mathrm{d}^2\theta}{\mathrm{d}t^2}\sin\theta\right] \\
F_y = (m_p e - m_c e_c)\left[\left(\dfrac{\mathrm{d}\theta}{\mathrm{d}t}\right)^2 \sin\theta - \dfrac{\mathrm{d}^2\theta}{\mathrm{d}t^2}\cos\theta\right] \\
F_z = 0 \\
T_x = (m_{bu} r_{bu} h_{bu} - m_{bl} r_{bl} h_{bl})\left[\left(\dfrac{\mathrm{d}\theta}{\mathrm{d}t}\right)^2 \sin\theta - \dfrac{\mathrm{d}^2\theta}{\mathrm{d}t^2}\cos\theta\right] \\
T_y = (m_{bu} r_{bu} h_{bu} - m_{bl} r_{bl} h_{bl})\left[\left(\dfrac{\mathrm{d}\theta}{\mathrm{d}t}\right)^2 \cos\theta + \dfrac{\mathrm{d}^2\theta}{\mathrm{d}t^2}\sin\theta\right] \\
T_z = -(I_c + m_p e^2)\dfrac{\mathrm{d}^2\theta}{\mathrm{d}t^2} - I_p \dfrac{\mathrm{d}^2\phi}{\mathrm{d}t^2}
\end{cases}
\tag{8.43}
$$

式中，m_{bu}——电机转子上部平衡块质量，单位为 kg；

m_{bl}——电机转子下部平衡块质量，单位为 kg；

r_{bu}——电机转子上部平衡块的偏心量，单位为 m；

r_{bl}——电机转子下部平衡块的偏心量，单位为 m；

h_{bu}——电机转子上部平衡块到气缸中心的高度，单位为 m；

h_{bl}——电机转子下部平衡块到气缸中心的高度，单位为 m；

T_x、T_y——由固定在电机转子两个端部质量为 m_{bu}、m_{bl} 的平衡块引起的力矩。

2. 振动方程

为了描述滚动转子式制冷压缩机整机的振动，定义 X、Y、Z 坐标系，其中，坐标原点与压缩机静止时的质心 G 重合，并且每个轴平行于 x、y、z 坐标系的相应轴。这时，压缩机整机的振动可由以下矩阵方程表述：

$$M\frac{\mathrm{d}^2X}{\mathrm{d}t^2}+C\frac{\mathrm{d}X}{\mathrm{d}t}+KX=OF \tag{8.44}$$

式中，X——压缩机质心的位移矢量；

M——质量矩阵；

C——压缩机隔振系统的阻尼系数矩阵；

K——压缩机隔振系统的弹性系数矩阵；

O——由气缸中心 O 点坐标(x_0, y_0, z_0)决定的位移矩阵；

F——由不平衡力组成的激励力矩阵。

矩阵 X、M、O 和激励矩阵 F 分别定义如下：

$$X=\begin{bmatrix}X_g\\Y_g\\Z_g\\\theta_{xg}\\\theta_{yg}\\\theta_{zg}\end{bmatrix},\quad M=\begin{bmatrix}M & & & & & 0\\ & M & & & & \\ & & M & & & \\ & & & I_x & & \\ & & & & I_y & \\ 0 & & & & & I_z\end{bmatrix}$$

$$O=\begin{bmatrix}1 & & & & & 0\\0 & 1 & & & & \\0 & 0 & 1 & & & \\0 & -z_0 & y_0 & 1 & & \\z_0 & 0 & -x_0 & 0 & 1 & \\-y_0 & x_0 & 0 & 0 & 0 & 1\end{bmatrix},\quad F=\begin{bmatrix}F_x\\F_y\\F_z\\T_x\\T_y\\T_z\end{bmatrix} \tag{8.45}$$

矩阵 C 和 K 由压缩机隔振系统的阻尼系数和弹性系数决定，相关内容将在8.5节压缩机的隔振中介绍。

图8.7为计算得到的某一台滚动转子式制冷压缩机作用在气缸体中心上的不平衡力和力矩。从图中可以看出，x 和 y 方向上不平衡力幅值很小，而力矩 T_z 的峰-峰值比力矩 T_x 和 T_y 的峰-峰值大得多。

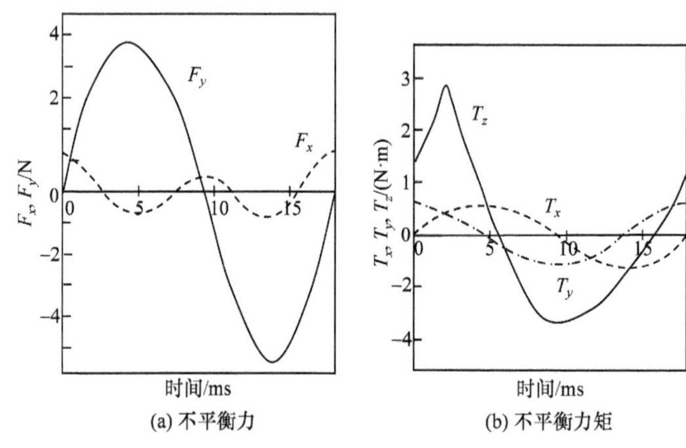

图 8.7　作用在气缸中心上的不平衡力和力矩

当振动系统的固有频率远比激振频率(即压缩机的运转频率)低时，整机振动方程的解可以近似表示为

$$\frac{\mathrm{d}^2X}{\mathrm{d}t^2}=M^{-1}F \tag{8.46}$$

求解式(8.44)或式(8.46)，即可得到压缩机整机振动。

图8.8为计算得到的某一台压缩机整机振动加速度。从图中可以看出，x 和 y

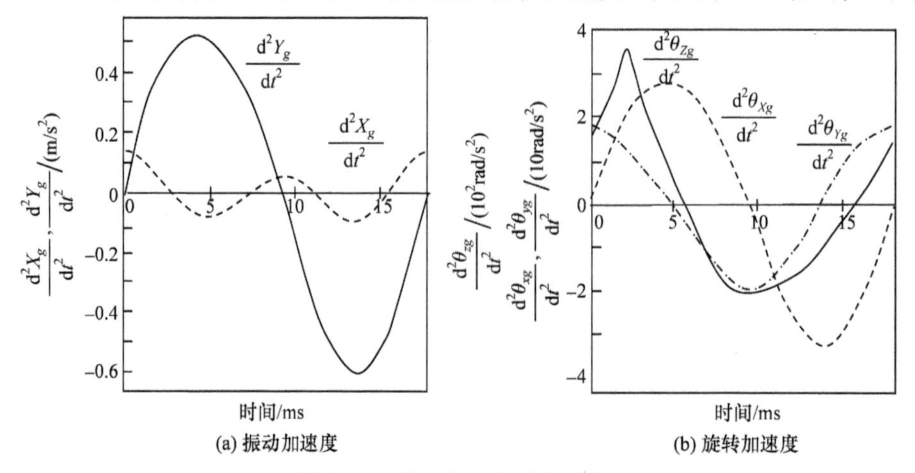

图 8.8　压缩机整机振动加速度

方向上的振动加速度均很小，可以忽略，而绕 z 轴的旋转加速度 $\frac{\mathrm{d}^2\theta_{zg}}{\mathrm{d}t^2}$ 的峰-峰值比绕 x 和 y 轴的旋转加速度 $\frac{\mathrm{d}^2\theta_{xg}}{\mathrm{d}t^2}$ 和 $\frac{\mathrm{d}^2\theta_{yg}}{\mathrm{d}t^2}$ 的峰-峰值大了 10 倍。由此可见，绕轴线的力矩波动是引起压缩机整机振动的主要激励源。

8.3　转子系旋转速度波动及控制方法

从 8.2 节的分析中可以知道，气体压缩过程中阻力矩与电机驱动转矩的不平衡是压缩机整机振动最主要的激励源，也就是说，残差转矩是引起压缩机转子系旋转速度周期性波动和压缩机整机振动的主要根源。

本节分析影响转子系旋转速度波动的因素及降低旋转速度波动的控制方法。

8.3.1　作用在转子系上的阻力矩

1. 总阻力矩计算式

8.2 节已经介绍了单缸滚动转子式制冷压缩机转子系的运动方程。采用相同的分析方法，可以得到其他类型压缩机转子系的运动方程。根据式(8.39)，可以将各种压缩机转子系的运动方程统一表示为

$$\left(I_c+\sum_{i=1}^{n}m_{pi}e_i^2\right)\frac{\mathrm{d}^2\theta}{\mathrm{d}t^2}=T_m-\sum_{i=1}^{n}(T_{ri}+T_{pi})-T_s \tag{8.47}$$

式中，T_{ri}——第 i 个气缸的阻力矩，单位为 N · m；

T_{pi}——第 i 个气缸滚动转子内表面的摩擦力矩，单位为 N · m；

m_{pi}——第 i 个气缸滚动转子的质量，单位为 kg；

e_i——第 i 个气缸滚动转子的偏心距，单位为 m；

n——气缸数。

其中，总阻力矩为气缸阻力矩、滚动转子内表面摩擦力矩以及偏心轮轴与轴承摩擦力矩之和，可以表示为

$$T_c=\sum_{i=1}^{n}(T_{ri}+T_{pi})+T_s \tag{8.48}$$

式中，T_c——总阻力矩，单位为 N · m。

在总阻力矩中，滚动转子内表面的摩擦力矩 T_{pi} 和偏心轮轴与轴承的摩擦力矩 T_s 在压缩机旋转一周中数值变化较小，可按照气缸参数和压缩机结构参数等分别采用式(8.22)和式(8.37)计算得到。而压缩过程中的气缸阻力矩是研究的重点，各个气缸阻力矩之和称为气缸总阻力矩，可由式(8.49)表示为

$$T_r = \sum_{i=1}^{n} T_{ri} = \sum_{i=1}^{n} \left[F_{vni} \sin(\theta_i + \xi_i) - F_{vti} \cos(\theta_i + \xi_i) - F_{cti} - F_{pi} \sin\frac{\theta_i + \xi_i}{2} - F_{ai} \right] e_i \tag{8.49}$$

2. 单缸和双缸压缩机气缸总阻力矩对比分析

图 8.9 为单缸和双缸压缩机气缸总阻力矩变化曲线。从图中可以看出，当单缸压缩机的转角 θ 在 0°附近时，气缸总阻力矩为负值，转角 θ 在 210°附近时，气缸总阻力矩达到最大值。单缸压缩机的气缸总阻力矩在一个旋转周期内数值变化很大。

而双缸压缩机由于偏心轮轴的两个偏心轮相互错开 180°，两个气缸的气体阻力矩叠加后为有两个波峰和波谷的曲线，相对于单缸压缩机，气缸总阻力矩波动的幅值大幅降低。

双缸压缩机分为两个气缸工作容积相等和不相等两种类型。当并联的两个气缸工作容积相等时，由于两个气缸的吸气压力和排气压力基本相同，作用在偏心轮轴上的径向气体力及偏心轮的离心力相互抵消，从而减小主副轴承上的承载力，并且由于不平衡质量减小，转子系的变形也较小。当两个气缸工作容积不相等时，图 8.9 中的气缸总阻力矩曲线的两个波峰值和波谷值不等高，作用在偏心轮轴上的径向气体力及偏心轮上的离心力相互不能抵消。

在气缸总阻力矩式(8.49)中，影响最大的是气体阻力矩，气体阻力矩是由气缸压缩腔几何形状等参数决定的周期性函数。设单缸压缩机的气体阻力矩为 $T_{gs}(\omega t)$，则经傅里叶变换后得到

$$T_{gs}(\omega t) = \sum_{n=1}^{\infty} T_{gn} \cos(n\omega t + \phi_n) \tag{8.50}$$

式中，T_{gn}——第 n 阶气体阻力矩，单位为 N · m；

ϕ_n——第 n 阶气体阻力矩的相位角，单位为 rad；

n——气体阻力矩的阶次；

ω——气体阻力矩基频的角频率，单位为 rad/s。

当双缸压缩机两个气缸的工作容积相等时，根据式(8.50)，双缸压缩机的气体阻力矩可以表示为

$$T_{gd}(\omega t) = \frac{1}{2}[T_{gs}(\omega t) + T_{gs}(\omega t - \pi)] = \sum_{n=1}^{\infty} T_{g2n} \cos(2n\omega t + \phi_{2n}) \tag{8.51}$$

由式(8.51)可知，两个气缸工作容积相等的双缸压缩机，气体阻力矩中不存在单缸压缩机气体阻力矩的奇次分量。如果不考虑三阶及以上阶次的气体阻力矩，可以得到以下关系式：

$$\left|\frac{T_{gd}}{T_{gs}}\right| = \frac{T_{g2}}{\sqrt{T_{g1}^2 + T_{g2}^2}} \tag{8.52}$$

式(8.52)表明，双缸压缩机的气体阻力矩波动的幅值远小于单缸压缩机，因此转子系旋转速度的不均匀性大幅降低。

图 8.10 为单缸压缩机与双缸压缩机输气量相同时，转子系的旋转角速度随旋转角度变化的波动曲线。

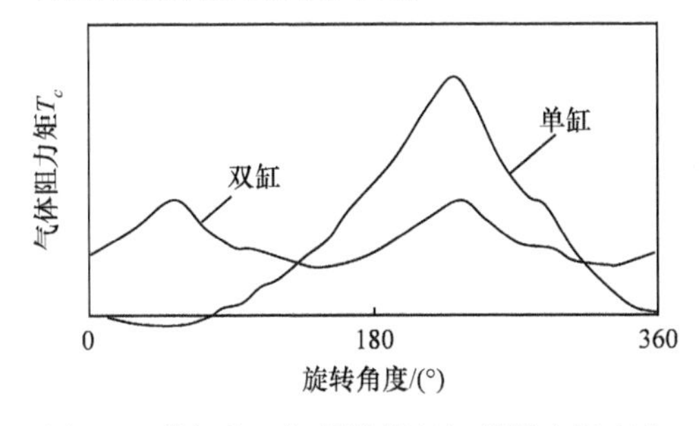

图 8.9　单缸和双缸压缩机气缸总阻力矩变化曲线

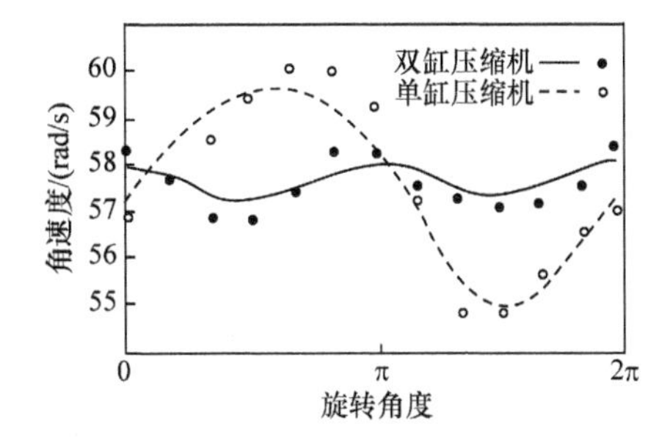

图 8.10　单缸和双缸压缩机转子系旋转速度波动曲线

为了进一步对单缸和双缸压缩机的转矩特性进行比较，在图 8.11 中列出了转矩波动幅值、波动频率和旋转振动幅值计算值的对比。其中，转矩比为以单缸压缩机最大转矩为分母计算得到的转矩波动比值。

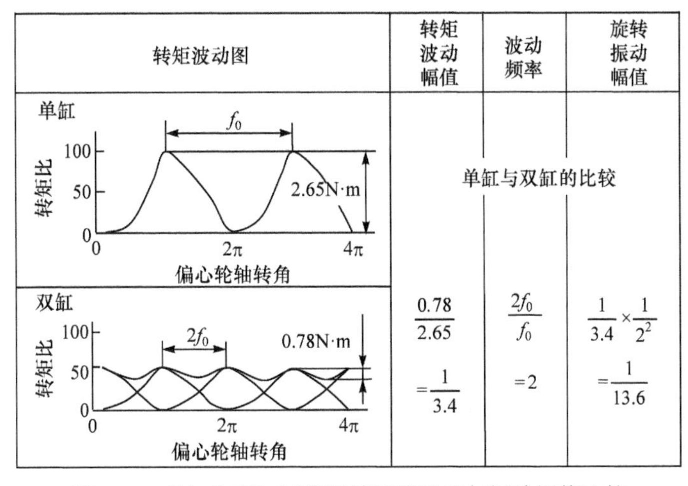

图 8.11　单缸和双缸压缩机转矩波动图与振动幅值比较

从图 8.11 中可以看出，双缸压缩机转子系旋转速度波动幅值大约为单缸压缩机的 1/4，总阻力矩变化幅度约为单缸压缩机的 1/3，同时，转矩波动的一次成分也变成了 2 倍，在隔振系统频率高于共振点频率的区域内，振幅与频率的平方成反比，因而振动的响应大幅降低。因此，在相同输气量的情况下，双缸压缩机整机振动烈度比单缸压缩机小得多，双缸压缩机在低振动方面有显著的优势。

当两个气缸工作容积不相等时，双缸压缩机的气体阻力矩可以表示为

$$\begin{aligned} T_{gd}(\omega t) &= \frac{1}{2}[kT_{gs}(\omega t) + mT_{gs}(\omega t - \pi)] \\ &= \frac{1}{2}(k - m)\sum_{n=1,3,5}^{\infty} T_{gn}\cos(n\omega t + \phi_n) + \sum_{n=2,4,6}^{\infty} T_{gn}\cos(n\omega t + \phi_n) \end{aligned} \tag{8.53}$$

式中，k、m——两个气缸工作容积比例系数，$k + m = 2$。

式(8.53)中右边第一项为气体阻力矩的奇次谐波，第二项为气体阻力矩的偶次谐波。可以看出，两个气缸工作容积不相等的双缸压缩机，气体阻力矩奇次谐波的大小取决于k和m。由于k和m的数值都接近 1，两者差值很小，作用在转子系上气体阻力矩的奇次谐波远小于单缸压缩机。

3. 双级压缩机气缸总阻力矩分析

从第 1 章中可知，双级压缩机的气体压缩机构由低压级与高压级气缸串联组成，按照气缸数可以将双级压缩机分为双缸和三缸两种类型，其中，三缸压缩机的低压级由两个并联气缸组成。

由于高压级与低压级气缸的吸气压力和排气压力不同，并且气缸的工作容积也不相同，所以各个气缸的气体阻力矩不同。另外，从第 6 章中可知，为了提高压缩机的效率以及减小中间腔气体压力脉动等方面的要求，高压级气缸与低压级气缸的相位角不等于 180°。

双缸双级压缩机和三缸双级压缩机气缸总阻力矩的分析方法与双缸压缩机一样，下面以三缸双级压缩变容积比压缩机为例来分析双级压缩机气缸总阻力矩。

图 8.12 为三缸双级变容积比压缩机气缸布置的相位角示意图，其中，三个滚动转子的旋转角度θ以低压级定容气缸为基准。从图中可以看出，低压级定容气缸与变容气缸的相位角为 180°，与高压级气缸的相位角大约为 150°。

三个气缸滚动转子旋转角度可以由式(8.54)表示：

$$\begin{aligned} \theta_{\mathrm{LS1}} &= \theta \\ \theta_{\mathrm{LS2}} &= \theta - \pi \\ \theta_{\mathrm{HS}} &= \theta - \Delta\theta \end{aligned} \tag{8.54}$$

式中，θ——压缩机转子系的旋转角度，单位为 rad；

θ_{LS1}——低压级定容气缸滚动转子旋转角度，单位为 rad；

θ_{LS2}——低压级变容气缸滚动转子旋转角度，单位为 rad；

θ_{HS}——高压级气缸滚动转子旋转角度，单位为 rad；

$\Delta\theta$——低压级定容气缸与高压级气缸的相位角，单位为 rad。

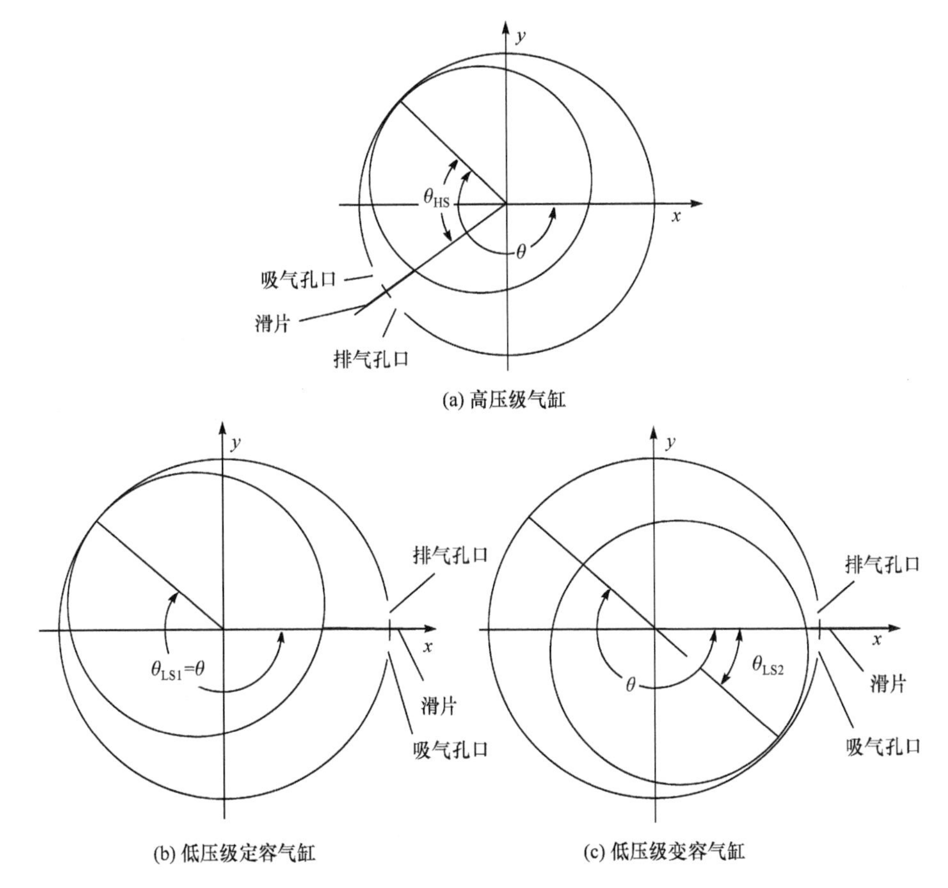

图 8.12　气缸布置的相位角示意图

图8.13为计算得到的三缸双级压缩机的双缸和三缸工作模式下的气缸总阻力矩变化曲线(计算时，取$\Delta\theta=150°$)。

从图 8.13 中可以看出，在双缸工作模式下，由于高压级气缸与低压级气缸之间的相位角不为 180°，并且高压级压力比与低压级压力比不相等，气缸总阻力矩的变化曲线与图 8.9 中双缸压缩机气缸总阻力矩的变化曲线不一样，且无论三缸工作模式还是双缸工作模式，气缸总阻力矩变化幅值都大于双缸压缩机气缸总阻力矩变化幅值。在三缸工作模式下，由于低压级两个气缸工作相位差为 180°，这在一定程度上降低了气缸总阻力矩变化幅值，尽管气缸总阻力矩的平均值大于双缸工作模式，但波动幅值相对要小一些。

上述分析是在一定的假设条件下进行的，在双级压缩机的实际运转过程中，由于高压级气缸的吸气、低压级气缸的排气以及中间补气这些过程都发生在中间腔内，中间腔内的气体压力脉动状态和流动状态都很复杂，而且存在各种损失，这些因素都将影响各个气缸的工作状态。因此，实际工作中，双级压缩机气缸总

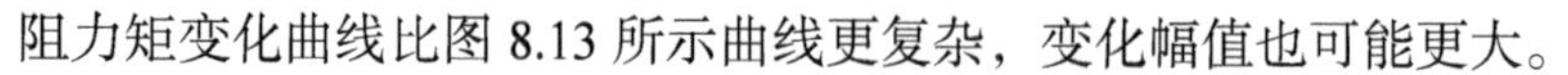

阻力矩变化曲线比图 8.13 所示曲线更复杂，变化幅值也可能更大。

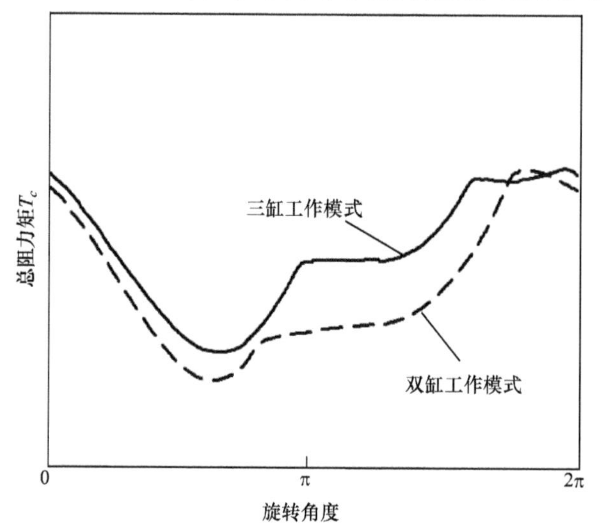

图 8.13　双缸和三缸工作模式下的气缸总阻力矩变化曲线

8.3.2　转子系旋转速度波动

1. 转子系旋转速度波动的理论分析

下面以单缸压缩机和两个气缸工作容积相同的双缸压缩机为例分析转子系的旋转速度波动，其他类型压缩机可以采用相同方法分析。

图 8.14 为某一台单缸压缩机在工况条件和运转频率稳定时电机驱动转矩与总阻力矩(负载转矩)变化情况的实测数据曲线。从图中可以看出，总阻力矩在一个旋转周期内随着转子系旋转角度变化，幅值变化远大于电机驱动转矩的幅值变化。

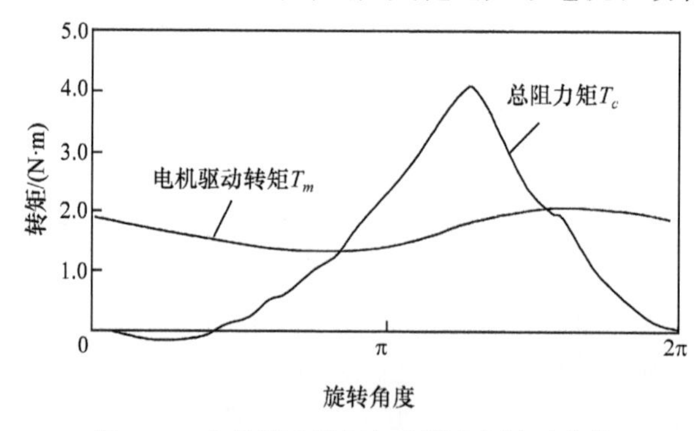

图 8.14　电机驱动转矩与总阻力矩波动曲线

在图 8.14 中的一个旋转周期内，0 至两条曲线第一个交叉点的转角范围内，电机驱动转矩 T_m 大于总阻力矩 T_c；在两条曲线的第一个交叉点至第二个交叉点的转角范围内，电机驱动转矩 T_m 小于总阻力矩 T_c；而在第二个交叉点之后，电机驱动转矩 T_m 大于总阻力矩 T_c。由于这两个转矩的变化规律不一致，不可避免地会引起转子系旋转速度在一个旋转周期内的波动。

当电机驱动转矩 T_m 大于总阻力矩 T_c 的瞬间，即残差转矩为正的瞬间，转子系做加速旋转，角加速度为正，转子系的转动惯量将剩余转矩(盈功)能储存起来使压缩机的转速不会过快地升高。当电机驱动转矩 T_m 小于总阻力矩 T_c 的瞬间，即残差转矩为负的瞬间，转子系做减速旋转，角加速度为负，欠缺的亏损转矩(亏功)由转子系储存的盈功释放出来，使压缩机的转速不会过快地下降。因此，压缩机转子系的连续旋转是依靠转子系转动惯量的储能和放能来保证的，转子系转动惯量对转子系转速的稳定性有关键的影响。

转子系旋转速度不均匀性可以用转子系角速度不均匀度来衡量，表达式为

$$\varDelta=\frac{\omega_{\max}-\omega_{\min}}{\omega_{\text{avg}}} \tag{8.55}$$

式中，$\varDelta$——转子系角速度不均匀度，单位为 %；

$\omega_{\max}$——转子系的最大角速度，单位为 rad/s；

$\omega_{\min}$——转子系的最小角速度，单位为 rad/s；

ω_{avg}——转子系的平均角速度，单位为 rad/s。

其中，转子系的平均角速度可近似由式(8.56)计算：

$$\omega_{\text{avg}}=\frac{\omega_{\max}+\omega_{\min}}{2} \tag{8.56}$$

电机驱动转矩 T_m 在任一瞬间，都与作用在转子系上的总阻力矩 T_c 以及所有运动质量的惯性力矩平衡。由式(8.47)和式(8.48)有以下关系：

$$T_m=I_r\frac{\mathrm{d}^2\theta}{\mathrm{d}t^2}+T_c \tag{8.57}$$

式中，I_r——转子系的总转动惯量，单位为 $\text{kg}\cdot\text{m}^2$。

其中

$$I_r=I_c+\sum_{i=1}^{n}m_{pi}e_i^2$$

在工况条件和运转频率稳定的情况下，要维持压缩机的运转，电机驱动转矩 T_m 的平均值应等于总阻力矩 T_c 的平均值。

由于总阻力矩 T_c 与电机驱动转矩 T_m 在转子系旋转一周中的变化规律不一致，并且都是转子系旋转角度的函数，分析起来相对复杂一些。考虑到电机驱动转矩的变化相对较小，为了分析简化，在这里假设电机驱动转矩 T_m 为常数 $\overline{T}_m$，并且

等于总阻力矩的平均值T_{cavg}。因此，转子系角速度变化的大小，取决于$\overline{T}_m$与T_c之间的残差转矩。由式(8.57)得

$$\overline{T}_m - T_c = \Delta T_c = I_r \frac{\mathrm{d}^2\theta}{\mathrm{d}t^2} \tag{8.58}$$

式中，ΔT_c——残差转矩，单位为N · m。

式(8.58)表明，在任意瞬时，残差转矩ΔT_c决定了转子系角加速度的符号。当$\overline{T}_m > T_c$时角加速度为正值，转子系的旋转速度增高；当$\overline{T}_m < T_c$时，角加速度为负值，转子系的旋转速度降低；当$\overline{T}_m = T_c$时，总阻力矩曲线与电机驱动转矩的直线相交，交点对应于角速度的极值点，交点包括瞬时最小角速度ω_{min}点和最大角速度ω_{max}点。

图8.15和图8.16分别为单缸压缩机和双缸压缩机在一个旋转周期内的转矩曲线与角速度变化情况的关系。

在图8.15中，单缸滚动转子式制冷压缩机在一个旋转周期内总阻力矩T_c曲线与电机驱动转矩$\overline{T}_m$的直线有两个交点，分别为最大角速度ω_{max}点和最小角速度ω_{min}点，对应的转子系转角分别为θ_{r1}和θ_{r2}。

在图8.16中，两个气缸的工作容积相等。压缩机在一个旋转周期中总阻力矩T_c曲线与电机驱动转矩$\overline{T}_m$的直线有四个交点，分别为最大角速度ω_{max}两个点和最小角速度ω_{min}两个点，对应的转子系转角分别为θ_{r1}、θ_{r2}、θ_{r3}和θ_{r4}。

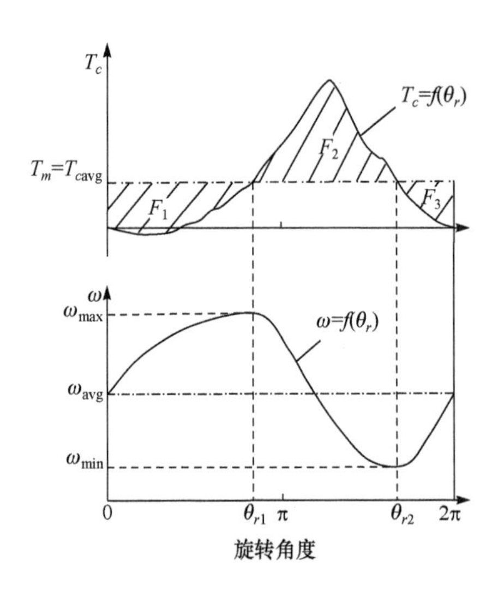

图 8.15 单缸滚动转子式制冷压缩机稳定工况下的转矩曲线和转子系的角速度关系

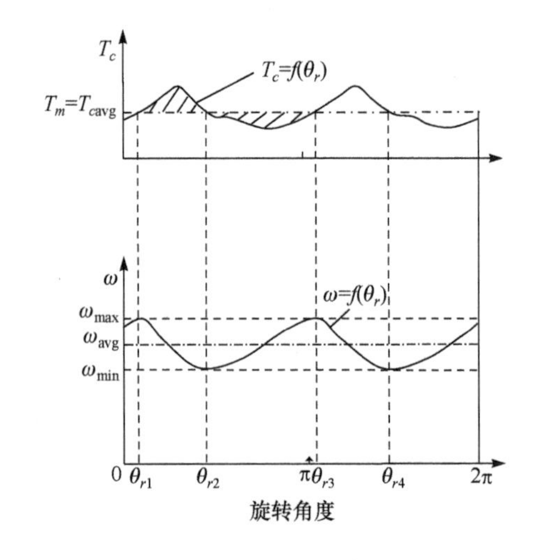

图 8.16 双缸滚动转子式制冷压缩机稳定工况下的转矩曲线和转子系的角速度关系

在一个旋转周期内，压缩机的盈功和亏功相等。根据图 8.15 和图 8.16 所示的转矩曲线图，求出转子系角速度从 $\omega_{\min}$ 变化至 $\omega_{\max}$ 或者从 $\omega_{\max}$ 变化至 $\omega_{\min}$ 时所对应的总转矩曲线所包围的面积，此面积所代表的功就是盈亏功 W_s，即

$$W_s = \int_{\theta_{r1}}^{\theta_{r2}} (\overline{T}_m - T_c)\mathrm{d}\theta \tag{8.59}$$

根据动力学原理，物体在任意两个瞬时之间动能的变化，等于作用在该物体上的力或力矩在这个过程中所做的功，即

$$W_s = \frac{1}{2} I_r (\omega_{\max}^2 - \omega_{\min}^2) \tag{8.60}$$

由式(8.55)和式(8.56)，有 $\omega_{\max}^2 - \omega_{\min}^2 = 2\Delta\omega_{\text{avg}}^2$，代入式(8.60)，整理得

$$\Delta = \frac{W_s}{I_r \omega_{\text{avg}}^2} \tag{8.61}$$

由式(8.61)可知，转子系旋转时的角速度不均匀度 Δ 与盈亏功 W_s 的大小成正比，与转子系转动惯量 I_r 的大小成反比，与转子系平均角速度 ω_{avg} 的平方成反比。

由于盈亏功的大小主要取决于压缩机的运转工况和气缸结构参数，转子系转动惯量的大小取决于偏心轮轴结构设计以及滚动转子质量和偏心距，所以压缩机在不同的工况条件下，为了保证转子系角速度不均匀度小于某一定值，都有一个安全可靠运转的最低频率。

需要注意的是，由于式(8.61)计算时只考虑了平均角速度 ω_{avg} 的因素，以及假设电机驱动转矩 T_m 为常数，所以在实际中，滚动转子式制冷压缩机转子系的角速度不均匀度 Δ 比式(8.61)计算的数值要大。

滚动转子式制冷压缩机转子系角速度不均匀度 Δ 表征了压缩机旋转速度的稳定程度，是压缩机运转稳定性的重要评价指标。

2. 影响转子系旋转速度波动的因素

1) 运转频率的影响

由式(8.61)可知，转子系角速度不均匀度 Δ 与平均角速度 ω_{avg} 的平方成反比，即在工况(吸、排气压力)条件稳定的情况下，滚动转子式制冷压缩机运转频率越低，转子系角速度不均匀度 Δ 越大。

图 8.17 为单缸和双缸滚动转子式制冷压缩机转子系角速度不均匀度 Δ 随压缩机运转频率变化的曲线。从图中可以看出，双缸压缩机的转子系角速度不均匀度 Δ 要远小于单缸压缩机，说明双缸压缩机转子系角速度的稳定性远好于单缸压缩机。另外，单缸滚动转子式制冷压缩机运转频率低于某一频率时，转子系角速

度不均匀度 Δ 迅速增大，压缩机振动也迅速增大。

转子系角速度不均匀度 Δ 除了导致转子系的切向振动外，其残差转矩的反作用转矩还会导致压缩机整机的切向振动。

图 8.18 为单缸压缩机与双缸压缩机切向振动幅值的比较。对比图 8.17 和图 8.18 可以看出，转子系角速度不均度 Δ 与压缩机切向振动的幅值成正比，图中的角速度不均匀度 Δ 与切向振动的幅值随运转频率变化趋势基本一致。

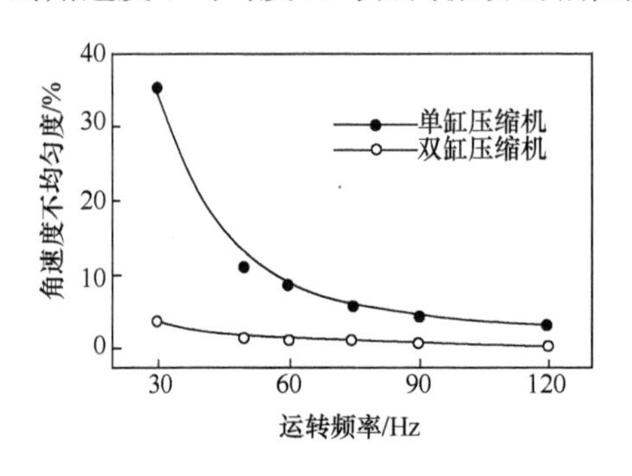

图 8.17　转子系角速度不均匀度随压缩机运转频率的变化

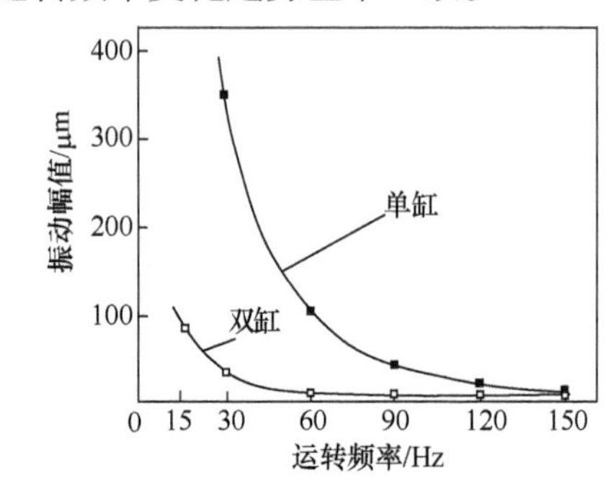

图 8.18　单缸与双缸压缩机旋转振动的幅值

一般情况下，压缩机可正常工作时转子系角速度不均匀度 Δ 应控制在 12.5%以内。实践表明，在没有采取控制措施(如 8.4 节中的转矩控制)时，大多数单缸压缩机运转频率高于 40Hz，双缸压缩机运转频率高于 20Hz 时，整机振动才能达到可以接受的范围，即这两种类型压缩机的最低(下限)运转频率分别约为 40Hz 和 20Hz。

2) 转子系转动惯量的影响

由式(8.61)可知，转子系角速度不均匀度 Δ 与转子系的总转动惯量 I_r 成反比。转子系的总转动惯量 I_r 越大，它储存的转动动能就越大，当电机驱动转矩 T_m 小于总阻力矩 T_c 时，它储存有足够的能量越过阻力矩的峰值，这时的转子系转动角速度下降得较少。在越过阻力矩峰值后，由于转动惯量 I_r 大，转子系可储存的能量多，在电机驱动转矩的驱动下产生的角加速度小，角速度上升的幅度较小。因此，转子系的总转动惯量 I_r 越大，角速度的不均匀度越小，转子系的总转动惯量 I_r 起稳定转子系旋转角速度的作用。

3) 阻力矩波动的影响

在一个旋转周期中，阻力矩波动幅值越小，转子系角速度不均匀度 Δ 就越小。阻力矩波动的幅值与吸排气压力差、气缸结构等多种因素有关。吸、排气压力差越大，阻力矩波动越大。在吸、排气压力差一定的情况下，优化气缸的结构设计可以在一定程度上降低阻力矩波动的幅值。

4) 转子系阻尼和摩擦力的影响

转子系阻尼是指转子系运动副油膜黏性形成的阻尼，转子系的摩擦阻力是指转子系运动副发生摩擦形成的摩擦力。由于转子系的阻尼和摩擦力的作用方向始终与转子系的旋转方向相反，所以当转子系做正加速转动时，会降低转子系的加速度；当转子系做负加速转动时，会加大转子系的负加速度。

8.3.3 减小转子系旋转速度波动的方法

减小压缩机转子系的角速度波动，可以从以下几个方面着手：①减小阻力矩的波动；②适当增加转子系的转动惯量；③减小残差转矩。本节介绍第①项和第②项，第③项在 8.4 节中介绍。

1. 减小阻力矩的波动

1) 气缸结构参数的影响

在吸、排气压力差不变的情况下，对于同一输气量的压缩机，气缸结构参数不同组合对总阻力矩的大小有直接的影响。决定压缩机输气量的主要设计参数有气缸高度、气缸内径、滚动转子直径以及偏心距。

在输气量相同时，可以通过调整偏心距、气缸高度和气缸内径等结构参数使气体阻力矩的波动减小。例如，当将某一台单缸压缩机的偏径比(偏心距与气缸内径比)从 0.18 调整到 0.21 时，气体阻力矩的最大值从 3.152N · m 降低到 3.049N · m。

2) 排气通道的影响

压缩机排气孔口的形状尺寸对压缩机性能有着直接的影响。若排气通道较小，势必增加排气阻力，压缩腔内制冷剂过压缩严重，增大气体阻力矩。

图 8.19 为某一台单缸压缩机在工况条件不变的情况下，不同排气口孔径时的气体阻力矩变化曲线。从图中可以看出，当排气口孔径由 ϕ4.5mm 增至 ϕ6.0mm 时，气体阻力矩的峰值降低约 20%，电机驱动转矩的平均值也下降 11.4%。

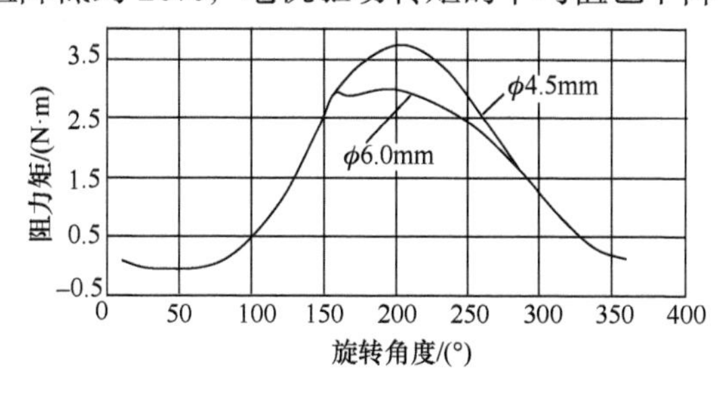

图 8.19　不同排气口孔径时的气体阻力矩变化曲线

3) 选择合适的排气阀片刚度

如果排气阀片的刚度过大，排气阀延迟开启，产生过压缩现象，将导致气体阻力矩的峰值增高。排气阀片刚度的合理确定可参考第 5 章中的有关介绍。

2. 适当增加转子系的转动惯量

表 8.1 为某一台单缸压缩机转子系转动惯量增大 17%时，压缩机切向加速度的测试结果。从表中可以看到，压缩机低频运转时整机的切向振动有较大幅度的改善。

表 8.1　增大转动惯量前后压缩机的切向振动　　(单位：m/s²)

方案＼频率/Hz	30	60	80
原方案	17.9	12.1	13.5
改进方案	9.63	13.1	13.6

8.4　采用转矩控制降低压缩机的振动

8.3 节介绍的减小转子系旋转速度波动的方法，只能在一定程度上改善压缩机低频运转时的振动，并不能大幅降低压缩机下限运转频率。降低压缩机下限运转频率最好的方法是对电机驱动转矩大小进行控制，使电机驱动转矩跟随压缩机总阻力矩的变化而变化，即使压缩机运转过程中的残差转矩最小化。这种振动控制方法称为转矩控制法，它是压缩机低频运转时一种抑制整机振动的“主动控制”方法。

图 8.20 为单缸滚动转子式制冷压缩机电机驱动转矩跟随总阻力矩变化的示意图。

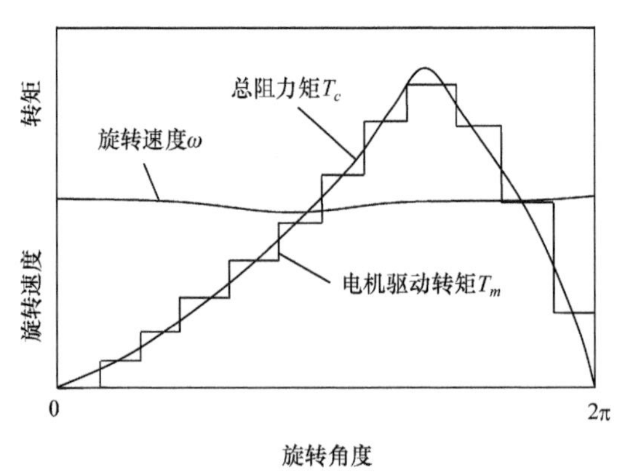

图 8.20　单缸滚动转子式制冷压缩机电机驱动转矩跟随总阻力矩变化示意图

使残差转矩最小化的控制方法有多种，本节仅介绍重复控制法的基本原理，其他方法可参阅相关文献。

下面以立式单缸滚动转子式制冷压缩机为例来说明和分析重复控制法的基本原理。

8.4.1　转矩控制法的基本原理

1. 转子系单元与固定系单元振动方程

图 8.21 为单缸滚动转子式制冷压缩机的残差转矩分析模型。从图中可以看出，电机转子、偏心轮轴和滚动转子等做旋转运动，构成压缩机的旋转运转单元，称为转子系单元。电机定子、气缸体零部件等固定在压缩机壳体上，由隔振器支承，压缩机运转时为相对静止状态，将由这些零部件组成的单元称为固定系单元。

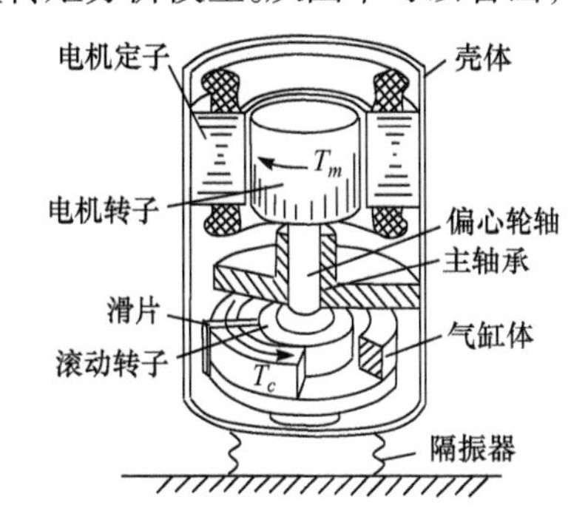

图 8.21　压缩机残差转矩分析模型

为了便于分析，对压缩机残差转矩分析模型作以下简化：

(1) 假设转子系单元和固定系单元均是刚性的，并且转子系单元的转动中心与惯性主轴重合；

(2) 假设压缩机壳体的隔振支承系统(橡胶隔振器)以压缩机的中心线等距均匀分布，并且各支承的刚度和阻尼系数相同。

由压缩机残差转矩分析模型可知，电机瞬时驱动转矩 T_m 和瞬时总阻力矩 T_c 在转子系单元和固定系单元之间的作用方向相反，并且存在残差转矩。因此，可以列出转子系单元和固定系单元的运转方程。

将式(8.58)改写，即得到转子系单元的运动方程为

$$I_r \frac{\mathrm{d}^2\theta_r}{\mathrm{d}t^2} = \Delta T_c \tag{8.62}$$

固定系单元的运动方程为

$$I_s \frac{\mathrm{d}^2\theta_s}{\mathrm{d}t^2} + c_s \frac{\mathrm{d}\theta_s}{\mathrm{d}t} + k_s\theta_s = -\Delta T_c \tag{8.63}$$

式中，I_s——固定系单元的转动惯量，单位为 kg · m^2；

k_s——支承系统的总刚度，单位为 N/m；

c_s——支承系统的阻尼系数，单位为 N · s/m；

θ_s——固定系单元的旋转角度，单位为 rad。

由式(8.63)可知，残差转矩 ΔT_c 为压缩机固定系单元的激励力矩。

2. 减小残差转矩的基本原理

假设压缩过程中制冷剂气体压力的变化为理想热力过程，图 8.22 为计算得到的总阻力矩 T_c 变化曲线以及残差转矩 ΔT_c 进行傅里叶变换得到的谐波分析结果。

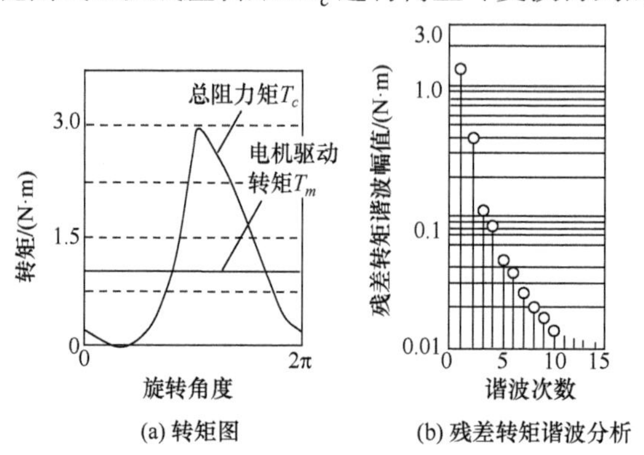

图 8.22　压缩机的阻力矩与残差转矩谐波分析

从图 8.22 中可以看出，残差转矩 ΔT_c 第一阶谐波成分幅值远超出其他阶次谐波成分，因此如果能有效抑制残差转矩 ΔT_c 第一阶谐波，就可以大幅度降低压缩机固定系单元的振动。

另外，由式(8.62)可知残差转矩 ΔT_c 与转子系角速度的变化关系，如果能检测到转子系旋转速度变化的信息，并通过控制电机驱动转矩的输出，使其在任何时候都满足 $\mathrm{d}\omega/\mathrm{d}t \to 0$，就有可能实现压缩机振动的减小。

图 8.23 为通过电机转矩控制降低振动的基本概念。

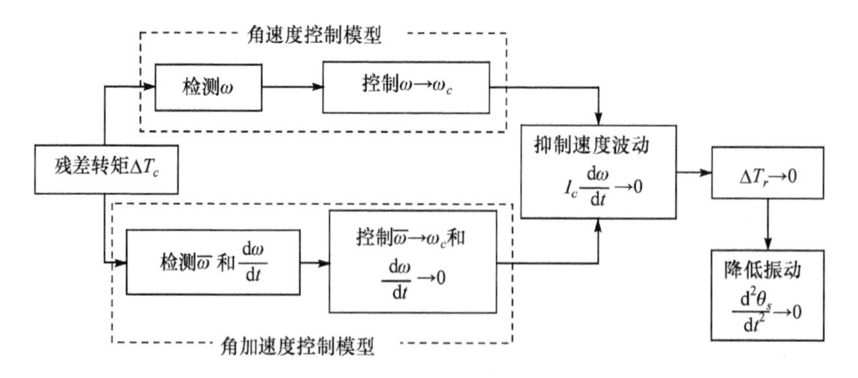

图 8.23　电机转矩控制降低振动的基本概念

为了通过电机转矩控制方法达到转子系角速度波动最小化的目的，需要研究下面两个模型：

(1) 通过检测转子系的角速度 ω，并控制电机驱动转矩 T_m，使每一旋转角度的角速度 $\omega = \omega_c$ (ω_c 为指令角速度)，这一模型称为旋转速度控制系统；

(2) 通过检测转子系角加速度($\mathrm{d}\omega / \mathrm{d}t$)，并控制电机驱动转矩 T_m，使每一旋转角度的角加速度等于 0，这一模型称为旋转加速度控制系统。

为了构建转子系角速度波动最小化的控制系统，需要精确检测压缩机每一个工作循环中转子系角速度的变化规律。转子系角速度变化规律最可靠的测量方法是通过编码器测量，但由于滚动转子式制冷压缩机壳体内充满高温高压的制冷剂气体和润滑油，不能使用编码器，需要采用无位置传感器方法来测量。在滚动转子式制冷压缩机中，通常是通过检测压缩机电机的三相电流，间接计算出角速度的变化规律。

例如，当采用三相四极永磁同步电机作为压缩机的驱动电机时，在压缩机的一个工作循环中，可以检测到电机转子 12 个脉冲的角度位置，也就是说，采用这一方法可以在每隔 30°范围内测量电机转子的角度位置。

下面以一个工作循环有 12 个脉冲的电机为例，讨论通过电机转矩控制技术抑制压缩机整机振动的方法。

8.4.2　PI 控制系统

首先介绍基本的 PI(比例-积分)控制系统。图 8.24 为电机转矩控制的 PI 控制系统方框图。在图中，忽略了电流控制环的响应间隔和计算的延时。PI 控制系统检测旋转脉冲，并测量每个脉冲之间的时间间隔，计算得到转子系的旋转速度，再由微处理器发出电机的电流指令。在这里，将旋转速度定义为由测量或由控制系统计算得到的转速，以区别转子系单元的实际角速度。

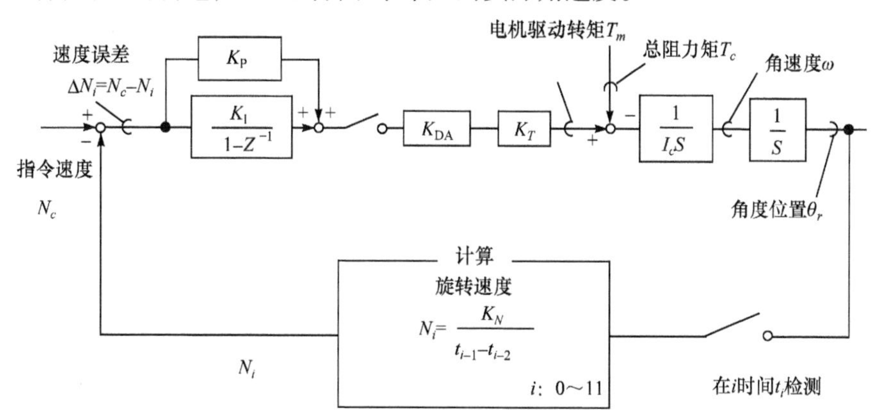

图 8.24　PI 控制系统方框图

例如，第 i 个电机驱动转矩 T_{mi} 由下面的步骤检测和计算：

(1) 检测旋转过程中的每一个脉冲，由微处理器计算出两相邻脉冲时间周期 t_{i-1} 和 t_{i-2} 之间的第 i 个旋转速度 N_i，即

$$N_i = \frac{K_N}{\Delta t_i} = \frac{K_N}{t_{i-1} - t_{i-2}} \tag{8.64}$$

式中，K_N——转换常数；

Δt_i——间隔时间，单位为 s。

由此可得第 i 个速度 N_i 与指令速度 N_c 之间的转速误差为

$$\Delta N_i = N_c - N_i$$

(2) 由 P(比例)和 I(积分)计算得到使转速误差 ΔN_i 为零的电流指令 i_{ci}，由下式计算得到第 i 个电机驱动转矩 T_{mi}：

$$T_{mi} = K_T K_{\mathrm{DA}} i_{ci}$$

式中，K_T——转矩常数；

K_{DA}——数字模拟转换常数。

采用这一方法时，会出现电机驱动转矩输出时间和旋转脉冲检测时间之间的响应滞后。另外，由于总阻力矩变化幅值较大，滚动转子式制冷压缩机的角速度波动很大,仅用每旋转一周 12 个脉冲信号要准确地预测并保持稳定旋转是相当困难的。因此，还需要采用重复旋转速度控制法才能实现角速度波动极小化的控制。

8.4.3 重复旋转速度控制系统

决定滚动转子式制冷压缩机转矩波动的制冷剂气体压力参数(p_d 和 p_s)是随电机驱动状态(如压缩机运转频率等)变化的。假设在阻力矩变化的周期内，甚至瞬间状态，如启动、加速或减速期间，制冷剂气体压力参数的变化都慢于阻力矩的变化，这样，阻力矩可以假设为周期性变化，即压缩机旋转一周为阻力矩变化的周期。另外，在制冷剂气体压力参数不变的情况下，虽然阻力矩在一个旋转周期中幅值波动很大，但在每一个角度位置阻力矩几乎是恒定的。这些特殊因素为采用重复旋转速度控制法来实现角速度波动最小化奠定了基础。

重复旋转速度控制法是指利用前一个工作周期的旋转速度信息对后一个工作周期旋转速度进行控制的方法。从前一个工作周期的旋转速度信息，可以计算出后一个工作周期的电机驱动转矩的指令，从而得到使旋转速度接近指令速度的电机转矩。

图 8.25 为基于上述概念的重复旋转速度控制系统方框图，在图中，有与 12 转子位置对应的 12 个积分数值寄存器。检测转动中的每一个脉冲，计算从 t_{i-1} 时刻到 t_{i+1} 时刻的第 i 个旋转速度 N_i，计算式如下：

$$N_i = \frac{K_N}{\Delta t_i} = \frac{K_N}{t_{i+1} - t_{i-1}} \tag{8.65}$$

式中，K_N——转换常数；

Δt_i——间隔时间，单位为 s。

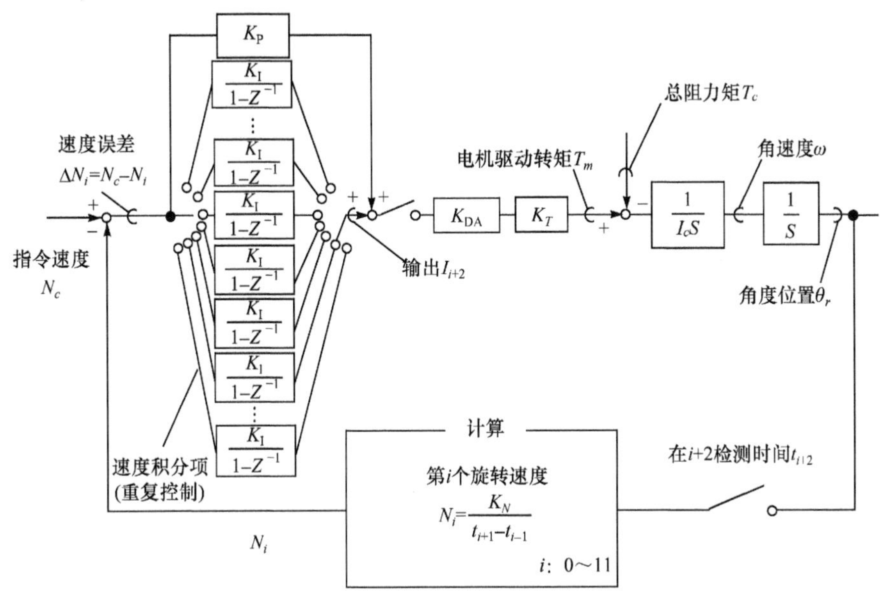

图 8.25　重复旋转速度控制系统方框图

将计算得到的第 i 个旋转速度 N_i 与指令速度 N_c 相比，就可以得到第 i 个旋转速度的误差 ΔN_i，并将第 i 个旋转速度误差 ΔN_i 用于第 i 个积分项，有

$$I_i^{(n)} = I_i^{(n-1)} + K_I \Delta N_i \tag{8.66}$$

式中，$I_i^{(n)}$——电机旋转 n 圈第 i 个旋转速度的电流，单位为 A；

$I_i^{(n-1)}$——电机旋转 $n-1$ 圈第 i 个旋转速度的电流，单位为 A；

n——转子旋转的圈数；

K_I——积分增益。

第 i 个输出电流 i_{ci} 指令的计算式为

$$i_{ci}^{(n)} = I_{i-m}^{(n-1)} + K_P \Delta N_i \tag{8.67}$$

式中，m——与转子角度位置一致的符号，用于获得相位补偿；

K_P——比例增益。

式(8.62)表明，转子系角速度的相位角滞后于转矩，其原因是角速度 ω 为残差转矩 ΔT_c 的比例积分。残差转矩傅里叶变换后可以表示为

$$\Delta T_c = \sum_{k=0}^{n} \Delta T_{c,k} \cos(k\omega_c t + \alpha_k) \tag{8.68}$$

式中，$\Delta T_{c,k}$——残差转矩 k 次谐波的幅值，单位为 N · m；

k——残差转矩谐波阶次；

ω_c——残差转矩基波的角频率，单位为 rad/s；

t——时间，单位为 s；

α_k——残差转矩 k 次谐波的相位角，单位为 rad。

将式(8.68)代入式(8.62)并积分，有

$$\omega = \bar{\omega} + \sum_{k=0}^{n} \omega_{r,k} \cos\left[k\left(\omega_c t - \frac{\pi}{2k}\right) + \alpha_k\right] \tag{8.69}$$

式中，$\bar{\omega}$——一个旋转周期内转子系的平均角速度，单位为 rad/s；

$\omega_{r,k}$——转子系 k 阶谐波角速度的幅值，单位为 rad/s；

ω——转子系的角速度，单位为 rad/s。

其中

$$\omega_{r,k} = \frac{\Delta T_{c,k}}{I_r} \frac{1}{k\omega_c} \tag{8.70}$$

从式(8.69)中可以看出，与残差转矩谐波相位比较，相同阶次的角速度谐波滞后 $\pi/(2k)$ (=90°/k)相位角。

因此，在重复旋转速度控制系统中需要做相位补偿。现在，即使忽略计算时间，检测到第 i+1 个脉冲时立即确定出第 i 个旋转速度 N_i，取相移角时间为原始时间，原始时间与积分项输出时间之间的角为延迟角，则意味着旋转一周后存在 330°的延迟角，如果对第一阶谐波进行 90°的相位补偿，其延迟角将为 240°。关于变量 m 的使用，可以解释如下：当 m 等于零时，由于在速度采样和脉冲检测之间有 30°的相位角滞后，延迟角将为 360°。当 m 等于 2 时，相位角将有 60°提前，延迟角将变成 300°。

8.4.4 重复旋转加速度控制系统

由上述讨论可知，残差转矩与角速度之间存在着相位差。同时，也可以看出，角加速度的变化与残差转矩变化同相，因此采用重复角加速度方法将取得更好的效果。

图 8.26 为重复角加速度控制系统的方框图。控制系统由两个环组成：PI 平均旋转速度控制环和重复角加速度控制环。平均旋转速度控制环为基本的反馈系统，其作用是使平均旋转速度与指令旋转速度相等；重复角加速度控制环的作用是作为补偿系统使旋转加速度逼近零。

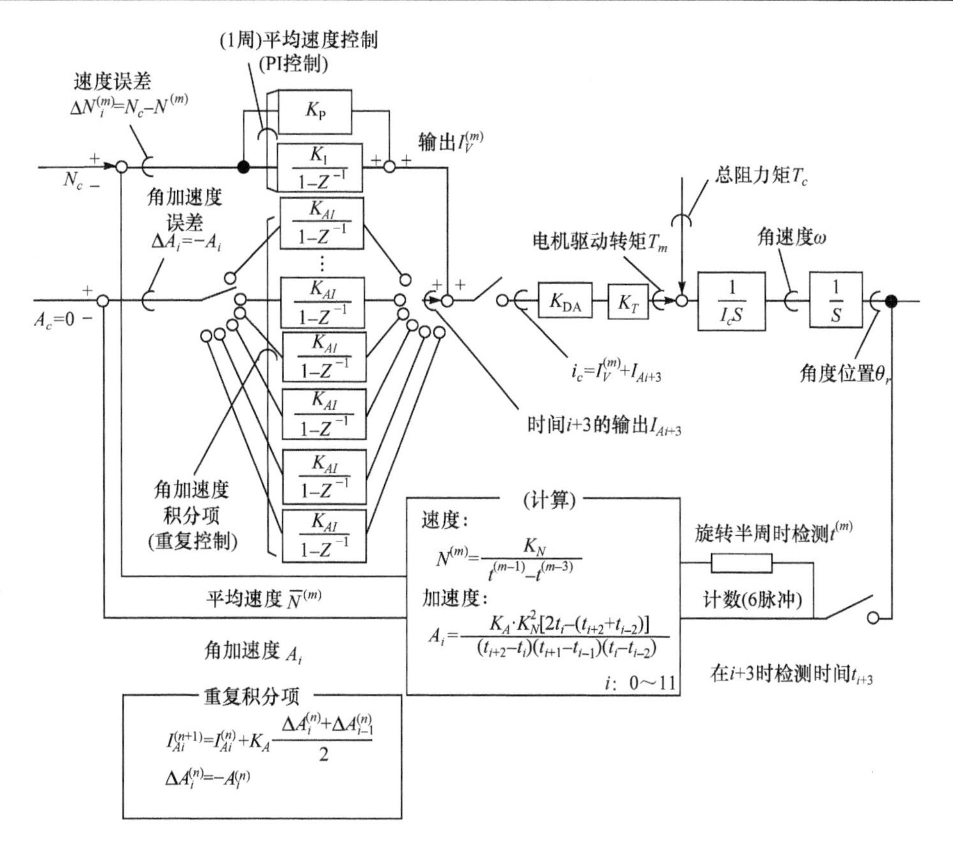

图 8.26　重复角加速度控制系统方框图

由两个环的输出之和得到电机驱动转矩的大小。按照物理学的观点，可以解释为平均旋转速度控制环的输出是直流(DC)成分，它使压缩机以恒定速度转动，重复角加速度控制环的输出是交流(AC)成分，它的作用是消除一个旋转周期中残差转矩的波动。在图 8.26 中，第 i 个加速度 A_i 是由第 i+1 个旋转速度 N_{i+1} 和第 i–1 个旋转速度 N_{i-1} 计算得到的：

$$A_i = K_a \frac{N_{i+1} - N_{i-1}}{\Delta t_i} = K_A N_i (N_{i+1} - N_{i-1}) \tag{8.71}$$

式中，K_A——转换常数，$K_A = K_a / K_N$。

用式(8.64)，将式(8.71)重写，可以得到

$$A_i = \frac{K_A \cdot K_N^2 [2t_i - (t_{i+2} + t_{i-2})]}{(t_{i+2} - t_i)(t_{i+1} - t_{i-1})(t_i - t_{i-2})} \tag{8.72}$$

为了确定第 i 个加速度 A_i，在式(8.72)中使用了五个点的数据，因此需要在获取 t_{i+2} 的信息后才开始 A_i 的计算。

其次，$t_i \sim t_{i+1}$ 的第 i 个加速度积分项 $I_{Ai}^{(n)}$ 由式(8.73)定义，它为加速度在时间 t_1 时的偏差 ΔA_i ($=A_i : A_c \equiv 0$)和在时间 t_{i+1} 时的偏差 ΔA_{i+1} 的平均值：

$$I_{Ai}^{(n)} = I_{Ai}^{(n-1)} + K_{Ai} \frac{\Delta A_i + \Delta A_{i+1}}{2} \tag{8.73}$$

式中，K_{Ai} ——加速度积分增益；

n ——旋转周数。

在平均旋转速度的控制中，平均速度的检测和指令的发出每隔 180°执行一次。控制步骤如下：首先，每隔 180°位置检测；然后，测量 360°角(即每两个脉冲检测一次)的时间间隔。在第 n 周、第 L 个角度位置时的第 m 个平均旋转速度 $\overline{N}^{(m)}$ ($m = 2(n-1) + L$ ， $L = 1$ 或 2)由式(8.74)计算：

$$\overline{N}^{(m)} = \frac{K_M}{t^{(m-1)} - t^{(m-3)}} \tag{8.74}$$

式中，K_M ——转换常数。

第 m 个平均速度与指令速度的误差 $\Delta N^{(m)}$ 为

$$\Delta N^{(m)} = N_c - \overline{N}^{(m)}$$

平均速度控制环的第 m+1 个输出 $I_V^{(m+1)}$ 由 PI 控制模型平均速度环确定，计算式为

$$I_{VI}^{(m)} = I_{VI}^{(m-1)} + K_{\mathrm{I}} \Delta N^{(m)}$$

$$I_V^{(m+1)} = I_{VI}^{(m)} + K_{\mathrm{P}} \Delta N^{(m)} \tag{8.75}$$

式中，I_{VI} ——平均速度误差的积分项；

K_{I} ——平均速度误差积分增益；

K_{P} ——平均速度误差比例增益。

最后，对式(8.73)中的 I_{Ai} 和式(8.75)中的 I_V 求和，就可以获得输出电流指令。

重复上述过程，就可以实现滚动转子式制冷压缩机低频运转时的振动控制。采用重复控制法极大地拓宽了压缩机的频率运转范围。

实际经验表明，在负荷较轻的工况条件下，单缸滚动转子式制冷压缩机的最低运转频率可低至 1Hz。

8.5 采用隔振方法降低压缩机振动的传递

隔振方法是指减小振动能量传递的方法。为了控制压缩机振动能量的传递，通常将压缩机安装在隔振器上。

滚动转子式制冷压缩机的隔振一般采用单层隔振系统，使用的隔振器多用橡胶材料制成。立式压缩机通常为三个橡胶隔振器在压缩机的底部均匀分布，卧式压缩机则采用四个橡胶隔振器均匀分布在壳体上。图 8.27 为典型的滚动转子式制冷压缩机隔振器结构及安装方式。

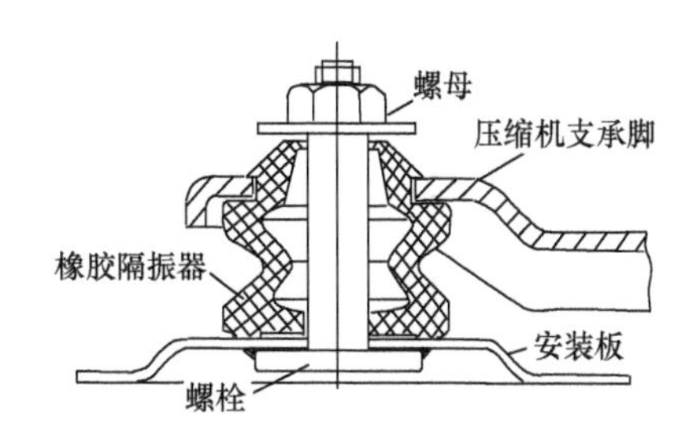

图 8.27　压缩机隔振器的典型结构及安装方式

由于滚动转子式制冷压缩机在大多数情况下安装在薄钢板压制成型的基础部件上，如果压缩机的振动传递到基础上容易引起安装基础以及机组其他零部件振动而产生二次噪声。因此，控制压缩机整机的振动能量从支承脚传入基础，对于降低制冷和热泵机组的噪声与振动是非常重要的工作。

8.5.1　振动方程的一般形式

从 8.1 节的介绍可知，滚动转子式制冷压缩机整机振动为形式复杂的宽频带振动。

如图 8.1 所示，对于压缩机整机，存在六个自由度的振动，即 x、y、z 轴方向的跳动及绕 x、y、z 轴的摇动，其中，最主要的振动基本上可分解为压缩机轴向方向的跳动及摇动。因此，压缩机隔振器设计时不但要考虑轴向方向的跳动，而且要考虑绕轴线方向的摇动。

对于立式滚动转子式制冷压缩机，压缩机的安装平面垂直于轴线，即隔振器压缩方向为压缩机的轴向振动方向，剪切方向为压缩机的切向振动方向。而卧式滚动转子式制冷压缩机的安装平面平行于轴线，隔振器的压缩方向为压缩机的切向振动方向，剪切方向为压缩机的轴向振动方向。

为了便于分析，假设压缩机的安装基础为刚性基础。通过多个隔振器安装在刚性基础上的压缩机可简化为刚体-多弹性支承模型，其中，压缩机简化为刚性质量块，隔振器简化为弹簧和阻尼器。其计算模型由 x、y、z 三个方向的线性弹簧和黏性阻尼器组成，图 8.28 为隔振系统动力学模型(图中阻尼器未画出)。

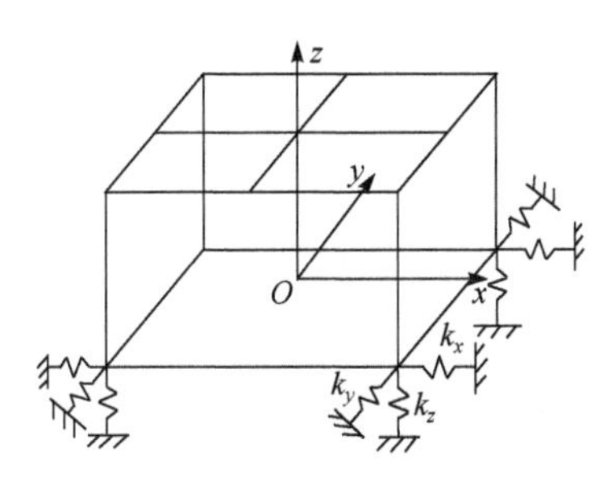

图 8.28　隔振系统动力学模型

取静止状态下压缩机的质心为坐标原点；三个坐标轴 Ox(横向)、Oy(纵向)、Oz(垂向)与压缩机的三个主惯性轴重合；位移 x、y、z 按坐标正方向为正值，绕坐标轴的转角 α (横摇)、β (纵摇)、γ (平摇)按左手定则取与坐标轴正向一致为正值。

系统的振动方程为

$$M\frac{\mathrm{d}^2q}{\mathrm{d}t^2}+C\frac{\mathrm{d}q}{\mathrm{d}t}+Kq=F \tag{8.76}$$

式中，M——质量矩阵；

C——阻尼矩阵；

K——刚度矩阵；

q——位移矢量，$q=\{x,y,z,\alpha,\beta,\gamma\}^{\mathrm{T}}$，其中 x、y、z 为线位移，α、β、γ 为角位移；

F——力矢量，$F=\{F_x,F_y,F_z,T_x,T_y,T_z\}^{\mathrm{T}}$，其中 F_x、F_y、F_z 为激励力，T_x、T_y、T_z 为激励力矩。

如果忽略阻尼作用，则式(8.76)可以写为

$$M\frac{\mathrm{d}^2q}{\mathrm{d}t^2}+Kq=F \tag{8.77}$$

系统的坐标原点和三个坐标轴按上述原则选定后，质量矩阵便是一个简单的对角阵，形式为

$$M=\begin{bmatrix} m & & & & & 0 \\ & m & & & & \\ & & m & & & \\ & & & I_x & & \\ & & & & I_y & \\ 0 & & & & & I_z \end{bmatrix} \tag{8.78}$$

式中，m——压缩机整机的质量，单位为 kg；

I_x、I_y、I_z——绕 x、y、z 轴的转动惯量，单位为 $\mathrm{kg\cdot m^2}$。

刚度矩阵中各个元素主要与弹性支承的布置有关，刚度矩阵为

$$K=\begin{bmatrix} k_{xx} & k_{xy} & k_{xz} & k_{x\alpha} & k_{x\beta} & k_{x\gamma} \\ k_{yx} & k_{yy} & k_{yz} & k_{y\alpha} & k_{y\beta} & k_{y\gamma} \\ k_{zx} & k_{zy} & k_{zz} & k_{z\alpha} & k_{z\beta} & k_{z\gamma} \\ k_{ax} & k_{\alpha y} & k_{az} & k_{\alpha\alpha} & k_{\alpha\beta} & k_{\alpha\gamma} \\ k_{\beta x} & k_{\beta y} & k_{\beta z} & k_{\beta\alpha} & k_{\beta\beta} & k_{\beta\gamma} \\ k_{\gamma x} & k_{\gamma y} & k_{\gamma z} & k_{\gamma\alpha} & k_{\gamma\beta} & k_{\gamma\gamma} \end{bmatrix} \tag{8.79}$$

由质量矩阵可知，系统不存在惯性耦合。

8.5.2　压缩机最低隔振频率的确定

隔振器设计的目标是将压缩机最低频率的振动也隔绝，因此隔振器设计时首先要确定压缩机振动的最低频率。

滚动转子式制冷压缩机最主要振动的最低频率为转子系的旋转频率，它是由转子系不平衡、弯曲以及偏心等引起的，即

$$f = \frac{n}{60} \tag{8.80}$$

式中，n——压缩机转子系的转速，单位为 r/min。

压缩机的旋转频率具有转子系每旋转一周变化一次的正弦振动特征。当压缩机采用异步电机驱动运转时，电源的频率有 50Hz 和 60Hz 两种，相应的转子系旋转频率分别为 48Hz 和 58Hz 左右；当压缩机采用内置式永磁同步电机或永磁辅助同步磁阻电机由逆变器驱动时，一般情况下，压缩机运转频率的范围为 10～130Hz，部分工况条件下，最低的运转频率可低至 1Hz。由于变频运转时的最低运转频率低，同时，隔振器需要有一定的支承能力和刚度以保证压缩机支承的稳定性，不可能按压缩机的最低运转频率设计隔振器，应在压缩机运转频率范围确定出对振动影响较大频率为最低隔振频率，以此运转频率作为隔振设计的依据。

8.5.3　压缩机隔振器的设计

1. 隔振器设计基本原则和一般步骤

压缩机隔振器设计基本原则为：隔振效率高，结构紧凑合理，尺寸小，性能稳定，寿命长；既要满足压缩机运转条件下的隔振要求，也要使在运输条件下压缩机的摇摆、振动幅度小，确保在运输过程中对管道等系统不发生破坏。

在隔振器设计前，需要确定以下资料：

(1) 压缩机运转频率范围；

(2) 压缩机的外形尺寸，质量、质心位置、主惯性轴的转动惯量；

(3) 安装基础的动态特性和环境。

隔振器设计的一般步骤如下：

(1) 激励分析。压缩机的隔振属于积极隔振，根据其运动特性，确定激励力(力矩)的频率、振幅和方向等。

(2) 确定隔振系统的固有频率。隔振效果主要取决于激振频率与隔振器固有频率之比以及阻尼比，即频率比要大于 2.5 才能完全隔绝振动的传递，当这一条件无法满足时，应力求使频率比至少要达到 $\sqrt{2}$ 以上。

此外，在确定隔振系统的固有频率时，还应考虑压缩机系统的横向稳定性。也就是说，在满足隔振效率的前提下，隔振器的固有频率可以适当提高一些，以

避免压缩机的倾斜，以及在运输过程中晃动太大。

(3) 确定压缩机的质量、质心位置及主惯性轴方向转动惯量。

(4) 计算隔振器的刚度。根据隔振器的固有频率计算隔振器的总刚度，要使隔振器的静载荷为其容许载荷的 80%～90%，静载荷与动载荷之和不应超过容许载荷。

(5) 隔振器的布置。应尽量使每个隔振器受力相等、静变形相同，以保证压缩机在垂直方向振动独立，避免产生耦合振动。

在压缩机支承脚的设计时要尽量提高压缩机隔振器支承面的位置，使支承面平面接近压缩机重心平面，这样可以改善整个装置的稳定性，以及减小作用在隔振器激励力的幅值。例如，如图 8.29 所示，对于立式压缩机，采用 L 形支承脚与采用三角形支承脚结构相比支承面更接近于压缩机的重心($l_1 < l_2$)，因此其稳定性更好，作用在隔振器上的激励力振动幅值小。

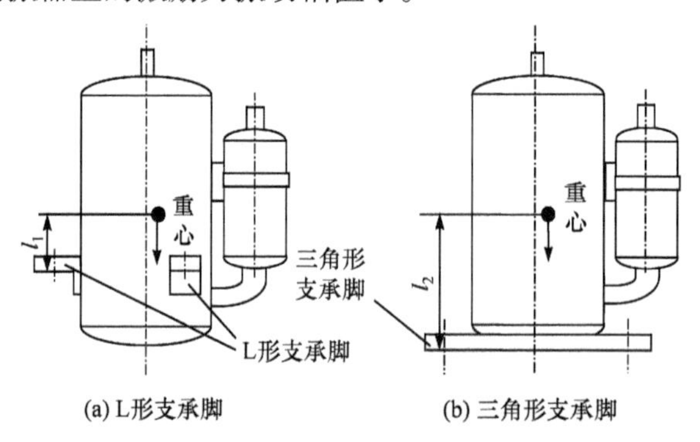

图 8.29　支承脚形式及与重心的距离

同时，应使隔振器处于自由状态。由于在压缩机的隔振器中心部位一般都有螺栓穿过(图 8.27)，隔振器内孔与螺栓外径之间要保持一定间隙，螺栓上的螺母垫片也要与隔振器保持一定的间隙，否则会因相互干涉造成压缩机工作时产生强烈振动，起不到隔振效果。但隔振器与螺栓和螺母垫片之间的间隙不能过大，隔振器与螺栓的径向间隙过大，对于立式压缩机，当其启动和停机时，压缩机绕中心轴的旋转幅值过大，会造成管路系统的应力过大；而螺母垫片与隔振器之间的间隙过大，对卧式压缩机来说，同样会出现启动停机时压缩机绕中心轴旋转幅值过大的问题。同时，螺母垫片与隔振器之间的间隙过大，在运输过程中将产生压缩机跳动幅度过大的问题。

2. 橡胶隔振器

1) 橡胶隔振器的特性

滚动转子式制冷压缩机一般采用橡胶隔振器支承和隔振。橡胶隔振器的最大优点是：具有一定的阻尼，成型简单、加工方便，可以制成各种形状；在轴向、横向和旋转方向均具有隔振能力，通过改变橡胶组件的形状和尺寸能自由地选取三个方向的刚度和强度；可以承受压、剪或者压剪相结合的作用力，受剪时可以获得较低的刚度，并且在共振点附近有明显的减振作用；其阻尼比相对较大，高频振动隔离性能好。

橡胶是不可压缩的，其弹性是受力后体积形态变化的结果。为了保证橡胶具有弹性，必须要保证足够的空间使橡胶能自由地向四周膨胀。橡胶隔振器的阻尼比一般为 0.02～0.2，可通过调节橡胶成分和选用不同形状结构来调整橡胶隔振器的刚度及阻尼比。

但由于橡胶隔振器是高分子聚合物制品，耐高温和低温性能差，容易受温度、油质、臭氧等的侵蚀而老化；难以做到同一型号隔振器的性能完全相同；具有蠕变特性，即在额定载荷下，其变形在一段时间内仍不断增加，通常 48h 的滞后变形可达蠕变的 90%。这些是橡胶隔振器的致命缺点。

滚动转子式制冷压缩机通常为高压腔结构，即压缩机工作时在壳体内为高温高压的制冷剂气体，压缩机壳体表面的最高温度有可能达到 120℃以上，热量会通过压缩机支承脚传递到橡胶隔振器上，长期处于高温下易造成橡胶老化。一旦老化后，橡胶弹性下降，硬度上升，阻尼下降，减振作用会明显降低，噪声会增大。图 8.30 为温度为 120°时，各类橡胶硬度随时间的变化情况。

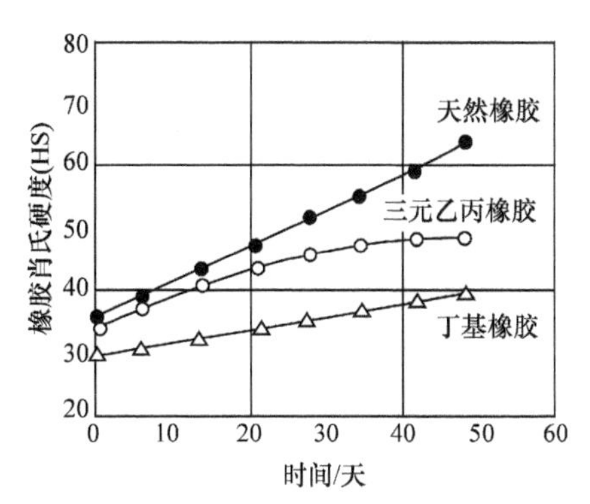

图 8.30　温度为 120°时各类橡胶硬度随时间的变化

2) 橡胶隔振器的材料

橡胶大体上可以分为天然橡胶和合成橡胶两大类。一般天然橡胶综合物理力学性能较好，而合成橡胶能满足某些特殊要求，如耐油、耐酸、耐老化和耐高低温等。

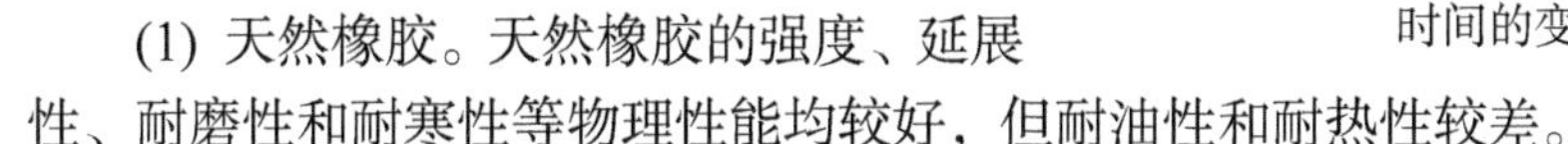

(1) 天然橡胶。天然橡胶的强度、延展性、耐磨性和耐寒性等物理性能均较好，但耐油性和耐热性较差。

(2) 丁腈橡胶。丁腈橡胶的主要优点是耐油性和耐热性好，阻尼也较大。

(3) 氯丁橡胶。氯丁橡胶的特点是耐候性好，多用于对防老化、防臭氧有较高要求的场合，但生热性太大。

(4) 丁基橡胶。丁基橡胶的特点是阻尼大，隔振性能好，具有良好的耐寒性、耐臭氧、耐酸性。

(5) 三元乙丙橡胶。三元乙丙橡胶具有耐天候、耐臭氧、耐热、耐酸碱等特性。

在滚动转子式制冷压缩机中，隔振橡胶主要采用天然橡胶、丁基橡胶和三元乙丙橡胶。由于天然橡胶耐老化能力相对较差，在条件恶劣环境下使用以及耐老化要求高时，多采用丁基橡胶和三元乙丙橡胶。

3) 橡胶隔振器的类型

根据形状以及受力变形的情况，可以将橡胶隔振器分为压缩型、剪切型和复合型三种类型。滚动转子式制冷压缩机中使用的为复合型橡胶隔振器，它既可以承受压力，也可以承受剪切力。由于橡胶受剪切时的弹性特性比受压缩时好，所以受剪切力时的刚度低，可以获得较低的固有频率。

同时，滚动转子式制冷压缩机使用的橡胶隔振器属于小负荷橡胶隔振器(小于10kg/cm^2)，其固有频率在10Hz以下，可以隔离15Hz以上频率的机械激励力。

4) 弹性模量及影响因素

在橡胶隔振器设计中，弹性模量是重要参数。由于橡胶是一种非线性的弹性材料，几乎不可压缩，只有在变形量很小时，才可以近似地作为线性弹性体。橡胶的弹性模量是硬度的函数，同时与橡胶种类、载荷性质、工作温度、相对变形大小以及形状尺寸等各种因素有关。

考虑到载荷性质、温度、外形尺寸等各种影响因素，工作状态下的弹性模量可用式(8.81)表示：

$$E_d = n_d E_s = \xi_T \xi_F E \tag{8.81}$$

式中，E_d——动态弹性模量，单位为MPa；

E_s——静态弹性模量，单位为MPa；

E——由胡克定律计算的弹性模量，单位为MPa；

n_d——动态系数；

ξ_T——温度影响系数；

ξ_F——形状影响系数。

(1) 由于橡胶变形时应变滞后于应力，所以其动态弹性模量E_d大于静态弹性模量E_s。动态系数n_d与作用力的频率、振幅以及橡胶硬度有关。一般情况下，动态弹性模量E_d由实验测得，它是动力计算所必需的重要参数。动态系数n_d越小越好。

在橡胶隔振设计中，动态系数可按下列数据选取：

天然橡胶：$n_d = 1.2 \sim 1.6$；

丁腈橡胶：$n_d = 1.5 \sim 2.5$；

氯丁橡胶：$n_d = 1.4 \sim 2.8$；

三元乙丙橡胶：$n_d = 1.2 \sim 2.8$。

(2) 橡胶的硬度不同，弹性模量不同。当承压面积与自由面积之比(即上下受压面与侧面面积之比)为0.25、相对变形为15%、温度为15℃时，丁腈橡胶的静

态弹性模量 E_s 与硬度(肖氏硬度)的关系如图 8.31 所示，其他橡胶也可参考此图。由于橡胶的硬度是决定橡胶性能的主要参数，在橡胶隔振器中采用肖氏硬度为 40～70HS 较为合适。

(3) 橡胶的工作温度不同,弹性模量不同。通常给出的弹性模量数据是在 15～20℃条件下测得的。温度降低，橡胶的弹性模量增大，反之则减小。如果其他条件不变，设 15℃时的温度影响系数为 1，则温度影响系数 ξ_T 曲线如图 8.32 所示。

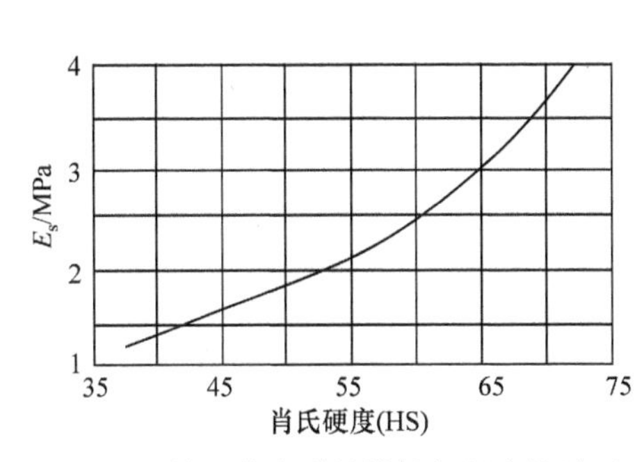

图 8.31　橡胶静态弹性模量与硬度的关系

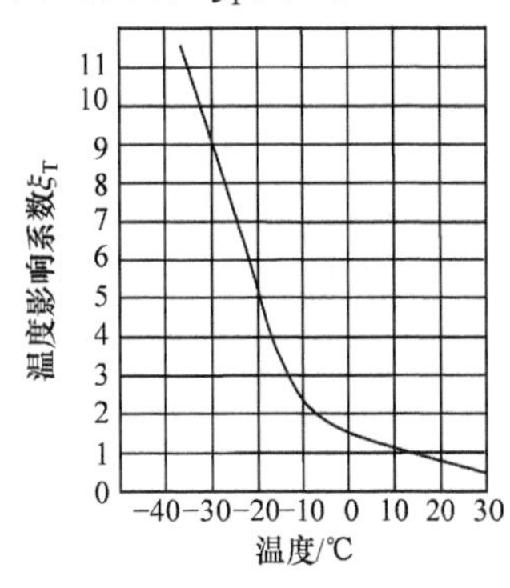

图 8.32　温度影响系数曲线

(4) 弹性模量与外形尺寸、工作面与自由面之比 μ_F 有关。对于长方体或者圆柱体，如果其受压时的面积为 F_1，自由状态的面积为 F_2，假设 $\mu_F = 0.25$ 时的形状影响系数为 1，则其他比值下形状影响系数 ξ_F 的曲线如图 8.33 所示。

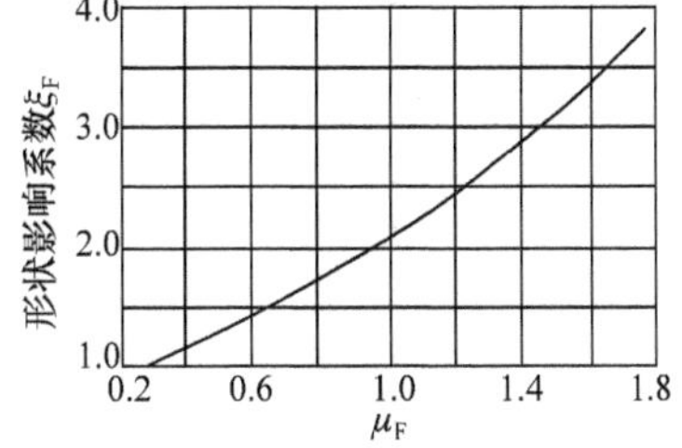

图 8.33　形状影响系数

当橡胶在横向可以自由膨胀时,橡胶的切变模量 G_s 与静态弹性模量 E_s 之间大致有以下关系：$E_s = 3G_s$。

5) 橡胶的许用应力和许用应变

隔振橡胶的许用应力与许用应变是从耐久性和限制蠕变量的角度规定的，表 8.2 为隔振橡胶的许用应力和许用应变，分为静态载荷和动态载荷两项指标，其中，许用应变为本身厚度的相对值，用厚度的百分比表示。

表 8.2　隔振橡胶的许用应力和许用应变

受力类型		压缩型	剪切型
许用应力/(N/mm²)	静态	<3	<1.5
	动态	<1	<0.4

续表

受力类型		压缩型	剪切型
许用应变/%	静态	15～20	20～30
	动态	5	8

6) 橡胶的阻尼

从消除高频振动的角度，希望橡胶有足够高的内阻尼，高阻尼将消耗更多的能量并转换成热量。但由于橡胶为不良热导体，热量难以散出，阻尼过高将导致出现橡胶的温度升高、刚度下降、耐久性降低等问题，所以隔振器设计时需综合考虑确定合适的阻尼，同时还应注意橡胶隔振器的散热问题。

橡胶块的阻尼特性是各向同性的。但由于隔振器结构形状的差异等，实际隔振器三个方向的阻尼是有差别的。一般情况下，合成橡胶的阻尼比大于天然橡胶的阻尼比。表 8.3 为各类橡胶材料的阻尼比 $\xi = c/c_m$ 的大致范围，其中 c_m 为临界阻尼系数。

表 8.3　各类橡胶的阻尼比

橡胶材料	阻尼比 ξ	橡胶材料	阻尼比 ξ
天然橡胶	0.025～0.075	氯丁橡胶	0.075～0.15
丁腈橡胶	0.075～0.15	丁基橡胶	0.12～0.20

防振橡胶的阻尼比随着硬度的增加而增加，图 8.34 为橡胶阻尼特性与硬度的关系。

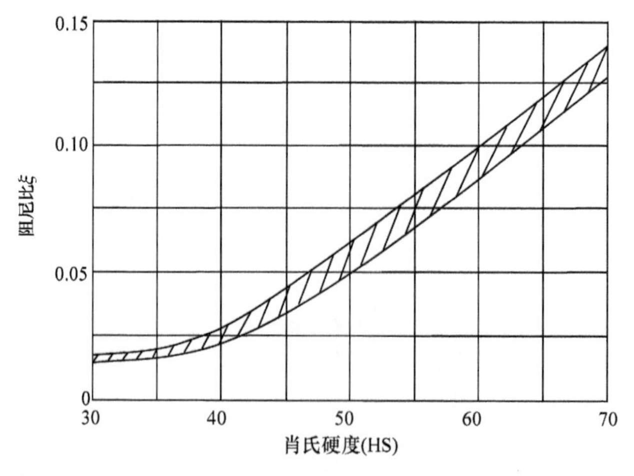

图 8.34　橡胶阻尼特性与硬度的关系

3. 橡胶隔振器的设计

滚动转子式制冷压缩机的隔振器，通常先按压缩型隔振器设计，然后计算其剪切状态下的刚度。

1) 受压缩时的参数计算

在根据压缩机最低激振频率和隔振要求确定隔振系统固有频率后，可按式 (8.82)计算每个隔振器在垂直方向的动刚度 k_d：

$$k_d = \frac{m}{N}(2\pi f_d)^2 \tag{8.82}$$

式中，m——压缩机的质量，单位为 kg；

N——隔振器的数量；

f_d——隔振系统的固有频率，单位为 Hz。

每个隔振器的静刚度为

$$k_s = \frac{k_d}{n_d} \tag{8.83}$$

滚动转子式制冷压缩机的隔振器为形状复杂的环形柱状结构，为了简化分析，这里以环柱形橡胶隔振器为例来分析，如图 8.35 所示。采用环柱形橡胶隔振器的刚度计算结果比实际使用的隔振器刚度大，因此计算结果需要作一定的修正。

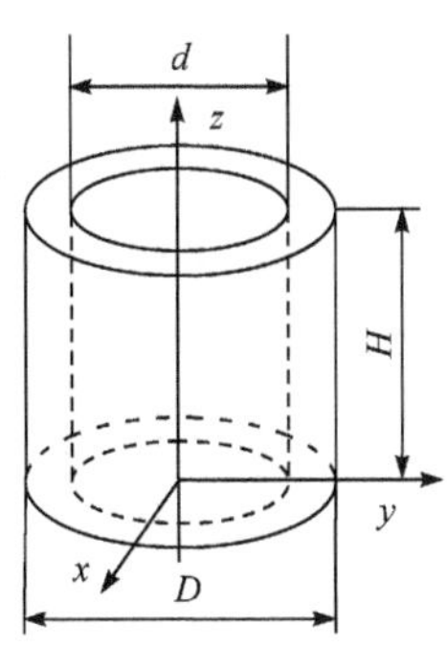

图 8.35　环柱形橡胶隔振器

环柱形橡胶隔振器 z 轴方向的静刚度可由式(8.84)估算：

$$k_z = \frac{\xi_T \xi_F S}{H} E_s = \frac{1.2\pi(D^2 - d^2)(1 + 1.65n^2)}{4H} E_s \tag{8.84}$$

式中，D——环柱形橡胶隔振器外径，单位为 m；

d——环柱形橡胶隔振器内径，单位为 m；

H——环柱形橡胶隔振器高度，单位为 m；

$n = (D - d)/(4H)$。

隔振器 z 轴方向的静变位为

$$\delta_s = \frac{n_d g}{(2\pi f_d)^2} \tag{8.85}$$

式中，δ_s——隔振器 z 轴方向的静变位，单位为 m；

g——重力加速度，单位为 m/s^2。

表 8.2 表明橡胶块的许用应变一般小于其厚度 H 的 15%，即 $\delta_s < 0.15H$。由此可以确定橡胶块的厚度 H，即可确定橡胶块的承压面积 S：

$$S=\frac{Hk_z}{E_s\xi_T\xi_F} \tag{8.86}$$

压缩机隔振器的承压面为环形，其直径 D 可在式(8.87)范围取值：

$$H \leqslant D \leqslant 4H \tag{8.87}$$

隔振器的固有频率可以根据隔振器的静压缩量 δ_s 来估算：

$$f_d=\frac{\sqrt{g}}{2\pi\sqrt{\delta_s}}\sqrt{\frac{E_d}{E_s}} \tag{8.88}$$

由式(8.88)可知，隔振系统的固有频率与隔振系统的压缩变形量平方根成反比。压缩变形量越大，系统的固有频率越低，频率比就越大，从而传递比小，隔振效果好。因此，由测量得到或计算得到的压缩机重量作用下的隔振器的变形量，就可以确定这一系统的固有频率和隔振效果。

2) 剪切时的刚度

x、y 方向的刚度为

$$k_x=k_y=\frac{Sm_x}{H}G_s \tag{8.89}$$

式中，$m_x=\dfrac{1}{1+\dfrac{4}{9}\left(\dfrac{H}{D}\right)^2}$。

8.5.4　隔振器隔振效果评价方法

评价隔振系统隔振效果的主要指标有绝对传递率、隔振效率、降幅倍数、响应比、插入损失和振级落差等。其中绝对传递率、隔振效率、降幅倍数是隔振设计时常用的评价指标，响应比、插入损失和振级落差等指标主要用于隔振系统的实测评价。这里介绍几种压缩机隔振效果常用的评价方法。

图 8.36 为弹性(隔振器)及刚性安装系统示意图。其中，图 8.36(a)为安装隔振器的弹性系统，图 8.36(b)为无隔振器的刚性系统。

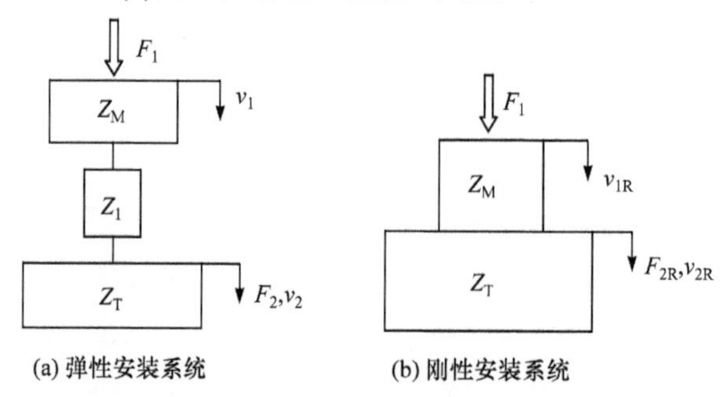

图 8.36　弹性(隔振器)及刚性安装系统示意图

在图 8.36 中，F_1 为压缩机的激励力；v_1 和 v_{1R} 分别为在弹性和刚性安装情况下压缩机的振动速度；F_2 和 v_2 分别为弹性安装时传至非刚性基础上的传递力和安装基础的振动速度；F_{2R} 和 v_{2R} 分别为刚性安装时传至非刚性基础上的传递力和安装基础的振动速度；Z_M、Z_1 和 Z_T 分别为压缩机、弹性支承和安装基础的机械阻抗，均为频率的复函数。

1. 绝对传递率 T_A

绝对传递率也称为动力传递系数或隔振系数，是隔振设计中最主要的评价指标。它等于通过弹性支承传给基础的传递力(力矩)幅值与激励力幅值之比。计算式为

$$T_A = \frac{F_2}{F_1} = \sqrt{\frac{1+[2\xi(\omega/\omega_d)]^2}{[1-(\omega/\omega_d)^2]^2+[2\xi(\omega/\omega_d)]^2}} \tag{8.90}$$

式中，ω——振动的激励圆频率，单位为 rad/s；

ω_d——隔振系统的固有圆频率，单位为 rad/s；

ξ——相对阻尼比，$\xi = c/(2m\omega_d)$。

因此，绝对传递率为频率比与相对阻尼系数的函数。由于橡胶材料是具有较大内阻尼的黏弹性材料，应变滞后于应力，存在以下关系：

$$\eta = 2\xi\frac{\omega}{\omega_d} \tag{8.91}$$

式中，η——黏弹性材料的损耗系数(一般的橡胶隔振材料 $\eta = 0.03 \sim 0.3$)。

将式(8.91)代入式(8.90)，可得到橡胶隔振器的绝对传递率为

$$T_A = \frac{\sqrt{1+\eta^2}}{\sqrt{[1+(\omega/\omega_d)^2]^2+\eta^2}} \tag{8.92}$$

当用分贝(dB)表示时，为

$$L_T = 20\lg\frac{1}{T_A} \tag{8.93}$$

由于取了倒数，所以有衰减作用时 L_T 均为正数。

2. 响应比 r 与插入损失 E_I

响应比为有隔振器时基础响应与无隔振器时基础响应之比，即安装隔振器后和安装隔振器前在基础上方同一测点 i 处振动速度的比值，即

$$r = \left|\frac{v_i}{v_{iR}}\right| \tag{8.94}$$

可以证明，安装隔振器后和安装隔振器前基础振动速度之比等于基础受力之比，即

$$\frac{v_i}{v_{i\mathrm{R}}}=\frac{F_i}{F_{i\mathrm{R}}} \tag{8.95}$$

响应比的倒数用分贝(dB)表示，即插入损失 E_I 为

$$E_\mathrm{I}=20\lg\left|\frac{v_{i\mathrm{R}}}{v_i}\right| \tag{8.96}$$

由于取了倒数，有衰减作用的 E_I 均为正数。振动速度降低越多，E_I 越大，隔振效果越好。这个指标能准确评价隔振效果，它不但适用于刚性基础，也适用于非刚性基础。

3. 振动落差 D 和振动落差级 L_D

振动落差 D 定义为隔振器上、下振动响应速度(或加速度)的比值，即

$$D=\frac{v_1(a_1)}{v_2(a_2)} \tag{8.97}$$

式中，$v_1(a_1)$——机器的振动速度(加速度)，单位为 m/s(m/s^2)；

$v_2(a_2)$——基础的振动速度(加速度)，单位为 m/s(m/s^2)。

当用分贝(dB)表示时，称为振动落差级 L_D，也称为传递损失：

$$L_D=20\lg\frac{v_1(a_1)}{v_2(a_2)} \tag{8.98}$$

8.5.5 宽频带的振动隔离

滚动转子式制冷压缩机工作时的激励源为宽频带，特别是采用逆变器驱动时，压缩机激励源的频率分布更加复杂。当工况条件恶劣或者压缩机转速变化时，其激励力频谱中经常出现密集的波峰，有可能激起一些制冷系统结构和机组结构的高频共振并产生噪声。而上述介绍的单层隔振方法在宽频带激励力的作用下，有可能并不能取得良好的隔振效果，因此有必要作进一步的分析。

1. 单层隔振的局限性

实际经验表明，当激励力频率不超过 50Hz 时，采用单层隔振器可以取得十分好的效果，但如果激励力为 100Hz 以上的高频振动，则单层隔振器的隔振效果达不到单层隔振的理论效果。例如，按照单层隔振理论，激励力的频率越高，传递率越小，一般隔振系统的传递率可衰减 40～60dB，但是实际的单层隔振器很少能实现 20dB 以上的衰减。

图 8.37 为单层隔振器的传递率曲线，图中为三种不同被隔振物体质量与隔振

器质量比 $\mu = m / m_{sp}$ 的传递率曲线。其中，实线为隔振器材料损耗系数 $\eta = 0.1$ 时的计算值，虚线为隔振器材料损耗系数 $\eta = 0.6$ 时的计算值，频率为 f_d 的归一化频率，基频为无质量弹簧系统的共振频率。

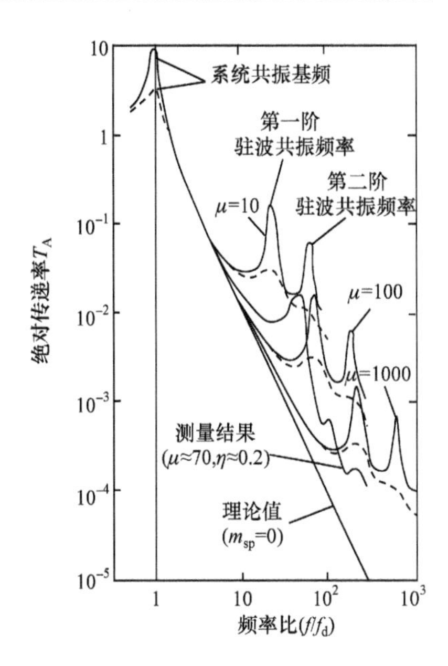

图 8.37　隔振器质量和阻尼对传递率的影响

从图 8.37 中可以看出，在越过共振区后，传递率并非如图 8.37 所示理论计算值那样直线下降，而是出现一系列向上拱起的波峰，严重地削弱了隔振效果。产生这种现象的原因是机理性的，这主要是由于单层隔振的经典动力学模型并不符合高频激振的情况。具体原因如下：

(1) 在单层隔振经典动力学模型中，假设隔振器只有弹性而没有质量，但实际的隔振器为分布质量。在高频激励力的作用下，隔振器的分布质量中会出现驻波效应。驻波效应的产生机理是：弹性波在隔振器中传递时，随着振动频率的增高，波长变短，当弹性波半波长的整倍数等于隔振器的厚度时，前进波与反射波重合而形成驻波。

由于驻波的存在，绝对传递率曲线出现了一系列波峰，恶化了隔振效果。因此，对于高频隔振，应从波动理论出发，建立考虑驻波效应的传递率与激励频率、系统固有频率、隔振器结构和性能参数等之间的函数关系。

驻波影响大小与隔振器种类、结构尺寸、质量等有关。具有较大质量、阻尼小的金属弹簧隔振器，驻波效应最为严重，出现第一个驻波波峰的频率比 $\omega / \omega_n \geqslant 10$。而橡胶隔振器，由于尺寸较小、重量相对较轻，而内阻尼比较大，它的高频性能相对于金属弹簧隔振器要好很多，一般情况下，出现第一个驻波波峰的频率比 $\omega / \omega_n \geqslant 20$。计算结果表明，滚动转子式制冷压缩机橡胶隔振器第一个驻波波峰的频率为 600～1200Hz。

(2) 在单层隔振经典动力学模型中，假设隔振器的刚度与频率无关，而实际上，隔振器材料的刚度与频率有关，它随频率的上升而增大。因此，实际的绝对传递率曲线有可能在驻波出现之前就出现向上拱起的波峰。如果用对应系统固有频率 ω_d 的刚度 k_n 作为基准，则瞬时动刚度为

$$k_d = k_n \frac{\omega}{\omega_d} \tag{8.99}$$

在忽略阻尼影响的情况下，有

$$F_{\mathrm{T}} = k_{\mathrm{d}} x$$

式中，x——被隔振物体的位移，单位为 m。

$$F_0 = k_{\mathrm{d}} x - m x \omega^2$$

式中，m——被隔振物体的质量，单位为 kg。

因此，传递率 T_{F}^{m} 为

$$T_{\mathrm{F}}^{m} = \frac{F_{\mathrm{T}}}{F_0} = \frac{k_{\mathrm{d}}}{k_{\mathrm{d}} - m\omega^2} = \frac{1}{1 - \frac{m}{k_{\mathrm{n}}}\omega\omega_{\mathrm{d}}} = \frac{1}{1 - (\omega / \omega_{\mathrm{d}})} \tag{8.100}$$

将式(8.100)与绝对传递率式(8.92)(假设 $\eta = 0$)对比可知，此时传递率的下降不再与 $(\omega / \omega_{\mathrm{d}})^2$ 成正比，而只与 $\omega / \omega_{\mathrm{d}}$ 成正比。由此可见，随着频率的增加，传递率 T_{F}^{m} 的下降斜率大为减小，与单层隔振经典动力学模型曲线相比向上偏移。

另外，橡胶隔振器的阻尼为滞后阻尼，其频率响应特性与经典动力学模型假设的黏性阻尼不同，也将对隔振效果产生影响。

(3) 在实际中，压缩机的安装基础并不是经典动力学模型中假设的绝对刚体，安装基础的质量和刚性也不是无限大。因此，在高频激励力作用下必然引起安装基础结构的共振响应，出现许多共振波峰。同时，由于安装基础结构内阻尼很小，波峰极其陡峭。实践证明，在影响振动传递率的这些因素中，安装基础非刚性的影响是最主要的。

同时，还应该指出，安装基础的共振响应也是影响因素之一。除了由于高频激励力的直接作用产生振动之外，高频结构噪声“旁通”作用也会产生振动。当压缩机壳体受高频激励力作用向四周辐射噪声时，如果这些噪声的频率与安装基础的弹性弯曲频率吻合，同样会引起安装基础的共振响应，导致在此频率范围内传递率增大。

2. 宽频带隔振和减振的一些措施

宽频带隔振和减振的措施如下：

(1) 尽可能提高隔振器驻波共振的频率，使幅值大的激励力频率避开驻波共振频率。

(2) 在变频控制系统中，屏蔽压缩机在共振敏感频率下的运转频率段，通常屏蔽±(2～3)Hz 频率就可使压缩机整机振动的幅值大幅降低，取得较好的效果。

8.5.6 非刚性基础的振动隔离

如前所述，影响振动传递率最主要的原因是安装基础为非刚性，而大多数情

况下，滚动转子式制冷压缩机是安装在非刚性基础上的。因此，有必要对安装在非刚性基础上压缩机的隔振特性作进一步了解。

1. 非刚性基础振动隔离分析

图 8.38 为非刚性基础隔振系统简图。在图中，压缩机仍然假设为刚性质量块，压缩机的质量为 m，F_1 为圆频率为 ω 的简谐激励力；v_1 和 v_{1R} 分别为在有隔振器和无隔振器安装情况下压缩机的振动速度；F_{12} 和 v_{12} 分别为传递到非刚性基础上的传递力和振动速度；F_2 和 v_2 分别为非刚性基础传至刚性基础上的传递力和振动速度；非刚性安装基础为有限质量和一定弹性的物体，其动态特性用机械阻抗 Z_T 表示，机械阻抗 Z_T 为频率的复函数。其中，机械阻抗 Z_T 的计算式为

$$Z_T = \frac{F_{12}}{v_{12}} = \frac{F_{12R}}{v_{12R}} \tag{8.101}$$

其中的下标 R 表示未装隔振器。

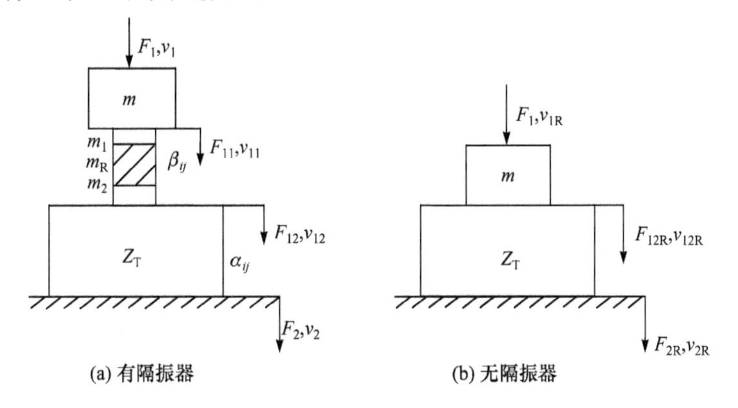

图 8.38　非刚性基础隔振系统简图

Z_T 是由基础的动力特性所决定的，可以实测求出。当基础为刚性时，$Z_T \to \infty$。未安装隔振器时，安装基础上方受力 F_{12R} 为

$$F_{12R} = \frac{Z_T}{j\omega m + Z_T} F_1 \tag{8.102}$$

隔振系统的力传递系数 T_A 和响应比 r 分别为

$$T_A = \left|\frac{F_{12}}{F_1}\right| = \left|\frac{Z_T}{(\beta_{11} + j\omega m\beta_{21})Z_T + (\beta_{12} + j\omega m\beta_{22})}\right| \tag{8.103}$$

$$r = \left|\frac{v_{12}}{v_{12R}}\right| = \left|\frac{F_{12}}{F_{12R}}\right| = \left|\frac{Z_T + j\omega m}{(\beta_{11} + j\omega m\beta_{21})Z_T + (\beta_{12} + j\omega m\beta_{22})}\right| \tag{8.104}$$

式中，β_{ij}——隔振器动力特性参数，$i, j = 1, 2$，计算式参见相关文献。

由式(8.103)和式(8.104)可以看出：

(1) 当基础为非刚性时，传递系数不仅取决于隔振器的动力特性 $\beta_{ij}\,(i, j=1, 2)$，还与压缩机和基础的动态特性(机械阻抗 Z_T)有关。

(2) 绝对传递率 T_A 的计算式与响应比 r 的计算式相差一个 $j\omega m$，因此响应比 r 一般总是大于传递系数 T_A，并且频率 ω 越高，两者相差越大。当 $Z_T \geqslant j\omega m$ 时，$j\omega m$ 的影响减小，T_A 与 r 基本相等。但当 $j\omega m$ 的作用增大时，隔振器的实际效果要比传递系数计算的小得多。这也表明在非刚性基础情况下，用传递系数来表征隔振器的隔振性能不再是准确的。

(3) 在非刚性基础情况下，即使不装隔振器，传给基础的力 F_{12R} 也小于 F_1，质量 m 越大，频率 ω 越高，F_{12R} 就越小。

(4) 只有在非刚性基础的基频远高于隔振系统的固有频率，或基础质量大于压缩机质量 10 倍以上时，应用刚性基础理论才能得到满意的结果。

2. 降低非刚性基础振动的方法

降低非刚性基础振动的方法主要有：

(1) 提高压缩机支承脚与隔振器的刚度比，使传递率曲线上耸立的共振峰向高频方向推移，高频波动效应相应减小。简单的方法是增加支承脚的厚度以及提高其刚度。

(2) 调整隔振器的刚度，使通过隔振器传递的振动频率远离安装基础的固有频率密集的区域。

(3) 由于橡胶隔振器的高频隔振效果良好，在压缩机安装基础设计时，应尽量提高安装基础结构刚度，使安装基础的固有频率避开低频区域。

(4) 在安装基础和与安装基础相连的零部件上粘贴阻尼材料，降低振动响应幅值。

第 9 章　噪声源的识别方法

从前面几章的介绍中可以知道，在滚动转子式制冷压缩机中，同时存在着电磁噪声、气体动力性噪声、液体动力性噪声和机械噪声，而且每一种类型噪声的激励源繁多。如果对所有的噪声源同时加以控制，既没必要也是不可能的，在实际中，只需要从各种噪声源中寻找出对压缩机噪声影响最大的主要噪声源，采取降低或消除的措施，就可以取得良好的降噪效果。因此，噪声源的识别是噪声控制中十分重要的工作。

噪声源的识别，就是对压缩机运转过程中存在的各种噪声源进行分析，了解噪声产生的机理，确定噪声源的部位，分析噪声源的特性(包括噪声源的类型、声级的大小、频率特性、声音变化和传递的规律等)，并按噪声的大小进行等级划分或排列顺序，从而确定出主要噪声源。

噪声源识别的方法有很多，在滚动转子式制冷压缩机中，噪声源识别的方法主要有主观判别法、近场测量法、表面振动速度测量法、选择隔离法、频谱分析法、相干分析法、声强测量法、阶次分析法、转角域测试分析法、时频分析法等。

上述这些噪声源识别方法的复杂程度、精度高低以及费用等方面的差别很大，在实际中，应根据具备的测试条件和测量要求等综合考虑，选用合适的方法。另外，在识别复杂的噪声源时，用一种方法要明确区分噪声源的主次和特性有时是很困难的，经常需要同时采用多种识别方法和信息处理技术才能达到目的。

本章首先介绍滚动转子式制冷压缩机的噪声频率特征，然后介绍噪声源识别方法的基本原理。

9.1　压缩机的噪声特征

虽然滚动转子式制冷压缩机噪声产生原因及频率成分复杂，但各种噪声都有各自的产生、传递和辐射规律。只有清晰地了解噪声产生、传递和辐射规律，才能快速识别出噪声源。因此，掌握压缩机各种类型噪声的基本特征是噪声源识别的基础，同时是本章后面几节所介绍的噪声源识别方法的基础。

本节将前面几章介绍过的各种类型的噪声，按照频率特征、时域特征以及运转特性等几个方面进行总结。

9.1.1 频率特征

噪声的频率特征是识别滚动转子式制冷压缩机噪声源最重要的信息，只有对各种噪声源的频率特征有清楚的认识，了解其基本规律，才能在噪声源识别中有的放矢，迅速解决问题。

根据压缩机噪声的特性，将噪声频率划分为 500Hz 以下、500～2000Hz、2000～5000Hz、5000Hz 以上四个频率段，下面为每一个频率段可能出现的主要噪声。

1. 500Hz 以下频率的噪声

1) 电磁噪声

对于异步电机，500Hz 以下频率的噪声主要如下：

(1) 2 倍电源频率噪声，特别是单相异步电机，2 倍电源频率噪声是其固有的噪声。

(2) 静态偏心产生的电磁噪声和振动，其具有以下特征：电磁噪声和振动的频率为电源频率的 2 倍，振动随偏心值的增大而增大，也随着电机负载的增大而增大。

(3) 动态偏心产生的电磁噪声和振动，其具有以下特征：转子旋转频率和旋转磁场同步转速频率的电磁振动都可能出现；电磁振动以 $1/(2sf_0)$ 周期在脉动，因此电负荷加大，其脉动节拍加快；电机发生与脉动节拍相一致的电磁噪声。

对于内置式永磁同步电机和永磁辅助同步磁阻电机，500Hz 以下频率的噪声主要有：

(1) 电机槽数及倍频的噪声；

(2) 偏心引起的电机极数及倍数的噪声；

(3) 低频运转时齿槽转矩及其脉动噪声，以及转矩脉动噪声。

2) 气体动力性噪声

500Hz 以下频率的气体动力性噪声主要有：

(1) 吸、排气基频及低阶倍频；

(2) 气液分离器气柱共振声；

(3) 压缩机系统的共鸣声。

3) 机械噪声

500Hz 以下频率的机械噪声主要有：

(1) 转子系动平衡不良引起的基频及倍频噪声；

(2) 转子系的一阶弯曲振动噪声；

(3) 气液分离器结构共振噪声；

(4) 排气阀自激噪声；

(5) 气体阻力矩导致转速波动引起的噪声。

气体阻力矩产生的机械振动具有以下特征：

① 单缸压缩机振动的频率与转速的频率相等；

② 双缸压缩机振动的频率与 2 倍转速频率相等；

③ 压缩机整机振动随负荷的增大而加大，与压缩机的运转频率无关。

2. 500～2000Hz 频率的噪声

1) 电磁噪声

500～2000Hz 频率的电磁噪声主要有：

(1) 电机齿谐波噪声；

(2) 中频运转时齿槽转矩及其脉动噪声，以及转矩脉动噪声；

(3) 电机定子低阶结构共振噪声。

2) 气体动力性噪声

500～2000Hz 频率的气体动力性噪声有：

(1) 吸、排气过程中气体压力脉动产生的噪声；

(2) 气缸压缩过程中的气体脉动噪声；

(3) 压缩机腔体系统的气体共鸣噪声；

(4) 消声器产生的二次噪声；

(5) 气液分离器产生的气体共鸣噪声；

(6) 余隙膨胀噪声；

(7) 亥姆霍兹共振噪声。

3) 机械噪声

500～2000Hz 频率的机械噪声有：

(1) 气液分离器和安装板结构共振产生的噪声；

(2) 电机前后腔的压力差导致转子系轴向窜动，致使止推面与轴承撞击，产生的噪声；

(3) 排气阀片冲击挡板(升程限制器)产生的噪声；

(4) 转子系的二阶弯曲振动噪声；

(5) 滚动转子与气缸两个端盖平面之间的摩擦噪声。

3. 2000～5000Hz 频率的噪声

1) 电磁噪声

2000～5000Hz 频率的电磁噪声有：

(1) 高频运转时齿槽转矩及其脉动噪声，以及转矩脉动噪声；

(2) 逆变器驱动时的载波频率噪声和载波边频信号噪声。

2) 气体动力性噪声

2000～5000Hz 频率的气体动力性噪声有：

(1) 压缩及排气过程中气体脉动产生的噪声；

(2) 压缩机腔体气体共鸣产生的噪声。

3) 机械噪声

2000～5000Hz 频率的机械噪声有：

(1) 排气阀片冲击阀座产生的噪声；

(2) 滑片与滚动转子外圆表面撞击产生的噪声；

(3) 滑片与滑片槽摩擦撞击噪声；

(4) 滚动转子与气缸壁摩擦的撞击噪声。

4. 5000Hz 以上频率的噪声

5000Hz 以上频率的噪声有：

(1) 电磁噪声，即逆变器驱动时的载波频率噪声及倍频；

(2) 气体动力性噪声，即压缩机腔体气体共鸣产生的高阶噪声；

(3) 机械噪声，即滑片与滚动转子外圆表面撞击产生的噪声以及滚动转子与气缸壁摩擦的撞击噪声。

9.1.2　时域特征

除了利用噪声和振动信号的频率特征能够识别滚动转子式制冷压缩机噪声源的信息外，利用噪声和振动信号的时域特征结合压缩机转角信息，能够更加直观地识别机械的冲击信号、排气阶段的气体脉动等信号特征。因此，对于某些噪声和振动信号，采用时域特征分析法能够更清晰地认识、了解噪声信号的规律，快速识别和定位出噪声源。

下面根据压缩机气缸的工作特性，按照压缩、排气和余隙膨胀三个过程介绍压缩机噪声的时域特征。

1. 压缩过程

压缩过程，偏心轮轴旋转角度范围为 0°～180°。当偏心轮轴角度在 160°附近时，在振动频谱图中可以观察到冲击性的振动特征，这种冲击振动特征是由滑片在滑片槽中突然运动，与滑片槽撞击导致的。

2. 排气过程

排气过程，偏心轮轴转角范围为 180°～340°，在这一转角范围，排气过程产生排气噪声和气体压力脉动，而气体压力脉动激励起压缩机腔体气体共鸣。在排气过程中，气体压力脉动是压缩机壳体振动和压缩机噪声的主要激振源，排气过程中压缩机的轴向振动显著增大。

3. 余隙膨胀过程

当偏心轮轴转角在 350°～360°范围时，排气过程结束，排气阀片关闭与阀座产生撞击噪声，并进入排气封闭容积再压缩过程。当残余润滑油过多时，这一阶段将出现液压缩现象。

图 9.1 为某台单缸滚动转子式制冷压缩机轴向振动加速度时域曲线，从图中可以清晰地看到这三个过程振动的时域特征。

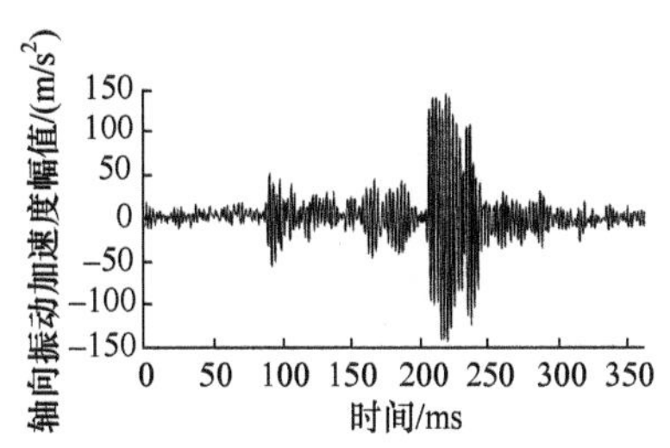

图 9.1　压缩机轴向振动加速度时域曲线

9.1.3　噪声与运转频率的关系

滚动转子式制冷压缩机的噪声与运转频率密切相关。在工况稳定时，一般情况下，压缩机的噪声随运转频率的升高而增加。图 9.2 为相同输气量时单缸、双缸滚动转子式制冷压缩机噪声与运转频率之间的关系。从图中可以看出，这两种类型的滚动转子式制冷压缩机的噪声几乎与运转频率呈线性关系增大。其中，双缸滚动转子式制冷压缩机噪声在整个运转频率范围内都低于单缸滚动转子式制冷压缩机噪声。

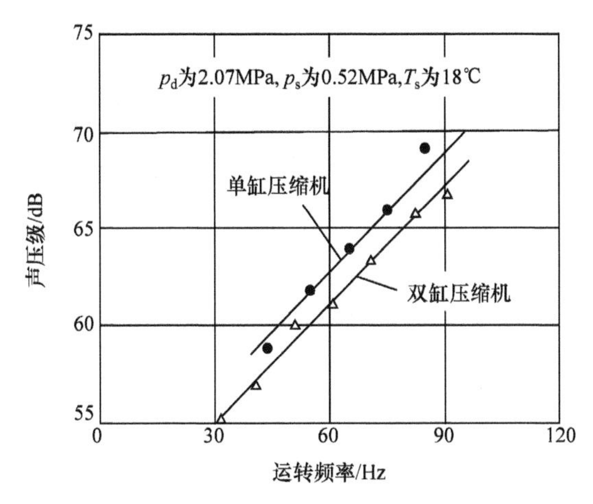

图 9.2　相同输气量时单、双缸滚动转子式制冷压缩机声压级比较

压缩机运转频率的变化过程中，不但噪声的大小会发生变化，而且部分噪声的频率成分也发生变化，这是由压缩机中的多种激励源频率随运转频率变化引起的。

在实际中，并非所有压缩机的噪声都按照运转频率的升高而线性增大。如果在某些运转频率范围，一些激励源频率与压缩机某一阶固有频率接近或者相等时产生共振，将导致压缩机在此运转频率范围内出现某些频率的噪声峰值较大，在噪声与运转频率关系图中出现噪声幅值突变的现象。当发生共振噪声时，可以在频谱图中确定出共振噪声的频率，从而找出产生共振的可能根源。

9.1.4 噪声与负载的关系

滚动转子式制冷压缩机运转时，负载的大小对噪声有重大的影响，一般情况下，噪声随着负载的增大而增大。对于结构确定的压缩机，负载的大小实际上也就是吸、排气压力差的大小。

随着负载的增大会出现以下现象：

(1) 负载增大，气体压力脉动随之增大，尤其是排气动力性噪声大幅增加；

(2) 负载增大时，电流的谐波增大，电磁力增大，还有可能出现电机铁芯磁饱和现象等，因此电机中的电磁激励力增大；

(3) 负载增大，压缩机中的各种作用力增大，机械零件的变形量变大，零部件之间发生撞击、摩擦的可能性增大。

9.2 噪声的一般识别方法

9.2.1 主观判别法

主观判别法就是根据经验，用人耳倾听来判别压缩机噪声源的部位和主次顺序。人的听觉系统具有比复杂的噪声测量设备更精确的区分不同声音的识别能力，具有长期实际应用经验的人，有可能主观判断出噪声源的频率和位置。为了提高主观判别法的准确性，应隔绝其他无关声源的影响，例如，可采用传声器-放大器-耳机系统来监听识别。实践证明，主观判别法是一种有用的噪声源识别方法。

主观判别法只能了解噪声源的基本情况，为噪声控制提供初步的依据。由于主观判别法是比较粗略的判别方法，它的准确率不高。因此，这种方法只适用于噪声源比较单一的噪声源识别。

9.2.2 近场测量法

在一般的声学环境下，如果在距离声源比较远的地方测量，那么测量得到的主要是混响声；如果在距离声源相当近的地方测量，那么测量得到的主要是直达声。也就是说，测量得到的主要是与测量点最近声源的声辐射，近场测量法根据的就是这一原理。如果将传声器与被测表面保持着相当近的恒定距离，那么沿着表面上各点依次测量，可以找出辐射面上最大的声辐射区及其测量值，从而判断出主要声源的部位。

图 9.3 为滚动转子式制冷压缩机近场测量时传声器布置的俯视图。传声器等距离布置在压缩机周围，传声器的轴线垂直于所测量的压缩机表面，图中●点为布置传声器的位置。

图 9.4 为在半消声室内进行近场测量时的图片。在图中，传声器安装在支架上，压缩机的吸气和排气管通过管道与压缩机工况实验台相连。

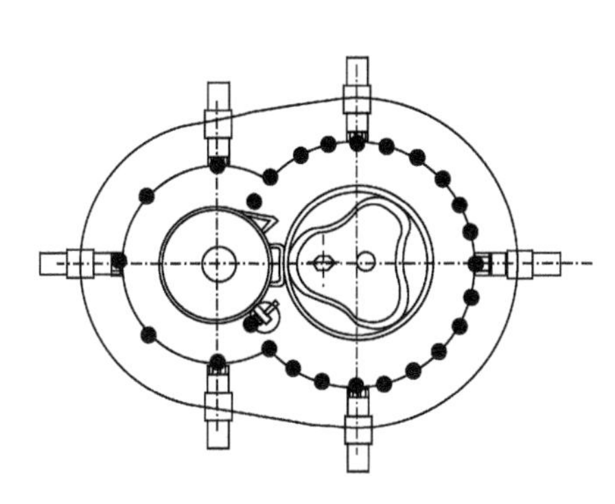

图 9.3　近场测量时传声器布置的俯视图

图 9.4　半消声室内近场测量图片

将测量的结果按照频率沿压缩机表面展开，即可得到各种频率的噪声在压缩机壳体及气液分离器表面的强度分布图。图 9.5 为在半消声室内采用近场测量法得到的某一单缸滚动转子式制冷压缩机噪声频率为 5000Hz 时的表面分布展开图。图中，横坐标为沿压缩机圆周表面的展开方向，纵坐标为压缩机的高度，颜色深且线条密集的部位噪声值高。由压缩机表面噪声分布展开图可以确定出产生频率为 5000Hz 噪声的主要部位为电机高度位置。

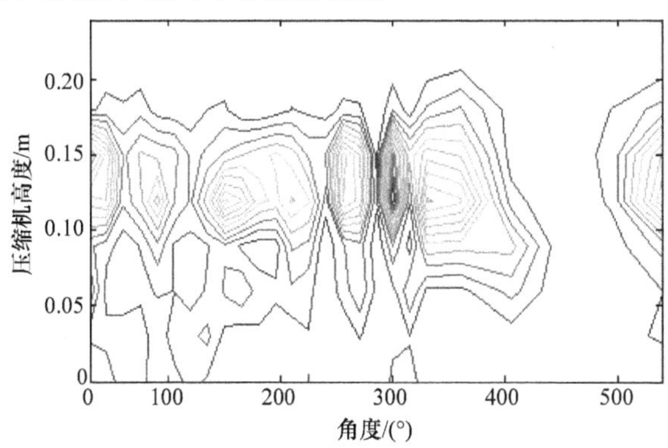

图 9.5　压缩机表面噪声分布展开图

近场测量法虽然操作简单方便，不需要采用先进的仪器和技术，对声学环境的要求也不高，但它也有很大的局限性：

(1) 在混响严重的场所，很难使用该方法；

(2) 频率的高低对测量结果有一定的影响；

(3) 邻近表面辐射对测量结果有影响；

(4) 不能准确测量出声压级值的大小。

为了克服上述缺点，在工程中经常采用声导管测量法对近场进行测量。

图 9.6 为某一声导管的结构示意图。它由一段开口的钢导管、超细玻璃棉、探管和耦连腔等组成。在测量时，将左端的开口部位对准被测量辐射表面，开口端与被测表面间保持着很小的间隙，并做好隔声。这时被罩着的那一块辐射面，就像活塞一样，向导管内辐射声波。为了防止声波发生反射以及在管内产生驻波，在导管的末端设有类似吸声尖劈的吸声体。为了防止传声器安置于导管内产生较大的反射，传声器被安装在耦连腔内，通过探管将声波引入耦连腔，以达到测声的目的。这样，利用声导管就可以消除近场测量法中环境噪声的干扰。

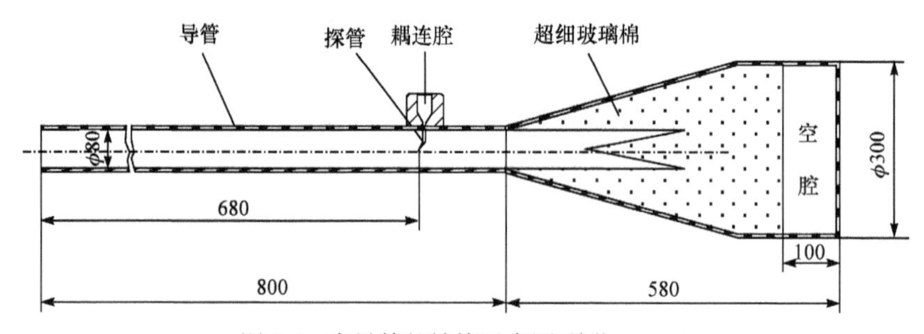

图 9.6 声导管的结构示意图(单位：mm)

应该注意的是，采用声导管测量得到的声压级，与在半自由声场条件下测得的声压级有较大的差别，这是因为声波在管内反射，以及探管和耦连腔形成类似于一个亥姆霍兹共振器等。因此，需将测得的数据进行修正，修正值可通过实验确定，具体的方法可参考相关资料。

9.2.3 表面振动速度测量法

如前所述，物体振动产生声音，振动表面辐射噪声大小与结构表面的振动速度大小有着密切的关系，振动速度越高所辐射的噪声越大。研究表明，对于无衰减的平面正弦声波，由式(7.4)和式(7.5)可知，振动结构表面的速度与噪声声功率辐射的关系式为

$$W_{\mathrm{rad}} = W_{\mathrm{v}}\sigma_{\mathrm{rad}} = \sigma_{\mathrm{rad}}\rho_0 c_0 S v_{\mathrm{r}}^2 \tag{9.1}$$

式中，W_{rad}——振动表面辐射的声功率，单位为 W；

W_{v}——振动表面的声功率，单位为 W；

$\rho_0 c_0$——空气的特性阻抗，单位为 N · s/m^3；

v_r——表面法向振动速度的均方根值，单位为 m/s；

S——振动表面面积，单位为 m^2；

σ_{rad}——振动表面的声辐射效率。

σ_{rad} 是振动表面的声功率和辐射声功率之间的耦合系数，即

$$\sigma_{rad} = \frac{W_{rad}}{W_v} \tag{9.2}$$

它反映振动表面的振动通过空气介质辐射成为噪声的能力，它与辐射表面的结构形式、振动频率、振型等因素有关。

由式(2.32)可知，$p = \rho_0 c_0 \overline{v}_r$，即由质点速度也可以得到质点辐射的声压，所以用测量振动表面振动速度的方法可以判别振动表面上多个辐射表面各点辐射声能的情况，从而确定出主要的辐射点。测量时可以将压缩机表面人为划分成多个区域，用速度传感器测量每一个区域的表面振动速度，然后画出等振速度线图。等振速度线图可以形象地表达出声辐射表面各点的辐射声能情况，从而确定出主要的噪声辐射部位。

测量得到表面振动速度后，用式(9.1)即可计算出各个振动区域表面辐射的声功率。由于式(9.1)中的振动表面声辐射效率 σ_{rad} 不是常数，它在整个频率范围内具有±6dB 的离散，所以计算结果有较大的误差。在大多数情况下，振动的频率超过 800Hz 时，σ_{rad} 可以近似地取 1，并且基本上保持不变，可以很方便地计算表面辐射的声功率。但当振动频率低于 800Hz 时，辐射噪声的能力较低，其振动表面声辐射效率小于 1，用表面振动速度来计算声功率的准确性就大为降低，为了提高准确性，可采用 A 计权的声功率来减少误差。

由于表面振动速度测量法是通过振动来识别噪声源的，对声学环境几乎没有要求，可以在一般的环境中进行测量，所以使用该方法进行噪声辐射状况的识别和判断是比较实用和方便的。

9.2.4　选择隔离法

选择隔离法的工作原理是用铅板和玻璃棉将机器表面包覆起来，然后分别对暴露出的每一个部件进行测量。铅板起隔声作用，玻璃棉起吸声作用。将机器全部包覆后可以得到 10～15dB 的降噪量，这样，在进行部件的噪声测量时，本底噪声可以忽略不计。

选择隔离法应用于滚动转子式制冷压缩机噪声源识别时，一般多用于识别某一频率的噪声是由气液分离器还是压缩机本体壳体辐射出的。因此，通常分别包覆压缩机本体表面和气液分离器表面进行测试。

图 9.7 为测量气液分离器噪声时的压缩机壳体表面包覆方法。

9.2.5 转角域测试分析法

滚动转子式制冷压缩机旋转一个周期中吸气、压缩、排气和余隙膨胀过程的噪声特性有差异,采用常规快速傅里叶变换(FFT)分析不能获得某些重要频率噪声的峰值出现在哪个转角范围内，也就不能识别其来自吸气、压缩、排气和余隙膨胀中的哪个过程。

这时，可以采用转角域测试的方法进行测量和分析。转角域测试法是测量压缩机偏心轮轴在不同旋转角度时的噪声，从而识别出噪声峰值出现的转角范围。

图 9.8 为转角域测试时的传感器布置图。在图 9.8 中，电机转子的端部安装外圆带齿的薄钢片(图中为 12 个齿，每个齿对应 30°)，钢片的齿与转子系的旋转角度相对应，在与钢片平行的位置安装测量位移的传感器。转子系旋转时由于圆钢片外圆上有齿，传感器与钢片之间的距离发生变化，通过传感器测量得到间隙变化信号，即可得到转子系的旋转角度位置信息，将测量的噪声与旋转角度位置结合起来就可以得到转角域的噪声特性。

图 9.7 压缩机壳体表面包覆方法

图 9.8 压缩机转角域测试传感器布置图

图 9.9 为某一单缸滚动转子式制冷压缩机运转频率分别为 30Hz 和 80Hz 时，在三个旋转角度范围的噪声声压级分布。

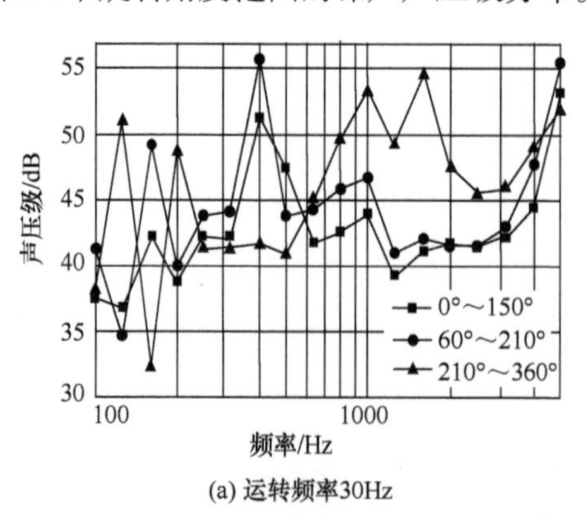

(a) 运转频率30Hz

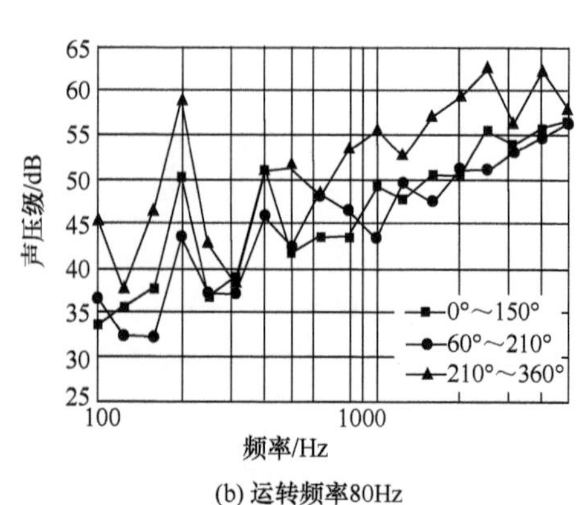

(b) 运转频率80Hz

图 9.9 不同运转频率和旋转角度时的噪声分布

9.3　声强识别法

声强是指给定方向的声能通量，它是一矢量。利用声强可以确定声源的大小和方向，具有比声压法更为突出的优点，是识别噪声源的有效方法之一。

9.3.1　声强测量原理

在第 2 章关于声强的定义中已经知道，声强是描述声能流动的具有大小和方向的声学量，它是单位时间内通过垂直于声波传播方向上的单位面积的声能，即声强为声场中某点声压和质点速度的时间平均矢量积，有

$$I_r = \frac{1}{T}\int_0^T p_e v_i \mathrm{d}t \tag{9.3}$$

式中，I_r——测量点 r 处声波沿 i 方向传播的声强，单位为 $\mathrm{W/m^2}$；

p_e——测量点的瞬时有效声压值，单位为 Pa；

v_i——测量点 r 处声波传播方向 i 上的瞬时质点速度分量，单位为 m/s；

T——声波周期的整数倍。

声压可以用一个传声器测量得到，但该点的质点速度无法用一个传声器直接测量，实际中是使用两个声压型传声器，测量两点声压后用积分方法从声压梯度近似导出质点速度 v_i。

对于无流动损失和黏滞损失的理想介质，由式(2.8)可知，声压 p 与质点速度 v_i 的关系可以写为

$$\rho_0 \frac{\mathrm{d}v_i}{\mathrm{d}t} = -\frac{\partial p}{\partial r} \tag{9.4}$$

式中，ρ_0——空气密度，单位为 $\mathrm{kg/m^3}$。

因此，有

$$\mathrm{d}v_i = -\frac{1}{\rho_0}\frac{\partial p}{\partial r}\mathrm{d}t \tag{9.5}$$

$$v_i = -\frac{1}{\rho_0}\int_0^T \frac{\partial p}{\partial r}\mathrm{d}t \tag{9.6}$$

声强测量的基本方法是在空间一点同时测定平均声压和质点速度，然后把它们相乘并对时间求平均。如果采用两个特性一致的声压传声器，其间隔距离为 Δr (图 9.10)，若两个传声器中心连线为 x_i 方向，则由传声器 M_1 和 M_2 测得的声压分别为 p_1 和

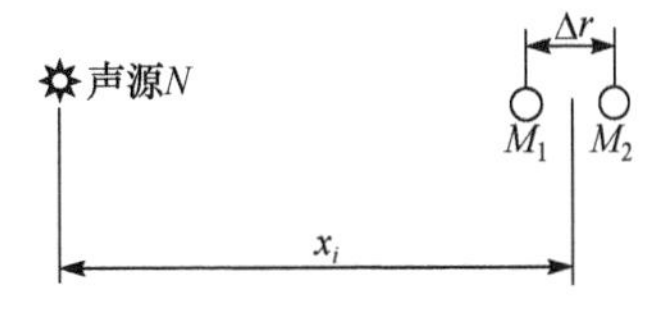

图 9.10　双传声器测试示意图

p_2；如果Δr远远小于被测量声波高频率分量的波长λ，即$k\Delta r \ll 1$(k为波数)，那么可以用差分代替微分。在声波传播方向上的声压梯度可以用两个相距较小传声器测得的声压差来近似替代：

$$\frac{\partial p}{\partial r} = \frac{p_2 - p_1}{\Delta r} \tag{9.7}$$

则M_1和M_2连线中点的声压近似值p和质点振动速度沿x_i方向分量的近似值v_i都可用p_1和p_2表述：

$$p = \frac{1}{2}(p_1 + p_2) \tag{9.8}$$

$$v_i = \frac{1}{\rho_0 \Delta r}\int_0^T (p_1 - p_2)\mathrm{d}t \tag{9.9}$$

因此，声强沿x_i方向分量的近似值为

$$I_i = \frac{p_1 + p_2}{2\rho_0 \Delta r}\int_0^T (p_1 - p_2)\mathrm{d}t \tag{9.10}$$

由式(9.10)可知，只要利用安装距离为Δr的两只传声器，求出每个频带内两传声器声压的和与差，就可以计算出该点的各频带声强。式(9.10)是利用双传声器进行声强测量的基本公式。

根据式(9.10)，可用模拟电路制成声强计。测量时先将分别来自两个传声器的信号p_1和p_2相减后送入积分器求出v_i，同时将p_1和p_2相加得到p。然后把它们及常数一起送入乘法器。输出信号的直流分量正比于x_i方向上的声强平均值。式 (9.10)中的常数与介质密度及两传声器的间距有关。

为了求出窄带的声强频谱，可采用数字滤波器技术，由两个归一化的 1/3 倍频程滤波器的双路数字滤波器组获得声强的频谱。这种方法可对声强测量，进行频率高达 10kHz 的实时分析。

声强探头是两个幅度与相位匹配成对的对置式自由场响应电容传声器，不同传声器间距的声强测量频率范围如表 9.1 所示。

表 9.1　不同传声器直径和传声器间距的声强测量范围　(单位：Hz)

传声器直径 \ 传声器间距/mm	6	12	50
1/4″	400～10000	200～8000	
1/2″		200～8000	50～2000

声强频谱分析也可以建立频率域表达式，目前采用的是声强互谱表达式。根据两个平稳随机信号的互相关函数与互功率谱密度函数间的关系，美国 J.Y.Chung

提出了声强的互谱表达式：

$$I_i(\omega)=\frac{\mathrm{Im}\{G_{12}\}}{\rho_0\Delta r\omega} \tag{9.11}$$

式中，G_{12}——声压 p_1 和 p_2 的互功率谱；

$\mathrm{Im}\{G_{12}\}$——G_{12} 的虚部。

由式(9.11)即可得到噪声测量点的声强谱。

如果两个测量系统的传递函数 H_1 和 H_2 之间的相位不匹配，则应该在第一次求出 G_{12} 后，交换两只传声器位置，再求 G'_{12}，用式(9.12)计算声强以消除两路相位失配引起的误差：

$$I_i(\omega)=\frac{\mathrm{Im}\{\sqrt{G_{12}G'_{12}}\}}{\rho_0\Delta r\omega|H_1||H_2|} \tag{9.12}$$

式中，$|H_1|$、$|H_2|$——测量系统的增益。

因此，要进行很窄的声强频谱分析，而分析时间没有限制时，可以用双通道快速傅里叶分析仪，通过互功率谱计算声强。

由于声强可用来测量声源的声功率，识别噪声源，进行噪声抑制，测量声能流，研究一个表面上入射声强与反射声强之比等，这些都是其他分析方法难以实现的。在很多情况下，用声压级测量不能说明的问题，用声强测量的结果都有可能给出解答。

9.3.2　噪声源的声强识别方法

采用声强测量方法识别噪声源时，一般将压缩机表面划分为较小的控制面，用声强探头在小控制面上连续扫描；或者将噪声辐射表面划分为若干个方格，将声强探头对准方格中心，测定其声强值和频谱，则可揭示出该表面辐射声强的分布情况。

图 9.11 为某一台滚动转子式制冷压缩机采用声强测量法测量出的声强分布图。从图中可以清楚地看出，压缩机壳体靠近气液分离器部位为主要的噪声辐射位置。

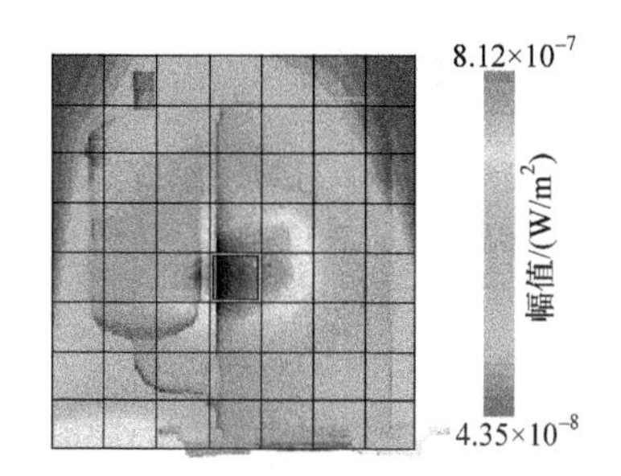

图 9.11　压缩机声强分布图

另外，将测得信号经计算机处理后，还可以绘出三维声强图。

9.4 噪声源识别的信号分析法

9.4.1 频谱分析法

根据噪声源的频谱特性确定主要噪声源的方法，称为频谱分析法。频谱分析法是识别压缩机噪声源最基本和最重要的方法之一。

对任何一台压缩机，根据测试规范，在指定测点处可以测得其总噪声级和噪声频谱。通过噪声频谱图，就可以了解噪声源的频率分布。

每一种压缩机的噪声特性都是与该压缩机的系统结构特性和工作方式相关的。例如，压缩机的旋转运动，在频谱图上一般都可以找到与转速有关的特征信号。所有这些与压缩机特性有关的特征信号在频谱图上表现为纯音峰值，而压缩机噪声的主要能量往往就集中在这些纯音峰值频率处，特别是集中在最高的那个峰值频率处，这些纯音峰值实际就是该压缩机的主要噪声源。因此，对测量得到的噪声频谱进行纯音峰值分析，可以用来识别主要噪声源。

此外，声音来源于振动，故声辐射表面的振动谱与其辐射的噪声谱之间有很强的相关性。因此，在难以准确地测定组成声源的噪声谱时，也可以用该组成声源表面的振动谱代替其噪声谱，来与总噪声谱进行分析比较，以便确定主要噪声源。

一般情况下，可以利用倍频程频谱来分析，但当组成声源的峰值比较接近，用倍频程无法判别时，可用 1/3 倍频程谱或窄带频谱作进一步的分析和判断。

在滚动转子式制冷压缩机的频谱分析中，大多数情况下采用 1/3 倍频程频谱进行分析。图 9.12 和图 9.13 分别为某一滚动转子式制冷压缩机的幅值频谱图和 1/3 倍频程频谱图，图中纵坐标为声压级，横坐标为频率。从图 9.12 中可以看出最主要的噪声峰值，频率为 960Hz，噪声值为 65.0dB(A)。该压缩机 A 计权后的总噪声值为 73.6dB(A)。

从图 9.13 的 1/3 倍频程频谱图中可以看出，中心频率为 1000Hz 频带的噪声

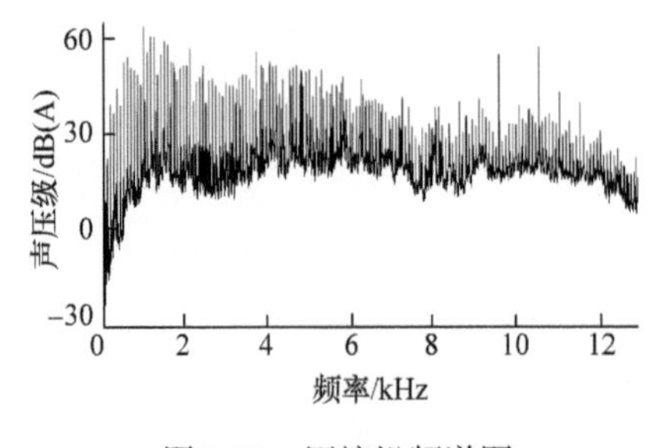

图 9.12 压缩机频谱图

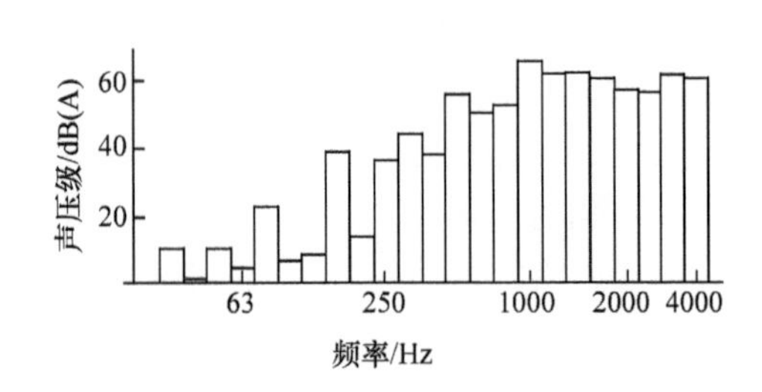

图 9.13 压缩机 1/3 倍频程频谱图

为最高峰值，该频带的噪声为主要噪声。

9.4.2　功率谱分析法

在频谱分析法中，除了用幅值频谱图以外，还可以使用功率谱图进行频谱的分析。

功率谱密度函数可以通过自相关函数求得。随机过程 $x(t)$ 的自相关函数的定义是 $x(t)x(t+\tau)$ 的平均值，用积分式可以表示为

$$R_x(\tau)=\lim_{T\to\infty}\frac{1}{T}\int_0^T x(t)x(t+\tau)\mathrm{d}t \tag{9.13}$$

式中，$R_x(\tau)$——$x(t)$ 的自相关函数；

τ——时间位移(或称为时延)；

T——观察时间，单位为 s。

功率谱密度为自相关函数 $R_x(\tau)$ 的傅里叶变换，通常傅里叶变换对于 $S_x(f)$ 和 $R_x(\tau)$ 的定义为

$$S_x(f)=\int_{-\infty}^{+\infty}R_x(\tau)\mathrm{e}^{-\mathrm{j}2\pi f\tau}\mathrm{d}\tau \tag{9.14}$$

自相关函数 $R_x(\tau)$ 和功率谱密度 $S_x(f)$ 互为傅里叶变换偶对，根据傅里叶变换的时延性质和乘法性质又有

$$R_x(\tau)=\lim_{T\to\infty}\frac{1}{T}\int_{-\infty}^{+\infty}X(f)\cdot X^*(f)\mathrm{e}^{\mathrm{j}2\pi f\tau}\mathrm{d}f \tag{9.15}$$

式中，$X(f)$——$x(t)$ 的傅里叶变换；

$X^*(f)$——$X(f)$ 的共轭复数。

其中

$$X(f)=\int_0^T x(t)\mathrm{e}^{-\mathrm{j}2\pi ft}\mathrm{d}t$$

$$X^*(f)=\int_0^T x(t)\mathrm{e}^{\mathrm{j}2\pi ft}\mathrm{d}t$$

因此，有

$$S_x(f)=\lim_{T\to\infty}\frac{1}{T}\left|X(f)\right|^2 \tag{9.16}$$

式中，$|X(f)|$——$x(t)$ 的幅值谱。

由式(9.16)可见，功率谱密度是幅值谱的平方，因此功率谱密度具有频率结构更为明显的特点。

由于 $R_x(\tau)$ 和 $S_x(f)$ 都是实偶函数，所以在工程上功率谱密度常用单边谱来表

示，即

$$G_x(f) = 2S_x(f) \tag{9.17}$$

式中，$G_x(f)$——$x(t)$ 的单边功率谱密度。

9.4.3　倒频谱分析法

在混有周期波形的随机波形中很难直接看出其中的周期性信号，但进行功率谱分析后就很容易看出周期性信号。同样，对于很复杂的功率谱图，有时也很难直观地分辨出它的特征和变化规律。如果对功率谱再作一次谱分析，那么可以将功率谱中的周期性成分分离出来，这就是倒频谱分析法，倒频谱分析法也称为二次频谱法。

倒频谱分析技术是信号处理学科领域中的重要组成部分，它十分适合用于分析复杂频谱图上的周期性结构特征，分离和提取密集泛频信号的周期成分。倒频谱分析技术在许多领域都有着广泛的应用，在噪声识别研究中倒频谱分析法也具有相当重要的作用。

倒频谱的数学描述为两类：一类是实倒频谱(real cepstrum)，简称“R-CEP”；另一类是复倒频谱(complex cepstrum)，简称“C-CEP”。

实倒频谱是功率谱对数的功率谱。倒频谱是对时域信号 $x(t)$ 的功率谱密度函数 $G_x(f)$ 取对数后再进行一次谱分析，它与自相关函数的主要差别是倒频谱的第一个功率谱是经对数转换的。

如果时间函数 $f_x(t)$ 的傅里叶变换为

$$F_x(f) = F\{f_x(t)\} \tag{9.18}$$

式中，符号“$F\{\cdot\}$”表示傅里叶变换。

功率谱为

$$G_x(f) = \left|F_x(f)\right|^2 \tag{9.19}$$

则倒频谱 $C_x(q)$ 为

$$C_x(q) = \left|F\{\lg[G_x(f)]\}\right|^2 \tag{9.20}$$

功率谱主要强调最大值，而工程上为了分析整个频率范围内的信息，经常使用幅值谱-功率谱的平方根，即

$$C_{ax}(\tau) = \left|F\{\lg[G_x(f)]\}\right| \tag{9.21}$$

式中，$C_{ax}(\tau)$——信号的幅值倒频谱，简称倒频谱。

倒频谱的自变量“q”称为“倒频率”，由于 $\lg[G_x(f)]$ 是频率 f 的函数，所以这里傅里叶变换的积分变量是频率 f 而不是时间 τ。因此，它具有与自相关函数

$R_x(\tau)$的“τ”相同的量纲，一般以毫秒(ms)计。q 值大者称为高倒频率，表示频谱图上的快速波动和密集谐频(小的频率间隔)；q 值小者称为低倒频率，表示频谱图上的缓慢波动和疏散谐频(大的频率间隔)。

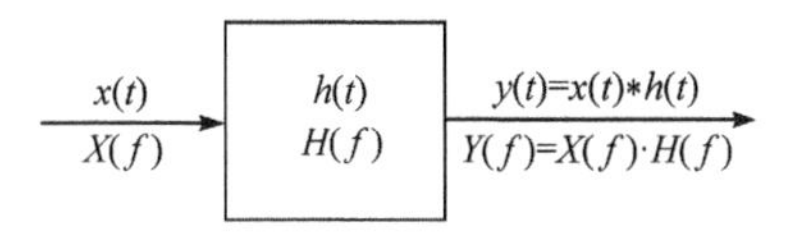

图 9.14　线性系统输入-输出关系

噪声测量中测到的噪声信号并不是声源信号本身，而是声源信号 $x(t)$ 经过传递系统 $h(t)$ 后到达测量点的输出信号，如图 9.14 所示，即

$$y(t)=x(t)*h(t)=\int_0^\infty x(\tau)h(t-\tau)\mathrm{d}\tau \tag{9.22}$$

式中，$x(t)$——声源信号；

$h(t)$——传递系统；

$y(t)$——输出信号。

在时域中信号 $y(t)$ 是 $x(t)$ 和 $h(t)$ 的卷积，而卷积后的波形比较复杂，难以区分声源信号和传递系统的影响。因此，常将其转入频域处理，表达式为

$$Y(f)=X(f)\cdot H(f) \tag{9.23}$$

式中，$Y(f)$——$y(t)$ 的傅里叶变换；

$X(f)$——$x(t)$ 的傅里叶变换；

$H(f)$——$h(t)$ 的傅里叶变换。

如果用功率谱表示，则为

$$G_y(f)=G_x(f)\cdot G_h(f) \tag{9.24}$$

系统在有声反射或通道传声的情况下，声源与系统响应卷积的结果在频谱图上表现为多峰值波形的频谱图，并且峰顶呈起伏的梳状波，用常规的频谱分析法将源信号提取出来或者从系统响应(调制)中分离出来比较困难。因此，要用倒频谱分析技术来处理。

对式(9.24)两端取对数，有

$$\lg G_y(f)=\lg G_x(f)+\lg G_h(f) \tag{9.25}$$

一般情况下，从对数功率谱图中很难做出这样的分辨，为了区分源信号和系统响应，对式(9.25)再进行一次傅里叶变换，得到信号 $y(t)$ 的幅值倒频谱：

$$F\{\lg G_y(f)\}=F\{\lg G_x(f)\}+F\{\lg G_h(f)\} \tag{9.26}$$

即

$$G_y(q)=G_x(q)+G_h(q) \tag{9.27}$$

倒频谱分析方法可以从频谱图上出现的多族谐频的复杂波形中分离并提取源信号。因此，倒频谱分析法是噪声源识别技术中一种非常有用的识别手段。

9.4.4　相干分析法

在噪声信号处理中，相干函数可以用来反映平稳随机过程输入与输出相关程度的函数。相干函数有三种，即常相干函数、重相干函数和偏相干函数。

1. 常相干函数

设系统为常参数的单输入、单输出线性系统，如图 9.15 所示。输入 $x(t)$ 和输出 $y(t)$ 都是平稳随机过程，并且外界噪声出现在输出点上，定义 $x(t)$ 与 $y(t)$ 之间的常相干函数 $\gamma_{xy}^2(f)$ 为

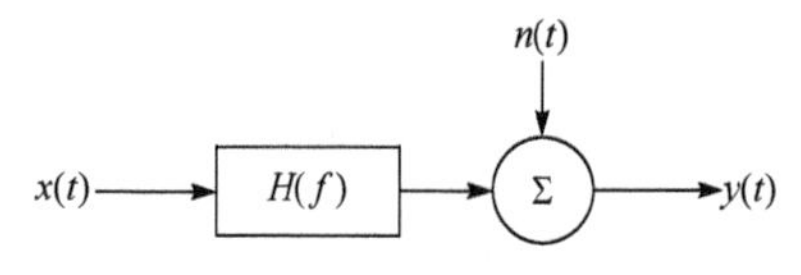

图 9.15　单输入、单输出线性系统简化物理模型

$$\gamma_{xy}^2(f)=\frac{\left|S_{xy}(f)\right|^2}{S_{xx}(f)S_{yy}(f)} \tag{9.28}$$

式中，$S_{xx}(f)$、$S_{yy}(f)$——随机信号 $x(t)$、$y(t)$ 的自功率谱；

$S_{xy}(f)$——随机信号 $x(t)$、$y(t)$ 之间的互功率谱。

$\gamma_{xy}^2(f)$ 表示在频率为 f 时，输出谱 $S_{yy}(f)$ 中有多少成分来源于输入谱 $S_{xx}(f)$。一般情况下，$0\leqslant\gamma_{xy}^2(f)\leqslant 1$。当 $\gamma_{xy}^2(f)=0$ 时，表示 $y(t)$ 在频率为 f 时与 $x(t)$ 不相关；当 $\gamma_{xy}^2(f)=1$ 时，表示 $y(t)$ 在频率为 f 时全部是 $x(t)$ 引起的，即完全相干；当 $0<\gamma_{xy}^2(f)<1$ 时，则表示 $y(t)$ 对 $x(t)$ 的依赖程度，并表示不是单一输入，即表示系统除 $x(t)$ 输入外还有其他输入或外界噪声混入，或者说明该系统是非线性系统。

将 $\gamma_{xy}^2(f)$ 与 $S_{yy}(f)$ 的乘积称为常相干函数输出谱。当外界噪声只出现在输出点时，常相干函数输出谱表示 $x(t)$ 通过线性系统的传递函数 $H(f)$ 而得到的理想输出谱 $S_{yy}(f)$。

2. 重相干函数

对于图 9.16 所示的多输入、单输出系统，重相干函数定义为

$$\gamma_{y:x}^2(f)=\frac{S_{vv}(f)}{S_{yy}(f)}=\frac{S_{yy}(f)-S_{nn}(f)}{S_{yy}(f)} \tag{9.29}$$

式中，$S_{vv}(f)$——由 $x_1(f),x_2(f),\cdots,x_n(f)$ 引起的理想输出谱之和；

$S_{nn}(f)$——剩余输出噪声谱。

$\gamma_{y:x}^2(f)$ 数值的大小，表示 $x_1(f),x_2(f),\cdots,x_n(f)$ 等所有的输入，在系统的总输出中具有多大的分量。

如果在多输入、单输出系统中，各输入之间彼此互不相关，外界噪声为零，则

$$\gamma_{y:x}^2(f)=\sum_{i=1}^{n}\gamma_{iy}^2(f)=1 \tag{9.30}$$

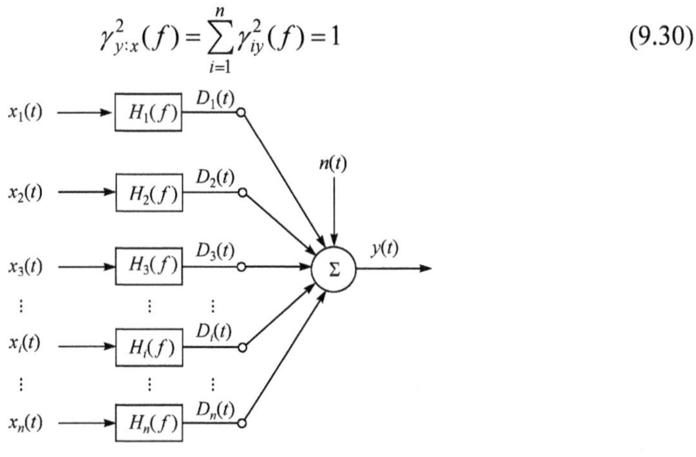

图 9.16　多输入、单输出系统物理模型

式中，$\gamma_{iy}^2(f)$——第 i 个输入与输出间的常相干函数。

可见，$\gamma_{iy}^2(f)$ 的大小能够反映出第 i 个输入在总输出中所占有的地位。

3. 偏相干函数

在图 9.16 所示的多输入、单输出系统中，各个输入之间往往是相互干扰的，如果仍用常相干函数来判断第 i 个输入的贡献，将会带来误差，因为此时上述贡献中有一部分是由另一些相关输入造成的。这种情况下，为了提高声源鉴别的准确性，就要应用偏相干函数，它定义为

$$\gamma_{iy\cdot(i-1)!}^2(f)=\frac{\left|S_{iy\cdot(i-1)!}(f)\right|^2}{S_{ii\cdot(i-1)!}(f)S_{yy\cdot(i-1)!}(f)} \tag{9.31}$$

式中，$\gamma_{iy\cdot(i-1)!}^2(f)$——从 $x_i(t)$ 和 $y(t)$ 中，去除由 $x_1(t)$ 到 $x_{i-1}(t)$ 的线性影响以后的 $x_i(t)$ 与 $y(t)$ 间的偏相干函数；

$S_{iy\cdot(i-1)!}(f)$——去除由 $x_1(t)$ 到 $x_{i-1}(t)$ 的线性影响以后的 $x_i(t)$ 与 $y(t)$ 间的条件互谱；

$S_{ii\cdot(i-1)!}(f)$——去除由 $x_1(t)$ 到 $x_{i-1}(t)$ 的线性影响以后 $x_i(t)$ 的条件自谱；

$S_{yy\cdot(i-1)!}(f)$——去除由 $x_1(t)$ 到 $x_{i-1}(t)$ 的线性影响以后 $y(t)$ 的条件自谱。

仿照常相干函数的情况，可以把 $\gamma_{iy\cdot(i-1)!}^2(f)S_{yy\cdot(i-1)!}(f)$ 称为第 i 个输入的偏相干输出谱，它与总输出谱之比即该输入对总输出所做的贡献：

$$T_i(f)=\frac{\gamma_{iy\cdot(i-1)!}^2(f)S_{yy\cdot(i-1)!}(f)}{S_{yy}(f)} \tag{9.32}$$

式中，$T_i(f)$——第 i 个输入在总输出中的贡献。

由此，可以做到利用偏相干函数来识别多输入、单输出系统的主要噪声源。

9.4.5 时间-频率分析法

在处理非平稳过程的噪声信号时，传统的频谱分析方法将面临困难。对于瞬时、非平稳的噪声，短时傅里叶变换时间-频率分析非常有效。线性时间-频率分析是将信号展开为一组加权频率调制的高斯函数，加权函数则描述信号在局部时间和频率的特性。线性时间-频率分析不存在交叉项的干扰，它定义为

$$\mathrm{STFT}(t,f)=\int x(\tau)\cdot h^{*}(\tau-t)\mathrm{e}^{-2\pi \mathrm{j} f\tau}\mathrm{d}\tau \tag{9.33}$$

式中，$x(\tau)$、$h(\tau-t)$——信号和窗函数；

$h^{*}(\tau-t)$——窗函数的复共轭。

平方(双线性)时间-频率分析则具有在高频时呈现最高的时间和频率分辨率的特性，但存在交叉项的干扰，它定义为

$$\omega(\tau,\omega)=\int S^{*}(\tau-t/2)S(\tau+t/2)\mathrm{e}^{-\mathrm{j}\tau\omega}\mathrm{d}t \tag{9.34}$$

式中，S、S^{*}——信号和信号的复共轭。

时间-频率分析法可用于压缩机启动、停止或电源频率升降等非平稳噪声信号时的分析。

第 10 章　测量仪器及测量方法

在滚动转子式制冷压缩机噪声、振动以及控制方法的分析和研究中，对噪声、振动以及气体压力脉动等进行测量分析是必不可少的。在噪声、振动和气体压力脉动的测量分析中，可以使用的仪器有很多，本章介绍在噪声、振动和气体压力脉动测量分析中常用的仪器及测量方法。

10.1　噪声、振动测量系统和传感器

图 10.1 为典型的声学和振动测量系统，它由测量传感器(传声器、加速度传感器、位移传感器等)、前置放大器和分析系统(快速傅里叶变换(FFT)分析仪、模拟/数字滤波器或者简单的均方根(RMS)伏特计)组成。

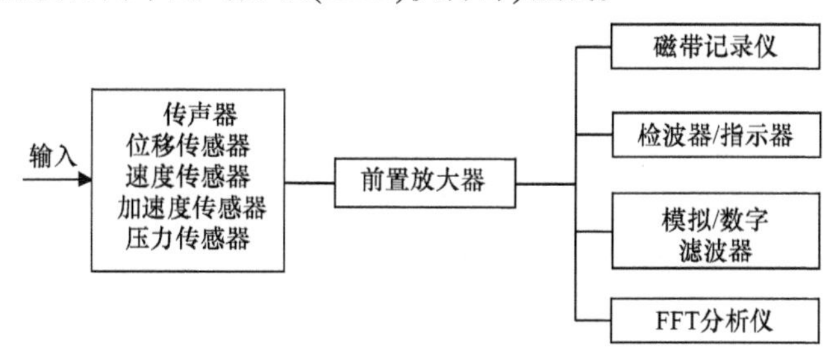

图 10.1　典型的声学和振动测量系统

传感器是将机械量转换成其他物理量的装置，通常是将感兴趣的机械量按比例转换成电信号。如果传感器要求提供电能并将机械能转换成电能，那么这类传感器称为被动型传感器，否则称为主动(或自生)型传感器。如果输入的机械能通过中间量(如光学量)转换成输出的电能，那么应将转换视为间接式，否则认为是直接式。各种工作原理传感器的分类一般按照如图 10.2 所示的方法进行。

在测量噪声和振动时，经常使用传声器和加速度传感器，它们的作用是将测量的声压或加速度的非电信号转换成相应的电信号，这种电信号经过放大、调节、显示和记录等一系列过程，最终达到用连续的电信号代替连续的被测非电信号的目的，这种系统称为模拟系统。一些常用的声学仪器都属于模拟系统。

随着计算机技术的发展，目前，在噪声和振动测量中广泛使用的是数字系统。由传声器和加速度传感器获得模拟信号，通过放大器放大后，进行采样、量化，

即模数转换，把连续的模拟信号转换成一连串离散的数字值，即时间序列，然后由计算机或程序运算器对时间序列进行运算和分析，这一系统称为数字系统。通常由微处理器构成的噪声和振动分析系统都是数字系统。

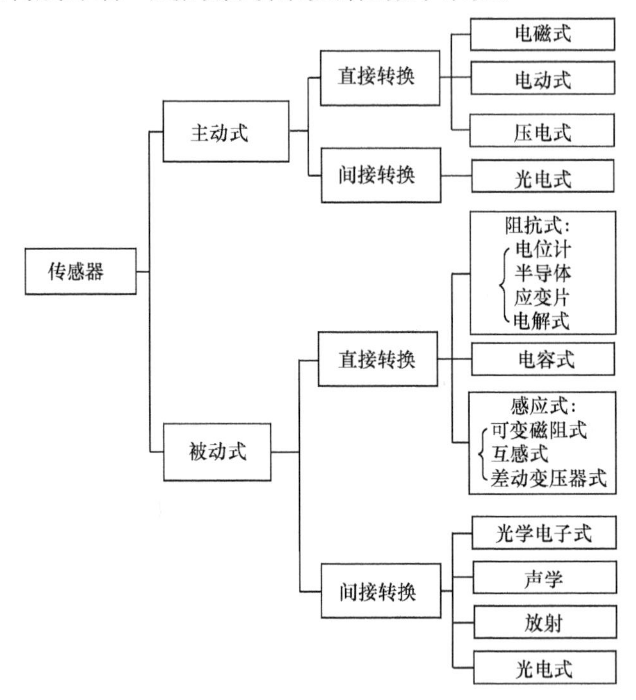

图 10.2　传感器的一般分类方法

10.2　声压的测量

10.2.1　传声器

传声器是一种将声能转换为电能的电声器件,可以用来直接测量声场的声压。它是声学测量、建筑声学、环境声学等领域中使用的一种基本声学器件。传声器分为两部分：一是将声能转换成机械能的声接收器；二是将机械能转换成电能的机电转换器。通过这两部分，最终将声压的输入信号转换成电压信号。

1. 传声器的性能

传声器是将声音信号转换成电信号的传感器，对用于噪声测量的传声器的性能要求主要如下。

频率特性：在声频范围(20Hz～30kHz)内，传声器声电换能效率的平直程度，称为传声器的频率特征，通常用偏离平直部分的起伏分贝数来表示。在声频范围的频率响应曲线越平直，传声器的频率特性越好。

灵敏度：在一定声压作用下，传声器输出端开路电压的大小，称为传声器的灵敏度。灵敏度一般用 1kHz 频率时 1Pa 声压作用下传声器输出端开路电压(mV)值来表示，其参考级为 1V/Pa。例如，传声器的灵敏度为 1mV/Pa 时，也可以说灵敏度等于-60dB。传声器的灵敏度越高，可测量的声压越低，则性能越好。

动态范围：灵敏度保持不变的声压变化范围，称为传声器的动态范围。动态范围越大，传声器可测量的声压范围越宽。较好的传声器动态范围可达 100～120dB。

固有噪声：在理想情况下，当作用于传声器膜片上的声压为零时，传声器的输出电压应该等于零。但实际上声压等于零时，传声器仍然会有输出电压，这一电压称为“噪声电压”，输出的噪声称为“固有噪声”。传声器的固有噪声会影响传声器可测量的最小声压，因此传声器的固有噪声越低越好。固有噪声一般与传声器的类型、加工工艺和使用环境有较大的关系。

指向特性：当声波以某一角度向传声器入射时，传声器的灵敏度与法向入射时法向灵敏度的比值，称为传声器的指向特性(也称为指向性系数)。其定义为

$$D(\theta) = s(\theta) / s(0) \tag{10.1}$$

式中，$D(\theta)$——传声器的指向特性；

$s(\theta)$——某一角度入射时的灵敏度；

$s(0)$——法向入射时的灵敏度。

指向特性 $D(\theta)$ 与频率有关，并且高频时的指向特性较强，同时，传声器的形状和大小都对指向特性有影响。

稳定性：传声器的性能在不同温度、湿度等环境条件下是否稳定，以及传声器长时间工作性能是否稳定是衡量传声器质量的重要指标。

体积大小：传声器的体积越小对自由声场的干扰越小，其方向性也越小，测量精度越高。

目前，还没有一种传声器能兼备以上各种优良性能，应根据测量对象、测量目的和测量环境来选择传声器，使其满足测量要求。

2. 传声器的种类和结构

由于听觉是由作用在耳膜上的大气压力变化引起的，声音测量的一般方法是通过大气压力来感知的，所以有很多种类型的传声器可用于声学测量。按照换能方式分类，传声器主要有三种类型：压电式、电容式、动圈式。这里仅介绍电容式传声器的基本工作原理及特性。

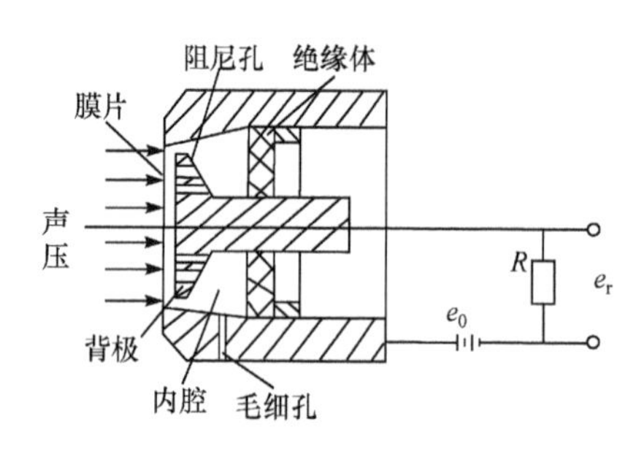

图 10.3　电容式传声器原理示意图

图 10.3 为电容式传声器原理示意图。电容式传声器实际上是一个平板电容器，它的基本构成是一片薄膜片和紧靠着它的背极，两者组成一个以空气为介质的电容器。

膜片是一片受拉力拉紧的金属薄片或者涂有金属的塑料膜片，其厚度为 0.0025～0.05mm，膜片后面是刚性背极，两者在电气上互相绝缘。

电容式传声器工作时，在膜片、背极(并联一个高阻值的电阻 R)上施加恒定直流电压(即极化电压，一般在 200V 和 300V 之间)，使其充电极化。当膜片上作用交变声压时，改变膜片平衡位置，使膜片和背极板间的距离不断发生变化，从而引起电容量的变化，在电阻 R 上产生一个交变的输出电压 e_r 。由于极板间的距离变化量与声压 p 成正比，所以传声器两端电压变化量与所接收的声压成正比，这样电容式传声器就将声频信号变成电信号。当膜片运动时，气流通过背极上的阻尼孔产生阻尼效应，可以抑制膜片的振幅，使内外静压相同。

电容式传声器的灵敏度高(一般为 10～50mV/Pa)，在很宽的频率范围内(20～20000Hz)频率响应平直，输出稳定，其灵敏度不随温度和湿度而变化。

电容式传声器按频率响应特性分为声压型和声场型两种，具有平直声压响应的传声器称为声压型电容式传声器；具有平直自由场响应的传声器称为声场型电容式传声器。传声器在声场中会产生反射和绕射现象干扰原来的声场，因此膜片上接收到的压力除了声波压力之外，还有由于膜片反射声波而产生的压力增量。压力增量的大小与入射声波的频率、入射角度和传声器膜片尺寸等有关。为了补偿高频声波反射所产生的声压增加对传声器输出的影响，声场型电容式传声器在膜片结构设计时作了一些处理，使其阻尼最佳，从而在测量的频率范围内有平直的响应特性，在高精度的测量中，可以得到一个比较接近传声器不在场时的声压值。

在噪声测量中，为了避免测量结果产生较大的误差，一般使用声场型电容式传声器。声压型传声器用于混响声场声学测量以及耦合腔声校准等。

由于电容式传声器的输出阻抗很高，使用时必须将前置放大器与传声器连接，使输出阻抗转换为低阻抗。

10.2.2　声级计

声级计(又称噪声计)是测量声压级的基本测量仪器，可应用于环境噪声、机器噪声等测量，也可用于建筑声学、电声学等测量。它可以单独用来测量噪声级，也可以与倍频程滤波器或 1/3 倍频程等滤波器配合用于噪声的频谱分析。如果将电容式传声器换成加速度传感器和积分器，还可用于测量振动加速度、速度和位移。将声级计上各种滤波器配合，还可以用于吸声频谱分析。

声级计按精度分为 4 种类型：0 型声级计、1 型声级计、2 型声级计和 3 型声级计。0 型声级计为标准声级计，1 型声级计为实验室用精密级声级计，2 型声级计为一般用途普通声级计，3 型声级计为噪声监测的普通声级计。声级计按用途可以分为两类：一类用于测量稳态噪声，如精密声级计和普通声级计；另一类用于测量非稳态的噪声和脉冲噪声，如积分式声级计和脉冲式声级计。

声级计主要由电容式传声器、前置放大器、超载检测器、计权网络、滤波器、放大器、RMS 检测器(带有快档“F”和慢档“S”时间常数)、输出和显示等组成。典型声级计的组成如图 10.4 所示。

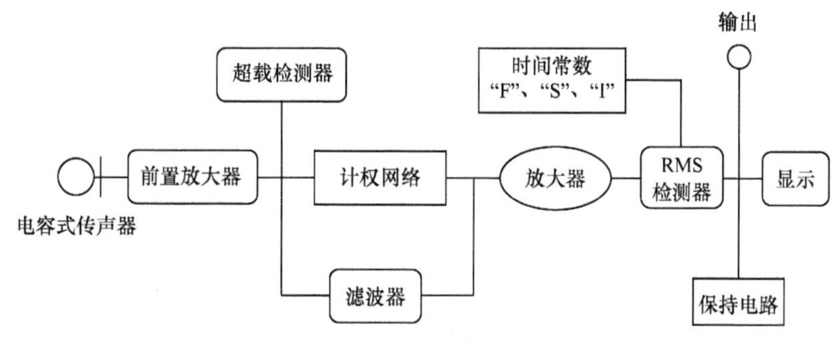

图 10.4　典型声级计示意图

声级计工作原理如下：由电容式传声器将声信号转换成电信号，并将电信号传给前置放大器，前置放大器实际上是一个阻抗变换器，使高内阻的电容式传声器与后面的衰减器匹配。要求前置放大器的输入电容小(几十皮法或几皮法)和输入电阻高(几百兆欧)。前者减小了对电容式传声器灵敏度的影响，后者使低频时频率响应不衰减。前置放大器采用场效应管和晶体管组成源极跟随器和发射极输出器的形式，而且取较高的电源电压。

为了测量微小的信号，需要将信号加以放大，但当输入较大信号时，需要对信号加以衰减，使得指示器获得适当的指示，使测量量程扩大。为了提高信噪比，声级计上有两组衰减器和放大器，即输入衰减器、输出衰减器和输入放大器、输出放大器。通过调节控制旋钮设置档位使声级计具有较宽的量程范围。

在输入、输出放大器之间插入计权网络。当“计权网络开关”放在“线性”档时，声级计是线性频率响应，测得的是线性声压级；当“计权网络开关”放在“A”、“B”或“C”位置时，测得的是相应的计权声压级。

当“计权网络开关”转到“滤波器”的位置时，在输入、输出放大器之间插入倍频程滤波器，转动倍频程滤波器的选择开关即可进行噪声的倍频程频谱分析。如需要外接滤波器，只要将二芯插头插入外接滤波器的输入和输出插孔，则内置倍频程滤波器自动断开，外接滤波器即插入输入、输出放大器之间。

声级计还可用来测量振动。以积分器代替电容式传声器，将加速度传感器安装在被测振动体上，并用专用电缆线把加速度传感器与积分器相连接，即可实现振动的测量。

10.2.3　滤波器

带通滤波器主要用来测量频带声压级，它最重要的概念是带宽。带通滤波器的作用是只让滤波器所确定的频率范围内的分量信号通过，而阻止其他分量的信号通过。图 10.5 为典型的倍频程滤波器响应。

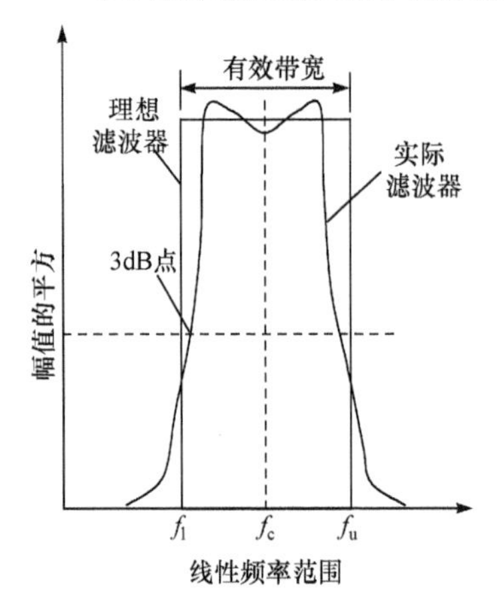

图 10.5　典型倍频程滤波器响应

理想的带通滤波器特性，应如图 10.5 中矩形实线所示，即在通带内没有衰减，在通带外没有输出。但实际的带通滤波器不可能达到理想状态，它的幅频特性在通带内一般不是常数，因而规定幅频特性曲线两侧各–3dB 之间的频率为带通滤波器的上下限截止频率(相应为 f_u 和 f_l)，频率范围为带宽(–3dB 带宽)。因此，在上下限截止频率外侧，实际滤波器幅频特性并不为零。带宽以外的谐波分量对滤波器输出是有影响的，其影响程度取决于滤波器的性能。

常用于频率分析的带通滤波器有两类，即恒百分比带宽滤波器和恒带宽滤波器。

恒百分比带宽(比例带宽)滤波器由一系列相对带宽滤波器组成，有以下关系：

$$\frac{f_u}{f_l} = \text{常数} \tag{10.2}$$

式中，f_u——上限截止频率，单位为 Hz；

f_l——下限截止频率，单位为 Hz。

恒百分比带宽的中心频率为

$$f_c = \sqrt{f_u f_l} \tag{10.3}$$

式中，f_c——带宽的中心频率，单位为 Hz。

大多数常见的恒百分比带宽滤波器满足以下形式：

$$\frac{f_u}{f_l} = 2^n \tag{10.4}$$

其中对于倍频程滤波器 $n=1$，对于 1/3 倍频程滤波器 $n=1/3$，依此类推。

对于倍频程，即当 $n=1$ 时，有

$$\Delta f = f_u - f_l = 0.707 f_c \tag{10.5}$$

其中，Δf ——倍频程带宽，单位为 Hz。

由式(10.5)可知，倍频程带宽 Δf 是中心频率 f_c 的一定百分比(70.7%)。同理可以推导出，1/3 倍频程的带宽为中心频率 f_c 的 23.1%。可见这类滤波器都属于定百分比的。而且，它们的带宽随中心频率的增加而成比例增加。因此，恒百分比带宽滤波器就是指在频率轴上带宽频率范围与带宽中心频率之比为常数的带宽滤波器。除了广泛使用的倍频程(70.7%)、1/3 倍频程(23.1%)滤波器外，实际中还使用 1/10 倍频程(6.9%)、1/12 倍频程(5.8%)、1/15 倍频程(4.6%)、1/30 倍频程(2.3%)滤波器。在噪声测量中，使用较多的是测量 31.5～8000Hz 频率范围内的倍频程和 1/3 倍频程。

恒带宽滤波器是窄带滤波器，它的带宽在整个频率轴上不随中心频率的改变而变化，是一个常值。目前常用的恒带宽滤波器的带宽有 1000Hz、315Hz、100Hz、31.5Hz、10Hz 和 3.15Hz 等。

为了提高模拟信号的分析精度，对带通滤波器有三项基本要求：

(1) 阻带衰减要大；

(2) 通带衰减要小；

(3) 通带的“波纹因数”要小。

10.2.4　频谱分析仪

在噪声测量中，仅测量噪声的强度是不够的，总体噪声是各种频率噪声的平均结果。为了解噪声的特性，需要知道声压级与频率之间的函数关系。也就是说，需要将测量到的时域数据转变为频域数据，完成这种转变的设备称为频率分析仪，或者称为频谱分析仪。频谱分析仪主要由放大器和滤波器组成，其性能主要由滤波器决定。典型频谱分析仪的方框图如图 10.6 所示。

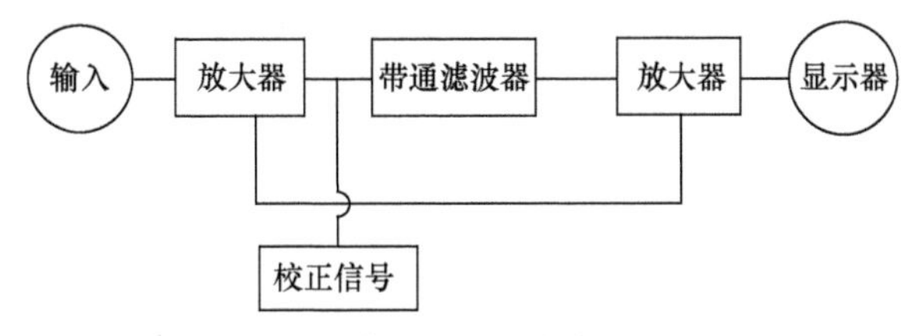

图 10.6　典型频谱分析仪方框图

10.2.5　信号处理机

信号处理机是以 FFT 为基础，在计算技术和信号分析技术上建立的信号处理仪器。目前，有各种各样专用或多用信号处理机。一般情况下，这类信号处理机可以进行幅值域内的统计分析、时间域内的相关分析和频率域内的频谱分析等。

一些信号处理机还具有细化(ZOOM)、瞬态信号捕捉、波形编辑等多种特殊功能，这给信号分析带来了极大的方便。同时，又由于多次平均，使得数据分析的可信度大大提高。

10.3　声功率的测量

用声压级描述噪声辐射特性时，测量结果与测量位置及声学环境有关，它不能全面描述噪声源辐射声波的强度及特性。而声功率或者声功率级能表征声源的重要特性，是声源本身所固有的，与环境无关，因此在噪声测试中有着广泛的应用。

噪声源的声功率级是在规定的测试环境中根据测量得到的声压级计算出来的。测定声功率级的方法有很多，按测量参量分为声压法、声强法和振速法等；从测量环境分为自由声场法、混响场法等。

10.3.1　自由声场法

自由声场可以是人工模拟的消声室，或者近似满足自由声场条件的室内或室外。消声室通常分为全消声室或半消声室两种类型，声源辐射的声波在消声室内传播时不会发生反射。

利用声压法可以测量无指向性和有指向性声源的声功率，以及指向性声源的指向性指数。

1) 无指向性声源辐射的声功率测量

如果声源的尺寸比声波的波长小得多，而且指向性不强，那么可以将声源看成点声源。它以球面波的形式向四周辐射声波，以声源的中心为圆心，以半径 r 作一假想的球面，并将测量点布置在这一假想的球面上。如果假想球面满足远场条件，那么根据式(2.68)可知声源发射出的声功率为

$$W = \frac{4\pi r^2 p_e^2}{\rho_0 c_0}$$

式中，W——声源的声功率，单位为 W；

r——假想球面的半径，单位为 m；

p_e——假想球面上测量得到的有效声压，单位为 Pa；

$\rho_0 c_0$——空气的特性阻抗，单位为 $N \cdot s/m^3$。

或由式(2.94)得声功率级为

$$L_W = L_p + 20\lg r + 10.99$$

2) 有指向性声源辐射的声功率测量

由于实际机械噪声源总是有一定尺寸的，不可能是理想的点声源，所以常取球面上各点声压级的平均值进行计算。故在消声室中进行声功率测量时，应以机器的几何中心点为中心，在以 r 为半径的假想球面上分成与测量点数目相同的面积，并布置测量点，测得声压级 $L_{p1}, L_{p2}, \cdots$。如果传声器测点占有的测试球(或半球)面面积相等，则可用式(10.6)求出平均声压级：

$$\overline{L}_{pr} = 10\lg\frac{1}{N}\left(\sum_{i=1}^{N}10^{0.1L_{pi}}\right) \tag{10.6}$$

式中，$\overline{L}_{pr}$——假想球表面平均声压级，单位为 dB；

L_{pi}——第 i 个测量点所得的频带声压级，单位为 dB；

N——测量点数。

求得 $\overline{L}_{pr}$ 后，该声源噪声的声功率级可按式(10.7)计算得到：

$$L_{Wr} = \overline{L}_{pr} + 20\lg r + 10.99 \tag{10.7}$$

式中，r——测试球面的半径，单位为 m。

如果传声器各测量点所属的测量表面面积不相等，则可用式(10.8)求平均声压级：

$$\overline{L}_{pr} = 10\lg\frac{1}{S}\left(\sum_{i=1}^{N}S_i 10^{0.1L_{pi}}\right) \tag{10.8}$$

式中，S——测量球(或半球)的总面积，单位为 m^2；

S_i——第 i 个测量点所属球(或半球)的占有面积，单位为 m^2。

这时，自由声场中噪声源的声功率级可按式(10.9)计算得到：

$$L_W = \overline{L}_{pr} + 10\lg S \tag{10.9}$$

3) 选择测量半径 r 的原则

选择测量半径 r 的原则如下：

(1) 假想球面必须处在声源的远场，一般半径要大于声源的最大尺寸的 2 倍或者大于所研究的中心频率对应的波长的 2 倍。当声源中含有一个占主导地位的纯音或者有较强的指向性时，半径 r 要相应加大，特别是当频率高于 3000Hz 时，更应注意半径 r 的选择，如果计算出的半径 r 小于 1m，则应取半径 r 为 1m。

(2) 假想球面应与消声室吸声表面之间保持一定的距离，以避免边界干扰，一般至少要等于半波长。

在假想球面上布置测量点的一般原则是按面积等分球面，并以每一块面积的中心点作为测量点。如果噪声源的指向性不强，那么测量点的数量可以少一些；如果噪声源的指向性较强，那么测量点的数量需要取多一些。

表 10.1 推荐了 8、12 等分球面时传声器布置位置的坐标，其他等分方式的坐标可参考相关资料。

表 10.1　8、12 等分球面时传声器布置位置的坐标值

序号	8 测量点			12 测量点		
	x/r	*y/r*	*z/r*	*x/r*	*y/r*	*z/r*
1	0.817	0	0.577	0.851	0.276	0.447
2	0.817	0	−0.577	0.526	0.724	−0.447
3	0	0.817	0.577	0	0.894	0.447
4	0	0.817	−0.577	−0.526	0.724	−0.447
5	−0.817	0	0.577	−0.851	0.276	0.447
6	−0.817	0	−0.577	−0.851	−0.276	−0.447
7	0	−0.817	0.577	−0.526	−0.724	0.447
8	0	−0.817	−0.577	0	−0.894	−0.447
9				0.526	−0.724	0.447
10				0.851	−0.276	−0.447
11				0	0	1
12				0	0	−1

另外，消声室法测量声压时应使用自由场传声器，并且应保证膜片的法线对着噪声源的中心。

4) 半消声室的声功率测量

半消声室特别适合声功率测量，测量时机器放置在强反射的地面上，以半球面的形式辐射声波。此时，透声面积为 $2\pi r^2$，则式(10.9)变为

$$L_{Wr} = \overline{L}_{pr} + 20\lg r + 7.98 \tag{10.10}$$

式中，$\overline{L}_{pr}$——以 r 为半径的半球面上，数个测点测出的平均声压级，单位为 dB。

压缩机在半消声室测量声功率时，测量点布置在以声源中心为圆心，以半径为 r 的半球面上，测试点位置如图 10.7 所示，其各点相应的坐标如表 10.2 所示。

表 10.2　测试点序号及坐标

序号	*x/r*	*y/r*	*z/r*
1	−0.99	0	0.15
2	0.50	−0.86	0.15
3	0.50	0.86	0.15
4	−0.45	0.77	0.45

续表

序号	x/r	y/r	z/r
5	−0.45	−0.77	0.45
6	0.89	0	0.45
7	0.33	0.57	0.75
8	−0.66	0	0.75
9	0.33	−0.57	0.75
10	0	0	1.0

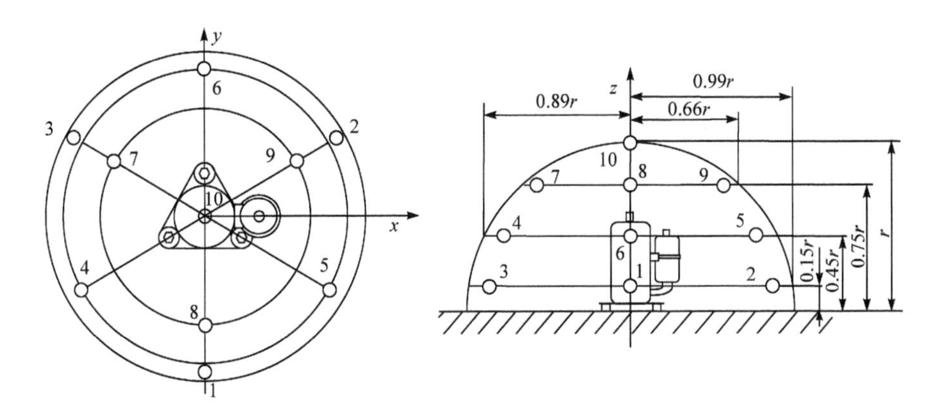

图 10.7　压缩机声功率测量传声器的布置图

10.3.2　混响场法

混响室的声场特征与消声室的声场特征完全不同，它所有的内壁面都具有强烈的边界反射，要求所有表面的平均吸声系数不超过 0.06，以确保混响场。在混响室内，当声源工作后，除了离声源很近处和界面干涉区外，离开壁面半波长的其他各处的平均能量密度差不多都相等。

在混响室中，声源发出稳态噪声后，如果不考虑空气中的能量吸收，则同一时间间隔内，表面吸收的能量等于声源供给的能量。表面吸收的能量与房间的结构有关。平均有效声压和声源总声功率的关系为

$$W_A = \frac{A}{4}\frac{p_e^2}{\rho_0 c_0} \tag{10.11}$$

式中，W_A——声源的声功率，单位为 W；

A——混响室内的总吸声量，单位 m^3/s；

p_e——平均有效声压，单位为 Pa。

其声源的声功率级为

$$L_W = \overline{L}_p + 10\lg A - 6.1 \tag{10.12}$$

式中，L_W——声源的声功率级，单位为 dB；

$\overline{L}_p$——混响室内平均声压级，单位为 dB。

式(10.12)没有考虑空气吸收高频声的影响，如作高频空气吸收修正，则可写为

$$L_W = \overline{L}_p + 10\lg(A + 4mV) - 6.1 \tag{10.13}$$

式中，m——空气声强吸声系数，$m = 2\alpha$，其中，α 为空气吸气系数。

混响室的总吸声量 A 和室内声压级衰减 60dB 所需的时间即混响时间 T_{60} 有关，其关系式即著名的赛宾公式：

$$T_{60} = \frac{0.16V}{A} \tag{10.14}$$

式中，T_{60}——混响时间，单位为 s；

V——混响室的体积，单位为 m^3。

将赛宾公式代入式(10.11)和式(10.12)，可得

$$W_A = \frac{0.04Vp_e^2}{T_{60}\rho_0 c_0} \tag{10.15}$$

$$L_W = \overline{L}_p + 10\lg V - 10\lg T_{60} - 14 \tag{10.16}$$

因此，在混响室中测量噪声源的声功率是比较简单的，只要测得室内声压级和混响室的混响时间 T_{60}，就可以算出声功率和声功率级 L_W。

为了提高混响室测量的精度，应注意以下几个方面：

(1) 声源的位置。由于声源放在某些位置上激发不起更多的简正振动模式，所以不同的声源放置位置，测量得到的声功率不相同，一般情况下声源放置在房间的棱边上或角落上比较好。

(2) 声源的安装形式。声源的安装形式最好与实际使用的形式一致，如声源是否靠墙、底脚是否固定等。

(3) 传声器类型和位置。测量时应该使用无规则响应传声器，传声器位置离墙角和墙边至少 3/4 波长，离墙面至少 1/4 波长(这里的波长是指最低频率的波长)。传声器不要太靠近声源，而是至少相距声源 1m。两个相邻传声器的间距要大于 1/2 波长(指感兴趣频带中心频率所对应的波长)，这样两传声器的相关性就会很小，使数据具有独立性。

混响场法测量点数一般为 3～8 点，测量点的数量与噪声源的频谱有关。如果噪声源有离散频率，那么传声器测量点的数量就需要更多。混响室内声级测量点的数量可根据各测量点的标准偏差 σ 来确定。标准偏差 σ 由式(10.17)计算，计算得到的标准偏差 σ 不应超过表 10.3 所给定的数值。

$$\sigma = \left[\sum_{i=1}^{N} (L_{pi} - \overline{L}_p)^2 / (N-1) \right]^{\frac{1}{2}} \tag{10.17}$$

式中，$\overline{L}_p$——各测量点声压级的算术平均值，单位为 dB；

L_{pi}——第 i 测量点处的声压级，单位为 dB。

表 10.3　标准偏差值

倍频程中心频率/Hz	1/3 倍频程中心频率/Hz	最大的允许标准偏差 σ /dB
250	100～160	1.5
250～500	200～630	1.0
1000～2000	800～2500	0.5
4000～8000	3150～10000	1.0

标准偏差 σ 应该在每一频带上分别测定，如果 σ 超过表 10.3 中的规定值，则应增加测量点数量，或者适当增加壁面吸收系数及安装扩散体等。

10.4　声强的测量

声强为矢量，具有指向性特征，它表示声能的能量流。声强测量可以应用于声源的识别和定位、声功率的测量、声能流线的测量、绘制平面或立体声强谱图等方面。

10.4.1　声强测量仪的结构

声强测量仪主要由双传声器系统、测量放大器、数据采集器、高速声强数字信号分衡器、显示器和输出六部分组成。

10.4.2　双传声器在声强探头内的排列方式

声强测量系统中除了放大和数字部分外，另一个重要组成部分是双传声器组成的声强探头。双传声器声强探头的排列有对置式、顺置式和并列式三种形式，如图 10.8 所示。双传声器的轨心连线在一直线上，传声器面对面排列，称为对置式排列；传声器顺着一个方向排列，称为顺置式排列；如果双传声器的轴心连线不在一直线上，只有两轴线平行排列，称为并列排列。不同的仪器制造厂家习惯采用不同的排列方法。实验表明，当 Δr 数值相同时，对置式排列的声压梯度灵敏度比顺置式高。而从使用角度看，并列式的 Δr 调整较方便。

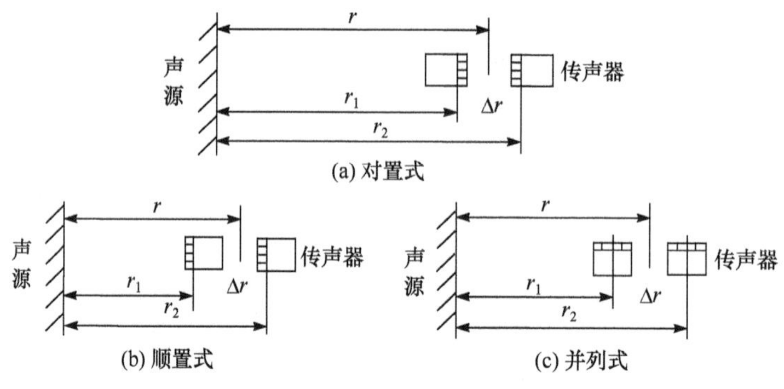

图 10.8　双传声器在声强探头内的排列方式

10.4.3　声强探头的测量方向

双传声器在声场中的测量方向可以分为法向测量和逆向测量两种。法向测量如图 10.8(a)和(b)所示，对于对置式和顺置式排列的双传声器，声源声波的传递方向是传声器承压面的法线方向，即双传声器的轴心连线与声波的传播方向一致；对于并列式排列，双传声器的平行轴心线刚好垂直于声波的传播方向。逆向测量如图 10.8(c)所示，逆向测量是相对法向测量而言的，它是将传声器轴心线绕中心旋转 90°。

一般来说，无论传声器以何种方式排列，法向测量时传声器压力梯度最大，为最大正值(又称正向测量)或最大负值(又称反向测量)，即正、负极值。而逆向测量时传声器压力梯度最小，为最小正值或最小负值(从理论上，压力梯度应为零)。介于以上两者之间的其余测量方向，均为过渡情况。

10.4.4　声强探头的使用频率与 Δr 的关系

由于声强测量精度的限制，间距为 Δr 的双传声器探头只能适应一定的频率范围，即双传声器探头的中心间距 Δr 对声强测量的频率范围有显著的影响。

声强测量系统存在许多原因产生的误差，其中有两个原因是主要的：一个是由用有限差分代替压力梯度产生的；另一个是由两个传声器相位角匹配不好产生的。

有限差分代替压力梯度产生的测量误差，对于单极子、偶极子和四极子噪声源产生的测量误差可以用计算方法得到。例如，单极子噪声源的测量误差可以用式 (10.18)计算：

$$L_e = 10\lg\frac{\hat{I}}{I} = 10\lg\left[\frac{\sin(k\Delta r)}{k\Delta r}\frac{r^2}{r_1 r_2}\right] = 10\lg\left[\frac{\sin(k\Delta r)}{k\Delta r}\frac{1}{1-\dfrac{1}{4}\left(\dfrac{\Delta r}{r}\right)^2}\right] \tag{10.18}$$

式中，L_e——单极子噪声源的测量误差，单位为 dB；

$\hat{I}$——有限差分表示的近似声强，单位为 W/m^2；

I——实际的声强，单位为 W/m^2；

k——波数，$k = 2\pi f / c_0$，其中 f 为所研究的频率，c_0 为空气声速。

由此可见，测量误差的大小与 $k\Delta r$ 及 $\Delta r / r$ 有关。随着被测量噪声源频率的增加，误差增大，而 Δr 越小则测量误差越小。但对于固定间距的双传声器探头，Δr 值已定，因此固有误差限制了双传声器探头的使用上限频率。

虽然减小双传声器的间距 Δr 可以减小固定误差，但随着 Δr 的减小，两个传声器之间的相位匹配产生的误差会变得很大，特别是在低频时，相位不匹配产生的误差更加明显，因此应选择合适的间距。一般常用的距离为 6mm、12mm 和 50mm 几种，其适应的频率范围如表 10.4 所示。

表 10.4　频率范围及相位差与传感器中心间距的关系

传声器中心间距/mm	频率范围/Hz	相位差/(°)
6	160～480 480～12000	<±0.3 <±0.1
12	80～240 240～7000	<±0.3 <±0.1
50	20～58 58～1400	<±0.3 <±0.1

双传声器系统对成对选用的传声器的要求比精密声级计还要严格，除了灵敏度和长时稳定性的要求以外，还有附加的相位差规定，如表 10.4 所示。

10.5　振动测量仪器及测量方法

振动测量基本上关注的是振荡运动，因此可以通过测量峰-峰值、均方根值、位移的波峰因子及其出现的频率进行量化。对于正弦信号，位移、速度和加速度相互相关，因此速度和加速度也可以作为描述振动级的参量。

振动的测试方法有机械法、电测法和光测法等。测量仪器包括传感器放大系统、激励系统、分析仪及计算机。

10.5.1　振动传感器

振动传感器又称拾振器，是振动测量系统中一个重要的组成部分，为独立结构，其作用是将机械振动量(位移、速度和加速度)变换成电信号。振动传感器的种类有很多，按参考坐标的不同，可分为绝对式传感器与相对式传感器；按工作方法的不同，可分为接触式传感器与非接触式传感器；按测量特征量的不同，可分为位移传感器、速度传感器和加速度传感器。

根据测量的特征量不同，选择传感器、测量设备和测量方式有所不同。因此，测量时首先应考虑选择哪个特征量作为振动强度的评估值比较合适。

一般情况下，振动有以下特征：

(1) 低频振动时，振动体的振动强度与位移成正比；

(2) 中频振动时，振动体的振动强度与速度成正比；

(3) 高频振动时，振动体的振动强度与加速度成正比。

这里主要讨论在滚动转子式制冷压缩机振动测量中常用的压电式加速度传感器、惯性式速度传感器和位移传感器。

1. 压电式加速度传感器

测量振动加速度，最常用的传感器是压电式加速度传感器。压电式加速度传感器是利用晶体压电效应原理制成的传感器，故也称为压电式加速度计。它输出电量的瞬时值与它感受到的机械振动加速度的瞬时值成正比。

压电材料(包括压电晶体和压电陶瓷)在一定方向外力作用下或承压变形时，内部出现极化现象，在晶面或极化面上将产生电荷；当外力去掉和变形消除后，又重新恢复到不带电状态，这种将机械能转换为电能的现象称为材料的顺压电效应。相反，在晶体的极化方向上施加电场，它会产生机械变形，这种将电能转换成机械能的现象，称为逆压电效应。压电式加速度传感器是利用顺压电效应原理制成的传感器。

根据压电组件的变形方式，压电式加速度传感器大致可以分为压缩型和剪切型。图 10.9 为压缩型压电式加速度传感器中的一种结构形式，为中间固定型，它是将质量块、压电片和弹簧装在一个中心轴上组成的质量-弹簧系统。图 10.10 为剪切型压电式加速度传感器的一种结构。剪切型压电式加速度传感器是最常用的压电式加速度传感器，它具有以下特点：

(1) 测量频率范围广，频率上限较高，固有振动频率一般在 15～50kHz；

(2) 在宽动态范围具有良好的线性；

(3) 没有运动部件，寿命长；

(4) 结构紧凑，尺寸在ϕ8mm×8mm～ϕ15mm×25mm 范围内，质量在 1～35g 范围内；

(5) 灵敏度高，灵敏度为 10～100mV/g；

(6) 底部弯曲和温度波动无实质影响。

压电材料受外力作用时，在极化面上产生的电荷量 Q 为

$$Q = c_s \sigma A \tag{10.19}$$

式中，c_s——压电材料的压电常数，单位为 C/N；

σ——压电材料上的压力强度，单位为 N/m^2；

A——压电材料的工作表面积，单位为 m^2。

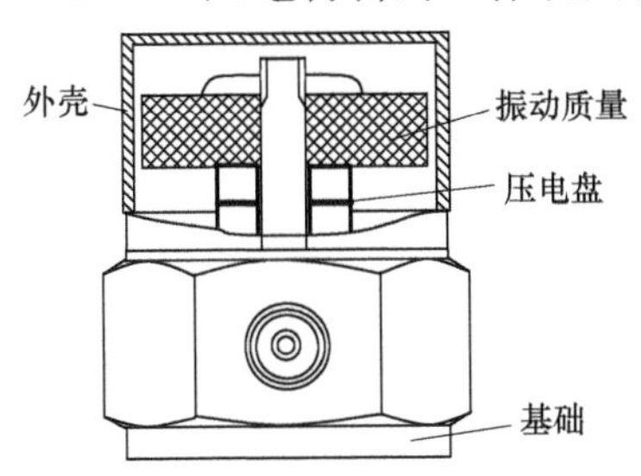

图 10.9　压缩型压电式加速度传感器

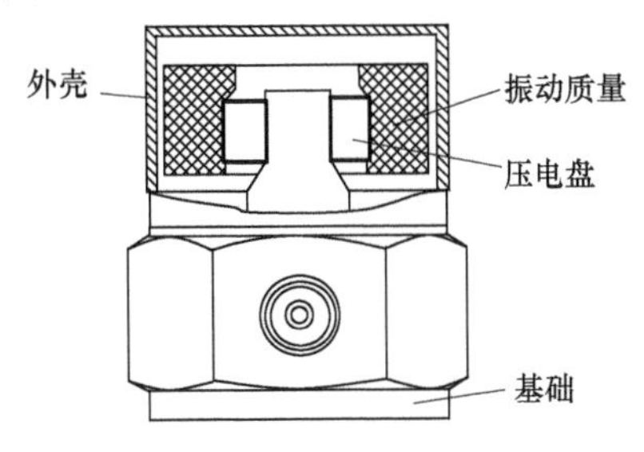

图 10.10　剪切型压电式加速度传感器

测量时，将压电式加速度传感器安装在被测物体上。当被测物体振动时，压电式传感器中的振动质量块 m 将产生惯性力 F 作用在压电片上，其大小为

$$F = ma \tag{10.20}$$

式中，m——惯性质量块质量，单位为 kg；

a——被测物体的加速度，单位为 m/s^2。

则电荷量 Q 为

$$Q = c_s F = c_s ma \tag{10.21}$$

在式(10.21)中，由于压电式加速度传感器中 c_s 和 m 均为常数，所以压电式加速度传感器输出电荷量 Q 与输入量加速度 a 成正比。

压电式加速度传感器的阻尼比很小，仅在弹簧质量系统中有微弱的结构阻尼，故它的相频率特性很好。

2. 惯性式速度传感器

以测量振动体振动速度为目标的传感器称为速度传感器。常用的速度传感器为具有弹簧-质量系统的电动式传感器，它测量的信号是振动体相对于大地或惯性空间的绝对运动，因此称为惯性式速度传感器。

惯性式速度传感器是根据电磁感应原理，将振动体的振动速度转换成感应电动势的传感器。它主要由永磁体、磁路、运动线圈和支承部件组成，磁路中留有一个气隙，运动线圈处于气隙内。图 10.11 为惯性式速度传感器的结构图。

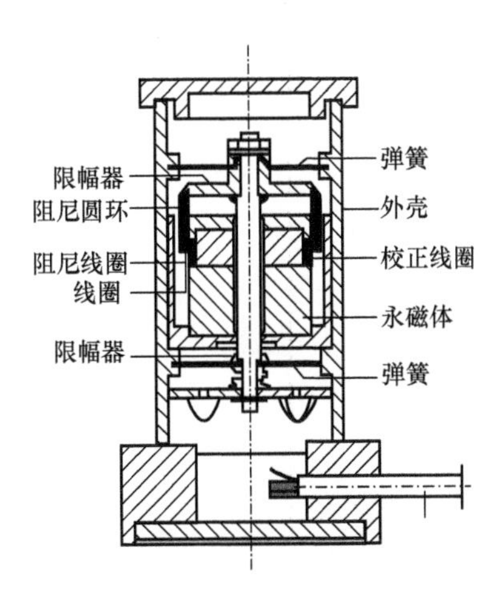

图 10.11　惯性式速度传感器结构图

运动线圈绕在空心的非磁性材料骨架上。测量振动时，线圈和磁路发生相对运动，切割

气隙内的磁力线，在线圈两端产生感应电动势。根据电磁感应定律，感应电动势 E(V)为

$$E = Bnlv \tag{10.22}$$

式中，B——气隙内的磁通密度，单位为 Wb/m²；

n——线圈匝数；

l——线圈每匝导线长度，单位为 m；

v——线圈与磁力线的相对运动速度，单位为 m/s。

由于式(10.22)中 Bnl 为定值，所以这种速度传感器的灵敏度为常数。由式 (10.22)可知，传感器的输出电压与线圈的运动速度成正比，因此换算后可得到振动物体的速度。

惯性式速度传感器具有灵敏度高、输出信号大、输出阻抗低、电气性能稳定性好、不易受外部噪声干扰、使用简单方便、不需要外加电源、对外接电路也无特殊要求等特点。它的缺点是动态范围有限(几赫兹到几百赫兹之间)，尺寸和重量较大，弹簧片容易疲劳损失，使用寿命受限。

3. 位移传感器

1) 电感型位移传感器

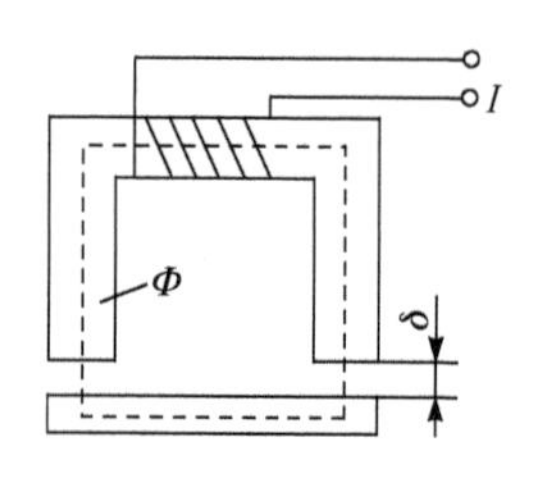

图 10.12 电感型位移传感器原理图

电感型位移传感器由导磁材料制成的铁芯和通电线圈组成，工作原理如图 10.12 所示。其工作原理为在固定于参考基准点的铁芯和被测件上的衔铁之间形成空气气隙。当被测件振动时，铁芯与衔铁之间产生相对运动，即气隙发生变化，气隙变化引起磁路中磁阻的变化，从而使线圈中的电感发生变化。

电感型位移传感器的电感为

$$L = \frac{n\Phi}{I} \tag{10.23}$$

式中，Φ——磁通量，单位为 Wb；

n——线圈匝数；

I——电流，单位为 A。

磁通量由式(10.24)计算：

$$\Phi = \frac{In}{R} \tag{10.24}$$

式中，R——磁阻，单位为 H^{-1}。

磁阻 R 由铁芯磁阻 R_F 和气隙磁阻 R_δ 组成，通常，$R_\delta \ll R_F$，所以 $R \approx R_\delta$。

气隙磁阻为

$$R_\delta = \frac{2}{\mu_0 S}\delta \tag{10.25}$$

式中，μ_0——空气磁导率，单位为 H/m；

S——气隙面积，单位为 m^2；

δ——气隙宽度，单位为 m。

将式(10.25)代入式(10.24)和式(10.23)，有

$$L = \frac{n^2}{R_\delta} = \frac{\mu_0 n^2 S}{2\delta} \tag{10.26}$$

传感器与被测件产生相对运动时，两者之间的气隙发生变化，电感以及感抗产生相应的变化。在一定线圈电压作用下，产生与气隙变化量近似成正比的电流信号，并在负载上产生相应的电压输出信号。

由于受铁芯磁阻、铁损电阻、线圈寄生电容等多种因素的影响，电感型位移传感器线性特性较差，动态范围较小。

2) 电涡流位移传感器

电涡流位移传感器也是电感传感器，是一种非接触的位移传感器。其基本原理是当金属导体置于线圈中时，线圈通以交变电流产生交变磁通，在导体内部产生感应电流，感应电流在金属导体中自行闭合，称为电涡流。电涡流产生一个与原线圈磁场方向相反的交变磁场，这两个磁场相互作用的结果改变了线圈的阻抗。

电涡流的大小与金属导体的电阻率、磁导率、厚度、线圈的距离以及激励电流的频率有关。当改变其中的一个参数，其余参数不变时，电涡流的改变即可用来测定该参数的变化。

如果其他参数不变，只改变导体与线圈之间的距离，就可以通过测定线圈阻抗的变化来测定涡流载体的位置，这就是电涡流传感器的工作原理。

电涡流传感器的主要部件是一个线圈，由于通过高频电流，通常是由多股漆包线或银线绕制而成的扁平线圈。线圈可绕在结构槽内，也可用黏结剂粘贴在探头端部。

图 10.13 为电涡流传感器的原理图。其线圈直接绕制在聚四氟乙烯支架结构的槽中，测量时传感器依靠支架固定到基准体上。

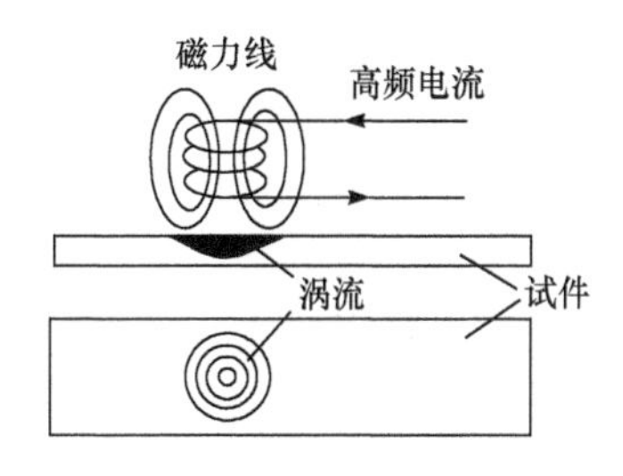

图 10.13　电涡流传感器原理图

电涡流传感器的等效电路如图 10.14 所示，R 和 L 分别为传感器线圈的电阻和自感，R_e 和 L_e 分别为涡流的电阻和自感。当电流频率 ω 很高时，$\omega L_e \gg R_e$，这时传感器线圈的等效阻抗可以简化为

$$Z = R_0 + j\omega L_0 \tag{10.27}$$

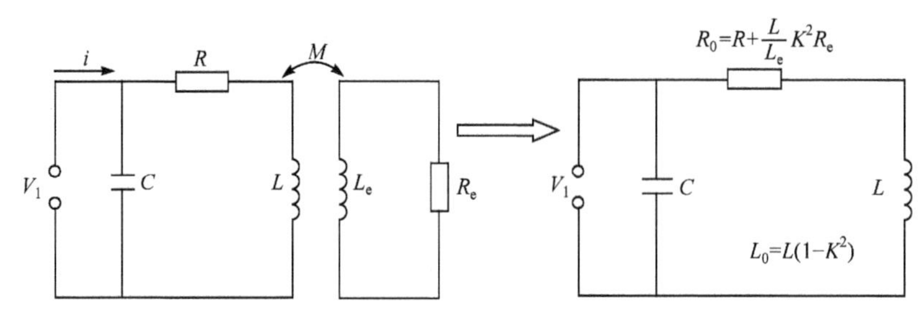

图 10.14　电涡流传感器等效电路

式中，Z——传感器线圈的等效阻抗，单位为 Ω；

$\mathrm{j}=\sqrt{-1}$；

$R_0=R+\dfrac{L}{L_\mathrm{e}}K^2R_\mathrm{e}$；

$L_0=L(1-K^2)$，其中 K 为耦合系数：

$$K=\frac{M}{\sqrt{LL_\mathrm{e}}}$$

式中，M——互感系数，单位为 H。

由于互感系数 M 和传感器与导体测试件表面的距离 d 有关，耦合系数 K 也随 d 的变化而变化。

在传感器线圈上并联一个电容，构成 L-C-R 振荡回路，它的谐振频率为

$$f=\frac{1}{2\pi}\frac{1}{\sqrt{LC(1-K^2)}} \tag{10.28}$$

可见，传感器等效阻抗 Z、谐振频率 f 与耦合系数 K 有关，即与间隙 d 有关。在谐振回路之前引入一个分压电阻 R_c，如图 10.15 所示。设 $R_\mathrm{c}\gg|Z|$，则输出电压信号为

$$V_0=\frac{Z}{R_0}V_\mathrm{i} \tag{10.29}$$

当 R_c 确定后，输出电压仅取决于振荡回路的阻抗。当线圈振荡频率 f 稳定在某一频率时，就可得到不同间隙值的输出电压关系。

电涡流传感器的频率范围宽(0～10kHz)，线性度好，结构简单，灵敏度高，抗干扰性强，工作时不受灰尘、油污等非金属因素的影响，寿命较长，可在各种恶劣条件下使用，特别是非接触测量等优点，得到了广泛的应用。

图 10.16 为电涡流位移传感器的外形结构图。

4. 振动测量方法的选择

在评估振动时，有位移、速度、加速度这三种振动参数。在振动评估中，最

常使用的是速度，也可采用位移和加速度。需要根据这些参数来确定振动传感器的种类，以及确定采用相对振动还是绝对振动的测量方法。

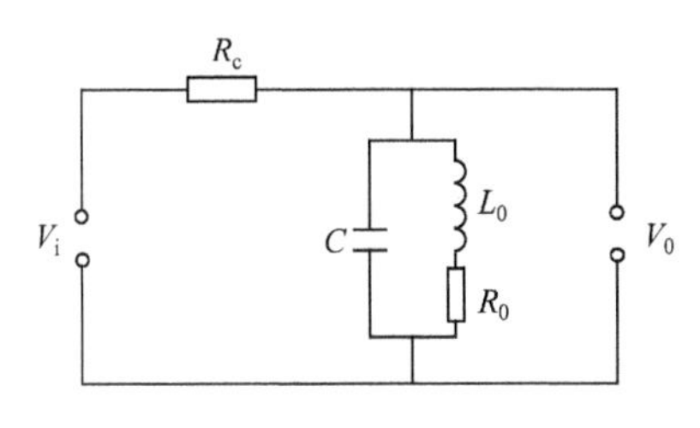

图 10.15　分压电路图

图 10.16　电涡流位移传感器外形结构图

10.5.2　频率分析

频率分析是分析振动中所包含的频率成分以及这些频率成分的幅值。振动频率成分的表示方法有：

(1) 采用信号振幅的平方平均值表示的功率谱分析；

(2) 采用均方根值(RMS)或绝对平均值表示的频谱分析或频率分析；

(3) 按照振动振幅对振动进行分析的振动振幅频谱；

(4) 按照加速度对振动进行分析的振动加速度频谱。

对时间函数 $x(t)$ 进行频率分析的原理如图 10.17 所示。带通滤波器的中心频率为 f_c，带宽 Δf 为理想值，将 $x(t)$ 滤波后的波形平方，再进行时间平均。然后，只要进行平方根运算，就能得到频谱，将功率谱除以带宽 Δf 就能得到表示单位频率(1Hz)功率的量，这一量称为功率谱密度(power spectral density, PSD)。

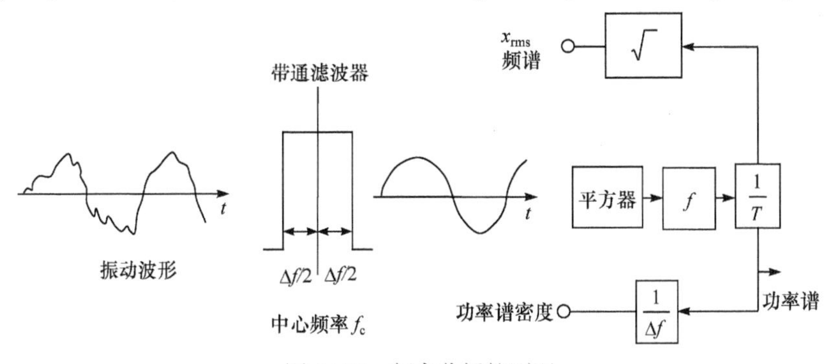

图 10.17　频率分析的原理

对于随机噪声这种宽频带信号，由于功率谱的绝对电压会随分析带宽发生变化，所以采用功率谱密度更好。

频率分析的方法有很多，下面简要介绍典型的方法。

1. 多重滤波式频谱分析

将多个带通滤波器并行排列,并记录各个输出的方式为多重滤波式频谱分析。由于多重滤波式频谱分析的特征为滤波器并行排列，故可同时并实时输出各频率成分，并且只要将结果输出到显示器上，就可以观察到频谱每时每刻的变化。

由于滤波器的数量与带宽有关，带宽越小，滤波器的数量就越多，成本越高。而采用倍频程分析器或 1/3 倍频程分析器时所需要的滤波器数量较少，故实际中多采用倍频程分析或 1/3 倍频程分析。最小分析时间由滤波器带宽 Δf 决定，为 $1/\Delta f \sim 4/\Delta f$ 。

2. 扫描式频谱分析

多重滤波式频谱分析的缺点是滤波器过多。也可采用一个滤波器，使滤波器的中心频率依次发生变化，从而完成整个频域的分析。这种方法称为扫描式频谱分析或跟踪滤波式频谱分析。扫描式频谱分析只采用一个滤波器，成本较低，但扫描时间长。滤波器的最大扫描速度取决于滤波器对输入信号的动作时间，动作时间由滤波器的带宽 Δf 决定。

扫描式频谱分析适用于稳态振动的分析。

3. 时间压缩式频谱分析(实时频谱分析)

时间压缩式频谱分析是将扫描式频谱分析与数字技术相结合的频谱分析方法，它的方框图如图 10.18 所示。图中，采样数据经过 A/D 转换(模数转换)后存储在数字存储器中，存储的数字数据转换成频率非常高的信号列，通过 D/A 转换

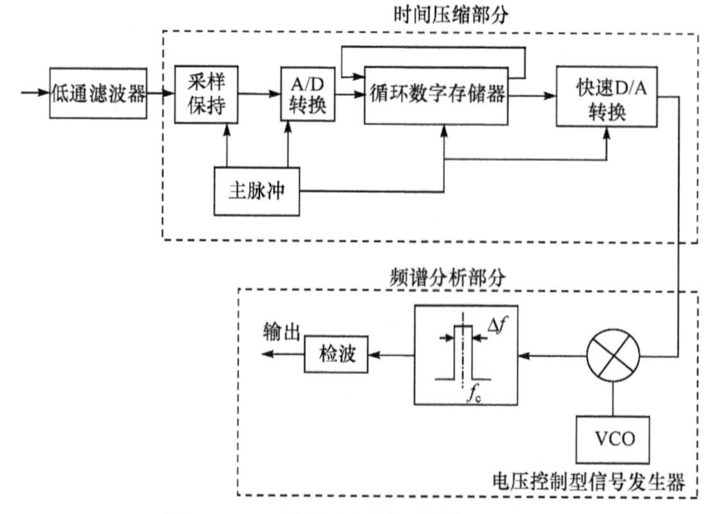

图 10.18　时间压缩式频谱分析方框图

(数模转换)后再转换成模拟信号。采取与前述的扫描式频谱分析一样的方法，对该信号进行分析，由于这是被时间压缩的模拟信号，故可得到非常快的扫描速度。因为时间压缩式频谱分析的分析时间极短，所以被广泛应用在实时分析中。

4. 振动数据的表示方法

振动测量得到的数据，有必要对其进行定量的表示，一般使用的参数是振动振幅。

对于如图 10.19 所示的正弦波振动，可以用下式表示：

$$x(t) = A_{\mathrm{m}} \sin(\omega t + \varphi)$$

式中，A_{m}——振动幅值；

ω——振动角频率，$\omega = 2\pi f$，其中 f 为振动频率；

φ——相位角；

t——时间。

但是，在实际中虽然经常遇到的振动波是周期性的，但振动频率不是单一的，还有可能遇到如图 10.20 所示的完全不规则、不会重复的振动(即随机振动)。因此，表示振动振幅大小时一般采用以下方法：

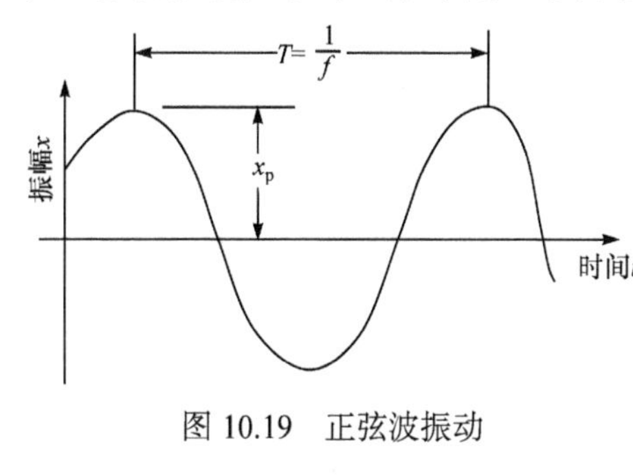

图 10.19　正弦波振动

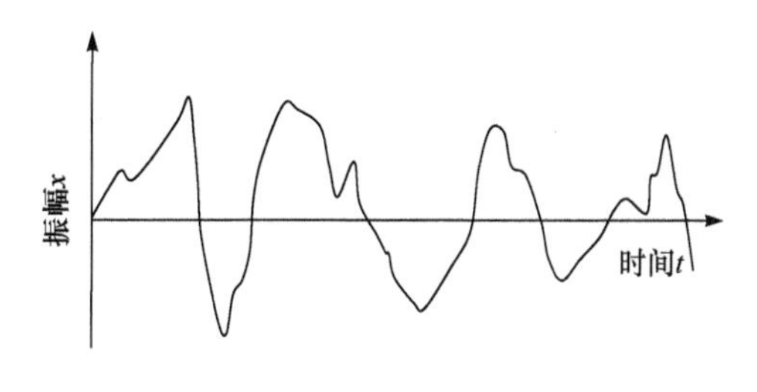

图 10.20　随机振动

1) 平均值 $\overline{x}$

$$\overline{x} = \frac{1}{T}\int_0^T x(t)\mathrm{d}t \tag{10.30}$$

式中，T——平均时间，单位为 s。

2) 绝对平均值 $|\overline{x}|$

$$|\overline{x}| = \frac{1}{T}\int_0^T |x(t)|\mathrm{d}t \tag{10.31}$$

3) 2 次方平均值 $\overline{x}^2$

$$\overline{x}^2 = \frac{1}{T}\int_0^T x^2(t)\mathrm{d}t \tag{10.32}$$

4) 均方根值 x_{rms}

$$x_{rms} = \sqrt{\frac{1}{T}\int_0^T x^2(t)\mathrm{d}t} \tag{10.33}$$

在这些表示方法中，均方根值也称为有效值，应用广泛，是实际中的重要表示方法。

10.5.3　基本振动量的测量

1. 固有频率的测量

1) 稳态正弦扫描激励法

用激振器方法激励，使试件产生强迫振动信号，测出频率响应最大的频率，该频率即该试件的固有频率。

2) 自由衰减曲线法

用敲击等瞬态激励方法，使试件产生能够测量的自由衰减信号，利用记录下的自由衰减振动的时间历程，计算出该试件的固有频率。这种方法所需要的设备简单、实验方便、迅速，但识别精度较差，而且仅能识别出结构明显的极少数低阶的固有频率。

2. 阻尼比的测定

常用测定阻尼比的方法可以简单地分为频域法和时域法两类。频域法常用的有总幅值法、分量法和矢量法等图解计算法，以及利用频率响应函数曲线拟合计算。对耦合较弱的系统可利用结构响应的机械导纳曲线计算阻尼比 ξ。时域法可利用记录下的自由衰减振动的时间历程，计算出该试件的阻尼比。

3. 振型的测定

当结构尺寸不大时，可以采用位移直接测量法，也可以采用激光全息摄影法。这些方法由于受测量手段、振动模态耦合以及结构振动的“非纯”振型等因素的影响，所测定的振型往往是较近似的。

对于零部件结构振型的测定，最快、最方便和适用范围最广的方法为实验模态分析法，利用实验模态分析法可以识别振型参数。

4. 激光测振

激光测振主要用于测量振型，研究激振力与振型、振型与噪声之间的关系。激光测振与普通振动传感器相比，可以快速得到整个表面上振动量的连续分布。它和利用加速度传感器进行接触式的逐点测量相比，具有很多优点：

(1) 适用于具有粗糙表面的三维体机器或零件；

(2) 由于是非接触测量，故不影响所要研究的振动物体；

(3) 能得到全部振动表面的振幅等高线；

(4) 能得到精密测定振幅精度达数纳米的振幅。

1) 激光多普勒测振

扫描激光多普勒测振仪已广泛应用于瞬态振动的测量中，可导出有关模态并用于验证和修改有限元模型。

2) 激光全息测振

全息振动分析法是一种非接触测量和分析的方法，利用全息干涉的技术将表示振动物体全部表面振幅分布的干涉条纹照下来，再将干涉条纹照片的形状作为定量的图形，对它进行高精度分析。

(1) 全息干涉。激光全息的原理是指从激光发生器射出的光束由分光镜分为两束：一束为对物体的照射光，称为物光；另一束为参考光。设两列波在同一方向线性偏振，并在两波之间有恒定相位差。物体反射光与参考光在平板上发生干涉现象，形成干涉条纹，将这种现象定义成全息像。观察时，用一束与参考光的波长和传播方向完全相同的光束照射在平板上，即可在物体原来的位置上再现物体的立体全息像。

用全息激光干涉分析振动时，可根据干涉条纹的强度和疏密程度评价振幅、相位和判断布线位置。振幅的变化表现为干涉条纹的明显变化，光强变化规律按零阶贝塞尔函数变化，并对应于贝塞尔函数的零点区域显现黑色的干涉带。干涉带最亮部位表示零振幅，即节线位置。明、暗条纹每交替一次，位移振幅按1/4激光波长变化。这种条纹图样能测量两个波之间相位差的空间分布。

(2) 时间平均法。时间平均法是对做正弦振动的物体进行长时间(与振动周期相比)的连续照明，记录全息图，其干涉条纹的明亮度随振幅的零阶贝塞尔函数的平方成正比变化。可根据全息图，在条纹密集处的法向改变刚度，期望改善该处的噪声辐射情况。

时间平均法的优点是可测量节线、振幅的分布；全息图记录方法简单，不需要特别的装置，用普通全息摄影装置即可。

时间平均法的缺点是不能测量振动相位；表示振幅分布干涉的反差随振幅的增加而急剧降低；可测量的振幅范围狭窄，不能进行振动波形的实时观察。时间平均法适用于测量节线和振幅分布。

(3) 双脉冲测量法。采用连续波的测量方式可进行简谐振动的振幅测量，但对随机振动或各种瞬态过程的测量却不能令人满意。双脉冲测量法是用脉冲激光对振动物体连续曝光两次，利用两次脉冲的时间差与之产生的位置差记录在同一张全息照片上，重现时就得到相互交叠的像，且显示出一些独特的干涉条纹，从干涉条纹的分析可以研究物体瞬态变化的过程，但不能得到振幅的绝对量。双脉冲的间隔不同，引起的干涉条纹也不同，因此要与振动同步调整双脉冲的滞后相位，在正式实验前应将双脉冲相位差调整好进行曝光。

3) 脉冲激光电子斑干涉法(ESPI)

脉冲激光电子斑干涉原理为将待测部件由脉冲激光进行短时间照射(几纳秒)，并用相机从三个方向取相。三个相机测量的结果代表光学系统给出的三个敏感方向的变形场。相机的三个方向所致的光学图像的扭曲自动得到补偿，并对检测的每一点计算完整的三维变向量。

10.5.4　实验模态分析法

实验模态分析法，即结构模态分析法，通过结构模态测试方法，可以得到被测目标对象的频响函数、模态频率、模态振型及阻尼比等参数特征。

1. 测量系统

脉冲实验测量系统如图 10.21 所示，其由三部分组成，即激励系统、响应系统和分析系统。

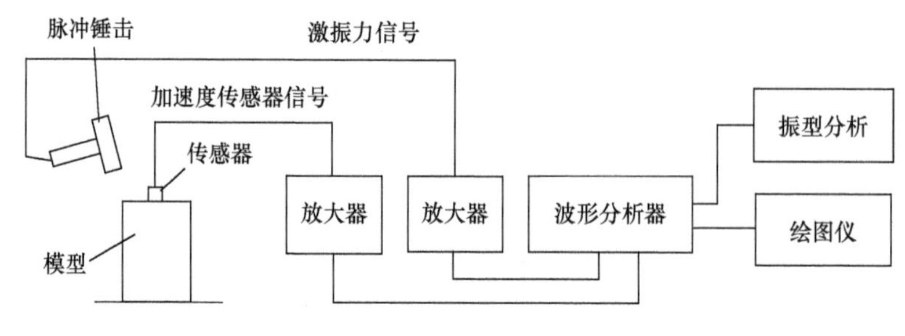

图 10.21　脉冲实验测量系统

1) 激励系统

常用的激励方法有电磁激振和力锤激励两种：

(1) 电磁激振系统。电磁激振系统主要包括信号源、功率放大器和激振器。常用的激励信号有正弦信号、随机信号、瞬态信号和周期信号等。由于信号源提供的信号比较弱小，当激励一个结构时，往往还需要把激励信号放大，才能推动激振器，这就需要采用功率放大器。

(2) 力锤激励系统。脉冲锤是锤击法的主要设备，它由锤头、力传感器、附加质量和锤柄组成。为了得到不同的脉冲宽度，锤头可用不同材料制成，材料越硬，脉冲频谱越宽。力锤激励对被测试件无附加质量和刚度约束，具有快速、方便等特点，但是由于能量分散在很宽频带内，激励能量较小，测试精度受到限制，一般局限在较小零部件的模态测试中应用。在滚动转子式制冷压缩机中主要采用力锤激励系统，用于模态频率及振型测试。

2) 响应系统

响应系统主要包括传感器、适调放大器以及连接部分。最常用的传感器为压电式传感器，适调放大器的作用是增强传感器产生的弱小信号，以便将其送至分析系统。

3) 分析系统

分析系统的作用是测量和分析由传感器产生的信号，它由以跟踪滤波器为核心的传递函数分析仪及数字信号分析仪组成。

2. 测量方法

进行固有频率以及振型的实验时，将被测模型放在厚 100mm 的聚氨酯橡胶上，避免受到来自外部振动传递以及测试中振动的影响。

通过采用脉冲锤的锤击激振法，对被测模型进行锤击得到振动加速度响应。应用双通道快速傅里叶分析仪对振动响应进行分析。因为压缩机噪声问题主要在 10kHz 以下，所以只需要对 10kHz 以下的频率进行振动频率分析。

在振型的测量点打孔，插入振动传感器作为测量点。通过对这些测量点进行锤击，得到脉冲响应，根据传递函数的增益以及相位的关系，采用实验模态分析程序求振型。

10.6　气体压力脉动测量仪器和测量方法

在滚动转子式制冷压缩机的气体动力性噪声控制中，进行气体压力脉动状态的分析是必不可少的，其中，气体压力脉动的测量是最直接、最准确的方法。

在滚动转子式制冷压缩机中，气体压力脉动的测量部位主要有气液分离器、气缸、电机前腔和电机后腔等。其中，压缩机气缸的 *PV* 曲线(气体压力-容积曲线)测量，不但对了解压缩机气体动力性噪声有重要意义，而且是压缩机性能研究的重要方法。

10.6.1　气体压力脉动的测量仪器

1. 气体压力脉动测量仪器的组成

气体压力脉动的测量系统由压力传感器、数据采集卡、工控机(或计算机)、显示器和键盘等组成，如图 10.22 所示。

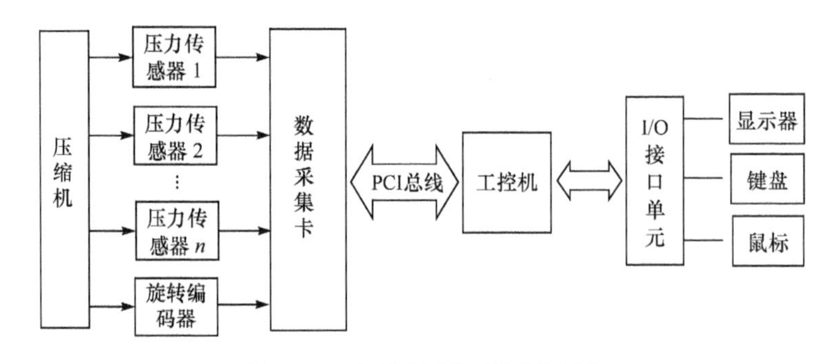

图 10.22　气体压力脉动测量系统

PCI 总线即外设部件互连(peripheral component interconnect)总线

2. 压力传感器

在滚动转子式制冷压缩机气体压力脉动的测量中，对气体压力测量传感器有以下要求：

(1) 体积小，由于滚动转子式制冷压缩机本身体积小，如果传感器体积大，安装后会影响压缩机的性能和改变气体压力脉动的状态，测量误差增大；

(2) 耐高温和高压，滚动转子式制冷压缩机的测量腔体大部分处于高温高压状态，压力传感器必须要满足温度和压力的要求；

(3) 灵敏度高；

(4) 抗干扰性能好；

(5) 具有良好的耐油和耐制冷剂性能，由于压缩机测量腔体内有高温高压的制冷剂和润滑油，必须确保传感器在这一环境中可以正常工作。

可以满足滚动转子式制冷压缩机气体压力脉动测量的传感器种类繁多，如电阻应变片压力传感器、半导体应变片压力传感器、压电式压力传感器、压阻式压力传感器、电感式压力传感器、电容式压力传感器、谐振式压力传感器及电容式加速度传感器等。其中，应用最为广泛的是压电式压力传感器和压阻式压力传感器，它们具有极低的价格和较高的精度以及较好的线性特性。下面简要介绍这两种压力传感器的原理及其结构组成：

1) 压电式压力传感器(测试动态相对压力)

压电式压力传感器是利用压电材料(如石英、压电陶瓷等)的压电效应将被测压力转换为电信号，传感器结构如图 10.23 所示。其中，压电元件夹于两个弹性膜片之间，压电元件的一个侧面与膜片接触并接地，另一侧面通过引线将电荷量引出。当外力作用在膜片上时，膜片将作用在表面的压力转化为与压力成正比的力传递给石英晶体。石英晶体内部产生极化现象后，即可在表面上产生电荷，并通过电极传输至输出端。

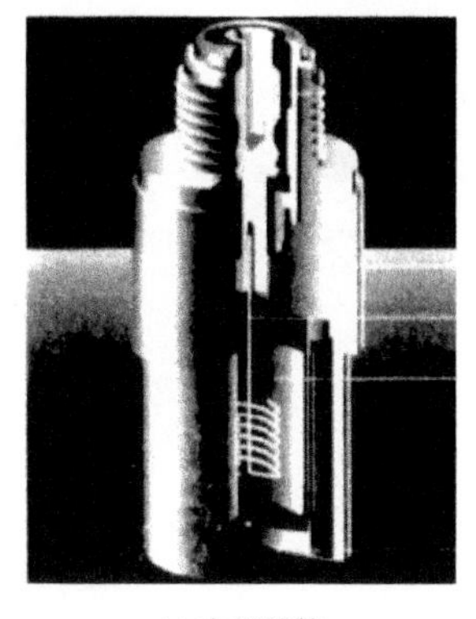

(a) 内部结构

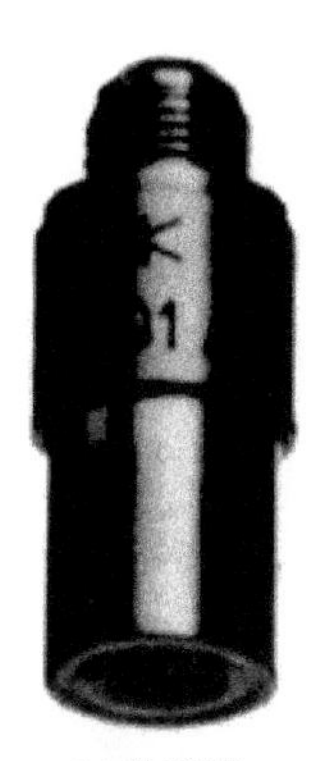

(b) 外形图

图 10.23　压电式压力传感器

压电效应是压电式压力传感器的主要工作原理，压电式压力传感器不能用于静态测量，因为经过外力作用后的电荷，只有在回路具有无限大的输入阻抗时才得到保存。所以，这决定了压电式压力传感器只能测量动态的压力。压电式压力传感器主要应用在加速度、压力等的测量中。

由于压电式压力传感器具有高灵敏度、动态响应迅速等特点，故其非常适用于压缩机内部细微的压力脉动测试。

2) 压阻式压力传感器(测试静态绝对压力)

当半导体受到压力作用时，由于应力的变化，电阻率随应力的变化而变化，这种现象称为压阻效应。压阻式压力传感器是利用半导体的压阻效应和集成电路工艺制成的传感器。

压阻式压力传感器的核心部分是一块方形的单晶硅膜片，在硅膜片上扩散出 4 个阻值相等的电阻，组成如图 10.24 所示的惠斯通电桥。对臂电阻乘积相等时桥路平衡，当有压力作用在探头处时，桥路平衡被打破，转换成相应的电压值输出。因此，这种压力传感器也称为扩散硅型压力传感器。

+ 供桥电压
R_1　R_2
+　信号输出　−
R_4　R_3
− 供桥电压

图 10.24　惠斯通电桥

压阻式压力传感器有以下优点：①灵敏度高；②精度高，可达 0.01%～0.1%；③容易实现小型化和集成化，产品外径可达 0.25mm；④结构简单、工作可靠，几十万次疲劳实验后，性能保持不变，能工作于振动、冲击、腐蚀、强干扰等恶劣环境；⑤频率响应高，适应动态测量。缺点是温度影响较大，需要进行温度补偿，工艺较复杂以及造价高等。

压阻式压力传感器的结构如图 10.25 所示，外形如图 10.26 所示。

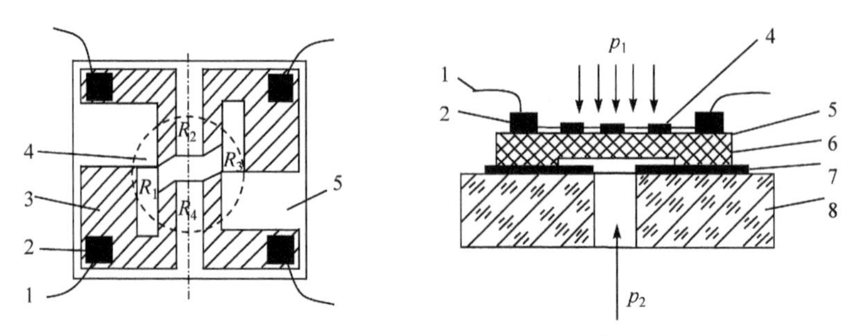

图 10.25　压阻式压力传感器结构

1-引出线；2-电极；3-扩散硅电阻引线；4-扩散性应变片；5-单晶硅膜片；6-硅环；7-玻璃黏结剂；8-玻璃基板

图 10.26　压阻式压力传感器外形图

压阻式压力传感器中被测介质的压力直接作用于传感器的膜片上(不锈钢或陶瓷)，膜片产生与介质压力成正比的微位移，传感器的电阻值发生变化，同时用电子线路检测这一变化，并转换输出一个对应于这一压力的标准测量信号。

压阻式压力传感器能够测试静态绝对压力，并具有耐高温高压、无压力漂移、温度补偿、抗干扰能力强等众多特性。

精度较高的压阻式压力传感器能在压力变化极快的压缩机内部测试出压力的细微变化，并具有较高的精度和灵敏度。因此，该传感器适用于压缩机内部绝大部分压力测试，其技术参数如表 10.5 所示。

表 10.5　压阻式压力传感器技术参数

名称	技术参数
压阻式压力传感器	测量范围：0～10MPa 输出阻抗：(1000±500)Ω 温度范围：−55～204℃ 补偿温度：−40～175℃ 非线性度：±0.1% FSO BFSL(典型值)，±0.5% FSO (最大)
连接电缆	耐高温，耐高压，抗干扰 温度范围：−20～105℃

3. 位移传感器

由于压缩机的气体压力脉动(包括 PV 曲线)与偏心轮轴的转角有关，气体压力脉动曲线的测量必须确定压缩机滚动转子在气缸内的位置，故需要使旋转编码器间接对偏心轮的旋转运动进行检测，以确定滚动转子的位置。由于全封闭滚动转子式制冷压缩机工作时腔体处于高温高压和润滑油的环境中，并且压缩机电机对传感器有一定程度的电磁干扰，故多选用电涡流位移传感器进行位置检测。电涡流位移传感器的工作原理如 10.5.1 节所述。

测量所用电涡流位移传感器和连接电缆的技术参数如表 10.6 所示。

表 10.6 电涡流位移传感器技术参数

名称	技术参数
电涡流位移传感器	测量范围：0～2mm 输出电压：±5V(0.2mm/V) 温度范围：–20～180℃
连接电缆	耐高温，耐高压，抗干扰 温度范围：–20～105℃

测量时，位移传感器安装在压缩机的电机后腔中，在偏心轮轴顶部安装带齿法兰盘，通过测量法兰盘与位移传感器之间间隙的变化来测量偏心轮轴转角和旋转速度，经过转换计算得到偏心轮轴与滚动转子的实时位置值。

10.6.2 *PV* 曲线的测量

在滚动转子式制冷压缩机中，气缸的工作状态可以用压力-容积变化曲线(即 *PV* 曲线)来衡量。*PV* 曲线是压缩机实验研究的重要手段，它可以反映出气缸工作的以下状态：①等熵压缩功率；②吸气过程热损失(包括传热、泄漏等)；③余隙容积气体膨胀前期引起的功率损失；④余隙容积气体膨胀后期造成的功率损失；⑤压缩过程热损失(包括传热、泄漏等)；⑥排气阻力损失；⑦吸气阻力损失。

同时，*PV* 曲线的测量也是压缩机噪声研究中不可缺少的研究工具。通过 *PV* 曲线的测量，可以得到气缸内气体压力的变化情况以及排气阀片的工作状态，为压缩机的设计和降低噪声提供直接支持。

图 10.27 为气缸内压力传感器的布置示意图。

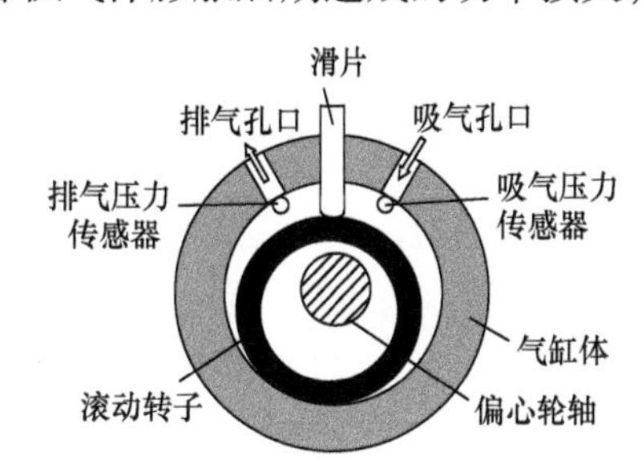

图 10.27 压力传感器在气缸中的布置示意图

测量时，将气缸内的压力传感器得到的信号与位置传感器得到的偏心轮转角信号联合计算，就可以得到压缩机的 *PV* 曲线。

10.6.3　气体压力脉动的测量

在滚动转子式制冷压缩机的性能和噪声研究中，需要对气缸、电机前腔、电机后腔、气液分离器、双级压缩中间腔的气体压力脉动进行测量。

与气缸 PV 曲线测量相比，压缩机腔体中气体压力脉动测量时传感器布置的空间较大，布置相对灵活。气体压力脉动测试法通过采用动态压力传感器，可以采集气体脉动的动态波动，得到在制冷剂气体压力脉动能量的大小与分布，从而确定气体动力性激励的贡献。此外，将采集到的不同测点位置的压力脉动时域数据进行傅里叶变换，可以进一步得到在频域上气体压力脉动的能量分布特性和幅值大小。

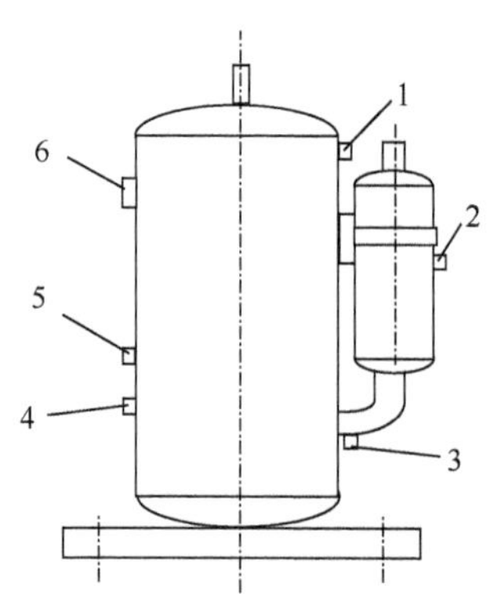

图 10.28　传感器布置示意图
1-电机后腔压力测量；2-气液分离器压力测量；3-吸气口压力测量；4-排气口压力测量；5-电机前腔压力测量；6-转角测量(位移传感器)

图 10.28 为滚动转子式制冷压缩机气体压力脉动传感器的布置方案之一。在图中，共布置了测量点 6 个，分别为吸气口、排气口、电机前腔、电机后腔和气液分离器位置的五个压力传感器，以及一个测量偏心轮旋转角度的涡流传感器。

10.6.4　气体压力测量中的问题

1. 压力传感器温度漂移问题

一般来说，传感器在不同环境因素下测试，均存在一定的测量偏差，如温度的影响。滚动转子式制冷压缩机运转过程中，排气温度可达 100℃以上，温度对压力传感器的影响是不可忽略的因素。因此，最好选择自带数字修正式温度补偿的压力传感器，使温度对传感器的影响降低到最小。

但需要注意的是，温度补偿是根据传感器芯片温度变化进行温度补偿的，制冷剂的温度变化与传感器的温度变化不同步，补偿精度降低，将导致测试结果的误差。测试时需适当加长工况稳定时间，必要时还需要专门进行温度漂移补偿值修正测试。

2. 采集信号处理问题

在数据采集过程中，周围会存在较多的干扰源，在一定程度上会影响信号数据的采集，如信号曲线会产生一些毛刺等现象。数据采集设备需选择带有硬件过滤干扰及屏蔽机制强的采集设备，尽可能降低干扰性。

另外，在测试环境中，周围有各种供电电源频率干扰，被测对象压缩机以及测试设备需接地消除电源干扰。信号采集至上位系统时，如果有较强的干扰现象，还需要通过软件滤波，编写带有滤波器功能的程序消除干扰频率，还原信号。

10.7　腔体共鸣频率的测量方法

压缩机腔体共鸣频率的特性与腔体的容积大小、形状以及气体的特性有关。由于滚动转子式制冷压缩机工作时，腔体内充满高温高压的制冷剂气体，难以直接测量腔体的共鸣频率。因此，滚动转子式制冷压缩机腔体共鸣频率的测量一般是在空气中进行的，将空气物性参数更换为制冷剂物性参数，可得到腔体内为制冷剂时的空腔共鸣频率。

1. 测量装置

图 10.29 为在空气中测量腔体共鸣频率特性的实验装置，它由 FFT 分析仪、发声器、参考声源传声器、放大器及管道组成。

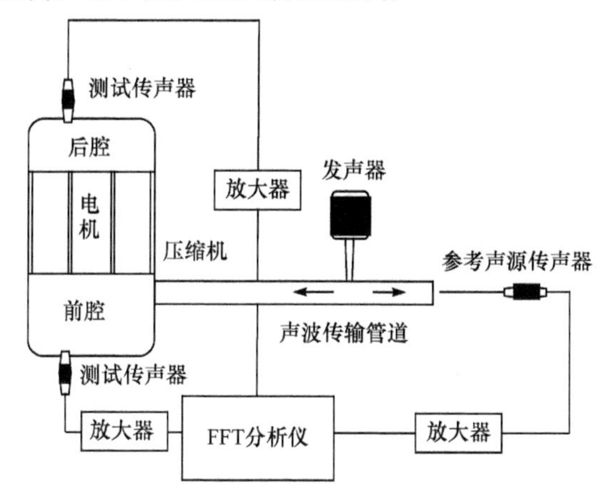

图 10.29　腔体共鸣测量装置示意图

2. 测试方法

测试时，用声源发声器产生扫频正弦声波，然后通过特富龙管分流，在确认分流后的声压相等后，将管道的一路引入压缩机内部腔体空间，在使用传声器对腔体空间内的声压进行测定的同时，管道的另一路作为参考声源进行测量，求出其声压之比。

测量压缩机腔体固有声学特性时，需在腔体中设置测量传声器。测量时，将发生器产生的声波导入电机前腔，分别测量电机前腔和电机后腔的声压，并与参考声源传声器的声压进行比较，即可得到腔体的声学特性及共鸣频率。

3. 换算方法

上述测试是在空气中进行的，由于空气声速与制冷剂气体声速不同，需要将空气测量的共鸣频率转换为制冷剂气体的共鸣频率。换算式为

$$f_{\text{ref}} = \frac{c_{\text{r}}}{c_0} f_{\text{air}} \tag{10.34}$$

式中，f_{ref}——压缩腔体制冷剂气体的共鸣频率，单位为 Hz；

f_{air}——在空气中测试得到的压缩机腔体共鸣频率，单位为 Hz；

c_{r}——压缩机腔体内制冷剂气体的声速，单位为 m/s；

c_0——空气中的声速，单位为 m/s。

在进行换算计算时，首先根据制冷剂的类型，压缩机的排气压力、排气温度计算出制冷剂气体的声速，然后由式(10.34)进行换算。

例如，采用 R-22 制冷剂，压缩机运转时制冷剂气体排气压力为 2.07MPa，温度为 80℃时，可计算出压缩机腔体内制冷剂气体的声速为 176m/s；在测试环境中，空气的声速约为 344m/s。由式(10.34)可知，压缩机运转时的腔体共鸣频率约为空气中测得频率的一半。

工业出版社.
韩伟. 2012. 异步电机的振动模态分析[D]. 天津: 天津大学.
贺晨. 2006. 圆柱壳体全频段振动声辐射特性研究[D]. 西安: 西北工业大学.
胡余生, 梁社兵. 2011. 滚动转子式压缩机内部制冷剂压力脉动仿真及试验研究[J]. 日用电器, (8): 48-51.
黄辉, 胡余生, 徐嘉, 等. 2011a. 变频压缩机低振动控制技术的试验研究[J]. 流体机械, 39(1): 11-15.
黄辉, 马颖江, 张有林, 等. 2011b. 减小变频空调单转子压缩机低频转速波动的方法[J]. 电机与控制学报, 15(3): 98-102.
黄辉, 胡余生, 等. 2017. 永磁辅助同步磁阻电机设计与应用[M]. 北京: 机械工业出版社.
黄辉, 等. 2018. 双级压缩变容积比空气源热泵技术与应用[M]. 北京: 机械工业出版社.
黄苏融, 陈益辉, 张琪. 2011. 内置式同步电机转子分段移位的性能分析与参数计算[J]. 电机与控制应用, 38(9): 11-16.
黄伟才. 2013. 不同刚度系数阀片特性研究[J]. 科技创业家, (8): 66-67.
黄越. 2008. 永磁同步电动机中谐波及其影响的研究[D]. 沈阳: 沈阳工业大学.
黄曌宇. 2008. 旋转式压缩机气流噪声机理与抑制研究[D]. 上海: 上海交通大学.
黄曌宇, 蒋伟康, 刘春慧, 等. 2007. 旋转式压缩机气流噪声研究综述和展望[J]. 振动与冲击, 26(7): 159-163.
黄曌宇, 蒋伟康, 刘春慧, 等. 2008a. 利用单吸气储液器改善双缸压缩机的声学性能[J]. 机械工程学报, 44(7): 139-142.
黄曌宇, 蒋伟康, 刘春慧, 等. 2008b. 利用声波干涉抑制旋转式压缩机的辐射噪声[J]. 应用力学学报, 25(1): 21-23.
黄曌宇, 蒋伟康, 刘春慧, 等. 2008c. 旋转式压缩机储液器气流噪声的分析与抑制[J]. 上海交通大学学报, 42(7): 1068-1072.
黄兹思. 2003. 旋转式压缩机消声器声学特性理论与实验研究[D]. 上海: 上海交通大学.
黄兹思, 蒋伟康, 周易. 2004a. 双转子压缩机振动的有限元数值分析与实验研究[J]. 机械强度, 26(6): 620-623.
黄兹思, 蒋伟康, 朱蓓丽, 等. 2004b. 压缩机消声器特性的数值分析与实验研究[J]. 振动工程学报, 17(4): 399-402.
季文美, 方同, 陈松淇. 1985. 机械振动[M]. 北京: 科学出版社.
季晓明, 孟晓宏, 金涛. 2007. 不同参数对压缩机壳体噪声辐射的数值分析[J]. 噪声与振动控制, (5): 128-131.
姜辉. 2013. 家用空调滚动转子压缩机舌簧阀工作特性研究[D]. 南宁: 广西大学.
金洪杰, 宋雷鸣, 张升陛. 2000. DQX 系列旋转式压缩机噪声控制的理论分析和实验研究[J]. 噪声与振动控制, (4): 25-29.
靳海水. 2007. 压缩机壳体厚度对辐射噪声的影响分析[J]. 压缩机技术, (4): 32-33.
靳海水, 何继访, 毛开智. 2010. 小波分析在转子式压缩机噪声源识别中的应用[J]. 制冷与空调, 10(增刊): 226-269.
柯常忠, 聂清风, 倪小平, 等. 2003. 活塞压缩机气阀运动规律的研究与数学建模[J]. 压缩机技术, (3): 8-10.

参 考 文 献

卜晓媛. 2011. 制冷机组压缩机隔振装置的研究[D]. 北京: 北京工商大学.

陈彬, 黄辉, 胡余生, 等. 2017. 永磁同步磁阻电机径向电磁力及振动抑制[J]. 微特电机, 45(6): 65-68.

陈冬冬, 王辉, 杨景玲, 等. 2014. 油底壳流固耦合动力学特性分析[J]. 噪声与振动控制, 34(6): 17-19.

陈锋. 2008. R410A 空调压缩机用滑片的表面处理[D]. 上海: 上海交通大学.

陈光雄, 周仲荣, 谢友柏. 2000. 摩擦噪声研究的现状和进展[J]. 摩擦学学报, 20(6): 478-481.

陈国星. 2007. PWM 逆变技术及应用[M]. 北京: 中国电力出版社.

陈金红, 周德馨. 2007. 卧式旋转式压缩机的技术特征与优势[J]. 家电科技, (9): 51-52.

陈克安, 曾向阳, 李海英. 2005. 声学测量[M]. 北京: 科学出版社.

陈天及. 1994. 压缩机舌簧阀升程限制器的设计[J]. 流体机械, (1): 38-40.

陈文勇, 曹小林, 吴业正. 1999. 变转速压缩机阀片运动规律的模拟[J]. 压缩机技术, (2): 9-12.

陈艳春, 秦仙蓉, 王艳珍, 等. 2009. 旋转式压缩机消声器有限元分析[J]. 流体机械, 37(1): 24-27.

陈永校, 诸自强, 应善成. 1987. 电机噪声的分析和控制[M]. 杭州: 浙江大学出版社.

陈治宇. 2014. 降低小型永磁无刷直流电动机噪声的研究[D]. 广州: 广东工业大学.

崔斯柳. 2011. 中小型感应电机电磁振动与噪声的计算分析[D]. 哈尔滨: 哈尔滨理工大学.

丁洪亮. 2008. 变频滚动活塞压缩机噪音振动优化[D]. 上海: 上海交通大学.

丁一. 2011. 滚动转子压缩机空调系统振动与结构的有限元分析[D]. 武汉: 华中科技大学.

杜功焕, 朱哲民, 龚秀芬. 2001. 声学基础[M]. 南京: 南京大学出版社.

杜荫祺. 1991. 旋转式制冷压缩机的噪声降低技术[J]. 制冷技术, (2): 31-34.

范勇. 2014. 变频空调压缩机驱动系统低频转矩补偿控制算法研究[D]. 长沙: 中南大学.

冯霏, 闻邦椿. 2009. 转子式压缩机的转子有限元建模及模态分析[J]. 机械与电子, (9): 10-11.

福田基一, 奥田襄介. 1982. 噪声控制与消声设计[M]. 北京: 国防工业出版社.

甘长胜, 孟昭朋, 林泽安, 等. 1997. 压缩机噪声测量的声强法研究[J]. 流体机械, 25(11): 7-9.

耿樵, 戴兵, 张承仁. 2011. TE 双转子压缩机噪声改善探讨[J]. 电器, (S1): 353-356.

宫照民, 等. 2008. 滚动转子式压缩机噪声测试试验研究[C]. 第 21 届全国振动与噪声高技术应用会议: 5.

顾立天. 2014. 永磁同步电机变频调速系统低噪声 PWM 技术研究[D]. 沈阳: 沈阳工业大学.

观音立三, 孙自伟, 靳海水. 2009. 空调用压缩机的阀片噪音分析[J]. 家电科技, (14): 42-44.

归振华, 陈熙源. 1994. 冰箱压缩机壳体的隔声效果研究[J]. 噪声与振动控制, (5): 25-30.

郭红旗, 王太勇, 孟长虹. 1999. 空调压缩机阻尼减振降噪研究[J]. 河北工业大学学报, 28(1): 89-93.

海勒尔 B, 哈马塔 V. 1980. 异步电机中谐波磁场的作用[M]. 章名涛, 俞鑫昌, 译. 北京: 机械堀和贵, 王梅娣. 2009. 空调压缩机流体特性分析[J]. 家电科技, (17): 48-50.
兰江华, 黄辉, 胡余生. 2012. 移动空调嗡嗡声现象分析与机理研究[J]. 家电科技, (4): 74-75.
李涵养, 刘勇强. 2000. 转子式空调压缩机消音腔的设计[J]. 现代电子技术, (10): 63-64.
李和明, 卢伟甫, 王艾萌. 2009. 基于有限元分析的内置式永磁同步电机转矩特性的优化设计[J]. 华北电力大学学报(自然科学版), 36(5): 7-11.
李洪亮, 吴成军, 黄协清. 2002. 圆柱形压缩机壳体声辐射特性参数研究[J]. 制冷学报, (4): 5-9.
李建民, 王勇. 2009. *P-V* 图在高能效压缩机开发中的应用[J]. 家电科技, (13): 51-53.
李节宝, 章跃进. 2000. 永磁无刷电机转矩脉动分析及削弱方法[J]. 电机与控制应用, 38(4): 6-12.
李树森, 王开和, 许玮. 2003. 空调器压缩机选频隔振减振降噪研究[J]. 噪声与振动控制, (3): 27-30.
李天明, 苏庆勇. 2000. 滚动转子式压缩机的受力分析[J]. 桂林航天工业高等专科学校学报, (1): 19-20.
李祥松. 2008. 滚动转子压缩机机体的模态试验分析[C]. 第 21 届全国振动与噪声高技术应用会议: 10.
李祥松, 冯霏, 刘杨, 等. 2009a. TRIZ 理论在滚动转子式压缩机减振设计中的应用[J]. 机电产品开发与创新, 22(4): 1-2.
李祥松, 贾光, 荆洪英, 等. 2009b. 基于 Pro/Innovator 的滚动转子式压缩机减振降噪研究[J]. 机械制造, 47(8): 33-36.
李祥松, 贾光, 周亚辉, 等. 2009c. 滚动转子式压缩机噪音分析与降噪措施的探讨[J]. 中国工程机械学报, 7(1): 105-108.
李玉斌. 2004. 家用空调压缩机的机械音和电磁音[J]. 电机电器技术, (2): 23-24.
李玉斌, 吴萍. 2003. 家用空调压缩机的流体声和消声[J]. 流体机械, 31(12): 28-30.
梁社兵. 2010. 转子式压缩机流动仿真研究[J]. 家电科技, (9): 76-77.
廖文彬, 乔五之, 杨伟成. 1997. 测振法在压缩机噪声测量和研究中的应用[J]. 北京轻工业学院学报, 15(2): 18-23.
廖熠. 2009. 滚动活塞式压缩机曲轴表面干膜润滑剂涂层研究及应用[J]. 制冷与空调, 9(5): 38-41.
林力, 李云, 沈慧, 等. 2014. 基于 CFD 和声学 FEM 的旋转式双缸压缩机所配分液器单极子吸气噪声分析[J]. 制冷与空调, 14(2): 113-116.
刘成武, 钱林方. 2006. 压缩机机体声辐射的模态特性研究[J]. 流体机械, 34(12): 17-20.
刘成武, 江吉彬, 黄键. 2009. 压缩机机体声辐射与噪声预测[J]. 机械设计, 26(7): 61-64.
刘成武, 黄鼎键, 黄键. 2010. 压缩机振动与辐射低噪声结构分析[J]. 福建工程学院学报, 8(4): 355-358.
刘坚, 黄守道, 浦清云, 等. 2011. 内置式永磁同步电动机转子结构的优化设计[J]. 微特电机, 39(3): 21-23.
刘丽萍, 肖福明. 2002. 扩张室消声器气流噪声的实验研究[J]. 机械工程学报, 38(1): 98-100.
刘宁, 王太勇. 2004. 空调压缩机消声器低噪声结构研究[J]. 压缩机技术, (6): 26-27.
刘宁, 王太勇, 尚志武, 等. 2005. 空调转子压缩机消声器实验分析及改进研究[J]. 压缩机技术, (4): 28-31.

马大猷. 1987. 噪声控制学[M]. 北京: 科学出版社.
马大猷. 2002. 噪声与振动控制工程手册[M]. 北京: 机械工业出版社.
马大猷, 沈豪. 2004. 声学手册（修订版）[M]. 北京: 科学出版社.
马国远, 李红旗. 2001. 旋转压缩机[M]. 北京: 机械工业出版社.
马俊超. 1996. 电动机气隙偏心对定子温升和振动的影响[J]. 华东电力, (2): 7-8.
孟晓宏, 金涛, 童水光. 2006. 压缩机消声器消声特性的数值模拟及结构优化[J]. 噪声与振动控制, (4): 58-61.
缪道平, 吴业正. 2001. 制冷压缩机[M]. 北京: 机械工业出版社.
南晓红. 1996. 冰箱用滚动转子压缩机指示图的实验研究[J]. 西安建筑科技大学学报, 28(3): 295-297.
南晓红. 1998. 冰箱用滚动转子压缩机气阀运动规律研究[J]. 西安建筑科技大学学报(自然科学版), 30(4): 367-369.
庞剑, 谌刚, 何华. 2006. 汽车噪声与振动: 理论与应用[M]. 北京: 北京理工大学出版社.
逄永久. 2002. 单相感应电动机的振动和噪声分析[J]. 微电机(伺服技术), 35(3): 10-13.
齐冀龙. 2009. 空调滚动转子压缩机起动特性优化与振动噪声控制研究[D]. 长春: 吉林大学.
齐冀龙, 田彦涛, 龚依民, 等. 2009. 压缩机用永磁同步电机减振降噪方案[J]. 控制工程, 16(S2): 86-88.
钱兴华. 1988. 用阻尼合金作阀片降低压缩机的撞击噪声[J]. 流体工程, (5): 22-24.
邱家修, 徐言生, 余华明. 2005. 滚动转子式压缩机的降噪研究[J]. 顺德职业技术学院学报, 3(1): 23-26.
邱家修, 李玉春, 余华明, 等. 2007. 两种滚动转子式压缩机降噪方案的试验及对比分析[J]. 顺德职业技术学院学报, 5(3): 14-16.
邱建琪. 2002. 永磁无刷直流电动机转矩脉动抑制的控制策略研究[D]. 杭州: 浙江大学.
仇颖, 李红旗. 2005. 全封闭制冷压缩机噪声研究的现状与特点[J]. 家电科技, (12): 48-50.
单宾周. 2009. 基于 CFD 的滚动转子压缩机气液分离器内的流体流动特性分析[D]. 沈阳: 东北大学.
上官景仕. 2014. 永磁同步电机的齿槽转矩优化和控制系统研究[D]. 杭州: 浙江大学.
尚勇, 代德朋, 张早校, 等. 2001. R410A 滚动转子压缩机变频性能分析[J]. 流体机械, 29(7): 50-53.
尚志武. 2002. 滚动转子压缩机降噪机理及其应用研究[D]. 天津: 天津大学.
尚志武, 王太勇, 万淑敏, 等. 2006. 压缩机消声器的机理与性能改进研究[J]. 噪声与振动控制, (2): 79-82.
盛辉. 2011. 滚动转子式压缩机止推轴承摩擦磨损性能分析与实验研究[D]. 武汉: 华中科技大学.
师汉民. 2004a. 机械振动系统（上册）[M]. 武汉: 华中科技大学出版社.
师汉民. 2004b. 机械振动系统（下册）[M]. 武汉: 华中科技大学出版社.
舒波夫. 1980. 电机的噪声和振动[M]. 沈官秋, 等译. 北京: 机械工业出版社.
宋志环. 2010. 永磁同步电动机电磁振动噪声源识别技术的研究[D]. 沈阳: 沈阳工业大学.
谭达明. 1993. 内燃机振动控制[M]. 成都: 西南交通大学出版社.
汤武初, 杨彦利, 伉大俪, 等. 2006. 倒频谱在压缩机故障诊断中的应用[J]. 噪声与振动控制,

(1): 71-72.
童怀, 陈新度, 黄运保, 等. 2017. 永磁同步电机突变负载转矩的模拟与分析[J]. 微特电机, 45(6): 48-53.
童莉葛, 李红英, 王立, 等. 2007. 频谱分析法在测量封闭式制冷压缩机转速中的应用[J]. 测试技术学报, 21(3): 202-206.
童振华. 2009. 基于共振消音模型的空调压缩机气缸消音孔优化设计[C]. 中国制冷学会2009年学术年会: 5.
汪庆年, 李红艳, 史风娟, 等. 2009. 基于频谱分析的电机噪声源的识别[J]. 声学技术, 28(4): 528-531.
王艾萌, 李和明. 2008. 永磁材料及温度对内置式永磁电机性能及转矩脉动的影响[J]. 华北电力大学学报(自然科学版), 35(3): 24-27.
王艾萌, 马德军, 王慧, 等. 2014. 抑制内置式永磁同步电机纹波转矩的实用设计方法[J]. 微电机, 47(4): 1-5.
王道涵, 王秀和, 丁婷婷, 等. 2008. 基于磁极不对称角度优化的内置式永磁无刷直流电动机齿槽转矩削弱方法[J]. 中国电机工程学报, 28(9): 66-70.
王豪, 蒋伟康, 黄曌宇, 等. 2008. 旋转式压缩机辐射噪声的预测与抑制[J]. 上海交通大学学报, 42(3): 463-466.
王克武, 宫镇. 2001. 旋转式压缩机储液器的噪声控制[J]. 噪声与振动控制, (1): 40-43.
王克武, 高永红, 周德馨. 2001. 旋转式压缩机排气噪声控制[J]. 家用电器科技, (10): 81-83.
王宁峰, 陈爱萍, 金涛. 2005. 冷冻油对冰箱压缩机壳内声场模态的影响[J]. 机械工程师, (8): 54-55.
王太勇, 尚志武, 吴振勇, 等. 2003. 压缩机消声器的声学特性测试分析及其改进研究[J]. 计量学报, 24(2): 133-136.
王鑫特, 李红旗. 2007. 全封闭式压缩机腔体声场的数值分析[J]. 家电科技, (5): 62-63.
王兴. 2013. 永磁同步电机低噪声脉宽调制策略的研究[D]. 沈阳: 沈阳工业大学.
王艳珍, 耿玮, 刘春慧. 2004. 双缸旋转压缩机转子的轴向压力脉动分析[C]. 空调器、电冰箱（柜）及压缩机学术交流会: 101-105.
王毅, 谭伟华. 2001. 制冷压缩机气阀运动规律的数学模拟[J]. 流体机械, 29(3): 18-22.
王宗良, 孙江涛, 童怀, 等. 2016. 单转子压缩机变频空调转矩补偿控制的仿真分析[C]. 中国家用电器技术大会: 696-701.
韦鲲. 2005. 永磁无刷直流电机电磁转矩脉动抑制技术的研究[D]. 杭州: 浙江大学.
魏会军, 任丽萍. 2010. 直流变频压缩机振动分析[J]. 价值工程, (15): 194.
魏杰. 2012. 采用集中绕组的内置式永磁同步电机转矩谐波数值分析[J]. 电工电气, (9): 10-14.
魏君泰. 2012. 空调压缩机降噪研究[D]. 天津: 天津大学.
温化南, 李红旗. 2004. 采用旁通法的变容量转子式压缩机的设计[J]. 家电科技, (12): 33-35.
温筠, 刘彬, 樊张增, 等. 2011. 转子式压缩机的摩擦磨损行为及减摩技术[J]. 家电科技, (9): 62-64.
吴丹青, 丛敬同. 1993. 压缩机簧片阀的数学模拟与设计[M]. 北京: 机械工业出版社.
吴延平. 2011. 旋转式压缩机滑片槽柔性结构设计[J]. 家电科技, (5): 82-85.
吴炎庭, 袁卫平. 2005. 内燃机噪声振动与控制[M]. 北京: 机械工业出版社.

肖宏强. 2000. 中小型旋转式空调压缩机噪声、振动情况探讨[J]. 家用电器科技, (5): 46-49.
肖宏强. 2003. 应用声强法进行压缩机噪声分析和声源识别[J]. 家电科技, (8): 51-53.
谢芳, 黄守道, 刘婷. 2009. 内置式永磁电机齿槽转矩的分析研究[J]. 微特电机, 37(11): 11-14.
谢怀鹏, 王树鹏. 2004. 变容滚动转子式压缩机构造及工作原理[C]. 空调器、电冰箱（柜）及压缩机学术交流会: 4.
谢利昌, 黄晓强, 沈慧, 等. 2017. 基于力学分析的滑片撞击噪声研究[J]. 制冷与空调, 17(7): 9-14.
忻尚君, 梁庆信. 2004. 低噪声低振动异步电动机关键技术研究[J]. 中小型电机, 31(4): 10-11.
徐嘉, 胡余生, 张荣婷, 等. 2016. 容积可变型转子压缩机研究进展综述[J]. 制冷与空调, 16(5): 7-10.
薛玮飞. 2007. 机械噪声源辨识与特征提取的研究[D]. 上海: 上海交通大学.
严辉, 杨诚, 查崇秀, 等. 2007. 压缩机声源识别与控制[J]. 压缩机技术, (3): 5-8.
严济宽. 1985. 机械振动隔离技术[M]. 上海: 上海科学技术文献出版社.
扬 S J. 1985. 低噪声电动机[M]. 吕砚山, 李诵雪, 等译. 北京: 科学出版社.
杨诚, 吴行让, 卢喜, 等. 2007a. 压缩机的声品质分析[J]. 重庆大学学报(自然科学版), 30(8): 17-20.
杨诚, 张攀登, 查崇秀, 等. 2007b. 压缩机机械噪声控制研究[J]. 压缩机技术, (4): 16-19.
杨浩东. 2011. 永磁同步电机电磁振动分析[D]. 杭州: 浙江大学.
杨浩东, 陈阳生, 邓志奇. 2011. 永磁同步电机常用齿槽配合的电磁振动[J]. 电工技术学报, 26(9): 24-30.
杨林彬, 刘成毅, 李燕. 2010. 应用动网格对阀片运动规律的瞬态数值模拟[J]. 压缩机技术, (5): 8-11.
杨胜梅, 李鸣亚, 王利, 等. 2009. 压缩机消声器的声学性能仿真分析及改进[J]. 计算机辅助工程, 18(3): 92-96.
杨伟成. 1999. 家用小型制冷压缩机的噪声控制[J]. 家用电器科技, (4): 16-19.
杨卫玲. 2008. 压缩机辐射噪声测量与评定[J]. 通用机械, (8): 49-51.
杨玉波, 王秀和. 2010. 永磁体不对称放置削弱内置式永磁同步电动机齿槽转矩[J]. 电机与控制学报, 14(12): 58-62.
杨玉波, 王秀和, 丁婷婷. 2009. 基于单一磁极宽度变化的内置式永磁同步电动机齿槽转矩削弱方法[J]. 电工技术学报, 24(7): 41-45.
杨玉波, 王秀和, 朱常青. 2011. 电枢槽口宽度对内置式永磁同步电机齿槽转矩的影响[J]. 电机与控制学报, 15(7): 21-25.
杨玉致. 1983. 机械噪声控制技术[M]. 北京: 中国农业机械出版社.
叶航, 王毅, 叶金铎. 2005. 压缩机排气系统运动仿真及专用软件开发[J]. 家电科技, (9): 36-38.
尤晋闽, 陈天宁, 和丽梅. 2008. 空调变频压缩机声品质评价方法研究[J]. 西安交通大学学报, 42(1): 13-16.
余华明. 2008. 滚动转子压缩机消声器的改进研究[J]. 流体机械, 36(11): 44-46.
余华明, 邱家修, 李锡宇. 2006. 滚动转子压缩机的噪声测试和分析[J]. 顺德职业技术学院学报, 4(1): 11-14.
俞平. 2007. 旋转压缩机吸排气结构的工程设计新方法[J]. 食品与机械, 23(4): 107-109.

俞应华. 1996. 压缩机减振装置浅析[J]. 压缩机技术, (5): 41-43.
袁飞雄, 黄声华, 郝清亮. 2014. 采用载波移相技术永磁电机高频振动抑制研究[J]. 电机与控制学报, 18(7): 12-17.
袁毅凯. 2005. 旋转式压缩机消音器内压力脉动研究[D]. 西安: 西安交通大学.
袁毅凯, 杨泾涛, 高强. 2005. 旋转式压缩机消音器内压力脉动研究[J]. 家电科技, (12): 40-42.
岳向吉, 巴德纯, 苏征宇, 等. 2012. 基于CFD的滚动活塞压缩机泵腔气流噪声分析[J]. 振动与冲击, 31(3): 123-126.
张海滨, 蒋伟康, 万泉. 2010. 压缩机噪声的跟踪采样近场声全息实验研究[J]. 振动与冲击, 29(11): 51-54.
张金平, 黄守道, 高剑, 等. 2010. 减小永磁同步电动机电磁转矩脉动方法[J]. 微特电机, 38(10): 16-18.
张骏, 朱玉群, 耿玮, 等. 2002. 滚动转子变频压缩机低频振动及其控制[J]. 流体机械, 30(2): 27-29.
张磊, 温旭辉. 2012. 车用永磁同步电机径向电磁振动特性[J]. 电机与控制学报, 16(5): 33-39.
张磊, 高春侠, 张加胜, 等. 2012. 具有凸极效应的永磁同步电机电磁振动特性[J]. 电工技术学报, 27(11): 89-96.
张猛, 李永东, 赵铁夫, 等. 2006. 一种减小变频空调压缩机低速范围内转速脉动的方法[J]. 电工技术学报, 21(7): 99-104.
张琪, 张卫红. 2008. 封闭空腔声学特性研究[J]. 强度与环境, 35(6): 36-39.
张庆华, 王太勇, 徐燕申. 2003. 小波分析在压缩机噪声信号去除趋势项处理中的应用[J]. 中国制造业信息化, 32(2): 114-116.
张荣婷, 黄辉, 胡余生, 等. 2016. 变频压缩机低频周期性噪声的分析[J]. 流体机械, 44(6): 51-55.
张铁山, 黄协清. 2007. 滚动活塞压缩机阀片固有频率的数学分析与实验[J]. 流体机械, 35(1): 4-7.
张增杰. 2013. 小功率永磁同步电动机振动噪声的计算与分析[D]. 沈阳: 沈阳工业大学.
赵纪宗. 2013. 内置式永磁同步电机转矩脉动抑制方法的研究[D]. 北京: 华北电力大学.
赵远扬, 郭蓓, 李连生, 等. 2002. 气阀运动规律模拟及其对制冷工质适应性研究[J]. 制冷学报, (4): 18-22.
赵忠峰, 陈克安. 2005. 基于Zwicker理论的噪声客观评价方法[J]. 电声技术, (10): 63-65.
郑学鹏, 王存智, 郭秀萍. 1999. 舌簧阀升程限制器型线研究[J]. 压缩机技术, (6): 7-10.
周德馨, 陈曾辉. 2005. 旋转式压缩机曲轴耐磨耗涂层处理技术[J]. 家电科技, (12): 58-59.
周幸福. 2012. 压缩机壳体的低噪声优化技术研究[D]. 上海: 上海交通大学.
周易. 2003. 空调压缩机的噪声振动分析及问题解决[D]. 上海: 上海交通大学.
周易, 蒋伟康, 肖宏强. 2003. 转子压缩机外壳的辐射噪声特性辨识[J]. 家电科技, (8): 53-55.
周易, 王海军, 靳海水. 2012. 空调压缩机振动预测技术与计算机模拟[J]. 噪声与振动控制, 32(4): 206-209.
朱海峰. 2013. 异步电机电磁激振力分析[D]. 杭州: 浙江大学.
朱雄云, 李双, 王安柱, 等. 2009. 旋转压缩机低频噪声源识别及噪声抑制[J]. 苏州大学学报(工科版), 29(1): 16-19.

訾进蕾, 黄波, 黄之敏, 等. 2012. 改性 PBT 排气消音器在旋转式压缩机上的应用[J]. 上海电气技术, 5(2): 8-11.

福田勇治, 海老田洋志, 三上真人, 他. 2003. 振動インテンシティ法を用いた空調用圧縮機における振動エネルギー源探査[C]. 日本機械学会, 振動・音響新技術シンポジウム講演: 99-102.

観音立三. 1994. ロータリ圧縮機の弁音の解析[C]. 日本機械学会論文集, 60(570): 418-423.

戸恒明. 1993. 圧縮機負荷をもつ三相誘導電動機の速度変動の軽減[C]. 日本冷凍協会論文集, 10(1): 157-161.

吉村多佳雄, 小山隆, 森田一郎, 他. 1993. ロータリーコンプレッサーの低振動化研究[C]. 日本冷凍協会論文集, 10(3): 483-491.

吉桑義雄, 今城昭彦, 及川智明. 2003. ブラシレス DC モータの電磁振動に関する実験的検討[C]. 機会力学・計測制御講演論文集: 191.

吉桑義雄, 今城昭彦, 米谷晴之, 他. 2006. 小形誘導電動機の電磁加振力発生要因および低減方法の検討[J]. 日本 AEM 学会誌, 14(1): 102-107.

吉桑義雄, 今城昭彦, 及川智明. 2007. ブラシレス DC モータの電磁振動にする製造誤差の影響[C]. 日本機会学会論文集, C 編, 73(729): 1346-1352.

堀和貴. 2009. 流体・構造連成解析を用いた空調用圧縮機の流体挙動分析[J]. 日本冷凍空調学会, 冷凍, 84(981): 597-603.

守本光希, 片岡義博, 上川隆司, 他. 2004. 集中巻モータ搭載スイング圧縮機の騒音低減[C]. 日本冷凍空調学会年次大会: C301.

藤本悟, 大山和伸, 桧皮武史, 他. 1989. 電動機-圧縮機の連成振動解析[J]. 日本冷凍空調学会, 冷凍, 64(742): 897-902.

岩田博, 中村満, 松下修巳, 他. 1990. 空調用圧縮機の振動と騒音[C]. 日本冷凍協会論文集, 7(2): 1-13.

野田伸一, 石橋文徳. 2003. モータの騒音・振動とその低減対策[M]. 東京: 壮光舎印刷株式会社.

野中隆太郎, 須田章博, 松元兼三. 1993. インバータ用 2 シリンダロータリコンプレッサの騒音低減[C]. 日本冷凍協会論文集, 10(2): 309-317.

佐野潔, 石井徳章. 1997. 密閉型圧縮機の低騒音、低振動化のための研究, 第 5 報: 圧縮機の防音構造[C]. 日本冷凍空調学会論文集, 14(3): 245-253.

佐野潔, 河原定夫, 赤沢輝行, 他. 1997a. 密閉型圧縮機の低騒音、低振動化のための研究, 第 3 報: モータ磁気騒音[C]. 日本冷凍空調学会論文集, 14(2): 149-158.

佐野潔, 河原定夫, 赤沢輝行, 他. 1997b. 密閉型圧縮機の低騒音、低振動化のための研究, 第 4 報: 圧縮機の振動とその伝搬制御[C]. 日本冷凍空調学会論文集, 14(3): 233-243.

佐野潔, 河原定夫, 藤原憲之, 他. 1997c. 密閉型圧縮機の低騒音、低振動化のための研究, 第 1 報: 各部材の共振による騒音[C]. 日本冷凍空調学会論文集, 14(2): 125-136.

佐野潔, 河原定夫, 藤原憲之, 他. 1997d. 密閉型圧縮機の低騒音、低振動化のための研究, 第 2 報: 空間共鳴による騒音[C]. 日本冷凍空調学会論文集, 14(2): 137-148.

Albrizio F, Genoni C, Bianchi V, et al. 1990. Noise reduction of hermetic compressor by identification of the gas cavity resonance[C]. International Compressor Engineering Conference at

Purdue: 612-624.

Asami K, Ishijima K, Tanaka H. 1982. Improvements of noise and efficiency of rolling piston type refrigeration compressor for household refrigerator and freezer[C]. International Compressor Engineering Conference at Purdue: 268-274.

Bae J Y, Kim J D, Lee B C, et al. 1998. Vane jumping in rotary compressor[C]. International Compressor Engineering Conference at Purdue: 673-678.

Chen L, Huang Z S. 2004. Analysis of acoustic characteristics of the muffler on rotary compressor[C]. International Compressor Engineering Conference at Purdue: C015.

Dreiman N, Herrick K. 1998. Vibration and noise control of a rotary compressor[C]. International Compressor Engineering Conference at Purdue: 685-690.

Gieras J F, Wang C, Lai J C. 2006. Noise of Polyphase Electric Motors[M]. Boca Raton: CRC Press.

Higuchi M, Mori H, Taniwa H, et al. 2006. Development of the high efficiency and low noise swing compressor for CO_2 heat pump water heater[C]. International Compressor Engineering Conference at Purdue: C100.

Imaichi K, Fukushima M, Muramatsu S, et al. 1982. Vibration analysis of rotary compressors[C]. Purdue Compressor Technology Conference: 275-282.

Janiszewski D. 2011. Load torque estimation in sensorless PMSM drive using unscented Kalmana filter[J]. IEEE International Symposium on Industrial Electronics, 19(5): 643-648.

Janiszewski D. 2013. Load torque estimation for sensorless PMSM drive with output filter fed by PWM converter[C]. Conference of the IEEE Industrial Electronic, Society, 20(11): 2953-2959.

Johnson C N, Hamilton J F. 1972. Cavity resonance in fractional HP refrigerant compressors[C]. Proceedings of the Purdue Compressor Technology Conference: 83-90.

Kakuda M, Kitora Y, Hirahara T, et al. 1988. Investigation of pressure pulsation in suction pipe on rotary compressor[C]. International Compressor Engineering Conference at Purdue: 591-598.

Kawaguchi S, Yamamoto T, Hirahara T, et al. 1986. Noise reduction of rolling piston type rotary compressor[C]. International Compressor Engineering Conference at Purdue: 550-565.

Kawai H, Sasano H, Kita I, et al. 1988. The compressor noise-shell and steel materiails[C]. International Compressor Engineering Conference at Purdue: 307-314.

Kawase Y, Yamaguchi T, Sano S, et al. 2005. Effects of off-center of rotor on distributions of electromagnetic force[J]. IEEE Transactions on Magnetics, 41(5): 1944-1947.

Kim H J, Soedel W. 1994. Time domain approach to gas pulsation modeling[C]. International Compressor Engineering Conference at Purdue: 235-240.

Kim J, Soedel W. 1988. Four pole parameters of shell cavity and application to gas pulsation modeling[C]. International Compressor Engineering Conference at Purdue: 331-337.

Kim J D, Lee B C, Bae J Y, et al. 1998. Noise reduction of a rotary compressor using structural modification of the accumulator[C]. International Compressor Engineering Conference at Purdue: 355-360.

Kim K T, Kim K S, Hwang S M, et al. 2001. Comparison of magnetic forces for IPM and SPM motor with rotor eccentricity[J]. IEEE Transactions on Magnetics, 37(5): 3448-3451.

Kim Y K, Soedel W. 1996a. Theoretical gas pulsation in discharge passages of rolling piston compressor, part I: Basic model[C]. International Compressor Engineering Conference at Purdue: 611-617.

Kim Y K, Soedel W. 1996b. Theoretical gas pulsation in discharge passages of rolling piston compressor, part II: Representative results[C]. International Compressor Engineering Conference at Purdue: 619-625.

Ko H S, Kim K J. 2004. Characterization of noise and vibration sources in interior permanent-magnet brushless DC motors[J]. IEEE Transactions on Magnetics, 40(6): 3482-3489.

Liu C H, Geng W. 2004. Research on suction performance of two-cylinder rolling piston type rotary compressors based on CFD simulation[C]. International Compressor Engineering Conference at Purdue: C101.

Liu Z L, Soedel W. 1994. Discharge gas pulsation in a variable speed compressor[C]. International Compressor Engineering Conference at Purdue: 507-514.

Matsuzaka T, Hayashi T, Shinto H. 1980. Analysis of cavity resonance in 5HP hermetic reciprocating compressor with elliptical shell[C]. International Compressor Engineering Conference at Purdue: 338-344.

Monasry J F, Hirayama T, Hirano K, et al. 2012. Development of a new mechanism for dual rotary compressor[C]. International Compressor Engineering Conference at Purdue: 1349.

Morimoto K, Kataoka Y, Uekawa T, et al. 2004. Noise reduction of swing compressors with concentrated winding motors[C]. International Compressor Engineering Conference at Purdue: C051.

Nakamura M, Hata H, Nakamura Y, et al. 1991a. Vibration reduction in rolling piston-type compressors through motor torque control (basic study on theoretical analysis and computer simulation)[J]. JSME International Journal, 34(2): 200-209.

Nakamura M, Hata H, Nakamura Y, et al. 1991b. Vibration reduction in rolling piston-type compressors through motor torque control (experimental study on control effects)[J]. JSME International Journal, 34(3): 438-447.

Nieter J J, Kim H J. 1998. Internal acoustics modeling of a rotary compressor discharge manifold[C]. International Compressor Engineering Conference at Purdue: 531-536.

Nonaka R, Suda A, Matsumoto K. 1992. Noise reduction analysis on inverter driven two-cylinder rotary compressor[C]. International Compressor Engineering Conference at Purdue: 341-350.

Okoma K, Tahata M, Tsuchiyama H. 1990. Study of twin rotary compressor for air-conditioner with inverter system[C]. International Compressor Engineering Conference at Purdue: 541-547.

Pandeya P, Soedel W. 1978. Rolling piston type rotary compressors with special attention to friction and leakage[C]. International Compressor Engineering Conference at Purdue: 209-218.

Sakaino K, Kawasaki K, Shirafuji Y, et al. 1986. The study dual cylinder rotary compressor[C]. International Compressor Engineering Conference at Purdue: 292-304.

Sano K, Mitsui K. 1984. Analysis of hermetic rolling piston type compressor noise, and countermeasures[C]. International Compressor Engineering Conference at Purdue: 242-250.

Selamet A, Dickey N S, Novak J M. 1995. Theoretical computational and experimental investigation of Helmholtz resonators with fixed volume: Lumped versus distributed analysis[J]. Journal of

Sound and Vibration, 187(2): 358-367.

Shu K H, Kim J D, Lee B C, et al. 2000. The analysis on the discharge muffler in the rotary compressors[C]. International Compressor Engineering Conference at Purdue: 651-656.

Singh R, Soedel W. 1979. Mathematical modeling of multicylinder compressor discharge system interactions[J]. Journal of Sound and Vibration, 63(1): 125-143.

Tadano M, Ebara T, Oda A, et al. 2000. Development of the CO_2 hermetic compressor[C]. IIF-IIR Commission B1, B2, E1, and E2: 323-330.

Takashima K, Onoda I, Kitaichi S, et al. 2004. Development of dual-stage compressor for air conditioner with R410A[C]. International Compressor Engineering Conference at Purdue: C123.

Tanaka H, Ishijima K, Asami K. 1980. Noise and efficiency of rolling piston type refrigeration compressor for household refrigerator and freezer[C]. International Compressor Engineering Conference at Purdue: 133-140.

Uetsuji T, Koyama T, Okubo N, et al. 1984. Noise reduction of rolling piston type rotary compressor for household refrigerator and freezer[C]. International Compressor Engineering Conference at Purdue: 251-258.

Yamaski H, Yamanaka M, Matsumoto K, et al. 2004. Introduction of transcritical refrigeration cycle utilizing CO_2 as working fluid[C]. International Compressor Engineering Conference at Purdue: C090.

Yanagisawa T, Shimizu T, Fukuta M, et al. 1992. Pressure pulsation in hermetic casing of refrigerating rotary compressor[C]. International Compressor Engineering Conference at Purdue: 743-750.

Yoshimura T, Akashi H, Yagi A, et al. 2002. The estimation of compressor performance using a theoretical analysis of the gas flow through the muffler combined with valve motion[C]. International Compressor Engineering Conference at Purdue: C16-2.

Yuan Y K, Wu J H, Yang J T, et al. 2006. Investigation on the pressure pulsation in the discharge muffler of rotary compressors[C]. International Compressor Engineering Conference at Purdue: C030.

Yun K W. 1998. Designing a function-enhanced suction accumulator for rotary compressor[C]. International Compressor Engineering Conference at Purdue: 655-659.

Zhang R T, Gu H H, Hu Y S, et al. 2010. Investigation on multi-Helmholtz resonator in the discharge system of rotary compressor[C]. International Compressor Engineering Conference at Purdue: 1162.

Zheng Z D, Fadel M, Li Y D. 2007. High performance PMSM sensorless control with load torque observation[C]. International Conference on "Computer as a Tool": 1851-1855.

Zhou W, Kim J. 1996. Prediction of the noise radiation of hermetic compressors utilizing the compressor simulation program and FEM/BEM analysis[C]. International Compressor Engineering Conference at Purdue: 587-592.

Zhu B S, Gao Q, Chen Z H, et al. 2008. Analysis of acoustic characteristics of accumulator of rotary compressor[C]. International Compressor Engineering Conference at Purdue: 1207.